Fachbuchreihe

Dachab dicht ung Dachbe grün ung

1992, 1999, 2002, 2003, 2004, 2005

Wolfgang ERNST

P. Fischer, P. Flüeler, M. Jauch,

J. Krings, W. Schmidt, W. Spaniol

Dachab dicht ung Dachbe grün ung

PROBLEME

Grundlagen, Ursachen, Erkenntnisse und Lösungen

Fachbuchreihe

Dachab dicht ung Dachbe grün ung

PROBLEME

Grundlagen, Ursachen, Erkenntnisse
und Lösungen

ISBN 3-00-017011-1

Herstellung: ESTA Druck GmbH, Polling / Obb.

Für den Druck des Buches wurde chlor- und
säurefreies Papier verwendet.

Herausgegeben im Eigenverlag: Wolfgang ERNST
Wolfratshauser Str. 45 b, D-82049 Pullach i. I.
Telefon: 089/793 03 82, Telefax: 089 / 793 8610
e-mail: we82049@aol.com

1. Auflage, 2005

Inhaltsverzeichnis

Probleme 11
.... auf den Punkt gebracht (J. Schulz) 13
Der Baumeister - Meister des Bauens 15

Kapitel I
Klima und Wetter

1 Klimaveränderungen 17

1.1 Wind, Sturm, Orkan 19
1.1.1 Föhn 19
1.1.2 Windlast 19
1.1.2.1 Flachdachrichtlinien 19
1.1.2.2 SIA 21
1.1.2.2.1 Weitere Bestimmungen in der Schweiz 21
1.1.2.3 Ö-Norm 21
1.1.3 Sturmrisiken 21
1.1.3.1 Windsogsicherung bei frei bewitterten Dachflächen 21
1.1.3.1.1 Befestiger 23
1.1.3.2 Sicherung durch Kleben 25
1.1.3.3 Sicherung durch Auflast 25
1.1.3.3.1 Kiesauflast 25
1.1.3.3.2 Alternative Auflasten 25
1.1.3.3.3 Ortbetonplatten, Betonschichten 25
1.1.3.3.4 Lose verlegte Platten 27
1.1.3.4 Sicherung durch Dachbegrünung 27
1.1.3.4.1 Beurteilung der Lagesicherheit 27
1.1.3.5 Sicherung durch Vegetationsmatten 27

1.2 Hagel (P. Flüeler) 29
1.2.1 Hagelgefährdung 29
1.2.2 Größe, Form und Geschwindigkeit der Hagelkörner 29
1.2.3 Fallgeschwindigkeit von Hagel 31
1.2.4 Gerätetechnik und Simulation des Hagelschlags 33
1.2.4.1 Temperaturbedingungen für empfindliche Materialien 33
1.2.5 Anforderungskriterien 33
1.2.5.1 Generelle Kriterien für Baumaterialien aus Kunststoffen 35
1.2.5.1.1 Schadensgrößenfaktor 35
1.2.5.1.2 Alterungsfaktor 35
1.2.5.2 Kriterien für Kunststoffbahnen 35
1.2.5.2.1 Dichtigkeitskontrolle 35
1.2.6 Erkenntnisse über Kunststoffabdichtungsbahnen 37
1.2.6.1 Einfluss der Materialdicke 37
1.2.6.2 Einfluss der Bewitterung 37
1.2.7 Empfehlungen zur Klassifizierung des Hagelschlagwiderstandes 39
1.2.8 Anforderungen 39
1.2.9 Zusammenfassung 39

1.3 Gewitter 41
1.3.1 Blitze 41
1.3.1.1 Blitze und Gewitter in Deutschland 41
1.3.1.2 Blitzgefahr in der Schweiz 41
1.3.1.3 Blitze in Österreich 41
1.3.2 Blitzschutz 41

1.4 Niederschläge (W.Ernst, F.Mittermeier) 43
1.4.1 Niederschlagsmengen 43
1.4.1.1 Trends in Deutschland 43
1.4.1.2 Trends in Österreich 43
1.4.1.3 Trends in der Schweiz 43
1.4.2 Starkregen 43
1.4.3 Dachentwässerung 45
1.4.3.1 Europäische Normung 45
1.4.3.2 Nationale Regelungen 45
1.4.3.2.1 Richtlinie VDI 3806 45
1.4.3.3 Berechnungsmethoden 45
1.4.4 Überflutungsverhinderung 47
1.4.4.1 Entwässerungssysteme 47
1.4.4.1.1 Druckentwässerungen 47
1.4.4.2 Notüberläufe 47

1.5 Niederschlagsrückhaltung 49
1.5.1 Dachbegrünung 49
1.5.1.1 Annahmewerte / Kennzahlen 49
1.5.1.2 Einzelberechnungen 49

1.6 Erkenntnisse 49

Kapitel II
Einfluss und Alterung

2 Klimafaktoren (W. Spaniol) 51

2.1 Klimabedingte Alterungsprozesse 51
2.1.1 Temperatur 53
2.1.1.1 Nächtliche Strahlungsabkühlung 53
2.1.1.2 Erwärmung durch Sonneneinstrahlung 53
2.1.2 Temperaturmessungen 55
2.1.2.1 Versuchsdurchführung 55
2.1.2.2 Untersuchungsergebnisse 55
2.1.2.3 Auswirkungen 57
2.1.3 Niederschlag 59
2.1.3.1 Einflüsse 59
2.1.3.2 Auswirkungen 59
2.1.3.3 Hydrolyse 61
2.1.3.4 Erkenntnisse 61
2.1.4 Strahlung 63
2.1.4.1 Einflüsse 63
2.1.4.2 Auswirkungen 65
2.1.4.3 Erkenntnisse 65
2.1.5 Luftverschmutzung 65
2.1.6 Biologische Einflüsse 69
2.1.6.1 Rahmenbedingungen 69
2.1.6.2 Erkenntnisse 69
2.1.6.2.1 Oberflächenlackierung 69
2.1.6.2.2 Biozide 71
2.1.6.2.3 Normen und Anforderungen 71

2.2 Schrumpf 73
2.2.1 Entstehung/Ursachen 73
2.2.2 Praxisauswirkungen 75
2.2.2.1 Fabrikationsschrumpf 75
2.2.2.2 Schrumpf durch Gewichtsverlust 75
2.2.3 Temperatur- und Kältekontraktion 77
2.2.4 Empfehlung 77

Kapitel III
Pflanzen und Wurzeln

3 Natur ist überall (P.Fischer, M. Jauch) 79

3.1 Der Standard - das FLL-Verfahren 79

3.2 Die Alternativen 81
3.2.1 EN 14 416 (DIN 4062) 81
3.2.2 LDA-Verfahren 81
3.2.2.1 Geltungsbereich 81
3.2.2.2 Anzahl und Format der Prüfgefäße 83
3.2.2.3 Definition bzw. Bewertung von Wurzeleindringungen in die Bahn 83
3.2.2.4 Definition der Wurzelfestigkeit 83
3.2.2.5 Dauer der Prüfung 83
3.2.2.6 Auswertung der geprüften Bahn 83
3.2.3 EN 13 948 85
3.2.3.1. Anzahl und Format der Prüfgefäße 85
3.2.3.2 Testpflanzen 85
3.2.3.3 Auswertung der geprüften Bahnen .. 85
3.2.3.4 Bewertung des Verfahrens 85

Kapitel IV
Produkte und Bauweisen

4 Europäische Anforderungen 87

4.1 Produkte für Dachabdichtungen 89
4.1.1 Bauprodukten-Richtlinie 89
4.1.1.1 Nationale Umsetzung 89
4.1.2 Europäische Normen 91
4.1.2.1 Bitumenbahnen 91
4.1.2.2 Kunststoff-/Elastomerbahnen 91
4.1.2.3 Flüssigabdichtungen 91

Europäische Normen - Nationales Vertragsrecht

4.1.3 Kennzeichnung 93
4.1.3.1 Das CE-Zeichen 93
4.1.3.1.1 Die Null-Klasse (NPD) 93
4.1.3.2 Angaben, Produktdatenblatt 93
4.1.3.3 Prüfnormen 95
4.1.3.4 Marktüberwachung 95
4.1.3.5 Vertrauensprinzip 95
4.1.3.6 Stufen und Klassen 95
4.1.4 Produktauswahl 97

4.2 Qualitätsdefinition 97
4.2.1 Anforderungen an Flüssigabdichtungen 97
4.2.1.1 Nationale Anforderungen 97
4.2.1.2 Definition der Nutzungsdauer 99
4.2.2 Anforderungsprofil für Flüssigabdichtungen 99
4.2.2.1 Ausführungshinweise 99
4.2.3 Anforderungsprofil für alle Abdichtungen 101
4.2.3.1 Vergleich 101
4.2.3.2 Vorteile 101
4.2.3.3 Alleinstellungsmerkmal 101

4.3 Dächer mit Abdichtungen 107
4.3.1 Ausführungsregeln 107
4.3.2. Anwendungsnormen 107
4.3.2.1 Anwendungsnormen in der Schweiz
4.3.2.2 Verfahrensnorm in Österreich 107
4.3.2.3 Europa 107

4.4 Dachbegrünungen 109
4.4.1 FLL- Dachbegrünungsrichtlinie 109
4.4.2 Europäisches Regelwerk 109

Kapitel V
Entscheidung und Planung

5 Pflichten 111
5.1 Nichtplanung 113
5.1.1 Zugänglichkeit von Dachflächen 113
5.1.2 Sicherungseinrichtungen 113
5.1.3 Blitzschutz 115
5.1.3.1 Äußerer Blitzschutz 115
5.1.3.1.1 Dachdurchführungen 115
5.1.4 Dachdurchdringungen 115
5.1.4.1 »Kemperolismus« 115

5.2 Spontanplanung 117
5.2.1 »Kopieren statt Kapieren« 117
5.2.1.1 Standard-Detail-Sammlung 117
5.2.2 Überprüfungspflicht 117
5.2.2.1 Fachplaner und Sonderfachleute 117

5.3 Besondere Planung 119
5.3.1 Türanschlüsse 119
5.3.1.1 Gitterroste 119
5.3.1.2 Einwandfreier Wasserablauf 119
5.3.2 Barrierefreie Ausgänge 119
5.3.2.1 Barrierefrei in Österreich 119

5.4 Schnittstellenkoordination 121
5.4.1 Koordinierungspflicht 121
5.4.1.1 Haftung 121
5.4.2 Organisationspflicht 121

5.5 Vermeidung von Problemen 123
5.5.1 Mangelbegriff 123
5.5.2 Bauvertrag 123
5.5.3 Anforderung an alle Baubeteiligten 123

Kapitel VI
Fachfirmen und Verarbeitungstechnik

6 Fachkunde 125

6.1 Fachfirma 127
6.1.1 Dachdecker-Fachbetrieb 127
6.1.2 Mitarbeiter 127
6.1.3 Seriöse Unternehmenspolitik 127

6.2 Nahtverbindungen bei Elastomer- und Kunststoffbahnen (W. Spaniol) 129
6.2.1 Anforderungen 129
6.2.2 Einflußparameter/-größen 129
6.2.3 Fügetechniken 131
6.2.4 Nahtverbindungsarten 133
6.2.4.1 Quellschweißen 133
6.2.4.2 Thermische Schweißverfahren 133
6.2.4.2.1 Heizkeil-Automaten 135
6.2.4.2.2 Heißluft- / Warmgas-Schweißgeräte
6.2.5 Schweißautomaten 135
6.2.6 Handschweißgeräte und Halbautomaten 137
6.2.7 Füge- und Gerätebedingungen 137
6.2.7.1 Geräteeinstellungen 139
6.2.7.2 Gerätepflege und -wartung 141
6.2.8 Nahtqualität und -prüfung 141

6.3 Problematik bei Bitumenabdichtungen (ddDach e.V.)
6.3.1 Hauptfehlerquelle Witterung 145
6.3.1.1 Baufeuchte 145
6.3.1.2 Niederschlagswasser 145
6.3.1.3 Übergangszeiten 147
6.3.2 Fehlerquelle Schweißvorgang 147
6.3.2.1 Naht- und Stoßverbindungen 147
6.3.3 Flämmarbeiten 147
6.3.4 Fazit 147

6.4 Verarbeitung von Bitumenbahnen (W. Schmidt)
6.4.1 Mehrlagige Verarbeitung 149
6.4.2 Gießverfahren 149
6.4.3 Bürstenstreichverfahren 151
6.4.4 Verbundabdichtung 151
6.4.5 Schweißverfahren bei zweilagiger Abdichtung 153
6.4.6 Schweißverfahren bei einlagiger Abdichtung 153
6.4.7 Heißluftverfahren 153
6.4.8 Kaltselbstklebeverfahren 155
6.4.9 Mechanische Befestigung 155
6.4.10 unterschiede zur Fügetechnik von Kunststoffbahnen 155
6.4.11 Zusammenfassung 155
Bitumenbahnen unter dem Mikroskop 156

6.4 Problematik bei Flüssigabdichtungen (ddDach e.V.)
6.5.1 Fehlerquelle Untergrund 157
6.5.2 Fehlerquelle Wartezeit 157
6.5.3 Fehleerquelle Temperatursturz 158
6.5.4 Fehlerquelle Unverträglichkeit 158
6.5.5 Fazit 158

6.6 Verarbeitung von Flüssigabdichtungen (J. Krings)
6.6.1 Flüssigabdichtungen 159
6.6.1.1 Grundstoffe 159
6.6.1.2 Chemische Reaktion 159
6.6.1.3 Chemische Erzeugnisse 161
6.6.2 Schulung 161
6.6.2.1 Lehrgänge 161
6.6.3 Erfahrung 161
6.6.3.1 Untergrund 161
6.6.3.2 Haftzugfestigkeit 163
6.6.3.3 Grundierung 163
6.6.4 Verarbeitung 163
6.6.4.1 An- und Abschlussbereiche 165
6.6.4.2 Sonderkonstruktionen 165
6.6.4.3 Qualitätssicherung 165
6.6.4.4 Abfall und Entsorgung 165
6.6.5 Zusammenfassung 165

6.7 Abdichtungssysteme (ddDach e.V.)
6.7.1 Billig ist teurer als richtig 167
6.7.2 Ausführungsqualität 167
6.7.2.1 Vorgaben 167
6.7.2.2 Planung 169
6.7.2.3 Qualaitätsdefinition 169
6.7.2.4 Bauüberwachung 169
6.7.3 Ausführungserfolg 169
6.7.4 Fazit 169

Sicherheit durch Fachkompetenz

Kapitel VII
Garantie und Gewährleistung

7 Vertragsproblematik 171

7.1 Bauvertragsgestaltung 173
7.1.1 Gewährleistung/Mängelansprüche 173
7.1.1.1 Gewährleistung beim Bauen 173
7.1.1.2 Hemmung und Neubeginn 173
7.1.1.2.1 Hemmung der Verjährungsfrist
7.1.1.2.2 Neubeginn der Verjährungsfrist
7.1.2 Gewährleistung beim Warenkauf 175
7.1.3 Sicherheitsleistungen 175
7.1.4 Materialgarantie 177
7.1.4.1 Rahmengarantieverträge 177
7.1.4.2 Bauherrengarantie 177

7.2 Bauteilversicherung 179
7.2.1 Systemgarantie 179
7.2.2 Flachdachversicherung 179
7.2.3 Produkthaftung 181
7.2.3.1 Produkthaftungsrecht 181
7.2.3.2 Produkthaftungsgesetz 181
7.2.3.3 Eigenschaftszusicherungshaftung 181
7.2.4 Sicherheitsbedürfnis 183

7.3 Gebäudeversicherung 183
7.3.1 Haftungsausschluss 183
7.3.2 Haftung des Gebäudebesitzers 185
7.3.3 Pflege und Wartung 185

7.4 Volkswirtschaftliche Betrachtung 187
Auszug aus einem Vortrag von Baurat h.c., Dipl. Ing. W. Lüftl, Wien

Kapitel VIII
Verzeichnis und Hinweise

8 Weiterführende Literatur 187

8.1 Literaturverzeichnis 189
8.2 Verzeichnis der Darstellungen 194
8.3 Verzeichnis der Abbildungen 194

Kapitel IX
Formulare zum Kopieren

9 Nur Vertragsoll ist Bausoll 195

9.1 Beschaffenheitsvereinbarung 195
9.1.1 Ausführungsunterschiede 197

9.2 Nachweis der Fachkunde 197
9.2.1 ... in Deutschland 197
9.2.2 ... in Österreich 197
9.2.3 ... in der Schweiz 197
9.2.4 ... und in Europa 197

9.3 Überwachung der Leistung 199
9.3.1 Besondere Leistungen 199

9.4. Formulare zur Ergänzung der bauvertraglichen Unterlagen (ddDach e.V.)
9.4.1 Vorschlag für nicht genormte Prüfungen 200
9.4.2 Anforderungsprofil für Abdichtungen AfP, 2005 201
9.4.3 Schweißfenster für Polymere Bahnen 202
9.4.4 Nachweis der technischen Ausstattung 203
9.4.5 Anforderungsprofil Flüssigabdichtungen AfP-Fa 205
9.4.5.1 Anwendung nach Bauregelliste B1 205
9.4.6 Nachweis der Fachkunde 206
9.4.7 Qualifikation der Mitarbeiter 207

Autoren dieser Ausgabe 208

Recht, Gesetz und Abkürzungen

Gesetze, Richtlinien, Verordnungen

Deutschland

Auszug aus Bürgerlichen Gesetzbuch (**BGB**), Ausgabe 2002, §§ 631, 633, 634.

Auszug aus Handelgesetzbuch (**HGB**) vom 21.12.2004.

Auszug aus Verdingungsordnung für Bauleistungen, Teil B (**VOB/B**), Ausgabe 2002, § 13 - Mängelansprüche.

Auszug aus Musterbauordnung (**MBO**), Fassung November 2002.

Österreich

Auszug aus Allgemeines Bürgerliches Gesetzbuch (**AGBG**), Ausgabe 2002, §§ 922-933, Gewährleistungsrecht

Schweiz

Auszug aus Schweizer Zivilgesetzbuch (21.12.2004), Fünfter Teil: Obligationenrecht (**OR**):
- Sechster Titel: Kauf und Tausch
- Elfter Titel: Werkvertrag

Europa

Bauvertrags-, Werkvertragsrecht und Gesetze in Europa im Überblick.

Auszug aus Richtlinie 2004/18/EG des europäischen Parlaments und des Rates vom 31. März 2004 - über die Koordinierung der Verfahren zur Vergabe öffentlicher Bauaufträge, Liefer- und Dienstleistungsaufträge. Veröffentlicht am 30. April 2004.

- Art. 48:
  Technische und/oder berufliche Leistungsfähigkeit
- Anhang VI:
  Definition bestimmter technischer Spezifikationen

Verzeichnis der Abkürzungen

a.a.R.d.T.	Allgemein anerkannte Regeln der Technik
AG, AN	Auftraggeber, Auftragnehmer
AKB	Arbeitsgemeinschaft Kautschukbahnen im WDK - Wirtschaftsverband der deutschen Kautschukindustrie e.V
AFNOR	Association Francaise de Normalisation
BAM	Bundesanstalt für Materialprüfung
BauPG	Bauproduktengesetz
BGB	Bürgerliches Gesetzbuch
BGBl	Bundesgesetzblatt
BGH	Bundesgerichtshof
CEN	Europäisches Komitee für Normung
D-A-CH	Deutschland-Österreich-Schweiz
ddD	Europäische Vereinigung dauerhaft dichtes Dach - ddD e.V.
DIBt	Deutsches Institut für Bautechnik
DIN	Deutsches Institut für Normung e.V.
DUD	Industrieverband Kunststoff- Dach- und Dichtungsbahnen e.V.
DWD	Deutscher Wetterdienst
EAWAG	Eidgenössische Anstalt für Wasserversorgung, Abwasserreinigung und Gewässerschutz
EOTA	European Organisation for Technical Approvals
ETA	European Technical Approvals
ETAG	European Technical Approval Guidl.
ETZ	Europäische Technische Zulassung
EMPA	Eidgenössische Materialprüfanstalt
EN	Europäische Norm
- hEN	- harmonisierte Europäische Norm
EU	Europäische Union
GVG	Gerichtsverfassungsgesetz
GVL	Gebäudeversicherung des Kantons Luzern
GVV	Verordnung zum Gesetz über die Gebäudeversicherung
IfB	Institut für Bauforschung
LBO	Landesbauordnung
LG, OLG	Landgericht, Oberlandesgericht
MBO	Musterbauordnung
OIB	Österreichisches Institut f. Bautechnik
SIA	Schweizerischer Ingenieur- u. Architektenverein
VDD	Industrieverband Bitumen-Dach- und Dichtungsbahnen e.V.
VDI	Verein Deutscher Ingenieure
ZPO	Zivilprozessordnung
ZVDH	Zentralverband des Deutschen Dachdeckerhandwerks

PROBLEME ......

Probleme beim Bauen entstehen in den meisten Fällen durch Unwissenheit. Unwissenheit ist vielfach mit fehlendem Fachwissen zu begründen.

Fachwissen eignet man sich durch das Studium der jeweils neuesten Fachregeln und der aktuellen Fachliteratur an. Insbesondere in der heutigen Zeit einer europäischen Harmonisierung der Baunormen ist dies, zugegebenermaßen, mit einem relativ hohen Kostenfaktor verbunden. Allein für die Normen, Normenentwürfe, deren nationale Ergänzungen, Fachregeln, Vorschriften und Bestimmungen für das Bauteil Dach, auf die in diesem Fachbuch Bezug genommen wurde, war ein Kostenaufwand von über € 3.000,00 notwendig.

In Anbetracht solcher Beträge (die sich bei über 50 Gewerken entsprechend multiplizieren) ist es einerseits nicht verwunderlich, wenn viele Architekten nicht mehr auf dem neuesten Stand sind und andererseits sich nicht nur die öffentliche Hand als Auftraggeber über die hohen Kosten für Fachregeln, in Anbetracht knapper Kassen beklagt. Dies hat u.a. dazu geführt, dass beispielsweise auch im Landtag von Baden-Württemberg ein Antrag mit folgenden Fragen gestellt wurde:

- weshalb sind die neuen DIN-Normen nicht vollständig im Internet abrufbar?

- trifft es zu, dass ein einzelner Verlag das Monopol zur Veröffentlichung von DIN-Normen im vollständigen Wortlaut besitzt und diese teuer verkauft?

Das Wirtschaftsministerium hat dazu wie folgt Stellung genommen:

»DIN-Normen sind urheberrechtlich geschützte Werke. Die Nutzungs-, Verbreitungs-, und Verwertungsrechte stehen dem DIN zu, somit auch die Entscheidungsbefugnis über die Art des Vertriebs. Das DIN vertreibt seine Normen ausschließlich über den Beuth Verlag. Dem DIN als einer privatrechtlichen Institution steht es auch im Wesentlichen frei, die Preise nach betriebswirtschaftlichen Grundsätzen zu bestimmen« (DÖRING, 2003). Diese Aussagen gelten auch für den Schweizer Ingenieur- und Architekten-Verein (SIA), das Österreichische Normungsinstitut (ÖN) und die europäischen Normenorganisationen.

Um zukünftig Probleme, Fehler und Schäden zu vermeiden, ist es notwendig sich mit den aktuellen Fachregeln zu beschäftigen, d.h. diese zu kaufen und zu studieren. Auch bei Architekten, Ingenieuren, Sachverständigen und Handwerksfirmen sind die Kassen knapp, deshalb liegen wohl meist nicht alle relevantaktuellen Unterlagen vor.

Die Frage: »Wie man ohne Kenntnis der aktuellen Fachregeln planen, bauleiten, bauen und beurteilen kann« wird dann von Bedeutung, wenn Fehler, Mängel oder Schäden auftreten und als Folge vielleicht letztendlich die Rechtssprechung entscheiden muss. In einer solchen Situation dürften die Kosten 10 bis 100-fach über den Investitionskosten für die Anschaffung der relevanten Fachliteratur und dem Zeitaufwand, um sich in diese einzuarbeiten, liegen. Dies sollte man grundsätzlich bedenken.

Die vorliegende Ausgabe »**PROBLEME**« aus der Fachbuchreihe »Dachabdichtung Dachbegrünung« ergänzt die Ausgabe »**FEHLER**« und soll alle am Bau Beteiligten für die ihnen vom Bauherrn gestellte Aufgabe entsprechend sensibilisieren. Verschiedene Experten, jeweils auf ihrem Gebiet erfahren, kompetent und teilweise international anerkannt, beschreiben die Problematik, die bei der Planung und Ausführung des Bauteils »Dach mit Abdichtung« zu berücksichtigen ist. Mit entsprechenden Hinweisen auf die aktuellen Fachregeln werden die Ausführungen der Autoren ergänzt.

»**Ein Bauwerk muss zum Zeitpunkt der Fertigstellung dem neuesten Stand der Technik entsprechen**«. Das ist eine Selbstverständlichkeit und bedarf nach einer neuen Grundsatzentscheidung des Bundesgerichtshofes (BGH) keiner besonderen Vereinbarung oder Zusicherung.

Von den neuesten Erkenntnissen aus der Forschung und der langjährigen Praxiserfahrung wird von den Autoren der aktuelle Stand der Technik abgeleitet und in diesem Fachbuch dokumentiert. Somit kann dieser bei der Planung und Ausführung berücksicht werden, aber auch im eventuellen Schadensfall als Argumentation hilfreich sein.

Wolfgang ERNST

»Architekten sind unbestechlich. Manche von ihnen nehmen nicht einmal Vernunft an« (PROBST, 1987).

»Dachdecker lesen nur, wenn Sie mit gebrochenem Bein im Krankenhaus liegen« (HAUSHOFER, 1998).

»Handwerker sind tagsüber auf der Baustelle. Sie essen Abends mit der linken Hand und schreiben mit der rechten Hand Rechnungen. Für Fortbildung bleibt da keine Zeit mehr« (Antwort eines Dachdeckers auf die Frage des Gerichts warum die Ausführung nicht nach den aktuellen Fachregeln erfolgte).

Alles ist möglich, nichts ist unmöglich

Abbildung 01:

Nachunternehmerpanne:

Hoffnungslose Suche nach der Undichtigkeit bei einer begrünten Dachfläche

Abbildung 02:

Nachlässigkeit des Dachdeckers:

Bitumenstreifen unter einer PVC-Abdichtung als Ursache für vorzeitiges, partielles Mate-rialversagen

Abbildung 03:

Handwerkergefälligkeit:

Zusätzliche Windsogsicherung mit einer durch die Abdichtung verschraubter Schiene von dem gerade anwesenden Schlosser

...auf den Punkt gebracht

Der Mensch hat drei Wege, klug zu handeln:

Erstens durch Nachdenken: Das ist der Edelste.

Zweitens durch Nachahmen: Das ist der Leichteste.

Drittens durch Erfahrung: Das ist der Bitterste.
Konfuzius (479 v. Chr.)

Was bereits 479 v. Chr. galt, trifft heute noch genauso zu. Edle Männer und Frauen scheint es immer weniger zu geben, denn die wenigsten lernen aus Bauschäden oder denken über deren Ursachen nach. Dies ist kein Wunder, da durch ein Überangebot von neuen Büchern und CAD-Fertigdetails (nahezu jeder Produkthersteller stellt mittlerweile CD-Roms zur Verfügung) das Nachahmen leicht gemacht wird. Nicht nur junge Kollegen übernehmen gedankenlos fertige Regeldetails und müssen später die bittere Erfahrung machen, dass sie für ihre Fehler haftbar gemacht werden.

Es gibt in der VOB/C 55 Gewerke, von den Erd- bis zu den Gerüstarbeiten. All diese Gewerke muss der Architekt oder der planende Ingenieur eindeutig und erschöpfend durchdenken, ausschreiben und überwachen. Damit ist er häufig überfordert. Planungsmängel und Ausführungsfehler sind daher vorprogrammiert. Schon seit vielen Jahren werden Bauschadensbeschreibungen in Fachzeitschriften veröffentlicht. Im heutigen Computerzeitalter werden die Bauschäden nicht weniger, sondern mehr.

Bei meiner Tätigkeit als Gerichtssachverständiger muss ich die Ursache des Mangels feststellen. Dabei komme ich immer wieder zu ähnlichen, wiederkehrenden Feststellungen:

- Jung-Projektsteuerer - die nur ihre Termine im Kopf haben und wenig oder fast gar nichts über beispielsweise Restfeuchte-Belag, Ausschalfristen, und ähnliches wissen.
- Viele Architekten-Kollegen haben anscheinend lieber bunte Bilder gemalt und stundenlang über Farben diskutiert, anstatt den ausführenden Firmen Details zur Verfügung zu stellen.
- Architekten-Wettbewerbssieger - meistens sogenante Fassaden-Architekten, nehmen keine Rücksicht auf die Gebäude-Konstruktion. Sie ignorieren, dass bautechnische Anforderungen grundsätzlich Vorrang vor gestalterischen und vegetationstechnischen Aspekten haben.
- Details - wenn überhaupt vorhanden - werden gedankenlos aus Vorlagen abkopiert. Dabei wird nicht berücksichtigt, dass Firmen in Details nur ihr Produkt richtig und die angrenzenden Gewerke nur schemenhaft und meist falsch darstellen.
- Aufgrund relativ kurzer Planungszeit wird häufig auf Ausführungsdetails verzichtet. Deren Lösung wird dem örtlichen Bauleiter überlassen, der damit meist hoffnungslos überfordert ist.
- DIN-Normen, Merkblätter, Zulassungen werden unkritisch übernommen. Es nutzt nichts, wenn etwas in DIN-Normen steht oder aus Merkblättern übernommen wird oder wenn ein Produkt eine Zulassung hat, dann trotzdem beim Einsatz ein Restrisiko verbleibt und daraus Schäden entstehen können.

Der Werksvertrag schuldet eine Erfolgssicherheit. Der Architekt kann sich bei einem Baumangel nicht herausreden, »die Firma hätte ja Bedenken anmelden müssen ...«. Wogegen hätte die Firma Bedenken anmelden müssen, wenn keine Details vorliegen?

Wenn im Rahmen der Planungspflichten entscheidend wichtige Detailpunkte gar nicht dargestellt werden - wie im Falle einer sogenannten Nullplanung, ist bei Eintritt eines Schadens im direkten Zusammenhang mit dieser Detaillösung von einem Planungsfehler auszugehen.

Fehlerhafte, lückenhafte Planungsunterlagen und Leistungsbeschreibungen sind an der Tagesordnung. Die fehlerhafte Planung wird Vertragsbestandteil mit dem Auftragnehmer. Zur Verhinderung eines daraus resultierenden Ausführungsmangels sind Bedenkenanmeldung und Nachträge des Auftragnehmers erforderlich.

Seminare, in denen über Denkprovokationen Nachdenken (und nicht Nachahmen) trainiert wird, werden nur von wenigen besucht, vor allem von denjenigen, die es meist nicht nötig haben. Aus der Statistik ist bekannt, dass auf den meisten Bauschadensseminaren nur rund 20 Prozent Architekten oder Ingenieure sind. Der Rest sind (hier provokativ gemeint) Mitarbeiter von Behörden oder Verwaltungen, die den Tag abbummeln.

Vom Sport weiß man, dass Höchstleistung auch nur durch intensives und ständiges Training erreicht wird. Auch das Erkennen von Baumängeln muss trainiert werden, um Schäden zu vermeiden. Nur: Training erfordert Zeit.

Ein faires Miteinander von Auftraggeber und Auftragnehmer wird immer seltener. Es setzt sich immer mehr durch, dass die Baufirmen ihre letzten Zahlungsraten nicht mehr erhalten. Baumängel werden nicht sofort beanstandet, sondern erst bei der Abnahme und dort beginnt das Spießrutenlaufen. Dass der Bauleiter die Verpflichtung hat, zur Schadensminderung beizutragen, wird häufig vergessen.

Baumängel werden bei der Abnahme regelrecht gesucht. Selbsternannte Sachverständige lassen sich engagieren, die durch mehr (hinzufügen) oder weniger (weglassen) im Interesse des Auftraggebers die Mängel oder die Mängelfreiheit bestätigen. Wie soll man Sach-

Besondere Situation, besondere Ausführung

Abbildung 04:

Fehlende Befestigung - deshalb permanente Auflast

Abbildung 05:

Architekturdesign kontra Realität

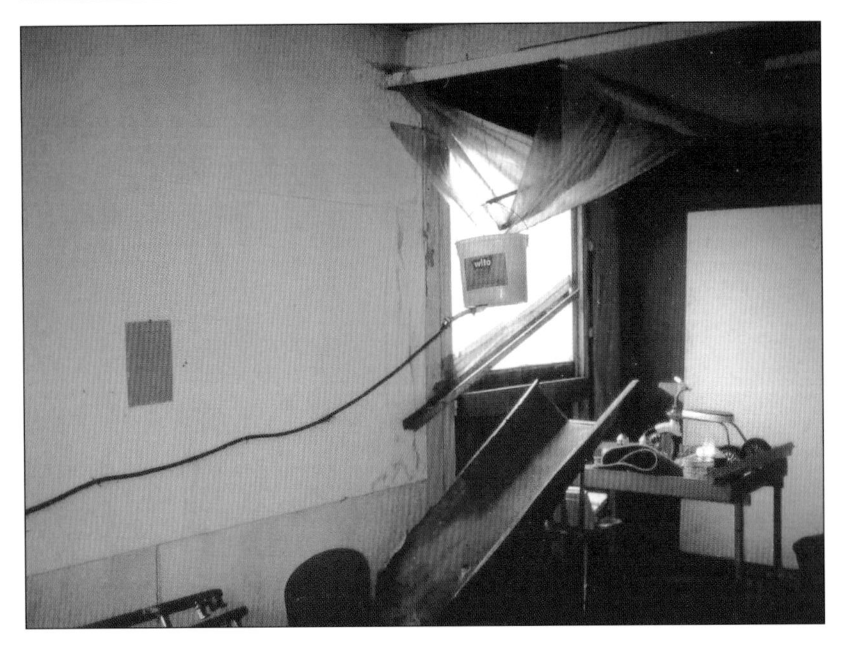

Abbildung 06:

Notentwässerungseinrichtungen von einem erfindungsreichen Hausmeister

Wissen ist Grundlage vernünftigen Handelns

verständigen vertrauen, wenn sie sich als »Mietmäuler« benutzen lassen? Hier ist der fachkundige, erfahrene und öffentlich bestellte Sachverständige gefordert!

Bauherren und Auftraggeber sind teilweise auch selbst Schuld. Für fast alle Produkte gibt es Prospekte, Betriebsanleitungen und Handbücher. Nur der zukünftige Hausbesitzer bekommt keine »Betriebs- oder Gebrauchsanleitung« für sein Haus. Wer klärt ihn zum Beispiel darüber auf, dass ein Flachdach oder eine Terrasse gewartet werden muss? Wer sagt ihm etwas über die Lüftungshäufigkeit zur Vermeidung von Schimmelpilzen?

Die Meinungsfreiheit oder Neutralität des Sachverständigen wird durch Baustoffproduzenten und auch Verbände immer mehr unterdrückt. Hierzu folgende Beispiele:

Für ein Gutachten wollte ich vom Sanitär- und Heizungsverband eine Auskunft über ein Detail einholen und bekam als Antwort: »Unsere Aufgabe als Zentralverband ist es, die Interessen der verarbeitenden Klempnerbetriebe zu vertreten«.

Die Innung der Fußbodentechnik:

»... können Ihnen die gewünschten Unterlagen nicht zusenden«.

Und sie verweisen allgemein auf Sachverständige des Handwerks. Die Beispiele lassen sich beliebig fortführen. Das heißt, die ausführende Firma, die mangelhaft gearbeitet hat, wird von ihrem Verband noch geschützt.

Früher wurden schwarze Schafe aussortiert. Heute traut sich, aus Angst vor Mitgliederschwund kein Verband mehr, seine zahlenden Mitglieder zu verwarnen.

»Pfusch beginnt am Bau« ist leicht und schnell gesagt. Fehler können auf jeder Arbeitsstufe produziert werden. Erst eine eindeutige und erschöpfende Planung und Ausschreibung bringt die Qualitätssicherung, die jedoch nicht zum Nulltarif zu haben ist.

Qualitätssicherung beginnt im Kopf und nicht mit Checklisten - wie es zum Beispiel ein Verein für Kfz-Prüfungen auch für den Bauherrn anbietet.

Wer als Auftraggeber grundsätzlich dem billigsten Anbieter, sei es in der Planung oder Ausführung, ohne Prüfung seiner Qualifikation den Auftrag erteilt, der trägt in nicht geringem Umfang die Mitschuld für spätere Mängel«.

(Joachim SCHULZ, Vortrag beim »Tag des Sachverständigen« der IHK Berlin, Mai 2002).

Der Baumeister - Meister des Bauens

Der römische Architekt, Ingenieur und Schriftsteller Marcus Vitruvius Pollio, genannt **VITRUV** (80 bis 10 v.Chr.) hat bereits vor mehr als 2.000 Jahren eine umfassende und vielseitige Bildung gefordert:

»Das Wissen eines Baumeisters umfasst verschiedenartige wissenschaftliche und mannigfaltige elementare Kenntnisse. Baumeister, die unter Verzicht auf wissenschaftliche Bildung sich ausschließlich nur um handwerkliche Dinge bemühen, gelangen nicht zur entsprechenden Qualifikation.

Andererseits scheinen diejenigen, die sich nur auf Berechnungen und auf ihre wissenschaftliche Ausbildung verließen, lediglich einem Schatten, nicht aber der Sache nachgejagt zu sein. Diejenigen aber, die sich beides gründlich angeeignet haben, gelangten schneller und erfolgreicher an ihr Ziel.

Ein Baumeister muss begabt und bereit zu wissenschaftlich-theoretischer Schulung sein. Er muss im schriftlichen Ausdruck gewandt sein, des Zeichenstiftes kundig, in der Geometrie ausgebildet, mancherlei geschichtliche Ereignisse von fleißigen Philosophen gehört haben, etwas von der Musik verstehen, nicht unbewandert in der Heilkunde sein, juristische Entscheidungen kennen, Kenntnisse in der Sternenkunde und vom gesetzmäßigen Ablauf der Himmelserscheinungen besitzen«.

Bauschäden sind so alt, wie das Bauen selbst. Deshalb ist die Forderung nach umfassender und vielseitiger Bildung aller am Bau Beteiligten immer noch gültig, um zu vermeiden, dass das Bauen - und dabei insbesondere das gebäudeschützende Bauteil Dach - zu einer risikobehafteten Glücksache wird.

Dächer mit Abdichtungen

sollten eigentlich längst nicht mehr zu den problematischen Konstruktionen gehören, denn aufgrund der zur Verfügung stehenden modernen Werkstoffe, der bauphysikalischen Kenntnisse und den Erfahrungen im Umgang mit den Werkstoffen kann auf langjährig dauerhafte und funktionstüchtige Ausführungen geschlossen werden.

In der Praxis ist jedoch immer wieder festzustellen, dass die Problematik des abgedichteten (und begrünten) Bauteils »Dach« eher größer als kleiner geworden ist.

Orkan Lothar = bewegte Luft mit über 120 km/h

Abbildung 07:

Orkan »Lothar« am 26.12.1999 mit Böenspitzen bis 240 km/h.

»Neben der reinen kinetischen Energie der Luftströmung, die mit dem Quadrat der Windgeschwindigkeit wächst und für den sog. Winddruck sorgt, ist für die durch den Wind hervorgerufene mechanische Banspruchung von Bauwerken noch die Windpulsation verantwortlich. Diese hängt entscheidend von der Böigkeit des Windes ab und führt zu Schwingungserscheinungen bei Bauwerken. Erreichen solche Windpulsationen mit großer Amplitude die Eigenfrequenz von Bauwerken, so können selbst an massiverscheinenden Gebäuden große Schäden entstehen« (MeteoSchweiz, 2001)

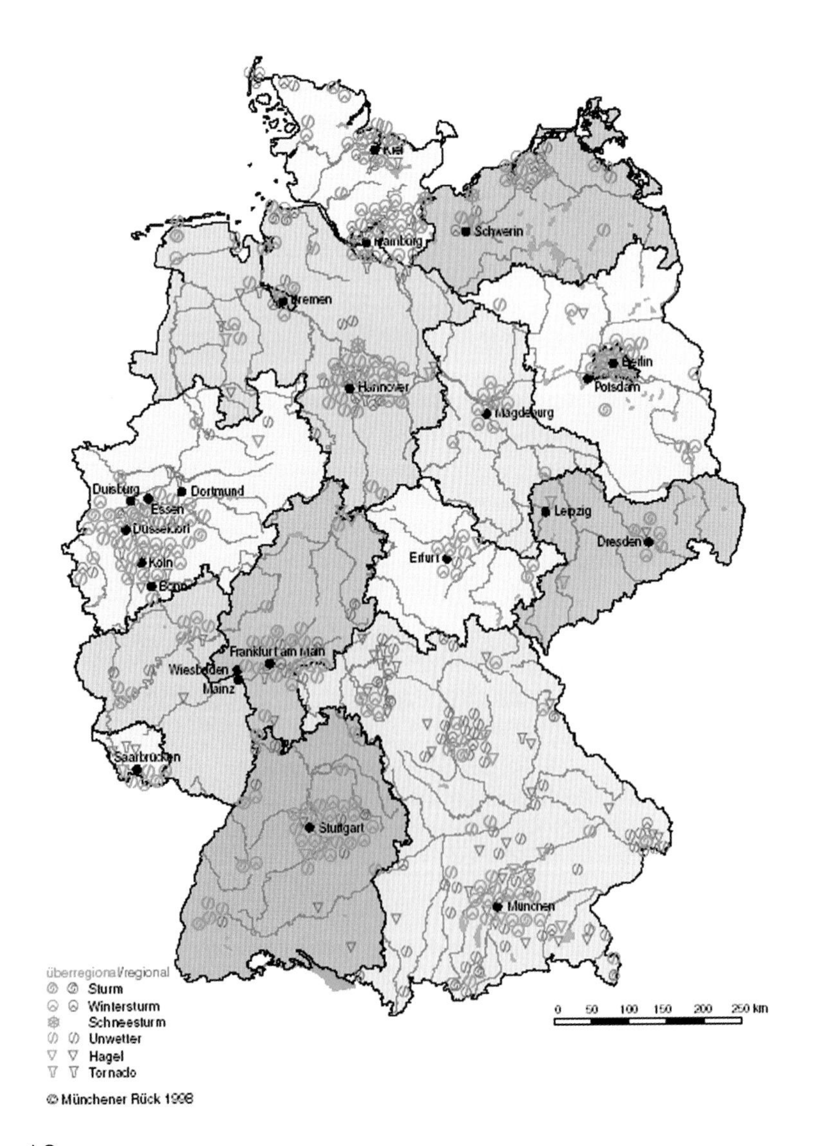

Darstellung 01:

Naturkatastrophen in Deutschland 1970-1998: Stürme, Unwetter, Hagel, Tornado (1998)

Quelle:
Münchner Rückversicherungs-Gesellschaft

Kapitel I

Klima und Wetter

Klimaveränderung

Normen und Fachregeln bleiben Festschreibungen der Kenntnisse aus der Vergangenheit. Gebaut wird jedoch für die Zukunft. Verantwortungsvolle Baufachleute erkennen diesen Widerspruch (ERNST, 2002) und handeln dementsprechend.

Wer heute verantwortungsvoll baut, der berücksichtigt insbesondere die durch die Klimaveränderung nachweislich zunehmenden und nicht mehr weg zu diskutierenden Unwetterereignisse. Seit Jahren wird in der Fachliteratur darauf hingewiesen: »**Das Klima ändert sich - und deshalb müssen sich auch die Dächer ändern**«. Nach HAUSHOFER (2001, 2002) nützt es nichts Flachdachabdichtungen auf dem Wissen von vergangenen Jahrzehnten aufzubauen. Die heute gebauten Dächer müssen eine solche Sicherheit aufweisen, dass sie auch bei veränderten Klimabedingungen problemlos und dauerhaft sicher sind.

Häufigkeit und Intensität von Winterstürmen, Starkregenfällen und Hagelschlag haben deutlich zugenommen. Dies bedeutet, dass vielfach die in den relevanten Fachregeln definierten Mindestanforderungen nicht mehr ausreichend sind und deshalb die obere Grenze dieser Vorschriften der Planung und Ausführung zugrunde gelegt werden muss.

Bei besonders exponierten Lagen und in Gebieten mit Katastrophenhäufigkeit, siehe Darstellung 1, ist im Einzelfall auch einmal eine gesonderte Beurteilung/Berechnung notwendig. Eine solche Einschätzung zeichnet den erfahrenen Fachmann aus.

»Heute werden Bauten durch Architekten mit dem Wissen und der Erfahrung der letzten zwanzig bis dreißig Jahre geplant und ausgeführt, obwohl zur Berücksichtigung der allgemein bekannten Effekte der Klimaveränderung eine Planung in die Zukunft notwendiger denn je ist« (HAUSHOFER, 2002).

»Es zeigt sich immer wieder, dass bei Unwetterereignissen die Schadensanfälligkeit von Bauwerken trotz aller Bauvorschriften und rechnerischen Annahmewerte eher größer als kleiner geworden ist« (BERZ, 1999).

»Für den Planer sind die Auswirkungen der Klimaveränderung als allgemein bekannt vorauszusetzen. Wer diese nicht berücksichtigt, handelt fahrlässig« (ERNST, 2003).

Windzonen nach neuen Erkenntnissen

Karte 2: Windzonen nach DIN V ENV 1991-2-4[3]

Darstellung 02:

Windzonen nach DIN V ENV 1991-2-4 (entnommen aus DIN 4131) - Inhalt der aktuellen Fachregel für Dächer mit Abdichtungen (2001)

»In Zone I sind die Regelwerte zusätzlich von der Höhe über NN abhängig«, d.h.:

über 600 m	-	Windzone II
über 830 m	-	Windzone III

(Hinweise zur Lastermittlung, ZVDH, 2001, 2003)

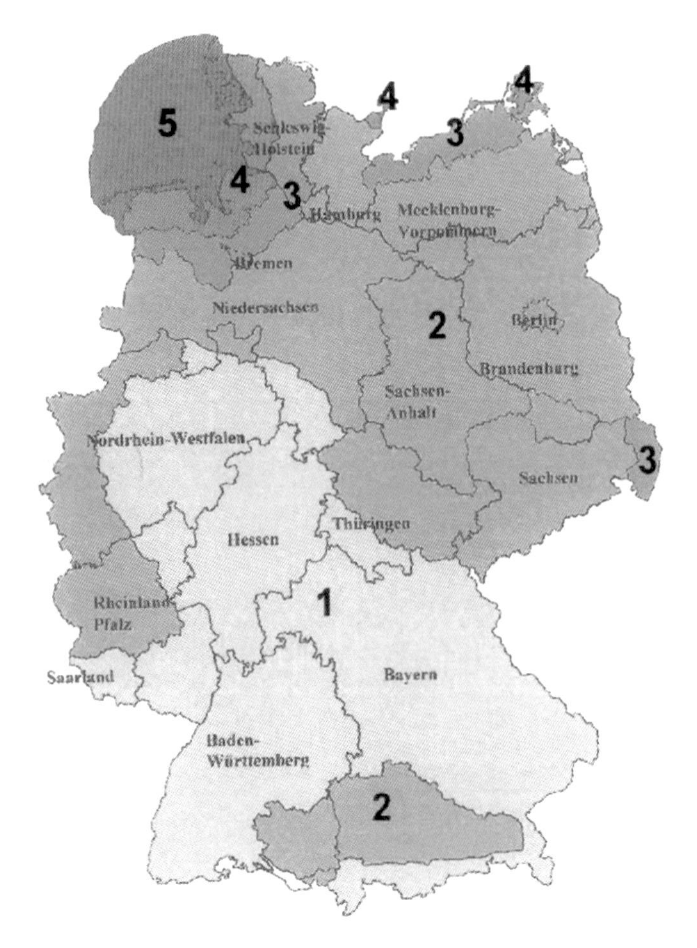

Darstellung 03:

Windzonenkarte nach dem Entwurf E DIN 1055-4 (April 2002)

Windzone	vref	qref
WZ 1	22,5 m/s	0,32 kN/m²
WZ 2	25,0 m/s	0,39 kN/m²
WZ 3	27,5 m/s	0,47 kn/m²
WZ 4	30,0 m/s	0,56 kN/m²
WZ 5	30,0 m/s	0,56 kN/m²

(Un)Wetterangepasste Planung/Ausführung

1.1 Wind, Sturm, Orkan

Auswirkungen der Klimaveränderung sind seit Jahren die Winterstürme. Diese entstehen im Zusammenhang mit intensiven Tiefdruckgebieten in Regionen mit großen horizontalen Temperaturunterschieden, d.h. im Übergangsgebiet zwischen den warmen Subtropen und kalter Polarluft.

Extreme Winterstürme werden durch das Zusammenspiel zahlreicher Prozesse ausgelöst. Bei »Lothar« haben Computersimulationen ergeben, dass die Kondensation von Wasserdampf bei der Entstehung und Intensivierung des Systems über dem Atlantik eine ganz wesentliche Rolle spielte. Die Wissenschaft sagt fast einhellig eine Zunahme des Wasserdampfes in der Atmosphäre voraus, was sich verstärkend auf die Intensität und Häufigkeit von Sturmtiefs auswirken kann (WERNLI, 2001).

In diesem Zusammenhang darf man aber auch nicht vergessen, dass sich in der letzten Zeit auch die Bauweisen verändert haben. Es sind sehr viel leichtere und schlankere Konstruktionen möglich geworden. »Das hat dazu geführt, dass die Wirkung der Windlast gegenüber der Eigenlasten hervortritt und die Bemessung wesentlich bestimmt. Für den Tragwerksentwurf wird dann ein wirklichkeitsnahes Modell der Windlast und ihrer Wirkung auf das Tragwerk benötigt« (NIEMANN, 2002).

1.1.1 Föhn

Neben den klassischen Weststürmen gehören auf der Alpennordseite auch Föhnstürme. In Deutschland, Österreich und der Schweiz können dadurch auch Extremereignisse auftreten, besonders in Süd-Nord-Tälern nördlich des Alpenhauptkammes. Dort wird die Föhnströmung kanalisiert und beschleunigt, deshalb muss generell davon ausgegangen werden, dass in den meisten Föhntälern Föhnstürme mit über 100 km/h auftreten können. In der Schweiz rechnet man mit 140 km/h (im 10 Jahresrhythmus).

»Abschätzungen zur zukünftigen Entwicklung der Föhnhäufigkeit unter dem Aspekt der globalen Klimaänderung liegen bis dato noch keine vor. Es steht fest, dass der Föhn sehr eng an bestimmte Wetterlagen und deren regionale Charakteristiken gekoppelt ist. Deshalb sind zunächst verlässliche Resultate zur zukünftigen regionalen Wetterlagenentwicklung abzuwarten« (HACHLER, 2001).

1.1.2 Windlast

»Die Windlastnorm dient zur Berechnung der Wirkungen, die der natürliche Wind in der Überlagerung mit anderen Einwirkungen auf die tragenden Teile von Baukonstruktionen ausübt. Sie ist damit Grundlage für eine sichere Bemessung der Tragfähigkeit und den Nachweis der Gebrauchstauglichkeit« (NIEMANN, 2002).

Die neue Windzonenkarte nach E DIN 1055-4 (April 2002) - siehe Darstellung 3 - berücksichtigt die seit ca. 1980 verbesserte Datenbasis und Auswertmethoden. Die Karte basiert auf meteorologischen Daten von 183 Stationen des Deutschen Wetterdienstes (DWD).

Inwieweit die bestehenden Regelwerke die nachweislich vorhandenen Anforderungen berücksichtigen, muss im Einzelfall beurteilt werden. Dazu gehört die aktuelle Kenntnis der veränderten Klimabedingungen - und den Schadenshinweisen der Gebäudeversicherer.

1.1.2.1 Flachdachrichtlinien

Nach den Fachregeln für Dächer mit Abdichtungen - Flachdachrichtlinien - sind »die erforderlichen Maßnahmen und die Ausführungsart zur Sicherung der dazugehörenden Schichten gegen Abheben durch Windkräfte bei der Planung festzulegen und in Ausschreibungen detailliert anzugeben«.

Anhaltspunkte für die bisherigen Berechnungen ist die in den Regeln für Dächer mit Abdichtungen - Hinweise zur Lastenermittlung - abgebildete Windzonen-Karte (siehe Darstellung 2). Die noch geltende Windlastnorm (Ausgabe 8.86) »war vom damaligen Ausschuss als eine Art Zwischenlösung gedacht auf dem Wege einer grund-

Was Hauseigentümer kaum wissen:

Die regelmäßige fachmännische Begutachtung des Daches ist nach geltender Rechtssprechung vorgeschrieben. (BGH: Aktenzeichen VI ZR 176/92 und VIII ARZ 1/01)

Bei Schäden erweist sich die sog. „Sturmklausel", d. h. dass Versicherungen automatisch den Schaden bezahlen, wenn Windstärke 8 erreicht ist (ca. 80-90 km/h Windgeschwindigkeit) immer öfter als trügerisch. Aufgrund o.g. Rechtssprechung verlangen viele Versicherungen inzwischen den Nachweis einer regelmäßigen, fachgerechten Dachwartung.

Stetige Zunahme der Windgeschwindigkeit

Abbildung 08:

Mechanische Befestigung bei Bahnenbreiten von 2,0 m, ...

Abbildung 09:

..... dadurch Überlastung der Befestiger

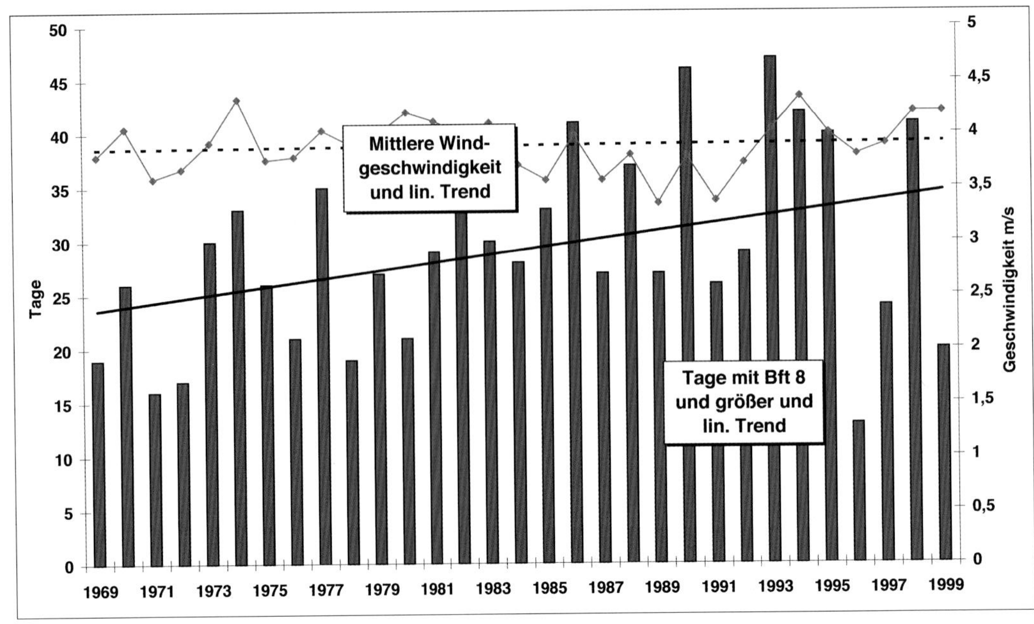

Darstellung 04:

Mittlere Windgeschwindigkeit und Häufigkeit von Tagen mit Windspitzen über 8 Bft am Flughafen Düsseldorf

Quelle:
U.OTTE, DWD, (2000)

Risikolose Windsogsicherung

legender Neubearbeitung mit dem Ziel, eine Grundlage für eine wirklichkeitsnahe und allgemeingültige Beschreibung der Windeinwirkungen bei beliebigen Baukonstruktionen zu schaffen« (NIEMANN, 2002). Eine komplette Neubearbeitung war mit dem Ziel verbunden durch stärkere Differenzierung eine wirklichkeitsnahe Erfassung der Windeinwirkung zu erreichen. Dies schließt jedoch eine objektbezogene Prüfung im Einzelfall nicht aus.

1.1.2.2 SIA

Die SIA 271 (1986) verweist auf die objektbezogene Berechnung der Windlast und fordert bei frei bewitterten Dächern eine ständige Kontrolle:

»die Bemessung der Befestiger aufgrund des Windsogs gemäß SIA 160, unter Berücksichtigung eines Widerstandsfaktors 3, zu erfolgen. Der Nachweis hat objektbezogen zu erfolgen«. Der SIA 160 (1989) liegen klimatologische Karten zugrunde die eine Übersicht geben über die gebiets- und höhenabhängigen mittleren Windgeschwindigkeiten und Böenspitzen. Daraus wird mit einer physikalischen Gleichung der Staudruck des Windes abgeleitet, der dann in die Berechnungen einfließt.

»Dachflächen ohne Schutz- und Nutzschichten sind mindestens alle 2 Jahre zu kontrollieren« (SIA 271). Durch den Hinweis auf Ziffer 8.2 - Aufgaben des Projektverfassers - wird der Planer wirksam eingebunden, denn seine Aufgabe besteht u.a. auch in der »Zusammenstellung über besondere Pflege« für den Bauherrn.

1.1.2.2.1 Weitere Bestimmungen in der Schweiz

Neben der SIA und den Brandschutzverordnungen sind in der Schweiz für die Planung, Ausführung und Instandhaltung von Dächern mit Abdichtungen noch maßgebend und zu beachten:

- Gesetzgebung der Kantone, und
- Gebäudeversicherungsgesetz (GVG) mit zugehörender Verordnung (GVV).

Von den Gebäudeversicherern erhält man verschiedene Merk- bzw. Weisungsblätter mit weiteren Anforderungen. Die Gebäudeversicherung im Kanton Luzern verweist beispielsweise darauf, dass »ausnahmsweise frei bewitterte Flachdächer bewilligt werden können. Entsprechende Gesuche sind mit Begründung und detaillierten Konstruktions- und Materialdaten einzureichen« (GVL, 1999). Man wird schon wissen warum.

1.1.2.3 Ö-Norm

Die aktuelle Verfahrensnorm für Dächer mit Abdichtungen (ÖNorm B 7220) verweist für die Berechnung der Windlast auf die ÖNorm B 4014-1. Daraus ist die Bemessung der Befestigungsmittel (eigenverantwortlich und objektbezogen) abzuleiten.

1.1.3 Sturmrisiken

Mit dem sich deutlich abzeichnenden Klimawandel muss in Zukunft mit häufigeren und intensiveren Sturmereignissen gerechnet werden. Derzeit ist es nicht möglich anzugeben, ob es sich bei den Ereignissen der letzten Jahre um eine zufällige Häufung handelt, oder den Beginn eines signifikanten Trends. Verlässliche Aussagen sind jedoch auf Basis von Einzelanalysen möglich.

Doch selbst wenn im Hinblick auf das Sturmrisiko wissenschaftliche Beweise noch fehlen, müssen wir – nach dem **Prinzip der Vorsorge** – mit einer Verschärfung der Situation in Mitteleuropa rechnen, d.h. mit einer Zunahme von Häufigkeit und Intensität sowohl bei den Winterstürmen als auch bei lokalen Stürmen.

1.1.3.1 Windsogsicherung bei frei bewitterten Dachflächen

Anhand einer Beispielberechnung soll der Mehraufwand einer mechanischen Befestigung für die jeweilige Windzone aufgezeigt werden. Berechnungsgrundlage sind folgende Annahmewerte für ein L-förmiges Gebäude:

- Dachkonstruktion mit Trapezblech, Obergurtabstand: 28 cm,
- Dachabdichtung, lose verlegt, frei bewittert, mechanisch befestigt,
- Höhe: 10,0 m, Dachneigung: 1,5°,

Unterdruck reißt Dächer weg

»Die Bernoullische Gleichung, die hier anzuwenden ist, besagt, dass der Luftdruck an überströmten Flächen mit dem Quadrat der Windgeschwindigkeit unter den Druck in der ruhenden Luft absinkt. Der Unterdruck der dabei entsteht, kann bei Gebäuden zu schweren Beschädigungen führen. Hierbei ist die Windsogwirkung beim Steildach deutlich stärker als beim Flachdach«
(SLONGO, 2000).

Windverwirbelung am Dachrand

Tabelle 01 (rechts):

Vergleich: Anzahl von Befestigern bei verschiedenen Windlastzonen. Berechnung mit Berechnungsprogramm MF Windsog / Stand: 2004

Abbildung 10:

Windverwirbelungsbereich bei ungünstiger Gebäudeanordnung bereits in geringer Höhe (unter 8,0 m)

Abbildung 11:

»Eine vollflächige Verklebung verbindet immer nur zwei Schichten untereinander.

Zeitgemäße Verklebungen werden meist teilflächig ausgeführt. Dies ermöglicht die Aufnahme von Bewegungen und bildet gleichzeitig eine Dampfdruckausgleichsschicht.

Die Kraftaufnahme teilverklebter Systeme zu berechnen ist meist nicht möglich, da für schälbeanspruchte Verbindungen kein linearer Zusammenhang zwischen Klebermenge und Klebekraft besteht« (FRIEDRICH, 2002)

Bereich	Windlast-zone I	Windlast-zone II	Windlast-zone III
	Befestiger pro m² (Stk)		
Eckbereich	5,18	8,12	8,12
Außenrand	4,06	4,06	5,18
Innenrand	2,59	2,59	2,59
	Befestiger - Materialbedarf (Stk)		
Eckbereich	358	561	561
Außenrand	1360	1360	1734
Innenrand	2708	2708	2708
Gesamt	4426	4629	5003
Mehraufwand	100 %	~ 105 %	~ 113 %

Mit dem vielfach verwendeten Berechnungsprogramm MF WINDSOG, Version 3.7 wurden drei Beispielberechnungen durchgeführt. Verglichen werden sollte die Anzahl der Befestiger bei den Windlastzonen **I**, **II** und **III**. Die Berechnungen ergeben folgende Ergebnisse, die in obenstehender Tabelle aufgeführt sind.

Der Mehraufwand an Befestigern beträgt zwischen Windlastzone **I** und **II** - ca. **5 %** und zwischen Windlastzone **II** und **III** - ca. **7 %**. Dies ergibt einen Mehraufwand von ca. € -,15 bis € -,28 / m² (von Windlastzone I auf II) und von ca. € -,30 bis € -,55 / m² (von Windlastzone II auf III) je nach Materialqualität der Befestiger. Umgerechnet auf die Fläche von ca. 1.450 m² erhöhen sich die Gesamtkosten für das Dach somit um ca.:

- **€ 217,--** bis **€ 406,--** (von Windlastzone **I** auf **II**)
- **€ 435,--** bis **€ 798,--** (von Windlastzone **II** auf **III**)

Die Beispielberechnung zeigt auf, dass mit einem relativ geringen Mehraufwand eine eventuell erhöhte Beanspruchung berücksichtigt werden kann, die sich für die Zukunft lohnt. Eine Berücksichtigung der erhöhten Anforderungen an die Windsogsicherung ergibt sich aus detaillierter geographischer und meteorologischer Kenntnis und zeichnet den erfahrenen Fachmann aus. (ERNST/LÄCHLER, 2004).

1.1.3.1.1 Befestiger

Anforderungen an die Befestiger ergeben sich aus der seit 2003 europaweit gültigen **ETAG 006** - Mechanisch befestigte Dachsysteme (siehe Seite 107), sowie den nationalen Fachregeln, wie z.B.:

SIA 271 / 3.41.3: »Die mechanischen Eigenschaften der Befestiger dürfen während der Lebensdauer des Flachdaches durch Korrosion oder Alterung nicht wesentlich vermindert werden«,

Ö-Norm B 7220: »Vorzugsweise sollen Befestigungs-elemente in korrosionsbeständiger Ausführung vorge-sehen werden« und der seit 2003 europaweit gültigen

Üblicherweise werden allgemeine Formulierungen, wie: »nicht rostende«, »korrosionsbeständige« Befestiger oder Befestiger aus »rostfreiem Stahl« verwendet. Hierzu ist anzumerken, dass unter diese Begriffe mittlerweile mehr als 200 Legierungen fallen, die sich aber in der Korrosionsschutzwirkung wesentlich unterscheiden.

a) Rostfreier Stahl mit martensitischem Gefüge wird z.B. im englischsprachigen Raum im allgemeinen als 400er Serie bezeichnet. Die Legierung enthält gerade das Minimum an Chrom, das für die Ausbildung einer Passivierungsschicht benötigt wird. Die daraus hergestellten Befestiger können der Korrosion kaum Widerstand entgegensetzen. Sie sind für dauerhafte Dach- und Wandbefestigungen nicht geeignet.

b) Rostfreier Stahl mit ferritischem Gefüge hat einen Chromanteil zwischen 12 und 30 Prozent. Dieser Stahl besitzt eine niedrige Duktilität und kann nicht gehärtet werden. Demzufolge ist rostfreier Stahl mit ferritischem Gefüge ebenfalls ungeeignet als Material für die Herstellung von Befestigern für die Bauindustrie.

c) Rostfreier Stahl mit austhenitischem Gefüge besitzt mindestens 17 Prozent Chromgehalt und acht Prozent Nickel. Diese Legierung ist in der Bauindustrie weit verbreitet in allen Anwendungen, die hohen Widerstand gegenüber Korrosion benötigen.

d) Befestiger aus "Grade 304" austhenitisch rostfreiem Stahl - im englischsprachigen Raum auch als 300er Serie bekannt - müssen mit besonderen Verfahrenstechniken hergestellt werden, sie enthalten zwischen 18 und 20 Prozent Chrom und 8 bis 10 Prozent Nickel. Diese Befestiger bieten den optimalen Korrosionsschutz.

In Großbritannien klassifiziert man diese rostfreien Befestiger als "lifelong" für Gebäude mit einer Nutzungsdauer von mehr als 30 Jahren (British Standard BS 7543 - 1992). Leider werden rostfreie Befestiger - mit Ausnahme von Deutschland, wo entsprechende Richtlinien seit Jahren existieren - oft nur bei Prestigebauten eingesetzt oder an Bauwerken in Küstennähe bzw. in stark aggressiver Atmosphäre. Rostfreie Befestiger nach o.a. Qualität sollten eigentlich generell eingeplant werden (aus Expertenforum: http://www.sfs.ch).

Rostfreie Befestiger

Es ist ein Irrtum zu glauben, rostfreie Befestiger seien teuer. Bekannt ist, dass die Kosten des Befestigers im Rahmen der Baukosten verschwindend gering sind. Sparen bei rostfreien Befestigern bedeutet am falschen Ende zu sparen. Rostfreie Befestiger stehen für Sicherheit. Alles andere ist ein Risiko, das man nicht eingehen sollte.

Maßnahmen zur Aufnahme vertikaler Kräfte

Abbildung 12:

Durch Unterdruck abgeschälte 2-lagige Bitumenabdichtung, infolgende mangelnder Haftung der Schichten auf dem Untergrund durch Verwendung einer lose verlegten PE-Dampfsperre. Eine zusätzliche mechanische Befestigung war nicht vorhanden

Abbildung 13:

Alternative zur Kiesschüttung?: Kalkschotter.

Sonderbauweise mit gesondertem Nachweis der Witterungs- und Frostbeständigkeit des Schotters, sowie Kalkbeständigkeit der Abdichtung

Abbildung 14:

Grünglasbruch als Alternative zur Kiesauflast

Winddichte Beläge - vom Winde verweht

1.1.3.2 Sicherung durch Kleben

Die vollflächige Verklebung bituminöser Abdichtungen ist wohl die älteste Befestigungsart. Man unterscheidet dabei das Schweißverfahren, das Gießverfahren oder das Kaltselbstklebeverfahren.

Unter der Voraussetzung, dass alle Schichten des Abdichtungspaketes der Belastung standhalten, sind solche Dächer außerordentlich windsogsicher. Besonders bei Dächern mit offener Unterlage (z.B. Stahltrapezprofile ohne dichtende Maßnahmen im Stoß-, Überdeckungs- und Anschlussbereich) ist auf die Verklebung größten Wert zu legen, deshalb verweisen die Flachdachrichtlinen explizit darauf, dass:

»Die Abreißfestigkeit jeder zu klebenden Lage oder Schicht und die Eigenfestigkeit der Klebstoffverbindungen so groß sein muss, dass die angesetzten Windlasten lagesicher abgetragen werden können« und

»Wenn eine der zu klebenden Lagen oder Schichten keine ausreichende Abreißfestigkeit aufweist, sind andere Maßnahmen, z.B. mechanische Befestigung, anzuwenden«(ZVDH, 2003). Werden solche Hinweise nicht beachtet, kann es zu einem Sturmschaden kommen - siehe nebenstehende Abbildung 12.

1.1.3.3 Sicherung durch Auflast

Die traditionelle Form der Auflast ist die Kiesschüttung. Hierbei wird meist eine Körnung von 16/32 mm mit einer Einbaudicke von 5 bis 6 cm verwendet. Dies entspricht einem Gewicht von ca. 90-100 kg/m².

Die Erfahrungswerte mit Kies sind in den Fachregeln dadurch festgehalten, dass auf Verwehungen im Rand- und Eckbereich hingewiesen wird - siehe Abbildung 10. Es werden deshalb in solchen Bereichen Plattenbeläge oder Betonformsteine auf geeigneten Schutzschichten empfohlen.

1.1.3.3.1 Kiesauflast

"Gewaschener Kies, ohne Feinkornanteile" dürfte wohl nur im Baumarkt, in Kleinmengen als "Zierkies" abgepackt, zu kaufen sein und ist somit für eine flächige Bekiesung eines Flachdaches unbezahlbar. Nach den Flachdachrichtlinien wird vorzugsweise Kies mit der Körnung 16/32 verwendet und darauf hingewiesen, dass ein erhöhter Anteil an Unter- oder Überkorn, sowie erhöhte Feinkornanteile oder auch nicht frostbeständige Anteile zulässig sind und gebrochenes Korn unvermeidbar ist.

Wer höhere Anforderungen stellt, kann dies auf Grundlage der EN 12 620 - Gesteinskörnungen für Beton und der nationalen Ergänzungsnorm DIN V 20.000-103 definieren und vertraglich vereinbaren.

Sowohl in der Schweiz als auch in Deutschland ist die nicht erneuerbare Ressource Kies nur noch begrenzt verfügbar (DYLLIK, 1999; KOLLER, 1995) und muss deshalb immer mehr aus dem Ausland importiert werden. Möglicherweise haben solche Erkenntnisse dazu geführt, dass über alternative Auflasten nachgedacht wird und solche dann auch ausgeführt werden.

1.1.3.3.2 Alternative Auflasten

Aus o.g. Gründen findet man bei einzelnen Gebäuden Alternativen zur traditionellen Kiesschüttung - siehe nebenstehende Abbildungen 13 und 14. Es handelt sich dabei um Sonderbauweisen, deren Tauglichkeit im Einzelfall nachzuweisen ist. Bei der Verwendung von Kalkschotter ist z.B. der Nachweis einer Verwitterungs- und Frostbeständigkeit erforderlich. Ferner muss eine eventuell zusätzliche Belastung der Abdichtung durch Kalkauslösungen berücksichtigt werden.

1.1.3.3.3 Ortbetonplatten, Betonschichten

In diesem Zusammenhang werden in den Flachdachrichtlinien auch armierte Ortbetonplatten mit einer Maximalgröße von 2,50 x 2,50 m beschrieben, die auf Schutz- und zwei Gleitlagen anzuordnen sind. Diese Anforderung besteht ebenfalls in der Ö-Norm B 7220. In der SIA 271 wird explizit darauf hingewiesen, dass bei der Verwendung von aufgegossenen Schutzschichten, z.B. aus Beton, immer eine Gleitlage vorzusehenen ist und diese gegen das Eindringen von Zementmilch geschützt werden muss.

In Kenntnis der von FISCHER/JAUCH (1999) festgestellten Kalkauslösungen bei Ortbeton und in Mörtel verlegte Platten, sollte auf diese Ausführungsart verzichtet werden.

Die kritische Windgeschwindigkeit, bei der erstmals eine Kiesbewegung auftritt, lässt sich nach folgender Gleichung berechnen:

$$U_C = \sqrt{\frac{2 A P_s g d}{PL\, C_f (1 - c_p)}}$$

P_s = spezifische Dichte des Kieses, P_l = spezifische Dichte der Luft, d = mittlerer Korndurchmesser, Widerstandsbeiwert C_f = 0,0055, Konstante A = 0,02 (GERHARDT, 1999).

Windsogsicherung mit Vegetationsmatten

Abbildung 15:

Windverwirbelung im Dachrand-Eckbereich. Beginnende Erosion bei einer Extensivbegrünung mit »Leichtsubstrat«

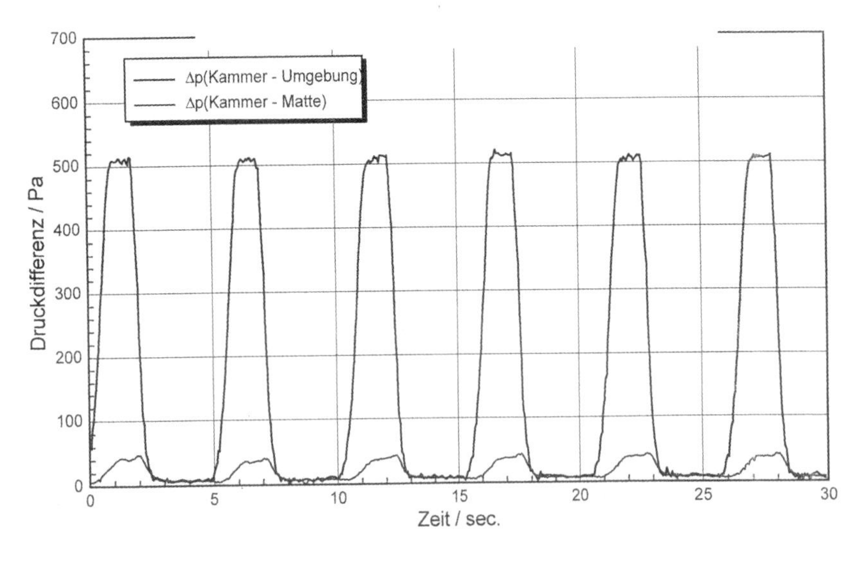

Darstellung 05:

Zeitlicher Verlauf der Differenz zwischen Oberseitendruck und Umgebungsdruck ($\Delta p_{ex,U}$) und Differenz zwischen Ober- und Unterseitendruck ($\Delta p_{ex\,int}$) für eine Vegetationsmatte zur Bestimmung der Lagesicherheit (Prüfbericht für XF 301 + XF 108 bis 100 m Höhe)

Quelle: W. Behrens

Abbildung 16:

Einsatz von geprüft lagesicheren Sedum-Vegetationsmatten in 30 m Höhe auf einem Gebäude in Wuppertal/Elberfeld, Baujahr 1997 mit folgendem Aufbau:
- XF 108 Drän- und Filtermatte
- XF 107 Wasserspeichermatte
- XF 307 Sedum Vegetationsmatte

Foto: W. Behrens

Dachbegrünungen sind luftdurchlässig

1.1.3.3.4 Lose verlegte Platten, Betonformteile

"Die Lagesicherheit von z.B. lose verlegten Betonplatten oder mörtelbeschichteten Wärmedämmplatten hängt außer vom Eigengewicht hauptsächlich vom Druckausgleichsvorgang zwischen Oberseiten- und Unterseitendruck ab.

Bei der Beurteilung der Lagesicherheit lose verlegter Platten muss selbstverständlich eine Sicherheit berücksichtigt werden. Die DIN 1055-4 fordert eine Gesamtsicherheitszahl von mindestens $v = 1{,}5$" (GERHARDT, 1999).

Mit Kies oder Substrat verfüllte Rasengittersteine sind eine einfache und wirkungsvolle Lagesicherungsmaßnahme, denn »die vertikalen Stege der Formteile nehmen die windbedingten Schubspannungen, welche ohne diese besondere Maßnahme zu Verwehungen führen würden auf« (GERHARDT, 1999).

1.1.3.4 Sicherung durch Dachbegrünung

Extensive Dachbegrünungen sind in die heute aktuellen Fachregeln integriert. Neben der Anforderung einer ausreichenden Auflast ist darauf zu verweisen, dass während der Herstellung bis zum Erreichen eines abnahmefähigen Zustandes eine Erosionsgefahr besteht, die zum Abtrag der Schichten und damit Verringerung der Auflast führen kann. Darauf verweisen auch die Fachregeln, wie beispielsweise die Ö-Norm B 7220: »Entsprechende Maßnahmen, wie z.B.: Einbau eines lagesicheren Substrates, Abdecken mit Erosionsschutzgewebe, Anspritzbegrünung, sind so zu setzen, dass eine Verlagerung und eine Windverfrachtung der Vegetationsschichten .... verhindert werden«.

Bis der Schichtaufbau / das Vegetationssubstrat durch die Wurzeln der Vegetation festgelegt wird, ist im Wesentlichen von dem Begrünungsverfahren abhängig und kann mehrere Monate dauern. Aus diesem Grund sind lagerungsstabile Vegetationssubstrate zu bevorzugen. Mit einer Mulchschicht aus Kies oder Splitt können auch feinkörnige Vegetationssubstrate zusätzlich gesichert werden. An besonders windexponierten Stellen sollten jedoch nur vorkultivierte Vegetationsmatten verwendet werden.

1.1.3.4.1 Beurteilung der Lagesicherheit

»Bei der Beurteilung der Lagesicherheit von Dachbegrünungen muss neben der Windsogsicherheit auch die Verwehsicherheit beachtet werden«(GERHARDT, 1999).

Zur Beurteilung der Verwehsicherheit müssen die Grenzgeschwindigkeiten im Rand- und Eckbereich mit den maximal zu erwartenden Windgeschwindigkeiten in Abhängigkeit von der Gebäudehöhe verglichen werden. Daran erkennt man, dass im Eckbereich die maximal zu erwartende Windgeschwindigkeiten für vergleichsweise niedrige Gebäude deutlich größer sind als die Grenzgeschwindigkeiten. Eine trockene Substratschicht ist dann nicht mehr verwehsicher. Aus diesem Grund sollte die Jahreszeit berücksichtigt werden. »Die meteorologischen Daten zeigen, dass die während der Sommerzeit auftretenden Windgeschwindigkeiten mit nur ca. 60 % der Bemessungswindgeschwindigkeit erheblich niedriger sind als die während der Herbst-/Winter- bzw. Frühjahrssturmperioden. Optimal ist deshalb das Ausbringen der Vegetation im Mai/Juni, denn dann kann bei entsprechender Fertigstellungspflege eine Vegetationsdeckung mit substratstabilisierender Wurzelbildung noch vor Beginn der Herbststurmperiode erreicht werden« (GERHARDT, 1999). Alternativ dazu ist die Verwendung von Vegetationsmatten.

1.1.3.5 Sicherung durch Vegetationsmatten

Vorkultivierte Vegetationsmatten besitzen nach GERHARDT eine Luftdurchlässigkeit, daher ist die abhebend wirkende, resultierende Windsoglast kleiner als die Windsoglast entsprechend der äußeren, gebäudebedingten Druckverteilung.

Nachdem die Luftdurchlässigkeit der im Handel erhältlichen Produkte sehr unterschiedlich ist und deshalb die unten stehenden Aussagen nicht übertragbar sind, sollten nur Vegetationsmatten verwendet werden, für die ein entsprechendes Prüfzeugnis vorliegt.

Vegetationsmatten

Nach Prüfzeugnis sind Moos-Sedum-Kombimatten mit Träger aus Nylonschlinggewebe und Speichervlies, Versteppung mit Polyamid-Faden, Schlinggewebe aus Polyamid-Filamenten, verfüllt mit ca. 1,5 cm Vegetationssubstrat und einer Vegetation aus Trockenmoos und Sedumarten bis ca. 100 m Gebäudehöhe - auch in Eckbereichen lagesicher. (Bericht Nr. 1/21010/10.99 v. 25.11.99, WSP, Aachen)

»Wer aus rein kaufmännischen Aspekten bei windexponierten Dachflächen als Alternative zu Vegetationsmatten eine Trockenansaat vorsieht, plant oder ausführt handelt risikoreich« (ERNST, 2002).

Hagelgefährdete Gebiete (D-A-CH)

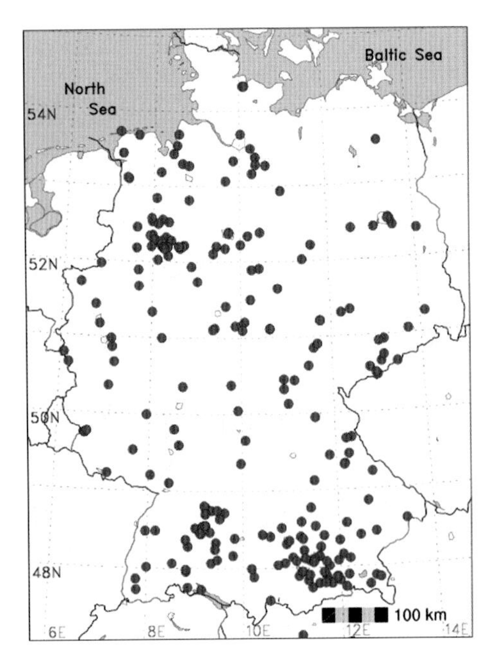

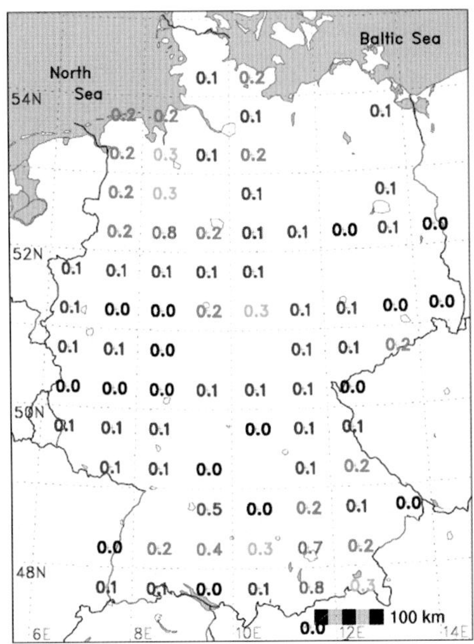

Darstellung 06a und 06b:
Die beiden Karten zeigen die seit 1950 verzeichneten Hagel-Beobachtungen in Deutschland. Das ganz linke Bild gibt jede Meldung separat an (233 Fälle mit genau bekanntem Ort). Die zweite Grafik von links zeigt die Beobachtungshäufigkeit. Hier sind auch Fälle, in denen nur die Region des Hagelfalls bekannt ist mit berücksichtigt (258 Ereignisse). Dazu wurde auf einem 0.50° x 1.00° Breite-Länge Gitter die Hageldichte pro Jahr pro 10.000 Quadratkilometer von 1950 bis heute berechnet. Die Zahlen sind auf eine Nachkommastelle gerundet, d.h. die Zahl 0.0 bedeutet 0 bis 0.05 Meldungen pro Jahr pro 10.000 km², die Zahl 0.1 bedeutet 0.05 bis 0.15 Meldungen pro Jahr pro 10.000 km², usw. Quelle: TORDACH.de

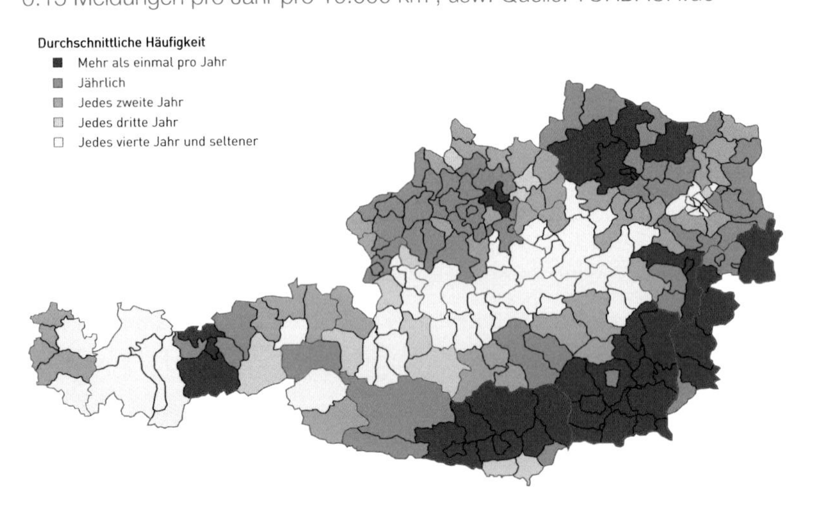

Darstellung 07:

Hagelgefahr in Österreich (1975-2003).

In Österreich gilt vor allem die südöstliche Steiermark und das Donautal als hagelgefährdet. Eine Langzeituntersuchung hinsichtlich der Eintrittshäufigkeit von Hagelunwettern liegt für Österreich nicht vor. Das Datenmaterial der Österreichischen Hagelversicherung reicht nur bis in das Jahr 1990 zurück, dennoch kann festgestellt werden, dass sich die Anzahl der Hageltage im Durchschnitt von 54,2 Tage (1960-1970) auf 71,1 Tage (1991-2002) erhöht haben
Quelle: OSTERREICHISCHE HAGEL, 2003

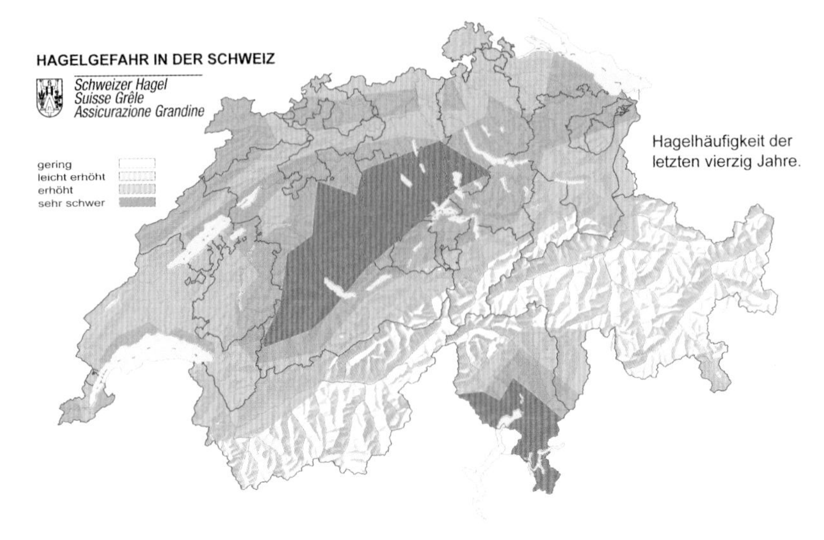

Darstellung 08:

Hagelgefahr in der Schweiz.

In der Schweiz führen die Aufzeichnung von Hagelereignissen bis 1920 zurück. Die Schweizer Hagelversicherung beobachtete seit 1951 die Hagelhäufigkeit in der Schweiz. Aus der Auswertung der Unterlagen wird ein Ansteigen der Häufigkeit jener Großwetterlagen festgestellt, die Hagelunwetter auslösen können

Quelle: SCHWEIZER HAGEL, 2005

Peter Flüeler

Widerstand gegen Hagelschlag

1.2 Hagel

Hagel ist ein atmosphärisch bedingter, fester Niederschlag in Form von körnigen Eisbrocken verschiedener Form und einem Durchmesser von mindestens 5 mm. Erst ab einer Größe von 15-20 mm sind nennenswerte Schäden zu verzeichnen. Die Intensität eines Hagelschlages ist nicht nur von Größe, Form und Dichte der niedergehenden Hagelkörner und von der Dauer des Hagelschlages abhängig. Sie wird auch wesentlich dadurch beeinflusst, ob gleichzeitig starker Wind oder Sturm herrscht. Eine wichtige Rolle spielt auch die Topographie.

Hagelereignisse treten meist lokal auf, da die zu ihrer Entstehung führenden Witterungsbedingungen regional begrenzt sind. Dies gilt insbesondere für durch Wärmegewitter niedergehende Hagelschläge, die über die Hälfte aller Schadensfälle ausmachen.

Wenn der Hagel aber im Zusammenhang mit hagelführenden Kaltfrontgewittern fällt, entstehen weiträumige Hagelzüge, die bis zu 10 km breit sind und sich über Hunderte von Kilometern erstrecken können, so dass großflächige Zerstörungen möglich sind. Das ist vor allem der Fall, wenn mehrere solcher Hagelzüge parallel verlaufen. In Mitteleuropa verlaufen solche großflächigen Hagelzüge unter dem ursprünglichen Einfluss des Golfstroms, der Erdrotation und der Topographie vorwiegend von Südwesten nach Osten.

1.2.1 Hagelgefährdung

Zusammen mit Süddeutschland, Österreich, Norditalien, Savoyen, dem Jura und dem Elsass gehört die Schweiz seit je her zu den am stärksten von Hagel heimgesuchten Regionen Europas. Eine kürzlich von Swiss Re aufgrund von Versicherungsstatistiken erstellte Karte zur Abschätzung des Versicherungsrisikos unterscheidet man fünf Gefährdungsstufen, wobei Stufe V hoch bedeutet (Darstellung 09). Die größten Häufigkeiten finden sich nördlich und südlich von Gebirgszügen wie die Alpen und die Pyrenäen. Über die Jahre verteilt stellt man jedoch eine stark schwankende Häufigkeit fest. In der Schweiz ereigneten sich in den Jahren 1998, 1999, 2002, 2003, 2004 besonders starke Hagelunwetter, die zu beträchtlichen Schäden führten. Statistisch gesehen muss alle 10 bis 15 Jahre mit einem katastrophalen Hagelunwetter gerechnet werden, in dem volkswirtschaftlich hohe Verluste auftreten. Selbst in Regionen mit niedrigem Hagelrisiko sind schwere Hagelunwetter möglich wie es in der Schweiz die Jahre 1984 und 1986 bewiesen haben. So ereignete sich auch in ausgesprochenen Wüstenregionen wie in Riad, Saudi-Arabien 2001 ein sehr starkes Hagelunwetter mit großen Überschwemmungen.

1.2.2 Größe, Form und Geschwindigkeit der Hagelkörner

Unter dem Begriff Hagel wird gefrorenes Atmosphärenwasser von einer Größe ab 5 mm verstanden, das in so genannten Superzellen gebildet wird (Abbildung 19). Die Form und Größe variiert stark. Während früher angenommen wurde, dass Hagelkörner i.R. rund seien, wird in letzter Zeit vermehrt von Hageleis mit spitzigen bis wulstförmigen Ausbuchtungen berichtet, obwohl diese Form auch schon früher registriert wurde. Die Dichte von Hageleis kann zwischen 600 und 850 kg/m^3 variieren. Sie hängt von den atmosphärischen Bedingungen wie Wachstumsgeschwindigkeit (Temperatur, Gradienten, Druck, Feuchtigkeit, Luftgeschwindigkeiten etc.) und den Luftdurchwirbelungen beim Fallen ab. Die Struktur zeigt sich schalenförmig oder als Konglomerat zusammengefrorener Körnern mit unregelmäßig verteilten Lufteinschlüssen. Die Körner variieren von kugel-, mandarinen- oder birnenförmig und die Beschaffenheit der Oberflächen von glatt bis rau, spitzig, zackig oder wulstig.

Zwischen 1977 und 1982 hat die Eidgenösische Technische Hochschule (ETH, 1984) in der Region Napf im Kanton Luzern eine groß angelegte Untersuchung durchgeführt, die ein Gebiet von 1.000 km^2 mit 330

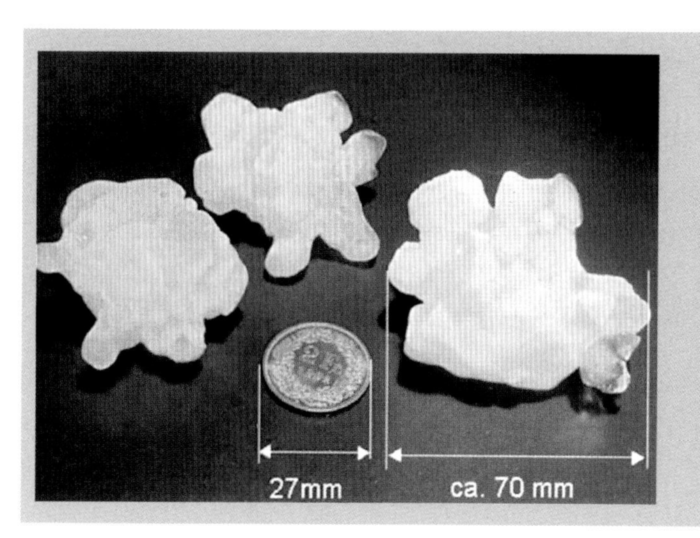

Abbildung 17:
Mit Wulsten besetztes Hageleis vom Hagelunwetter im Raum Zürich am 24. Juni 2002 (GVZ); max. Abmessung des Hagels von Wulst zu Wulst ~ 70 mm (Foto: U. SPREITER)

Hagelbildung in »Superzellen«

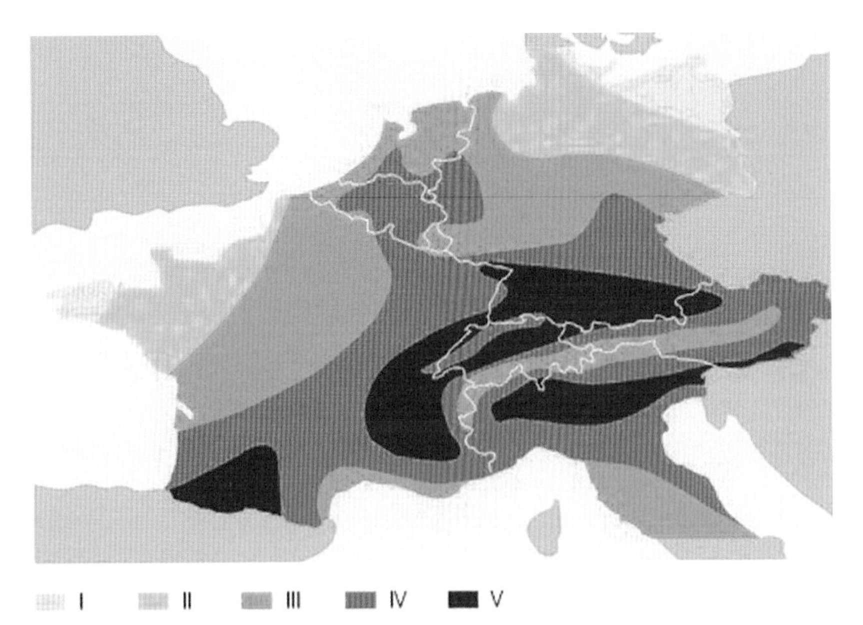

Darstellung 09:

Hagelgefährdung in Westeuropa unterteilt in fünf Stufen mit gering I bis hoch V, erstellt auf der Basis von Versicherungsstatistiken

Quelle: Fokus Report, SWISS RE, 2005

Abbildung 18:

So genannte Superzelle, in der sich Hagel auf großer Höhe über 8000 m bildet

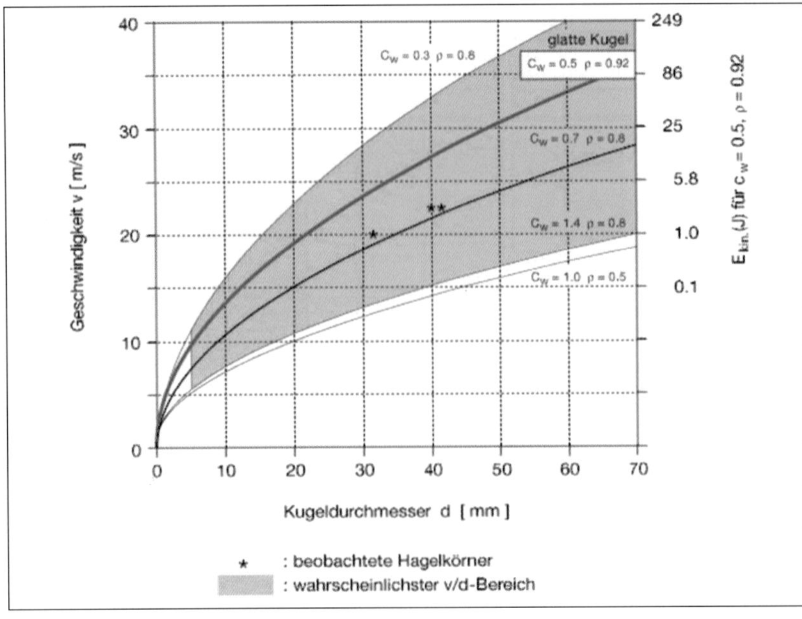

Darstellung 10:

Streubereich der Auftreffgeschwindigkeiten in Funktion des Kugeldurchmessers mit verschiedenen Eisdichten ρ_H und Strömungswiderständen c_W. Angabe der kinetischen Energie in Joule für die Eisdichte 920 kg/m³ und c_W 0.5 (blaue Line)

Quelle: EMPA, Dübendorf

Himmlische Eisgeschosse

Messstationen umfasste. Es wurde eine durchschnittliche Verteilung der Hagelkorngröße beobachtet:

Beschreibung Einheit		Größenklasse Hagelkorn					
Durchmesser	mm	5-9	9-13	13-17	17-21	21-25	25-37
Verteilung	%	65	23	8	2	1	<1
Kumulierte Verteilung	%	65	88	96	98	99	99,9

Erfahrungsgemäß wird in der Schweiz der Korndurchmesser von 40 mm etwa bei jedem dritten Hagelunwetter überschritten. Eine detaillierte statistische Untersuchung über die Hagelwetter der letzten 45 Jahren hat WILLEMSE (1995) in ihrer Doktorarbeit zusammengestellt.

Das weltweit größte, wissenschaftlich dokumentierte Hagelkorn wies einen Durchmesser von **14 cm** auf und wog **770 gr**. mit Fundort Coffeyville, Kansas, USA. Während des gewaltigen Hagelsturms in München vom 12. Juli 1984 (BERZ, 1984) der in der Schweiz seinen Anfang nahm, wurden Körner bis zu einem Durchmesser von 95 mm und einer Masse von 700 Gramm registriert (siehe Abbildung 19). Dieses Unwetter war in jüngster Zeit das Größte seiner Art wie es nach neueren Schätzungen ca. alle 25 Jahre vorkommen kann. Die Versicherungssumme betrug ca. 1,5 Milliarden DM und die nicht versicherten, volkswirtschaftlichen Verluste wurden gar auf 2–3fache geschätzt. Daily China berichtete von einem Hagelunwetter am 8. April 2005 in der Provinz Sichuan, China, bei dem Hagel in Größen bis 13 cm festgestellt wurden und 18 Todesopfer zu beklagen waren (DI FANG, 2005).

In der Schweiz zählen 1986 (Genf, Entlebuch Luzern, Stans, Vitznau) 1998 (Horw-Luzern, Basel), 1999 (Bösingen/Laupen Ø 75 mm), 2001 (Basel, Oflingen, Wehr Ø 40 mm), 2002 (Aargau, Zürich Ø 65 mm) und 2003 (Willisau Ø 65 mm) 2004 (Aargau, Zürich) zu extremen Hageljahren. Ein Trend mit mehr und intensiverem Hagel wird von SCHIESSER, WALDVOGEL, SCHMID und WILLEMSE im Schlussbericht zum nationalen Forschungsprogramm NFP 31 "Klimaänderung und Naturkatastrophen" (1997) vermutet.

1.2.3 Fallgeschwindigkeit von Hagel

Gemäß BAUER et al. kann die Endgeschwindigkeit (v_t) frei fallender Hagelkörner mit folgender Formel mit guter Näherung berechnet werden:

$$v_t = \sqrt[2]{\frac{4 \cdot \rho_H \cdot d \cdot g}{3 \cdot \rho_A \cdot c_w}} \approx 1.4 \cdot d^{\frac{1}{2}} \cdot 10^{2} \text{ (d in m)}$$

v_t	Geschwindigkeit beim Aufprall
c_w	Strömungswiderstand der Kugel in Luft
d	Durchmesser
g	Erdbeschleunigung
ρ_A	dichte Luft
ρ_H	mittlere Dichte Hagelkorn

Die Parabeln für typische Hageldichten ρ_H und Strömungswiderstandswerte sind in Darstellung 10 aufgeführt. Ein rundes 40 mm-Hagelkorn mit einer Dichte von 850 kg/m^3 und einem Strömungswiderstand von 0.6 prallt demnach mit einer mittleren Geschwindigkeit von 23,9 m/s auf und setzt eine kinetische Energie von 8.1 Joule frei. Ein 50-mm-Hagelkorn schlägt mit einer Geschwindigkeit von 26.7 m/s auf und setzt eine kinetische Energie von 19.8 Joule frei. Im Vergleich zu Beobachtungen in der Natur liegen diese Geschwindigkeitswerte etwas über der Praxis, so dass eine Parabel mit der Dichte ρ_H von 850 kg/m^3 und einem c_w-Wert von 0,60 angenähert zutrifft.

Abbildung 19:

Rundes, leicht geschmolzenes Hagelkorn mit Ø 90 mm anlässlich Unwetter vom 12.07.1984 in München

Quelle: Münchner Rückversicherungs-Gesellschaft, 1999

Hagelschlagsimulation mit neuen Projektilen

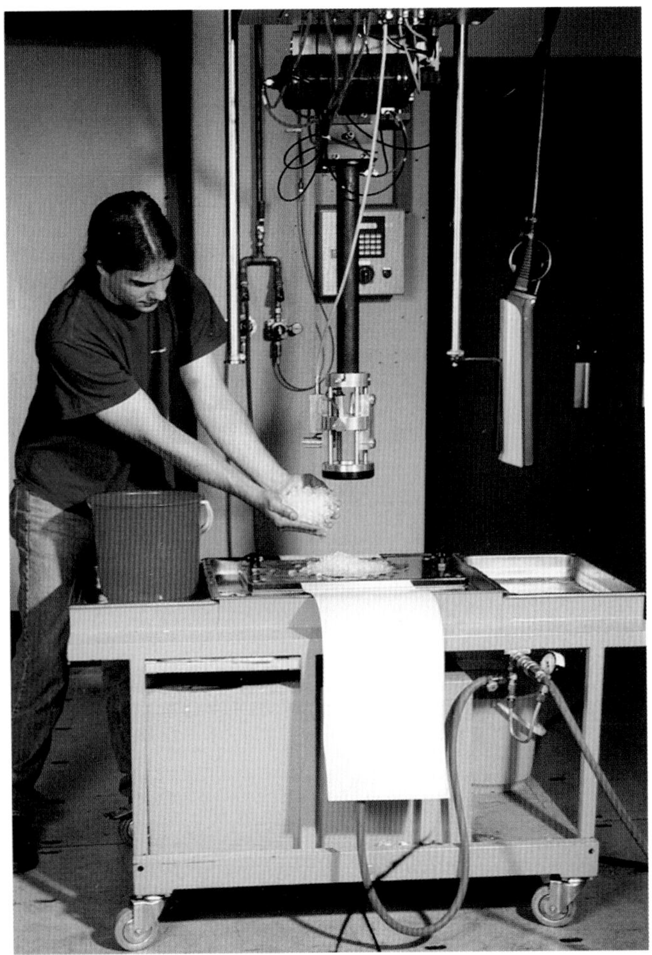

Abbildung 20:

Vertikal angeordneter Hagelbeschussapparat mit 40 mm Lauf, Ziel- und Messvorrichtung, eingerichtet für Dichtungsbahnen, die auf einer Stahlplatte mit definierter Rauhigkeit liegt; mit Eisschuppen wird eine Oberflächentemperatur von ca. 3-5 ° C erreicht

Foto: EMPA, Dübendorf

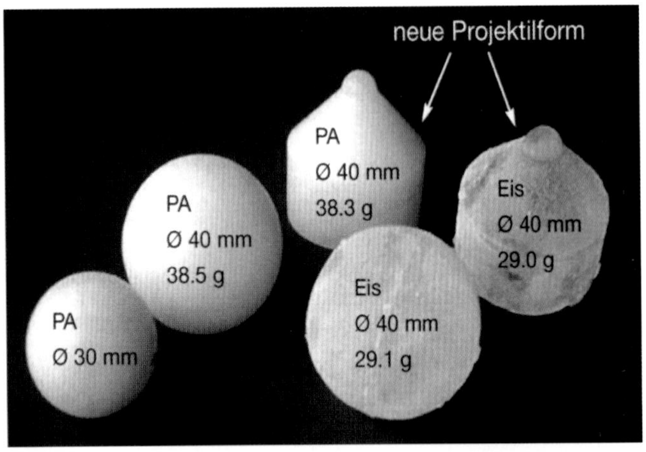

Abbildung 21:

Projektile zur Simulation des Hagelschlags: von links Kunststoff PA 66, Kugeln und Projektil mit Wulst als Lastkonzentrator, Projektile aus Laboreis als Kugel mit Wulst

Foto: EMPA, Dübendorf

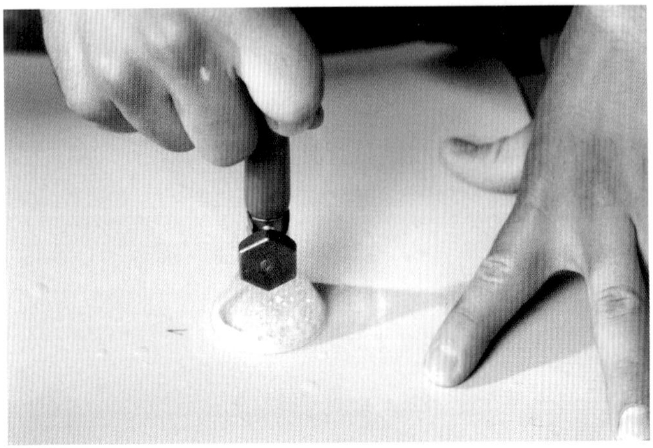

Abbildung 22:

Dichtigkeitskontrolle mit Vaccumglocke

Foto: EMPA, Dübendorf

Kriterien für Hagelbeständigkeit ?

1.2.4 Gerätetechnik und Simulation des Hagelschlags

Hersteller von Kunststoffdichtungsbahnen mussten in der Schweiz nachweisen, dass ihre Produkte den konventionellen Bedachungen ebenbürtig, ja sogar widerstandsfähiger sind. Bereits 1972 hat die Stiftung der Schweizer Kunststoffindustrie die Entwicklung einer Testapparatur für den simulierten Hagelschlag unterstützt, um den Nachweis zu erbringen. Das ursprüngliche Testkonzept mit Eiskugeln, das von LAURIE (1960), MATHEY (1970) und BAUER angewendet wurde, erwies sich damals für Materialtests zu aufwändig und zu unsicher. In der Folge davon wurde ein vertikal angeordnetes Gerät für den Beschuss mit Kunststoffkugeln realisiert. Aufgrund positiver Erfahrungen mit Dichtungsbahnen wurde das Testgerät auch für den Beschuss größerer Bauteile erweitert. Durch weitere Anpassungen ist es auch gelungen, neben der Kunststoffkugel auch Eiskugeln, andere beliebige Formen im Durchmesser von 15 und bis 50 mm zu verschießen.

Der horizontal und vertikal verschiebbare Apparat besteht aus einem Kompressor, einem Druckzylinder und einem Haltemechanismus. Über den Lademechanismus wird das Geschoss in ein Schnellschließventil geschoben, das bei Öffnung den am Kontrollpanel eingestellten pneumatischen Druck auf das Projektil freigibt. Mit einer Laserzielvorrichtung wird eine Distanz von 30 cm zum Objekt eingehalten und mittels zwei Lichtschranken wird bei jedem Schuss die Geschwindigkeit des Projektils gemessen (siehe Abbildung 20). Je nach Bauteil werden die Proben entweder mit einem Kugelfang versehen oder in einem Rahmen festgehalten.

Für spezielle Versuche sind weitere Geschosse mit unterschiedlicher Materialbasis wie Holz, Stahl, Kunststoff und Eis verfügbar. Infolge des häufiger auftretenden, unregelmäßigen Hagels, wie in Abbildung 17 dargestellt, werden oft auch neuere Geschosse in Kunststoff und Eis mit Wulstformen vergleichend verwendet (Abbildung 21), deren Spitze eine Halbkugel mit einem Radius von 5 mm bildet. Entsprechend des Anwendungsgebietes können die Bedingungen angepasst werden.

1.2.4.1 Temperaturbedingungen für empfindliche Materialien

Hagelunwetter ereignen sich meist nach intensiver Sonnenstrahlung. Die Materialoberflächen heizen sich dabei je nach Materialbasis, Farbgebung und Strahlungswinkel enorm stark auf. Durch Abschattung der Sonne, Gewitterregen und Hagel fällt die Lufttemperatur schockartig um bis zu 30 oder mehr Grad. Das Verdampfen des Wassers und das Schmelzen der ersten kleineren Hagelkörner bewirken im Grenzbereich Luft-/Materialoberfläche einen Temperaturschock auf ca. 3 – 5°C. Dieses Naturphänomen wird bei Qualitätstests an temperaturempfindlichen Materialien aus Kunststoffen berücksichtigt, um ein möglichst identisches Bruchbild zu erzeugen. Für natürlich bewitterte Dichtungsbahnen kann dies am besten bewerkstelligt werden, indem man die Proben vor dem Beschuss mit gebrochenem Eis abdeckt (siehe Abbildung 20).

1.2.5 Anforderungskriterien

Die Versicherungsgesellschaften leisten Kompensationszahlungen bei Auftreten von Hagelschäden an Tonziegeln, Dächern und Gewächshäusern aus Glas. Die Situation änderte sich jedoch, als konventionelle Baumaterialien durch organische Materialien ersetzt wurden. Neue Richtlinien mussten aufgestellt werden. Ausführliche Tests an Tonziegeln und an Faserzementplatten dienten als Bezugspunkte. Bei Tonziegeln des Typs Pfanne treten bei einer Kugelgeschwindigkeit von 9 m/s (bzw. eine Energie von 1,6 Nm) in der Regel erste Schäden auf; bei einer Geschwindigkeit von 12 m/s wird erstes Versagen beobachtet. Die niedrigste Geschwindigkeit wurde als der kritische Wert bei der Festsetzung der Anforderungen für andere Materialien betrachtet. Auch für Dachdichtungsbahnen aus Kunst-

Prüfung Hagelwiderstand
Standardbedingungen für Dach- und Fassadenmaterial

Antrieb	Druckluft
Geschoss	Kugel, Durchmesser 40 mm, 38,8 g, PA 66
Abstand Ziel Laufende	30 mm
Geschwindigkeitsmessung	Lichtschranken
Probenlagerung	hart und flexibel, eingespannt
Schusswinkel	45° bis 90°
Prüfklima	Raumtemperatur, 23°, 50 % Luftfeuchtigkeit
Oberflächenbehandlung	Auflage von Eisschuppen / 3 Min.
Dichtheitsprüfung	Glasglocke Durchmesser 30 mm, Vacuum von 50kPa während 30 s
Messwerte	Geschwindigkeit, kin. Energie, Typ, Form und Größe der verbleibenden Verformung, Bruchart

Norm und Realität

a) Lagerung starr

DB
Schleifpapier P120
Stahlplatte

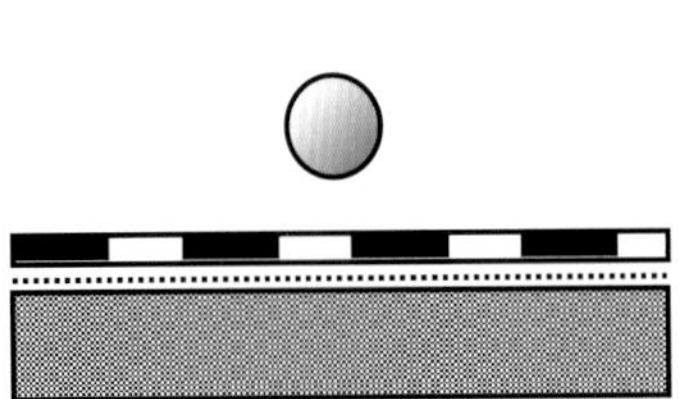

a) Lagerung flexibel

DB
Schaumstoff PS extr.
Stahlplatte

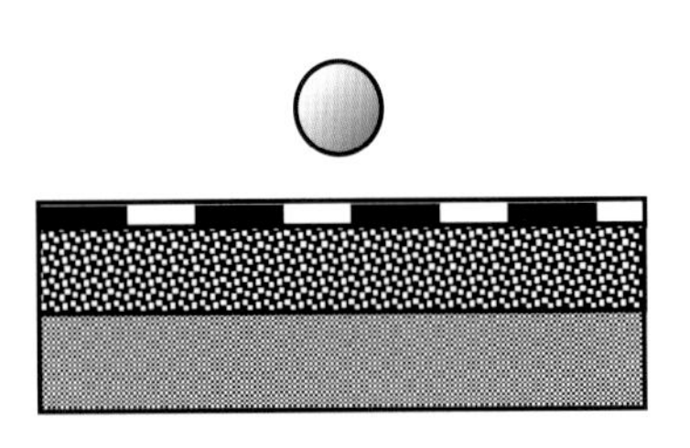

Darstellung 11 (oben):

Lagerungsart starr und flexibel der Dichtungsbahn (DB) bei der Hagelsimulation

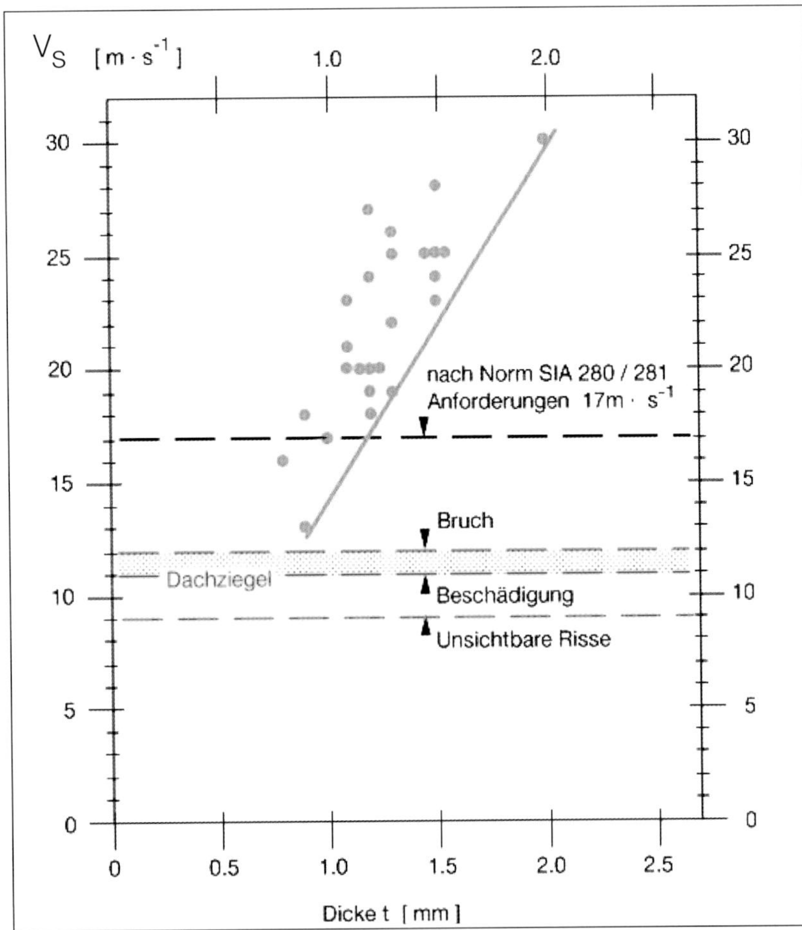

Darstellung 12 (links):

Materialdicke in Funktion der Geschwindigkeit v_S ermittelt unter Normbedingungen von Dachziegel und Dachbahnen

Quelle: EMPA, Dübendorf

Abbildung 23:

Zugerscheinungen und partielle Ablösung an der Aufbordung einer CSM-Dichtungsbahn nach 17 Jahren; mech. fixiertes Dach auf Trapezblechkonstruktion, bei Aufbordung geklebt

Dickenabhängige Hagelbeständigkeit

stoffen basieren die Anforderungen auf den Erfahrungswerten der Dachziegel. Das spezifische Verhalten der Dichtungsbahnen wird mittels eines faktoriellen Ansatzes berücksichtigt.

1.2.5.1 Generelle Kriterien für Baumaterialien aus Kunststoffen

Bei Kunststoffprodukten wurden wegen des Alterungsverhaltens, der Schadengröße und der Folgekosten höhere Anforderungen als für konventionelle Ziegeldächer festgelegt. Die Anforderung an die Geschwindigkeit v wurde demnach wie folgt bestimmt, wobei v_z die Schädigungsgeschwindigkeit für Dachziegel bedeutet:

$$V = V_Z \times S \times f$$

1.2.5.1.1 Schadengrößenfaktor *s*

Der Schadengrößenfaktor berücksichtigt einerseits die Größe des zu ersetzenden Elementes und anderseits die Konstruktion des Unterbaus (z.B. Ersetzen der durchnässten Wärmedämmung). Dieser variiert bei Dichtungsbahnen zwischen 1.0 für Elemente < 0.5 m^2 ohne Ersetzen der Wärmedämmung und 1.5 für Elemente ohne Schutzschicht und Ersetzen der ganzen Wärmedämmung.

1.2.5.1.2 Alterungsfaktor *f*

Der Alterungsfaktor hängt von der Materialbasis des Testmaterials ab. Dieser variiert zwischen 1.0 (z.B. ein Kunststoffmaterial das nach über 20 Jahren Außenbewitterung ein besseres Verhalten aufweist) und 1.3 (z.B. nur Material, das nach weniger als 3 Jahre Außenbewitterung merkbare Anzeichen von Alterung zeigt).

Zusammen mit dem **Funktionsschaden** wird auch ein sog. »**ästhetischer Schaden**« berücksichtigt. Er basiert auf dem Beschuss mit der 40 mm-PA-Kugel, bei der eine klar feststellbare, schadhafte Veränderung der Oberfläche auftritt. Er entsteht in der Regel bevor das Bauteil einen Funktionsverlust z.B. Undichtheit erleidet. Es ist jedoch schwierig, den Beginn des ästhetischen Schadens eindeutig zu bestimmen, da Faktoren wie Farbänderung, Eindringtiefe, Dellengröße, Mikrorisse, Glanzverlust etc. ebenfalls berücksichtigt werden müssen und zudem vom sujektiven Empfinden des Betrachters abhängen. Vergleichende Fotoaufnahmen vor und nach dem Beschuss eigenen sich für die Dokumentation. Die Endbeurteilung wird jedoch den Versicherungsexperten überlassen. Bei direkter Personengefährdung muss jedoch die natürliche Fallgeschwindigkeit eines Hagelkorns von 40 mm für eine entsprechende Hagelgröße als Anforderung festgelegt werden. Sie beträgt ohne Berücksichtigung einer Windkomponente ca. $v_{nat} \sim 24$ m/s und erzeugt eine kinetische Energie von 8.1 Joule.

1.2.5.2 Kriterien für Kunststoffbahnen

Die Normen Schweizerischer Ingenieur- und Architektenverband SIA V 280 und 281 legen für die starre und flexible Lagerung der Dichtungsbahn eine Minimalanforderung fest, die als Schädigungsgeschwindigkeit v_S, abgerundet auf ganze Zahlen bezeichnet wird, bei der die Dichtungsbahn gerade noch dicht ist.

v_S = 17 m/s (entspr. einer kin. Energie von 5.6 Joule)

Die Schädigungsgeschwindigkeit ist die Geschwindigkeit, bei der die Dichtungsbahn gerade noch undicht wird. Für Fassaden- und andere Dachmaterialien wird analog zu den Dichtungsbahnen verfahren, indem zuerst Werte an konventionellen Materialien aus Nicht-Polymermaterialien ermittelt werden. Dieses Problem stellte sich auch bei der außen isolierten Wärmedämmung aus Polystyrol und dem sog. »Kunststoff-Putz«, sowie bei den dünnwandigen Stegdoppelplatten.

1.2.5.2.1 Dichtheitskontrolle

Um undichte Stellen bei Dichtungsbahnen zu erkennen, wird die beschossene Stelle einem kontrollieren Vakuum von 50 kPa während 30 s ausgesetzt, das auf einen Glockendurchmesser von 30 mm wirkt. Dabei wird die Dichtungsbahn auf ein mit Seifenlösung getränktes Vlies gelegt (Abbildung 22). Erscheinen innerhalb der vorgegebenen Zeit keine Seifenblasen, gilt die Stelle als dicht. Dünnwandige Dichtungsbahnen werden durch das Vakuum höher gedehnt.

Hagelschlagbeständigkeit

Aufgrund der Festlegung der Anforderungswerte in den SIA Normen 280/281 auf 17 m/s für neue Dachbahnen wurden extrem dünne Kunststoffbahnen in der Praxis deutlich weniger angewendet, denn der Anforderungswert der Normen wurde erst bei einer Materialdicke größer als 1,2 mm übertroffen.

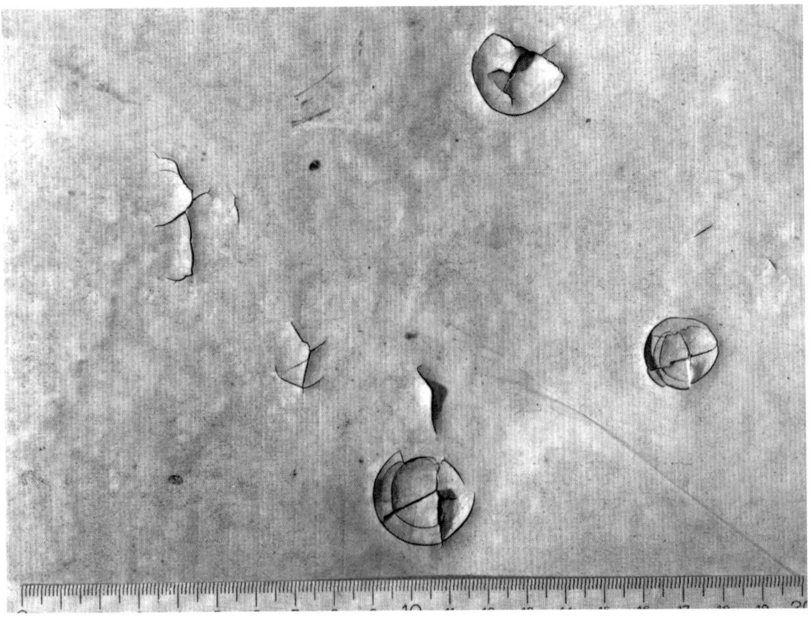

Einschlag und Widerstand

Abbildung 24 (oben):

Typische Einschlagstellen von echtem Hagel bei einer Weich-PVC-Dichtungsbahn im fortgeschrittenen Alterungszustand
Foto: EMPA, Dübendorf

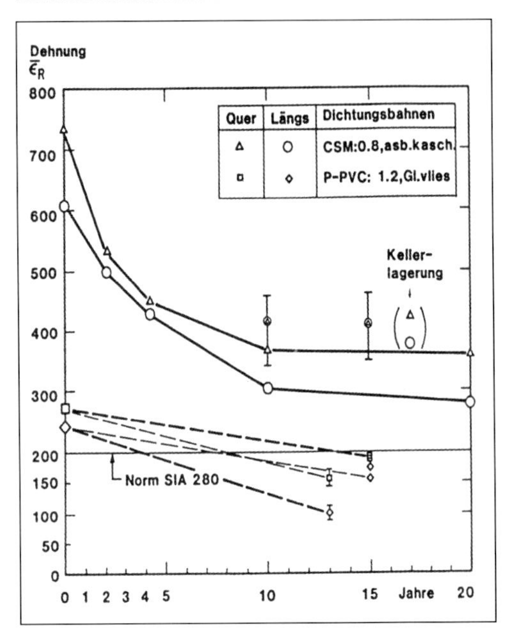

Darstellung 13 (oben):

Abnahme der Bruchdehnung in Längs- und Querrichtung in Funktion der Zeit für natürlich gealterte Dichtungsbahnen aus CSM und P-PVC. Quelle: EMPA, Dübendorf

Darstellung 14 (unten):

Verlauf der Schädigungsgeschwindigkeit v_S in Funktion der Zeit für PVC-P-Dichtungsbahnen der älteren (Dicke <1,2 mm) und der neueren Bahnengeneration (TPO, PVC-P 1,5 - 2,0 mm)

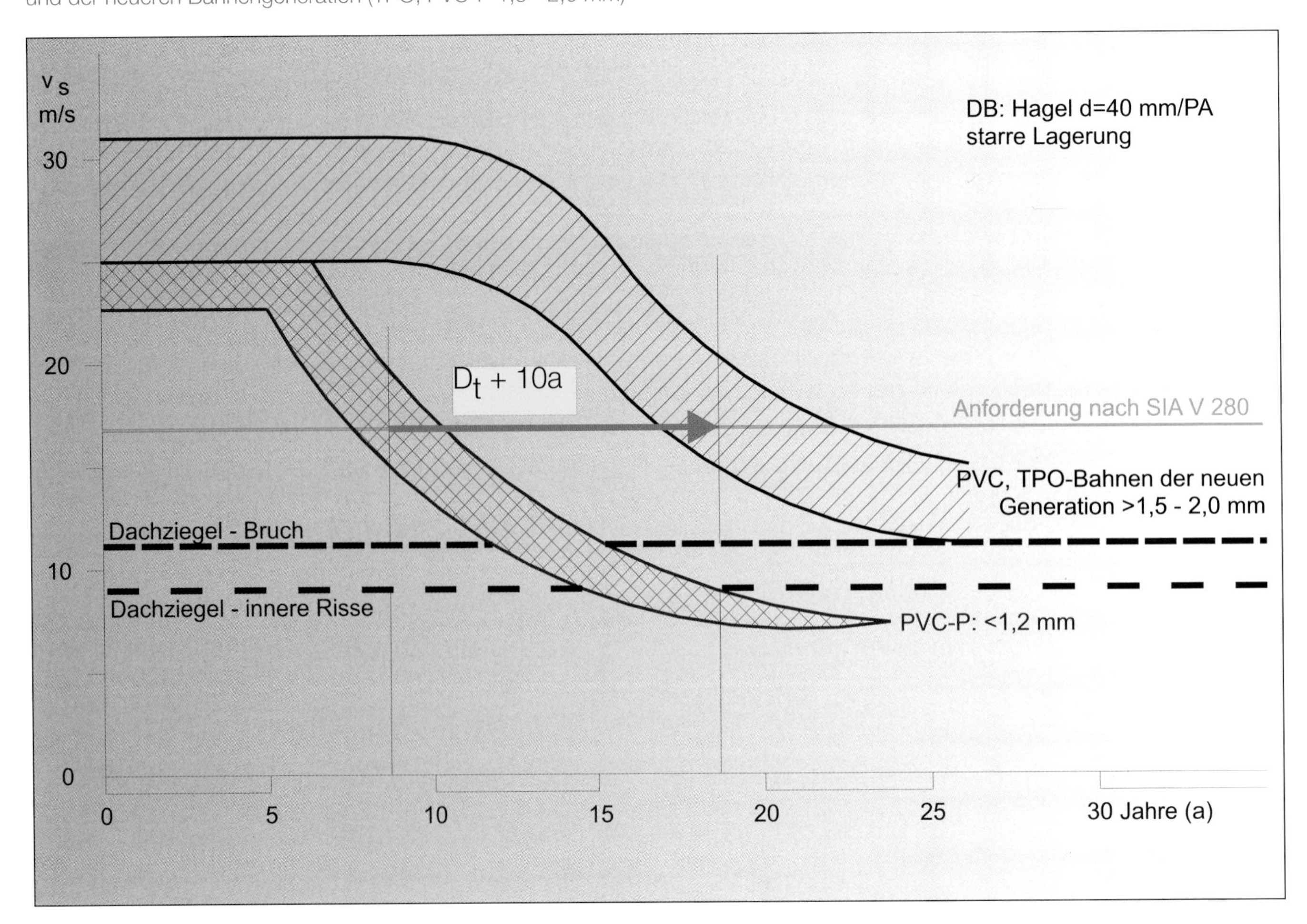

Alterungsabhängige Hagelbeständigkeit

1.2.6 Erkenntnisse über Kunststoffdichtungsbahnen

1.2.6.1 Einfluss der Materialdicke

In einer Serie von Tests an neuen Weich-PVC-Dichtungsbahnen ohne und mit Gewebeverstärkung wurde bei starrer Testlagerung (Stahlplatte, Sandpapier Sia P120, Dachmembrane) die Materialdicke variiert. Unter diesen Bedingungen konnte für unterschiedliche Materialien eine Korrelation zwischen der Dicke t und dem Wert der Schadensgeschwindigkeit v_S gefunden werden (siehe Darstellung 11). Der Anforderungswert der schweizerischen Sia-Normen von 17 m/s wurde bei einer Materialdicke > 1,2 mm erreicht. Dünnere Produkte, wie sie in früherer Zeit verwendet wurden, erreichten die Anforderung nicht.

Weitere Testreihen an 0,8 mm dicken Weich-PVC-Dichtungsbahnen zeigten, dass eine Verstärkung mit Glas- oder Polyestergewebe gewöhnlich niedrige Werte ergeben, da bei den Gewebeknoten ein »Durchschlag-Effekt« auftritt. Mit Aramidgewebe verstärkte Dichtungsbahnen ergaben markant höhere Werte. Aufgrund der Festlegung der Anforderungswerte in den schweizerischen SIA Normen auf die hinsichtlich Alterung ausgerichteten Gesichtspunkte werden dünne Dichtungsbahnen nicht mehr eingesetzt. In der Praxis werden in der Schweiz Dicken von 1,6 – 2,0 mm verlegt. Wie aus der Darstellung 13 entnommen werden kann, widerstehen solche Dichtungsbahnen mit großer Sicherheit dem Aufprall des natürlichen Hagels bis 50 mm.

1.2.6.2 Einfluss der Bewitterung

Organische Materialien altern schneller als anorganische Materialien. Oftmals stellt ein Gebäudebesitzer nach einem Hagelunwetter den Schaden von Durchschlägen erst nach längeren Niederschlagsperioden fest, wenn die Wärmedämmung bereits durchnässt ist.

Bei Dachdichtungsbahnen zeigt sich der Alterungsprozess durch Verminderung der Abmessungen, der Dicke und/oder durch die verminderte Dehnfähigkeit wegen des Ansteigens des Elastititätsmoduls. Auf dem Dach zeigt er sich durch Verfärbungen, Separieren von Schichten, Veränderung der Oberflächenbeschaffenheit und durch das Entstehen von Ablösungen bei Aufbordungen (Abbildung 23). An solchen Stellen ist die Dichtungsbahn als Membrane gespannt und liegt nicht mehr auf dem statischen Träger, wie es in den Normen für Dichtungsbahnen vorausgesetzt wird. Abbildung 24 zeigt echte Hageleinschlagstellen in einer Weich-PVC-Dichtungsbahn, bei der durch Weichmacherextraktion die Dehnfähigkeit stark vermindert wurde. Die aufgerissenen Ränder stellen sich wegen der Lösung der inneren Spannungen in der obersten Schicht nach oben auf.

Beim simulierten Hagelbeschuss wirkt die Abnahme der Dehnfähigkeit bzw. der Reißdehnung, so dass bei der Prüfung die flexible Lagerung maßgebend wird. Darstellung 14 zeigt die zeitabhängige Bruchdehnung einer 1,2 mm dicken Weich-PVC-Dachdichtungsbahn der früheren Generation und eine kaschierte 0,8 mm dicke CSM-Dichtungsbahn, die Dächern mit und ohne Kiesbedeckung entnommen wurden.

Natürlich bewitterte Dichtungsbahnen zeigen innerhalb der ersten 5 Jahre kaum eine Reduktion der Schädigungsgeschwindigkeit v_S (Darstellung 14). Nach 7, 10 und mehr Jahren kann jedoch ein Abfall der Reißfestigkeit beobachtet werden, wobei die Werte für Dichtungsbahnen mit flexibler Lagerung nach 17 Jahren immer noch höher als die SIA-Anforderungen sind. Je nach Installation und Bewitterungsart dürfte das Niveau für Weich-PVC nach 25 bis 30 Jahren die Anforderung der Tonziegel von 9 m/s unterschritten werden. Hinweise auf ein Annähern an einen Grenzwert analog eines mechanischen Ermüdungsverhaltens wurden nicht gefunden. Entsprechend den Gesetzmäßigkeiten der Alterung (Arhenius-Funktion) ist ein kontinuierlicher, manchmal aber auch ein jäher Abfall auf Null, zu erwarten, wenn sich zusätzlich mechanische Einwirkungen überlagern.

Umfassende Betrachtungsweise notwendig

Da man auf Dächern auch Lichtkuppeln, Oberlichter, Blechabdeckungen, Kollektoren, Antennen etc. und andere Bauteile aus Kunststoffen findet, ist es naheliegend, im Konzept Hagelwiderstand der Gebäudehülle zu berücksichtigen.

Dies betrifft auch an das Dach anschließende Fassaden oder Fassadenelemente, die in eine Dachfläche übergehen.

Im Gegensatz zu Dachbahnen sind derzeit noch keine verbindlichen Qualitätsanforderungen für Produkte dieser Art vorhanden.

Empfehlungen und Mindestanforderungen

Darstellung 15 (rechts):

Frei gesetzte Energie in Joule eines Hagels berechnet nach BAUER

Abbildung 25:

Stehendes Wasser auf einer neuen und einer älteren Bahnhofsüberdachung infolge zu hohem Ablauf, jedoch mit richtiger Dachneigung

Klassifizierungsschema des Hagelwiderstands der Gebäudehülle

Kl.	Deformation	Funktion (%)	Alterung, Unterhalt	Ästhetik
1	keine nicht messbar	100, intakt	kein / kein	unbeeinflusst
2	schwach noch messbar	75, leicht gestört	wenig/ klein	etwas reduziert, nicht störend
3	mittel sichtbar	50, Teilausfall	mittel/mittel	reduziert, merkbar störend
4	groß gut sichtbar	25, mehrheitlich gestört	stark/ erhöht	reduziert
5	sehr groß übersteigt Projektil Ø	0, totaler Ausfall	sehr stark/groß	stark reduziert, extrem störend

Tabelle 01 (links):

Klassifizierungschema des Hagelwiderstands der Gebäudehülle nach den Kriterien: Deformation, Funktion, Alterung und Ästethik

Abbildung 26 (unten):

Die Anforderung an den Hagelwiderstand gilt auch für Membranbauten und Luft gestützte Gebäudehüllen aus sehr dünnen Materialien

Foto: ALLIANZ ARENA GmbH

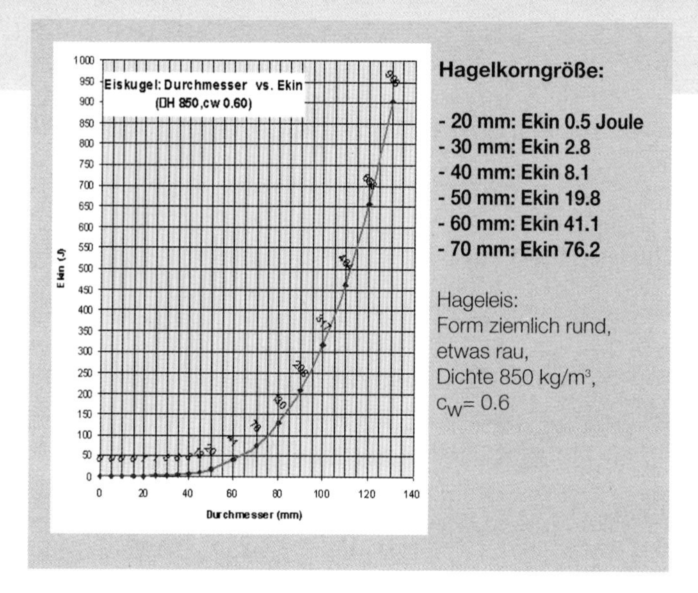

Erkenntnisse aus neueren Testreihen an freibewitterten, ungeschützten Dachbahnen zeigen ein wesentlich günstigeres Alterungsverhalten, als solche mit Kiesbedeckung. An einer Dachdichtungsbahn des gleichen Objekts wurden nach 15 Jahren direkter Bewitterung immer noch einen v_S -Wert von 20 m/s gemessen, während die kiesbedeckte Dichtungsbahn nur einen Wert von 10 m/s zeigte. Die Ursache ist im spezifischen Milieu unter der Kiesschicht zu suchen. Das verschmutzte, mit chemischen Stoffen angereicherte Niederschlagswasser verdunstet unter den großen Temperaturschwankungen durch Zunahme der Konzentration sehr langsam. Dieser Prozess wiederholt sich bei jedem Niederschlag-Sonnenschein Zyklus mit dem Resultat, dass wenig stabile Komponenten einer Dichtungsbahn extrahiert werden. Ermöglicht wird dieser Prozess durch oftmals nicht funktionierende, zu hoch eingebaute oder schlecht gewartete Dachentwässerungen, bei denen über Tage bis Wochen Wasser steht (siehe Abbildung 25). Kriechen oder Nachgeben von Teilen der Dachkonstruktionen verstärken diesen Effekt. Durch konsequentes Einhalten einer Dachneigung von > 1% während des Gebrauchs kann die Gebrauchsdauer des Daches erheblich verlängert werden.

1.2.7 Empfehlungen für die Klassifizierung des Hagelwiderstands

Für eine umfassendere Hagelwiderstandsklassierung der Baumaterialien sind weitere Aspekte als nur der mechanische Widerstand oder das Versagen zu berücksichtigen (FLÜELER, 1991). Neben den bisher berücksichtigten Kriterien wie Deformation und Funktion (z.B. dicht / undicht, intakt / ausgefallen etc.) einer Dichtungsbahn, muss auch der ästhetische Aspekt z.B. die Änderung des Aussehens und der Einfluss auf das Alterungsverhalten einbezogen werden. Ein Ansatz für eine 5-Klasseneinteilung mit 5 als niedrigster Widerstandswert und 5 als sehr hoher Widerstand ist in Tabelle 01 aufgezeigt. Die Widerstandsklassen werden auf die kinetische Energie echter frei fallender Hagelkörner bezogen, deren Energie durch Simulation mit genormten Projektilen nachgestellt wird.

1.2.8 Anforderungen

Die Einwirkung Hagel nimmt keine Rücksicht auf die von Menschenhand erstellten Bauten oder Kulturen. Somit ist die freigesetzte Energie durch die an Bauten verwendeten Materialien und Systeme zu übernehmen, wenn man Schaden vermeiden will. Die Normengremien haben in Abstimmung mit den Versicherungen und den Eigentümern klare Grenzen festzulegen, nach denen die Gebäudehülle konstruiert werden muss. Dies ist auf europäischer Ebene erst ansatzweise vorhanden. Eine Klassifizierung, die die Energie des echten Hagels zur Basis hat, würde Klarheit schaffen.

Nicht nur das Dach mit seinen vielfältigen Formen und Ausrüstungen wie Kuppeln, Oberlichter, Kamine, Verschalungen, Blechen, Antennen, etc., auch die Fassade mit den zum Teil hoch funktionalisierten Oberflächen sind künftig in diese Betrachtung einzubeziehen. **Dabei gelten für alle Bauteile der Gebäudehülle die gleichen Anforderungen.**

Zusammenfassung

Hagelschlag kann sehr heftig sein und große Schäden an der Gebäudehülle speziell an neuen Materialien wie Kunststoff, Faserverbundwerkstoffen und chen. Große Schäden und die Gefährdung von Menschenleben sind möglich, wenn Minimalanforderungen außer Acht gelassen werden.

Um den Hagelwiderstand von Dachbahnen zu testen, hat die EMPA kürzlich einen in den 70er Jahren entwickelten Testapparat den neuesten Anforderungen angepasst. Hagel als meteorologisches Phänomen, der Testapparat, die Testmethoden und die Erfahrung der letzten 15 Jahre bezüglich dem Gebrauch von PVC-plastifizierten Dachbahnen sind Gegenstand von Diskussionen.

Spezielle Aufmerksamkeit gilt dem Alterungsprozess in Bezug auf natürliche Bewitterung und dem Alterungsverhalten für Teile der Gebäudehülle wie Dachfenster und Wandverschalungen. Für Standardisierungszwecke wird ein Klassifizierungssystem für Hagelschlag-Widerstand mit Minimalanforderungen vorgeschlagen.

Für Abdichtungen sind die Mindestanforderungen in dem nachfolgenden Anforderungsprofilen nach den Erfahrungswerten und neuesten Erkenntnissen mit $\geq$ 25 m/s definiert.

Elektrische Spannungen in der Luft

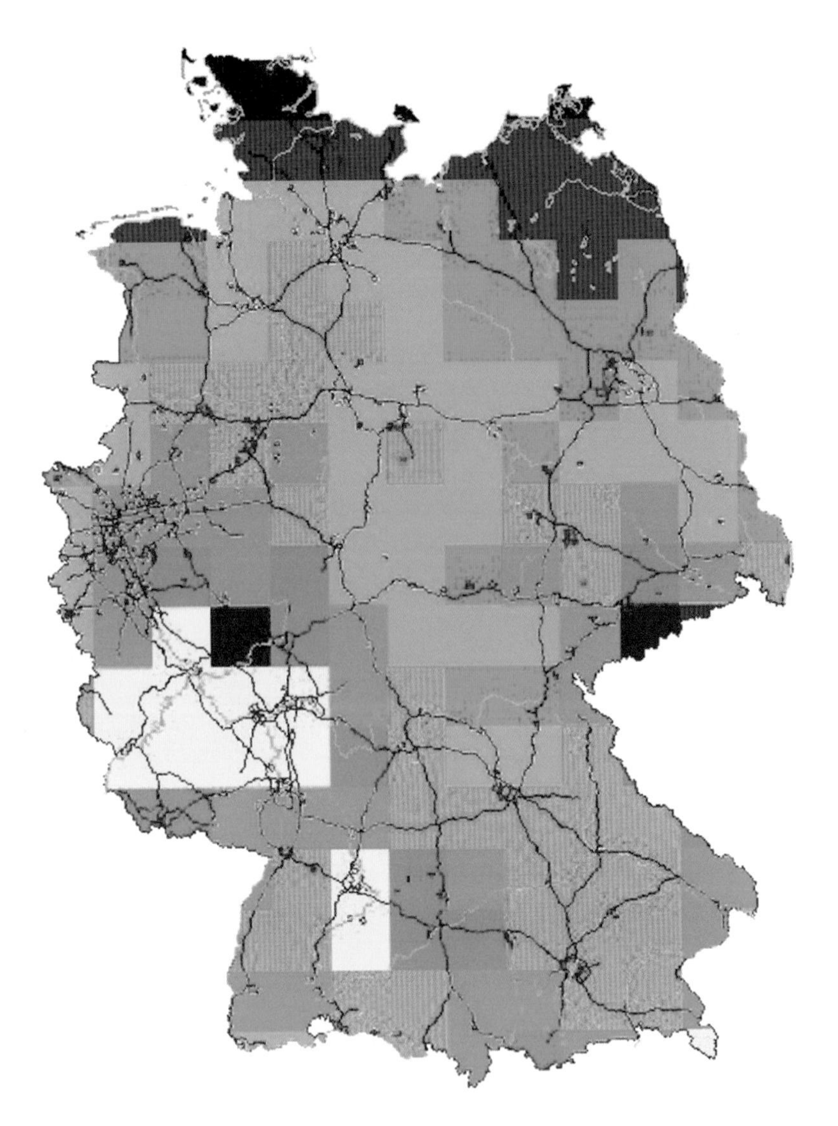

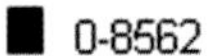

- 0-8562
- 8563-17125
- 17126-25688
- 25689-34251
- 34252-42814
- 42815-51377
- 51378-59940
- 59941-68503
- 68504-77066
- 77067-85629
- 85630-94192
- 94193-102755
- 102756-102762

Darstellung 16:

Blitzstatistik 1999-2004 in Deutschland, Raster 50 km x 50 km, Anzahl der Blitze pro Flächenelement ist in der Skala (oben) dargestellt. Freundlicherweise von BLIDS - Blitz-Informationsdienst-Dienst von Siemens zur Verfügung gestellt

Quelle: SIEMENS AG, www.BLIDS.de

Abbildung 27:

Blitzeinschlag in ein Gebäude mit besonderer Exposition

Quelle:
Kopie aus einem Privatvideo von S. LÜKE

Himmlisches Feuer mit Blitzbesuch

1.3 Gewitter

Nach Erhebungen aus Bayern, dem "Gewitterland" Deutschlands werden die meisten Gewitter am Alpenrand verzeichnet. Zwischen Füssen im Westen, über Schongau, den Hohenpeißenberg, Starnberg, München und Bad Tölz im Osten werden bis zu 35 Gewittertage verzeichnet. Auf der Zugspitze und Garmisch liegen die Zahlen jeweils deutlich über der 30-Tage-Grenze in unterschiedlichen Zeiträumen. Ein weiteres Maximum befindet sich im Berchtesgadener Raum, rund um den Watzmann mit 30–33 Tagen.

1.3.1 Blitze

Blitze entstehen durch Ausgleich elektrischer Spannungen (etwa 100 Mio Volt) innerhalb von Gewittern zwischen zwei Wolken mit entgegengesetzter elektrischer Aufladung ("Wolkenblitz") oder zwischen einer Wolke und der Erdoberfläche ("Erdblitz"). Die häufigste Form ist der Linienblitz (verzweigte Zickzackspur); daneben gibt es noch den Flächenblitz, der entsteht, wenn die einzelnen Teilentladungen eines Linienblitzes durch die rasche Bewegung der Luftmasse flächenhaft auseinander gezogen werden.

1.3.1.1 Gewitter und Blitze in Deutschland

Die neuesten Blitzdaten bestätigen die Gewitterhäufung am Alpenrand, zeigen aber auch Häufungen auf Teilen der Schwäbischen Alb und dem Schwarzwald. Für ganz Deutschland gilt, dass Gewitter in den Mittelgebirgen häufiger auftreten. Bis zu 25 Tage werden im Sauerland, im Hunsrück, Teilen der Westeifel, dem Bayrischen Wald oder z.B. auf der Wasserkuppe gezählt. Im Flachland werden im Schnitt 20 Tage beobachtet. Auch an den Küsten weicht die Zahl kaum von der Marke 20 ab.

1.3.1.2 Blitzgefahr in der Schweiz

Rund 200.000 mal im Jahr schlagen Blitze in der Schweiz ein. Die Nordwestschweiz mit durchschnittlich 35 Gewittertagen pro Jahr gehört dabei zu den am meisten betroffenen Gebieten.

1.3.1.3 Blitze in Österreich

In Österreich schwankt die seit 1992 registrierte Zahl der Blitze zwischen 104.000 und 222.000, davon allerdings 70% in der südöstlichen Landeshälfte und nur 10% im alpinen Tirol.

1.3.2 Blitzschutz

»Bauliche Anlagen, bei denen nach Lage, Bauart oder Nutzung Blitzschlag leicht eintreten oder zu schweren Folgen führen kann, sind mit dauernd wirksamen Blitzschutzanlagen zu versehen« (Musterbauordnung – (MBO) Ausgabe 2002, Deutschland).

»Bauliche Anlagen sind mit Blitzschutzanlagen, die den Erfahrungen der technischen Wissenschaften entsprechen, auszustatten, wenn sie durch ihre Höhe, Flächenausdehnung, Höhenlage oder Bauweise selbst gefährdet oder widmungsgemäß für den Aufenthalt einer größeren Personenzahl bestimmt sind oder wenn sie wegen ihres Verwendungszweckes, ihres Inhaltes oder zur Vermeidung einer Gefährdung der Nachbarschaft eines Blitzschutzes bedürfen« (Österreich – Auszug aus der Bauordnung Wien).

Diese oder ähnliche Vorgaben finden sich in vielen Landesbauordnungen. Der Gesetzgeber schreibt damit für jedes Bauvorhaben eine Einzelfallprüfung vor. Es ist zu prüfen, ob Blitzschlag leicht eintreten (z.B. anhand der Lage und Ausdehnung des Gebäudes) oder zu schweren Folgen (z.B. Personenschaden) führen kann.

In der Schweiz ist der Blitzschutz in den §§ 61, 63 des Gebäudeversicherungsgesetz (GVG) und in §§ 53 ff. der VO zum GVG geregelt. Blitzschutzpflicht besteht für z.B.: Bauten mit Räumen mit großer Personenbelegung; Beherbergungsbetriebe; besonders hohe Bauwerke; Bauten und Anlagen, deren Inhalt einen besonderen Wert aufweist; Industrie- und Gewerbebauten mit gefährdeten Bereichen; größere landwirtschaftliche Ökonomie- und Betriebsbauten mit dazugehörenden Einrichtungen; Bauten und Anlagen mit wichtigen öffentlichen Kommunikationssystemen; Gebäude in exponierten topographischen Lagen. In Zweifelsfällen entscheidet die Gebäudeversicherung, ob Bauten und Anlagen gegen Blitzschlag zu schützen sind.

Risikoanalyse - Blitzschutznachweis

Der Gesetzgeber benennt leider keine technische Regel, nach der diese Prüfung durchgeführt werden soll. Im Prinzip ist daher der Bauherr/Architekt in der Nachweisführung frei, soweit alle im Gesetzestext genannten Einflussgrößen (Lage, Bauart, Nutzung, Folgen) detailliert betrachtet werden. In der Praxis erweist sich das als gar nicht so einfach, weil in der Regel die erforderlichen Abschätzungen eine entsprechende Erfahrung voraussetzen.

Vorsorge für Extremregenfälle ?

Abbildung 28:

Aus Niederschlagswasservereinigung herbeigeführte Zusatzbelastung der unteren Dachfläche ist bei der Entwässerung dieser zu berücksichtigen

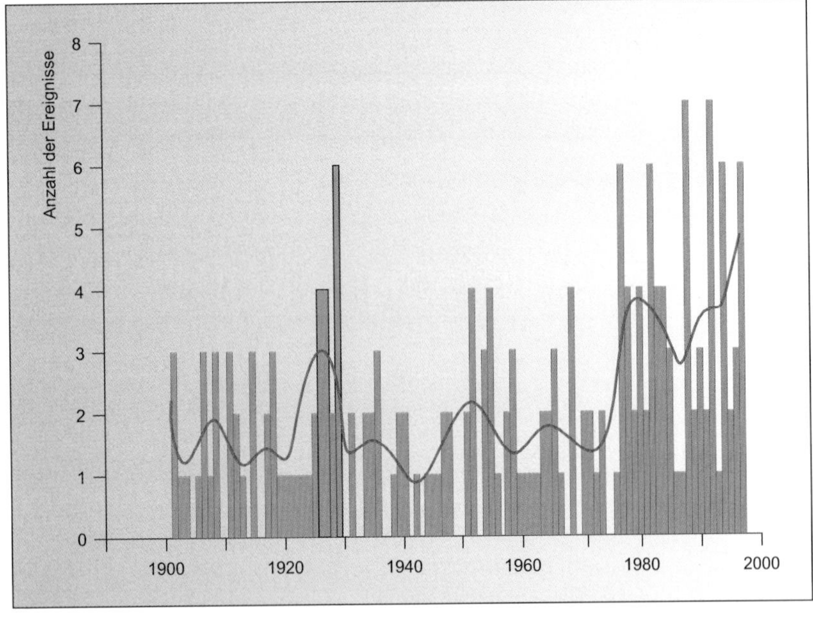

Darstellung 17:

Häufigkeit der Starkniederschläge (mit mehr als 70 Millimeter an einem Tag auf eine Mindestfläche von 500 Quadratkilometer) auf der Alpennordseite und in den inneren Alpen der Schweiz für die Periode von 1901 bis 1996 (gesamtes Jahr) und im alpinen Raum nach (BAUMGARTNER et. al. 2000)

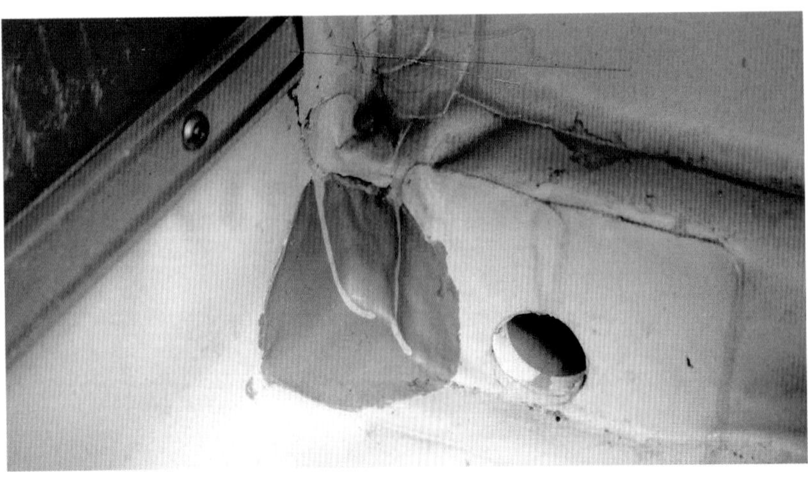

Abbildung 29:

Dachablauf DN 50: durch die Fassade, über die Rohdecke im Wohnzimmer mit Anschluss an die Strangentwässerung der Küche

1.4 Niederschläge

Eine Zunahme von Unwetterereignissen mit starken bis extremen Niederschlägen muss mittlerweile als Fakt angenommen werden. Extreme Wolkenbrüche und Dauerregen setzten zum Beispiel im Katastrophenjahr 2002 ganze Landstriche über Tage hinweg unter Wasser. Die Radarbilder des DWD zwischen 1. und 10. August 2002 zeigten mit Ausnahme von zwei Tagen nahezu flächendeckende Wolkenbrüche über Deutschland, wobei stellenweise Niederschläge von über **100 l/m und Tag** niederprasselten.

1.4.1 Niederschlagsmengen

Die Jahresniederschlagssummen haben sich verändert, die räumliche und zeitliche Variabilität sind noch größer als bei der Temperatur. Die Trends sind erst in den letzten Jahrzehnten deutlicher geworden. Vor allem im Winter wird eine Zunahme der Niederschläge in den mittleren und hohen Breiten der Nordhemisphäre festgestellt.

1.4.1.1 Trends in Deutschland

Der jährliche Niederschlag hat von 1891 bis 1990 durchschnittlich um 9% – vor allem im Herbst und Winter – zugenommen (RAPP, SCHÖNWIESE, 1995). Dabei ist der Anstieg in den einzelnen Jahreszeiten sehr unterschiedlich. In den letzten drei Jahrzehnten (1961 – 1990) betrug die Zunahme nur noch 3%, weil sich die Regenmenge im Frühjahr und im Sommer merklich verringert hat.

1.4.1.2 Trends in Österreich

Im alpinen Raum trifft die Zunahme der winterlichen Niederschläge für den westlichen Teil der Schweiz zu. Im südalpinen Raum und im Osten Österreichs ist hingegen eher ein Rückgang der Niederschlagsmengen festzustellen (AUER, BOHM,1994).

1.4.1.3 Trends in der Schweiz

Trendanalysen der Niederschlagsmengen anhand täglicher Daten haben gezeigt, dass die winterliche Niederschlagsmenge in der Schweiz in den letzten hundert Jahren um bis zu 30% zugenommen hat (WIDMANN, SCHAR, 1997). Diese Zunahme kam ohne nennenswerte Vermehrung der Anzahl Niederschlagstage zustande. Sie ist primär durch eine Verschiebung in der Intensitätsverteilung der Niederschläge bedingt. Im Herbst und Winter konnte ein Trend zu intensiveren Niederschlagsereignissen v.a. auf der Alpennordseite festgestellt werden (COURVOISIER , 1998).

1.4.2 Starkregen

Weltweit nehmen Extremregenfälle überall stärker zu als die mittleren Niederschlagssummen, vor allem in Gebieten, in welchen die Niederschläge an sich zunehmen. Gleichzeitig verringert sich der Wiederkehrzeitraum für 20-jährige Extremereignisse von Tagesniederschlagssummen (KHARIN, ZWIERS, 2000).

Starkregenfälle treten im alpinen Raum entweder als räumlich begrenzte, sehr intensive Schauer oder Gewitter auf, d.h. infolge konvektiver Prozesse auf, oder als anhaltende, ergiebige Niederschläge in Zusammenhang mit Tiefdruckgebieten oder Fronten, d.h. durch zyklonale Prozesse ausgelöst.

Konvektive Niederschläge treten vor allem im Sommer auf, halten bis zu einigen Stunden an und sind im zentralalpinen Bereich meist weniger intensiv als in den alpinen Randzonen (GREBNER, 1996; FREI, SCHAR, 1998). Es tritt zusätzlich das Risiko von Hagel, Blitzschlag und starken Winden auf (SCHIESSER, 1997).

Bei zyklonal bedingten Niederschlägen sind die betroffenen Gebiete großräumiger, und die Ereignisse halten länger an (bis zu 3 Tagen). Die Niederschlagsintensität (Niederschlagsmenge pro Stunde) liegt nur bei etwa 20% jener der konvektiven Starkregen. Am häufigsten treten derartige Ereignisse im Winterhalbjahr auf.

Regenwasser ist kein Wurfgegenstand

Bei einem Gewitter stürzte im Juni 1997 das Dach einer Lagerhalle ein, weil sich Regenwasser darauf gestaut hatte. Der Eigentümer verklagte die Sturmversicherung. Das Oberlandesgericht (OLG) Oldenburg wies in der Berufungsinstanz die Klage ab, weil die Versicherung nach den Allgemeinen Bedingungen für die Sturmversicherung (AStB 87) nur für solche Schäden hafte, die durch das Werfen von Gegenständen auf das versicherte Gebäude entstünden. Aufgestautes Regenwasser könne aber nicht mehr als Werfen von Gegenständen angesehen werden.
(OLG Oldenburg, Az.: 2 U108/00, Urteil vom 5.7.2000)

Zweijahres- und Jahrhundertregen

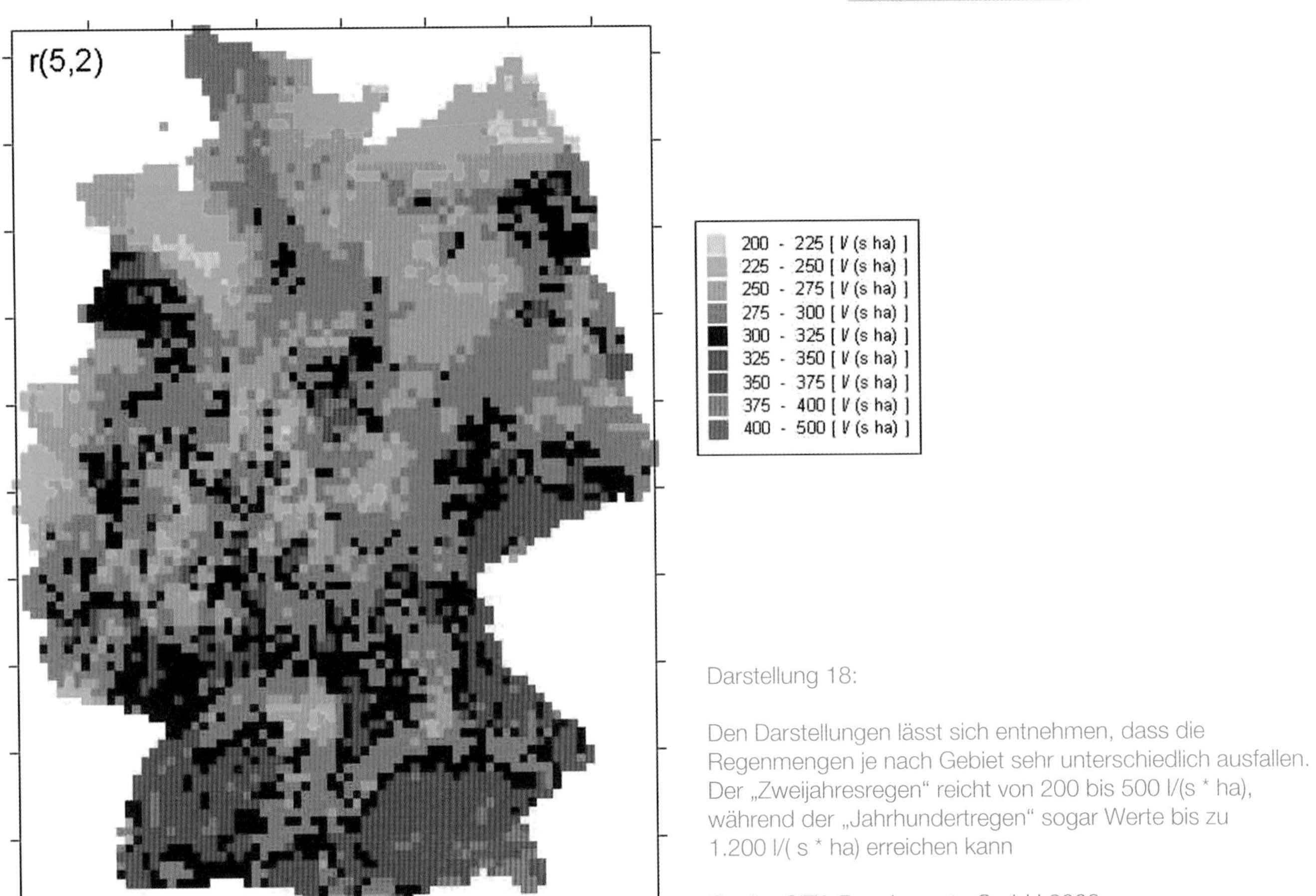

Darstellung 18:

Den Darstellungen lässt sich entnehmen, dass die Regenmengen je nach Gebiet sehr unterschiedlich ausfallen. Der „Zweijahresregen" reicht von 200 bis 500 l/(s * ha), während der „Jahrhundertregen" sogar Werte bis zu 1.200 l/(s * ha) erreichen kann

Quelle: SITA Bauelemente GmbH,2003

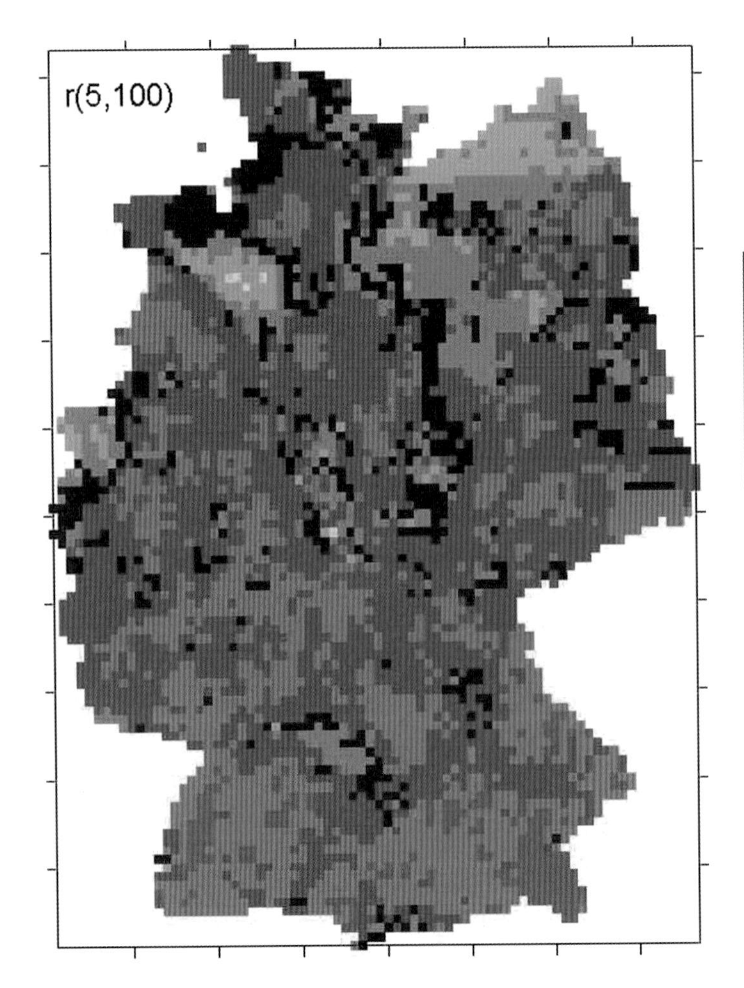

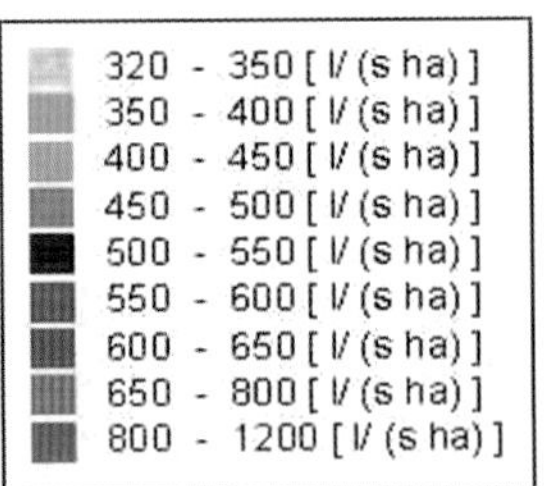

Darstellung 19:

Zur Bemessung der Regenentwässerungsanlage ist es erforderlich, die am Gebäudestandort zu erwartenden Regenmengen zu ermitteln

Quelle: SITA Bauelemente GmbH,2003

Die unterschiedlichen Regenereignisse zu größeren deutschen Städten sind dem Anhang zur DIN 1986-100 zu entnehmen

Europäische Entwässerungsnorm

1.4.3 Dachentwässerung

Um möglichst wenig Flächenlast auf der Dachfläche zu erzeugen muss das Entwässerungssystem einen zügigen Abfluss des anfallenden Niederschlagswassers ermöglichen. Nachdem die Abflussleistung primär über den Dachablauf geregelt wird muss der Hersteller die Charakteristik seines Ablaufes in einer Tabelle oder einem Diagramm angeben, damit der Planer die ihm gestellte (Entwässerungs-) Aufgabe sicher lösen kann. Ein allgemeiner Herstellernachweis, dass die Mindestanforderungen an Dachabläufe nach DIN EN 1253 erfüllt werden, reicht bei weitem nicht mehr aus (RIECKMANN, 2004).

1.4.3.1 Europäische Normung

Die europäische Normenreihe DIN EN 12 056 »Schwerkraftentwässerungsanlagen innerhalb von Gebäuden, Teil 1-5« wurde im Januar 2001 veröffentlicht. Der Teil 3 »Dachentwässerung – Planung und Bemessung« enthält Angaben über:

- vorgehängte Dachrinnen (ersetzt DIN 18460)
- innenliegende Dachrinnen (erstmalige Normangaben)
- Regenwasserfallleitungen u. Regenwasserabflüsse (identisch mit DIN 1986-2)
- Grundsätze für planungsmäßig vollgefüllte Regenwasserleitungen

Der informative Anhang B der Normenreihe verweist auf weitergehende nationale und regionale Vorschriften und technische Regeln. Es wird empfohlen die jeweils gültigen Fassungen dieser Dokumente heranzuziehen.

1.4.3.2 Nationale Regelungen

Im März 2002 folgte die deutsche Ergänzungsnorm DIN 1986-100 »Entwässerungsanlagen für Gebäude und Grundstücke Teil 100: Zusätzliche Bestimmungen zu DIN EN 752 und DIN EN 12 056«.

Diese Norm beinhaltet für den Bereich Dach u.a. Angaben zur Anzahl der Dach- bzw. Rinnenabläufe, Freispiegelentwässerung, Rückstau, Notüberläufe. Bezüglich der Dachentwässerung mit Druckströmung wird auf die Beachtung der VDI-Richtline 3806 (VDI, 4/2000) verwiesen.

1.4.3.2.1 Richtlinie VDI 3806

Die Richtlinie VDI 3806 beschreibt herstellerneutral die Planung, Berechnung und Ausführung von Dachentwässerungen mit Druckströmung.

»Seit mehr als zwei Jahrzehnten werden in Deutschland Regenentwässerungen nach dem Prinzip der Vollfüllung errichtet. Die VDI-Richtlinie gibt Hinweise zu Systemkomponenten, Berechnungsverfahren und Notüberläufen für dieses Prinzip. Sie erläutert das Vorgehen durch Tabellen, Diagramme und eine Beispielrechnung. Auch Hinweise zur Inbetriebnahme, Wartung und Reinigung sind enthalten. Eine Übersicht über die zugehörigen Vorschriften, Normen und Bestimmungen rundet die Richtlinie ab« (VDI, 2000).

1.4.3.3 Berechnungsmethoden

Gegenüber den früheren Anforderungen haben sich nicht nur die Niederschlagsmengen, sondern auch die Berechnungsgrundlagen geändert. Eine Bemessung der Dachentwässerung nach der alten Norm von 300 l (s x ha) ist nun nicht mehr zulässig. Heute müssen zwei Werte in die Berechnung einfließen:

1) Berechnungsregen $r_{(5,2)}$, ein fünfminütiges Regenereignis, das statistisch alle zwei Jahre einmal mit 200 bis 500 l (s x ha) anzunehmen ist, und

2) der Jahrhundertregen $r_{(5,100)}$, ein fünfminütiges Regenereignis, das statistisch einmal in hundert Jahren Werte bis zu 1.200 l (s x ha) erreichen kann.

Nachdem die Regenmengen je nach Region sehr unterschiedlich ausfallen können, sind der Berechnung die regionalen Werte aus dem Anhang der DIN 1986-100 zugrunde zu legen.

Hinweis in DIN 1986-100

»Die Differenzen aus den Berechnungsregenspenden für die Grundstücksentwässerungsanlagen und der Aufnahmekapazität der Ortsentwässerung sind gegebenenfalls durch Rückhaltung von Regenwasser für eine Dauer von mindestens 15 Minuten mit der für die Überflutungsprüfung maßgebenden Regenspende von z.B. $r_{(15,30)}$ auf dem Grundstück auszugleichen«.

Optimaler Dachwasserabfluss

Situation	Sicherheits-faktoren
- vorgehängte Dachrinnen	**1,0**
- vorgehängte Dachrinnen, z.B. über Eingängen von öffentlichen Gebäuden	**1,5**
- innenliegende Dachrinnen und überall dort, wo ungewöhnlich starker Regen oder Verstopfungen in der Dachentwässerung Wasser in das Gebäude eindringen lassen	**2,0**
- innenliegende Dachrinnen in Gebäuden, wo ein außergewöhnliches Maß an Schutz notwendig ist, z.B.:	**3,0**
- - Krankenhäuser / Theater	
- - sensible Kommunikationseinrichtungen	
- - Lagerräume für Substanzen die durch Nässe toxische oder entflammbare Gase abgeben	
- - Gebäude in denen besondere Kunstwerke aufbewahrt werden	

Tabelle 02:

Sicherheitsfaktoren nach EN 12 056-3/Tab. 2

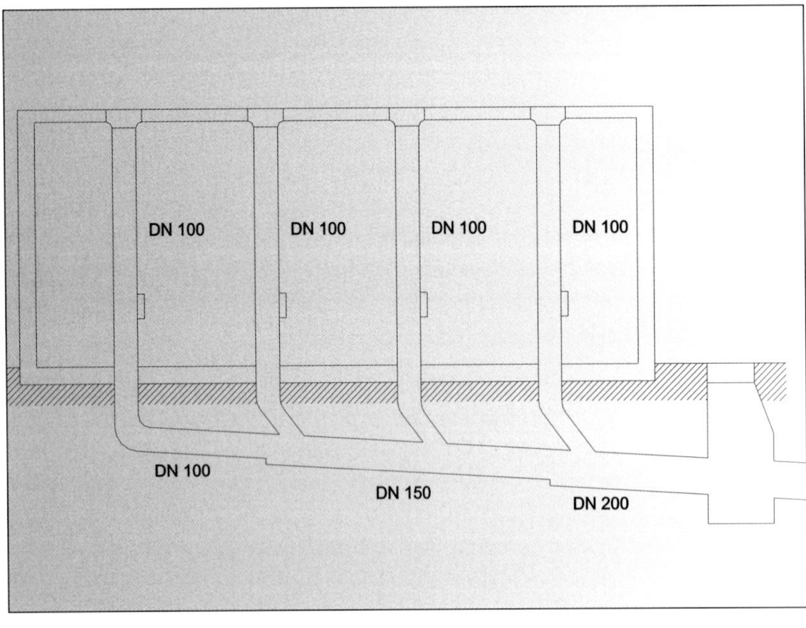

Darstellung 20:

Systemskizze herkömmliche Entwässerung (Freispiegelentwässerung)

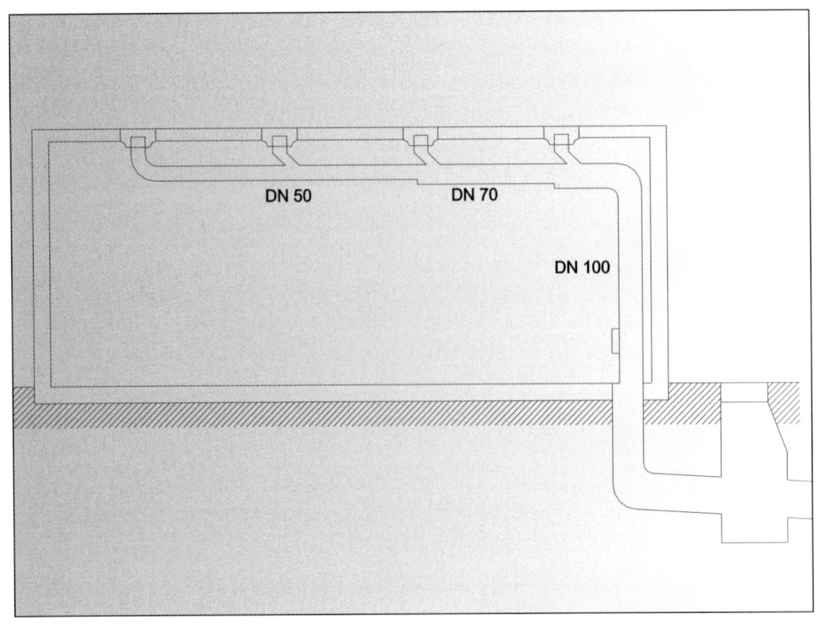

Darstellung 21:

Systemskizze Hochleistungsentwässerung

Ablaufdiagramm Flachdachentwässerung

1.4.4 Überflutungsverhinderung

Als maßgebliches Planungsziel verfolgt die nationale Ergänzungsnorm (DIN 1986-100), dass ein Berechnungsregen $\boldsymbol{r}_{(5,2)}$ zu jedem Zeitpunkt von der Dachfläche abgeführt werden kann. Die Entwässerungsanlagen sind so auszuführen, dass bei Auftreten von Starkregenereignissen keine Schäden an der Gebäudesubstanz auftreten können (SITA, 2003). Nach dem Kommentar zur o.g. Ergänzungsnorm darf kein Regenereignis bis zum Jahrhundertregen $\boldsymbol{r}_{(5,100)}$ die statischen Sicherheitsreserven der Dachtragekonstruktion zu stark beanspruchen. Eine detaillierte und genaue Berechnung der Dachflächenentwässerung ist deshalb unerlässlich.

1.4.4.1 Entwässerungssysteme

In den Normen wird bei Dachentwässerungen unterschieden in:

- Freispiegelentwässerung und
- Druckentwässerung.

Neben dem herkömmlichen Freispiegelentwässerungssystem hat sich in den letzten Jahren speziell für große Flachdächer das Druckentwässerungssystem durchgesetzt. Hierbei ist der Wasseraufstau grundsätzlich niedriger als beim konventionellen System und führt somit zu wesentlich geringerer statischer Belastung.

1.4.4.1.1 Druckentwässerungen

Spezielle Dacheinläufe eines Druckentwässerungssystems, unterbinden die Lufteinführung beim Erreichen der berechneten Regenwassermenge. Die Rohrdimensionierung der Entwässerungsleitung ist auf eine Vollfüllung der Leitung ausgerichtet. Nach der Ergänzungsnorm wurde der Füllunggrad für Fallleitungen von ursprünglich f=0,2 auf f=0,33 erhöht. Das hat zur Folge, dass bei entsprechend konstruierten Dachabläufen, über die Fallleitungen jetzt mehr als das Doppelte entwässert werden kann (RIECKMANN, 2004).

Bei der Druckentwässerung sind außer der gleichmäßigen Füllung der Kanalisation wesentliche Vorteile: der geringere Material- und Lohneinsatz, die Selbstreinigung durch hohe Fließgeschwindigkeit, die Verlegung ohne Gefälle und kleinere Rohrdimensionen – siehe nebenstehende Darstellungen (Entwässerungssysteme im Vergleich).

1.4.4.2 Notüberläufe

»Bei Flachdächern in Leichtbauweise sind immer Notüberläufe vorzusehen« Eine solche Forderung macht Sinn, denn die Lastreserven sind bei solchen Dächern meist bis an die Grenzen ausgereizt.

Sind bei Dachflächen mit innenliegenden Dachabläufen zusätzliche Notüberläufe erforderlich und lässt die Dachgeometrie oder die Gestaltung der Gebäudehülle einen freien Notüberlauf am Dachrand nicht zu, »muss zur Sicherstellung der Notüberlauffunktion ein zusätzliches Leitungssystem, mit freiem Auslauf auf das Grundstück, diese Aufgabe übernehmen« (DIN 1986). Wird bei Gebäuden ein hoher Gebäudeschutz gefordert - siehe nebenstehende Tabelle 02 - sollte die Notüberlaufeinrichtung alleine den Jahrhundertregen $\boldsymbol{r}_{(5,100)}$ ableiten können.

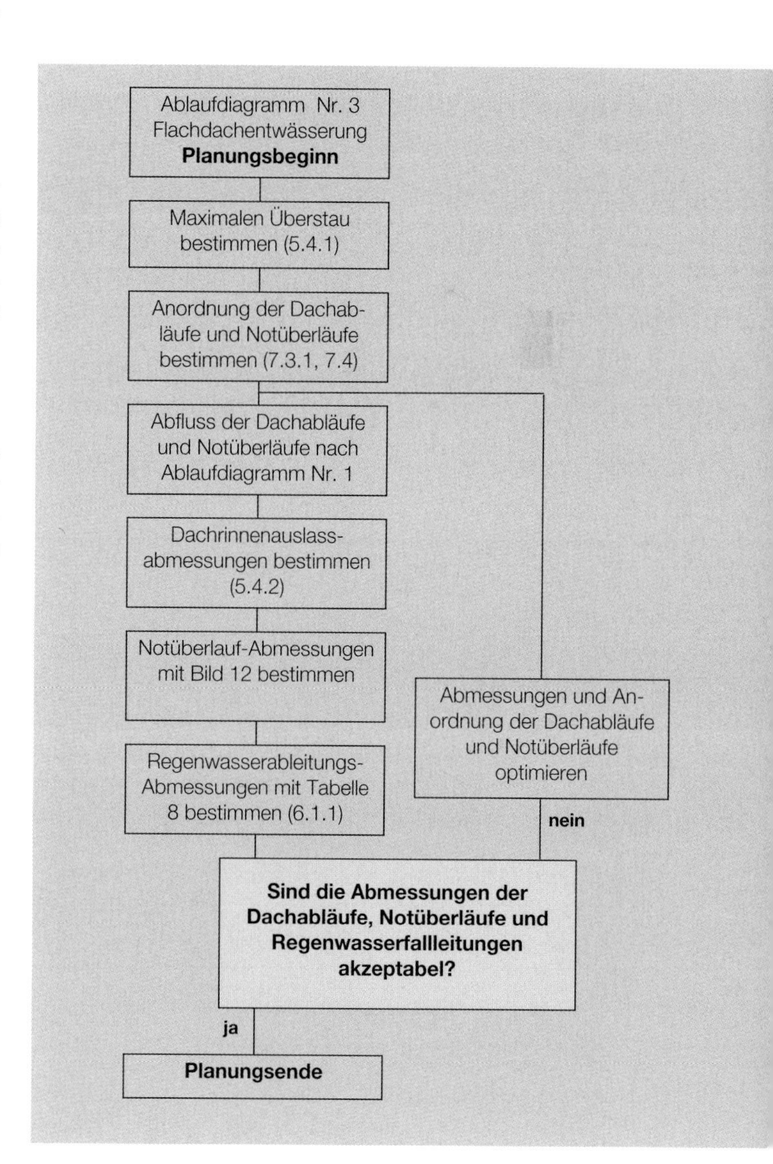

Darstellung 22:
Bearbeitungsschema für die Planung der Flachdachentwässerung in Anlehnung an EN 12056-3

Annahmewerte für eine Berechnung (nach Liesecke)

Begrünungsart und Bauweise	Aufbaudicke	Wasserrückhaltung im Jahresmittel	Jahresabflussbeiwert/Versiegelungsfaktor
Extensivbegrünungen	in cm	in %	ρ a
Matten-Bauweisen			
- auf Vliesmatte	2-4	50	0,50
- auf Dränmatte/Dränplatte	4-6	45	0,55
Einschichtige Bauweisen			
- mit Nassansaat/Pflanzung	8-10	45	0,55
Zweischichtige Bauweisen			
- mit Vegetationsmatte	6-8	50	0,50
auf Einschichtsubstrat	8-10	55	0,45
Mehrschichtige Bauweisen			
- mit Schüttstoff-Dränschicht	8-10	50	0,50
	> 10-15	55	0,45
	>15-20	60	0,40
- mit Dränmatte/Dränplatte	8-10	45	0,55
	>10-15	50	0,50
	>15-20	55	0,45

Tabelle 03 (links):

Vorschlag für Anhaltswerte zur Wasserrückhaltung bei Dachbegrünungen nach LIES-ECKE (2005/a)

Angaben nach DIN 1986-100 mit Bezugnahme auf Dachbegrünungsrichtlinie, (FLL, 2002):

- Intensivbegrünungen 0,3
- Extensivbegrünungen ab 10 cm Aufbau: 0,3
- Extensivbegr. unter 10 cm Aufbau: 0,5

Tabelle 04 (unten):

Lastenannahmen und Wasserspeicherung von verschiedenen Bauweisen. Auswahl aus LIESECKE (2005/b)

Bauweisen	Dicke in cm	Lastenannahmen trocken kg/m²	Lastenannahmen bei maximaler Wasserkapazität in kg/m²	Wasserspeicherung bei WK max. l/m²	Jährliche Wasserspeicherung in %	Jahresabfluss Kennzahl C_a
Kiesschüttung	**5,2**	**72,3**	**76,6**	**4,3**	**23,4**	**0,77**
- Kies 16/32 mm mit	5,0	72,0	74,0	2,0		
- Schutzvlies, 300 gr/m²	0,2	0,3	2,6	2,3		
Vegetationsmatten-Bauweise	**3,7**	**15,8**	**31,6**	**15,8**	**52,3**	**0,48**
- Vegetationskombimatte auf	3,5	15,5	29,0	13,5		
- Schutz-/Speichervlies, 300 gr/m²	0,2	0,3	2,6	2,3		
Vegetationsmatten-Bauweise	**5,0**	**15,9**	**29,8**	**13,9**	**48,4**	**0,52**
- Vegetationskombimatte auf	3,5	15,4	29,0	13,5		
- Fadengeflecht-Dränmatte	1,5	0,5	0,8	0,4		
Einschichtige Bauweise mit Naßansaat (ohne org. Substanz)	**10,2**	**125,3**	**148,6**	**23,3**	**34,1**	**0,66**
- Ziegelsplitt, 2/14 mm,	10,0	125,0	146,0	21,0		
- Schutzvlies, 300 gr/m²	0,2	0,3	2,6	2,3		
Einschichtige Bauweise mit Naßansaat (mit Mulchschicht)	**11,2**	**134,3**	**169,6**	**35,3**	**37,9**	**0,62**
- Ziegelsplitt 2/14 mm,	11,0	134,0	167,0	33,0		
- Schutzvlies, 300 gr/m²	0,2	0,3	2,6	2,3		
Zweischichtige Bauweise	**7,2**	**60,1**	**86,9**	**25,8**	**48,0**	**0,52**
Vegetationsmatte auf Einschichtsubstrat	2,0	10,3	22,3	11,0		
- Lava/Bims 2/8 mm	5,0	49,5	62,0	12,5		
- Schutzvlies, 300 gr/m²	0,2	0,3	2,6	2,3		
Zweischichtige Bauweise	**7,7**	**96,9**	**117,5**	**20,6**	**43,7**	**0,56**
- Dachsode	2,5	24,6	40,9	16,3		
- Kies 16/32 mm	5,0	72,0	74,0	2,0		
- Schutzvlies, 300 gr/m²	0,2	0,3	2,6	2,3		
Mehrschichtige Bauweise	**5,5**	**44,5**	**63,0**	**18,5**	**45,0**	**0,55**
Naßansaat	-	0,5	5,0	4,5		
Lavasubstrat	4,0	43,6	57,2	13,6		
Fadengeflechtmatte	1,5	0,4	0,8	0,4		

Rückhaltung von Niederschlagswasser

1.5 Regenwasserrückhaltung

Das Dachwasser wird meist direkt in die Kanalisation abgeleitet, wo es mit hohem Aufwand abgeführt und teilweise behandelt werden muss. Dabei gibt es häufig sowohl ökologische als auch ökonomische Gründe, das Regenwasser mittels geeigneter Anlagen direkt an Ort und Stelle zu versickern. Einerseits wird durch das versickerte Regenwasser das Grundwasser angereichert, andererseits entlastet das verringerte Regenwasseraufkommen die Kanalisation. Das im Januar 2002 erschienene Arbeitsblatt A 138 der Deutschen Vereinigung für Wasserwirtschaft, Abwasser und Abfall e. V. (ATV-DVWK) regelt die Berechnung von Versickerungsanlagen.

Viele veröffentlichte Beispiele verdeutlichen, dass es möglich ist, mittels funktionsgerecht geplanten Maßnahmen wirksame Konzepte zu entwickeln. Hierbei gehören neben den Versickerungseinrichtungen insbesondere Dachbegrünungen zu den geeigneten Instrumenten des nachhaltigen Niederschlagswassermanagements.

1.5.1 Dachbegrünung

Die Aufnahme, Speicherung und Verdunstung von Niederschlagswasser bei Dachbegrünungen ist nicht nur aus entwässerungstechnischer, sondern auch aus ökologischer und ökonomischer Sicht von wesentlicher Bedeutung. Die Wirkung ist hinlänglich bekannt, wenngleich auch in der Vergangenheit manchmal von übertrieben optimistischen Annahmewerten bzw. Kennzahlen ausgegangen wurde.

1.5.1.1 Annahmewerte / Kennzahlen

Die neuesten Auswertungen von LIESECKE (2005b) verdeutlichen, dass die bisherige Abstufung allein nach der Aufbaudicke, der Vielfalt der Bauweisen bei Extensivbegrünungen nicht gerecht wird. »Von Bedeutung sind vor allem die Art der Bauweise, aber auch die Korngrößenverteilung der als Vegetationstragschicht oder Dränschicht eingesetzten Schüttstoffe, die wasserspeichernde innere Struktur der Schüttstoffe und die Art und Intensität der Dränung« (LIESECKE, 2005b).

1.5.1.2 Einzelberechnungen

In der nebenstehenden Tabelle 04 sind verschiedene Bauweisen beispielhaft aufgeführt. Anhand der von LIESECKE veröffentlichten Kennwerte für Matten- und Plattenelemente sowie verschiedenen Vegetationssubstraten für extensive Dachbegrünungen können jeweils individuelle und projektbezogene Einzelberechnungen durchgeführt werden.

1.6 Erkenntnisse

Die vorangegangenen Ausführungen zeigen auf, dass besonders bei der Außenhülle von Gebäuden, insbesondere jedoch beim Dach, die vorherrschenden klimatischen Bedingungen unter dem Aspekt der Klimaveränderung besonders zu berücksichtigen sind. Der von HAUSHOFER geprägte Begriff "**Klima ist überall**" gilt nicht nur national, sondern kontinental und ist geprägt von regionalen Ereignissen, die es mehr denn je zu berücksichtigen gilt.

Nur wer in der Lage ist, diese geographisch regionalen und gebäudestandortspezifischen Anforderungen richtig einzuschätzen, kann fachgerecht planen und die geeigneten Produkte auswählen bzw. einsetzen. Die Auswahl solcher Produkte dürfte zwar in Zukunft aufgrund der "kontinentalen Rahmenvorgabe" in Form von EN-Normen schwieriger werden.

Der Fachkundige kann jedoch aufgrund der nachfolgend dargestellten Einwirkungen auf die Abdichtung die gebäudespezifische Anforderung besser abschätzen und in der Rahmenvorgabe der EN-Normen projektspezifische Qualitätsanforderungen stellen. Produkt- und werkstoffunabhängige Anforderungsprofile für Abdichtungen sind dazu hilfreich.

Höchste Niederschlagsrückhaltung

Nach LIESECKE sind mit dünnschichtigen Matten-Bauweisen und zweischichtigen Bauweisen mit Vegetationsmatten auf Einschichtsubstraten mit im Mittel 50 % die höchste jährliche Niederschlagswasserrückhaltung in den durchgeführten Versuchen erreicht worden.

»Bei einschichtigen Bauweisen mit Nassansaat bewegten sich bei 10 cm Aufbaudicke im Bereich von 40 %, wobei durch Zumischung von z.B. organischer Substanz und höherem Sand-Anteil im Gemisch durchaus eine jährliche Rückhaltung von 45 % erreicht werden können« (LIESECKE, 2005b).

Darstellung 23:

Einfluss auf Dachabdichtungen

Zeichnung: J. KRINGS, 2003

	Temperatur	Einheit	PVC-P		TPO/FPO	
			E-GV	homogen	E-GV	homogen
Reißfestigkeit	-30°C	N / mm²	23,1	26,0	20,9	27,3
	-20°C	N / mm²	21,3	22,9	18,2	25,4
	0°C	N / mm²	16,7	18,4	13,4	21,4
	20°C	N / mm²	11,7	15,1	8,4	10,5
	60°C	N / mm²	6,9	8,9	2,6	3,4
	80°C	N / mm²	4,2	4,8	1,5	0,8
	100°C	N / mm²	2,5	1,4	1,1	-
	120°C	N / mm²	1,8	-	-	-
Reißdehnung	-30°C	%	124	131	334	390
	-20°C	%	146	172	396	467
	0°C	%	202	246	503	573
	20°C	%	282	347	545	738
	60°C	%	498	532	422	547
	80°C	%	648	658	78	113
	100°C	%	672	694	3	-
	120°C	%	48	-	-	-

Tabelle 05:

Temperaturabhängige Zugeigenschaften von PVC- und TPO/FPO-Dachbahnen

Die Temperatur nimmt deutlichen Einfluss auf die physikalischen Werte von Dachbahnen. Die Kenntnis dieser Daten sind für den praktischen Einsatz und vor allem für die Verlegehinweise des Herstellers von großer Bedeutung

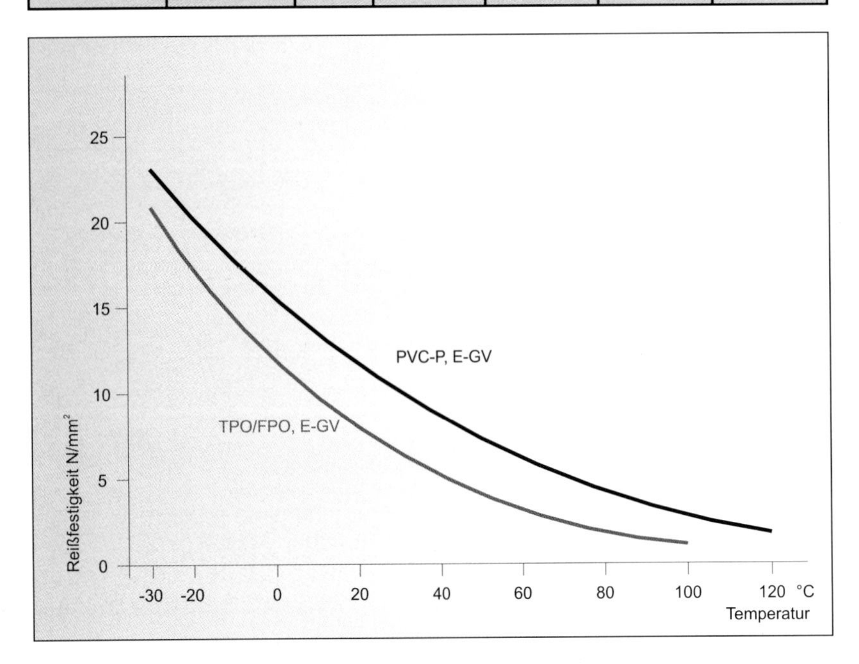

Darstellung 24:

Temperaturabhängige Reißfestigkeit von Dachbahnen

Mit zunehmender Temperatur sinkt bei allen Dachbahnen die Reißfestigkeit generell ab. Dies ist unabhängig von der Werkstoffart und Bahnenaufbau. Das Niveau und der Änderungsgrad sind jedoch unterschiedlich

Werner Spaniol

Kapitel II

Einfluss und Alterung

2 Klimafaktoren

Das Klima ist charakterisiert durch den Zustand der Atmosphäre über einem bestimmten Gebiet und dessen durchschnittlichem Ablauf der Witterung. Bestimmende Größen sind Sonnenstrahlung, Temperatur, Wasserdampfgehalt der Luft, Niederschläge, Luftdruck und Winde. Örtlich ergänzend treten auch Veränderungen der chemischen Zusammensetzung der Luft auf, die vorwiegend durch Umweltverschmutzung bedingt sind.

Alle Abdichtungssysteme eines Flachdaches unterliegen bei einer natürlichen Witterungs- oder Temperaturänderung schädigenden Einflüssen. Ein Flachdach ist in dem Freiluftklima tages- und jahreszeitlichen Schwankungen ausgesetzt. Hierbei sind die Mittelwerte und die Höhe der Schwankungen ortsabhängig. An der Oberfläche der Abdichtung bildet sich ein Grenzflächenklima, in dem Temperatur und relative Feuchte vom Freiluftklima abweichen. Strahlung, Temperatur und Feuchte haben als Klimafaktoren einen bedeutenden Einfluss auf die Alterung der Abdichtungswerkstoffe sowie mögliche Schäden als Folge von thermischen und daraus resultierenden dynamischen Beanspruchungen. Es ist bekannt, dass im Freien die photochemische, oxidative Alterung von organischen Materialen, wie sie in Abdichtungsbahnen vorliegt, stark von den bestrahlten Oberflächen und deren Temperatur abhängt. Mit zunehmender Erhöhung der Oberflächentemperatur wird die Reaktionsgeschwindigkeit der Alterung beschleunigt.

Dachbahnen werden im Rahmen von Normen zahlreichen Prüfungen unterzogen. Hierbei sind die Prüfmethoden und Anforderungen je nach Werkstoff oder Aufbau oft sehr unterschiedlich. Ein großer Teil dieser Prüfungen soll eine Beurteilung des Materialverhaltens unter bestimmten Umgebungsbedingungen zulassen. Hierzu gehört auch das Verhalten bei erhöhten und tiefen Temperaturen. Als Grenztemperatur in der Kälte werden fast immer -20°C gefordert. Diese Tieftemperaturangabe mit -20°C ist angepasst an die häufig auftretende mitteleuropäische minimale Lufttemperatur. Es wird dabei aber nicht berücksichtigt, dass die Oberflächentemperatur eines Flachdaches auch unter die Lufttemperatur absinken kann. Extremwerte unter ΔT_{max} bis 10°C, d. h. mit Dachbahnentemperaturen um -30°C und darunter muss gerechnet werden.

Jeder Bauherr erwartet zu Recht, dass die eingesetzte Dachbahn auch bei anhaltenden Umgebungs- bzw. Oberflächentemperaturen von -30°C bis +80°C oder den sonst üblichen örtlichen klimatischen Bedingungen, funktionstüchtig bleibt.

2.1. Klimabedingte Alterungsprozesse

Nach DIN 50035 wird die Alterung als die "Gesamtheit aller im Laufe der Zeit in einem Material irreversibel ablaufenden chemischen und physikalischen Vorgänge" definiert. Die Alterungserscheinungen werden verursacht durch:

a) chemische Alterungsvorgänge wie Änderung der chemischen Struktur, des Molekulargewichtes (Polymerkettenlänge) und der Zusammensetzung

b) physikalische Alterungsvorgänge wie Änderung des optischen Aspekts, der physikalischen Eigenschaften.

Ursächlich unterscheidet man zwischen:

- inneren Alterungsursachen die auf thermodynamisch instabile Zustände des Werkstoffes besonders bei der Bahnenherstellung oder Weiterverarbeitung zurückzuführen sind und
- äußeren Alterungsursachen die durch chemische und physikalische Einwirkungen der Umgebung auf das Bahnenmaterial Einfluss nehmen.

Wie bei den Metallen werden die thermische sowie die lichtinduzierte oxidative Alterung durch die Anwesenheit von Sauerstoff und Ozon gefördert. Bei mäßigen Temperaturen und in Abwesenheit von UV-Strahlung erfolgt die Alterung durch Luftsauerstoff nur sehr langsam und macht sich bei den meisten Dachbahnenwerkstoffen erst nach vielen Jahren bemerkbar. Durch Einwirkung von Wärme und UV-Strahlung werden die Oxidationsreaktionen und damit die Alterung stark beschleunigt.

Aufgrund ihrer unterschiedlichen chemischen Werkstoffbasis und der "**Kunst der Rezeptur**" altern Dachbahnen durch die Einwirkung ihrer Umwelt mehr oder weniger schnell. Die Oberflächen von Dachabdichtungen werden

Alterung
ist die Gesamtheit aller im Laufe der Zeit in einem Material irreversibel ablaufenden chemischen und physikalischen Vorgänge (DIN 50035).

Die äußeren klimatisch bedingten Alterungsursachen von Dachbahnen sind begründet in:

- **thermischer Beanspruchung,**
- **witterungsbedingten Niederschlägen,**
- **Strahlungsbeanspruchung,**
- **Luftverschmutzung und**
- **mechanischer Beanspruchung (Wind).**

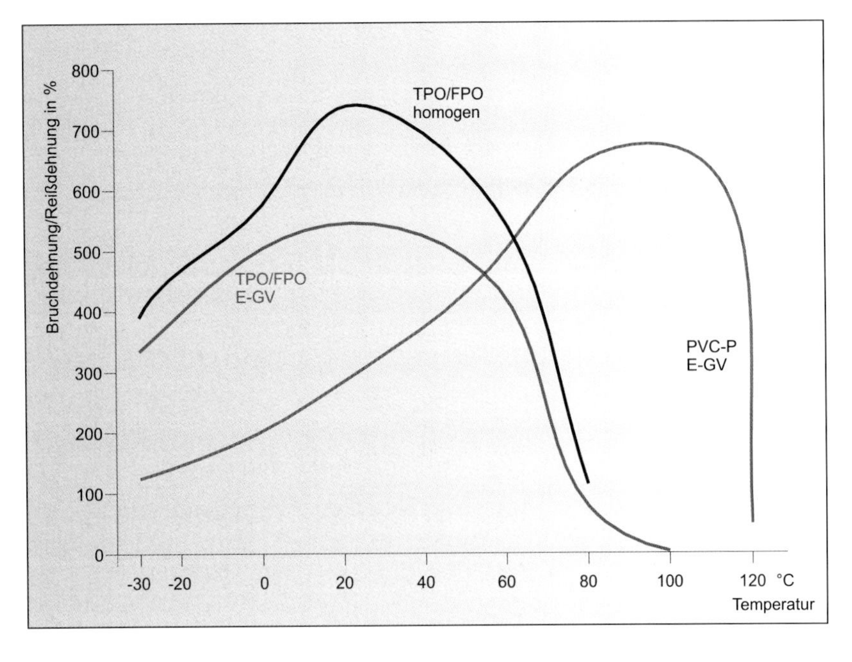

Darstellung 25:

Temperaturabhängige Reißdehnung von Dachbahnen

Mit einer Temperaturänderung wird auch das Dehnverhalten deutlich beeinflusst. Die Werkstoffe aller Bahnen durchlaufen dabei ein Maximum. Die Werkstoffart bestimmt dabei den maximalen Dehnbereich. Die Kenntnisse dieses Verhaltens sind für den Praxiseinsatz und die Applikation von großer Bedeutung

		Streckspannung 50 %			
Temperatur	Einheit	**PVC-P E-GV**	**PVC-P homogen**	**TPO/FPO E-GV**	**TPO/FPO homogen**
20°	N / mm²	5,0	3,7	4,4	4,2
0°	N / mm²	9,8	7,8	6,8	6,4
-20°	N / mm²	15,6	15,3	9,8	8,5
-30°	N / mm²	18,2	21,7	11,9	12,7

Tabelle 06:

Temperaturabhängige Streckspannung von PVC- und TPO/FPO-Dachbahnen

Die Streckspannung als Maß für den Widerstand bei Zugbeanspruchung ist temperaturabhängig. In der Kälte steigen die Werte deutlich an. Parallel dazu steigen auch die Kältekontraktionskräfte an

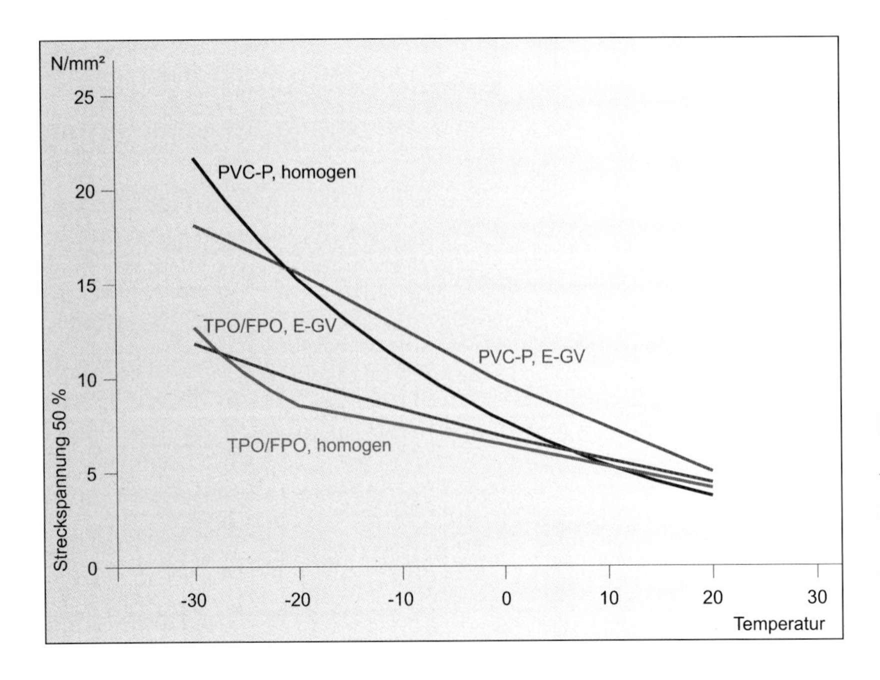

Darstellung 26:

Temperaturabhängige Streckspannung von Dachbahnen

Sowohl Werkstoffart als auch Bahnenaufbau nehmen in Abhängigkeit von der Temperatur Einfluss auf die Streckspannung

Klimabedingter Alterungsprozess

durch die Einwirkung der Witterung irreversibel verändert. Die witterungsbedingten Änderungen der Eigenschaften erfolgen aber nicht nur an der Grenzfläche der Bahn, sondern reichen auch je nach Deckkraft der Pigmentierung bis in Schichten von einigen zehntel Millimeter unter die Oberfläche.

Bei Betrachtung aller oben erwähnten Klimaeinflüsse als Auslöser von Alterungserscheinungen ist es folgerichtig nicht möglich, allein durch einen Werkstoffkennwert wie UV-Beständigkeit, Dehnverhalten oder E-Modul verlässliche Aussagen über Lebensdauer, Alterungsverhalten, Alterungszustand oder Funktionstüchtigkeit einer Bahn in einer vorgegebenen geografischen Zone zu machen.

Die Beanspruchungen von Dachbahnen in den variabel auftretenden Klimazonen heiß-feucht, heiß-trocken, kalt-trocken, kalt-nass, niedrige-hohe Strahlung, geringe-hohe Umweltverschmutzung, starke Winde sind daher in ihrem komplexen Zusammenspiel ohne Kenntnisse von Erfahrungswerten in den betroffenen Zonen kaum zuverlässlich abschätzbar und auch durch übliche Laboruntersuchungen kaum risikofrei beurteilbar.

Als geeignete Alterungskriterien die für den Praxisgebrauch entscheidend sind, kann die Gesamtheit von allen funktionsrelevanten Charakterisierungsmerkmalen wie Reißdehnung, E-Modul, Perforationsfestigkeit, UV-Beständigkeit und Kältebruchtemperatur für eine Beurteilung herangezogen werden.

Die Alterung eines Werkstoffes hat mehrheitlich eine Verschlechterung von Leistungsmerkmalen zur Folge und beeinträchtigt daher stets die Funktionstüchtigkeit des Erzeugnisses.

2.1.1 Temperatur

2.1.1.1 Nächtliche Strahlungsabkühlung

In der Nacht stehen die horizontalen Flächen eines Flachdaches im Strahlungsaustausch mit der Atmosphäre. Dies führt zu einer erheblichen Auskühlung. Durch Strahlungsabkühlung ist die Bodentemperatur fast jede Nacht niedriger als das Minimum der Lufttemperatur. Nach einer Untersuchung von TRUBIROHA und PASTUSKA (1999) liegen bei einem Flachdach ähnliche Verhältnisse wie am Boden vor. Durch die effektive Ausstrahlung in den Nachtstunden kann die Oberflächentemperatur eines Flachdaches auch unter die Lufttemperatur absinken. So kann man auch auf dem Flachdach im Sommer Betauung bzw. im Winter Reifebildung feststellen. Aus der Praxis ist bekannt, dass gerade diese Einwirkungen einen großen Einfluss auf die generelle Werkstoffschwächung haben (z.B.: Rostbildung an Eisen).

In klaren Nächten kann danach die Abkühlung zu einer Temperaturabsenkung auf Werte von 10 °C unter Lufttemperatur führen. Im Winter können somit auch in mitteleuropäischen Zonen bei Lufttemperaturen von -20 °C (Nacht zum 1. März 2005 bis **-36°C** in Albstadt, Baden-Württemberg und am selben Tag in Navarra/Spanien bis **-24,8°C**) an freiverlegten Dachbahnen Minimumtemperaturen um -30°C und darunter auftreten. Dieser Wert sollte deshalb bei Anforderungen bzw. Prüfungen von Dachabdichtungen berücksichtigt werden. Die Kenntnisse der in der Praxis möglichen Dachbahnen-temperaturen ist wichtig, für die Abschätzung und Erfassung der in den Dachbahnen auftretenden Kältekontraktionskräfte.

2.1.1.2 Erwärmung durch Sonneneinstrahlung

Sonneneinstrahlung bewirkt eine Aufheizung der Abdichtungsoberflächen. Abhängig von Werkstoff, Farbe und Beschaffenheit der Oberfläche wird ein Teil der einfallenden Strahlung absorbiert, was zu einer Temperaturerhöhung der Abdichtung führt.

Bei Abdichtungen ohne und mit mittigen Einlagen aus Glasfaservliesen nehmen Zugkraft, Reißfestigkeit und E-Modul bei Erwärmung je nach Bahnenwerkstoff kontinuierlich deutlich ab und bei Abkühlung zu. Die Bruchdehnung bzw. Reißdehnung solcher Abdichtungen folgt einem abweichenden Verlauf. Mit zunehmender Erwärmung steigt zunächst die Dehnfähigkeit, um dann bei hohen Temperaturen abrupt abzusinken. Eine Abkühlung reduziert das Dehnverhalten.

Dachbahnen mit mittigen Verstärkungen durch Synthesefasergelege sowie rückseitigen Kaschierungen mit Vliesen unterliegen ebenfalls diesen Veränderungen der physikalischen Merkmalswerte, jedoch in deutlich geringerem Umfang. Ihr Verhalten wird im Wesentlichen durch die textilen Substrate bestimmt. Die Kenntnis dieser Eigenschaften ist besonders wichtig für das thermische Bearbeiten (Heißluftverschweißung) bei Dachdurchdringungen und Eckenausbildungen.

Temperaturänderungen
wirken sich bei allen Dachabdichtungen auf die physikalischen Werte aus.
Zugkraft, Reißfestigkeit, Bruchdehnung und E-Modul ändern sich je nach Werkstoffart und Produktaufbau / Ausrüstung.

Luftabhängige Materialtemperatur

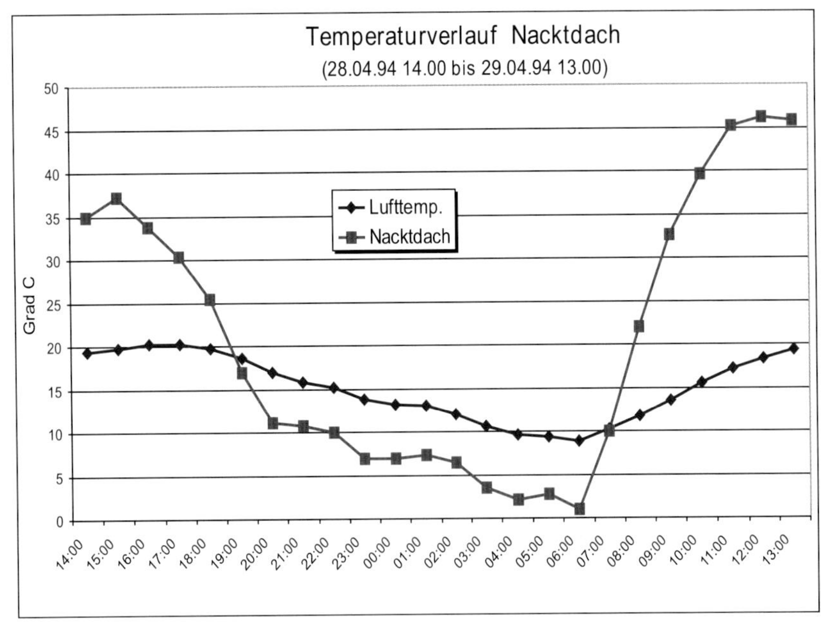

Darstellung 27:

Temperaturverlauf auf einem Nacktdach/frei bewitterte Dachfläche im Frühling

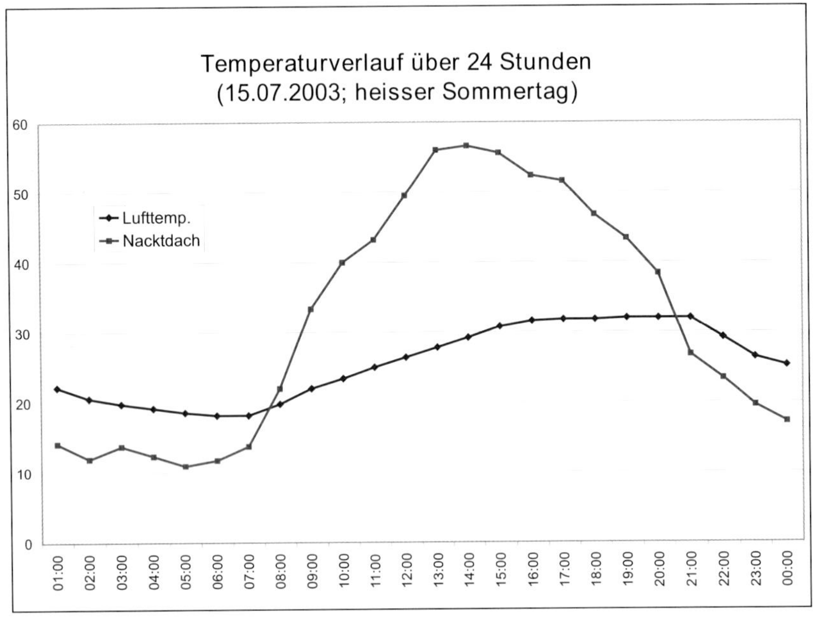

Darstellung 28:

Temperaturverlauf auf einem Nacktdach/frei bewitterte Dachfläche an einem heißen Sommertag

Deutlich ist die Abkühlung der Bahnenoberfläche bis unter die Lufttemperatur in den nächtlichen Stunden und die Aufheizung während des Tages durch die Sonnenstrahlen erkennbar

Abbildung 30:

Frei bewitterte Dachfläche auf dem Auslieferungslager einer Großhandelskette

Temperatur-Unterschiede

2.1.2 Temperaturmessungen

In mehrtägigen Schönwetterperioden wurden an wolkenfreien Sommertagen im Juni 2002 und Juli 2003 von 15 Uhr bis 16.30 Uhr Temperaturmessungen an den Oberflächen von Dachbahnen auf einem großen Flachdach vorgenommen. Die offiziell gemessenen Lufttemperaturen dieser Region wurden für 14.40 Uhr mit 32,5°C und für 16.40 Uhr mit 33,8 °C angegeben. Die gemessenen Lufttemperaturen stellen keineswegs Extrem- oder Maximalwerte dar. Vergleichbare und auch höhere Werte können im gesamten Bereich Mitteleuropas auftreten.

2.1.2.1 Versuchsdurchführung

Die Messungen wurden an Bahnenerzeugnissen mit unterschiedlicher Werkstoffart, Aufbau- und Ausführungsart vorgenommen:

- Werkstoffe aus PVC-P und TPO
- Bahnendicken von 1.3 mm bis 2.2 mm
- Farbtöne von weiß über grau, rostrot, braun, grün bis schwarz.

Zur Erfassung der Farbtiefe wurde neben dem RAL-ähnlichsten Farbton, die Helligkeit der Bahnoberseite als L-Wert, mit einer Skala von 1 bis 100 ermittelt. Hohe L-Werte zeigen dabei einen hellen und niedrige L-Werte einen dunklen Farbton an.

Ausführungsarten:

- frei bewittert, mechanisch fixiert,
- bekiest, Körnung 8/16, kieselgrau, Dicke 7 cm,
- extensiv begrünt mit rostbraunem Claylith-Substrat, Dicke: ca. 7 cm
- intensiv begrünt mit rostbraunem Claylith- Substrat, Dicke: ca 20 bis 50 cm, Messpunkt 21 cm unter Substratoberfläche.

2.1.2.2 Untersuchungsergebnisse

Aus den Aufzeichnungen der Messergebnisse können die nachfolgenden Schlussfolgerungen entnommen werden:

- Die Werkstoffart der geprüften Abdichtungsbahnen PVC-P und TPO nimmt keinen Einfluss auf die Grenzflächentemperatur.
- Unterschiedliche Dicken der Dachbahnen zeigen keinen signifikanten Unterschied der gemessenen Oberflächentemperatur.
- In Abhängigkeit des Farbtones wurden an freibewitterten Dachbahnen Oberflächentemperaturen von 41°C bis 73 °C gemessen, die in allen Fällen deutlich höher waren als die Lufttemperatur. Mit abnehmender Helligkeit der Bahnen von weiß über grau in Richtung schwarz bzw. abnehmendem L-Wert ist somit eine signifikante Zunahme der Temperatur an den Bahnenoberflächen von 8 bis 40°C festzustellen.

Eine weiße Bahnoberfläche zeigt lediglich einen Anstieg von 8°C. Schwarztöne führten zu einer Erhöhung von 40°C. An den in der Praxis vielfach eingesetzten hellgrauen Farbtönen mit L-Werten zwischen 72 und 80 wurden Oberflächentemperaturen von 53 bis 58°C und damit Erhöhungen gegenüber der Luft von 20°C bis 25 °C gemessen.

An artgleichen frei verlegten hellgrauen PVC-Bahnen hat die BAM, Berlin, in einem Test maximale Oberflächentemperaturen von 57°C gemessen. In US-Publikationen wird darauf hingewiesen, dass Praxistemperaturen von 70°C auf hellen und 90°C auf schwarzen Dächern erreicht werden können.

Da Oxidationsreaktionen stark auf die Temperatur ansprechen, muss bei Bahnen mit erhöhter Oberflächentemperatur eine Beschleunigung der Photooxidation und damit der Alterung gerechnet werden.

Der Dachaufbau selbst hat ebenfalls einen großen Einfluss auf die Erwärmung der Abdichtung. Bei gleicher hellgrauer Bahnenqualität mit einem L-Wert von 72 wurde an der Oberfläche der bekiesten Bahn mit 60°C eine um 4°C höhere Temperatur als bei der freibewitterten Dachbahn gemessen. Die BAM hat in einem analogen Vergleich 5°C höhere Werte für die Bahn mit Kiesauflage ermittelt.

Bei Messungen 50 cm vor einer weißen Reflexionswand (Aufzugturm) wurde unter Kies gar eine Temperaturerhöhung von 12°C zur freibewitterten Abdichtung festgestellt. Die gute Wärmespeicherung der Kiesauflast führt darüber hinaus zu einer stark verzögerten Abkühlung der Bahntemperatur.

Längere Lebensdauer

Die vorliegenden Prüfergebnisse zeigen deutlich, dass durch eine Dachbegrünung nicht nur die Temperatur des gesamten Dachaufbaues gesenkt, sondern daraus abgeleitet ebenso die thermische Alterung des gesamten Dachsystems inklusive Abdichtungsbahn reduziert wird. Damit wird auch die Funktions- bzw. Lebensdauer einer Flachdachabdichtung deutlich verlängert.

Oberflächenfarbe und Begrünung

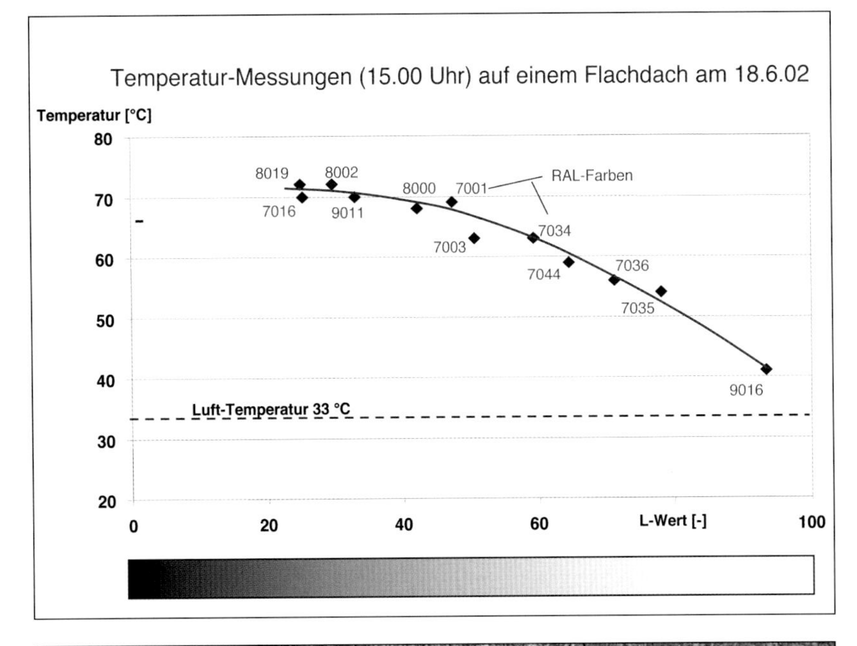

Darstellung 29:

Temperatur auf einem Nacktdach/frei bewitterte Dachfläche im Juni 2002. In Abhängigkeit vom Farbton einer Kunststoff-Dachbahn steigt bei Sonneneinstrahlung die Oberflächentemperatur über die Umgebungstemperatur. Mit abnehmender Helligkeit der Farbe der Bahnen von Weiß über Grau nach Schwarz bzw. abnehmendem L-Wert ist eine deutliche Aufheizung der Bahn festzustellen

Abbildung 31:

Die relativ dunklen Farbtöne der farbig besplitteten PYE-Bitumen Dachbahnen führen zu einer stärkeren Aufheizung als die helleren Kunststoffbahnen auf PVC und TPO/FPO-Basis.

Farbzuordnung von links oben nach rechts unten (ähnlich RAL):

- oxidrot 3009
- grün-weiß 6021
- grün 6011
- zement 7033
- grau-oliv 6006
- steingrau 7030

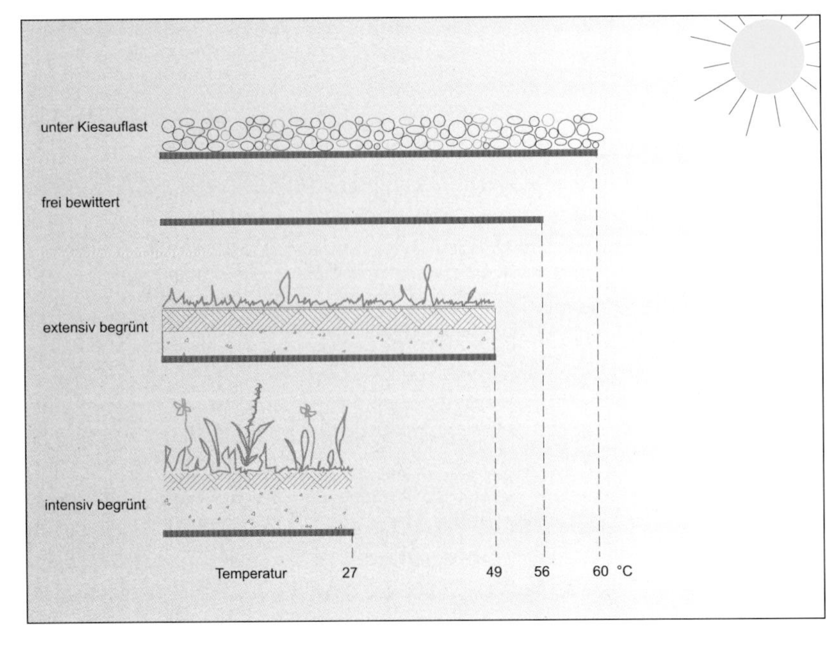

Darstellung 30:

Einfluss der Sonneneinstrahlung auf die Bahnenoberflächentemperatur nach Art des Dachaufbaues

Der Dachaufbau hat einen großen Einfluss auf die Erwärmung der Abdichtung. Mit einer Dachbegrünung wird eine geringe Aufheizung der Bahn erreicht. Bei einer Intensivbegrünung ab 20 cm Aufbauhöhe kann ein Temperaturausgleich erzielt werden

Begrünung reduziert Temperatur

Extensiv begrünte Dachflächen mit ca. 7 cm Vegetationssubstrat führen zu einer deutlich reduzierten Erwärmung der Abdichtungsebene. Unter geschlossener Vegetation wurden Temperaturen von 49°C und damit 7°C unter derjenigen der freibewitterten Dachbahn gemessen.

Die Intensivbegrünung des Untersuchungsobjektes war mit 20 bis 50 cm Begrünungssubstrat bedeckt. Aus technischen Gründen wurde die Messung 21 cm unter guter Begrünung vorgenommen und ein Wert von 27°C ermittelt. Hier weist also die Dachbahn eine tiefere Temperatur als die aktuelle Umluft aus. Dies sorgt auch für ein ausgeglicheneres Klima im Gebäudeinnern.

Die vorliegenden Prüfergebnisse zeigen deutlich, dass durch eine Dachbegrünung nicht nur die Temperatur des gesamten Dachaufbaues gesenkt, sondern daraus abgeleitet ebenso die thermische Alterung des gesamten Dachsystems inklusive Abdichtungsbahn reduziert wird. Damit wird auch die Funktions- bzw. Lebensdauer einer Flachdachabdichtung deutlich verlängert.

2.1.2.3 Auswirkungen

Als Folge eines Wetterumschlages tritt oft ein schneller Temperaturwechsel ein. Nach Untersuchungen von TRUBIROHA (1999) erfahren dabei freibewitterte Dachbahnen im Winter bei Oberflächentemperaturen von -10°C Abkühlungsgeschwindigkeiten bis zu 10°C pro Stunde und im Sommer bei 20°C resultieren Abkühlungsgeschwindigkeiten von 30 bis 50°C pro Stunde. Ein derart spontaner Vorgang eines natürlichen Temperaturabfalls kann in einigen Fällen bei Temperaturen um oder unterhalb des Gefrierpunktes insbesondere bei zusätzlicher dynamischer Beanspruchung, wie z.B. beim Begehen oder bei Hagelschlag zum Versagen der Abdichtung führen. Für die Abschätzung der in den Dachbahnen auftretenden Kältekontraktionskräfte ist die Kenntnis der in der Praxis möglichen Oberflächentemperatur, Strahlungsabkühlung in der Nacht sowie die Abkühlungsgeschwindigkeit sehr wichtig. Die Kältekontraktionskräfte werden in erster Linie vom E-Modul (Elastizitätsmodul) des Werkstoffes beeinflusst. Bahnen mit hohem E-Modul und damit geringer Flexibilität weisen auch erhöhte Kältekontraktionskräfte auf. Diese nehmen auch mit zunehmender Verhärtung einer Bahn zu.

Neben dem E-Modul wirkt in einer besonderen Rolle aber auch der thermische Ausdehnungskoeffizient α. Dieser ist jedoch nicht über die gesamte Einsatztemperatur einer Dachbahn konstant. Die α-Werte von allen Abdichtungsbahnen liegen deutlich höher als die von Metall- und Betonwerkstoffen. Dies bedeutet, dass sich die Länge einer gegebenen Abdichtungsbahn bei Temperaturerhöhung nicht nur um den entsprechenden Betrag je Grad Temperaturänderung verlängert, bzw. sich bei Temperaturerniedrigung im Winter verkürzt, sondern auch, dass die jeweiligen Änderungen zu den metallischen oder mineralischen Bauteilen unterschiedlich sind. Bei der Planung ist dies zu berücksichtigen.

Bahnen im fortgeschrittenen Alterungszustand sind dabei wegen der nachlassenden Flexibilität besonders in der kalten Jahreszeit gefährdet. Durch die temperaturabhängige Kontraktion allein wird die Bahn jedoch nicht zerstört. Erst eine zusätzliche dynamische Beanspruchung z.B. durch Schlag oder Stoß mit scharfkantigen sowie spitzen Gegenständen oder bei der Begehung kann zur Zerstörung der Bahn führen.

Die Kältekontraktionskräfte wirken bei lose verlegten und mechanisch fixierten Bahnen in Längs- und Querrichtung, das heißt, die auftretenden Kräfte belasten alle Fixierungspunkte und die Nähte. Bei vollflächiger Verklebung werden Großteile der Zugkräfte durch die Verklebung abgefangen.

Neu verlegte Bahnen zeigen dabei Zugkräfte von durchschnittlich unter 100 kp/m, aber in Einzelfällen auch bis über 400 kp/m (ERNST, 1999, 2004). Bei tiefen Temperaturen können in verhärteten, älteren Dachbahnen Zugkräfte oder Schrumpfkräfte entstehen, die zwischen 400 und 900 kp/m liegen (PASTUSKA, LEHMANN, 1987).

Durch die Einwirkung stark erhöhter sommerlicher Temperaturen können ursprünglich lose verlegte bituminöse Abdichtungen aber auch Kunststoffdichtungsbahnen mit Wärmedämmplatten aus Polystyrol verbacken. Das Verbacken führt zur Übertragung von Kräften aus den Formänderungen der Wärmedämmplatten in die Abdichtung. Dies kann zu einer Überbeanspruchung der Abdichtung, speziell in gealtertem Zustand, führen.

Kältekontraktion

Bei gealterten Dachbahnen können nach Untersuchungen der BAM Zug- oder Schrumpfkräfte entstehen, die zwischen 400 und 900 kp/m liegen.

ERNST fordert daher seit 1999 eine Begrenzung der Kältekontraktionskräfte bei Neumaterial von max. 200 kp/m. Die Prüfung ist im Anforderungsprofil (AfP, ddDach, 2005) integriert.

Feuchte und Nässe als Einflussfaktoren

	Dachausführung / Verlegeart	Oberflächen-Temperatur
1	ohne Auflast, frei bewittert	56 °C
2	mit 7 cm Kiesauflast	59 °C
3	mit 7 cm Kiesauflast, - 50 cm vor weißer Reflexionswand	68 °C
4	extensiv begrüntes Dach, schwach begrünt	54 °C
5	extensiv begrüntes Dach, stark begrünt	49 °C
6	intensiv begrüntes Dach, schwach begrünt	35 °C
7	intensiv begrüntes Dach, stark begrünt	27 °C

Tabelle 07:

Erwärmung einer Dachbahn nach Dachaufbau

Bei anhaltendem Sommerwetter erwärmt sich die Bahn unter Kiesauflast stärker als ohne Auflast. Reflexionen von Sonnenstrahlen erhöhen zusätzlich die Temperatur. Mit zunehmender Vegetationsdeckung bzw. Bauhöhe einer Dachbegrünung wird die Aufheizung der Bahn reduziert

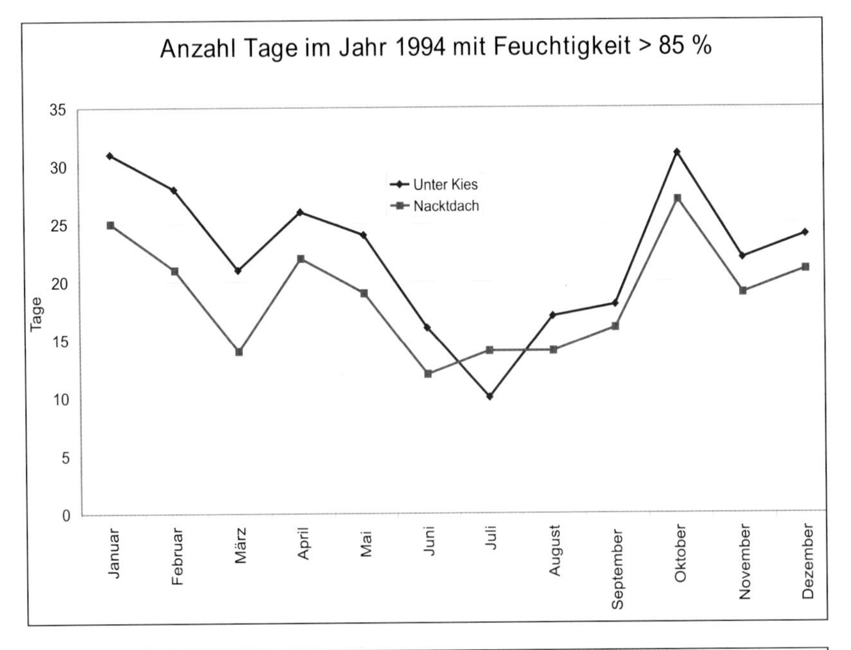

Darstellung 31:

Tage mit hoher Feuchtigkeit im Jahresverlauf 1994 (Feuchtigkeit >85%)

Eine Bahn auf dem Flachdach mit Kiesauflast ist im Jahresdurchschnitt deutlich länger der Einwirkung von Feuchtigkeit ausgesetzt als eine frei bewitterte Bahn

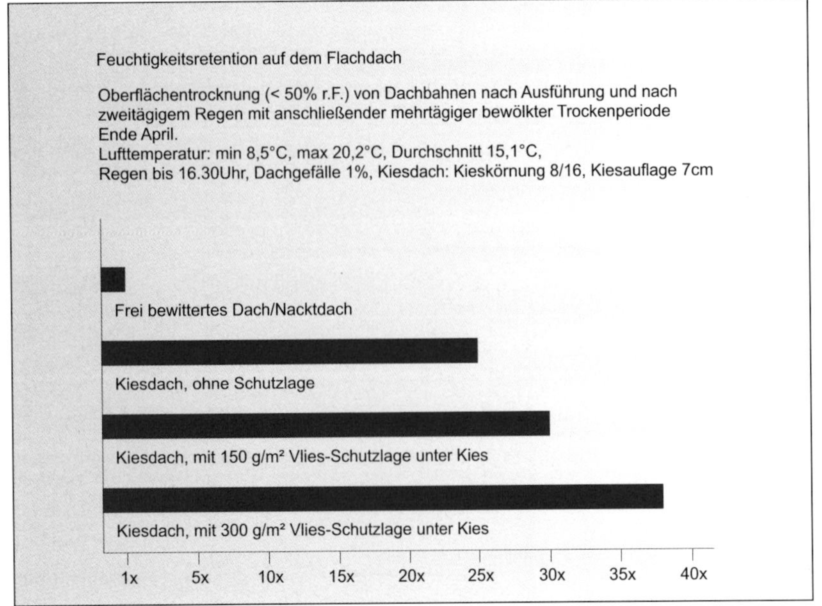

Darstellung 32:

Feuchtigkeitsretension auf einem Flachdach nach Dachausführung

Nach zweistündigem Regen mit anschließender mehrtägiger bewölkter Trockenperiode (Ende April) erfolgt die Oberflächentrocknung einer frei bewitterten Daches innerhalb weniger Stunden. Bei Dachflächen mit Kiesauflast (ohne oder mit Vliesschutzlage) ist die Trocknung um Tage verzögert

Taubildung ist auch Feuchtigkeit

Im Fugenbereich eines wärmegedämmten Flachdachaufbaus entstehen nach PASTUSKA zwischen geschäumten, Kunststoffdämmplatten und einer Dachbahn gegenläufige Bewegungen. Die Abdichtungsbahn dehnt sich bei Erwärmung aus und schrumpft bei Abkühlung. Die Fugen zwischen den Dämmplatten schließen sich bei Erwärmung infolge der thermischen Ausdehnung und öffnen sich bei Abkühlung. Die Bewegungen der beiden Systemkomponenten sind also gegenläufig. Bei Abkühlung entstehen in der Bahn Zugspannungen. Erwärmt sich die Bahn, so bildet sich eine Falte, wodurch die Bahn auf Biegung beansprucht wird. Diese Wechselbeanspruchungen wiederholen sich witterungsabhängig. Bei Bahnen mit ungenügender Flexibilität bzw. Dehnfähigkeit können so Risse in der Oberfläche entstehen, die dann Ausgangspunkt für ein Versagen der Abdichtungsbahn werden können.

Steinfaserdämmstoffe weisen praktisch aufgrund ihres losen Gefüges keine thermisch bedingten Längenänderungen auf und kontraktieren auch bei tiefen Temperaturen nicht. Selbst bei Spitzentemperaturen von 80°C zeigen sie keine Schrumpferscheinungen. Einmal dicht verlegt, verbleiben sie in ihrer Position, wandern sie nicht und führen somit nicht zu Biegebeanspruchungen der Dichtungsbahn durch Veränderungen von Fugenbreiten. Aufgrund der reduzierten Trittfestigkeit und der limitierten statischen Belastbarkeit ist ihr Einsatz jedoch vorwiegend auf freibewitterte Anwendungen ohne Auflast beschränkt.

Durch eine natürliche Erwärmung mit Sonnenstrahlen auf 70°C und mehr, kann bei Bahnen die ohne Auflast verlegt sind der Abbau von Spannungen, die als Folge von irreversiblen Vorgängen wie Fabrikationsschrumpf oder alterungsbedingtem Volumenverlust auftreten, schneller und leichter bewirkt werden. Dauerhaft wirksam ist nur die thermisch bedingte reversible (Kälte) Schrumpfung, die ein Ausdruck des Ausdehnungskoeffizienten ist. In den Bahnen eines Flachdachs sollten die thermisch bedingten Schrumpfkräfte möglichst klein gehalten werden. Neben einer geeigneten Werkstoffauswahl ist dies durch eine angepasste Verlegetechnik möglich. Das ist bei einer losen Verlegung ohne Auflast gegeben. Hierbei ist die regelmäßige Relaxierung der Dachbahn durch die natürliche Erwärmung vorteilhaft.

2.1.3 Niederschlag

Die Atmosphäre kann bis zu 4 Volumen % Wasser in Dampfform aufnehmen und gibt es bei Druck- und Temperaturänderungen in flüssiger Form als Nebel, Wolken, Regen oder fester Form als Reif, Schnee, Hagel wieder ab.

Das Niederschlagswasser enthält auch die gasförmigen Hauptkomponenten der Luft wie Stickstoff, Sauerstoff und Kohlendioxid sowie die Bestandteile der Luftverschmutzung in Form von Gasen, Aerosolen und Staubteilchen.

2.1.3.1 Einflüsse

Bei horizontalen und nahezu horizontalen Oberflächen, wie sie bei Flachdächern vorliegen, wird die Benässungsdauer neben der Beregnung auch durch die nächtliche Taubildung bestimmt. Sie kann in unseren mitteleuropäischen Klimazonen in etwa 2/3 der Nächte eine intensive Benässung verursachen, auch wenn es tagelang nicht geregnet hat. Oberflächen von Dachbahnen ohne Auflast sind somit etwa die Hälfte der Zeitdauer eines Jahres nass.

2.1.3.2 Auswirkungen

Tropfenbildung an den Oberflächen von Dachbahnen die aus hoher Luftfeuchtigkeit resultieren, können eine Linsenwirkung hervorrufen. Dadurch wird eine beschleunigte Photooxidation verursacht.

Tau schlägt sich auch in den Poren und Haarrissen der Abdichtungsbahnen nieder. Dort kann er bei starker Abkühlung zur Verbreiterung der Risse und zu Erosionen führen. Die Taunässe wird sogar für schädlicher als Nässe von kurzen Regenschauern gehalten. Anhaltende Feuchtigkeit verursacht ein Aufquellen und damit eine beschleunigte Alterungsschädigung.

Bei übermäßigem oder dauerhaft anhaltendem Niederschlag besteht auch sehr leicht die Möglichkeit zur Auslaugung von Herstellungskomponenten. Es ist jedoch leider noch wenig über den Verlust von Rezeptur-

Schutzmaßnahmen

Flachdächer für eine lange Lebensdauer müssen so gebaut werden, dass Niederschlagswasser abfließt und nicht stehen bleibt. Das ist nur konsequent durch ein ausreichendes Dachgefälle nach den Mindestanforderungen der Normen von größer als 1,5 % (oder nach R. PROBST von mindestens 5 %) zu erreichen.

Hydrolyse ein Beurteilungskriterium

Bahnen-werkstoff	Anzahl der Produkte	Änderung in %	
		Reissdehnung	Gewicht
PVC-P, NB	12	5,7	2,7
PVC-P, BV	3	83,5	21,6
EPDM	5	39,7	3,2
ECB	3	65,5	3,1
EVA / VAE	2	12,2	2,4
TPO	3	3,9	2,2

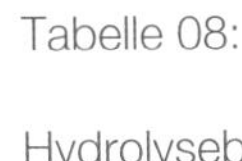

Tabelle 08:

Hydrolysebeständigkeit nach Werkstoffen. Testbedingungen: 80°C, 95 %RF, 150 Tage. Der warmfeuchte Einfluss von Hydrolyse ist bei Dach- und Dichtungsbahnen durch die Änderung von Reißdehnung und Gewicht gut erkennbar

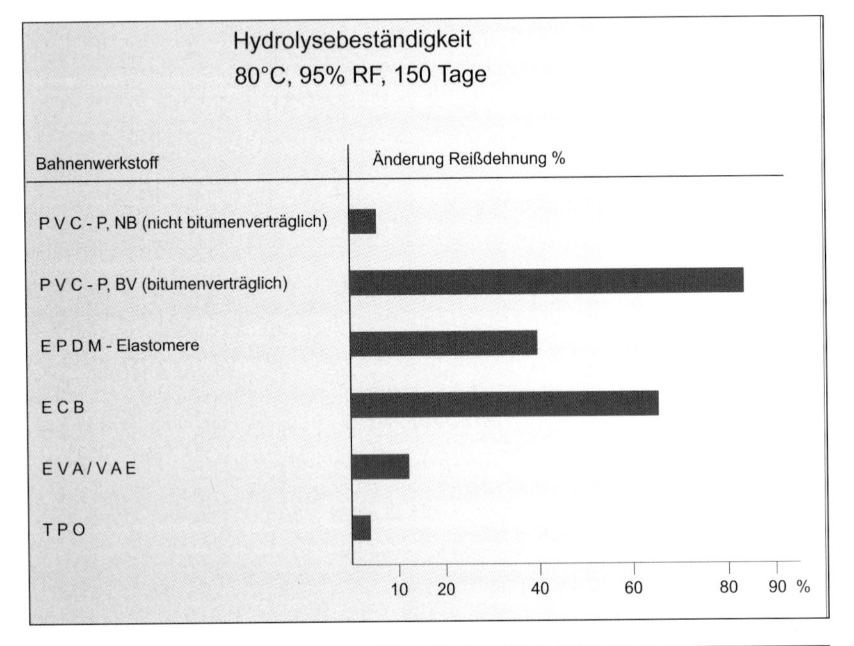

Darstellung 33:

Hydrolysebeständigkeit nach Bahnenwerkstoffen, Änderung der Reißdehnung

Die Hydrolyse beeinflusst die Bahnenwerkstoffe sehr unterschiedlich. Die Reißdehnung als eine der alterungsrelevanten Merkmale, wird bei nicht bitumenverträglichen PVC-Bahnen (PVC-P, NB) und TPO-Bahnen am geringsten verändert

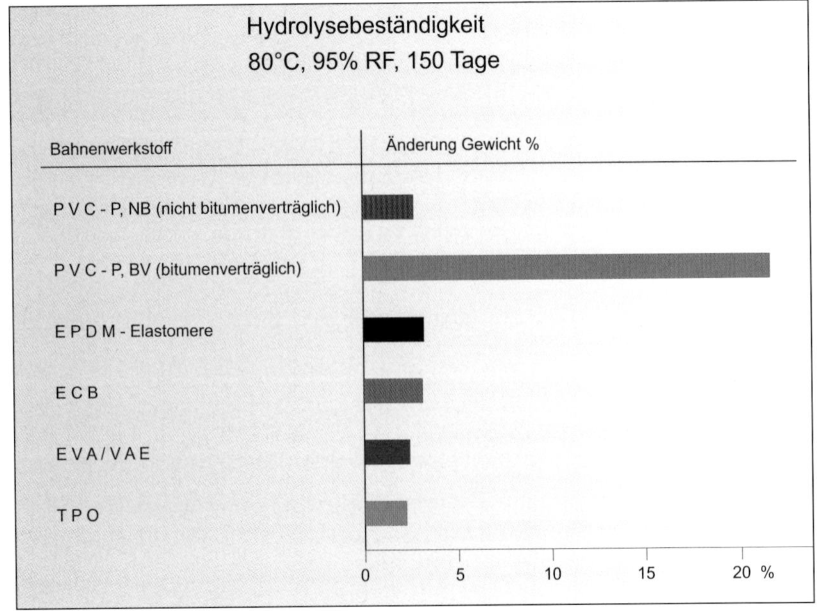

Darstellung 34:

Hydrolysebeständigkeit nach Bahnenwerkstoffen, Änderung des Gewichtes

Die bitumenverträglichen PVC-Abdichtungsbahnen (PVC-P, BV) erfahren durch die warmfeuchte Hydrolyse eine beträchtliche Schädigung

Zersetzung durch Wasser = Hydrolyse

komponenten durch Auslaugung von Feuchtigkeit und Regen bekannt. Beide können als Extraktionsmittel besonders für die funktionellen Zuschlagstoffe wirken und somit zu einer Verarmung in der Abdichtungsbahn führen. Bekannt sind Auslaugungen bestimmter Biozide, Pestizide, Herbizide, Antioxidantien und Lichtschutzmittel. Der ursprüngliche Schutz geht dann verloren. Durch Auswahl und Einsatz unlöslicher funktioneller Zuschlagstoffe kann dies vermieden und ein dauerhafter Schutz gesichert werden.

Von der festen Form des Niederschlags entwickelt vor allem Hagel mit den bei schweren Gewittern entstehenden Eiskörnern einen schädigenden Einfluss. Mit einem Durchmesser von 5 bis teilweise über 50 mm und Geschwindigkeiten bis über 30 m/s können solche Hagelkörner zu gravierenden Schäden auch an Dachbahnen führen. Freibewitterte Bahnen ohne Auflast sind hier einer erhöhten Beeinträchtigung unterworfen. Falten, Hohlkehle und Abspannungen sind dabei besonders gefährdet. Bekieste sowie begrünte Dachflächen sind dagegen mit ihrer Auflast gut geschützt.

2.1.3.3 Hydrolyse

In der Chemie wird Hydrolyse als Zerlegung einer chemischen Verbindung durch Wasser definiert.

Hydrolysereaktionen (oft auch Verseifung genannt) treten bevorzugt bei Esterverbindungen auf, wie sie z.B. in Polymeren als Acetate sowie Acrylate oder in Zusatzstoffen als Ester von aliphatischen oder aromatischen Weichmachern, Stabilisatoren und Antioxidantien vorliegen. Auch eine große Zahl der flüssig aufgetragenen Dachbeschichtungen unterliegt diesem Alterungsprozess. Die Reaktionen laufen beschleunigt unter feuchtwarmen Bedingungen in Anwesenheit von basischen Verbindungen (Kalk, Mörtel, Zement, Beton) ab, also Verhältnissen wie sie besonders auf einem Flachdach mit bekiester Abdichtung auftreten.

Technisch ist diese Spaltung der polaren Gruppen von Esterverbindungen an den reduzierten mechanischen Merkmalswerten der Abdichtungen zu erkennen. Konsequenterweise fordert die FLL-Richtlinie für Abdichtungen von begrünten Dächern den Nachweis der Hydrolysebeständigkeit. Dies ist leider in den Regelwerken für alle Dächer mit Auflast nicht der Fall. Aus den vorstehend genannten Gründen ist bei der Auswahl von Abdichtungsbahnen generell hydrolysebeständigen Bahnenerzeugnissen den Vorzug zu geben. Im Anforderungsprofil (**AfP**/ddD, 1992-2005) wird dieser Forderung sinnvollerweise für alle Ausführungsarten Rechnung getragen.

2.1.3.4 Erkenntnisse

Flächige Vliesstoffe für den Bereich von Bauwerksabdichtungen sind moderne Erzeugnisse die für Problem- und Funktionslösungen an Bedeutung gewinnen. Ihr Einsatz im Abdichtungsbereich ist in verschiedenen Normen, Richtlinien, sowie technischen Verlegevorschriften und -empfehlungen definiert.

Im Bereich von Bauwerksabdichtungen kommen nur Vliese aus Synthesefasern, sogenannte Kunststoffvliese zum Einsatz. Im Vordergrund stehen dabei Vliese bevorzugt in vernadelter oder eingeschränkt auch in thermisch fixierter Ausführung aus Polyesterfasern sowie, wenn direkte Sonnenbestrahlung ausgeschlossen ist, auch solche aus Polypropylenfasern. Vliese aus Naturfasern weisen ungenügende mechanische Werte auf und sind nicht verrottungsfest.

Vliese schützen, trennen, gleichen aus, gleiten, filtern, dränieren und verhindern Schäden an Dachabdichtungen. Die richtigen Vliese richtig verlegt verlängern die Funktionstüchtigkeit und Lebensdauer von Dachbahnen. Die Schlüsseleigenschaften guter Vliese liegen in einer geringen Wasseraufnahme, guter Filterleistung, hoher Drainageleistung und schneller Wasserabgabe. Mit einem solchen Leistungsausweis reduzieren sie als Schutz und Filterlage das Gedeihen von schädigenden Mikroorganismen.

Aus Untersuchungen sind die die nachfolgenden Ergebnisse bekannt.

- Vliesstoffe mit höherem Flächengewicht haben gesamthaft die beste Schutzwirkung
- Mit zunehmendem Flächengewicht nehmen Vliese mehr Wasser auf
- Vliesstoffe mit niedrigem Flächengewicht trocknen schneller aus.

Dachbegrünungsrichtlinie (FLL, 2002)

4.10. Stoffbeständigkeit
Die Dachabdichtung und der Durchwurzelungsschutz müssen hydrolysebeständig sein. Die stofflichen Eignungen sind auch unter dem Aspekt der dauernden Wassereinwirkung durch den Begrünungsaufbau zu überprüfen und im Bedarfsfall nachzuweisen.

Aufgrund biologischer Einwirkungen durch Mikroorganismen sowie durch im Wasser gelöste Stoffe dürfen keine die Funktion beeinträchtigenden Veränderungen auftreten.

Wasserrückhaltung durch Vliese

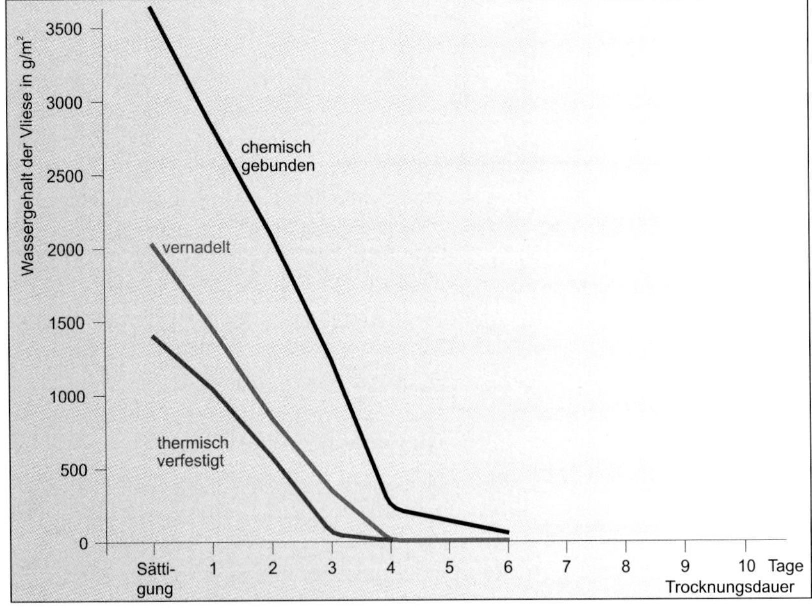

Darstellung 35:

Schutzvliese 150 gr/m²

Wasseraufnahme und Austrocknungszeit (unbelastet) nach Art der Vliesverfestigung. Vernadelter oder thermisch verfestigte Vliese trocknen schneller als chemisch gebundene Erzeunisse. Sie sind deshalb auf dem Flachdach bevorzugt einzusetzen

Abbildung 32:

Das Marktangebot von Vliesen ist unüberblickbar. Deshalb sollten nur vom Hersteller freigegebene Vliese eingesetzt werden

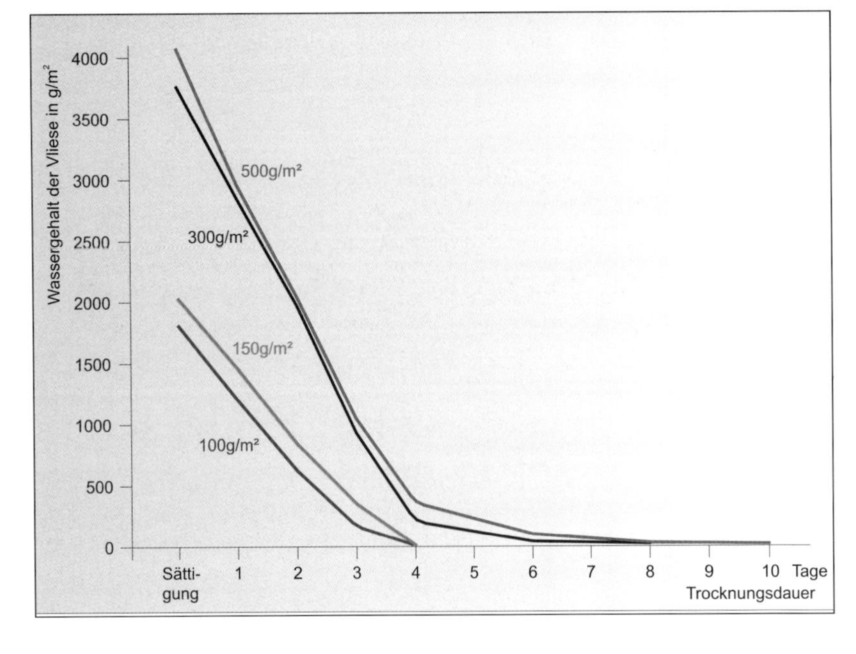

Darstellung 36:

Vernadelte Schutzvliese

Wasseraufnahme und Austrocknungszeit (unbelastet) nach Flächengewichten. Mit zunehmenden Flächengewichten steigen Wasseraufnahme und Trocknungsdauer

Strahlungseinflüsse

Polyester- oder Polypropylenvliese in vernadelter oder thermisch fixierter Ausführung sind zu Schutzschichten auf dem Flachdach geeignet. Chemisch gebundene Vliesstoffe sind wegen ungewisser Verträglichkeit, höherer Wasseraufnahme und längerer Austrocknungszeit ungeeignet.

Planer und Verleger ergreifen oft zusätzliche Maßnahmen um die Funktionstüchtigkeit der Dachabdichtung zu verlängern. So werden bei Dächern mit Kiesauflast bunte Schutzvliese mit rückseitig kaschierter PE-Folie erfolgreich eingesetzt. Dabei wird die PE-Folienseite direkt auf die Dachbahn verlegt und die Vliesseite mit Kies bedeckt.

Als vorbeugender Alterungsschutz erfüllen die folienkaschierten Vliese unter Kies mehrfache Funktionen:

- **Mechanischer Schutz:**
  - vor Perforation, Bruchkies
- **Reduktion von:**
  - Membranalterung durch niedrigere Temperatur
  - Flüchtigkeit der Mischungskomponenten
  - Schädigung durch Mikroorganismen
- **Vermeidung von:**
  - Migrationen in Schmutzablagerungen,
  - Auswaschungen durch Niederschläge,
  - Oxidation durch Sauerstoffausschluss,
  - Verseifung durch kalkhaltigen Kies,
  - Schädigungen durch Luftverschmutzung.

2.1.4 Strahlung

In der Praxis unterliegen die Dachbahnen durch Sonneneinstrahlung zwei oxidativen Beanspruchungen:

- **Photooxidative Alterung**
- **Thermooxidative Alterung**

Beide Alterungsprozesse treten bei Einwirkung von Sonnenstrahlung auf. Die photooxidative Beanspruchung wird vor allem durch die Bewitterung maßgebend beeinflusst.

2.1.4.1 Einflüsse

Alle polymeren Dachbahnen wie Thermoplaste sowie Elastomerbahnen (Gummi) und auch bituminöse Erzeugnisse sind gegenüber Lichtstrahlen empfindlich. Nur ein Bruchteil der Sonnenstrahlung die mit Wellenlängen zwischen 290 nm und 1.400 nm (UV-, sichtbare- und Infrarotstrahlen) durch das optische Fenster der Atmosphäre die Erdoberfläche erreicht, dominiert den Alterungseinfluss auf exponierten Dachbahnen. Die spektrale Energieverteilung des Sonnenlichtes im UV- und sichtbaren Bereich ist abhängig von der geographischen Lage (geographischer Ort und Höhe über NN) sowie von den Jahreszeiten. Aufgrund der örtlich unterschiedlichen Verhältnisse gelten die Ergebnisse von Freibewitterungen streng genommen nur für den jeweiligen Bewitterungsort. Deutlich wird dies durch einen Vergleich. Eine Freibewitterung von 12 Monaten in Phönix, Arizona, USA, mit 200.000 Langley-Einheiten entspricht etwa 20 Monaten Freibewitterung in New York.

Die direkte kurzwellige UV-Strahlung des Sonnenlichtes ist dabei besonders schädlich. Aber auch die gesamte Globalstrahlung hat schädigenden Einfluss. Die Globalstrahlung als einfallende Gesamtstrahlung setzt sich aus der direkten und der in der Lufthülle diffus gestreuten Sonnenstrahlung mit breitem Wellenbereich zusammen.

Pigmente können sichtbare und ultraviolette Strahlung absorbieren. Je besser die Opazität eines Erzeugnisses ist, desto weniger kann die schädigende Strahlung die tiefer liegenden Schichten erreichen und zu einer Veränderung der mechanischen Eigenschaften führen. Bahnenoberseiten mit Pigmenten hoher Deckkraft und hoher Lichtechtheit sowie ausreichender Pigmentkonzentration beeinflussen die Lebensdauer günstig.

Die thermooxidativen Einflüsse von Dachbahnen treten neben der eher kurzfristigen Beanspruchung bei der Herstellung vor allem anhaltend im Praxiseinsatz sowohl von Dächern ohne als auch mit Kiesauflast auf. Bei bekiesten Abdichtungsbahnen wird die thermooxidative Schädigung durch die länger andauernde Wärmeeinwirkung beschleunigt. Begrünte Dächer unterliegen im Praxiseinsatz auf Grund der reduzierten Aufheizung einer geringeren thermischen Alterung.

Merkmale des frei bewitterten Daches:

- **Trocknet schneller und reduziert oder verhindert dadurch das Wachstum von Mikroorganismen,**
- **Vermindert organischen Schmutzbefall,**
- **Geringerer Spannungsaufbau an Anschlüssen und Fixpunkten,**
- **Relativ kleiner Unterhaltsaufwand,**
- **Kosteneinsparungen bei der Tragkonstruktion,**
- **Kleiner Aufwand bei nachträglichen Ein- und Aufbauten**
- **Individuelle Farbgestaltung der 'fünften Fassade'**
- **Längere Funktionstüchtigkeit und Lebensdauer.**

Alterung der Abdichtung ist zu berücksichtigen

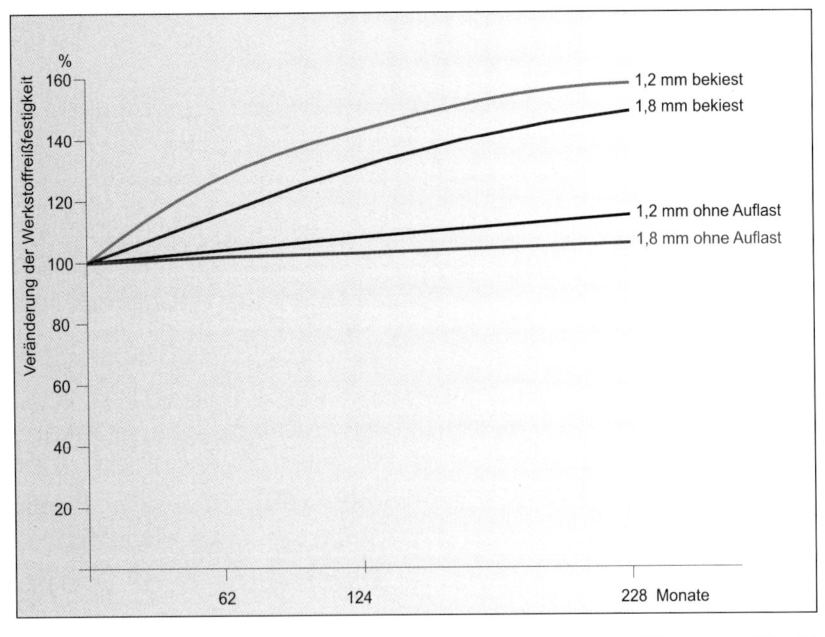

Darstellung 37:

Reißfestigkeit nach Praxiseinsatz.

Im Praxiseinsatz steigt bei Dachbahnen die Reißfestigkeit mit zunehmender Zeit an. Der Anstieg ist bei den Bahnenwerkstoffen unterschiedlich. Dickere Bahnen zeigen eine geringere Änderung als dünnere Bahnen

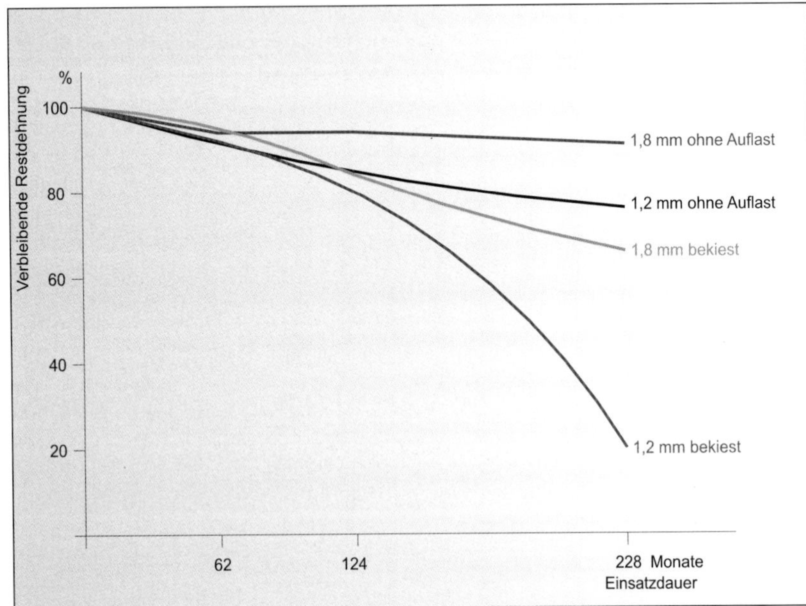

Darstellung 38 (links):

Reißdehnung nach Praxiseinsatz.
Die Reißdehnung wird bei Bahnen unter Kiesauflast und solchen mit geringer Dicke im Praxiseinsatz am stärksten beansprucht

Tabelle 09 (unten):

Leistungsmerkmale von Dachbahnen nach Praxiseinsatz.

Exposition: Schweiz 740 m ü. NN, Dachgefälle 2-3 %, Kieskörnung 8/16, 7 cm Einbaudicke.
Mit zunehmender Einsatzdauer erfahren die Dachbahnen je nach Dachausführung, ohne oder mit Kiesauflast und Bahnendicke unterschiedliche Schädigungen

	Bahnen dicke in mm	Neu-material	Restleistung in %					
			ohne Auflast			mit Auflast		
			mechanisch fixiert			lose verlegt, bekiest		
Expositionsdauer in Monaten	**-**	**0**	**62**	**124**	**228**	**62**	**124**	**228**
Oxidative Reststabilität	1,2	100	68	42	30	88	77	68
	1,8	100	78	58	42	96	80	85
Reißfestigkeit	1,2	100	104	108	115	128	143	158
	1,8	100	102	103	106	116	131	149
Reißdehnung (Bruchdehnung)	1,2	100	92	84	76	92	80	20
	1,8	100	94	94	91	95	84	66
Primär funktionsrelevante Alterungseigenschaften	1,2	100	89	79	55	84	65	31
(Rd, E-Modul, oxid. Stabilität, Kältebruchtemperatur)	1,8	100	95	90	80	87	73	51

Luftverschmutzung

2.1.4.2 Auswirkungen

Dachbahnen ohne Auflast (frei bewitterte Dachflächen, Nacktdächer) erfahren durch die Strahlungseinwirkungen eine hohe photooxidative Alterung. Das macht sich durch einen rascheren Verbrauch der schützenden licht- und wärmestabilisierenden Zusatzstoffe (Stabilisatoren) bemerkbar. Dabei wird bevorzugt die oberste dünne Schicht der Bahn geschädigt. Die funktionsrelevanten physikalischen Eigenschaften werden jedoch nur gemäßigt beeinträchtigt. Die Lebensdauer solcher Nacktdächer ist somit auch deutlich höher als bei bekiesten Ausführungen.

Alle mit der Einwirkung von Licht verbundenen Einflüsse wie Strahlenart, Strahlenintensität und Temperatur können auch schädigende Eigenschaftsänderungen des gesamten Bahnenwerkstoffes verursachen. Oberflächlich sind in der Regel die nachfolgenden Schädigungserscheinungen feststellbar:

- Glanzänderungen
- Vergilbungen, Verfärbungen
- Risse, Krähenfüße oder Pondingeffekte
- Austragungen/Ausschwitzungen
- Vernetzungen (erkennbar z.B. am Schweißverhalten)

Direkte Sonneneinstrahlung kann auf dunklen Bahnen Oberflächentemperaturen von über 80°C hervorrufen. Dachbahnen mit Kiesauflast sind durch die Auflast vor den Einflüssen direkter Strahlung geschützt. Sie unterliegen jedoch im Praxiseinsatz ebenfalls einer fortwährenden Wärmeeinwirkung durch die energiespeichernde Kiesauflast. Die photooxidative Alterung bekiester Dachabdichtungen ist im Vergleich zu Bahnen ohne Auflast deutlich geringer. Dagegen unterliegen bei bekiesten Bahnen die thermisch bedingten funktionsrelevanten Eigenschaften wie Dehnfähigkeit, Flexibilität, Perforationsfestigkeit, Kältebruch, Stabilisatorgehalt u.a. einer beschleunigten Alterung.

Die Geschwindigkeit mit der sich die mechanischen Eigenschaften von Dachbahnen bei der Bewitterung verändern, ist abhängig von der Dicke der Bahn bzw. auch vom Verhältnis zwischen der Dicke der degradierbaren Oberschicht und der Gesamtdicke. Bei dünnen Schichten verschlechtern sich die mechanischen Eigenschaften rasch, bei größeren Dicken hingegen signifikant langsamer.

2.1.4.3 Erkenntnisse

Nur ein Teil der Basisrohstoffe von Dachbahnen ist ausreichend licht- und wetterbeständig. Zur Sicherung einer dauerhaften Funktion und der erforderlichen Beständigkeit werden deshalb den Werkstoffen Stabilisatoren, Antioxidantien und Lichtschutzmittel beigemischt. In schwarzen Bahnen verbessert auch Aktivruß in Konzentrationen von 2 bis 4 % und in hellen oder weißen Bahnen ein Gehalt des Weißpigments Titandioxid (TiO_2) von mindestens 6 % die Beständigkeiten. Mögliche Farbänderungen der Bahnenoberflächen als Folge einer ungenügenden Lichtechtheit und Lichtbeständigkeit der eingesetzten Farbmittel sind nicht immer mit einer Schädigung des Werkstoffes verbunden. Auch farblich veränderte Bahnen können noch ihre volle Funktionstüchtigkeit besitzen.

Mit zunehmender Bahnendicke verlängert sich die Lebensdauer einer Dachbahn. Die obere Funktionsschicht der Bahn soll dabei eine Mindestdicke von 0,4 mm oder besser mehr aufweisen (auch über den Gewebeknoten bei Bahnen mit Gewebe-Einlagen).

2.1.5 Luftverschmutzung

Luftverschmutzungen resultieren u.a. aus Emissionen von Industrie, Kraftwerken, Haushalten und dem Verkehrswesen. Die häufigsten Verschmutzungen werden von umwelt- und gesundheitsgefährdenden Schadstoffen wie Kohlenmonoxid, Kohlendioxid, Ozon, Schwefeldioxid, Stickoxiden, Staub und ähnlichen Stoffen auf den Flachdachbahnen verursacht. Dabei haben die Industrie-, Heizungs- und Verkehrsemissionen in Form von sauren Abgasen (z.B. auch der Metallbetriebe) und fett- sowie ölhaltige Aerosole der Lebensmittel- und Restaurantbetriebe die schädlichste Wirkung. Dies ist bei einer Inversionswetterlage besonders in Ballungsgebieten bei hohen Emissionen optisch als Smog erkennbar. Ergänzend zu saurem Regen und Aerosolbelastungen wirken auch Staub und Schmutz in Form von verrottendem Humus aus beigewehtem Sand, Pollen, Samen,

Erhöhte Schädigungseinflüsse bei Dachbahnen mit Kiesauflast durch:

- **Längere Einwirkung von Nässe,**
- **Erhöhten organischen Schmutzbefall,**
- **Verstärkte Tätigkeit der Mikroorganismen,**
- **Ansteigenden pH-Wert dadurch Verseifung und Hydrolysebeanspruchung.**

Alterungsbedingte Materialveränderungen

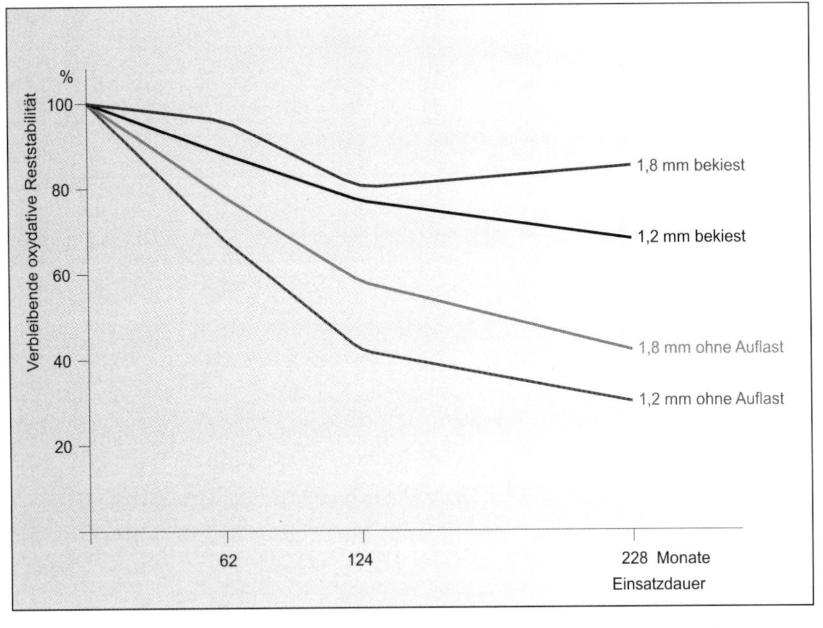

Darstellung 39:

Oxidative Stabilität nach Praxiseinsatz

Die oxidative Stabilität von Werkstoffen wird durch Einwirkung von Wärme und Strahlung beeinflusst. Es erfolgt stets ein Abbau, der je nach Werkstoffbasis unterschiedlich ist. Bahnen ohne Auflast werden am stärksten geschwächt

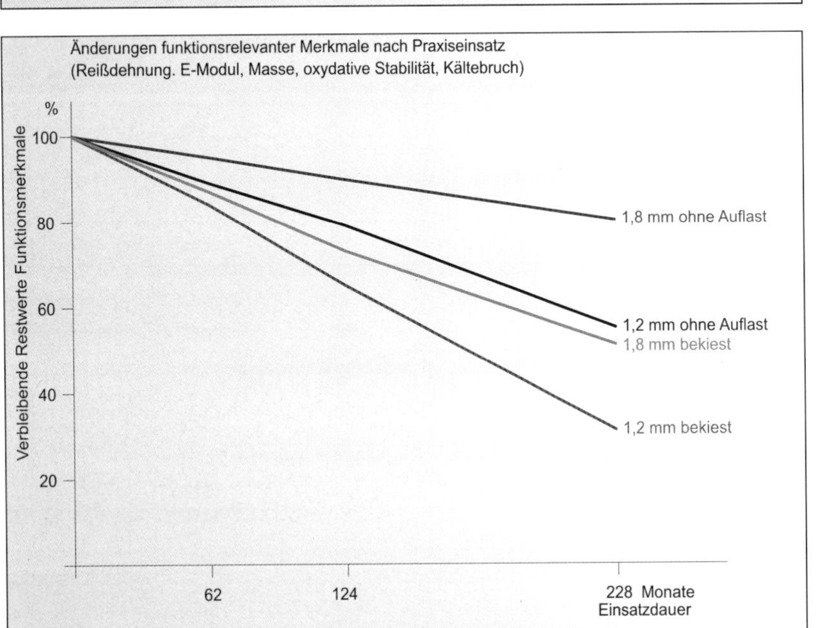

Darstellung 40:

Funktionsrelevante Merkmale nach Praxiseinsatzdauer

Erfasst werden die Änderungen von Reißdehnung, E-Modul, Gewicht, oxidativer Stabilität, und Kältebruchtemperatur als Gesamtheit funktionsrelevanter Merkmale. So wird die bessere Leistung dickerer Bahnen ohne Auflast deutlich erkennbar

Abbildung 33:

Formänderungen in der Wärmedämmung führen zu geradelinigen Wulstbildungen in der Abdichtung. Dadurch entstehen Wasserpfützen die zur Quellung der Abdichtung führen: »Die hydrophilen Molekülketten ziehen Wassermoleküle aus der Umgebung an. Diese werden dann in die Kunststoffmasse eingelagert, die deshalb aufquillt« (BLAICH, 2000)

Ozon - eine Form des Sauerstoffes

Sporen, Gräsern und Blättern auf die Dachbahnen ein. Diese Ablagerungen bilden ideale Fortpflanzungskeime und Nährböden.

Schwefeldioxid (SO_2), und Stickoxide (NO_x), die in der Atmosphäre sind, verbinden sich bekanntlich mit der Luftfeuchtigkeit zu aggressiver schwefliger Säure, Schwefelsäure und Salpetersäure zu saurem Regen, Nebel oder Tau. In dieser Form werden sie auf die Oberflächen niedergeschlagen. Die Zerstörung historischer Bauwerke und Denkmäler sind bekannte optische Ergebnisse dieser Vorgänge.

Im Bereich der Dachbahnen kann der saure Regen bei Esterpolymeren wie Ethylen-Copolyestern (EVA, EMA u.a.) sowie Esterzusatzstoffen wie Weichmachern, Stabilisatoren, Antioxidantien und anderen Zusatzmitteln zu Hydrolysereaktionen führen. Die so gespaltenen Produkte werden oft besser wasserlöslich und ausgewaschen. Die ursprüngliche Funktion ist damit nicht mehr gesichert.

Die atmosphärischen Verschmutzungen haben zusammen mit Temperatur und Feuchtigkeit einen wesentlichen Einfluss auf das Bewitterungsverhalten und damit die Funktionsdauer der Abdichtungsbahnen.

Die chemisch aktiven Umweltstoffe reagieren mit den Polymeren oder den anderen Mischungsbestandteilen der Werkstoffe und ändern die Eigenschaften irreversibel. Die Beständigkeit der Abdichtungsbahnen gegen Umweltschmutzeinwirkungen ist abhängig von der chemischen Werkstoffbasis, von der Zusammensetzung und Konzentration der einwirkenden Umweltmedien sowie von den Einwirkungsbedingungen (Dauer, Temperatur, Feuchte).

Die durch verschmutzte Lufteinwirkungen an Dachbahnen erzeugten Veränderungen sind entsprechend der Vielzahl der einwirkenden Stoffe außerordentlich schwer vorhersehbar. Ein Großteil der polymeren Werkstoffe kann oberflächlich von Metallen, Metallverbindungen oder entsprechend kontaminiertem Staub und Flugasche angegriffen werden. Die Polymere werden dabei mehrheitlich degradiert (gespalten). Nach Abschluss der Bauphase ist deshalb auf eine saubere Bahnenoberfläche (frei von Blech- und Bohrabfällen) zu achten.

Ozon ist eine Form des Sauerstoffs bestehend aus 3 Sauerstoffatomen mit der chemischen Formel O_3 und ist Bestandteil unserer Luft. In Erdnähe wird Ozon durch die Luftverschmutzung, besonders durch die Stickoxid-Abgase bei erhöhten Temperaturen im Sommer gebildet. Die Ozonbildung wird unter Einwirkung natürlicher UV-Strahlung und elektrischer (Gewitter) Entladungen beschleunigt. Das giftige sehr reaktionsfähige Gas riecht kräftig und wirkt in erhöhten Konzentrationen ätzend auf die Atmungsorgane. Es zerfällt in dem verdünnten Zustand der Luft nur allmählich.

Ozon ist ein sehr starkes Oxidationsmittel. Alle organischen Stoffe, so auch die Polymerwerkstoffe, werden von Ozon oxidiert. Die Oxidationsempfindlichkeit der einzelnen Werkstoffe ist sehr unterschiedlich. Polyolefine und die Mehrheit der Elastomer- (Gummi-) Erzeugnisse weisen ohne entsprechenden Stabilisatorschutz nur eine mäßige Lebensdauer auf.

Durch die Oxidation mit Ozon kann ein Abbau von Polymeren eingeleitet werden. Die komplexen chemischen Reaktionen verändern dabei die Kettenlänge des Polymeren durch Spaltung oder Vernetzung. Besonders im Sommer wirkt die Einwirkung von Ozon sehr schnell auf die Oberflächen von Dachbahnen. Darunter leiden oft schon nach wenigen Tagen das Fügeverhalten und besonders das Schweißen nach dem Heißluftverfahren.

Physikalisch und chemisch aktive Luftverschmutzungen verschlechtern die Gebrauchseigenschaften immer an den Oberflächen. Kann das Verschmutzungsmedium nicht in die Abdichtung eindringen, so bleibt die Reaktion auf die Oberfläche beschränkt und die mechanischen Eigenschaften der Bahn werden nicht wesentlich beeinflusst. Durch Diffusion dringen sie in den meisten Fällen auch in den gesamten Schichtaufbau ein und beeinflussen damit die Geschwindigkeit der Alterung.

Beanspruchung durch Ozon:
Durch die Oxidation mit Ozon kann ein Abbau von Polymeren eingeleitet werden. Die komplexen chemischen Reaktionen verändern dabei die Kettenlänge des Polymeren durch Spaltung oder Vernetzung. Besonders im Sommer wirkt die Einwirkung von Ozon sehr schnell auf die Oberflächen von Dachbahnen.

Maßnahmen:
Bei Bahnenoberflächen die länger einer Luftverschmutzung ausgesetzt waren oder in gealterter Form vorliegen, müssen die Fügeflächen vor dem Fügen unbedingt mit dem vom Dachbahnenhersteller empfohlenen Reiniger gesäubert werden.

Oberflächenschutz ist von Bedeutung

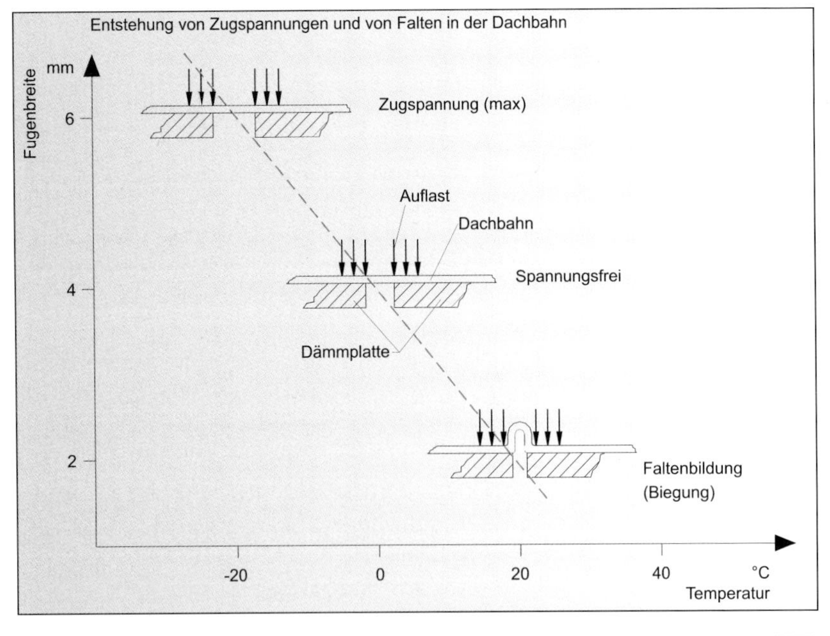

Darstellung 41:

Auswirkungen von Temperaturveränderungen auf die Bahn

Bei Dachaufbauten mit geschäumten Dämmplatten direkt unter der Abdichtungsbahn (ohne Gleitlage) sind die Bewegungen bei Temperaturveränderungen von Bahnen und Dämmplatten gegenläufig

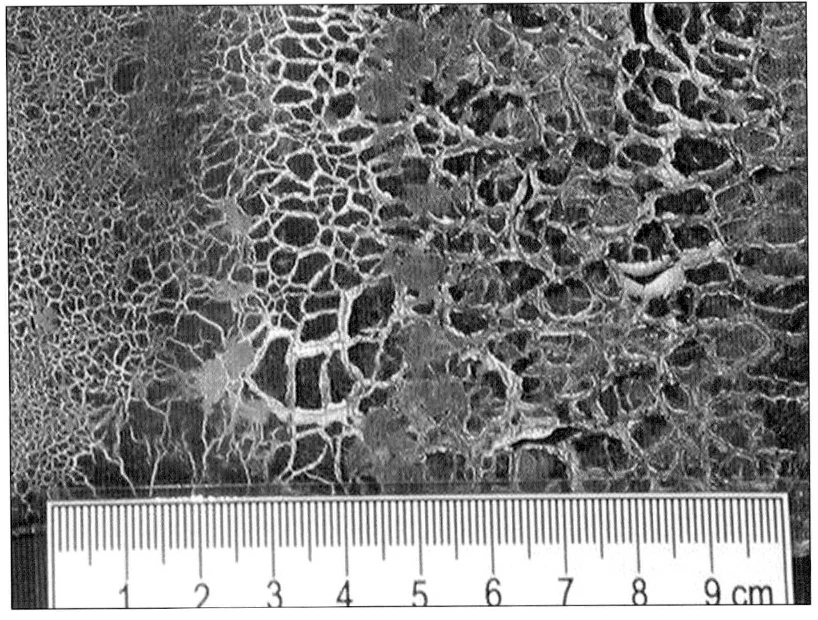

Abbildung 34:

Alterungserscheinungen an einer Bahnenoberfläche nach 20 Jahren

Durch Witterungs- und Umwelteinflüsse erfahren die frei bewitterten Dachbahnen eine oberflächige Schädigung. Diese ist oft an der speziellen »Ponding-« oder »Orangenhaut-« Ausprägung erkennbar

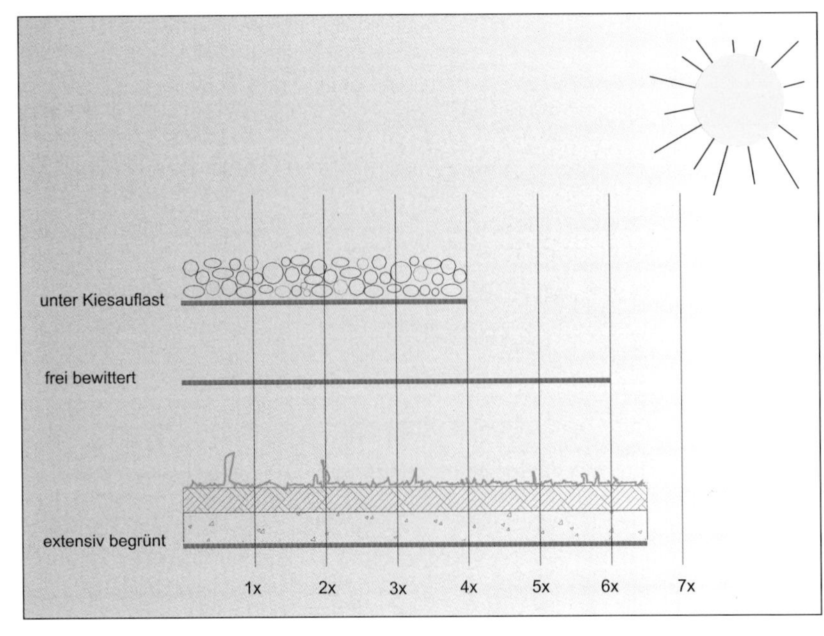

Darstellung 42:

Funktionsdauer nach Dachaufbau.
Die Funktions- oder Lebensdauer einer Dachbahn kann durch die Wahl des Dachaufbaues beeinflusst werden

Oberflächenlack

2.1.6 Biologische Einflüsse

Von den biologischen Einflüssen auf die Dachbahnen sind in erster Linie solche von Mikroorganismen zu nennen. Diese benötigen für ihre Lebensfähigkeit und ihr fortwährendes Wachstum neben einer organischen Nährmasse vor allem Feuchtigkeit, Wärme und Sauerstoff. Diese Rahmenbedingungen sind besonders bei bekiesten und begrünten Dächern auf den Dachbahnen gegeben.

2.1.6.1 Rahmenbedingungen

Die anhaltende Wärmespeicherung und verlängerte Rückhaltung von Feuchtigkeit bei Kiesauflast zusammen mit einer erhöhten Ansammlung von organischem Schmutz auf solchen Dachausführungen beschleunigen das Wachstum von Mikroorganismen und damit eine zusätzliche Schädigung. Die verschiedenen Werkstoffe von Dachbahnen erfahren durch die Mikroorganismen eine unterschiedlich starke Schädigung. Dachbahnen mit flüssigen und niedermolekularen Bestandteilen werden dabei bevorzugt angegriffen. TPO-Abdichtungsbahnen die auf reinen olefinischen Polymeren, also esterfreien reinen Kohlenwasserstoffen basieren, besitzen eine sehr gute Beständigkeit. Allerdings können auch einige Pigmente, Füllstoffe, Verarbeitungshilfsmittel und Stabilisatoren von diesen Kleinlebewesen befallen werden. Sie erzeugen Stoffwechselprodukte, die ätzend oder fleckenbildend wirken und auch die physikalischen Eigenschaften des Werkstoffes beeinträchtigen.

Die meisten Schadensfälle durch Mikroorganismen treten dann auch in warmen Regionen mit langen Feuchteperioden auf. In trockenwarmen Zonen und Höhenlagen über 800 m über NN sind in Mitteleuropa Schadensfälle durch Einwirkungen von Mikroben eher selten.

2.1.6.2. Erkenntnisse

Zur Verbesserung der Beständigkeit gegen Mikroorganismen sind derzeit zwei unterschiedliche Ausrüstungen der Dichtungsbahnen üblich.

- **Oberflächenschutz durch Lackierung** und
- **Biozide**

Wohl mit dem Ziel eine möglichst ökologische Bahn ohne bedenkliche Gefahrenstoffe in Form von Bioziden anzubieten, werden auf dem Markt Bahnenerzeugnisse mit einer Oberflächenlackierung angeboten. Ein solche einseitige Lackierung ist als Schutz gegen Mikroorganismen sehr fraglich. In der Praxis werden lediglich in den ersten Jahren gute Resultate erzielt, die sich dann aber rasch verschlechtern und sich auf die Gesamtfunktionsdauer nicht sehr signifikant auswirken.

2.1.6.2.1 Oberflächenlackierung

Unter den Bedingungen der natürlichen Praxisbeanspruchung treten bei lackierten Erzeugnissen mit zunehmender Dauer neben mechanischen Abriebererscheinungen der sehr dünnen Lackierungsschicht von wenigen Tausendstel Millimetern, erhöhte Erscheinungen von Rissbildungen und Alterung auf. Begründet sind diese in erster Linie durch Oberflächen- und Grenzflächenspannungen der vorliegenden unterschiedlichen Schichtmaterialien. Als mögliche Ursachen solcher Phänomene wurden in einem SKZ-Seminar 1993 die nachfolgenden Einflüsse verantwortlich gemacht:

- Pigmentiertes Grundmaterial reflektiert die einfallende Strahlung und schädigt oder zerstört durch doppelten Lichtdurchgang die transparente Lackschicht,
- Unterschiedliche Wasseraufnahme der Grund- und Lackschicht führen zu Erosionen,
- Selektiv wasserdampfpermeable Membranschichten bilden (zerstörbare) Blasen,
- Unterschiedliche Ausdehnungskoeffizienten der beiden Schichten führen zur Schichtentrennung,
- Abweichende E-Module der beiden Werkstoffe neigen zu Spannungsrissen.

Vielversprechende neue Ansätze zur Verbesserung von Produkteigenschaften werden durch die Möglichkeiten zur Gestaltung von nanotechnologischen Oberflächen erwartet. Da auch der Befall und damit die Schädigung von Dichtungsbahnen durch Mikroorganismen von den Oberflächen ausgehen, werden von dieser neuartigen Nanotechnologie andauernde, ökologisch antibakterielle Oberflächen durch photokatalytische Effekte erwartet.

Mikrobakterielle Ausrüstung:

In der Praxis muss also mit der Einwirkung von Mikroorganismen auf beiden Seiten einer Dachbahn gerechnet werden. Folgerichtig ist auch für eine längstmögliche Funktionstüchtigkeit die beidseitige Ausrüstung der Abdichtungsbahnen erforderlich. Die einseitige mikrobakterielle Ausrüstung der Oberseite einer Bahn stellt daher nur einen eingeschränkten Schutz dar.

Umweltbedingungen sind Einflußfaktoren

Abbildung 35:

Stark verschmutztes Flachdach mit Laub, Moosen, Wildwuchs, Algen, Flechten und Wasseranstau in Teilflächen

Abbildung 36:

Nährboden für Mikroben. Feuchte Schmutzablagerungen unter der Kiesschicht nach 5 Jahren

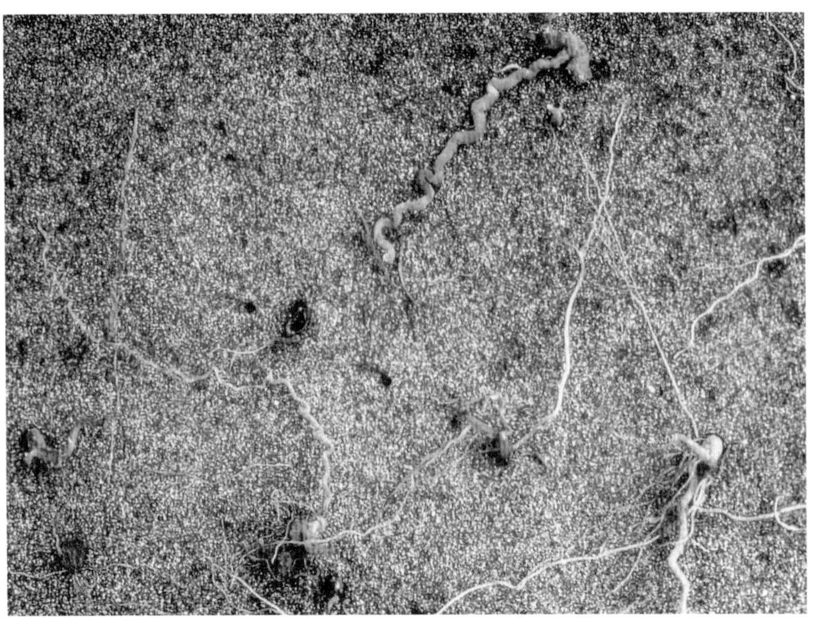

Abbildung 37:

Durchwurzelungen einer Polymerbitumenbahn ohne wurzelhemmende Ausrüstung

Organische Bahnenausrüstung

2.1.6.2.2 Biozide

Die Ausrüstung von polymeren Bahnenwerkstoffen für den Abdichtungsbereich mit Bioziden ist heute die am weitesten verbreitete Methode den schädigenden Einfluss von Mikroorganismen zu minimieren oder gar zu vermeiden.

Biozide sollen die Abdichtungsbahnen von einem Befall oder von einem Wachstum der Bakterien, Pilze und Kleinlebewesen schützen. Im Einsatz sind dabei Produkte ganz unterschiedlicher chemischer Basis, die jedoch überwiegend unter die Klassierung der Gefah-renstoffe fallen. Biostabilisatoren wirken nicht nur auf Mikroorganismen toxisch, sondern mehr oder weniger auch auf Warmblüter. Die Einsatzmengen bei Dachbahnen liegen mehrheitlich nur im Promillebereich und sind somit äußerst gering.

Bis in die zweite Hälfte der 90er Jahre im vorigen Jahrhundert wurde bevorzugt ein preisgünstiges Mittel auf Arsenbasis eingesetzt. Bei Prüfungen derart ausgerüsteter unbelasteter Neuware zeigten Abdichtungsbahnen auch gute Leistungen. Das Biozid war jedoch zu gut wasserlöslich und wurde somit bei entsprechenden Wetter- und Klimabedingungen mit der Zeit ausgewaschen. Ein Großteil der Dachbahnenhersteller hat inzwischen jedoch ab etwa Mitte der 90er Jahre auf eine neue Klasse metallfreier, organischer Biozide umgestellt. Diese neue Klasse der Biozide ist zwar deutlich teurer aber bei der homogenen Verteilung in allen Schichten wasserunlöslicher und daher dauerhafter wirksam. Darüber hinaus decken sie den Schutz gegen ein breiteres Spektrum von Mikroben ab. Mit diesen neuen Bioziden ausgerüstet, zeigen Abdichtungsbahnen eine deutlich reduzierte Alterung, speziell bekiester Dachausführungen und damit eine verlängerte Lebensdauer.

Es ist bekannt, dass pflanzliche Wärmedämmstoffe wie Korkdämmplatten, Holzwolle oder andere zellulosehaltige Produkte unter Dachabdichtungen verrotten. Für die Tätigkeit der Mikroorganismen ist Wärme unter den Dachdichtungsbahnen in ausreichendem Umfang vorhanden. Feuchte Luft kann problemlos über schlecht ausgeführte Anschlüsse, Durchdringungen oder unsauber angeschlossene Dampfsperrbahnen eindringen. Das Flattern und Pumpen von mechanisch fixierten Dachbahnen bei Windeinwirkung bestätigt diese Aussagen. Es liegen also auch unter Dachbahnen Verhältnisse vor, die für Mikroorganismen ausreichend zusagende Lebensbedingungen darstellen.

In der Praxis muss also mit der Einwirkung von Mikroorganismen auf beiden Seiten einer Dachbahn gerechnet werden. Folgerichtig ist auch für eine längstmögliche Funktionstüchtigkeit die beidseitige Ausrüstung der Abdichtungsbahnen erforderlich. Die einseitige Ausrüstung der Oberseite einer Bahn stellt daher nur einen eingeschränkten Schutz dar.

Bitumenbahnen beinhalten noch die aus dem Bitumen stammenden hochgiftigen Schadstoffe PAK (Polycyklische aromatische Kohlenwasserstoffe). Sie übernehmen in bituminösen Bahnen die Funktion eines Biozids. Als auswaschbare aber schwer abbaubare Stoffe belasten sie unsere Umwelt und gelangen auch so in die Nahrungskette.

Im Gegensatz zu den Kunststoffdachbahnen sind Bitumenbahnen werkstoffbedingt nicht von Natur aus wurzel- und rhizomfest. Sie werden daher für ihre Anwendung als Abdichtung mit Pestiziden und Herbiziden wie z.B. Preventol ausgerüstet. Der notwendige Rhizomschutz wird dabei jedoch nicht gesichert erreicht. Auch diese Umweltgifte werden gemäß einer umfangreichen Studie der EAWAG (Eidgenössische Anstalt für Wasserversorgung, Abwasserreinigung und Gewässerschutz) ausgewaschen und gelangen dabei ins Grundwasser. Der ursprüngliche Wurzelschutz der Neuware geht somit im Laufe der Zeit ebenfalls verloren.

Ausgewaschene Biozide, Pestizide und Herbizide im Erdreich und Grundwasser verursachen Umweltprobleme. Die Zulassung dieser oft gesundheitsschädlichen Produkte für Menschen, Tiere und Pflanzen hat die EU jetzt neu geregelt (Richtlinie 98/8/EG des europäischen Parlaments und des Rates vom 16.2.1998 über das Inverkehrbringen von Biozidprodukten). Die nationalen Umsetzungen stehen an.

Möglichkeiten zur Verlängerung der Lebensdauer einer Dachabdichtung

- **Verwendung von mikrobenbeständigen TPO-Bahnen auf reiner Olefinbasis,**
- **Einsatz eines wasserunlöslichen, UV-stabilen Biozids,**
- **Homogene Verteilung des Biozids in allen Schichten (Ober- und Unterseite),**
- **Verhinderung/Reduktion der Einwirkung von Mikroben durch Ausschluss von lebensnotwendiger Frischluft und Feuchtigkeit, besonders an der am meisten gefährdeten Oberseite durch - Einsatz einer Schutzlage aus PE-folienkaschiertem Vlies, zwischen Kies und Dachbahn,**
- **Einsatz von dickeren Dachbahnen.**

Mikrobenbeständigkeit	
Bahnenwerkstoffe	Massenverlust nach 32 Wochen in %
PVC-P, Durchschnitt aus 14 marktgängigen Produkten	5,5 %
PVC-P, BV, schlechte Beständigkeit	11,1 %
PVC-P, NB, gute Qualität	1,0 %
Elastomere, Durchschnitt aus 8 marktgängigen Produkten	3,7 %
TPO	0,2 %
Test nach Warmwasserlagerung gemäß SIA V 280 und nach Anforderungsprofil (AfP- ddDach, 2005)	

Tabelle 10:

Die Beständigkeit der Bahnenwerkstoffe gegen Mikroben ist stark von der Polymerbasis und den Zusatzkomponenten abhängig. TPO-Erzeugnisse weisen dabei die besten Beständigkeiten auf

Von Flüssigabdichtungen liegen leider keine Untersuchungsergebnisse vor

Abbildung 38:

Rotalgen und Verkrustungen im Wasserrückstaubereich eines frei bewitterten Daches

Durch Planung und Ausführung eines ausreichenden Gefälles kann mikrobenfördernde Schmutzansammlung vermieden werden. Bei frei bewitterten Flachdächern mit ungenügendem Gefälle und daraus resultierender Pfützenbildung ist eine Wartung in verkürzten Abständen angeraten

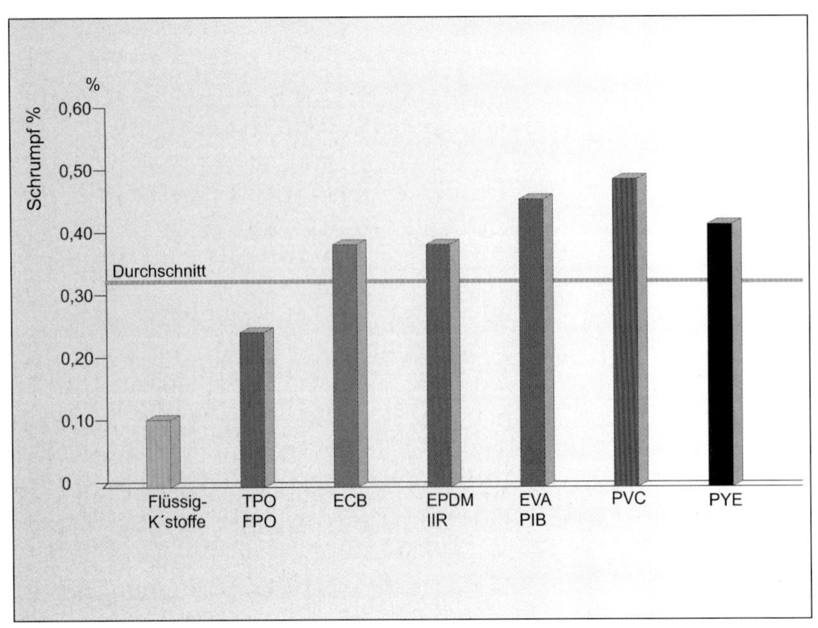

Darstellung 43:

Längenänderung in der Wärme / Schrumpf nach Werkstoffen (ERNST, 1999)

Längenänderung bei Dachabdichtungen

2.1.6.2.3 Normen und Anforderungen

Die Anwesenheit von Mikroorganismen auf den Dachbahnen ist aufgrund der guten Lebensbedingungen auf einem Flachdach gegeben. Der schädigende Einfluss, speziell bei Abdichtungsbahnen mit flüssigen organischen oder niedermolekularen Anteilen, ist auch bestens bekannt. Für den Nachweis von Anwesenheit, Wachstum und Schädigung durch Mikroorganismen liegen bewährte Prüfmethoden vor.

Leider fehlen in vielen nationalen (Stoff)Normen und Regelwerken die Vorgaben einer Prüfung und/oder deren Anforderungen. In Deutschland ist in DIN 16726 "Prüfungen" unter Abschnitt 5.20, Einfluss von Pilzen und Bakterien, der Eingrabeversuch aufgeführt, aber in den relevanten Stoffnormen sucht man Prüfvorgaben oder gar festgelegte Anforderungswerte vergebens.

Die neue europäische Normung für Dachabdichtungen aus Kunststoff- und Elastomerbahnen hat mit der Prüfung nach EN ISO 846 ebenfalls den Eingrabetest vorgegeben. Die Prüfung wird auch hier, wie in der Prüfvorschrift nach DIN, nur an unvorbehandelter Neuware durchgeführt. Eine Auswaschung oder Schädigung der Biozide durch UV-Licht bleibt dabei unberücksichtigt. Damit ist wiederum die Wirksamkeit in gealtertem Zustand nicht erfasst.

Die schweizerische SIA V 280 (1996) sieht ebenfalls eine Prüfung in Anlehnung an ISO 846 vor. Ergänzend werden jedoch vorrangig der eigentlichen Mikrobenprüfung die Bahnenproben einer Alterungsvorbehandlung durch Lagerung in warmem Wasser unterworfen. Diese praxisorientierte Prüfung wird dann noch mit einer gegenüber der ISO 846 verlängerten Expositionsdauer durchgeführt. Schlussendlich sind in diesem Regelwerk auch strenge Anforderungswerte definiert.

Aufgrund der bisherigen Erfahrungen wurden im Anforderungsprofil (**AfP- ddDach**, 2005) die Prüfanordnungen ergänzt bzw. fortgeschrieben - siehe Seite 199 und 2003. Die Prüfung »Beständigkeit gegen Mikroorganismen« ist somit der europäischen/internationalen Normung angepasst und berücksichtigt die Langzeiterfah-rungen.

Die Prüfung zur Kältekontraktion ist bereits seit 1999 unverändert Bestandteil des Anforderungsprofils. Die Notwendigkeit dieser Prüfung wird nachfolgend noch einmal verdeutlicht.

2.2 Schrumpf

Längenänderungen von Dachbahnen sind ein Resultat von drei separaten und unabhängigen Phänomenen. Diese Vorgänge werden umgangssprachlich auf dem Bau mit Schrumpf definiert:

- Fabrikationsschrumpf
- Schrumpf durch Gewichtsverlust
- Temperaturschrumpf/ Kältekontraktion

2.2.1 Entstehung / Ursachen

Bei allen maschinellen Herstellungsverfahren von Dichtungsbahnen erfahren diese durch Hitze, Zug und/oder Druck einen formgebenden Einfluss. Dieser Prozess führt zu einer "eingefrorenen" Spannung im Material der Bahn. Die formgebende Art des Herstellungsverfahrens beeinflusst auch die Höhe des Spannungsaufbaus und damit den Schrumpfwert. Diese aufgebaute Spannung wird wirksam und augenscheinlich bei Einwirkung von Wärme durch Längen- beziehungsweise Volumenänderung. Hierzu genügt auch eine längere Einwirkung der natürlichen Sonnenwärme. Dabei werden die "eingefrorenen" Spannungen abgebaut und das Material relaxiert. Die Geschwindigkeit dieser einmaligen Relaxation mit der Folge einer Dimensionsänderung ist vom Grad der Erwärmung und der Einwirkungsdauer abhängig. Unter dem Begriff der Relaxation ist vereinfacht eine Abnahme der Spannung bei gleich bleibender Verformung zu verstehen.

Schrumpferscheinungen können auch aufgrund von Gewichtsverlusten durch Migration, Verflüchtigung sowie chemischen oder mikrobiologischen Abbau etc. auftreten. Diese Volumenverluste führen ebenfalls zu dreidimensionalen Änderungen und damit zu Schrumpf.

Die meisten Festkörper dehnen sich bei Erwärmung aus. Mit der Längenausdehnung von Festkörpern ist zwangsläufig eine Volumenänderung verknüpft. Die relative Änderung ist etwa innerhalb bestimmter Grenzen proportional zur Temperaturänderung.

Das Alterungsverhalten

ist von wesentlicher Bedeutung, denn: »je schneller eine Abdichtung altert, desto höhere Qualitätsanforderungen müssen an das Neumaterial gestellt werden«.
Klimaveränderung bedeutet eine höhere Beanspruchung, deshalb sind die Mindestanforderungen entsprechend fortzuschreiben bzw. der veränderten Situation anzupassen.

Längenänderung und Zugkraft

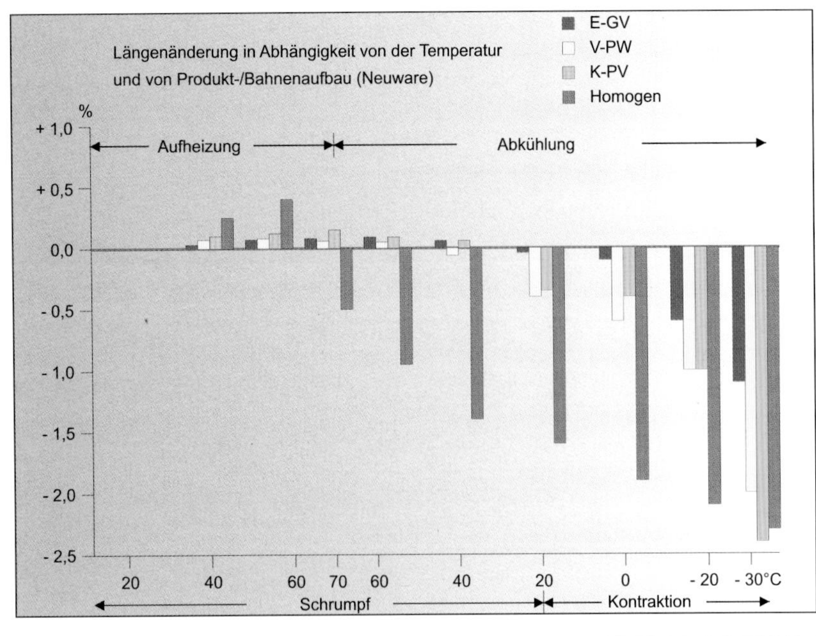

Darstellung 44:

Längenänderung in Abhängigkeit von der Temperatur und vom Produktaufbau; Neuware

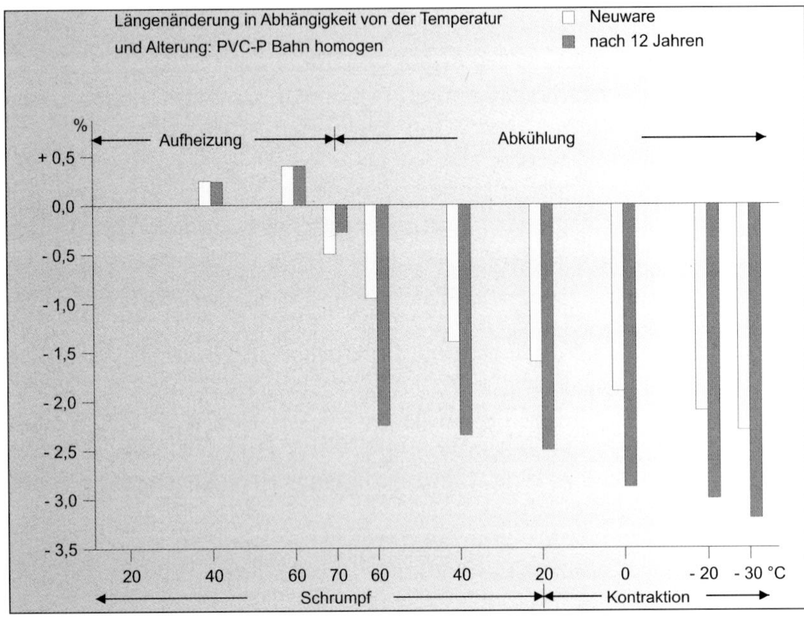

Darstellung 45:

Längenänderung in Abhängigkeit von der Temperatur und Alterung

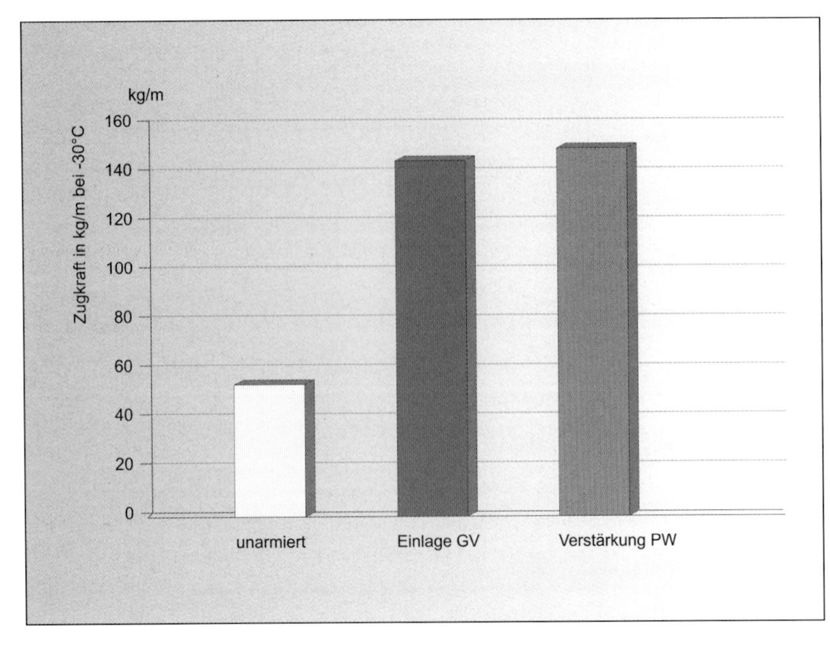

Darstellung 46:

Zugkraft von Kunststoffdichtungsbahnen nach Produktaufbau bei Temperatureinwirkung von −30 °C

Thermische Längenausdehnungen

Im Baubereich sind die thermisch bedingten Längenänderungen, insbesondere von Metallbauteilen als Materialparameter unter der Bezeichnung "thermischer Längenausdehnungskoeffizient α" bestens bekannt. Dieser gibt an, um wie viel sich die Länge eines Körperteils vergrößert, wenn die Temperatur um 1 K erhöht wird. Auch die Werkstoffe der Abdichtungsbahnen unterliegen diesen thermisch ausgelösten Änderungen. Dabei sind ihre jeweiligen Kennwerte etwa zehnfach größer als die der Metalle.

2.2.2 Praxisauswirkungen

Als Folge von Schrumpfungen wirken Kräfte auf die Fixierungspunkte der verlegten Bahn. Bei Abkühlungen in den Kältebereich resultieren dann verstärkt einwirkende Kältekontraktionskräfte. Der Kräfteaufbau wird dabei primär durch das Elastizitätsmodul (E-Modul) bestimmt und weniger durch den thermischen Ausdehnungskoeffizienten. Flexible Bahnen mit niedrigem E-Modul verursachen damit geringere Kältekontraktionskräfte als steife Bahnen.

Die Kältekontraktionskräfte wirken in Längs- und Querrichtung der Bahn. Bei niedrigen Temperaturen werden dabei biaxiale Zugspannungen in der Bahn aufgebaut, wobei die auftretenden Kräfte die Fixierungspunkte sowie die Nähte belasten und zur Öffnung von Fügeverbindungen oder auch zur Rissbildung führen können. Hierbei ist entscheidend, ob die Bahn lose verlegt mit Auflast, lose verlegt mechanisch befestigt oder vollflächig verklebt ist. Bei der vollflächigen Verklebung werden die biaxialen Zugkräfte durch die Verklebung weitgehend abgetragen.

2.2.2.1 Fabrikationsschrumpf

Je nach Werkstoffbasis der Abdichtungsbahn werden durch Erwärmung während ca. 30 Minuten auf 70°C bis 90 °C die inneren Spannungen in der Bahn, die aus der maschinellen Fertigung stammen und zu Schrumpfungen führen abgebaut. Derartige durch den Fertigungsprozess bedingte Schrumpfungen sind irreversibel.

Im Vergleich zu unarmierten, homogenen Dachbahnenerzeugnissen führt die Mitverwendung von flächigen Substraten in Form von Einlagen, Verstärkungen und Kaschierungsmaterialien bei der Bahnenfertigung zu unterschiedlich günstigerem Schrumpfverhalten (Darstellung 44). Die Werkstoffbasis der Dachbahn nimmt ebenfalls einen großen Einfluss (Darstellung 47).

Fabrikationsschrumpf oder Verformungen, die unter Einwirkung von höherer Temperatur zu Spannungen führten, sind normalerweise unkritisch, da sie mit der Zeit abgebaut werden. Dies erfolgt bei freibewitterten, lose verlegten Bahnen schneller als bei solchen mit Auflast. Mit sinkender Temperatur wird allerdings die Abbaugeschwindigkeit kleiner. Bei Temperaturen unter dem Einfrierbereich bzw. unter dem Kristallisationspunkt werden dehnungsbedingte Spannungen konserviert. Im Kältebereich wird die Bruchdehnung rapide geringer und das Material spröder. Erfolgt unter diesen Bedingungen eine zusätzliche mechanische Beanspruchung z.B. Hagelschlag, Begehung oder Stoß ist die Gefahr einer Beschädigung als Loch oder Riss groß.

2.2.2.2 Schrumpf durch Gewichtsverlust

Dachbahnen schrumpfen aufgrund von Gewichtsverlusten durch Migration, Verflüchtigung sowie chemischem oder mikrobiologischem Abbau. Besonders gefährdet sind dabei Bahnenerzeugnisse mit flüssigen Rezepturkomponenten wie z.B. Ölen und Weichmachern. Dies trifft bevorzugt auf Elastomerbahnen wie EPDM und die thermoplastischen PVC-Bahnen zu.

Wenn eine Dachbahn durch Gewichtsverlust schrumpft und dabei gleichzeitig weniger flexibel wird, muss sie bei Abkühlung z.B. im Winter, eine dem erhöhten Ausdehnungskoeffizienten und dem reduzierten Volumen entsprechende Schrumpfung zusätzlich ertragen. Der ansteigende E-Modul verstärkt dabei die Kontraktionskräfte im Vergleich zu einer Neuware.

Solange eine ausreichende Flexibilität der Dachbahn vorhanden ist, wird sie die thermische Schrumpfungen an den fixierten Bauteilen und Nähten in der Regel gut aufnehmen und abbauen können. Ist sie jedoch versprödet und verhärtet, wird sie alle Spannungen in die Fixierungspunkte abtragen. Wenn derart gealterte Bahnen die Last nicht mehr ertragen, wird die Halterung

Das Wissen

um das mechanische und thermische Verhalten von Dachbahnen über den gesamten Temperaturbereich im Praxiseinsatz ist demnach zur Beherrschung der Abdichtungsprobleme erforderlich. Dies muss zur Erreichung eines dauerhaft dichten Daches bei der Auswahl und Planung der Dachkomponenten sowie deren Verarbeitungsausführung berücksichtigt werden. Die entsprechenden Anforderungen sind analog dem Anforderungsprofil (AfP - ddDach, 2005) für Dachbahnen zu ergänzen.

Temperaturabhängige Einwirkungen

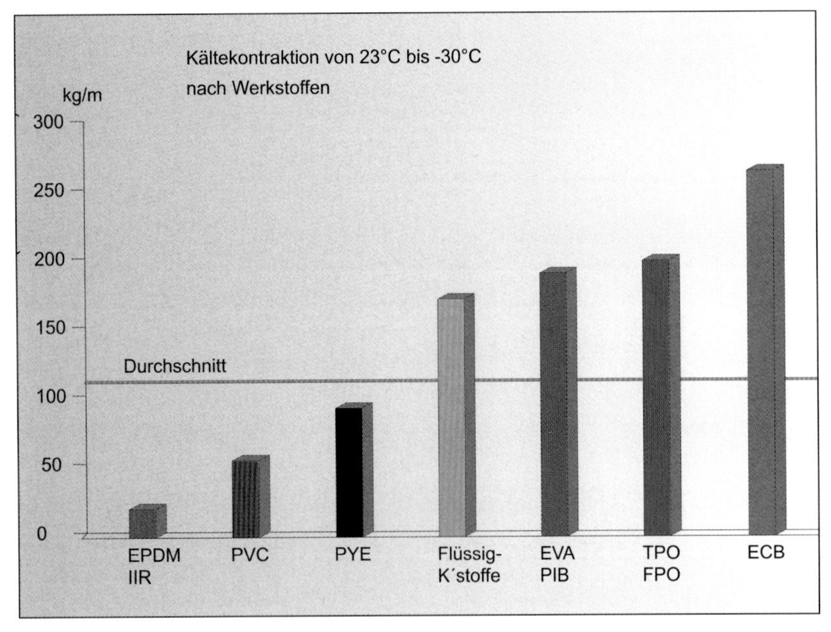

Darstellung 47:

Kältekontraktion von 23°C bis -30°C nach Werkstoffen (ERNST, 1999)

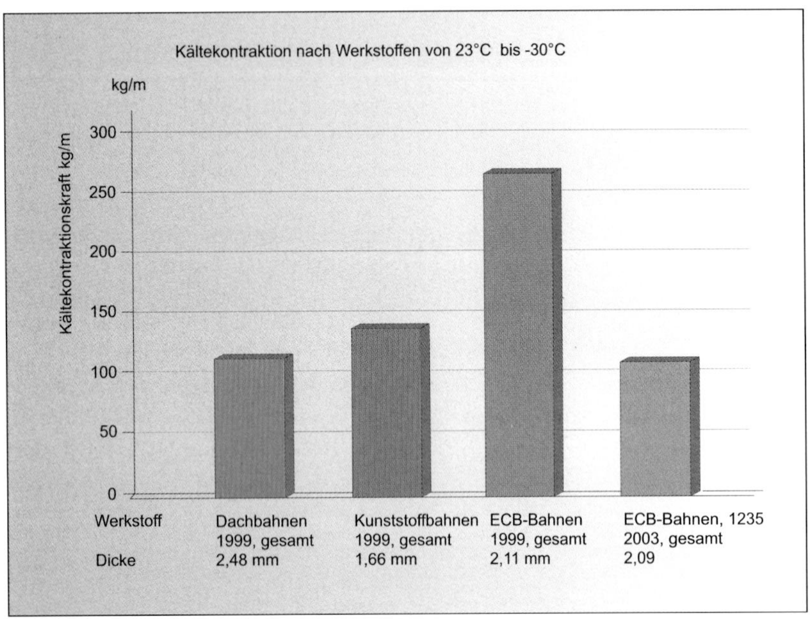

Darstellung 48:

Kältekontraktion nach Werkstoffen von 23°C bis -30°C. Beispiel einer zielorientierten Produktoptimierung zur Verbesserung der Kältekontraktionskräfte

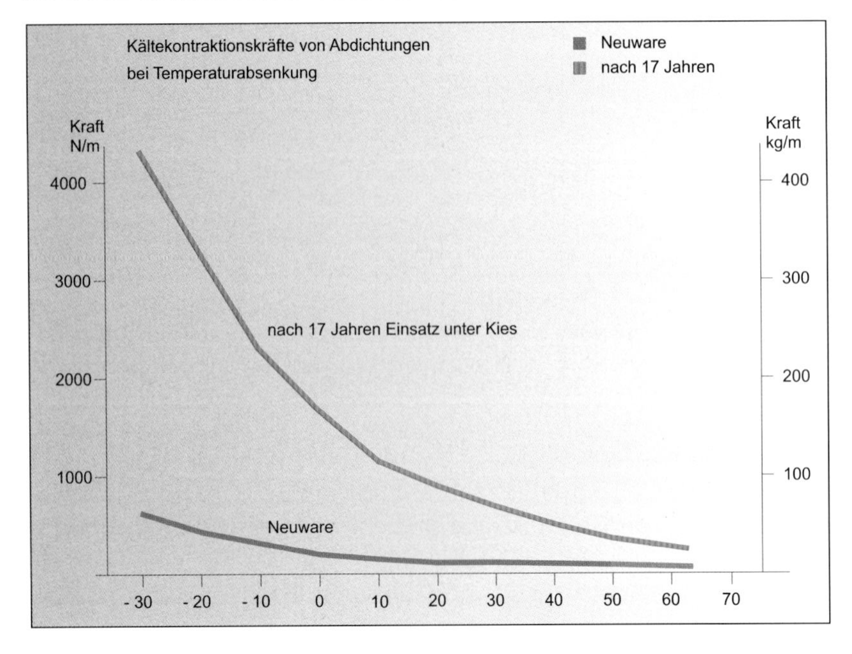

Darstellung 49:

Kältekontraktionskräfte von Abdichtungen bei Temperaturabsenkung

Temperatur- und Kältekontraktion

rausgerissen oder das Spannungs-Dehnungsverhalten der Bahn wird überschritten was zu einem Riss in der Bahn führt. Das ist in der Praxis nicht selten zu beobachten.

Die Auswahl von Bahnen und Systemkomponenten mit alterungsbeständigen, flüssigen Weichmacher- und Ölanteilen oder besser die Festlegung auf weichmacher- und ölfreie Erzeugnisse sowie auf solche mit guter Resistenz gegen Mikroorganismen, wie sie z.B. in den TPO-Bahnen vorliegen, sichern die Vermeidung von Schrumpf und damit auch von Kontraktionskräften aufgrund von Gewichtsverlusten.

2.2.3 Temperatur- und Kältekontraktion

Neben der Auswahl eines geeigneten, möglichst flexiblen sowie alterungsbeständigen Werkstoffes und eines verstärkten Bahnenerzeugnisses können die thermisch bedingten Schrumpfkräfte dabei auch durch die Verlegeausführung klein gehalten werden. Erhält die Bahn in verlegtem Zustand regelmäßig die Möglichkeit durch natürliche Erwärmung mit Sonnenstrahlung und freier Bewegung zu relaxieren, wie dies bei einer freibewitterten Ausführung ohne Auflast vorliegt, so wird der Aufbau reversibler Kontraktionskräfte weitgehend vermieden. Bei Verlegung unter Auflast sowie verklebten Bahnen ist dies jedoch mehrheitlich nicht gegeben.

Bei mechanisch unfixierten Dachbahnen existiert auf Flachdächern mit unterschiedlichen geometrischen Ausführungen und Größen im Zentrum ein Kräfteausgleich gegen Null. Die Bahnen ziehen sich bei allen eingangs erwähnten Schrumpfungsvorgängen (Kontraktionen) längenproportional auf den Mittelpunkt einer Fläche hin zusammen. Das Problem liegt damit wie allgemein in der Branche bekannt, in den Ecken. Bei isotropen, also materialhomogenen Bahnen bedeutet größte Entfernung zu den Fixierungspunkten auch größte absolute Längen- und Volumenänderung und somit auch höchste Kontraktionskräfte.

Je größer die freie Länge, desto größer ist auch die unbehinderte Verschiebung der Bahn in der Fläche. Dies führt dann besonders in den Gebäudeecken, zu den bekannten faltigen Abspannungen. Allgemein kann auch festgestellt werden, dass mit zunehmender Steifigkeit der Abdichtungsbahn die Faltenhöhe zunimmt. Bei größeren Dachflächen empfiehlt sich daher generell eine Fixierung kleiner Teilfelder von 100 m^2 bis maximal 400 m^2.

Durch die konsequente Anwendung der linearen Randbefestigung in den letzten Jahren wurden diese Auswirkungen deutlich reduziert.

In kalten Klimazonen, mit Boden- bzw. Bahnentemperaturen bis -40°C können die auftretenden Kältekontraktionskräfte – speziell von gealterten Bahnen – auch mit dieser standardisierten Technologie größtenteils nicht mehr abgefangen werden.

Für Flachdächer mit und ohne Auflast hat sich für den Randbereich als eine Art Pufferzone von 1 m Breite die Verwendung einer dehnfähigen, unarmierten, homogenen Bahn mit geringem E-Modul und gleicher Werkstoffbasis in der Praxis ebenfalls bewährt. Hierbei werden die auftretenden Kontraktionskräfte durch die leichte und hohe Dehnfähigkeit der Bahn abgebaut. Die so freibewitterte Bahn im Randbereich kann dann bei einwirkender Sonnenwärme wieder relaxieren.

2.2.4 Empfehlung

- Ein vorliegender Fabrikationsschrumpf wird bei lose verlegten Bahnen ohne Auflast im Praxiseinsatz durch Sonnenerwärmung schadensfrei abgebaut und der Aufbau reversibler Kontraktionskräfte vermieden.
- Durch die Wahl von Abdichtungsbahnen und Systemkomponenten ohne flüssige Rezepturbestandteile wird ein Schrumpf durch Gewichtsverluste und eine Zunahme der Kältekontraktionskräfte mit fortschreitendem Einsatz weitgehend ausgeschlossen.
- Bahnenerzeugnisse mit guter Resistenz aller Mischungsbestandteile gegen Mikroorganismen reduzieren die Schrumpfneigung im Praxiseinsatz.
- Die Verwendung flexibler Bahnen mit geringem E-Modul verursachen geringe Kältekontraktionskräfte und belasten auch weniger die Fixierungspunkte.
- Zur Vermeidung von Abspannungen und Faltenbildungen großer Dachflächen hilft die Fixierung kleiner Teilfelder.
- Der Einsatz von hoch kälteflexiblen Bahnen bis -40°C und tiefer führt auch bei tiefen Temperaturen sowie in kalten Klimazonen zu vertretbaren Kontraktionskräften und beherrschbaren Belastungen der Fixierungspunkte.

Gealterte Bahnen

mit Verhärtungserscheinungen tragen alle Spannungen in die Fixierungspunkte ab. Dabei bedeuten große Entfernung zu den Fixierungspunkten auch große absolute Längen- sowie Volumenänderungen und somit auch hohe Kontraktionskräfte. Wenn dabei gealterte Bahnen die resultierende Zuglast nicht mehr ertragen, wird bei sicheren Fixerungspunkten das Spannungs-Dehnungsverhalten der Bahn überschritten und die Bahn reißt.

Die Natur erobert Gebautes

Abbildung 39:

Einjährige Weiden-Sprösslinge in den Plattenfugen. Zur Entfernung des Bewuchses müssen die Platten abgenommen werden

Abbildung 40:

Pflanzenaufwuchs im Riss einer gealterten Bitumenbahn

Abbildung 41:

Für eine Birke reicht ein verwittertes Brett auf einem freibewitterten Dach als Wachstumsgrundlage aus

P. Fischer, M. Jauch

Kapitel III

Pflanzen und Wurzeln

3 Natur ist überall

Zur Schadenprävention ist von Wurzelschutzeinrichtungen eine dauerhaft hohe Widerstandsfähigkeit gegen Ein- und Durchdringungen von Pflanzenwurzeln und -rhizomen (unterirdische Sprossausläufer) zu fordern. Durch unterschiedliche biomechanische Prüfverfahren von Dachbahnen sollen vegetationsbedingte Bauschäden durch Dachbegrünungen ausgeschlossen werden, wodurch die Sicherheit bei der Planung, Ausführung und Nutzung von Dachbegrünungen erhöht werden kann.

3.1 Der Standard - das FLL-Verfahren

1984 wurde an der Fachhochschule Weihenstephan im Auftrag der Forschungsgesellschaft Landschaftsentwicklung Landschaftsbau e.V. (FLL) ein auf die Beanspruchung der Bahnen durch Pflanzenwurzeln ausgerichtetes »Verfahren zur Untersuchung der Durchwurzelungsfestigkeit von Bahnen für Dachbegrünungen« mit 4-jähriger Dauer unter Freilandbedingungen ausgearbeitet.

Eine Weiterentwicklung des Verfahrens, abermals ermöglicht durch intensive Forschungsarbeit in Weihenstephan von 1995 bis 1999, führte zu einer Modifizierung der Versuchsbedingungen, wodurch die Versuchsdauer auf zwei Jahre reduziert werden konnte, ohne die beabsichtigt strengen Maßstäbe des bisherigen Tests aufzuweichen.

Die 2-jährige Prüfung wird in einem klimagesteuerten Gewächshaus unter Verwendung von Feuerdorn und Quecke als Testpflanzen durchgeführt. Alternativ dazu kann die Prüfung nach wie vor auch unter Freilandbedingungen durchgeführt werden, wobei anstelle von

Weltweiter Standard

»Das FLL-Verfahren wird als "anerkannte Regel der Technik" angesehen und hat in den letzten Jahren quasi den Status einer deutschen und europäischen Norm erlangt. Der vorbildliche, hohe europäische Standard bei der Prüfung von Dachbahnen auf Wurzelfestigkeit beeindruckt Fachkreise weltweit. So haben es sich namhafte Fachleute der Pennsylvania State University, USA, zur Aufgabe gemacht, das FLL-Verfahren in ihrem Land einzuführen. Das Tokyo Institute of Technology, Japan, entwickelt derzeit auf der Basis des FLL-Verfahrens einen gleichwertigen Test«
(FISCHER, JAUCH 2005).

Flugsamenverbot ist nicht durchführbar

Abbildung 42:

Schnellwüchsige Weide, die sich in einer mangelhaft hergestellten Naht an der Dachrandaufkantung entwickeln konnte

Tabelle 11:

Hinweise und Forderungen in verschiedensten Fachregeln, Normen, Listen, etc.

Europäisch geregelte Anforderungen	Bezug / Verfahren / Prüfung				Bemerkungen
13 707 - Bitumenbahnen mit Trägereinlagen für Dachabdichtungen	**EN 13 948**				Stand: 30 Juni 2005
EN 13 956 - Abdichtungsbahnen - Kunststoff- und Elastomerbahnen für Dachabdichtungen	**EN 13 948**				Stand: 30 Juni 2005
ETAG 005 - Flüssigabdichtungen		**DIN 4062 (EN 14416)**			FLL-Verfahren in Planung
National geregelte Anforderungen					
Flachdachrichtlinien (2003) Fachregel in Deutschland			**z.B.: FLL**		Eignung der Durchwurzelung durch Nachweis: z.B. FLL
Dachbegrünungsrichtlinie (2002) Fachregel in Deutschland			**FLL**		Verfahren 1999
Ö-Norm B 7220 - Fachregel in Österreich					Hinweis auf durchwurzelungssichere Ausbildung
3. Baustoffliste ÖA / Polymerbitumen-Dachbahnen mit zusätzl. Forderung			**FLL o. LDA**		LDA-Verfahren, Ausgabe 05.2001 FLL-Verfahren, Ausgabe 01.2002
SIA 271 (Ausgabe 1994) Fachregel in der Schweiz			**FLL**		FLL- Verfahren 1990
Hersteller- / Verbraucherverbände					
Europäiche Vereinigung dauerhaft dichtes Dach - ddDach e.V.			**FLL**		Verfahren 1999 mit Testat: wurzel- und rhizomfest gegen Quecken
Industrieverband DUD		**FLL / DIN 4062 (FLL / EN 14416)**			(Alternativen möglich)

Wurzel- und rhizomfeste Abdichtungen

Feuerdorn Grau-Erlen zu verwenden sind. Die Untersuchung erstreckt sich dann wie bisher über 4 Jahre.

Das Verfahren beinhaltet die Prüfung von Produkten inklusive den dazugehörigen Fügetechniken. Es ist somit nur zulässig für die Prüfung einzelner Bahnen. Die Untersuchung eines Dachabdichtungssystems, d.h. eines aus mehreren Lagen zusammengefügten Aufbaus der Dachabdichtung, ist nicht möglich.

Die zu untersuchende Bahn, die mehrere Nahtstellen aufweisen muss, wird in 8 großformatige Prüfgefäße (80 x 80 x 25 cm) am Prüfinstitut eingebaut. Weitere 3 Gefäße gleicher Größe gehen ohne Bahn in den Versuch. Sie dienen als Kontrolle für das Pflanzenwachstum. In die so behandelten Gefäße wird eine dünne Vegetationstragschicht eingefüllt. Mit einer dichten Bepflanzung (pro Gefäß 4 Gehölze und 2 g Queckensaatgut), einer maßvollen Düngung und einer zurückhaltenden Bewässerung wird der gewünschte, hohe Wurzeldruck erzeugt. Zu Versuchsende wird die Vegetationstragschicht entnommen und die Bahn im Hinblick auf ein- und durchgedrungene Wurzeln bzw. Rhizome überprüft.

3.2 Die Alternativen

Neben dem FLL-Verfahren sind weitere Vorgehensweisen zur Prüfung des Widerstands bestimmter Materialien gegen Ein- bzw. Durchdringungen von Wurzeln und Rhizomen möglich. Im Folgenden werden die derzeit bekannten Test-Verfahren angeführt und die wesentlichen Unterschiede zum FLL-Verfahren aufgezeigt und bewertet.

3.2.1 EN 14416 (DIN 4062)

Geosynthetische Dichtungsbahnen - Prüfverfahren zur Bestimmung der Beständigkeit gegen Wurzeln, der sog. »Lupinentest«

Gemäß dieser Norm werden drei kleinformatige, einige Quadratzentimeter große Teilstücke von Bahnen (ohne Nähte) in jeweils einem Blumentopf auf Wurzelfestigkeit geprüft. Die Untersuchungsdauer beläuft sich auf 6 Wochen im Sommer bzw. 8 Wochen im Winter. Als Testpflanzen dienen Lupinen, die sich während des Tests aus dem angesäten Samen entwickeln. Zum Ende der Prüfung wird die Bahn auf ein- und durchgedrungene Wurzeln überprüft.

Die elementaren Unterschiede zum FLL-Verfahren sind eklatant, eine Gleichwertigkeit ist nicht einmal annähernd zu erkennen. Die EN 14416 ist weitgehend identisch mit der vormaligen DIN 4062. Dieses Test-verfahren zur Bestimmung der Beständigkeit gegen Wurzeln wird seit über 20 Jahren von der Fachwelt als völlig unzureichend angesehen. Daran wird sich wohl auch in Zukunft kaum etwas ändern, wenngleich das Verfahren inzwischen den Status einer Europäischen Norm erlangt hat.

3.2.2 LDA-Verfahren

Verfahren zur Langzeituntersuchung der Durchwurzelungsfestigkeit von Abdichtungen.

Das vornehmlich in Österreich angewandte LDA-Verfahren wurde aus dem FLL-Verfahren abgeleitet, zeigt aber z.T. wesentliche Abweichungen hiervon.

3.2.2.1 Geltungsbereich

Im Gegensatz zum FLL-Verfahren lässt das LDA-Verfahren auch die Prüfung von Abdichtungssystemen zu. Sofern bei der Prüfung von Systemen nach dem LDA-Verfahren die wurzelfeste Lage stets der obersten Abdichtungslage entspricht, ist eine Gleichwertigkeit mit dem FLL-Verfahren gegeben. In anderen Fällen, in denen die wurzelfeste Lage eines Systems durch andere Lagen kaschiert wird und daher nicht unmittelbar dem Angriff von Wurzeln und Rhizomen ausgesetzt ist, sind die Verfahren nicht äquivalent. Eine Kaschierung, d.h. eine gesonderte Lage auf der zu prüfenden Bahn bzw. Beschichtung, ist beim FLL-Verfahren ausgeschlossen.

Stellenwert der FLL-Prüfung

Die Anzahl der bereits abgeschlossenen und der noch laufenden Untersuchungen dokumentiert den hohen Stellenwert, den Hersteller von wurzelfesten Bahnen wie auch Planer von Dachbegrünungen und ausführende Betriebe diesem Verfahren beimessen: Bislang haben über 100 Bahnen verschiedener Hersteller die Untersuchung erfolgreich abgeschlossen bzw. befinden sich derzeit in Prüfung (darunter auch Bahnen aus Frankreich, Norwegen, Italien, Österreich, der Schweiz und der Türkei). Bei rund 30 Bahnen fiel das Testergebnis negativ aus« (FISCHER, JAUCH 2005).

Durchdringungen von Quecken-Rhizomen

Abbildung 43:

Prüfgefäße in Weihenstephan ....

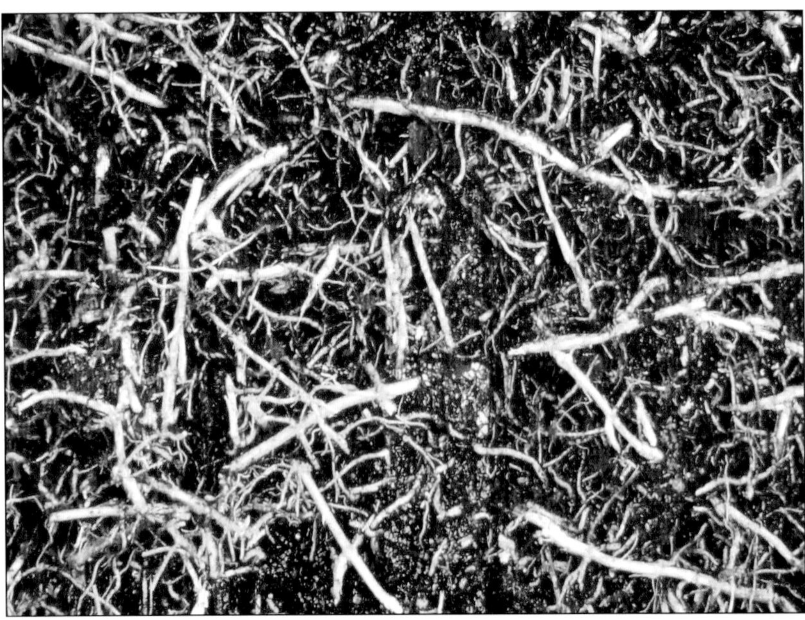

Abbildung 44:

Rhizomeindringungen am Ende einer FLL-Prüfung ....

Abbildung 45:

.......Detailaufnahme: Bahnenquerschnitt

Abweichende Bewertungen

3.2.2.2. Anzahl und Format der Prüfgefäße

Beim LDA-Verfahren ist die Anzahl der Wiederholungen (Gefäße) auf 3 begrenzt, wobei die Versuchsgefäße (150 x 95 x 50 cm) größer dimensioniert sind als beim FLL-Verfahren (80 x 80 x 25 cm).

Trotz deutlich unterschiedlicher Anzahl und Formate der Prüfgefäße steht bei beiden Verfahren rechnerisch eine ähnliche Bahnenfläche (rund 9 m≈ (FLL) bzw. 10 m≈ (LDA)) in Kontakt mit Wurzeln und Rhizomen. Beim LDA-Verfahren lassen sich aber bei der zur Prüfung in die Gefäße eingebauten Bahn insgesamt nur 6 T-Stöße und 12 Ecken bzw. Wandecknähte finden gegenüber 16 T-Stößen und 32 Ecken beim FLL-Verfahren. Beim LDA-Verfahren können die Wurzeln auf eine Nahtstrecke von insgesamt rund 22 m einwirken, beim FLL-Verfahren beträgt diese Strecke rund 30 m.

3.2.2.3 Definition bzw. Bewertung von Wurzeleindringungen in die Bahn

Beim FLL-Verfahren werden Wurzeleindringungen wie folgt definiert: »In die Fläche oder in die Nähte einer geprüften Bahn bzw. Beschichtung eingewachsene Wurzeln, wobei sich die unterirdischen Pflanzenteile aktiv Hohlräume geschaffen und die Bahn bzw. Beschichtung somit beschädigt haben«.

Das im LDA-Verfahren beschriebene Verdrängen von Deckmasse an der Oberseite der Abdichtung – hier nicht als Einwurzelung gewertet – zählt bei der FLL in der Regel als Eindringung. Lediglich bei Bahnen, die radizide Wirkstoffe (Wurzelhemmer) enthalten, werden beim FLL-Verfahren Eindringungen **≤ 5 mm** nicht bewertet, da hierbei die wurzelhemmende Wirkung erst nach dem Eindringen der Wurzeln entfaltet werden kann. Um eine derartige Bewertung zu ermöglichen, müssen aber solche Bahnen vom Hersteller zu Versuchsbeginn eindeutig als "radizidhaltig" definiert werden. In Nahtversiegelungen eingedrungene Wurzeln (ohne Beschädigung der Naht) werden von Seiten der FLL ebenfalls nicht zur Bewertung herangezogen.

Vermutlich als Konzession an die Prüfung von Abdichtungssystemen werden beim LDA-Verfahren Einwurzelungen abweichend vom FLL-Verfahren definiert und im Gegensatz zum FLL-Verfahren nicht zur Bewertung der Wurzelfestigkeit herangezogen.

3.2.2.4 Definition der Wurzelfestigkeit

Eine Bahn bzw. Beschichtung gilt als wurzelfest nach FLL, wenn in allen Prüfgefäßen nach Ablauf der Versuchsdauer keine Wurzeleindringungen sowie keine Wurzeldurchdringungen festzustellen sind.

Nach dem LDA-Verfahren gilt eine Bahn als wurzelfest, wenn nach Ablauf der Versuchsdauer in keiner der Probeflächen, d.h. an keiner Stelle des geprüften Abdichtungssystems, eine Durchwurzelung festgestellt wird.

3.2.2.5 Dauer der Prüfung

Um für die langjährige Praxistauglichkeit des untersuchten Abdichtungssystems unter Freilandbedingungen eine gesicherte Aussage zu erhalten, wird die Versuchsdauer beim LDA-Verfahren auf 4 Jahre festgelegt.

Gleiches gilt für das FLL-Verfahren, das jedoch alternativ auch einen 2-jährigen Test anbietet. Die 2-Jahres-Prüfung findet in einem klimagesteuerten Gewächshaus statt, wobei die verwendeten Pflanzenarten bei entsprechenden Temperatur- und Lichtverhältnissen das ganze Jahr über eine ausreichende Wuchsleistung erbringen. Somit wird eine effektive Wachstumsperiode von 24 Monaten erzielt, die von ähnlicher Dauer ist wie beim 4-Jahrestest, wenn man hierbei die jährliche, mehrmonatige Ruhephase der Vegetation unter Freilandbedingungen berücksichtigt. Die beiden FLL-Prüfungen gelten als gleichwertig.

3.2.2.6 Auswertung der geprüften Bahn

Beim Verfahren nach FLL werden ein- und durchgedrungene Wurzeln bewertet. Das LDA-Verfahren berücksichtigt dagegen nur Duchwurzelungen. Es findet sich zwar der Hinweis "Einwurzelungen sind anzuführen", der Untersuchungsbericht muss aber lediglich das Ergebnis der Durchwurzelung enthalten.

Im FLL- und LDA-Verfahren wird Quecke (Agropyron repens), ein heimisches Gras, das Rhizome (unterirdische Sprossausläufer) bildet, neben den Gehölzen als Testpflanze eingesetzt. Obwohl Rhizome wie Wurzeln in der Lage sind, Bahnen zu beschädigen, finden sich beim LDA-Verfahren keine Vorgabe für eine Beschreibung bzw. Bewertung von ein- oder durchgedrungenen Rhizomen bei der Auswertung.

Bewertung des LDA-Verfahrens

»Das LDA-Verfahren weist in manchen Bereichen Ähnlichkeiten mit dem FLL-Verfahren auf, divergiert jedoch in einigen essentiellen Punkten. Das FLL-Verfahren ist – insbesondere aufgrund seiner ergänzenden Aussagen zur Rhizomfestigkeit und seiner wesentlich strengeren Maßstäbe bei der Auswertung - als höherwertig einzustufen«.
(FISCHER, JAUCH; 2005).

Gegenüberstellung der Prüfverfahren

	EN 14 416	LDA-Verfahren	EN 13 948	FLL
Anwendungsbereich	Prüfung der Beständigkeit polymerer oder bituminöser geosynthetischer Dichtungsbahnen und geotextiler Ton-Dichtungsbahnen gegen Durchwurzelung (keine Prüfung von mehrlagigen Abdichtungssystemen)	Untersuchung der dauerhaften Durchwurzelungsfestigkeit von Dach- und Bauwerksabdichtungen (Prüfung von mehrlagigen Abdichtungssystemen ist möglich)	Bestimmung des Widerstandes gegen Durchwurzelung von Bitumen-, Kunststoff- und Elastomerbahnen für Dachabdichtungen (keine Prüfung von mehrlagigen Abdichtungssystemen)	Bestimmung des Widerstandes gegen Ein- und Durchdrin-gungen von Wurzeln und Rhizomen der verwendeten Testpflanzen bei Wurzelschutzbahnen, Dach- und Dichtungsbahnen, sowie Flüssigabdichtunen für alle Ausbildungsformen der Dachbegrünung (keine Prüfung von mehrlagigen Abdichtungssystemen)
Dauer der Prüfung	6 Wochen (Sommer), 8 Wochen (Winter)	4 Jahre	2 Jahre	2 Jahre (Gewächshaus) oder 4 Jahre (Freilandbedingungen)
Umfang der Prüfung	3 Kleinstgefäße (Ton-Blumentöpfe, Höhe ca. 22 cm) mit der zu prüfenden Bahn und 1 Kontrollgefäß mit Bitumen	3 Großgefäße (150 x 95 x 50 cm) mit der zu prüfenden Bahn und 1 Kontrollgefäß mit Bitumen	6 Großgefäße (80 x 80 x 25 cm) mit der zu prüfenden Bahn und 2 Kontrollgefäße ohne Bahn	8 Großgefäße (80 x 80 x 25 cm) mit der zu prüfenden Bahn und 3 Kontrollgefäße ohne Bahn
Verarbeitung der zu prüfenden Bahn	Pro Gefäß 1 kleines Teilstück ohne Nähte	Pro Gefäß werden 5 große Teilstücke der zu prüfenden Bahn benötigt, die am Untersuchungsort in der Verantwortung des Auftraggebers der Untersuchung in die Gefäße eingebaut und verbunden werden. Hierbei sind pro Gefäß neben Längsnähten auch 4 Wand-Ecknähte, 2 Boden-Ecknähte und 2 T-Nahtstellen auszuführen.		
Testpflanzenarten und Pflanzendichte/Gefäß	30-40 Samen der Weißen Lupine (Lupinus albus)	4 Grau-Erlen (Alnus incana), 4 Zitter-Pappeln (Populus tremula), 20 Quecken-Sämlinge (Agropyron repens)	5 Feuerdorn (Pyracantha coccinea 'Orange Charmer')	2-Jahres-Test: 4 Feuerdorn (Pyracantha coccinea 'Orange Charmer'), 2 g Quecken-Saatgut (Agropyron repens) 4-Jahres-Test: statt Feuerdorn 4 Grau-Erlen (Alnus incana)
Bewertungskriterien	Ein- und durchgedrungene Wurzeln, Pflanzenentwicklung	Durchgedrungene Wurzeln, Pflanzenentwicklung	Ein- und durchgedrungene Wurzeln, Pflanzenentwicklung	**Ein- und durchgedrungene Wurzeln und Rhizome, Pflanzenentwicklung**

Tabelle 12:
Gegenüberstellung derzeit bekannter Prüfverfahren zur Bestimmung des Widerstands von Materialien gegenüber Wurzeln bzw. Rhizomen

Strenge Maßstäbe bei der Standardprüfung

Beim FLL-Verfahren werden in die Bahn ein- und durchgewachsene Quecken-Rhizome festgestellt und im Prüfbericht aufgeführt, jedoch im Hinblick auf die Wurzelfestigkeit nicht gewertet. Wenn in allen Prüfgefäßen nach Ablauf der Versuchsdauer - analog zu den Wurzeleindringungen und Wurzeldurchdringungen - keine Rhizomeindringungen sowie keine Rhizomdurchdringungen festzustellen sind, gilt die geprüfte Bahn als "rhizomfest gegen Quecke".

3.2.3 EN 13948

Bestimmung des Widerstandes gegen Durchwurzelung von Bitumen-, Kunststoff- und Elastomerbahnen für Dachabdichtungen.

Bei der Ausarbeitung des Europäischen Norm-Entwurfs wurde der Text des FLL-Verfahrens größtenteils wortgleich übernommen. Beide Verfahren sind somit über weite Strecken identisch - die wenigen Unterschiede jedoch sind z.T. durchaus bedeutsam.

3.2.3.1 Anzahl und Format der Prüfgefäße

Bei den Verfahren nach EN 13948 und FLL werden Gefäße mit denselben Dimensionen verwendet (80 x 80 x 25 cm). Der Versuchsumfang bei EN13948 begrenzt sich auf 6 Prüfgefäße und 2 Kontrollgefäße (FLL 8 und 3 Gefäße). Beim FLL Verfahren stehen rechnerisch rund 9 m Bahnenfläche im Kontakt mit Wurzeln und Rhizomen, bei EN 13948 können die Wurzeln auf ca. 6,7 m einwirken. Die mit Substrat bedeckten Nähte erstrecken sich beim FLL-Verfahren auf insgesamt ca. 33,5 m, bei EN 13948 auf ca. 25 m.

3.2.3.2 Testpflanzen

Die Anzahl der Gehölze (Feuerdorn), die zur Prüfung einer Bahn verwendet werden, ist bei beiden Verfahren ähnlich (FLL: 32 Gehölze, EN 13948: 30 Gehölze). Die Pflanzdichte liegt bei EN 13948 mit rund 4,5 Gehölzen/m höher als beim FLL-Verfahren (ca. 3,6 Gehölze/m). Jedes Gehölz wirkt rechnerisch anteilmäßig auf eine Bahnenfläche von 0,22 m (EN 13948) bzw. 0,28 m (FLL) ein. Beim FLL-Verfahren erfolgt zusätzlich zur Gehölzpflanzung eine Ansaat von Quecke.

3.2.3.3 Auswertung der geprüften Bahn

Beim Verfahren nach FLL und nach EN 13948 werden ein- und durchgedrungene Wurzeln bewertet. Die Definitionen für Wurzeleindringungen und -durchdringungen sowie für das Testat "wurzelfest" sind identisch.
Beim FLL-Verfahren werden zusätzlich die in die Bahn ein- und durchgewachsenen Quecken-Rhizome festgestellt und im Prüfbericht aufgeführt.

3.2.3.4 Bewertung des Verfahrens

Rein nach der Anzahl der Prüfgefäße bzw. der Bahnenfläche und Nahtstrecke, die in Kontakt mit unterirdischen Pflanzenorganen stehen, beurteilt, zeigt sich das FLL-Verfahren gegenüber EN 13948 hinsichtlich der Bestimmung des Widerstands gegen Ein- und Durchwurzelungen als höherwertig. Dies relativiert sich aber, legt man der Bewertung die Anzahl der verwendeten Gehölze und die Pflanzdichte zugrunde und leitet daraus - wie auch aus der fehlenden Konkurrenz durch Rhizome - einen höheren Wurzeldruck der Gehölze bei EN 13948 ab.

Beide Verfahren können daher - was die Prüfung der Wurzelfestigkeit anbelangt - als gleichwertig angesehen werden, zumal die gleichen strengen Maßstäbe bei der Auswertung der Bahnen angelegt werden, um das Testat "wurzelfest" zu vergeben.

Die beim FLL-Verfahren zusätzlich verwendete Quecke bringt mit ihren Rhizomen einen zweiten Bewertungsfaktor ein, was bei bestandener Prüfung zu dem ergänzenden Testat »**rhizomfest gegen Quecke**« führt. Aufgrund dieser Erweiterung des Testprogramms ist das FLL-Verfahren als höherwertig einzustufen.

Zusammenfassung

Das 1984 entworfene, mehrfach überarbeitete und dabei aktualisierte FLL-Verfahren legt beabsichtigt strenge Maßstäbe bei der Prüfung der Widerstandsfähigkeit von Bahnen gegen Eindringungen und Durchdringungen von Wurzeln oder Rhizomen an.
Das als "anerkannte Regel der Technik" angesehene Verfahren besitzt einen hohen Stellenwert bei Herstellern von Wurzelschutzbahnen wie auch bei Planern von Dachbegrünungen und ausführenden Betrieben.
Von den möglichen alternativen Prüfverfahren (EN 14416, LDA-Verfahren, EN 13948) bietet lediglich EN 13948 vergleichbare Voraussetzungen bezüglich der Prüfung von Bahnen auf Wurzelfestigkeit. Dieses Verfahren verzichtet aber aus kaum nachvollziehbaren Gründen auf rhizombildende Quecke als Testpflanze, weshalb die Auswirkungen der Sprossausläufer auf die Bahn nicht untersucht werden können. In diesem wesentlichen Punkt ist das FLL-Verfahren als höherwertig einzustufen.

Prüfzeugnisse nicht ungelesen abheften

Abbildung 46 (links):

Ursache für Undichtigkeiten: Queckenbewuchs auf einem bituminösen Kiesdach. Rhizomeindringungen im Detail

Tabelle 13 (unten):

Checkliste zur Beurteilung von FLL-Prüfzeugnissen

Checkliste zur Beurteilung von FLL-Prüfzeugnissen

FLL-Prüfungen werden seit rund 20 Jahren von verschiedenen Institutionen durchgeführt. Die erstellten Prüfzeugnisse unterscheiden sich z.T. erheblich und gehen nicht immer konform mit den FLL-Vorgaben. Zudem werden die Zeugnisse mitunter unvollständig veröffentlicht oder gar missbräuchlich auf ähnliche, nicht geprüfte Produkte übertragen. Die Prüfzeugnisse sollten daher **kritisch** durchgelesen werden, wobei insbesondere folgende Punkte zu beachten sind:

Prüfzeugnis vollständig?	FLL-Prüfzeugnisse dürfen nur ungekürzt und unverändert verwendet werden. Sie müssen folgende Angaben enthalten: • detaillierte Daten des Herstellers zur untersuchten Bahn (z.B. Werkstoffbezeichnung, Dicke, Ausrüstung/Aufbau, Herstelltechnik, Stoffnormen, Herstellungsjahr, Verlegetechnik, Zusatz von Bioziden mit Angaben zur Konzentration) • Hinweis, dass die Durchführung der Prüfung entsprechend den Vorgaben der FLL-Richtlinie erfolgte, wobei die der Prüfung zugrunde gelegte Richtlinie im Anhang des Berichts enthalten sein muss • alle Ergebnisse der Auswertungen • eine zusammenfassende Bewertung der untersuchten Bahn (wurzelfest, rhizomfest gegen Quecke). • Gültigkeitsdauer des Prüfzeugnisses (10 Jahre, Verlängerung um weitere 5 Jahre möglich), • Umfang des Prüfzeugnisses
Alter des Prüfzeugnisses?	Das Prüfverfahren wurde in den zurückliegenden Jahren mehrfach überarbeitet. Dabei wurden auch die Bewertungskriterien geändert: • bis 1999: Die untersuchte Bahn/Schicht gilt als wurzelfest, wenn in keiner der Wiederholungen/Parallelgefäße nach Ablauf der Versuchsdauer eine Durchwurzelung erfolgt ist. • ab 1999: Eine Bahn bzw. Beschichtung gilt als wurzelfest, wenn in allen Prüfgefäßen nach Ablauf der Versuchsdauer keine Einwurzelungen sowie keine Durchwurzelungen festzustellen sind. Zusätzlich wird die **Rhizomfestigkeit** gegen Quecken attestiert, sofern keine Rhizomeindringungen sowie keine Rhizomdurchdringungen festzustellen sind.

4 Europäische Anforderung

»In der Vergangenheit wurde bei jeder Umstellung einer Baunorm den Architekten und Ingenieuren ein Umgewöhnungsprozess abverlangt «(CZIESIELSKI, 2003). Neben formalen Änderungen, physikalisch/mechanischen Anpassungen und Richtigstellungen wurden auch materielle Änderungen eingeführt. Vieles was bisher zwar logisch und nachvollziehbar war, hat manchmal den Baupraktiker eher verwirrt als zur Klärung beigetragen. Mit der Einführung der europäischen Normen ist es den delegierten, nationalen Ausschussmitgliedern wiederum perfekt gelungen, den Anwender und Verbraucher weiter zu verwirren und mit Festschreibungen von Kompromissen nationaler und herstellerorientierter Interessen zu verunsichern.

Bei der Erarbeitung von europäischen Normen, galt es, viele verschiedene nationale Interessen durchzusetzen, mit der Maßgabe kein Land und keinen Hersteller zu benachteiligen. Daraus resultiert eine noch größere Bandbreite von Bauprodukten und führt deshalb zu einem generellen Umdenken bei der Auswahl und Festlegung der geeigneten Baumaterialien. Die in letzter Zeit auf europäischer und internationaler Ebene neu definierten Charakteristika von Baustoffen müssen in die deutsche Normung übernommen werden, wobei es zu einer leicht unterschiedlichen Klassifizierung von Baustoffen gegenüber früheren Einstufungen kommt. So werden z.B. in Deutschland mehr als 15 Werkstoffnormen für Dachbahnen aus Kunststoff und Kautschuk durch eine Produktnorm EN 13 956 ersetzt.

CE-gekennzeichnete Baumaterialien unterliegen als Eigendeklaration der Anbieter strengeren Anforderungen im Vergleich zu den nationalen Regelwerken trotz des Wegfalls der Fremdüberwachung durch (nationale) Prüfinstitutionen. "Durch die Erklärung der Produkteigenschaften in der Verantwortlichkeit des Herstellers wird unterstellt, dass Baumaterialien nach EU-Bauproduktenrichtlinie geringere Standards beim Einsatz auf der Baustelle erfüllen, als wären sie von amtlichen Prüfstellen wie z.B.: Materialprüfungsämtern geprüft. Dies bedeutet, dass nunmehr die Überprüfung von mehr als 50, teilweise bis zu 200 verschiedene Baustoffe vor Ort auf der Baustelle in der Verantwortlichkeit des Architekten, Ingenieurs bzw. Bauleiters geschieht« (LINTNER, 2002).

Für die Handelsbeziehung zwischen Hersteller und Verarbeiter dürfte § 377 - Mängelrüge - des Handelsgesetzbuches (HGB) zunehmend an Bedeutung gewinnen - siehe hierzu auch Kapitel 7.

Nachweis der Verwendbarkeit in Deutschland

Darstellung 50:

Nachweis der Verwendbarkeit von Bauprodukten in Deutschland
* Leitlinie für die europäische technische Zulassung für mechanisch befestigte Dachabdichtungssysteme - siehe Seite 107

Europäische Union

Bauproduktenrichtlinie vom 21.12.1989 - 89/106/EWG ergänzt am 02.07.1993 - 93/68/EWG
6 wesentliche Anforderungen: Mechanische Festigkeit und Standsicherheit, Brandschutz, Hygiene, Gesundheit und Umweltschutz, Schallschutz, Energieeinsparung und Wärmeschutz

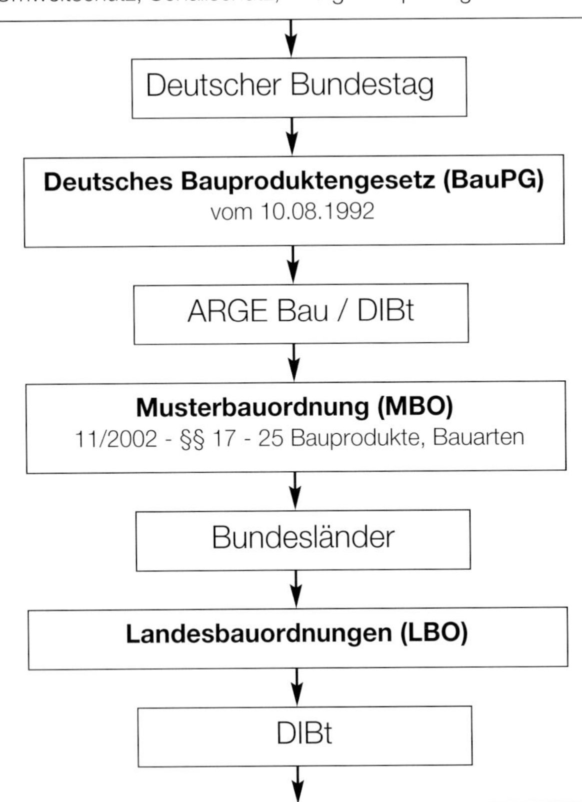

Bauregelliste B Teil 1	Bauregelliste B Teil 2	Bauregelliste A Teil 1	Bauregelliste A Teil 2	Bauregelliste A Teil 3	Bauregelliste C
europäischer Bereich		nationaler Bereich			
Harmonisierte EN-Normen oder EOTA-Zulassungen: ETAG 005 **Flüssigabdichtungen** (03/2000) ETAG 006 **Dachabdichtungssysteme** * (04/2001) Bis zum Stand 30. Juni 2005 waren noch nicht aufgeführt: DIN EN 13 707 Bitumenbahnen DIN EN 13 956 Flex. Abdichtungen - Kunststoff- und Elastomerbahnen	z.Z. noch keine Angaben zu europäischen Regelwerken, sowie zu den obligatorischen Klassen und Leistungsstufen, da harmonisierte europ. technische Spezifikationen im Sinne der BpR noch nicht vorliegen (04/2005).	**Geregelte Bauprodukte** Es existiert eine techn. Regel (z.B.: DIN-Norm)	**Nicht geregelte Bauprodukte** Es existiert keine techn. Regel jedoch ein Verwendbarkeitsnachweis, allg. bauaufsichtliche Zulassung und ein Übereinstimmungsvermerk	**Nicht geregelte Bauarten** von geringer Sicherheitsrelevanz	Bauprodukte von bauaufsichtlich untergeordneter Bedeutung
CE-Zeichen		**Ü**-Zeichen			

Gesetzliche geregelte Bauprodukte

4.1 Produkte für Dachabdichtungen

Die Mitgliedsstaaten der EU haben sich verpflichtet nur noch Produkte in den Verkehr zu bringen, die den Nachweis der Verwendbarkeit im Sinne der Bauprodukten-Richtlinie (BpR) erbracht haben. Siehe nebenstehende Darstellung 50.

4.1.1 Bauprodukten-Richtlinie

Ursprung der gesetzlichen Regelung ist die Bauprodukten-Richtlinie 89/106/EWG des Europäischen Rates vom 21.12.1988, zur Angleichung der Rechts- und Verwaltungsvorschriften der Mitgliedsstaaten über Bauprodukte. Sie wurde durch die Richtlinie 93/68/EWG des Rates vom 2. 07. 1993 aktualisiert.

In der Bauprodukten-Richtlinie sind 6 wesentliche Anforderungen an Bauprodukte, sog. »**E**ssential **R**equirements« enthalten:

ER 1: Mechanische Festigkeit und Standsicherheit,
ER 2: Brandschutz,
ER 3: Hygiene, Gesundheit, Umweltschutz,
ER 4: Nutzungssicherheit,
ER 5: Schallschutz
ER 6: Energieeinsparung und Wärmeschutz.

Der Nachweis der Brauchbarkeit eines Produktes nach o.a. Kriterien für den vorgesehenen Verwendungszweck wird z.B. über Prüfzeugnisse, Technische Unterlagen des Herstellers erbracht. Danach wird eine Europäische Technische Zulassung (ETZ) erteilt.

4.1.1.1 Nationale Umsetzung

In Deutschland wird die Bauprodukten-Richtlinie über das nationale Deutsche Bauproduktengesetz (BauPG) vom 10.08.1992 geregelt. Über die Musterbauordnung (MBO) vom November 2002 (§§ 17-25 – Bauprodukte, Bauarten) wird baurechtlich die Verwendung von Bauprodukten in den jeweiligen Landesbauordnungen (LBO) geregelt. Ein wesentlicher Grundsatz dabei ist, dass die öffentliche Sicherheit und Ordnung insbesondere Leben und Gesundheit nicht gefährdet werden dürfen. Musterbauordnung und Landesbauordnungen verweisen auf die Bauregellisten. Die Bauregellisten werden vom Deutschen Institut für Bautechnik (DIBt) Berlin bekanntgegeben und sind wie folgt unterteilt:

Bauregelliste A - Teil 1:
gilt für geregelte Bauprodukte, die den in dieser Liste bekannt gemachten technischen Regeln (nationale Normen) entsprechen oder von ihnen nicht wesentlich abweichen.

Bauregelliste A - Teil 2:
gilt für nicht geregelte Bauprodukte, deren Verwendung nicht der Erfüllung erheblicher Anforderungen an die Sicherheit baulicher Anlagen dient und für die es keine allgemein anerkannten Regeln der Technik gibt oder die nach allgemein anerkannten Prüfverfahren beurteilt werden. Dazu gehören Bauprodukte, deren Verwendbarkeitsnachweis in einer allgemeinen bauaufsichtlichen Zulassung durch ein Prüfzeichen oder eine Zustimmung im Einzelfall geregelt ist.

Bauregelliste A - Teil 3:
enthält in Analogie zu den nicht geregelten Bauprodukten die nicht geregelten Bauarten von geringerer Sicherheitsrelevanz und solche Bauarten, deren technische Beurteilung hinsichtlich bestimmter Anforderungen - z. B. an die Feuerwiderstandsdauer und an den Funktionserhalt unter Brandeinwirkung - aber nach allgemein anerkannten Prüfverfahren möglich ist.

Bauregelliste C:
gilt für alle Bauprodukte, für die es keine allgemein anerkannten Regeln der Technik gibt und die für die Erfüllung bauordnungsrechtliche Anforderungen nur eine untergeordnete Bedeutung haben.

Sonstige Bauprodukte
sind Bauprodukte, die für die Erfüllung bauordnungsrechtlicher Anforderungen nur eine untergeordnete Bedeutung haben und für die es technische Regeln gibt.

Von zunehmender Bedeutung ist jedoch die Bauregelliste B, denn dort ist festgelegt, welche Anforderungen aus harmonisierten europäischen Normen oder Leitlinien für europäisch technische Zulassungen von Bauprodukten erfüllt werden müssen, die dem Bautenproduktegesetz unterliegen.

Handel mit Bauprodukten

"Mit CE-Zeichen versehene Produkte besteht die Vermutung, dass sie für den vorgesehenen Verwendungszweck brauchbar sind.

Mit der CE-Kennzeichnung nimmt insbesondere der Hersteller einen Vertrauenstatbestand für sein Bauprodukt in Anspruch" (HALSTENBERG, 2003).

Bauprodukte-Richtlinie in Österreich

Darstellung 51:
Nachweis der Verwendbarkeit von Bauprodukten in Österreich

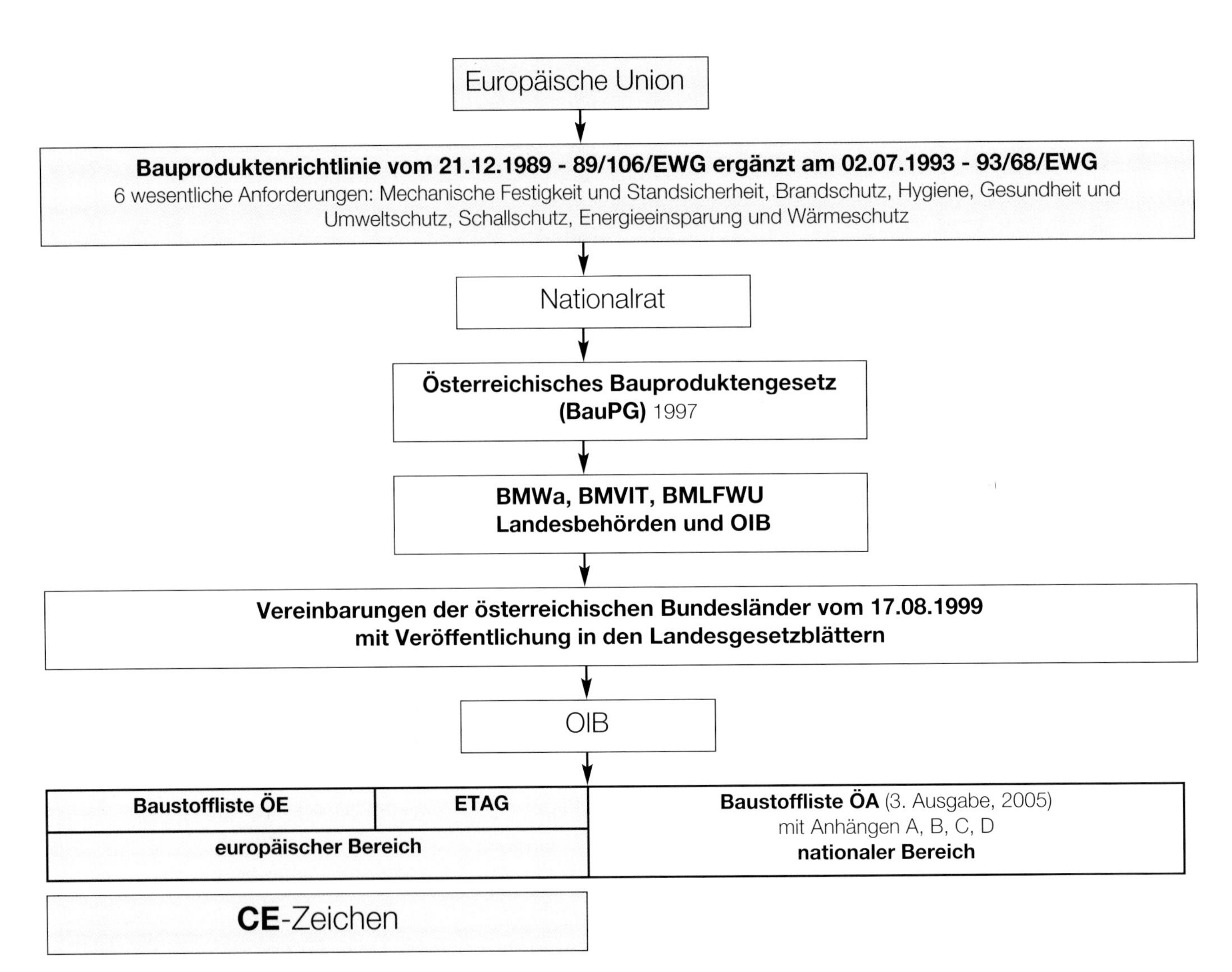

Umsetzung in Österreich

Andere Mitgliedsstaaten der EU hatten schon bisher ein nationales System der verbindlichen Kennzeichnung von Bauprodukten (z.B. Bauregelliste in Deutschland - siehe Seite 88), nicht jedoch Österreich.

Österreich war bisher diesbezüglich freizügiger. Die Erfüllung der Ö-Normen war seither nur dann zwingend erforderlich, wenn diese vom jeweiligen Gesetzgeber für verbindlich erklärt wurden. »Mit Ausnahme von Salzburg und Oberösterreich war auch die österreichische technische Zulassung keine notwendige Bedingung für die Verwendung von Bauprodukten; es war ausreichend, dass das Produkt dem Stand der Technik entsprach und die Bauordnung erfüllte – was im Rahmen des Bauverfahrens kontrolliert wurde.

Mit Einführung der Baustoffliste ÖA soll Chancengleichheit mit anderen Mitgliedsstaaten hergestellt und gleichzeitig eine Vereinheitlichung des Begriffes „Stand der Technik“ in den Bundesländern durch die einheitliche Verbindlichkeit von ÖNORMEN und anderen technischen Regelwerken herbeigeführt werden« (ZIPFEL, 2002).

»Gleichzeitig mit Einführung des österreichischen ÖA-Zeichens wird man sich jedoch über die Handhabung der CE-gekennzeichneten Bauprodukte Gedanken machen müssen. Die Vorarbeiten hierzu erfolgen derzeit im Österreichischen Institut für Bautechnik, wo bereits an der ebenfalls in der Vereinbarung über die Regelung der Verwendbarkeit von Bauprodukten vorgesehenen Baustoffliste ÖE gearbeitet wird, in der die Anforderungen für die Verwendung von CE-gekennzeichneten Bauprodukten definiert werden sollen. Dies ist erforderlich, da die CE-gekennzeichneten Bauprodukte zwar im gesamten europäischen Wirtschaftsraum ungehindert in Verkehr gebracht werden können, deren Verwendungsmöglichkeiten aber weiterhin von den baurechtlichen Vorschriften der Mitgliedsstaaten abhängen werden« (MIKULITS, 2002).

Europäische Normen für Produkte

Bauregelliste B:
»dient der Bekanntmachung "europäischer Bauprodukte", d. h. von Bauprodukten, die nach Vorschriften der EU-Mitgliedsstaaten auf der Basis harmonisierter europäischer technischer Spezifikationen - das sind hEN-Normen oder Europäische Technische Zulassungen - innerhalb Europas in Verkehr gebracht und über Ländergrenzen hinaus gehandelt werden und als äußeres Zeichen ihrer Brauchbarkeit die europäisch vereinbarte CE-Kennzeichnung tragen« (IBR-Online, 2005).

4.1.2 Europäische Normen

»In den europäischen Normen werden, da es sich um reine Produktnormen handelt, nur noch die Prüfverfahren und Mindestanforderungen geregelt« (TRINKERT, 2003). Die technischen Anforderungen können im Einzelfall von den bisherigen Standards wesentlich abweichen, denn die europäische Kommision hat zwar (zumindest im Bereich der Abdichtungen) auf ein hohes technisches Niveau gedrängt, ist aber an den Interessen von nationalen Verbänden bzw. Organisationen und/oder dominierenden Anbietern gescheitert. Daher erfolgte die Harmonisierung in einigen Fällen auch auf einem sehr niedrigen technischen Niveau.

4.1.2.1 Bitumenbahnen

Im Januar 2005 ist die DIN EN 13 707 »Abdichtungsbahnen - Bitumenbahnen mit Trägereinlage für Dachabdichtungen - Definition und Eigenschaften« erschienen. Sie ersetzt eine Vielzahl nationaler Werkstoffnormen (z.B.: DIN 52 128 bis DIN 52 133). Eine Veröffentlichung erfolgte im Amtsblatt der EU am 08.06.05 (2005/C - 139/03). Eine CE-Kennzeichnung der Produkte kann jedoch erst nach der Veröffentlichung der Fundstelle dieser Norm im Bundesanzeiger und dem dort genannten Termin erfolgen. Dies ist bis zum Redaktionsschluss am 30.06. 05 noch nicht erfolgt (DIBt-Mitteilungen vom 06.06.05).

4.1.2.2 Kunststoff-/Kautschukbahnen

Die DIN EN 13 956 »Flexible Abdichtungen - Kunststoff- und Elastomerbahnen« waren ebenfalls bis zum Redaktionsschluss dieser Ausgabe am 30.06.2005 noch nicht veröffentlicht.

Obwohl vor langer Zeit beschlossen wurde, dass die zwei Normen für Bitumendichtungsbahnen und Elastomer-/ Kunststoffdichtungsbahnen zur gleichen Zeit veröffentlich werden sollten, scheint sich die Veröffentlichung der DIN EN 13 956 noch weiter zu verzögern. Schuld an dieser Verzögerung sind die Unstimmigkeiten innerhalb der CEN TC 254 bzw. der nationalen Normengremien, die nunmehr seit mehreren Jahren andauern.

4.1.2.3 Flüssigabdichtungen

Mit der Europäisch Technischen Zulassung (ETA) ist es gelungen, neue Wege hinsichtlich anforderungsgerechter Systemlösungen aufzuzeigen. Seit Anfang 2001 verfügen flüssig aufzubringende Dachabdichtungen (LARWK) über eine Leitlinie (ETAG 005) für die Europäisch Technische Zulassung der EOTA (European Organisation for Technical Approvals), die die Zulassung und den Nachweis europaweit regelt. (KRINGS, 2003).

Im Gegensatz zur Definition von Produkten über Stoffkennzahlen, wie z.B.: Werkstoffnormen (DIN EN 13 707, DIN EN 13 956) werden in der ETAG 005 Leistungsstufen festgelegt, d.h. Grundlagen für die technische Beurteilung der Brauchbarkeit eines Produktes für seinen vorgesehenen Verwendungszweck definiert.

»Wichtig dabei ist, dass jeder Hersteller sein Produkt entsprechend der Leistungsfähigkeit einstufen und prüfen lassen kann. Ebenso kann jeder Nutzer festlegen, was er benötigt. Dadurch können länderspezifische, regionale oder den Bauwerksanforderungen entsprechende Leistungsmerkmale übergreifend angewandt werden« (KRINGS, 2003).

Die Ansätze der ETAG-005 sind als vorbildlich zu bezeichnen obwohl sie nicht alle Anforderungen die an eine Dachabdichtung gestellt werden können berücksichtigen. Aus diesem Grund wurde unter Zugrundelegung der Prüfverfahren nach EOTA - Technical Reports (TR-003 bis TR-014) die Prüfungen nach praxisorientierten Anforderungen ergänzt und in einem Anforderungsprofil für Flüssigabdichtungen (AfP-Fa, ddDach, 2005) zusammengefasst - siehe Seite 98.

Zum Verständnis

»Europäische Normen für Abdichtungen sind keine »Normen«in unserem bisherigen Verständnis. Sie geben keine einzuhaltenden Werte vor, stellen keine Mindestanforderungen an Qualität oder einzuhaltende Toleranzen, etc.
Europäische Normen sind vielmehr nur eine »Vorschrift zur Beschreibung bestimmter Baustoffe« - Beschreibungsrahmen« (SCHMOLDT, 2003).

Aufkleber für die Wareneingangskontrolle

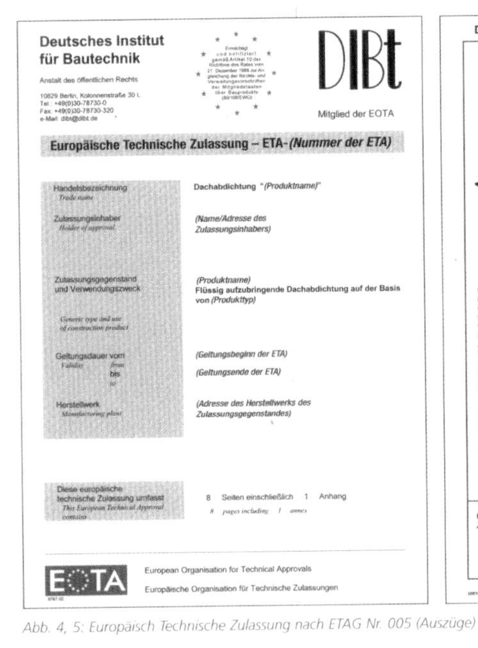

Deutsches Institut für Bautechnik

Anstalt des öffentlichen Rechts

10829 Berlin, Kolonnenstraße 30 L
Tel.: +49(0)30-78730-0
Fax: +49(0)30-78730-320
e-Mail: dibt@dibt.de

DIBt

Mitglied der EOTA

Europäische Technische Zulassung – ETA-*(Nummer der ETA)*

Handelsbezeichnung *Trade name*	**Dachabdichtung "*(Produktname)*"**
Zulassungsinhaber *Holder of approval*	*(Name/Adresse des Zulassungsinhabers)*
Zulassungsgegenstand und Verwendungszweck *Generic type and use of construction product*	*(Produktname)* **Flüssig aufzubringende Dachabdichtung auf der Basis von *(Produkttyp)***
Geltungsdauer vom *Validity from*	*(Geltungsbeginn der ETA)*
bis *to*	*(Geltungsende der ETA)*
Herstellwerk *Manufacturing plant*	*(Adresse des Herstellwerks des Zulassungsgegenstandes)*
Diese europäische technische Zulassung umfasst *This European Technical Approval contains*	8 Seiten einschließlich 1 Anhang *8 pages including 1 annex*

EOTA – European Organisation for Technical Approvals
Europäische Organisation für Technische Zulassungen

DEUTSCHES INSTITUT FÜR BAUTECHNIK

Systemaufbau der Dachabdichtung *(Produktname)*

Komponenten:
1 Grundierung (wo erforderlich)
2 Flüssigkunststoff
3 Polyestervlieseinlage

für die Dachabdichtung "*(Produktname)*" gilt:
Mindestschichtdicke
Wasserdampfdiffusionswiderstandszahl μ — *(festgestellte Kenndaten des Dachabdichtungssystems)*
Widerstand gegenüber Windlasten
Widerstand gegen Flugfeuer u. strahlende Wärme
Brandverhalten — EN 13501-1
Aussage zu gefährlichen Stoffen
Rutschhemmung

Stufen der Nutzungskategorien nach ETAG Nr. 005 im Hinblick auf:

Nutzungsdauer:	W3
Klimazonen:	M und S
Nutzlasten:	P1 bis P4 (zusammendrückbare Unterlage, z.B. PUR-Schaumplatte und nicht zusammendrückbare Unterlage, z.B. Stahl/Beton)
Dachneigung:	S1 bis S4
niedrigster Oberflächentemperatur:	TL4
höchster Oberflächentemperatur:	TH4

[1] Eine Klassifizierung der Leistung der Dachabdichtung bei einem Brand von außen kann z.Z. nicht erfolgen, da es eine gültige EN nicht gibt. Die vorliegenden Nachweise würden jedoch zu der Einstufung in die Klassen B_{ROOF} (t1), B_{ROOF} (t2) und B_{ROOF} (t3) gemäß prEN 13501-5 und der Entscheidung der Kommission 2001/671/EG führen.

(Adresse des Zulassungsinhabers)	**Dachabdichtung** *(Produktname)*	**Anhang 1** *zur europäischen technischen*

CE

(Name/Adresse oder Kennung des Bausatz-Herstellers) — *(letzten beiden Ziffern des Anbringungsjahres der Kennzeichnung)*

ETA – *(Nummer der ETA)*

Dachabdichtung *(Produktname)*

Nutzungskategorien:	
Widerstand gegen Flugfeuer u. strahlende Wärme:	NPD[1]
Brandverhalten:	NPD[2]
Nutzungsdauer:	W3
Klimazonen:	M und S
Nutzlasten:	P1 bis P4
Dachneigung:	S1 bis S4
Niedrigste Oberflächentemperatur:	TL4
Höchste Oberflächentemperatur:	TH4
Aussage zu gefährlichen Stoffen:	keine enthalten

[1] eine Klassifizierung der Leistung der Dachabdichtung bei einem Brand von außen kann z.Z. nicht erfolgen, da es eine gültige EN nicht gibt. Die vorliegenden Nachweise würden jedoch zu der Einstufung in die Klassen B_{ROOF} (t1), B_{ROOF} (t2) und B_{ROOF} (t3) gemäß prEN 13501-5 und der Entscheidung der Kommission 2001/671/EG führen.
[2] das Brandverhalten wurde gemäß Klassifizierung EN 13501-1 geprüft. Die Klassifizierung erfolgt nach Klasse E.

Abb. 4, 5: Europäisch Technische Zulassung nach ETAG Nr. 005 (Auszüge)

Abb. 6: CE-Kennzeichnung einer flüssig aufzubringenden Dachabdichtung nach ETAG Nr. 005

Darstellung 52 (links):

Auszug aus dem Sachstandsbericht Abdichtungen mit Flüssigkunststoffen nach ETAG 005 :

»Nach erfolgreichem Abschluss der vorgeschriebenen Prüfungen auf Grundlage der ETAG Nr. 005 wird eine »Europäische Technische Zulassung« (ETA) von einer nationalen Zulassungsstelle (z.B. vom Deutschen Institut für Bautechnik (DIBt)) erteilt. In der ETA sind produktbezogene Angaben wie der Aufbau des Dachabdichtungssystems, festgestellte Kennwerte und die erzielten Stufen der Nutzungskategorien enthalten.

Unter Einhaltung der Vorgaben des festgelegten Konformitätsnachweisverfahrens und nach der Konformitätserklärung durch den Hersteller werden die Produkte (Gebinde, Verpackungen) dann mit dem CE-Zeichen gekennzeichnet, das ebenfalls die geprüften Klassen und Leistungsstufen ausweist

Quelle: DEUTSCHE BAUCHEMIE e.V. (1. Ausgabe, Juni 2005)

Abbildung 47 (unten):

Materialversagen nach 7 Jahren aufgrund finanziell bedingter Forderung nach Dickenreduzierung von 2,0 auf 1,2 mm mit der Begründung der Wettbewerbsfähigkeit - trotz interner Warnungen der Anwendungstechnik des Herstellers

Kennzeichnung und Datenblattangaben

4.1.3 Kennzeichnung

In naher Zukunft werden Produkte für die Abdichtung von Dächern nur noch mit CE-Kennzeichnung gehandelt. Produkte mit der »nationalen« Ü-Kennzeichnung (nach Bauregelliste A - siehe Darstellung 50) dürfen dann nach einer Übergangsfrist nicht mehr in den Handel gebracht werden.

»Wer jedoch glaubt, er könne zukünftig einfach Ü-gekennzeichnete durch CE-gekennzeichnete Produkte ersetzen, unterliegt einem Irrtum. Die von der EN erarbeiteten Normen gehen zum Teil darüber hinaus, was die EU-Kommision für die Harmonisierung als erforderlich ansieht. Zudem fehlen in den Normen mitunter Teile, die für eine Harmonisierung unerlässlich sind. Daher legt die Kommission in Anhängen zur Norm fest, welche technischen Anforderungen verbindlich und welche zusätzlichen Anforderungen zu berücksichtigen sind. Die Abweichungen können bisweilen sehr erheblich sein, so dass eine reine Kenntnis der Norm nicht ausreicht. Um zu wissen, was der Hersteller im Hinblick auf die technischen Eigenschaften und Leistungen seines Produktes verbindlich erklärt, ist die Kenntnis der Norm - und der Anhänge erforderlich« (HALSTENBERG, 2004).

4.1.3.1 Das CE-Zeichen

Das CE-Zeichen ist kein Qualitätszeichen oder der Nachweis einer Zertifizierung. Mit dem CE-Zeichen wird nur verdeutlicht, dass vom Hersteller für das Produkt die harmonisierten europäischen Normen eingehalten wurden und es innerhalb des europäischen Binnenmarktes gehandelt werden darf.

Für die CE-Kennzeichnung ist ausschließlich der Hersteller selbst verantwortlich. Eine regelmäßige Überwachung von einer neutralen außenstehenden Prüfinstitution wird nicht verlangt.

4.1.3.1.1 Die Null-Klasse (NPD)

(no performance determined (NPD) - keine Eigenschaft ermittelt)

»Eine ganz bizarre Besonderheit der Normen ist ferner die Erlaubnis an die Hersteller der nach diesen Normen zu beschreibenden Produkte, bestimmte Stoffeigenschaften überhaupt nicht mehr anzugeben. Die dahinter stehende Idee war es, die mit dem CE-Zeichen zu versehenden Baustoffe vor unnötigem Prüfungs- und Nachweisaufwand, der sie nur verteuern würde, zu bewahren. Es gilt daher die Regel: sobald auch nur ein Mitgliedsstaat der Union verlangt, dass diese Norm für irgendeine Eigenschaft irgendeines Baustoffes die Herstellererklärung ermöglichen soll »keine Eigenschaft ermittelt«, muss dies geschehen.

Beim Brandverhalten hat dies zum Beispiel zur Einführung der Brandklasse F geführt: »kein Brandverhalten ermittelt«, demnach kann Schießpulver ein CE-gekennzeichneter Schüttdämmstoff werden - mit **Brandklasse F**« (SCHMOLD, 2003).

4.1.3.2 Angaben, Produktdatenblatt

Das Beispiel eines Produktdatenblattes ist nebenstehend dargestellt - siehe Darstellung 52.

Auf jeder Rolle müssen angegeben werden:

a) Produktionsdatum oder Identifikationsnummer,
b) Handelsname des Produktes,
c) Länge und Breite,
d) Dicke oder Masse,
e) Beschilderung entspr. nationalen Regelungen bezogen auf Gefahrenstoffe, ...

in einem Produktdatenblatt sind ergänzend aufzulisten:

a) Handelsname und Herstellername,
b) Herstelleranschrift oder nachweisbarer Code,
c) Verfahren der Verarbeitung,
d) Prüfergebnisse nach dem beabsichtigten Verwendungssystem, falls zutreffend,
e) Zertifizierungszeichen, falls zutreffend,
f) Kundeninformationen, z.B.: Beschränkung für den Gebrauch und die Lagerung, Sicherheitshinweise bezüglich Einbau und Entsorgung,
g) Beschreibung des Produktes (z.B.: Art und Anzahl der Träger, Art der Beschichtung, flächenbezogene Masse oder Dicke, Art der Oberflächenbeschaffenheit). (DIN 13 707).

CE-Zeichen

Produkte ohne CE-Zeichen dürfen bei Abdichtungen in Zukunft nicht mehr verwendet werden.

Das CE-Zeichen besagt jedoch nur, dass dieses Produkt als »brauchbar« im Sinne des Bauproduktegesetzes gilt. Das heißt nicht, dass das nach dem Werkvertrag übernommene Leistungsziel, etwa eine Nutzungsdauer der Abdichtung von mindestens 30 Jahren, mit diesem Produkt im konkreten Fall erreicht werden kann.

Prüfnormen für Bitumen- und Kunststoffbahnen

Normative Verweisungen in DIN EN 13 707
Bitumenbahnen mit Trägereinlage

EN 1107-1	Bestimmung der Maßhaltigkeit
EN 1108	Bestimmung der Formstabilität bei zyklischer Temperaturänderung
EN 1109	Bestimmung des Kaltbiegeverhaltens
EN 1110	Bestimmung der Wärmestandsfestigkeit
EN 1296	Verfahren zur künstlichen Alterung bei Dauerbeanspruchung durch erhöhte Temperatur
prEN 1297	Verfahren zur künstlichen Alterung bei kombinierter Dauerbeanspruchung durch UV-Strahlung, Temperatur und Wasser
EN 1848-1	Bestimmung der Länge, Breite, Geradheit
EN 1849-1	Bestimmung der Dicke und flächenbezogenen Masse
EN 1850-1	Bestimmung sichtbarer Mängel
EN 1928:2000	Bestimmung der Wasserdichtheit
EN 1931	Bestimmung der Wasserdampfdurchläss.
EN 12039	Bestimmung der Bestreuungshaftung
EN 12310-1	Bestimmung des Widerstands gegen Weiterreißen (Nagelschaft)
EN 12311-1	Bestimmung des Zug-Dehnungsverhalt.
EN 12316-1	Bestimmung des Schälwiderstandes der Fügenähte
EN 12 317-1	Bestimmung des Scherwiderstandes der Fügenähte
EN 12 691	Bestimmung des Widerstandes gegen stoßartige Belastung
EN 12730	Bestimmung des Widerstandes gegen statische Belastung
EN 13 416	Regeln für Probeentnahme
EN 13 501-1	Klassifizierung zum Brandverhalten
EN 13 897	Bestimmung der Wasserdichtheit nach Dehnung bei niedriger Temperatur
EN 13 948	Widerstand gegen Durchwurzelung
EN ISO 11 925-2	Brandverhalten von Baustoffen

Bezug auf Prüfnormen / Kurzbezeichnung. Stand: 30.06.05.
(Gemeinsame Prüfnormen sind fett gedruckt).

Normative Verweisungen in DIN EN 13 956
Kunststoff-, Elastomerbahnen

EN 495-5	Bestimmung des Verhaltens beim Falzen in der Kälte
EN 1107-2	Bestimmung der Maßhaltigkeit
EN 1187	Prüfverfahren zur Beanspruchung von Bedachungen durch Feuer von Außen
EN 1296	Verfahren zur künstlichen Alterung bei Dauerbeanspruchung durch erhöhte Temperatur
prEN 1297	Verfahren zur künstlichen Alterung bei kombinierter Dauerbeanspruchung durch UV-Strahlung, Temperatur und Wasser
EN 1548	Bitumenverträglichkeitsprüfung
EN 1844	Verhalten bei Ozonbeanspruchung
EN 1847	Bestimmung der Einwirkung von Flüssigchemikalien einschließlich Wasser
EN 1848-2	Bestimmung der Länge, Breite, Geradheit
EN 1849-2	Bestimmung der Dicke und flächenbezogenen Masse
EN 1850-2	Bestimmung sichtbarer Mängel
EN 1928	Bestimmung der Wasserdichtheit
EN 1931	Bestimmung der Wasserdampfdurchläss.
EN-ISO 11925-2	Prüfung zum Brandverhalten von Baupro.
EN 12310-2	Bestimmung des Widerstands gegen Weiterreißen (Nagelschaft)
EN 12311-2	Bestimmung des Zug-Dehnungsverhalt.
EN 12316-2	Bestimmung des Schälwiderstandes der Fügenähte
EN 12 317-2	Bestimmung des Scherwiderstandes der Fügenähte
EN 12 691	Bestimmung des Widerstandes gegen stoßartige Belastung
EN 12 730	Bestimmung des Widerstandes gegen statische Belastung
EN 13 501-1	Klassifizierung zum Brandverhalten
EN 13 583	Bestimmung des Widerstandes gegen Hagelschlag
EN 13 948	Widerstand gegen Durchwurzelung
DIN EN 13 956	Bitumenverträglichkeitsbewertung

Prüfungen Ergebnisse für:	Prüfinstitut in Deutschland	Prüfinstitut in Belgien	Internetseite des Herstellers (ital.)	Internetseite des Herstellers (engl.)
Polyolefin-Dach- und Dichtungsbahn mit Verstärkung aus Polyestergewebe, 1,5 mm				
Flächengewicht:	1,55 kg/m²	1,40 kg/m²	1,50 kg/m²	1,35 kg/m²
Dichte:	1,033 kg/l	0,933 kg/l	1,000 kg/l	0,900 kg/l
Zugkraft (l):	847,5 N/50 mm	1.200 N/50 mm	700 N/50 mm	600 N/50 mm
Zugkraft (q):	780 N/50 mm	1.200 N/50 mm	-	-
Bruchdehnung (l):	725 % (*)	> 25 % (**)	> 600 %	> 500 %
Bruchdehnung (q):	765 % (*)	> 25 % (**)	-	-

(*) Prüfwerte, wie sie von Bahnen mit “Verstärkung aus Polyestergewebe” nicht erreicht werden, sondern nur von unarmierten Bahnen, oder solchen mit leichter Glasvlieseinlage.
(**) Prüfwerte entsprechen den normalen Dehnwerten von Bahnen mit PET-Einlage.

Tabelle 14:

Beispiel aus der Vergangenheit für das Verhalten eines Herstellers.
Für ein Produkt existieren 2 verschiedene Prüfzeugnisse und 2 verschiedene Datenblätter = 4 verschiedene Angaben über Werkstoffdaten? Von einem Vertrauensprinzip kann man hier wohl nicht mehr ausgehen

Vertrauen ist gut, Kontrolle besser

4.1.3.3 Prüfnormen

Wer nun wissen möchte auf welchen Prüfungen die vom Hersteller angegebenen Werte basieren, der muss sich mit den in den »Normativen Verweisungen« aufgeführten Prüfnormen beschäftigen - siehe nebenstehende Auflistungen.

Der Bezug erfolgt wiederum auf harmonisierte europäische Prüfnormen, die nicht unbedingt mit den bisherigen nationalen Prüfnormen übereinstimmen müssen. Wer also auf bestimmte Prüfungen Wert legt, der muss zwangsweise die alten mit den neuen Prüfverfahren vergleichen und sollte sich nicht auf Aussagen von Vertretern der Hersteller/Lieferanten verlassen.

Dies wird besonders wichtig wenn Bauherrn, Architekten, Ingenieure oder Unternehmer spezielle Leistungen vom geplanten bzw. vorgesehenen Produkt erwarten.

4.1.3.4 Marktüberwachung

»Von der Möglichkeit einer Fremdüberwachung vor Markteinführung eines Bauproduktes hat die EU-Kommision nur sehr zögerlich Gebrauch gemacht. Statt umfassender vorbeugender Kontrolle vertraut sie in hohem Maß auf Konformitätsnachweissysteme, die lediglich eine Erstprüfung oder gar nur eine werkseitige Produktionskontrolle vorsehen. Allerdings belässt sie es nicht voll beim Vertrauensprinzip, sie möchte die Bauprodukte vielmehr unter dem Gesichtspunkt des Verbraucherschutzes einer effektiven Marktüberwachung unterwerfen.

Es bleibt zu hoffen, dass das Vertrauensprinzip, das die EU zugrundelegt, die Erwartungen rechtfertigt, und dass es nur in sehr wenigen Fällen zu Marktaufsichtsmaßnahmen kommen muss« (F.-EBERT-STIFTUNG, 2003).

4.1.3.5 Vertrauensprinzip

»Die Idee, dass man einer Marktpartei vertrauen könne oder gar müsse, zieht sich durch die ganze Baustoffnormungsphilosophie der Kommissionsdienste. Ein dort maßgeblicher Theoretiker, der CEN Consultant Dr. Pinney, hat mehrfach schriftlich von sich gegeben, dass wir davon ausgehen müssten, dass alle Marktparteien »kompetent und ehrenhaft« seien (competent and honest). Das muss man sich einmal auf der Zunge zergehen lassen.

Marktparteien wollen Geld verdienen. Und alle Möglichkeiten, die die Marktregulierungsinstrumente - wie z.B. Normen - zur Optimierung des Gewinns eröffnen, werden auch genutzt. Sonst wäre es kein Markt.

Wenn ein Hersteller aufgefordert wird, eine Erklärung abzugeben, die für 90% seiner Produktion zutrifft, für 10% aber nicht zutreffen braucht; und wenn diese Erklärung selbst nur eine Sicherheit von 90% aufweisen muss, d.h. wenn er in 10% der Fälle 10% Ausschuss liefern darf dann wird er genau dies - und kein bisschen mehr - auch tun« (SCHMOLD, 2003).

4.1.3.6 Stufen und Klassen

»Der Ministerrat der EU hat das Instrument der Stufen und Klassen in die Bauprodukten-Richtlinie eingeführt, weil auch im Rahmen der Produktnormen gilt, dass die Schutzniveaus von Mitgliedsstaat zu Mitgliedsstaat wegen der unterschiedlichen geographischen, klimatischen und lebensgewohnheitlichen Bedingungen variieren. Die Schutzniveaus sollten allerdings bei den Produktnormen im Interesse europäischer Harmonisierung ebenfalls nur differieren, wenn dies zwingend geboten ist« (F.-EBERT-STIFTUNG, 2003).

In der DIN EN 13 707 findet man im informativen Anhang ZA, Tabelle ZA.1 - Eigenschaften, die Mandat M/102 nach der BpR entsprechen, folgenden Hinweis für die Spalte Stufen/Klassen: bedeutet, dass keine Klassen oder Stufen im Mandat angegeben sind.

Zur Erläuterung:«Die Anforderung an eine bestimmte Eigenschaft gilt nicht in denjenigen Mitgliedsstaaten, in denen es keine gesetzliche Bestimmung für diese Eigenschaften für den vorgesehenen Verwendungszweck des Produktes gibt. In diesem Fall sind Hersteller, die ihre Produkte auf dem Markt diese Mitgliedstaates einführen wollen, nicht verpflichtet, die Leistung ihrer Produkte in Bezug auf diese Eigenschaft zu bestimmen oder anzugeben und es darf die Option »keine Leistung festgestellt (KLF)« in den Angaben zur CE-Kennzeichnung verwendet werden« (DIN EN 13 707).

Harmonisierte Normung in Europa

In der Vergangenheit wurde bei jeder Umstellung einer Baunorm allen Baubeteiligten ein Umgewöhnungsprozess und viel Lernbereitschaft abverlangt. Dies gilt nun besonders für die harmonisierte Normung in Europa.
»Um zu wissen, was der Hersteller im Hinblick auf die technischen Eigenschaften und Leistungen seines Produktes verbindlich erklärt, ist die Kenntnis der Norm und auch deren Anhänge erforderlich« (HALSTENBERG, 2004).

Richtlinie 2004/18/EG des europäischen Parlaments und des Rates vom 31. März 2004
über die Koordinierung der Verfahren zur Vergabe öffentlicher Bauaufträge, Lieferaufträge und Dienstleistungsaufträge (veröffentlicht im Amtsblatt der Europäischen Union am 30.4.2004) Auszug:

ANHANG VI

Definition bestimmter technischer Spezifikationen

Im Sinne dieser Richtlinie bezeichnet der Ausdruck:

1. a) "technische Spezifikationen" bei öffentlichen Bauauftragen sämtliche, insbesondere die in den Verdingungsunterlagen enthaltenen technischen Anforderungen an eine Bauleistung, ein Material, ein Erzeugnis oder eine Lieferung, mit deren Hilfe die Bauleistung, das Material, das Erzeugnis oder die Lieferung so bezeichnet werden können, dass sie ihren durch den Auftraggeber festgelegten Verwendungszweck erfüllen.

Zu diesen technischen Anforderungen gehören Umweltleistungsstufen, die Konzeption für alle Verwendungsarten ("Design for all") (einschließlich des Zugangs von Behinderten) sowie Konformitätsbewertung, die Gebrauchstauglichkeit, Sicherheit oder Abmessungen, einschließlich Konformitätsbewertungsverfahren, Terminologie, Symbole, Versuchs- und Prüfmethoden, Verpackung, Kennzeichnung und Beschriftung sowie Produktionsprozesse und -methoden. Ausserdem gehören dazu auch die Vorschriften für die Planung und die Berechnung von Bauwerken, die Bedingungen für die Prüfung, Inspektion und Abnahme von Bauwerken, die Konstruktionsmethoden oder -verfahren und alle anderen technischen Anforderungen, die der Auftraggeber für fertige Bauwerke oder dazu notwendige Materialien oder Teile durch allgemeine und spezielle Vorschriften anzugeben in der Lage ist;

1. b) "technische Spezifikationen" bei öffentlichen Liefer- und Dienstleistungsaufträgen Spezifikationen, die in einem Schriftstück enthalten sind, das Merkmale für ein Erzeugnis oder eine Dienstleistung vorschreibt, wie Qualitätsstufen, Umweltleistungsstufen, die Konzeption für alle Verwendungsarten ("Design for all") (einschlieslich des Zugangs von Behinderten) sowie Konformitätsbewertung, Vorgaben für Gebrauchstauglichkeit, Verwendung, Sicherheit oder Abmessungen des Erzeugnisses, einschließlich der Vorschriften über Verkaufsbezeichnung, Terminologie, Symbole, Prüfungen und Prüfverfahren, Verpackung, Kennzeichnung und Beschriftung, Gebrauchsanleitung, Produktionsprozesse und -methoden sowie über Konformitätsbewertungsverfahren;

2. "Norm" eine technische Spezifikation, die von einem anerkannten Normungsgremium zur wiederholten oder ständigen Anwendung angenommen wurde, deren Einhaltung jedoch nicht zwingend vorgeschrieben ist und die unter eine der nachstehenden Kategorien fällt:

- internationale Norm: Norm, die von einem internationalen Normungsgremium angenommen wird und der Öffentlichkeit zugänglich ist;

- europäische Norm: Norm, die von einem europäischen Normungsgremium angenommen wird und der Öffentlichkeit zugänglich ist (hEN);

- nationale Norm: Norm, die von einem nationalen Normungsgremium angenommen wird und der Öffentlichkeit zugänglich ist (EN);

3. „europäische technische Zulassung" eine positive technische Beurteilung der Brauchbarkeit eines Produkts hinsichtlich der Erfüllung der wesentlichen Anforderung an bauliche Anlagen; sie erfolgt aufgrund der spezifischen Merkmale des Produkts und der festgelegten Anwendungs- und Verwendungsbedingungen. Die europäische technische Zulassung wird von einem zu diesem Zweck vom Mitgliedstaat zugelassenen Gremium ausgestellt;

4. "gemeinsame technische Spezifikationen" technische Spezifikationen, die nach einem von den Mitgliedstaaten anerkannten Verfahren erarbeitet und im Amtsblatt der Europäischen Union veröffentlicht wurden;

5. "technische Bezugsgröße" jeden Bezugsrahmen, der keine offizielle Norm ist und von den europäischen Normungsgremien nach den an die Bedürfnisse des Marktes angepassten Verfahren erarbeitet wurde.

Technische Spezifikationen einer Abdichtung
(als vertragliche Einzelvereinbarung)

Nachfolgend aufgeführte Anforderungsprofile (AfP) sind hersteller-, produkt- und werkstoffneutrale Eigenschaftsanforderungen für Abdichtungen, also technische Materialspezifikationen im Sinne dieser Richtlinie. Es werden nicht nur die technischen Eigenschaften eindeutig und unmissverständlich beschrieben, sondern auch gleichzeitig der vom Auftraggeber festgelegte Verwendungszweck und die Nutzungsdauer.
Durch die Verwendung von solchen Anforderungsprofilen wird die Materialauswahl transparent, denn mit den in der Leistungsbeschreibung definierten Mindestanforderungen ist eine Überprüfung und Wertung einfach und sicher möglich. Außerdem wird die Technische Materialspezifikation im Einzelfall Vertragsbestandteil.

»Eine Gleichwertigkeit von Nebenangeboten oder Änderungsvorschlägen kann nur dann erfolgen, wenn die in der Leistungsbeschreibung festgeschriebenen Mindestanforderungen verglichen werden können« (Urteil OLG Stuttgart, 15.09.2003, veröffentlicht in Vergabe-News, Ausgabe 84, 2003).

Neuer Lernprozess: Qualität definieren

4.1.4 Produktauswahl

Die europäische Normen, wie z.B. die DIN EN 13 956 oder DIN EN 13 707 (für Kunststoff- und Elastomerbahnen, sowie Polymerbitumenbahnen) sind keine »Normen« nach unserem bisherigen Verständnis, denn sie geben keine einzuhaltenden Werte vor oder stellen keine Mindestanforderungen an Qualität. Europäische Normen sind vielmehr nur eine Rahmenvorgabe mit einer »Vorschrift zur Beschreibung bestimmter Baustoffe« (SCHMOLDT, 2003).

Vieles was bisher durch z.B. Mindestanforderungen in den Normen, Gütezeichen, Qualitätsanforderungen, als abgesichert galt, gilt zukünftig nicht mehr unbedingt. Die Reduzierung von Anforderungen wird Folgen haben. Probleme können sich beispielsweise aus einer verkürzte Lebensdauer und daraus resultierendem erhöhtem Abschreibungsbedarf ergeben.

Deshalb ist es in Zukunft unabdingbar und dringend erforderlich die Produktqualität zu definieren. Innerhalb der Rahmenvorgabe der EN-Normen ist es möglich für z.B. an eine Abdichtung **höchste Qualitätsansprüche** zu stellen - um diese jedoch definieren zu können ist die detaillierte Kenntnis der einzelnen Prüfnormen unerlässlich um das Material, die Abdichtung in Form einer Technischen Spezifikation (**TS**) beschreiben zu können.

Die nationalen Ausführungsregeln bleiben zumindest vorerst noch gültig. Sie bieten daher auch noch Raum für ergänzende nationale Bemerkungen und Anforderungen.

4.2 Qualitätsdefinition

Für den Nutzer ist ein wesentlicher und zentraler Anhaltspunkt für die Produktauswahl eine Angabe der zu erwartenden Nutzungsdauer. Eine solche kann aus den Werkstoffnormen bzw. europäischen Prüfnormen nicht abgeleitet werden. Anders verhält es sich bei der Europäischen Technischen Zulassung für Flüssigabdichtungen, denn diese schreibt Folgendes vor:

4.2.1 Anforderungen an Flüssigabdichtungen

Jede Flüssigabdichtung ist wie folgt zu klassifizieren:

1. nach der Flugfeuerbeständigkeit und nach dem Brandverhalten,

Jede Flüssigabdichtung ist wie folgt in Kategorien einzustufen:

2. nach der zu **erwarteten Nutzungsdauer**,
3. nach der Klimazone des Verwendungsortes,
4. nach der Nutzlast,
5. nach der Dachneigung,
6. nach der niedrigsten Oberflächentemperatur,
7. nach der höchsten Oberflächentemperatur.

Für jede Flüssigabdichtung muss:

8. ein erklärter Wert hinsichtlich der Wasserdampfdurchlässigkeit und
9. eine Erklärung hinsichtlich des Vorhandenseins von Schadstoffen vorliegen.

»Die Angaben über die zu erwartente Nutzungsdauer (W2=10 Jahre, W3=25 Jahre) können nicht als Garantie des Herstellers (oder der Zulassungsstelle) ausgelegt werden. Sie sind lediglich ein Hilfsmittel für die Auswahl der geeigneten Produkte angesichts der erwarteten wirtschaftlich angemessenen Nutzungsdauer des Bauwerks zu betrachten« (KRINGS, 2003).

4.2.1.1 Nationale Anforderungen

Die vom Bundesministerium für Justiz über den Bundesanzeiger am 02. August 2001 bekannt gemachte Leitlinie für Flüssigabdichtungen (ETAG 005) beinhaltet die Teile 1-8:

1. Allgemeine Bestimmungen

   Besondere Bestimmungen für:

2. Polymermodifizierte Bitumenemulsionen und -lösungen
3. Elastifizierte ungesättigte Polyesterharze mit Glasgewebeeinlage
4. Flexible ungesättigte Polyesterharze
5. Heiß zu verarbeitendem polymermodifiziertem Bitumen
6. Polyurethan
7. Bitumenemulsionen und -lösungen
8. Wässrige Polymerdispersionen

Nutzungsdauer

"Die Definition der Nutzungsdauer ist ein wesentliches Bauvertragskriterium, das unbedingt in den einzelnen Bauverträgen explizit aufgeführt sein muss. Hiermit dokumentiert der Besteller die Anforderungen, die er an sein Bauwerk stellt. Eine Zeit von über 25 Jahren ist mit den heutigen Produkten machbar und möglich" (ddDach, 2004).

Anforderungsprofil (AfP-Fa) für Flüssigabdichtungen

Nr.	**Leistungsrelevante Eigenschaften** **(Technische Spezifikation der Flüssigabdichtung)**	**geforderter Mindestwert, Einstufung**	Erläuterungen zu den Kurzbezeichnungen nach ETAG
	Einlage: Kunststofffaservlies mit Flächengewicht von:	**≥ 150 g/m²**	
I.	**Bestimmung der Rissüberbrückungsfähigkeit** nach **TR-013** Prüftemperatur: - 30°C	**TL 4**	Extr. Tieftemperatur - 30°C
II.	**Bestimmung des Widerstandes** **gegenüber dynamischem Eindruck** nach **TR-006** Prüfbedingungen: 10/ 6 mm Prüfstempel; 5,9 Joule **gegenüber statischem Eindruck** nach **TR-007** Prüfbedingungen: Belastung: 200/250 N; 10 mm	**I_3 - I_4** **L_3 - L_4**	Mindestwiderstandsstufen: I = dynamische Eindrückung, L = statische Eindrückung
III.	**Widerstand gegen Hagelschlag** nach **EN 13 583** Anforderungen: Schädigungsgeschwindigkeit - harte/weiche Unterlage	**≥ 25 m/s**	
IV.	**Bestimmung der Widerstandsfähigkeit gegen Ausdrücken und Abbrennen von Zigaretten** nach **EN 1399** Anforderung:	**dicht**	
V.	**Widerstand gegenüber Windlasten** nach **TR-004** Prüfbedingungen: Temperatur: 23°C, 10 mm/min	**≥ 50 kPa**	
VI.	**Bestimmung des Ermüdungswiderstandes** nach **TR-008** Prüfbedingungen: Temperatur: 23°C, Zyklen: 1000	**W 3**	W 3 = Nutzungsdauer 25 J.,
VII.	**Verhalten nach Bestreichen mit Fett** nach **ERNST** (1991) Anforderung: Änderung Bruchdehnung zu Neumaterial	**≤ 25 %** relativ	
VIII.	**Beständigkeit gegenüber Wasseralterung** nach **TR-012** Prüftemperatur 60°C, Prüfdauer: 180 Tage	**W 3, P 4** **L_3 - L_4**	W 3 =Nutzungsdauer 25 J., P 4 = besondere Nutzlast, L_{3-4} = statische Eindrückung
IX.	**Beanspruchungsverfahren für beschleunigte Alterung in Kalkmilch** in Anlehnung an **TR-012,** (Kalkmilch nach **EN 1847**) Prüftemperatur 60°C, Prüfdauer: 180 Tage	**P 3 - P 4** **L_3 - L_4**	P 3-4 = Nutzlastkategorie, L_{3-4} = statische Eindrückung
X.	**Beanspruchungsverfahren für beschleunigte Alterung in Säurelösung** in Anlehnung an **TR-012,** (Lösung nach **EN 1847**) Prüftemperatur 60°C, Prüfdauer: 180 Tage	**P 3 - P 4** **L_3 - L_4**	P 3-4 = Nutzlastkategorie, L_{3-4} = statische Eindrückung
XI.	**Beständigkeit gegen Mikroorganismen** nach **EN-ISO 846**, Alterungsvorbehandlung vor Biotestversuch: nach EN 1847: Warmwasser 50°C, Prüfdauer 14 Tage, Erdvergrabungstest: Dauer 32 Wochen Anforderungen: Masseverlust im Vergleich zum Neumaterial	**≤ 4 %**	
XII.	**Hydrolysebeständigkeit** wie **TR- 012** Prüftemperatur 60°C, Prüfdauer: 180 Tage Anforderungen: Massenänderung im Vergleich zum Neumaterial	**≤ 3 %**	
XIII.	**Verhalten gegen Ozon** nach **EN 1844** Anforderungen bei 6-facher Vergrößerung	**keine Risse**	
XIV.	**Beständigkeit gegenüber Wärmealterung** nach **TR-011** Beanspruchung: 200 Tage, 80°C	**S, W 3** **I_3 - I_4**	Hohe Klimabeanspruchung, Nutzungsdauer 25 Jahre, I = dynamische Eindrückung
XV.	**UV-Bestrahlung in Gegenwart von Feuchtigkeit** nach **TR-010** Methode: UV Strahlung nach ISO 4892 Anforderungen: 1,0 GJ/m², 1.000 h / Prüftemperatur: - 10°C	**S, W 3** **I_3 - I_4**	Hohe Klimabeanspruchung, Nutzungsdauer 25 Jahre, I = dynamische Eindrückung
XVI.	**Fischtest -** nach **OECD** »Fish Acute Toxity Test«, Procedure 203, **EEC** directive 92/69 EEC, DIN 38 412 L 31, Prüfanordnung: ERNST(1999), Testmedium: Poecilla reticulata (Guppy), Anforderung: ≥ 24 Stunden	**Anlage: ja/nein**	
XVII.	Nachweis der **Wurzelfestigkeit** nach **FLL**-Verfahren (1999): Anforderungen: wurzel- und rhizomfest gegen Quecken	**Anlage: ja/nein**	
XVIII.	**Deklaration ökologischer Merkmale** nach SIA 493:	**Anlage: ja/nein**	

Qualitätsdefinition im Rahmen der ETAG 005

Die Flachdachrichtlinien in Deutschland verweisen bei Flüssigabdichtungen auf die Zulassung der o.g. Leitlinie und schränken die Werkstoffgruppen ein. Als Dachabdichtung sind demnach geeignet:

- flexible ungesättigte Polyesterharze (FUP)
  (nach ETAG-005 / Teil 4)
- flexible Polyurethanharze (PU)
  (nach ETAG-005 / Teil 6)
- flexible reaktive Methylmethacrylaten (PMMA)
  (nach ETAG-005 / Teil 4)

Gemäß Produktdatenblatt für Flüssigabdichtungen werden die Mindestdicken mit 1,5 mm für nicht genutzte Dachflächen und 2,0 mm für genutzte Dachflächen angegeben.

Eine Mindestdicke von $\geq$2,0 mm sollte nach Meinung des Verfassers jedoch für alle Dachflächen gefordert und dünnere Flüssigabdichtungen nur in Ausnahmefällen ausgeführt werden.

4.2.1.2 Definition der Nutzungsdauer

Die Anforderung, die die Dachabdichtung hinsichtlich ihrer Dauerhaftigkeit erfüllen muss, richtet sich nach der Einstufung der anzunehmenden Nutzungsdauer.

Die ETAG-005 geht davon aus, dass im Regelfall die angenommene Nutzungsdauer für den vorgesehenen Verwendungszweck 10 Jahre (W2) und unter besonderen Anforderungen 25 Jahre (W3) betragen kann. Nach Meinung des Verfassers sollte sich der Regelfall an dem Anforderungsprofil orientieren, dem eine Nutzungsdauer von 30 Jahren zugrundeliegt. Diese Anforderung ist praxisgerecht, verbraucherorientiert und wird im Regelfall erwartet.

Ausnahmen können sein: z.B. Industriebauten, aber auch hier legt beispielsweise die Ö-Norm B 7220 einen höheren Bemessungszeitraum (Nutzungsdauer) von 12-15 Jahren zugrunde.

Besonders hinzuweisen ist, dass sich die Anforderung an eine Abdichtung nicht nur am Regelaufbau orientiert, sondern dass die am höchsten beanspruchte Stelle maßgebend und deshalb zu berücksichtigen ist. Dass auf einer Dachfläche die unterschiedlichsten Beanspruchungen stattfinden, wurde in den vorangegangenen Kapiteln dargestellt. Der erfahrene Fachmann berücksichtigt dies und entscheidet nicht nur nach »m²-Regelaufbau in der Fläche«. Alles ist nur so gut wie seine schwächste Stelle.

4.2.2 Anforderungsprofil für Flüssigabdichtungen

Das Anforderungsprofil für Flüssigabdichtungen (**AfP-Fa**) basiert im Wesentlichen auf den Prüfverfahren der EOTA - Technical Reports (TR-003 bis TR-014). Diese Prüfungen werden ergänzt durch zusätzlich relevante Anforderungen, die sich aus der tatsächlich stattfindenden Praxisbeanspruchung ergeben. In der Gesamtheit dient das Anforderungsprofil zur besseren Einschätzung der Abdichtung und der daraus abzuleitenden Langzeittauglichkeit:

> Werden alle Mindestanforderungen erfüllt, kann eine Nutzungsdauer der Flüssigabdichtung von über 25 Jahren angenommen werden.

Mit dem Anforderungsprofil für Flüssigabdichtungen (**AfP-Fa**) werden erstmals unter Einbezug der neuen europäischen Regelwerke für Dachabdichtungen praxisorientierte und verbraucherfreundliche Anforderungen an Flüssigabdichtungen definiert. Hierbei wird berücksichtigt, dass die am stärksten beanspruchten Stelle der Maßstab für eine fachgerechte Beurteilung ist und nicht der Regelaufbau.

4.2.2.1 Ausführungshinweise

Bei Flüssigabdichtungen ist neben den Nutzungseigenschaften der Systeme deren fach- und materialgerechte Verarbeitung auf der Baustelle von wesentlicher Bedeutung. Der einzelne Hersteller muss in einer Ausführungsanweisung festlegen, unter welchen Bedingungen eine Verarbeitung zu erfolgen hat. Anhaltspunkte zur Einschätzung der Ausführungsqualität sind in Kapitel 6 unter 6.3 - Fachgerechte Anwendung von Flüssigabdichtungen beschrieben.

Anforderungsprofil für Flüssigabdichtungen

Das Anforderungsprofil für Flüssigabdichtungen (AfP-Fa) basiert auf den Prüfverfahren der EOTA Technical Reports (TR) und berücksichtigt die von den Autoren in dieser Fachbuchreihe beschriebenen spezifischen Beanspruchungen.
Das Anforderungsprofil ist eine Technische Spezifikation (TS) für Flüssigabdichtungen nach dem praxisorientierten und verbraucherfreundlichen Qualitätsstandard der Europäischen Vereinigung dauerhaft dichtes Dach ddDach e.V.
Bei Drucklegung dieser Ausgabe hat sich bereits ein Hersteller diesen praxisorientierten Anforderungen gestellt.

Anforderungsprofil (AfP) für alle Abdichtungen

Nr.	Leistungsrelevante Eigenschaften	geforderter Mindestwert	Wert der angebotenen Bahn	erfüllt ja/nein
A.	**Falzen bei tiefer Temperatur** nach **EN 495-5** Anforderung: keine Bruch- oder Rissbildung bei	**- 30°C**		
B.	**Widerstand gegen stoßartige Belastung** nach **EN 12 691** Anforderungen: dicht bei Fallkörper 500 g, Methode A = harte Metallunterlage: Fallhöhe:	**≥ 700 mm**		
C.	**Widerstand gegen Hagelschlag** nach **EN 13 583** Anforderungen: Schädigungsgeschwindigkeit - harte/weiche Unterlage	**≥ 25 m/s**		
D.	**Bestimmung der Widerstandsfähigkeit gegen Ausdrücken und Abbrennen von Zigaretten** nach **EN 1399** Anforderungen:	**dicht**		
E.	**Geradheit und Planlage** nach **EN 1848-2** Anforderungen: Abweichung Geradheit (g) Abweichung Planlage (p)	**< 30 mm** **< 10 mm**		
F.	**Verschweißbarkeit** Schweißfenster nach **ERNST** 1999	**Anlage: ja/nein**		
G.	**Verhalten nach Bestreichen mit Fett** nach **ERNST** (1991) Anforderungen: Bruchdehnung* absolut nach **EN 12311-2** Änderung Bruchdehnung zu Neumaterial	**≥ 200 %** **≤ 25 %** relativ*		
H.	**Verhalten nach Lagerung in Warmwasser** nach **EN 1847** Prüftemperatur 50°C, Prüfdauer: 16 Wochen Anforderungen: Bruchdehnung*, absolut, nach EN 12311-2 Änderung Bruchdehnung im Vergleich zum Neumaterial	**≥ 200 %** **≤ 25 %**relativ*		
I.	**Verhalten nach Lagerung in Kalkmilch** nach **EN 1847** Prüftemperatur 50°C, Prüfdauer: 16 Wochen Anforderungen: Bruchdehnung*, absolut, nach EN 12311-2 Änderung Bruchdehnung im Vergleich zum Neumaterial	**≥ 200 %** **≤ 25 %**relativ*		
J.	**Verhalten nach Lagerung in Säurelösung** nach **EN 1847**, Prüftemperatur 50°C, Prüfdauer: 16 Wochen Anforderungen: Bruchdehnung*, absolut, nach EN 12311-2 Änderung Bruchdehnung im Vergleich zum Neumaterial	**≥ 200 %** **≤ 25 %**relativ*		
K.	**Beständigkeit gegen Mikroorganismen** nach **EN-ISO 846**, Alterungsvorbehandlung vor Biotestversuch: nach EN 1847: Warmwasser 50°C, Prüfdauer 14 Tage, Erdvergrabungstest: Dauer 32 Wochen Anforderungen: Masseverlust im Vergleich zum Neumaterial	**≤ 4 %**		
L.	**Hydrolysebeständigkeit** nach **ERNST** (1991) Anforderungen: Änderung Bruchdehnung zu Neumaterial Massenänderung im Vergleich zum Neumaterial	**≤ 25 %**relativ* **< 3 %**		
M.	**Verhalten gegen Ozon** nach **EN 1844** Anforderungen bei 6-facher Vergrößerung	**keine Risse**		
N.	**Thermische Alterung** nach **EN 1296** Beanspruchung: 24 Wochen, 70°C Anforderungen: Massenänderung zu Neumaterial Änderung Bruchdehnung zu Neumaterial	**≤ 5 %** **≤ 25 %**relativ*		
O.	**Beanspruchung durch UV-Strahlung** nach EN **1297** Anforderungen: für frei bewitterte Dachbahnen: 5.000 h für Bahnen mit Auflast 3.000 h Massenänderung bei Bahnen mit und ohne Auflast	**Stufe 0** **Stufe 0** **≤ 3 %**		
P.	**Fischtest -** nach **OECD** »Fish Acute Toxity Test«, Procedure 203, **EEC** directive 92/69EEC, DIN 38 412 L 31, Prüfanordnung: ERNST(1999), Testmedium: Poecilla reticulata (Guppy), Anforderung: > 24 Std.	**Anlage: ja/nein**		
Q.	**Kältekontraktion** nach **ERNST** (1999), Anforderung:	**< 200 kg/m**		
R.	Nachweis der **Wurzelfestigkeit** nach **FLL**-Verfahren (1999): Anforderungen: wurzel- und rhizomfest gegen Quecken	**Anlage: ja/nein**		
S.	**Deklaration ökologischer Merkmale** nach SIA 493:	**Anlage: ja/nein**		
.	Bruchdehnung* absolut = von unarmierten Bahnen und Bahnen mit Glasvlieseinlage			

Qualitätsanspruch kennt keine Grenzen

4.2.3 Anforderungsprofil für alle Abdichtungen

Bis dem Verbraucher bewusst wird, dass seine nunmehr teilweise reduzierten Anforderungen möglicherweise nur durch zusätzliche (nationale) Ergänzungen, Qualitätszeichen, o.ä. erreicht werden können, solche dann erarbeitet sind und dann auch angewendet werden können wird viel Zeit vergehen.

Durch ständig aktuelle Information der Mitglieder der Europäischen Vereinigung dauerhaft dichtes Dach - ddDach e.V. - konnte im Zuge der Harmonisierung der europäischen Normen auch das Anforderungsprofil (AfP) nach ERNST (1999, 2002 und 2004) fortgeschrieben und angeglichen werden. Das nun vorliegende **AfP-ddDach (2005)** enthält nun Angaben mit Bezug auf die aktuellen europäischen Prüfnormen. Das AfP berücksichtigt somit die Rahmenvorgabe der aktuellen europäischen Normen. Die Ergänzungen resultieren aus den in dieser Fachbuchreihe dargestellten Praxisanforderungen der Autoren.

4.2.3.1 Vergleich

Aus den nachfolgenden Vergleichen wird ersichtlich, dass das Anforderungsprofil (**AfP**) sich an bisherige Qualitätsanforderungen anlehnt und diese durch praxisorientierte und notwendige Anforderungen ergänzt. Scheinbar haben Industrie-/Herstellerverbände und -organisationen bisher noch nicht vorausschauend gehandelt, denn der definierte Qualitätsstandard wurde noch nicht auf Basis der aktuellen EN-Normen fortgeschrieben. Bis dies eintrifft dürften noch Jahre vergehen, so dass mit dem aktuellen AfP (ddDach, 2005) eine Produktauswahl- und Planungssicherheit gewährleistet wird, die der Verbraucher sofort anwenden kann.

4.2.3.2 Vorteile

Das vorliegende Anforderungsprofil (**AfP, ddDach 2005**) orientiert sich an der Funktion, der Gebrauchstauglichkeit, den ökologischen Merkmalen, der Dauerhaftigkeit und somit am Nutzen einer Dachabdichtung. Es grenzt sich damit von Vorgaben materialspezifischer Kennwerte, wie sie in vielen Werkstoffnormen vorliegen deutlich ab.

Es liegen somit Mindestanforderungen vor, die für alle Abdichtungsbahnen, unabhängig von Werkstoff oder Bahnenaufbau, Gültigkeit haben.

Die Bedürfnisse der Baubeteiligten sind damit am weitgehendsten umfänglich berücksichtigt. Für den Einzelnen bringt dies erhebliche Vorteile:

- Bauherr:
  dauerhaft dichtes Dach unter dem Aspekt der Ökologie und Nachhaltigkeit, mit sicherem Schutz für seine Anlageninvestition.
- Planer:
  vergleichbare, praxisorientierte Funktions- und Leistungsmerkmale für mehr Planungssicherheit.
- Verarbeiter:
  praxisrelevante Verarbeitungskriterien für sicheres, unproblematisches Baustellenhandling.

Das praxisorientierte Anforderungsprofil nach ERNST (1999) für alle Abdichtungen ist mittlerweile Stand der Technik. Dazu Dipl. Ing. P. Flüeler, Abteilungsleiter Kunststoffe der EMPA und jahrelanges Mitglied der SIA-Kommission TC 254 im CEN:

»Hoffen wir, dass damit die Planer, Hersteller und Verleger Dächer bauen, die bezüglich Nachhaltigkeit und Ökologie einen Gewinn für die Gesellschaft erbringen bzw. die Nutzungsdauer erhöhen«.

4.2.3.3 Alleinstellungsmerkmal

Nach Rückzug der nationalen Normen im Zuge der Harmonisierung der EN-Normen dürfte das AfP (ddDach, 2005) bis auf Weiteres die einzige umfassende Qualitätsanforderung innerhalb der Rahmenvorgabe der EN-Normen sein. Das erste ist es jedenfalls, denn bei Redaktionsschluss dieses Fachbuches (Juni 2005) lagen noch keine entsprechend aktualisierten Mindestanforderungen von (nationalen) Verbänden und Organisationen vor. Aus diesem Grund sind nachfolgend die bisherigen Anforderungen den überarbeiteten Anforderungsprofilen gegenübergestellt.

Anforderungsprofil für alle Abdichtungen

Das Anforderungsprofil (AfP, 1992, 1999, 2002, 2005) für alle Abdichtungen hat sich in den letzten Jahren bewährt und ist mittlerweile Stand der Technik.

13 Hersteller mit 29 Bahnen haben bis zum Stand 31.03.2003 die Anforderungen nachgewiesen und die Prüfzeugnisse beim ddDach e.V. hinterlegt. Die Hersteller/Produkte wurden in ERNST (2003) veröffentlicht.

Bisherige Anforderungen nach dud und SIA V 280

Herstellerverband definiert den: **dud**-Qualitätsstandard (D)				**Hersteller** und **Verbraucher** einigen sich: **Funktionsnorm** SIA V 280 - Ausg. 96 (CH)			
Mindestanforderungen für Kunststoffbahnen				**Mindestanforderungen für Kunststoff-, Kautschukbahnen** (SIA V 280, Schweizer Ingenieur und Architekten Verein, 1999)			
Prüfungen			**Anforderung**	**Prüfungen**			**Anforderungen**
				1	Dickenmessung	-	
				2	Reißdehnung	-	mind. 200% / mind. 10%
2.	Kältebeständigkeit: Falzen in der Kälte	- 20° C	keine Risse	3	Faltbiegung in der Kälte	-	keine Risse bei: - 20°C
1.	Maßänderung nach Warmlagerung	6 h / + 80°C	homog.: ≤ 2,0 % Einlage: ≤ 0,5 %	4	Formänderung in der Wärme	6 h / 80°	< 0,5 %
				5	Schlitzdruck	-	-
				6	Wasserdampfdurchl.	-	-
11.	Ozonbeständigkeit (nach DIN 7864)	14 d	Rissbildstufe 0	7	Verhalten gegen Ozon	96 h	Stufe 0
3.	Wärmebeständigkeit: Verh. n. Warmlagerung	28 d / +80°C	Zugversuch: ± 20 %	8	Thermische Alterung	70 d bei 70°C	Massenänderung < 2 % Änd. Reißdehn. < 30 %
6.	Hagelschlagbeständigkeit nach SIA 280 (1983)	-	dicht bei mind. 17 m/s	9	Hagelschlag	-	dicht bei mind. 17 m/s
4.	Witterungsbeständigkeit (6.000 MJ/m^2) entspricht:	3.300 h	Zugversuch: ± 20 %	10	Künstliche Bewitterung	5.000 h	Massenänderung < 3 % Stufe 0, keine Risse
8.	Durchwurzelungsfestigkeit nach FLL alt. DIN 4062	2 / 4 Jahre 6 / 8 Wochen	keine Durchwurzelung	11	Wurzelbeständigkeit	6 / 8 Wochen	kein Durchwuchs
				12	Brandkennziffer	-	-
				13	Verhalten nach Lagerung in Warmwasser	240 d bei 50°C	Massenänderung < 4 % Änd. Reißdehn. < 30 %
				14	Dauerdruckfestigkeit	-	-
5.	Perforationsbeständigkeit	Fallhöhe 600 mm	dicht	15	Mechanische Durchschlagsfestigkeit	500 g / 300 mm	dicht
7.	Nahtfestigkeit Schälversuch: ≥80N/50mm	-	Abriss außerhalb Fügenaht	16	Nahtfestigkeit	-	Bruch neben der Naht
9.	Beständigkeit gegen Mikroorganismen	180 d bei + 28°C	Zugversuch: ± 20 %	17	Widerstand gegen Mikroorganismen	224 d	Massenänderung < 6 %
10.	Beständigkeit gegenüber (NaCl, $Ca(OH)_2$, H_2SO_4)	28 d	Zugversuch: ± 20 % keine Risse - 20° C	18	Verhalten in 10 %-iger Schwefelsäurelösung	28 d bei 23°C	keine
				18	Verhalten in Natronlauge / Zementwasser	28 d bei 23°C	keine
-				19	Linear thermischer Ausdehnungskoeffizient	+ 80°C - 45°C	keine
-							
10.	Beständigkeit gegenüber Bitumen (und Klebstoffe?)	28 d bei + 70°C	Zugversuch: ± 20 %	-	Lagerung auf Bitumen (DIN 16 726 / 5.19)	-	keine
-				-	Nitrifikantentoxität nach ISO 9509	6 / 8 Wochen	keine
-				-	Deklaration ökologischer Merkmale nach SIA 493		freiwilliger Nachweis
Bezugsquelle: Qualitätsstandard/Prüfkriterien (dud, 2004) Anforderungen nach Werkstoffnorm, Prüfung nach DIN 16 726				Die jeweils grau unterlegten Anforderungen sind nachzuweisen. Nicht unterlegte Anforderungen sind freiwillig / informativ.			

Praxisbezogene Qualitätsanforderung

Verbraucher fordern **praxisrelevante Nachweise: Anforderungsprofil (AfP) für alle Abdichtungen**

Anwendungsbereich: Mindestanforderungen für alle Abdichtungen, denn die Beanspruchungen sind für alle Abdichtungen gleich.

Prüfungen		Bezug		Anforderungen
E.	Gradheit und Planlage	EN 1848-2	-	l:< 30 mm / q:< 10 mm
-				
A.	Falzen bei tiefer Temperatur	EN 495-5	-	keine Risse bei: - 30°C
-				
D.	Zigarettengluteinwirkung	EN 1399	-	dicht
-				
-				
M.	Verhalten gegen Ozon	EN 1844	96 h	Stufe 0
N.	Thermische Alterung	EN 1296	24 W. bei 70°	Massenänderung ≤ 5 % Änd. Bruchdehn. ≤ 25 %
C.	Hagelschlag	EN 13583		dicht bei mind. 25 m/s
O.	Beanspruchung durch UV-Strahlung	EN 1297	3.000 h, 5.000 h	Massenänderung ≤ 3 % Stufe 0, keine Risse
R.	Wurzelfestigkeit	FLL-Verfahren 1999	2 Jahre (4 Jahre)	wurzel- und rhizomfest, Prüfzeugnis als Anlage
-				
H.	Verhalten nach Lagerung in Warmwasser	EN 1847	16 W. bei 50°C	Bruchdehn. ab. ≥ 200% Änd. Bruchdehn. ≤ 25 %
-				
B.	Widerstand gegen stoßart. Belastung	EN 12 691	500 g / 700 mm	dicht
F.	Nachweis der Verschweißbarkeit	Vorschlag ERNST 99	-	Schweißfenster als Anlage gefordert
K.	Beständigkeit gegen Mikroorganismen	EN-ISO 846	32 W.	Massenverlust ≤ 4 **%**
J.	Verhalten nach Lagerung in Säurelösung	EN 1847	16 W. bei 50°	Bruchdehn. ab. ≥ 200% Änd. Bruchdehn. ≤ 25 %
I.	Verhalten nach Lagerung in Kalkmilch	EN 1847	16 W. bei 50°C	Bruchdehn. ab. ≥ 200% Änd. Bruchdehn. ≤ 25 %
Q.	Kältekontraktion	Vorschlag ERNST 99	von + 20° bis - 30°	max. 200 kg / m
L.	Hydrolysebeständigkeit	Vorschlag ERNST 92	91 d bei + 80°C	Massenänderung ≤ 3 % Änd. Reißdehn. ≤ 25 %
G.	Fettbeständigkeit	Vorschlag ERNST 92	28 d bei + 23°C	Änd. Reißdehn. ≤ 25 %
P.	Abwasserbelastung (Fischtest)	OECD,EEC ERNST 99	≥ 24 h	Prüfzeugnis als Anlage
S.	Deklaration ökologischer Merkmale	SIA 493	-	Anlage

Produkte, die den Qualitätsnachweis gemäß Anforderungsprofil (AfP, 1999) erbracht haben sind z.B. bei ERNST (2003) gelistet.

Fett-, Rußablagerungen, Mikroben, Algen, Hydrolyse und Kältekontraktion lassen sich nicht verleugnen. Sie sind deshalb bei den Materialeigenschaften zu bewerten.
Abbildungen: 48, 49, 50 und 51.

Bisherige Anforderungen nach vdd und AKB

	Herstellerverband definiert den: **vdd**-Qualitätsstandard (D)		
	Mindestanforderungen für Bitumen- und Polymerbitumenbahnen		
	Prüfungen		**Anforderung**
	Höchstzugkraft (l,q,d)		≥800/≥800/≥80
	Dehnung (l,q,d)		≥40/≥40/≥40
	Kaltbiege- (PYE) verhalten (PYP)	-	≤ - 25°C ≤ - 15°C
	Wärmestand- (PYE) festigkeit (PYP)	2 h	≥ + 100°C ≥ + 130°C
	Wurzelfestigkeit (DIN 4062)	6 / 8 Wochen	wurzelfest
	Wasserundurchlässig. (Schlitzdruckprüfung)	24 h	dicht bei ≥ 2 bar

Kennwerte nach abc der Bitumenbahnen (vdd, 2004)
Anforderungen nach Norm (DIN 52 132 / 52 133)

AKB - Arbeitsgemeinschaft Kautschukbahnen im WdK - Wirtschaftsverband der deutschen Kautschukindustrie e.V., D - 60443 Frankfurt
dud - Industrieverband Kunststoff-Dach- und Dichtungsbahnen e.V., D - 64 285 Darmstadt.
vdd -Industrieverband Bitumen- Dach- und Dichtungsbahnen e.V., D - 60 329 Frankfurt.
sia - Schweizerischer Ingenieur- und Architekten-Verein, CH- 8039 Zürich.
ddD - Europäische Vereinigung dauerhaft dichtes Dach e.V., D - 82049 Pullach bei München

	Hersteller definieren den: **AKB**-Qualitätsstandard (D)		
	Mindestanforderungen für Elastomerbahnen		
	Prüfungen		**Anforderung**
1	Reißfestigkeit	-	mind. 4 N/mm^2
2	Reißdehnung	-	mind. 250%
7	Biegeverhalten in der Kälte	7 d, - 30°	keine Risse
4	Maßänderung nach Lagerung bei 100°C	24 h	max. +/- 1 %
8	Wärmealterung Änd. Reißdehnung	28/91 d + 80°C	mind. 200%, (max- 70%)
9	Wasserdampfdiff.	-	
6	Ozonbeständigkeit n. Wasserlagerung	200 h, +40°C	Stufe 0
5	Alterung nach Bewitterung	4.500 MWs/m^2	Rf.: max. 20 % Rd.: max. 40 %
8	Wurzelfestigkeit FLL alt. DIN 4062	2 / 4 J. 6 / 8 W.	wurzelfest
10	Normalentflammbark.	-	B 2
	Widerstand gegen Wasserdruck	72 h, 6 bar	dicht
	Trennwiderstand der Fügenaht	-	Scherversuch ≥ 3,5 N/mm
	Dichtheit der Fügenaht	-	kein Wasserdurchtritt
	Verhalten nach Kalkmilchlagerung	28 d	Rf.: max. 20 % Rd.: max. 20 %
	Bitumen- verträglichkeit	91 d, + 50°C	Rf.: max. 20 % Rd.: max. 25 %

Kennwerte nach AKB-Leitfaden (grau), (WdK, 97)
Anforderungen nach Norm (DIN 7864, T.1)

Tabelle 15a (Seite 98/99) und Tabelle 15b (Seite 100/101) werden im Internet unter: www.ddDach.org als pdf-Datei zum eigenen Ausdruck zur Verfügung gestellt.

Technische Spezifikation als Qualitätsanforderung

Verbraucher fordern praxisrelevante Nachweise: **Anforderungsprofil für Flüssigabdichtungen**

Anwendungsbereich: Mindestanforderungen für Flüssigabdichtungen, denn die Anforderung bestimmt die schwächste Stelle

Prüfungen	Bezug		Anforderungen
			Vlieseinlage: ≥150 gr/m²
Bestimmung der Riss-überbrückungsfähigkeit	TR-013	- 30°	TL 4
Zigarettengluteinwirkung	EN 1399	-	dicht
Verhalten gegen Ozon	EN 1844	-	keine Risse
Beständigkeit gegenüber Wärmealterung	TR-011	(S)	W3, I3 - I4
Hagelschlag	EN 13 583		dicht bei mind. 25 m/s
UV-Bestrahlung in Gegenwart von Feuchtigkeit	TR-010	(S)	W3, I3 - I4
Wurzelfestigkeit	FLL-Verfahren 1999	2 Jahre (4 Jahre)	wurzel- und rhizomfest, Prüfzeugnis als Anlage
Beständigkeit gegenüber Wasseralterung	TR-012	180 Tage bei 60°	W3, P4, L3 - L4
Widerstand gegenüber mech. Beschädigung	TR-006 TR-007	10/6mm 200/250	I3 - I4, L3 - L4
Widerstand gegenüber Windlasten	TR-004	-	≥ 50 kPa
Beständigkeit gegen Mikroorganismen	EN ISO 846	32 W.	Massenänderung ≤ 4 %
Beanspruchung Alterung in Säurelösung	TR-012 und EN 1847	180 Tage bei 60°	P3 - P4 L3 - L4
Beanspruchung Alterung in Kalkmilch	TR-012 und EN 1847	180 Tage bei 60°	P3 - P4 L3 - L4
Ermüdungswiderstand	TR-008	1.000 Zyklen	W 3
Hydrolysebeständigkeit	TR-012	180 Tage bei 60°	Massenänderung ≤ 3 %
Fettbeständigkeit	Vorschlag ERNST 92	28 d bei + 23°	Änd. Reißdehn. ≤ 25 %
Abwasserbelastung (Fischtest)	OECD, EEC ERNST 99	≥24 h	Prüfzeugnis als Anlage
Deklaration ökologischer Merkmale (Biozid-Richtlinie)	SIA 493 98/8/EG	-	Anlage Anlage

Verbraucher fordern praxisrelevante Nachweise: **Anforderungsprofil (AfP) für alle Abdichtungen**

Anwendungsbereich: Mindestanforderungen für alle Abdichtungen, denn die Beanspruchungen sind für alle Abdichtungen gleich.

Prüfungen	Bezug		Anforderungen
Gradheit und Planlage	EN 1848-2	-	l:< 30 mm / q:< 10 mm
Falzen bei tiefer Temperatur	EN 495-5	-	keine Risse bei: - 30°C
Zigarettengluteinwirkung	EN 1399	-	dicht
Verhalten gegen Ozon	EN 1844	96 h	keine Risse
Thermische Alterung	EN 1296	24 W. bei 70°C	Massenänderung ≤ 5 % Änd. Reißdehn. ≤ 25 %
Hagelschlag	EN 13 583	-	dicht bei mind. 25 m/s
Beanspruchung durch UV-Strahlung	EN 1297	3.000 h 5.000 h	Massenänderung ≤ 3 % Stufe 0, keine Risse
Wurzelfestigkeit	FLL-Verfahren 1999	2 Jahre (4 Jahre)	wurzel- und rhizomfest, Prüfzeugnis als Anlage
Verhalten nach Lagerung in Warmwasser	EN 1847	16 W. bei 50°C	Bruchdehn. ab. ≥ 200% Änd. Bruchdehn. ≤ 25 %
Widerstand gegen stoßartige Belastung	EN 12 691	500 g / 700 mm	Methode A, dicht (harte Unterlage)
Nachweis der Verschweißbarkeit	Vorschlag ERNST 99	-	Schweißfenster als Anlage gefordert
Beständigkeit gegen Mikroorganismen	EN ISO 846	32 W.	Massenänderung ≤ 4 %
Verhalten nach Lagerung in Säurelösung	EN 1847	16 W. bei 50°C	Bruchdehn. ab. ≥ 200% Änd. Bruchdehn. ≤ 25 %
Verhalten nach Lagerung in Kalkmilch	EN 1847	16 W. bei 50°C	Bruchdehn. ab. ≥ 200% Änd. Bruchdehn. ≤ 25 %
Kältekontraktion	Vorschlag ERNST 99	von + 20° bis - 30°C	max. 200 kg / m
Hydrolysebeständigkeit	Vorschlag ERNST 92	91 d bei + 80°C	Massenänderung ≤ 3 % Änd. Reißdehn. ≤ 25 %
Fettbeständigkeit	Vorschlag ERNST 92	28 d bei + 23°C	Änd. Reißdehn. ≤ 25 %
Abwasserbelastung (Fischtest)	OECD, EEC ERNST 99	≥ 24 h	Prüfzeugnis als Anlage
Deklaration ökologischer Merkmale	SIA 493	-	Anlage

Zukünftige Normenstruktur in der Schweiz

Darstellung 53:

Zukünftige Normenstruktur in der Schweiz

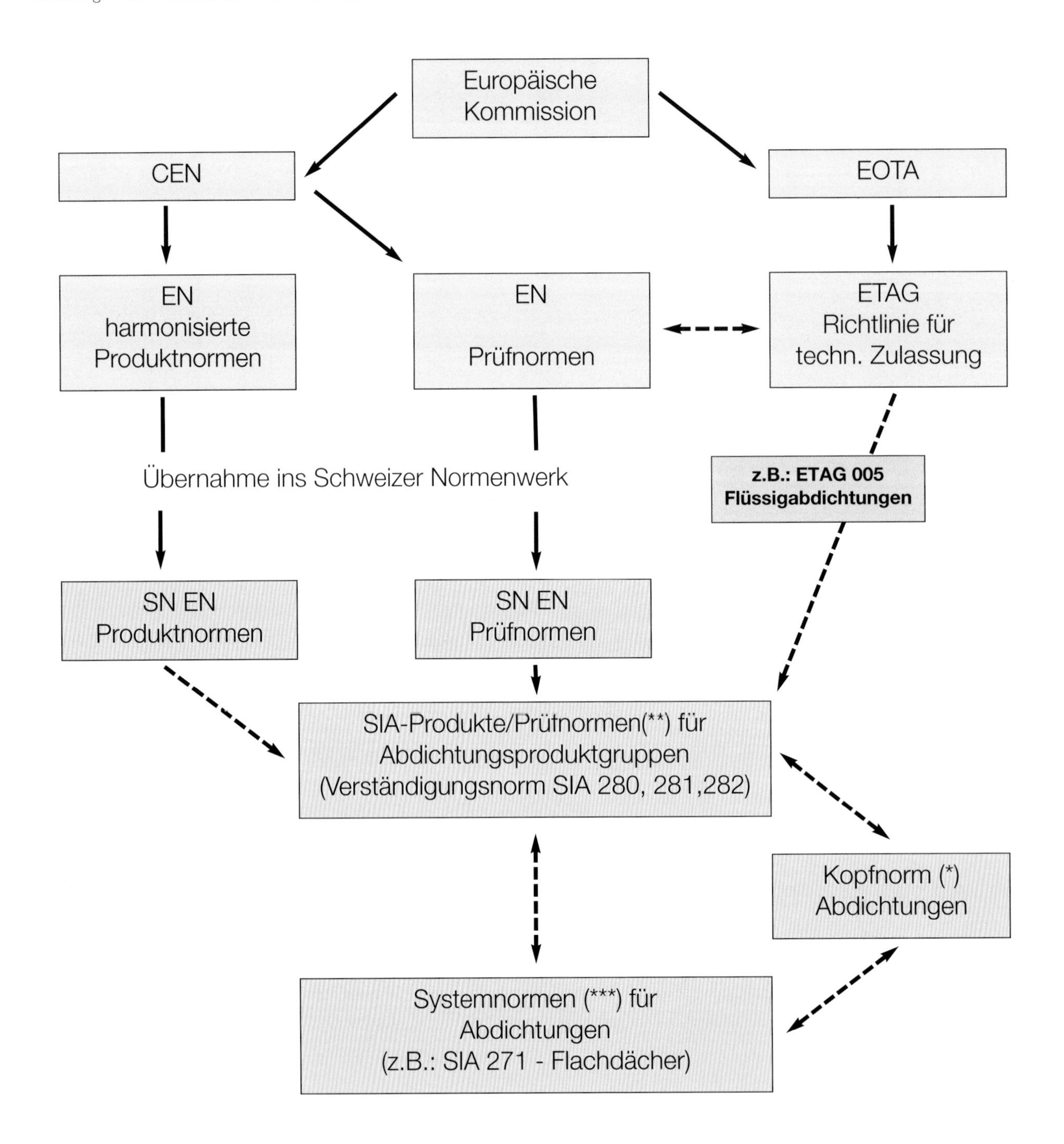

(*) Im Entwurf der Kopfnorm (21.03.2003) werden Schnittstellen und übergeordnete Begriffe im Bereich Abdichtungen des SIA - Normenwerkes geregelt und insbesondere die klare Trennung zwischen Systemnormen mit Anforderungen und Produkteprüfnormen aufgezeigt.

(**) »Die Produkte-/Prüfnormen enthalten Hinweise auf alle harmonisierten EN-Normen die zu dieser Produktegruppe gehören und sie enthalten eine Liste mit allen EN-Prüfnormen die für diese Produktegruppe relevant sind. Weiter enthalten sie die Verweise auf die Systemnormen. Mit Hilfe der Produkte-/Prüfnormen ist es somit möglich, sich in der entsprechenden Produktegruppe im Bereiche der harmonisierten Normen, der Prüfnormen sowie der Systemnormen zu bewegen«.

(***) »Die Systemnormen definieren die zum Einsatz gelangenden Abdichtungssysteme, den Aufbau der Systeme und deren Ausführung. Als grundlegende Neuerung zu den früheren Normen werden die Anforderungen an die Bauprodukte in den Systemnormen und nicht mehr in den Materialnormen definiert«
(Auszug aus TECNOTEST AG, 2003)

Nicht geregelte und geregelte Bauweisen

4.3 Dächer mit Abdichtungen

Mindestanforderungen für Planung und Ausführung von Dächern mit Abdichtungen sind in den nationalen Ausführungsregeln, -richtlinien, -normen definiert. In Deutschland sind dies die »Regeln für Dächer mit Abdichtungen (ZVDH, 2003), in Österreich die Verfahrensnorm ÖN B 7220 (2002) und in der Schweiz, die SIA 271 (1986), die zur Zeit überarbeitet wird.

4.3.1 Ausführungsregeln

»Obwohl in einzelnen europäischen Gremien darüber nachgedacht wird auch Ausführungsnormen auf europäischer Ebene zu erarbeiten gibt es hierzu noch keine entsprechenden Beschlüsse« (STAUCH, 2002). Dies bedeutet, dass für die Planung und Ausführung weiterhin die oben aufgeführten nationalen Regeln heranzuziehen sind.

Die erst in den letzten Jahren überarbeiteten Regeln dürften nach den jetzigen Erkenntnissen den Anforderungen eines europäischen Binnenmarktes gerecht werden. Sie stellen einen Maßstab für technisch richtiges Verhalten dar. Die in ihnen enthaltenen Mindestanforderungen und technische Hinweise sichern ein ausreichendes Qualitätsniveau für den Normalfall bzw. gewöhnlichen Gebrauch.

4.3.2 Anwendungsnormen

Als Ausführungsnormen existieren in Deutschland desweiteren die DIN 18 195 - Bauwerksabdichtungen (Ausgabe: 2000) sowie die DIN 18 531 - Dachabdichtungen - Abdichtungen für nicht genutzte Dächer (Ausgabe: 2005). Die Lücke zwischen den europäisch genormten Abdichtungsprodukten und den nationalen Konstruktionsnormen soll durch sogenannte Anwendungsnormen geschlossen werden (HEROLD, 2005):

»Für Abdichtungsprodukte werden diese zur Zeit beim DIN in der Normenreihe DIN 20000 erarbeitet. In diesen Normen soll das geforderte Leistungsprofil der Abdichtungsprodukte so beschrieben werden, dass daraus Abdichtungen nach dem in Deutschland geforderten Schutz- und Sicherheitsniveau auf Grundlage der bestehenden Konstruktionsnormen DIN 18 195 und DIN 18 531 geplant und ausgeführt werden können. Produkte, die dann diesen Anforderungen nicht genügen, können dann in Deutschland nicht mehr verwendet werden, auch wenn sie ein CE-Zeichen tragen, es sei denn, es wird für diese Produkte ein gesonderter Verwendbarkeitsnachweis erbracht«.

Die zukünftig in Deutschland geltenden Anwendungsnormen werden die DIN 20.000-201 (Dachabdichtungen) und 20.000-202 (Bauwerksabdichtungen) sein. Ob diese Normen dann auch bauaufsichtlich verbindlich werden ist derzeit noch offen.

4.3.2.1 Anwendungsnormen in der Schweiz

Auch in der Schweiz findet zur Zeit ein Umbau des Normenwerkes statt. Es ist geplant mit Systemnormen die zum Einsatz gelangenden Abdichtungssysteme, deren Aufbau und deren Ausführung zu definieren - siehe nebenstehende Darstellung 53. »Als grundlegende Neuerung zu den früheren Normen werden die Anforderungen an die Bauprodukte in den Systemnormen und nicht mehr in den Materialnormen definiert« (TECNOTEST AG, 2003).

4.3.2.2 Verfahrensnorm in Österreich

Wie in Österreich die Verfahrensnorm B 7220 in der überarbeiteten Fassung in das Normenwerk integriert wird, stand zur Drucklegung dieses Fachbuches (Juni 2005) noch nicht fest.

4.3.2.3 Europa

Der europäische Umgestaltungsprozess im Bereich der Abdichtungen hat auf nationaler Ebene bei Flüssigabdichtungen (ETAG 005) und den mechanisch befestigten Dachsystemen (ETAG 006) »vielfach unbemerkt« begonnen. Nach dem Ende der Koexistenzperiode (Mai 2003) wurden alle entgegenstehenden nationalen technischen Spezifikationen ungültig.

Leitlinie ETAG 006

Die Leitlinie gilt für mechanisch befestigte Dachabdichtungssysteme, die aus ein- oder mehrlagigen Dachabdichtungen bestehen, die mit Hilfe von punktförmigen Befestigungselementen oder Linienbefestigungen mit der tragenden Unterkonstruktion verbunden sind. Zusätzlich kann die Wärmedämmung Teil des Systems sein.
Die Leitlinie für die europäisch technische Zulassung von mechanisch befestigten Dachabdichtungssystemen (EOTA, 2000) ist nach den nationalen Veröffentlichungen (2001) und der Übergangsperiode seit 2003 europaweit verbindlich.

Ausbildungsformen bei Dachbegrünungen

Abbildung 52:

Extensiv begrünte Dachfläche

Abbildung 53:

Einfache Intensivbegrünung

Abbildung 54:

Intensiv begrünte Tiefgarage

Europäische Dachbegrünungsrichtlinie ?

4.4 Dachbegrünungen

Für Dachbegrünungen sind weitere, ergänzende Fachregeln vorhanden. In Deutschland ist die Richtlinie für die Planung, Ausführung und Pflege von Dachbegrünungen »Dachbegrünungsrichtlinie« (FLL, 2002) maßgebend. Sie wird auch in Österreich herangezogen. In der Schweiz ist noch die SIA 271/2 - Flachdächer zur Begrünung (Ausgabe 1994) gültig.

4.4.1 FLL-Dachbegrünungsrichtlinie

»Seit dem Erscheinen der Dachbegrünungsrichtlinie (FLL, 2002) sind Weiterentwicklungen eingetreten, die es als notwendig erscheinen lassen, die Anforderungen an die vegetationstechnischen Eigenschaften von Bauweisen und Baustoffen zu modifizieren bzw. zu präzisieren. Ihre Weiterentwicklung ist auch im Hinblick auf die Vorgabe und Einhaltung von qualitativen Gütestandards geboten, deren Vernachlässigung in den letzten Jahren aufgrund qualitätsminderndem Preisdumping und unzureichender Fachkompetenz eher zu als abgenommen hat« (LIESECKE, 2005).

Bereits 2003 hat ERNST auf einige »unglückliche« Formulierungen hingewiesen, die in manchen Fällen dazu geführt haben, dass »Billigbauweisen« ausgeführt oder »Billigprodukte« eingesetzt wurden. Dadurch wurde vielfach der in den Richtlinien beabsichtigte Endzustand bzw. Vegetationsziel nicht erreicht. LIESECKE und RIEBENSAHM (2003) stellten fest, dass teilweise minderwertige Vegetationssubstrate verwendet werden, die den vegetationstechnischen Anforderungen nicht mehr genügen. FISCHER und JAUCH haben in ihren Fachberichten ebenfalls auf die Problematik bei z.B. Nährstoffversorgung, Verwendung von Beton und Wurzelschutz verwiesen.

Eine weitere Notwendigkeit der Fortschreibung der Dachbegrünungsrichtlinie (FLL, 2002) ergibt sich aus der Entwicklung der europäischen Normung, denn die Auflistung der mitgeltenden/heranzuziehenden Normen, Richtlinien und Merkblätter ist nicht mehr aktuell.

4.4.2 Europäisches Regelwerk

"Die nationalen Verbände aus Deutschland, Italien, Österreich, Ungarn und der Schweiz bilden zusammen mit der FLL (Forschungsgesellschaft Landschaftsentwicklung Landschaftsbau), als kooptiertes Mitglied, die EFB. Der FLL kommt dabei besonders im Hinblick auf die Regelwerke eine besondere Bedeutung zu. Nach intensiven Beratungen wurde folgender Weg als gangbar und erfolgversprechend angesehen und umgehend eingeschlagen:

- Die EFB entwickelt in enger Zusammenarbeit mit der FLL eine europäische Richtlinie zur Dachbegrünung.

Dazu wurden bereits erste Vorschläge als Arbeitsgrundlage vorgelegt. Das Regelwerk wird als Performance-Richtlinie gestaltet. Dabei werden im Gegensatz zu den meisten bisher vorliegenden nationalen Normen und Richtlinien, nur Funktionen und gewünschte Wirkungen beschrieben. Die bestehenden beziehungsweise weitgehend fertiggestellten nationalen anerkannten Regeln, die vor allem auch regionalen Besonderheiten Rechung tragen, werden weiter beibehalten und land- und objektbezogen angewendet.

Die eigenständige europäische Regelung wird von der EFB in Zusammenarbeit mit der FLL herausgegeben und so gestaltet, dass sie in allen europäischen Ländern wirkungsvoll eingesetzt und angewendet werden kann. Den nationalen Normen und Richtlinien soll mittelfristig nur noch der landesspezifische Regelungsbedarf überlassen bleiben. Die FLL wurde von der EFB beauftragt die Herstellung, den Druck und den Vertrieb des neuen Regelwerkes zu übernehmen. Die Landesverbände werden in diese Abläufe eng eingebunden" (Pressemitteilung der europäischen Förderation für Bauwerksbegrünung (EFB), Oktober 2004).

Auch hier bleibt zu hoffen, dass die entsprechenden Gremien bzw. deren Verantwortliche nicht nur reagieren und nur verwalten in dem sie sich die Verantwortung gegenseitig überlassen. Ein europäisches Regelwerk ist notwendiger denn je und die Chance ein Solches durchzusetzen ist ein- und letztmalig.

Dachbegrünungsrichtlinie

Damit die Dachbegrünungsrichtlinie weiterhin Bestand hat, ist eine entsprechende Fortschreibung unter Berücksichtigung der europäischen Normen notwendig und erforderlich. Dies wurde offensichtlich erkannt.
Es bleibt die Hoffnung, dass sich daraus ein europäisches Regelwerk entwickelt, das nicht durch nationale Interessen und dominierender Systemanbieter zum "europäischen Kompromiss auf niedrigstem Niveau" wird.

Pflichten der Baubeteiligten

Musterbauordnung (MBO)

Im erstern Teil der Musterbauordnung (MBO) - Allgemeine Vorschriften - § 1 (Anwendungsbereich) findet man den Hinweis:

(1) [1]Dieses Gesetz gilt für bauliche Anlagen und Bauprodukte.

Der 4. Teil der MBO (§§ 52 - 56) vom November 2002 ist den am Bau Beteiligten gewidmet und beschreibt deren Pflichten, die zur Erinnerung noch einmal als Auszug aufgeführt werden:

§ 52 Grundpflichten
Bei der Errichtung, Änderung, Nutzungsänderung und der Beseitigung von Anlagen sind der Bauherr und im Rahmen ihres Wirkungskreises die anderen am Bau Beteiligten dafür verantwortlich, dass die öffentlich-rechtlichen Vorschriften eingehalten werden.

§ 53 Bauherr
(1) [1]Der Bauherr hat zur Vorbereitung, Überwachung und Ausführung eines nicht verfahrensfreien Bauvorhabens sowie der Beseitigung von Anlagen geeignete Beteiligte nach Maßgabe der §§ 54 bis 56 zu bestellen,

§ 54 Entwurfsverfasserin, Entwurfsverfasser
1) Die Entwurfsverfasserin oder der Entwurfsverfasser muss nach Sachkunde und Erfahrung zur Vorbereitung des jeweiligen Bauvorhabens geeignet sein. Sie oder er ist für die Vollständigkeit und Brauchbarkeit ihres oder seines Entwurfs verantwortlich. Sie oder er hat dafür zu sorgen, dass die für die Ausführung notwendigen Einzelzeichnungen, Einzelberechnungen und Anweisungen den öffentlich-rechtlichen Vorschriften entsprechen.

(2) Hat die Entwurfsverfasserin oder der Entwurfsverfasser auf einzelnen Fachgebieten nicht die erforderliche Sachkunde und Erfahrung, so hat sie oder er dafür zu sorgen, dass geeignete Fachplanerinnen oder Fachplaner herangezogen werden. Diese sind für die von ihnen gefertigten Unterlagen, die sie zu unterzeichnen haben, verantwortlich. Für das ordnungsgemäße Ineinandergreifen aller Fachplanungen bleibt die Entwurfsverfasserin oder der Entwurfsverfasser verantwortlich.

§ 55 Unternehmer
(1) [1]Jeder Unternehmer ist für die mit den öffentlich-rechtlichen Anforderungen übereinstimmende Ausführung der von ihm übernommenen Arbeiten und insoweit für die ordnungsgemäße Einrichtung und den sicheren Betrieb der Baustelle verantwortlich. [2]Er hat die erforderlichen Nachweise über die Verwendbarkeit der verwendeten Bauprodukte und Bauarten zu erbringen und auf der Baustelle bereitzuhalten.

(2) Jeder Unternehmer hat auf Verlangen der Bauaufsichtsbehörde für Arbeiten, bei denen die Sicherheit der Anlage in außergewöhnlichem Maße von der besonderen Sachkenntnis und Erfahrung des Unternehmers oder von einer Ausstattung des Unternehmens mit besonderen Vorrichtungen abhängt, nachzuweisen, dass er für diese Arbeiten geeignet ist und über die erforderlichen Vorrichtungen verfügt.

§ 56 Bauleiter
(1) [1]Der Bauleiter hat darüber zu wachen, dass die Baumaßnahme entsprechend den öffentlich-rechtlichen Anforderungen durchgeführt wird und die dafür erforderlichen Weisungen zu erteilen. [2]Er hat im Rahmen dieser Aufgabe auf den sicheren bautechnischen Betrieb der Baustelle, insbesondere auf das gefahrlose Ineinandergreifen der Arbeiten der Unternehmer zu achten. [3]Die Verantwortlichkeit der Unternehmer bleibt unberührt.

(2) [1]Der Bauleiter muss über die für seine Aufgabe erforderliche Sachkunde und Erfahrung verfügen. [2]Verfügt er auf einzelnen Teilgebieten nicht über die erforderliche Sachkunde, so sind geeignete Fachbauleiter heranzuziehen. [3]Diese treten insoweit an die Stelle des Bauleiters. [4]Der Bauleiter hat die Tätigkeit der Fachbauleiter und seine Tätigkeit aufeinander abzustimmen.

Fazit

Nach der MBO werden alle Baubeteiligten in die Pflicht genommen. Für Planer, Bauleitung und Unternehmer resultiert daraus mehr denn je die Notwendigkeit sich über den aktuellen Stand der Harmonisierung der europäischen Normen zu informieren

Eine Überprüfung der geplanten, angebotenen und eingesetzten Bauprodukte auf einen Nachweis der Verwendbarkeit gemäß §§ 17-25 der MBO ist unabdingbar. Das heißt: die entsprechenden Unterlagen müssen nicht nur vorliegen, ungelesen abgeheftet, sondern auch überprüft werden.

[1] Nach Landesrecht.

5 Pflichten

Kein anderer als der Bauherr bestimmt die Anforderungen und den Zweck des Bauvorhabens und verpflichtet alle am Bau Beteiligten den von ihm erwarteten Erfolg herbeizuführen.Hierzu schließt er mit den einzelnen Baubeteiligten Verträge ab.

Planungs- und Bauverträge sind grundsätzlich Werkverträge. Geschuldet wird also erfolgsorientiert ein Werk. Der werkvertragliche Erfolg ist somit ein Maßstab für die Vertragserfüllung aller Beteiligten.

Besonders wichtig für den Besteller (Auftraggeber/Bauherr) ist, dass tatsächlich eine Vereinbarung über die Art der Beschaffenheit der Werkleistung vorliegt aus der sich die vertraglich vereinbarte Beschaffenheit ableiten lässt. Eine Abweichung vom vertraglich vereinbarten Bausoll stellt einen Mangel dar.

Liegen keine oder nicht deutlich formulierte Anforderungen vor gilt die gewöhnliche Verwendungseignung. Das Werk orientiert sich dann an den anerkannten Regeln der Technik, die fast immer unter den Erwartungen des Bauherrn liegen.

Eine Problematik aufgrund nicht erfüllter Erwartungen resultiert einerseits daraus, dass die Bauherrn oft nicht wissen, was sie eigentlich wollen, oder die Anforderungen erst während der Planungsphase oder dem Baugeschehen definiert werden. Leicht wird dabei vergessen die Art der Beschaffenheit der Werkleistung neu zu definieren bzw. fortzuschreiben.

Andererseits liegt die Problematik beim Planer, der eigentlich aufgrund seines Fachwissens den Bauherrn fachkompetent beraten und seine Anforderungen fach- und sachgerecht umsetzen sollte. Ist das Fachwissen ungenügend oder fehlt sogar gänzlich, kann eine entsprechende Beratung oder eine erfolgsorientierte Planung nicht oder nur teilweise erfolgen. Die Notwendigkeit aller Baubeteiligten sich über den jeweils aktuellen Stand der europäischen Harmonisierung bzw. den Übergangsregelungen zu informieren ist zwingend erforderlich.

BGH - Urteil vom 10. Juli 2003, VII ZR 329/03

Leitsatz der Entscheidung: " Der Architekt muss die Fachkenntnisse aufweisen, die für die Durchführung seiner Aufgaben erforderlich sind.

Ein Architekt kann sich nicht darauf berufen, dass ihm an der Universität die für die Erfüllung der Aufgaben notwendigen Fachkenntnisse nicht vermittelt worden sind."

Manche Wege auf das Dach führen über Rom

Abbildung 55:

Das Resultat einer architektur-ästhetischen Dachgestaltung eines sog. "Wettbewerbs-architekten"

Verzicht auf einen Dachausstieg, da ein solcher die Dachaufsichtsgeometrie stört. Deshalb muss zu jeder Dachbegehung oder Wartung eine fahrbare Arbeitsbühne angemietet werden auf Kosten des Nutzers

Abbildung 56:

Gemäß den Unfallverhütungsvorschriften der Berufsgenossenschaft (VBG 37§ 12) sind bei gelegentlichen Arbeiten auf Flachdächern unter Absturzgefahr (Fallhöhe über 3 m) Maßnahmen zur Absturzsicherung zu treffen

Foto: DWS POHL GmbH

Abbildung 57:

Umlaufendes Geländer als Sicherungseinrichtung auf einem begrünten und benutzbaren Flachdach

Hohe Folgekosten für den Bauherrn

5.1 Nichtplanung

Verpflichtet sich ein Architekt zur Erreichung eines bestimmten vertraglichen vereinbarten (Bau-)Erfolgs, so hat er alle Leistungen zu erbringen, die zur erfolgreichen Zielerreichung notwendig sind, wobei das Werk **funktionstauglich** und **zweckentsprechend** sein muss. Manchmal werden auch besondere Planungsleistungen erforderlich um das Bauwerk erfolgreich abzuschließen.

5.1.1 Zugänglichkeit von Dachflächen

Es gibt immer noch zahlreiche Bauten ohne Dachausstieg. Die Dachflächen dieser Gebäude können meist nur unter Zuhilfenahme von fahrbaren Arbeitsbühnen sicher erreicht werden. Mancher Bauherr oder Nutzer eines solchen Neubaus wundert sich nach einiger Zeit über die unverhältnismäßig hohen Folgekosten. Nicht selten führt dies dazu, dass auf eine aufwändige Wartung/Pflege aus Kostengründen verzichtet wird.

Nebenstehende Abbildung 55 verdeutlicht beispielhaft die Planungsideen eines sog. »Wettbewerbsarchitekten«. Auf einen Dachausstieg wurde bei dem 2.000 m² großen Flachdach verzichtet, da dieser die Dachgeometrie wesentlich gestört hätte - besonders wenn man diese aus dem Flugzeug beurteilt.

Absturzsicherungen auf dem Dach waren vorhanden, also wurde bauordnungsgerecht geplant: »Für vom Dach aus vorzunehmende Arbeiten sind sicher benutzbare Vorrichtungen anzubringen« (MBO, 2002). Einem nachträglichen Einbau eines Dachausstieges hat der Architekt aus urheberrechtlichen Gründen nicht zugestimmt. Nun muss möglicherweise das Gericht über die Frage der Wirtschaftlichkeit ./. Gestaltungsästhetik entscheiden.

Scheinbar muss man für praxisfremde Architekten extra praxisnahe Baugesetze mit eindeutigen Bestimmungen erlassen. In der Schweiz findet man zu diesem Thema in den Baureglements der Kantone bzw. der Kommunen folgende Formulierungen:

> **Art. 59 Dachausstieg**
> Jedes Dach muss aus dem Gebäudeinnern über einen Ausstieg zu Revisionszwecken betreten werden können.

oder

> **Art. 44 Dachausstieg**
> Das Dach eines jeden Gebäudes muss ohne fremde Hilfsmittel betreten werden können.

5.1.2 Sicherungseinrichtungen

Wenn bereits in der Planungsphase die erforderlichen Vorkehrungen berücksichtigt werden lassen sich die Kosten für spätere Wartungs- und Instandsetzungsarbeiten am Bauwerk erheblich reduzieren.

Die Bauordnungen der Länder (LBO) durch die DIN 4426 – Einrichtungen zur Instandhaltung baulicher Anlagen, Sicherheitstechnische Anforderungen an Arbeitsplätze und Verkehrswege, Planung und Ausführung (Ausgabe 09/2001) ergänzt bzw. konkretisiert.

»Nach der DIN 4426 sind nicht generell komplette Absturzsicherungen vorzusehen, sondern nur »Einrichtungen, die ein Abstürzen von Personen verhindern«. An solchen Einrichtungen muss der An- bzw. Einbau der vom Auftragnehmer mitgebrachten Sicherheitseinrichtungen (z.B. Anseilschutz) dann mit einfachen technischen Mitteln vervollständigt werden können« (Bau-BG, 2002).

Umwehrungen haben grundsätzlich Vorrang vor Anschlageinrichtungen. Deshalb müssen bei Flachdächern dauerhafte Einrichtungen eingebaut werden, die es gestatten Umwehrungen an den Absturzkanten anzubringen. Es darf jedoch von dieser grundsätzlichen Forderung abgewichen werden, wenn z.B. Anschlageinrichtungen für die Verwendung von einem Anseilschutz vorhanden sind.

Bei Anschlageinrichtungen werden zwei Möglichkeiten unterschieden. Der Anschlagpunkt als Festpunkt, oder die Anschlagkonstruktion als Schiene oder ein gespanntes Stahlseil. Anschlagpunkte und Anschlagkonstruktionen sind so zu wählen, dass sie allen Belastungen im Falle eines Absturzes standhalten! Ein Anschlagpunkt gilt als ausreichend tragfähig, wenn er eine Stoßkraft von mindestens 7,5 kN für jeweils eine angeschlagene Person aufzunehmen vermag. Das entspricht einer Belastung von 750 kg.

Forderungen:

»Jedes Dach, jede größere Dachteilfläche über 3,0 m Höhe muss für die Wartung/Pflege aus dem Gebäudeinneren und ohne fremde Hilfsmittel zugänglich sein« (ddDach, 2003).

»Das künstlerische Urheberrecht muss bei Bauwerken zurückstehen, wenn es um wirtschaftliche Interessen des Eigentümers geht« (ddDach, 2004).

Blitzableiter - Stiefkind der Planer?

Abbildung 58:

Andichtung durch Blitzschutzfirma minimalisiert

Abbildung 59:

Ergebnis eines nicht geplanten Blitzschutzes

Abbildung 60:

Nach Herstellerrichtlinien fachgerecht ausgeführter Anschluss, jedoch dadurch Verengung des Ablaufquerschnittes

Durchdringungen und Drähte auf dem Dach

5.1.3 Blitzschutz

Bei manchen Ausführungsbeispielen könnte man zu dem Schluss kommen, dass der äußere Blitzschutz ein Stiefkind der Gebäudeplanung ist und häufig nicht geplant bzw. koordiniert wird. Möglicherweise ist dies auch der Grund warum in den Fachregeln folgender Hinweis zu finden ist:

»Bei der Planung eines Blitzschutzsystems sind die Gewerke überschreitenden technischen Berührungspunkte zu berücksichtigen und abzustimmen« (ZVDH, 2003).

Besonders problematisch kann es werden, wenn die Blitzschutzanlage nach Abschluss der Abdichtungsarbeiten und dann noch ohne Beiziehung des Abdichtungsfachbetriebes montiert wird.

5.1.3.1 Äußerer Blitzschutz

Möglicherweise ist vielen Planern und Verarbeitern nicht bewusst, dass das »Merkblatt Äußerer Blitzschutz auf Dach und Wand« integraler Bestandteil der »Regeln für Dächer mit Abdichtungen« (ZVDH, 2003) ist. Das Merkblatt enthält besondere Hinweise zum Schutz der Dachfläche. Diese sollten nicht nur empfohlen werden, sondern als Mindestanforderung gelten.

5.1.3.1.1 Dachdurchführungen

Dachdurchführungen sind grundsätzlich zu vermeiden. Sollten dennoch Durchdringungen der Abdichtung erfolgen sind entsprechende Blitzableiter-Manschetten des Dachbahnenherstellers zu verwenden. Besonders geeignet sind Schrumpfmanschetten, die mit dem Handföhn erhitzt werden und sich dann zusammenziehen.

Die Eindichtungsarbeiten sind durch den Fachbetrieb auszuführen der die Abdichtung hergestellt hat. Die Oberkante der Manschette ist mit einer Klemmschelle zu sichern.

5.1.4 Dachdurchdringungen

Ob Materialkombinationen bei Dachdurchdringungen vernünftige und dauerhafte Lösung sind hängt vom Einzelfall ab. Sicherheit bieten grundsätzlich nur Lösungen, die nachweislich geeignet, untereinander verträglich und von beiden Herstellern freigegeben sind.

5.1.4.1 "Kemperolismus"

Markennamen, wie z.B. UHU, MAGGI, TEMPO, etc., können zum Eigennamen für eine ganze Branche werden. Noch heute ist der Begriff: »TROCAL-FOLIE« die laienhafte Bezeichnung für eine PVC-Dachbahn und wird unter dieser Bezeichnung, auch noch von Architekten als »Qualitätsbezeichnung« in Ausschreibungen verwendet.

Im Bereich der Flüssigabdichtungen hat das erste bekannte Produkt, entwickelt von Dr. H. Kemper, (1969 - Formulierung von flexiblem ungesättigten Polyester mit Armierung) mit dem Markennamen »KEMPEROL« diesen Status. Die Bezeichnung »KEMPEROL« steht heute für alle Flüssigabdichtungen und hat sich in den Köpfen vieler am Bau Beteiligten festgesetzt. Wo Detailzeichnung für Anschlüsse fehlen, vergessene Dachdurchdringungen nachträglich einzudichten, oder Anschlussbereiche nicht abdichtungssystemgerecht ausgeführt sind, wird nachträglich einfach »**gekempert**«, und hierbei ist es nicht immer das Produkt KEMPEROL.

Veröffentlichte Meinungen wie: »Für Flachdachabdichtungen, bei denen eine Vielzahl von komplizierten Durchdringungen mit nur geringen und verwinkelten Abmessungen einzudichten sind, bietet es sich an, die Fläche mit Bitumen- oder Kunststoffbahnen, alle komplizierten An- und Abschlüsse mit armierten Flüssigkunststoffen abzudichten und diese an die Flächenabdichtung anzuschließen« (GEBHARDT, 2003) dürfen nicht bedenkenlos hingenommen werden, denn die Flachdachrichtlinien verweisen unter 5.1 (5) eindeutig darauf:

»An- und Abschlüsse sollen aus den gleichen Werkstoffen wie die Dachabdichtung hergestellt werden. Werden unterschiedliche Werkstoffe verwendet, so müssen diese für den jeweiligen Zweck geeignet und untereinander verträglich sein« (ZVDH, 2003).

Dies ist leider nicht immer gewährleistet, denn Flüssigabdichtung ist nicht gleich Flüssigabdichtung.

Megafehlerquelle Planung (GAMERITH, 2003)

"Der Umstand, dass sich kaum Architekten in diverse Bauschadensseminare verirren, ist Zeugnis für eine tiefe Kluft zwischen jenen, die Schäden aufzeigen, und jenen, die dafür verantwortlich gemacht werden. Zugleich eine Kluft, die nicht selten mit den Eigenschaften "konservativ" und "progressiv" übereinstimmt".

Darstellung 54:

Standard-Detail-Sammlungen sind ein Verkaufsschlager

Quelle: Medienservice GmbH

Abbildung 61:

Regeldetail Wandanschluss, Regeldetail Türanschluss, dazwischen eine **Übergangsnullplanung**, deshalb handwerklicher Pfusch

Abbildung 62:

Regeldetail Betonfertigteil, Regeldetail Abdichtungsanschluss, dazwischen: **Regeldetaildifferenz**

Spontanplanung mit Sekundendetails

5.2 Spontanplanung

Spontanplanung mit Sekundendetails ist eine Folge der Nichtplanung. Sie erfolgt dann, wenn der Unternehmer per Handy von der Baustelle anruft und nachfrägt, wie ein bestimmter Detailpunkt zu lösen ist. Meist werden dann schnell Regeldetails von der „Architekten-Problemlöser-CD" kopiert (1x Regeldetail Wand, 1x Regeldetail Tür) und dem Unternehmer per Fax, oder besser gleich per Bilddatei aufs Handy übermittelt. Die Nachfrage des Unternehmers wird damit jedoch nur ungenügend beantwortet. Ihn interessiert im Wesentlichen der Übergang der beiden Regeldetails im Bereich der Türlaibung. Das Resultat: aufgrund der spontanplanerischen Nichtlösung wird dann vielfach örtlich „gepfuscht" (siehe Abbildung 61), denn die „alten" Handwerker, die noch in der Lage waren, solche Situationen fachgerecht zu lösen, werden (leider) immer weniger.

5.2.1 „Kopieren statt Kapieren"

Das von R. PROBST (1988) stammende Zitat gewinnt zunehmend an Bedeutung wenn man manche Planungsordner betrachtet, die nur noch aus zusammenkopierten Regeldetails bestehen, oder am PC hergestellte Planunterlagen mit einkopierten Standarddetails, die aus der Datenbank eines Anbieters heruntergeladen wurden. Zunehmend bieten auch verschiedene Verlage »**Problemlöser**« für zeitlich überlastete Architekten an.

5.2.1.1 Standard-Detail-Sammlung

"Der Teufel steckt bekanntlich im Detail. Die neue Standard-Detail-Sammlung bietet Ihnen für häufig auftretende Konstruktionen eine Fülle von Leitdetails. Die CD-Rom enthält alle Details im PDF-, DXF- und DWG-Format, so dass ein schneller und flexibler Datentransport in die verschiedenen CAD-Systeme möglich ist".

Nächste Werbung, mit zeitlich begrenztem Sparpreisangebot:

"Die Neuauflage erhält jetzt mehr Details. Davon 65 neue oder stark veränderte Details zu Themen, wie z.B.: Balkone mit barrierefreien Eingängen, Dachan- und abschlüsse, etc. Alle Details wurden durchgesehen und auf ihre konstruktive Tauglichkeit überprüft".

Bei solchen Werbeaussagen stellen sich natürlich die Fragen, waren die Details in der vorhergehenden Ausgabe nicht tauglich? Wer hat diese durchgesehen, überprüft und für tauglich erklärt?

5.2.2 Überprüfungspflicht

Um **"Regeldetaildifferenzen"** oder **"Übergangsnullplanungen"** zu vermeiden müssen auch Regeldetails überprüft und vor allem in die Planung integriert werden. Übergangsbereiche sind falls erforderlich entsprechend zu ergänzen, ansonsten ist die Ausführungsplanung unvollständig:

"Der Architekt schuldet eine mangelfreie, funktionstaugliche Planung, die dem ausführenden Unternehmer insbesondere die schadensträchtigen Details einer Abdichtung in einer jedes Risiko ausschließenden, nicht auslegungsbedürftigen Weise verdeutlichen muss".

(OLG Düsseldorf, Urteil vom 22.06.2004 - 21 U 225/03 - Haftung wegen lückenhafter Ausführungsplanung).

5.2.2.1 Fachplaner und Sonderfachleute

Das OLG Dresden, hat mit dem Urteil vom 09.04.2003 noch einmal die weitreichende Prüfungspflicht des Architekten aufgezeigt. Ein Architekt muss den Bauherrn auch vor ungeeigneten Vorschlägen eines Fachplaners warnen. Bei dem Urteil ist das Gericht davon ausgegangen, dass der Architekt auch die Beiträge anderer an der Planung fachlich Beteiligter auf ihre Richtigkeit hin prüfen muss, soweit die von einem Architekten zu erwartenden Kenntnisse reichen. Grobe, ins Auge springende Fehler, die zum Allgemeinwissen eines Architekten gehören, muss der Architekt erkennen und den Fachplaner bzw. den Bauherrn darauf hinweisen.

OLG Koblenz,
Urteil vom 17.12.1996, AZ. 3 U 1058/95

»Der Architekt kann sich im Falle einer Inanspruchnahme durch den Bauherrn aufgrund einer fehlerhaften Ausführung nicht darauf berufen, dass für diese Leistung ein Sonderfachmann beauftragt gewesen und dieser allein für den Schaden verantwortlich sei. Er ist zumindest verpflichtet, die Planung des Sonderfachmanns auf Übereinstimmung mit dem ihm gemachten Vorgaben und auf technische Plausibilität zu prüfen. Im Zweifel muss der Architekt ergänzende Angaben und Berechnungen vom Sonderfachmann verlangen. Kommt er dieser Verpflichtung nicht nach, so haftet er dem Bauherrn gegenüber zusammen mit dem Sonderfachmann als Gesamtschuldner«.

Zügiger Wasserabfluss missverstanden

Abbildung 63:

In Splitt eingelegte Kastenrinnen ohne Anschluss an die Entwässerungseinrichtungen sind keine fachgerechte Lösung. Ein zügiger Wasserabfluss ist nicht gegeben

Abbildung 64:

Trotz besonderer Hinweise in den Fachregeln scheinen Planer und Ausführungsbetrieb nicht zu begreifen, dass auf Feinkies aufgelegte handelsübliche Lichtschachtroste keine fachgerechte Ausführungslösung sind.

Der nicht geplante Übergang zwischem dem Regeldetail Türanschluss und Wandanschluss ist nicht dicht und wird mit »Bitumenpaste« vorläufig abgedichtet

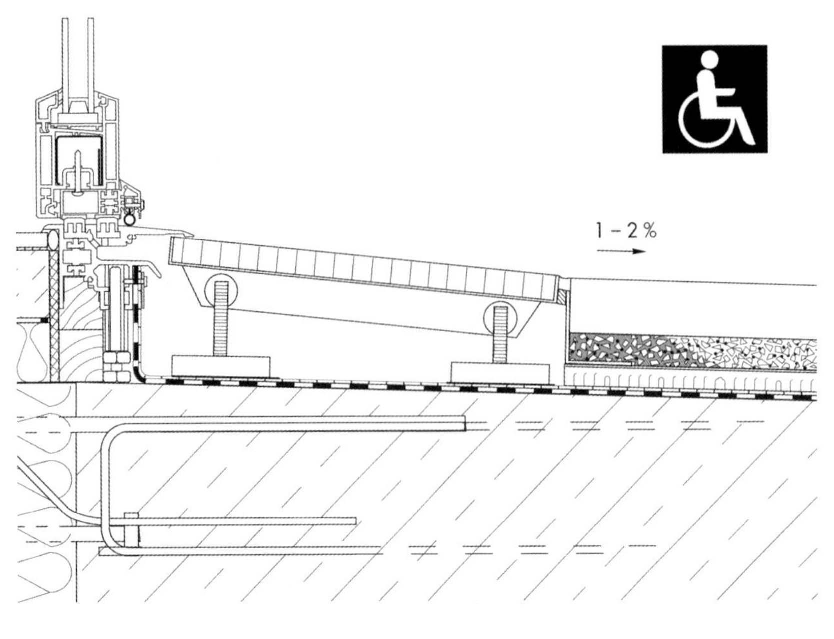

Darstellung 55:

Barrierefreier Türanschluss mit Drainrost BF nach DIN 18 025

(1) AquaDrain BF Drainrost, Neigungswinkel verstellbar
(2) Belag, z.B. Beton- oder Naturwerksteinplatten
(3) Ausgleichsschicht verdichtet, z.B. Feinsplitt, Grobsand, Perlkies
(4) AquaDrain T+ Drainagematten
(5) Trennlage.
(6) Abdichtung nach DIN 18 195 T5

Quelle: Gutjahr GmbH

Barrierefreiheit kontra Feuchtigkeitsschutz ?

5.3 Besondere Planung

Verschiedene Dachdetails sind unverständlicherweise immer wieder in der Diskussion, obwohl die Zielsetzung der Fachregeln eindeutig ist: Die Ausführung der Abdichtung muss die Konstruktion dauerhaft vor Feuchtigkeit schützen. Dies betrifft insbesondere Anschlussbereiche bei denen die erforderliche Andichthöhe unterschritten wird, wie z.B. bei Türanschlüsse.

5.3.1 Türanschlüsse

Nach den Flachdachrichtlinien (Ausgabe 2003) ist eine Verringerung der Anschlusshöhe im Bereich von Türen auf 5 cm möglich, wenn »**zu jeder Zeit ein einwandfreier Wasserablauf im Türbereich sichergestellt ist**« (ZVDH, 2003). Es reicht also nicht, wie oft vorgefunden, vor den Türen Gitterroste auf ein Kiesbett zu legen, oder im Bereich der Tür Kastenrinnen in den Belag einzupassen - siehe Abbildung 63.

Die Problematik scheint größer als angenommen, denn in der Fortschreibung der Flachdachrichtlinien (2003) sind nun drei Regeldetails zu finden. In diesen ist jedoch der Übergang zum Wandanschluss (in der Türlaibung) nicht dargestellt. Das bedeutet, dass unter Zugrundelegung der beiden Regelschnitte (Wand und Tür) die Situation, insbesondere der Übergangsbereich fachgerecht zu planen ist.

5.3.1.1 Gitterroste

Großmaschige Roste, bei denen Oberflächenschmutz, wie z.B. feinblättriges Laub, durchfällt sind ebenso wenig geeignet, wie spritzwasserreflektierende Loch-, oder Schlitzroste. Roste mit einer Maschenweite von z.B. 30x10 mm mit einem eingelegten Schmutzgitter sind optimal. Dadurch werden grobe organische Stoffe zurückgehalten, bleiben sichtbar liegen und können bei der regelmäßigen Wartung leicht entfernt werden.

5.3.1.2 Einwandfreier Wasserablauf

Der einwandfreie, zügige Wasserablauf wird nicht durch den Gitterrost gewährleistet, sondern durch die unter dem anschließenden Belag eingebaute Dränschicht oder einem Wasserableitprofil. Bei Dränschichten sind solche am besten geeignet, die über ein hohes Wasserableitvermögen verfügen. Nach GUTJAHR (2004) erreichten Kies und Splitt, die am häufigsten eingesetzten Dränschichten, schlechte Werte und sind deshalb nicht geeignet, bzw. mit geeigneten Entwässerungsprofilen zu ergänzen. Bewährt haben sich industriell hergestellte Flächendrainagen, die über ein Mindestablaufvermögen von 1,0 l(m*s) verfügen. Die Nachweise sind den Datenblättern der jeweiligen Produkte zu entnehmen.

5.3.2 Barrierefreie Ausgänge

Eine veränderte Gesetzeslage wird zur Folge haben, dass künftig Türanschlüsse im Bereich von Balkonen und Terrassen barrierefrei herzustellen sind. In den aktuellen Fachregeln wird gefordert, dass untere Türanschläge zu vermeiden sind. Sollte dies nicht möglich sein, dürfen sie nicht mehr als 20 mm betragen.

Solche barrierefreien Übergänge sind nach den Flachdachrichtlinien (Ausgabe 2003) Sonderkonstruktionen. Daraus ergeben sich besonders hohe Anforderungen an Planung und Ausführung. »Die Abdichtung allein kann die Dichtigkeit am Türanschluss nicht sicher stellen, deshalb sind zusätzliche Maßnahmen erforderlich, z.B.:

- beheizbarer, wannenförmiger Entwässerungsrost mit direktem Anschluss an einen Dachablauf,
- Spritzwasserschutz durch Überdachung,
- Türrahmen mit Flanschkonstruktion,
- Abdichtung des Innenraums.« (ZVDH, 2003).

5.3.2.1 Barrierefrei in Österreich

Die Fachregeln in Österreich (Ö-Norm B 7220) behandeln »schwellenfreie Übergänge mit 0,5 cm über Niveau« besonders deutlich mit planungsspezifischen Hinweisen:

Auf der Außenseite der Türschwelle ist eine Gitterrostabdeckung mit einer Breite von mindestens 20 cm und seitlichem Überstand über die lichte Weite der Türschwelle von jeweils 30 cm vorzusehen. Für eine rasche Ableitung des Niederschlagswassers ist zu sorgen. Diese Maßnahme gilt im Zusammenhang mit einer auskragenden Dachkonstruktion, z.B. Glasdach, deren Auskragung für die ortsüblich zu berücksichtigenden Regenspenden so ausgelegt sein muss, dass bei normalen Witterungsbedingungen kein Wasseranfall, z.B. Schlagregen, im Türschwellenbereich vorkommt.

Barrierefreie Türanschlüsse

»setzen eine detaillierte Planung und besonders sorgfältige Ausführung dieses Details voraus. Mit geeigneten Dränschichten und Gitterrosten können die recht hohen Risiken erheblich gemindert werden« (GUTJAHR, 2004).

Wenn der eine nicht weiß, was der andere tut ....

Abbildung 65:

Keine Fußbodenheizung für den geplanten Plattenbelag

Abbildung 66:

Nachträgliche Verlegung von Elektroinstallationen durch die bereits fertiggestellte Abdichtung mit Belagfläche

Abbildung 67:

Türlaibungs-Leerrohr-Abdichtungskunst

Pflicht zur Koordination

5.4 Schnittstellenkoordination

Die Schnittstellenproblematik resultiert vielfach aus der Planungsproblematik. Unerfahrene Planer, die nicht in der Lage sind das Zusammenwirken und die Abhängigkeiten der einzelnen Gewerke zu überblicken sind häufig die Verursacher.

Koordinieren der fachlich Beteiligten bedeutet im Zuge der Bauausführung (Objektüberwachung die technische und terminliche Koordination der ausführenden Firmen durch den Architekten. Es bedeutet aber auch, dass die für die Ausführung erforderlichen Unterlagen rechtzeitig vor der Ausführung vorliegen.

5.4.1 Koordinationspflicht

Der Architekt, der die Bauüberwachung übernommen hat, muss dafür sorgen, daß die verschiedenen Arbeiten der verschiedenen Gewerke sachdienlich und zeitlich aufeinander abgestimmt sind. Diese Koordinierungspflicht ist dort eingeschränkt, wo es um die Abstimmung der Leistungen von mehreren Sonderfachleuten oder Spezialunternehmen geht, deren Fachgebiet der Architekt nicht beherrschen muss. Hier trifft die beteiligten Sonderfachleute die Koordinierungs-pflicht für ihren Tätigkeitsbereich (Baurecht 1976, Urteil des BGH, Seite 138).

Der BGH konstituiert hier richtigerweise die Grenzen der Koordinierungspflicht parallel zu den Grenzen der Überwachungspflicht (vgl. unter Haftung / Lph 8, 9 / Überwachungspflichten). In beiden Fällen hören die Pflichten des Architekten dort auf, wo Spezialkenntnisse von ihm nicht mehr verlangt werden können. Hier ist jedoch zu beachten, dass der Architekt in Folge dieser Begrenzung seiner Pflichten die Leistungen von Sonderfachleuten nicht etwa völlig aus den Augen verlieren kann; vielmehr hat er diese Leistungen - eben soweit seine Kenntnisse reichen - durchaus zu überwachen und zu koordinieren.

5.4.1.1 Haftung

Der Architekt hat das Bauvorhaben beginnend im Planungsstadium und vor allem im Rahmen der Objektüberwachung (vgl. § 15 II Nr. 8 HOAI) zu koordinieren. Er hat in technischer und zeitlicher Hinsicht für einen reibungslosen Ablauf der Bauwerkserrichtung zu sorgen, insbesondere die Leistungen der verschiedenen Baubeteiligten sowie die einzelnen Baustufen bis hin zu Abnahmen aufeinander abzustimmen. Der Architekt hat darauf zu achten, dass Leistungen nicht vorschnell erbracht werden, deren Verwertbarkeit nicht feststeht. Bei größeren Vorhaben ist die Koordinierungstätigkeit von den Leistungen der Projektsteuerung (§ 31 HOAI) abzugrenzen.

Die Verletzung der Koordinierungspflicht kann Schadensersatzansprüche des Bauherrn auslösen. Von Bauunternehmern, die mangelhaft gearbeitet haben, kann dem Bauherrn eine Verletzung der Koordinierungspflicht (nicht der Überwachungspflicht) durch seinen Architekten u.U. als Mitverschulden entgegengehalten werden. Die Koordinierungspflicht ist zu unterscheiden von der Pflicht des Architekten, seine eigenen Leistungen rechtzeitig, aber nicht voreilig, zu erbringen.

5.4.2 Organisationspflicht

Unter Organisation versteht man die Gestaltung betrieblicher Abläufe und Verfahrensweisen mit dem Ziel möglichst sachgemäßen Handelns bis zur Vollendung eines mangelfreien und abnahmefähigen Werkes.

Verschulden ist ein Rechtsbegriff, der in den verschiedenen Rechtsgebieten vieldeutig vorkommt. In der Kombination mit Organisation bedeutet er somit die schuldhafte Verletzung von Organisationspflichten bzw. das Nichterfüllen rechtlicher Anforderungen an betriebliche organisatorische Maßnahmen (ROTHE, 2003).

Im Schadensfall wird einem Unternehmen ein Organisationsverschulden zur Last gelegt, wenn es nicht nachweisen kann, dass alle zur Schadensvermeidung erforderlichen Maßnahmen eingehalten bzw. ergriffen wurden.

BGH, Urteil vom 22.01.1998

Ein Mangel des Architektenwerks kann vorliegen, wenn übermäßiger Aufwand getrieben wird. Wenn bei der Wärmedämmung oder der Dachkonstruktion überflüssiger Aufwand betrieben worden sei, könne die Planung mangelhaft sein. Eine unwirtschaftliche Planung könne auch dann mangelhaft sein, wenn sie sich im Rahmen der vorgegebenen Kosten halte.

Entscheidend ist also die Wirtschaftlichkeit einer Baukonstruktion (Vermeidung übermäßigen Aufwandes). Ist die Wirtschaftlichkeit nicht gegeben, kann die Planung mangelhaft sein - mit allen Konsequenzen (Minderung des Werklohnes).

Experten für dauerhaft sichere Lösungen

Abbildung 68 bis 70:

Auch runde Gebäudeformen mit unterschiedlichen Dachneigungen sind vom Experten geplant und von einer Fachfirma ausgeführt dauerhaft sicher

Klare Vereinbarungen sichern den Bauerfolg

5.5 Vermeidung von Problemen

Streitereien entstehen meistens dann, wenn die am Bau beteiligten Partner unterschiedlicher Auffassung sind. Oft enden diese gegensätzlichen Ansichten vor Gericht, obwohl inzwischen bekannt sein dürfte, dass »jeder Prozess ein Abenteuer mit ungewissem Ausgang ist. Dafür sorgt schon der Umstand, dass sich der Sachverhalt, der dem Prozess zugrunde liegt, im Verlauf des Verfahrens (in dem Fiktionen, Vermutungen und formalisierte Beweisregeln eine wesentliche Rolle spielen) unweigerlich verändert, namentlich aber auf das »Rechtsrelevante« reduziert. Was nicht in das System (etwa der Beweismittel) oder den Begriff (etwa des Schadens oder Schuld) passt, fällt heraus. Was schließlich als gerichtlich festgestellter Sachverhalt zurückbleibt ist ein »Konstrukt der urteilenden Richter«. Juristisch ist der Sachverhalt damit geklärt, klar ist er aber nur juristisch. »**Jeder Prozess ist ein Verlust. Der beste Prozess ist der vermiedene**« (GAUCH, 2001).

5.5.1 Mangelbegriff

Bei der Bewertung von negativen Abweichungen zwischen Soll- und Istzustand als Mangel werden leider immer wieder Fehler gemacht, sowohl von Fachleuten als auch von Auftraggebern. Manchmal ist bereits die Feststellung einer Abweichung zwischen dem Sollzustand und dem tatsächlich vorhandenen Istzustand für den Sachverständigen mit Schwierigkeiten verbunden, da der vertraglich "geschuldete" Sollzustand in rechtlicher Hinsicht mangelns eindeutiger Definition nicht immer zu definieren ist.

Nicht alles, was als Mangel bezeichnet wird oder werden soll, ist in rechtlicher Hinsicht tatsächlich ein Mangel. Eine Leistung ist mangelhaft, wenn:

- eine negative Abweichung vom vertraglich geschuldeten Zustand vorhanden ist, oder
- eine vertraglich zugesicherte Eigenschaft fehlt, oder
- die anerkannten Regeln der Technik nicht eingehalten sind, oder
- ein Fehler vorliegt, der den Wert oder die Tauglichkeit zu dem gewöhnlichen oder nach dem Vertrag vorausgesetzten Gebrauch aufhebt oder mindert, oder
- eine vertragswidrige Leistung erbracht ist.

Wichtig: Bereits beim Vorliegen einer der vorgenannten Voraussetzungen ist eine Leistung als mangelhaft zu bewerten.

5.5.2 Bauvertrag

Resultierend aus der Rechtssprechung können folgende Umkehrschlüsse gezogen werden:

- Der Bauvertrag ist wichtigster Vertragsbestandteil. Aus Beweis und Rechtssicherheitsgründenn sollte der Vertrag grundsätzlich schriftlich abgeschlossen werden. Von der Verwendung komplizierter Klauselwerke, die keiner mehr versteht, ist Abstand zu nehmen.
- Eine detaillierte Leistungsbeschreibung ist das Herz eines Bauvertrages, in dem die zu erbringende Bauleistung eindeutig und erschöpfend beschrieben sein sollte. Je ausführlicher, desto besser.
- Die Erwartungshaltung des Auftraggebers hinsichtlich der Gebrauchstauglichkeit und -dauer muss eindeutig definiert werden.

Ein relativ geringer Mehraufwand für klare und eindeutige Bauvertragsunterlagen lohnt sich immer, denn man kann sich dadurch nicht nur viel Ärger ersparen, sondern auch aufwändige, kostspielige und unnötige aber auch mühselige, langwierige Gerichtsverfahren.

5.5.3 Anforderung an alle Baubeteiligten

Den Bauherrn interessiert allein das Endprodukt des gesamten Bauwerks. Zur Erreichung dieses Ziels beauftragt er Architekten und Ingenieure, manchmal auch Sonderfachleute. Besonders auffällig ist, dass hierbei speziell das Fachgebiet "Abdichtung" ungenügend berücksichtigt wird. Mit der Meinung, dass Dächer mit Abdichtungen nicht geplant werden müssen, oder die Abdichtungstechnik zur Ausbildung des Architekten gehört - und deshalb kein Sonderfachmann notwendig ist - stellt als Bauherr manchmal selbst den dauerhaften Erfolg seines Bauvorhabens in Frage, denn es gibt nur wenige Architekten, die die Situation einschätzen können und bei komplizierten Bauten auf eigene Kosten sich der Hilfe eines Experten bedienen.

Traurig aber Wahr

»Den Werkstoff FPO/TPO bei Dachbahnen kenne ich nicht, da ich in den letzten 2 Jahren aufgrund eines Motoradunfalls im Krankenhaus lag« (*).

»Die Abdichtungsbahn wurde optisch begutachtet. Es konnten keine Eigenschaftsveränderungen festgestellt werden«(**) **- festgestellt wurden danach bei Untersuchungen einer amtlichen Prüfanstalt Änderungen bei der Reißdehnung (35%) und Reißfestigkeit (41%)** - Tabelle 20, Seite 180.

(*) Aussage eines Dachdecker-Innungsmeisters (2003).
(**) Aussagen im Gerichtsgutachten eines ö.b.v. Sachverständigen für Schäden an Gebäuden

Referenzprojekte können aufschlussreich sein

Abbildung 71:

Referenzprojekte sind aufschlussreich:

Wenn versucht wird auf einer PVC-Abdichtung undichte Dachabläufe mit bituminösen Bahnen abzudichten, oder ....

Abbildung 72:

.... wenn Undichtigkeiten in einer mit ECB-Bahnen abgedichteten Fläche mit Bitumenkaltselbstklebebahnenstreifen beseitigt werden sollen, darf man sich schon einmal die Frage nach der Fachkunde des Dachdeckerinnungsbetriebes stellen

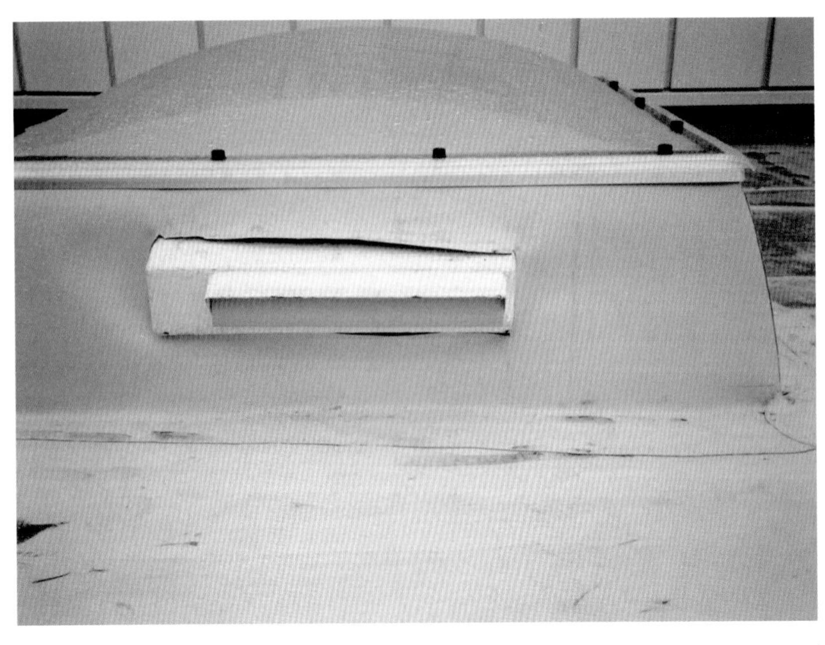

Abbildung 73:

Referenzprojekte sind aufschlussreich:

Besonders dann, wenn man bei Neubauten Anschlussbereiche findet, die nach Monaten immer noch nicht fachgerecht eingedichtet sind

Fachfirmen und Ausführung

6 Fachkunde

Mit einem Anteil von ca. **45%** für eine mangelhafte Verarbeitung (ERNST, 1999) ist in der Schadenstatistik die Schlechtleistung der Verarbeiter dokumentiert. Dies wird auch nicht durch andersartige Beteuerungen des Verbandes gemindert. Im Gegenteil, Erfahrungen der letzten Jahre deuten darauf hin, dass der prozentuale Anteil eher zu- als abnimmt. Bestätigt wird dies u.a. im 19. Bericht des Institutes für Bauforschung (IFB) - Bauschäden beim Bauen im Bestand. Die Verfasser kommen zu folgenden Erkenntnissen:

»Mangelhaft ausgeführte Abdichtungen bei Flachdachsanierungen sind die dritthäufigste Schadensursache für Bauschäden im Bestand« (IFB, 2003).

Neben einem mangelhaften Wetterschutz wird in der o.g. Studie auf die Problematik der Schweißarbeiten bei bituminösen Abdichtungen mit offener Flamme hingewiesen. Die unsachgemäße Ausführung dieser Arbeiten mit teilweise enormen Brandschäden stellt die zweithäufigste Schadensursache beim Bauen im Bestand dar. Insgesamt wird angemerkt, dass bei Abdichtungsarbeiten vielfach gegen die Fachregeln verstoßen wurde. Darüber hinaus ist »in erster Linie das unzureichende Verschweißen der Dichtungsbahnen in den Stößen bzw. die unzureichende Naht- und Stoßüberdeckung zu nennen« (IFB, 2003).

Möglicherweise werden Kritiker diskutieren ob die im 19. Bericht dargestellten 275 Schadensfälle repräsentativ sind oder nicht. Dies ist jedoch nicht maßgeblich, denn die Autoren hoffen mit der exemplarischen Darstellung und Analyse aufgetretener Bauschäden wichtige Hinweise zu möglichen Schadensquellen zu geben und damit die am Bau Tätigen zur Vermeidung zukünftiger Schäden zu sensibilisieren.

Die negative Tendenz, die bei der Ausführung von Abdichtungsarbeiten zu bemerken ist, hat auch eine zweite Seite. Manchmal hat man den Eindruck, dass einige Auftraggeber keinen Wert auf eine qualifizierte und damit dauerhafte Ausführung legen, denn die Aufträge werden ausschließlich an den Billigsten vergeben. Dies hat dann zur Folge, dass der beauftragte Unternehmer die Leistungen nicht mehr selbst ausführt, sondern an kleinere Firmen, »Einmann-Betriebe« aber auch sog. »Gut-Wetter-Kolonnen« vergibt. Diese erbringen dann die Verarbeitungsleistungen für den Auftragnehmer z.T. mit eigenem Handwerkszeug. Fachkunde ist dabei nicht unbedingt notwendig, denn die Vergütung erfolgt erst nach der Abnahme nach dem Motto: **»Geht's gut, gibt's Geld«**.

Darstellung 56:

Aufgliederung der Schadensfälle nach Schadensquellen beim Bauen im Bestand. Mit **64 %** liegen die **Ausführungsfehler** weit vor den Planungs- und Bauüberwachungsfehlern (IFB, 2003).

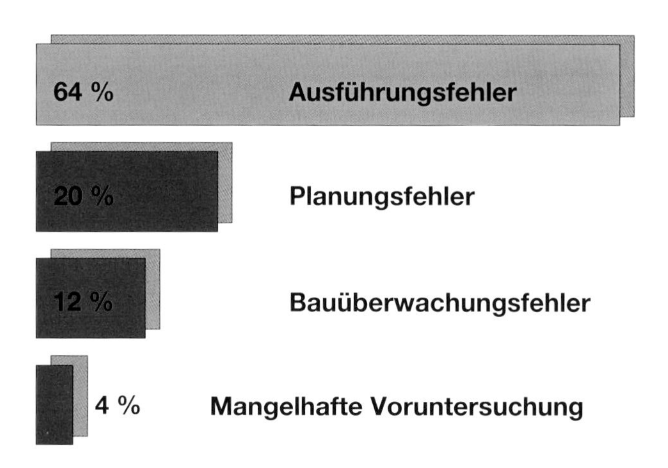

Referenzen und Nachweise

Abbildung 74:

Eine Fachfirma zeichnet sich u.a. auch dadurch aus, dass:

... für die jeweilige Verarbeitung die geeigneten und regelmäßig gewarteten Geräte eingesetzt werden

Abbildung 75:

..... geschulte und materialerfahrene Mitarbeiter auch in ungewöhnlichen Situationen gewissenhaft und sauber arbeiten

Abbildung 76:

..... Probeschweißungen mit Nahtprüfungen erfolgen, bevor mit der Arbeit in der Fläche begonnen wird

6.1 Fachfirma

Seit Jahren jammert die Dachbranche über den Preisverfall und die Vergabe zum billigsten Angebotspreis.

Ist hier die Branche teilweise nicht selbst schuld, indem sie nichts gegen die »schwarzen Schafe« unternommen haben und diese jahrelang gewähren ließen?

Was wurde aus den Handwerksbetrieben die zu überregional tätigen (herstellerabhängigen) Dienstleistungsunternehmen geworden sind und größtenteils heute nicht mehr existieren?

Entstanden durch den Atomisierungseffekt nicht noch viel mehr Klein-, Kleinst- und Einmann-Unternehmer, die teilweise aus Existenzangst ihre Leistungen weit unter Wert anbieten und dadurch wiederum der Branche schaden?

Die Nachfrage nach einer ordentlichen, fachgerechten Abdichtungsleistung durch einen Fachbetrieb nimmt stetig zu. Dies zeigen die Nachfragen beim ddDach e.V.

6.1.1 Dachdecker-Fachbetrieb

Allein die Tatsache, dass ein Firmeninhaber oder Geschäftsführer einen Meisterbrief hat ist nicht unbedingt Bewertungsmaßstab. Insbesondere dann nicht, wenn der Geschäftsührer sich nur noch der Akquisition und Repräsentation widmet und das »Tagesgeschäft« seinen Baustellenleitern überlässt, die nur über ungenügende Kenntnisse der anzuwendenden Fachregeln verfügen und mit (freien) Mitarbeitern, ohne materialspezifischen Erfahrungen, die Baustellen abwickeln.

Aus dem Umkehrschluss kann man schließen, dass zur Beurteilung einer Fachfirma mehrere Faktoren berücksichtig werden sollten, denn nur der Mitarbeiter fügt auf der Baustelle die Materialien zu einer vom Bauherrn bestellten Werkleistung zusammen und vielfach nicht der Geschäftsführer oder Firmeninhaber mit Meisterbrief.

6.1.2 Mitarbeiter

Mitarbeiter kommen und gehen, deshalb ist ein besonders wichtiges Kriterium zur Beurteilung einer Fachfirma, die Dauer der Zugehörigkeit der Mitarbeiter und deren Qualifikation. Dies gilt besonders für die Mitarbeiter, die mit der Verarbeitung auf der Baustelle betraut sind.

Eine Fachfirma ist darauf bedacht, dass sich die (langjährigen) Mitarbeiter durch entsprechende Schulungen die jeweils materialspezifischen Eigenschaften der verschiedenen Produkte aneignen um eine fachqualifizierte Ausführungsleistung erbringen zu können. Zu den praktischen Ausführungserfahrungen gehört auch die Kenntnis über die Anwendung gemäß den Mindestanforderungen der Fachregeln und ergänzende Anforderungen der Herstellerrichtlinien. Viele als »Subunternehmer« projektbezogen beauftragte »Einzelpersonenunternehmer« verfügen meist nicht über solche Kenntnis und Erfahrung.

6.1.3 Seriöse Unternehmenspolitik

Mit einer Unternehmenspolitik der ständigen Mitarbeiterfortbildung kann sich eine Fachfirma von einem Dienstleistungsunternehmen positiv absetzen. Möglicherweise klingt dies aus der Sicht der Verarbeiter theoretisch, denn es herrscht dort die Einstellung, dass Qualität nicht mehr gefragt ist und sowieso nur der »billigste« Bieter den Auftrag erhält. Dies mag bei den Auftraggebern und Bauherrn zutreffen, die zwischen Gut- und Schlechtleistung nicht unterscheiden können oder wollen.

Es ist jedoch festzustellen, dass durch Fachveröffentlichungen eine zunehmende Sensibilisierung für (Ausführungs-) FEHLER erfolgt und immer mehr Besteller zur Abnahme einen erfahrenen Fachmann bzw. unabhängigen Sachverständigen hinzuziehen. Nachfolgende Berichte sollen die erforderliche Verarbeitungsqualität weiter verdeutlichen und das »Machbare« aufzeigen.

Nachweis der Qualifikation

Aufgrund der deutlich zunehmenden Schlechtleistungen bei Dächern mit Abdichtungen deren Ursache hauptsächlich mit mangelnder Qualifikation zu begründen ist, wurden von der Europäischen Vereinigung dauerhaft dichtes Dach - ddD e.V. - Leitlinien für eine qualifizierte Ausführung ausgearbeitet.

Durch den Nachweis der besonderen Fachkunde, Materialerfahrung und Qualifikation der Mitarbeiter und den Nachweis der technischen Ausstattung müssen die Grundbedingungen offengelegt werden die notwendig sind um eine vom Auftraggeber erwartete fachgerechte Leistung zu erbringen. Der Auftraggeber kann dann selbst entscheiden ob er solche Qualitätskriterien anlegen will oder ob eine Beauftragung ausschließlich nach Kostenkriterien erfolgen soll.

Ausführungs-anforderungen

Bahnenwerkstoffe Werkstoffgruppen	Mindestbreiten einfache Naht in mm		
	Heißluft-, oder Warmgas-schweißen	Heizelement-schweißen	Quell-schweißen
Nationale Regelwerke	**D / A**	**D / A**	**D / A**
CSM	20 / 20	20 / 20	30 /
ECB	30 / 40	30 / 30	
EVA	20 / ..	20 / ..	30 / ..
PEC	20 / ..	20 / ..	30 / ..
PIB			30 / 30
PVC-P	20 / 20	20 / 20	30 / 30
TPO / TPE / FPO	20 / 30	20 / ..	.. / 40

Tabelle 16:

Gegenüberstellung von Schweißnahtbreiten nach Bahnenwerkstoffen und Schweißverfahren

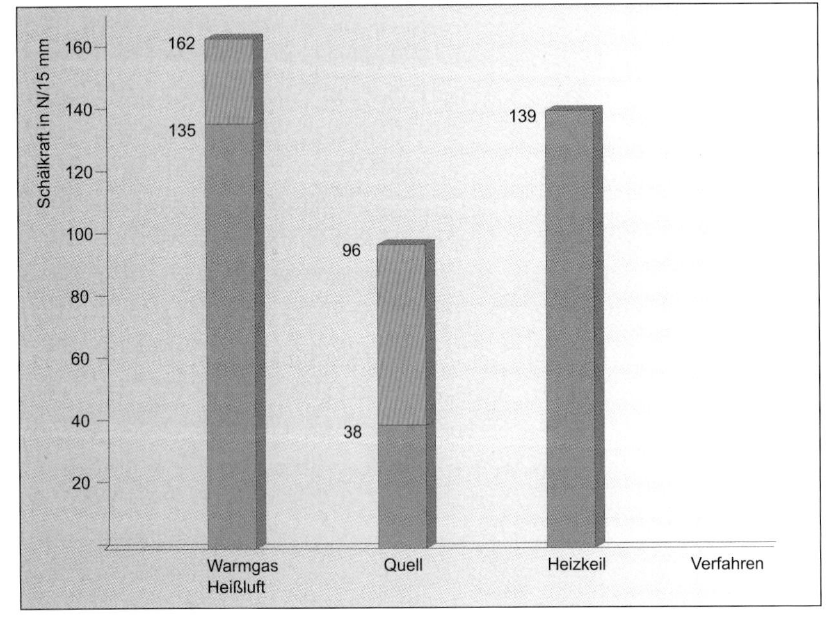

Darstellung 57:

Naht-Schälwerte von PVC-Bahnen nach Art des Fügeverhaltens

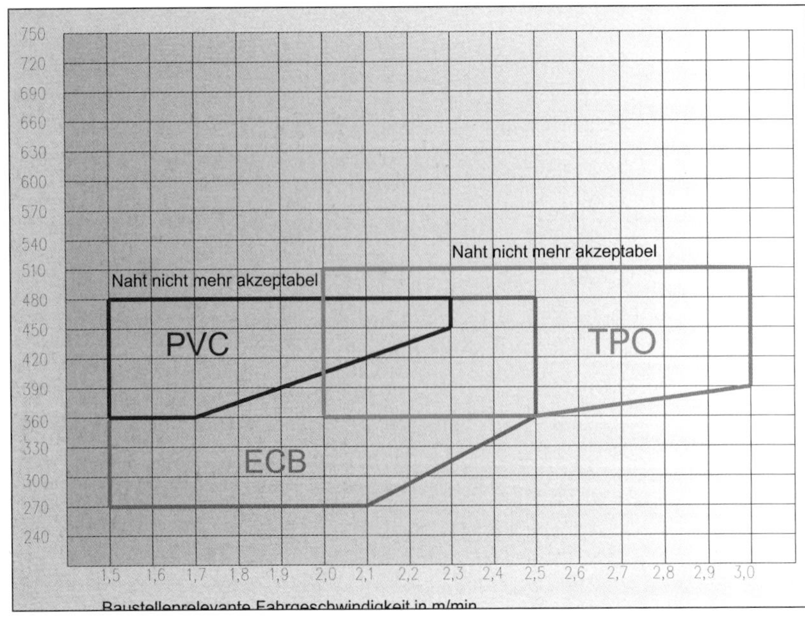

Darstellung 58:

Schweißfenster aus ERNST (1999, 2004)

Werner Spaniol
Fügetechnik bei Bahnen

6.2 Nahtverbindungen bei Elastomer- und Kunststoffbahnen

Das Flachdach ist ein wesentlicher Bestandteil eines Gebäudes, das als Investitionsteil die Werte des Bauherrn schützt. Als Systempaket kann es nicht fertig im Laden von der Stange gekauft werden, sondern muss vor Ort aus verschiedenen Komponenten gefertigt werden. Neben den guten labormäßig ermittelten Merkmalswerten müssen diese Komponenten auch nach den vorgegebenen Regelwerken eine gesicherte Applikationsfreundlichkeit unter Baustellenbedingungen gewährleisten.

Für den Verleger spielen dabei nicht nur die Einkaufskonditionen der Zukaufsprodukte sondern auch handlingsfreundliche, zuverlässige und hohe Verlegeleistungen, also Verlegefreundlichkeit der Baustoffkomponenten eine wesentliche Rolle. Eine der wichtigsten Forderungen ist dabei die sichere und dauerhafte Fügetechnologie der Abdichtungsbahn. Zusammen mit der fachgerechten Verarbeitung sichert diese dem Bauherr das gewünschte dauerhaft dichte Endprodukt für den Schutz seiner Investitionen.

6.2.1 Anforderungen

Für die Herstellung einer sicheren Nahtverbindung müssen die Fügeflächen im Überlappungsbereich der beiden Abdichtungsbahnen frei von Verunreinigungen und trocken sein. Was für die Herstellung einer Schweißnaht zwischen Metallteile bestens bekannt und praktiziert wird, sollte auch beim Schweißen zwischen polymeren Werkstoffen zum Standard gehören. Das wird auf den Baustellen leider nicht immer beachtet. Die von den Bahnenlieferanten oder den Regelwerken vorgegebenen Überlappungsbreiten sind auch ergänzend mit Blick zur Vermeidung nachteiliger thermischer Belastung oder Schädigung anderer Komponenten im Systemaufbau zu beachten.

Die Anforderungen an eine Fügenahtverbindung sind in den Regelwerken der deutsch-sprachigen Länder Deutschland, Österreich und Schweiz teilweise unvollständig oder widersprüchlich festgelegt. In den teilweise veralterten Regelwerken oder Festlegungen wird die Vergangenheit festgeschrieben und neuzeitliche Fügetechnologien bleiben unberücksichtigt. Setzt man die Forderung nach einer fachgerecht durchgeführten, materialhomogenen Schweißnahtverbindung voraus, so verwundern die unterschiedlichen Festlegungen der Mindestschweißbreiten einer einfachen Naht in deutschen und österreichischen Regelwerken nach Bahnenwerkstoffen und Fügeverfahren gemäß nebenstehender Tabelle 16.

Unverständlich sind besonders in beiden Ländern die unterschiedlichen Breitenfestlegungen nach Fügeverfahren für die geforderte materialhomogene Nahtverbindung. Es fällt schwer einzusehen, dass jenseits einer mehr oder weniger nahen Staatsgrenze die Maßnahmen und Bedingungen zur Herstellung einer sicheren Nahtverbindung anders sein sollen.

In den Normen und Regelwerken der Schweiz werden keine Schweißnahtbreiten definiert, sondern auf die zeitlich und technologisch eher aktuelleren Verlegevorschriften der Lieferanten verwiesen.

6.2.2 Einflussparameter / -größen

Die Naht- und Fügeverbindungen von Abdichtungsbahnen stellen neben der sorgfältigen Gesamtplanung die höchsten Anforderungen an den Verleger. Sie dokumentieren die Zuverlässigkeit eines dauerhaft dichten Daches und damit den gesicherten Abschluss des gesamten Gewerkes.

Entscheidend beeinflusst wird der gewünschte gute Abschluss der »fünften Fassade« u. a. durch:

- das Verlegepersonal,
- die Umfeldbedingungen,
- die Gerätebedingungen.

Die vielfältigen Problemstellungen bei der Installation, die unterschiedlichen Bahnenwerkstoffe, die Beherrschung der praxisüblichen Fügetechniken und die sichere Handhabung der modernen Schweißgeräte stellen hohe Anforderungen an das Verlegepersonal.

Gute Baustoffe - schlechte Bauteile

Der Bauherr oder Eigentümer des Gebäudes erwartet eine dauerhafte Dichtigkeit seiner Dachabdichtung und damit eine Nahtverbindung die auf Dauer erhalten bleibt.

Wie Schadensanalysen aufzeigen und aus Erfahrungswerten festgestellt werden kann, werden leider immer öfter durch mangelhafte Nahtfügungen mit guten Baustoffen schlechte Bauteile hergestellt.

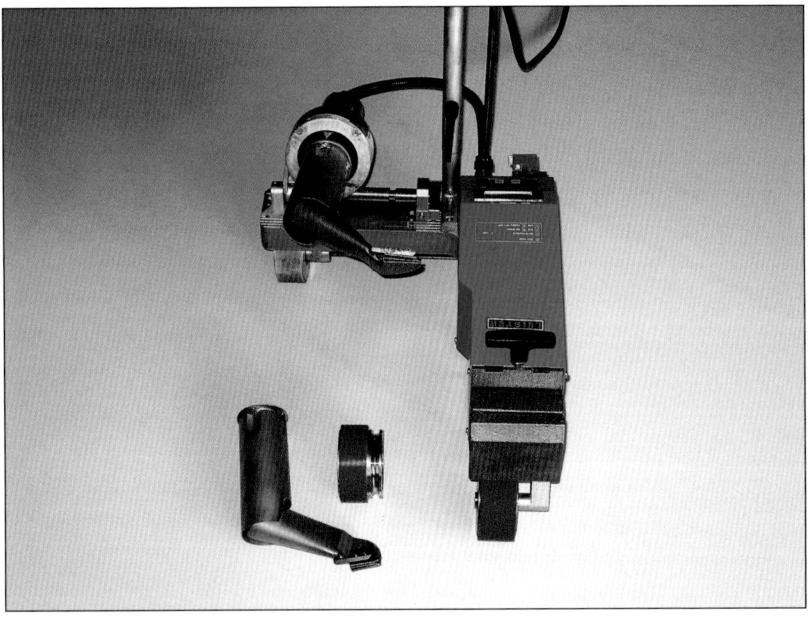

Abbildung 77:

Heißluft-/Warmgas-Schweißautomat mit 30 mm Düse und schmaler Andrückrolle

Foto: LEISTER Process Technologies

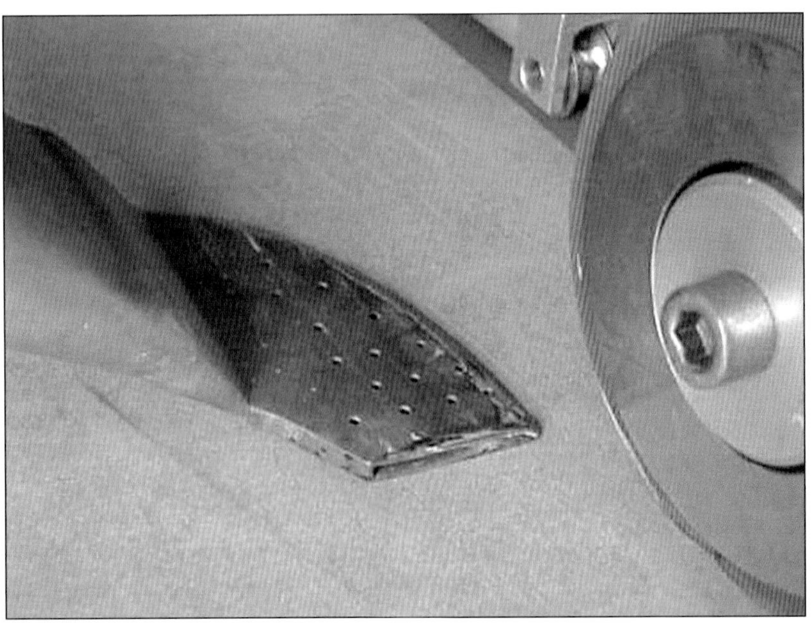

Abbildung 78:

Heißluft-/Warmgas-Schweißautomat mit 30 mm Düse und schmaler Andrückrolle

Foto: LEISTER Process Technologies

Abbildung 79:
Heizkeil-Schweißautomat

Foto: LEISTER Process Technologies

Gute Leistung nur durch Weiterbildung

Eine stetige Weiterbildung in Form von Schulungen und praktischen Kursen ist deshalb eine unabdingbare Voraussetzung für die Erfüllung des sicheren Abdichtungsauftrages.

Die Qualität der Fügeverbindung wird unabhängig von der gewählten Fügetechnologie und den eingesetzten Fügegeräten von den Umfeldbedingungen wesentlich mitbeeinflusst von :

- Bahnenwerkstoff und Bahnendicke,
- Alterung und Schädigung der Bahnenoberfläche,
- Feuchtigkeitsgehalt der Bahn,
- Sauberkeit im Fügebereich der Bahn,
- Untergrund,
- Umgebungs- und Bahnentemperatur,
- Stromschwankungen während des Fügevorgangs.

Bei Einsatz von thermischen Fügegeräten wird eine gleich bleibend zuverlässige Fügeverbindung durch die Gerätebedingungen gesichert:

- Art des Schweißgerätes (Heißluft / Heizkeil),
- Gerätekonfiguration / Geräteausrüstung,
- Wartung und Pflege der Geräte,
- Schweißtemperatur,
- Luftmenge,
- Schweißgeschwindigkeit / Gerätevortrieb,
- Füge- / Andrückkraft.

Eine Berücksichtigung und Optimierung all dieser Einflussgrößen sowie gegebenenfalls anderer örtlicher Baustellenverhältnisse zeichnen den qualitätsbewussten Verleger aus.

6.2.3 Fügetechniken

Die Nahtfügetechnologie von Abdichtungsbahnen ist die Schlüsseltechnologie beim Flachdachaufbau und gleichzeitig das Zeugnis für den Verleger. Neben der umfänglichen und sorgfältigen Gesamtplanung zeigt sich hier das Qualitätsbewusstsein und die Kompetenz des Berufstandes. Bauherren und Auftraggeber schenken diesem Umstand leider auch heute noch zu wenig Beachtung.

Vor dem eigentlichen Fügevorgang sollte jeweils sichergestellt werden, dass die Dachbahn eine gute Planlage und Geradheit der Ränder aufweist, im Schweißbereich genügend überlappt ist, sowie die zu verbindenden Bahnen nicht überdehnt und spannungsfrei ausgelegt sind.

Mit der Wahl des Fügeverfahrens sowie der Ausführung der Naht legt der Verleger primär den Grundstein für den erfolgreichen und gewinnbringenden Objektabschluss.

Das Fügeverfahren ist von der Art des Bahnenwerkstoffes abhängig. Als übergeordnete Technologien stehen zum Verbinden von Abdichtungsbahnen aus thermoplastischen Kunststoffen oder Elastomeren (Gummi) untereinander Schweiß-, Klebe- und Vulkanisationsverfahren zur Verfügung. Die Vorgabe der Fügetechnik und der Verlegeanleitung des Bahnenlieferanten ist bei der Ausführung einzuhalten.

Polymere Dach- und Dichtungsbahnen aus thermoplastischen Kunststoffen oder vulkanisierten Elastomeren werden im Gegensatz zu Bitumenbahnen nicht mit der offenen Flamme verarbeitet. Je nach Werkstoffgruppe sind dabei unterschiedliche Fügeverfahren möglich. Die einzelnen Verfahren unterscheiden sich in zwei grundsätzlich unterschiedlichen Techniken:

- homogene Nahtverbindung aus artgleichem Material
- Nahtverbindung unter Nutzung von Fremdmaterial.

Die materialhomogene Nahtverbindung bietet hierbei hinsichtlich Verarbeitbarkeit und Dauerhaftigkeit die höchste Sicherheit. Die vielfältigen klimatischen, chemischen und physikalisch-dynamischen Beanspruchungen im Praxiseinsatz werden nur von solchen materialhomogenen Nahtverbindungen ohne Verwendung von Fremdmaterial dauerhaft erfüllt.

Eine Praxisbelastung stellt auch der Widerstand einer Fügeverbindung gegen Durchdringungen von Wurzeln und Rhizomen, wie dies nach dem allgemein anerkannten FLL-Verfahren geprüft wird, dar. Thermoplastische Kunststoffbahnen ab einer Dicke von 1,5 mm die fachgerecht nach einem der Schweißverfahren materialhomogen verbunden wurden oder werkseitig vulkanisierte Fügenähte von Elastomerbahnen sichern auch unter diesen erschwerten Bedingungen die Anforderungen dauerhaft. Auf Grund unterschiedlichem Material- und Alterungsverhaltens der verschiedenen Verbundwerkstoffe ist dies bei Mitverwendung von Fremdmaterial beim Fügeverfahren nicht gesichert.

Die Nahtfügetechnologie von Abdichtungsbahnen ist die Schlüsseltechnologie beim Flachdachaufbau und gleichzeitig das Zeugnis für den Verleger. Neben der umfänglichen und sorgfältigen Gesamtplanung zeigt sich hier das Qualitätsbewusstsein und die Kompetenz der Fachfirma.

Nahtfügung und Nahtfestigkeiten

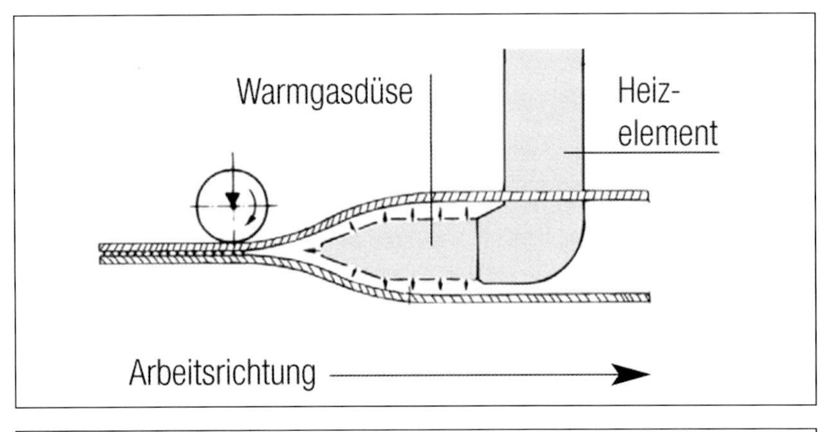

Darstellung 59:

Prinzipskizze Warmgasschweißen

Quelle: LEISTER Process Technologies

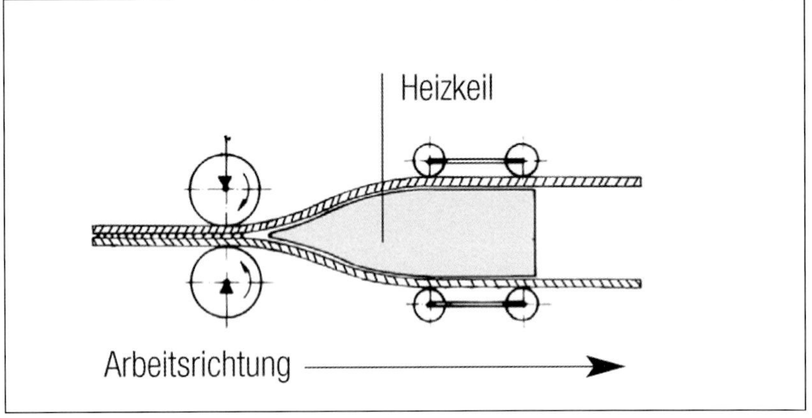

Darstellung 60:

Prinzipskizze Heizkeilschweißen

Quelle: LEISTER Process Technologies

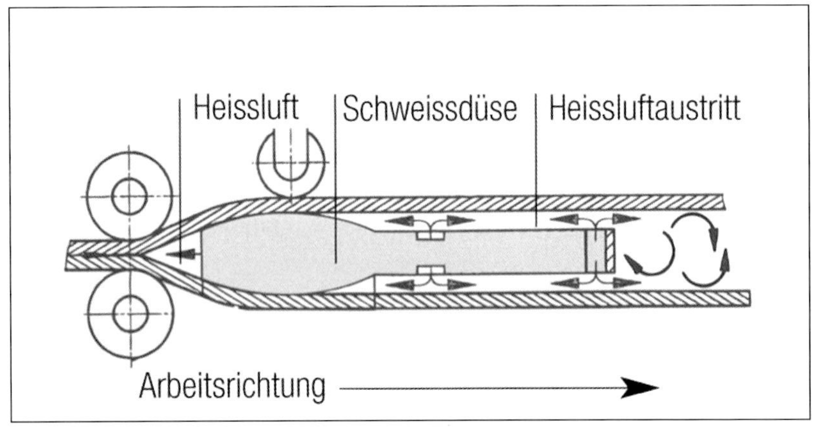

Darstellung 61:

Prinzipskizze Kombikeilschweißen

Quelle: LEISTER Process Technologies

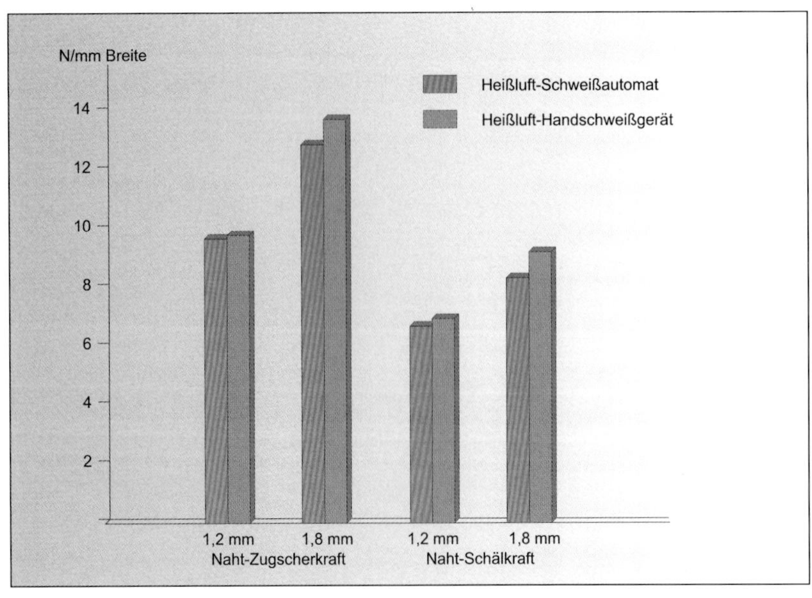

Darstellung 62:
Nahtfestigkeiten nach Dicke und Fügearten von PVC-Bahnen

Matrialhomogene Nahtverbindungen

6.2.4 Nahtverbindungsarten

Zur Herstellung der Nahtverbindungen auf der Baustelle sind in Abhängigkeit von den Bahnenwerkstoffen die in den Verlegeanleitungen der Lieferanten oder wenn nicht vorgegeben die in den einschlägigen Normen und Regelwerken festgelegten Fügeverfahren anzuwenden. Die Nahtfügung von thermoplastischen Kunststoffbahnen und analog von thermoplastischem Elastomerbahnen erfolgt in Mitteleuropa fast ausschließlich nach dem Schweißverfahren.

Eine Sonderstellung in der Nahtverbindungstechnik nehmen die Abdichtungsbahnen auf Basis von PIB (Polyisobutylen) ein. Sie verfügen im Längsrandbereich der Bahn über einen etwa 5 cm breiten, werkseitig vorkonfektionierten Dichtrand. Dieser wird durch Andrückung aufgrund der vorliegenden Affinität mit der gegenüberliegenden Bahn verbunden. Die überlappten Quernähte werden mit einem Abdeckband abgedichtet.

Eine neue ergänzende Generation von PIB-Bahnen mit einer modifizierten Werkstoffmischung und einer mittigen Glasvlieseinlage wird neuerdings auf dem Abdichtungsmarkt angeboten. Diese Optimierung erlaubt nun auch eine Verarbeitung mit dem Heißluftverfahren.

6.2.4.1 Quellschweißen

Diese Technik macht sich das Anquellen von Bahnenoberflächen mit geeigneten niedrig siedenden Lösungsmitteln zunutze. Dabei werden die Bahnenoberflächen gelförmig plastifiziert und unter nachhaltiger Druckeinwirkung miteinander verbunden. Nach der zeitlich verzögerten Ausdiffusion des Quellschweißmittels entsteht eine materialhomogene, fremdstofffreie Nahtverbindung mit materialkonformen Nahtfestigkeiten.

In Abhängigkeit von der Art des Quellschweißmittels und des Werkstoffes sowie der Bahnendicke und der Lufttemperatur erreicht die so hergestellte Schweißnaht anfänglich nur geringe Festigkeiten, um dann nach 2 bis 5 Tagen Endwerte nahe der Materialfestigkeit zu erreichen.

Diese Technik kann sowohl manuell durch Auftragen des Quellschweißmittels zwischen die Überlappungen zum Beispiel mit einem Flächenpinsel oder maschinell mit einem Auftragsgerät durchgeführt werden.

Bei Verwendung von Polymerschäumen aus Polystyrol (PS) oder Polyurethan (PUR) als Dämmstoffe darf kein Quellschweißmittel mit der Wärmedämmung in Kontakt kommen. In einem solchen Fall besteht die Gefahr der Zerstörung der Schaumstruktur und damit von Verlust an Dämmwirkung.

Das Herstellen von Nahtverbindungen nach der Quellschweißtechnik wird wegen mangelnder Zuverlässigkeit und Sicherheit, sowie der Umweltbelastung nahezu nicht mehr praktiziert.

6.2.4.2 Thermische Schweißverfahren

Mit Ausnahme der vorgehend erwähnten Abdichtungsbahnen auf Basis von PIB lassen sich alle Kunststoff- und Elastomer-Dachbahnen nach dem Heißluft-/ Warmgasverfahren oder Heizkeilverfahren zuverlässig verschweißen. Für eine rationelle Fertigung stehen heute hierfür geeignete Schweißautomaten zur Verfügung. Nach beiden Fügeverfahren werden die Bahnenoberflächen durch Wärme plastifiziert und unter Druck miteinander verbunden. Amorphe Bahnenwerkstoffe wie PVC und EPDM haben einen relativ breiten Erweichungsbereich. Die Nahtverbindung erreicht bereits nach dem vollständigen Erkalten die höchste Belastbarkeit.

Kristalline und teilkristalline Bahnenmaterialien wie sie bei PE und PP, sowie deren Coplymeren vorliegen, ha-ben demgegenüber einen Schmelzpunkt und damit engeren Schmelzbereich. Durch die Rekristallisation wird die Endfestigkeit dieser Nahtverbindungen erst nach etwa 24 Stunden erreicht.
Bei Verschweißungen mit dem Heißluft- oder Heizkeilautomaten werden durch Probeschweißungen auf der Baustelle die Schweißtemperatur, der Anpressdruck und die Vorschubgeschwindigkeit so aufeinander abgestimmt, dass der erforderliche Schälwiderstand der Nahtverbindung erreicht wird.

Bei TPO- / FPO-Bahnen, insbesondere solcher auf PP-Basis, dürfen unsichere Nahtverbindungen und Fehlstellen in den Fügeflächen nicht nachgeschweißt werden. Diese Bereiche sind mit Streifen aus werkstoffgleichen Bahnen zu überschweißen.

Schweißverfahren im Vergleich

Die beiden thermischen Fügeverfahren (Heißluft- und Heizkeil) gewährleisten bei fachgerechter Anwendung, ohne Einsatz von Fremdmaterialien, eine homogene Nahtverbindung aus artgleichem Material mit dauerhaft höchsten Festigkeitswerten.

Sie bieten gegenüber einer Quellverschweißung unter Praxisbedingungen höhere Schälergebnisse bei einer besseren Gleichmäßigkeit.

Von Hand oder mit Automat

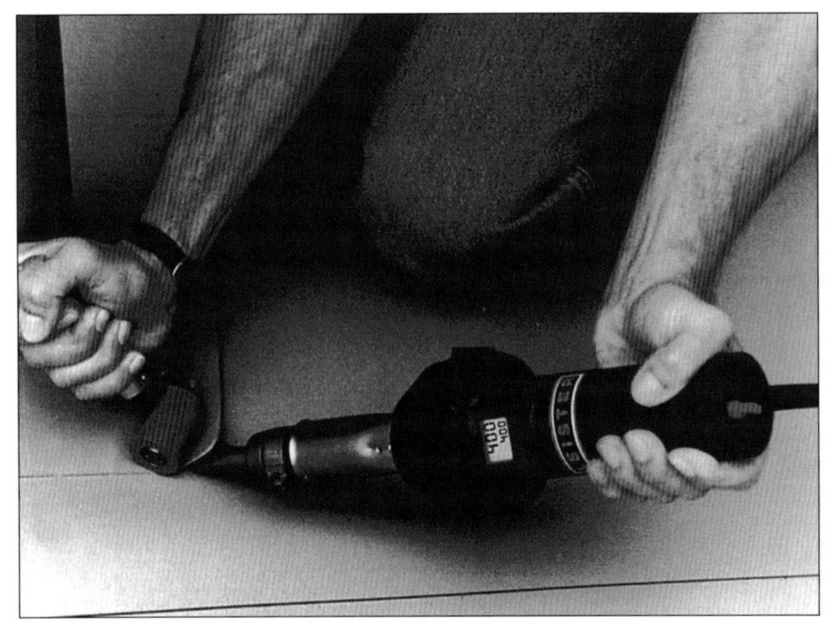

Abbildung 80:

Heißluft-Handschweißgerät mit elektronisch geregelter Temperatur

Foto: LEISTER Process Technologies

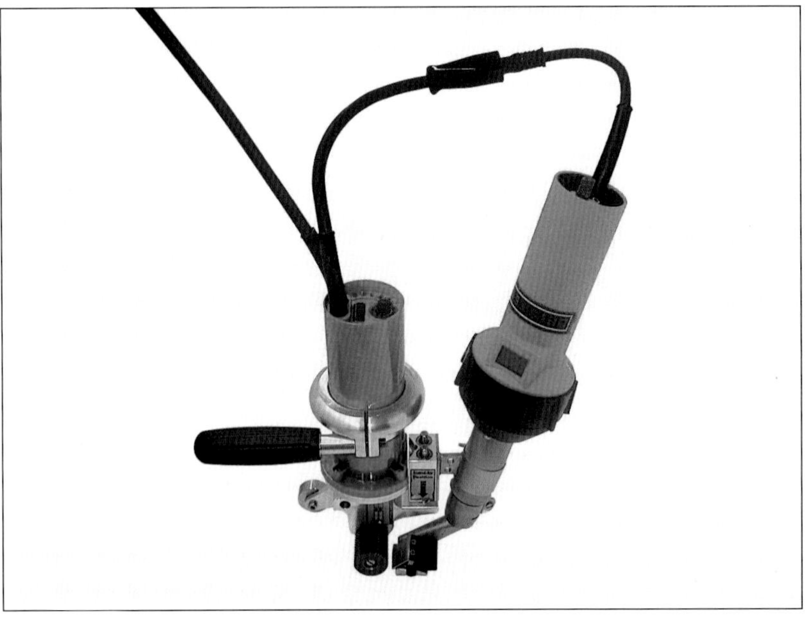

Abbildung 81:

Heißluft-Schweißgerät für manuelle horizontalen und vertikalen Einsatz mit stufenlos geregelter Temperatur und Geschwindigkeit. Durch Andruck wird der Vortrieb und Schweißvorgang gestartet

Foto: LEISTER Process Technologies

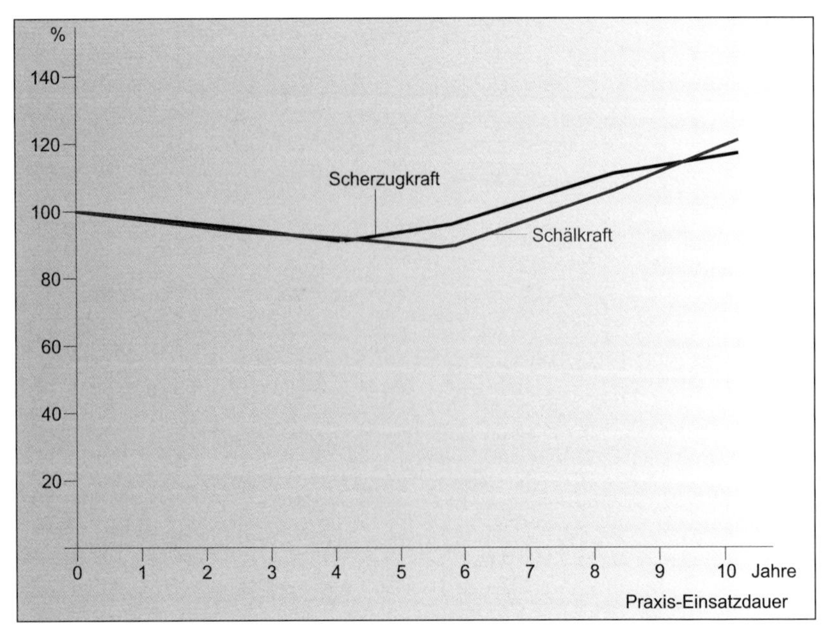

Darstellung 63:

Nahtfestigkeit einer Heißluftverschweißung nach Praxiseinsatz bei einer PVC-Bahn

Bessere Düsen - bessere Naht

6.2.4.2.1 Heizkeil-Automaten

Die neue Generation der elektronisch geregelten Heizkeil-Schweißautomaten werden derzeit bevorzugt im Erd-, Wasser- und Tunnelbau eingesetzt. Sie gewährleisten in diesen eher sensiblen Anwendungsbereichen eine der sichersten Fügeverbindungen. Leider haben sie im Flachdachbereich, wohl in erster Linie wegen der erhöhten Anschaffungskosten, nicht die notwendige durchschlagende Berücksichtigung gefunden. Dabei bieten sie für alle in der Flachdachpraxis auftretenden Bedingungen die höchste Zuverlässigkeit und Sicherheit für eine Nahtverbindung. Verbesserte Leistungsmerkmale und Wirtschaftlichkeit sollten dabei die erhöhten Anschaffungskosten schon in kurzer Zeit amortisieren.

Neben den reinen Heizkeilautomaten werden neuerdings auch vermehrt Kombikeil-Schweißautomaten am Markt angeboten. Bei dieser neuesten Automatengeneration zum Überlappschweißen von polymeren Dichtungsbahnen erfolgt die Wärmeübertragung durch optimale Kombination von heißen Kontaktflächen des Heizkeils und Heißluft. Zur Anpassung an die Bahnenwerkstoffe und Baustellenbedingungen stehen Heizkeile von unterschiedlichen Dimensionen zur Verfügung.

Beide Automatengeräte überzeugen mit einer optimalen Wärmeübertragung und Materialdurchwärmung der Fügeflächen. Die beiden Bahnen im überlappten Fügebereich werden dabei mit dem Schweißautomaten eingeklemmt und die stufenlos einstellbare Fügekraft mit einem Einstellhebel auf die Andrückrollen gleich bleibend übertragen.

6.2.4.2.2 Heißluft- / Warmgas-Schweißgeräte

Zum Verschweißen von Kunststoff- und Elastomerbahnen, aber auch von Bitumenbahnen sind überwiegend Heißluft-Schweißgeräte im Einsatz. Angewendet werden sowohl Automaten als auch Halbautomaten und Handgeräte.

Gemeinsam sind allen diesen Varianten elektronisch geregelte Heißlufterzeugung mit Gebläse und der Austrag der Heißluft über eine schlitzartige Düse. Hierbei erfolgt eine kontaktlose Energieübertragung mit sanften Temperaturübergängen in den Fügebereich. Die Fügezone wird dabei zunächst erweicht, dann thermisch plastifiziert beziehungsweise im Falle von kristallinen Materialien geschmolzen und anschließend durch Anpressdruck zusammengefügt.

6.2.5. Schweißautomaten

In der ebenen horizontalen Fläche erfolgt die Verschweißung meist mit Automaten. Beim Anschweißen von Neubahnen an werkstoffgleiche Altbahnen ist eine einwandfreie Verschweißung der beiden Bahnen oft kaum noch möglich. Auch bei längerer Lagerung der Bahnenflächen im Freien bildet sich besonders in den wärmeren Monaten unter erhöhtem Einfluss von UV-Strahlung, Ozon, sowie gegebenenfalls Feuchtigkeit gelegentlich eine Oxidations- oder Alterungsschicht, die bei einer Verschweißung mit Standardausrüstung zu ungenügender Schweißnahtfestigkeit und Nahtschälung führen.

Dies trifft bevorzugt bei Dichtungsbahnen aus Polyolefinen auf PE- oder PP-Basis sowie deren Copolymeren zu. Die Erscheinungen sind jedoch auch von Bahnen mit anderer Werkstoffbasis bekannt. Durch Schrumpf und temperaturbedingte Kontraktionen kann dies gelegentlich zum Versagen mit Öffnung der Schweißnaht führen.
Zur Behebung werden als Vorbereitung des Schweißens in solchen Fällen verschiedene Techniken in der Praxis angewendet.

- Mit einem geeigneten, vom Lieferanten empfohlenen oder angebotenen Lösungsmittel werden die Oberflächen im Nahtbereich manuell gereinigt.
  Das ist aus ökologischer Sicht, aufgrund gesundheitlicher Aspekte, Feuergefahr und auch erhöhtem Arbeitsaufwand bedenklich beziehungsweise unerwünscht.
- Eine weitere praxisübliche Methode ist das maschinelle Aufrauen, Anschleifen oder Abhobeln der zu verbindenden Bahnenoberflächen im Fügebereich. Diese Technik erfordert viel Erfahrung sowie Fingerspitzengefühl und ebenfalls deutlich erhöhten Arbeitsaufwand und ist damit wirtschaftlich unattraktiv.

Mit besseren Düsen mehr Sicherheit

Bei Heißluftautomaten können durch Einsatz von 30 mm breiten Düsen mit materialaufrauender Wirkung, im Vergleich zu der 40 mm breiten Standard-Flachdüse, Nähte mit deutlich verbesserter Sicherheit und bis zu 30 % erhöhten Prüfwerten erreicht werden. Dies ist besonders bei schwierig fügbaren und gealterten Bahnen von großer Bedeutung.

Düsenparade

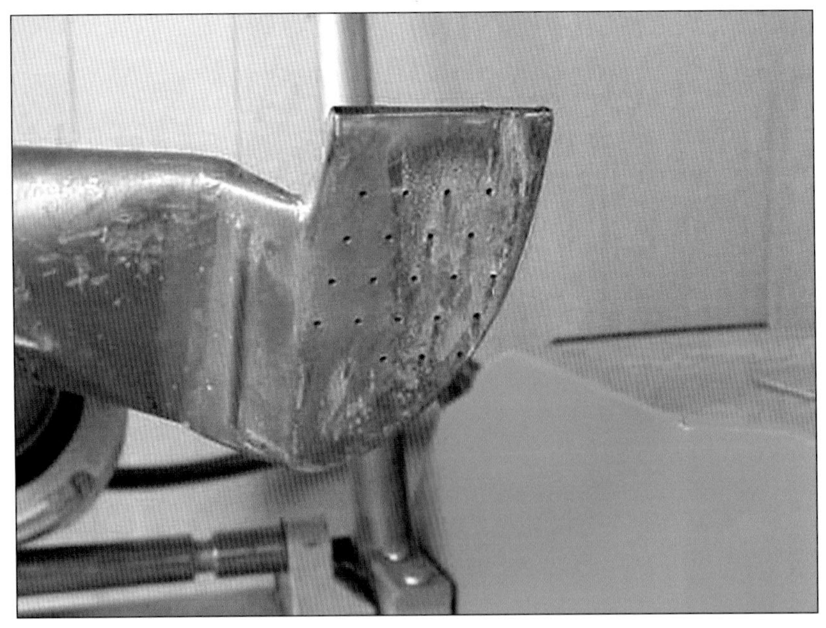

Abbildung 82:

Heißluft-Automatendüse, 40 mm flach

Foto: LEISTER Process Technologies

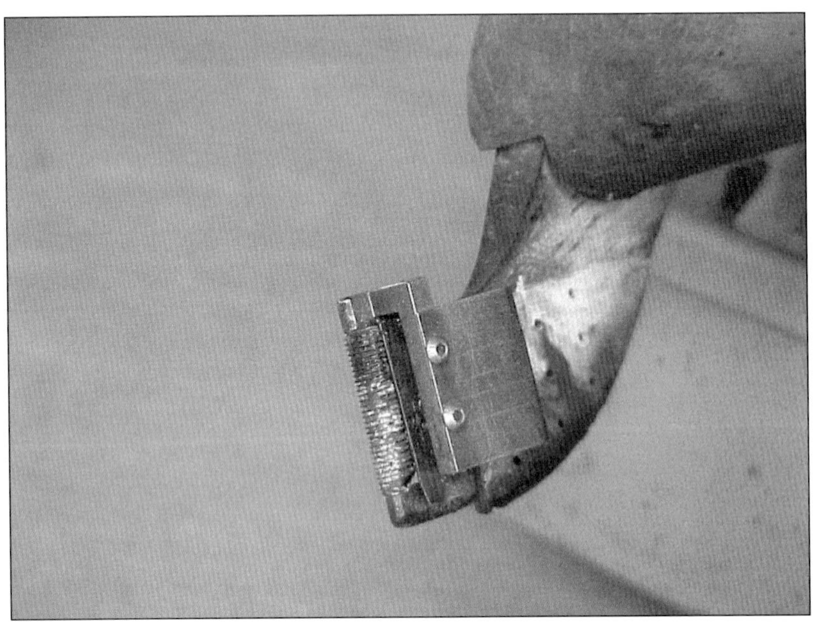

Abbildung 83:

Heißluft-Automatendüse, 30 mm prep

Foto: LEISTER Process Technologies

Abbildung 84:

Heißluft-Automatendüse, 30 mm grip (Unterseite)

Foto: LEISTER Process Technologies

Gerätebedingungen und -einstellungen

Bei Vorliegen gealterter Bahnen oder solchen mit geschädigter Oberfläche wird mit den 40 mm breiten Standard-Flachdüsen, ohne oder mit Perforation und ohne Vorbehandlung des Fügebereiches eine sichere Nahtfestigkeit nicht immer erreicht. Aus diesem Grund haben führende Geräteanbieter in den letzten Jahren neue Düsenformen in einer sinnvollen Breite von 30 mm entwickelt. Dabei wird die Oberfläche der Dichtungsbahn im erweichten Bereich durch eine schleifende Aufrauhung oder Reibung der Grenzfläche "umgepflügt". Die verschweißte Schicht zeigt nun in der Seitenansicht eine gezackte oder wellenförmige einwandfreie, homogene Nahtverbindung etwa auf dem Niveau der Materialfestigkeit.

In der Praxis haben sich zwei Düsenausführungen bewährt:

- Der Düsenöffnung vorgelagert beziehungsweise dieser in Bearbeitungsrichtung nachgeschaltet ist eine gerillte walzenartige Schleifeinrichtung angebracht, welche die zu verschweißenden Oberflächen der Bahnen vor dem zusammenpressenden Fügen aufraut. Die starke Belegung der gerillten Schleifwalze mit Materialschmelze erfordert eine vermehrte Reinigung. Darüber hinaus neigt diese Düsenkonfiguration zu einem periodischen seitlichen Auswurf von abgesonderter Schmelze entlang der Naht. Eine Qualitätseinbuße ist damit nicht verbunden, sondern lediglich ein optischer Schönheitsfehler.
- Eine andere bestens erprobte 30 mm breite Düsenkonzeption vom Marktführer weist oben und unten Kleinstlochungen als Perforierung der Flachdüse auf. Auch hier wird die Bahnengrenzfläche im vorplastifizierten Fügebereich zusätzlich durch versetzt angeordnete durchgestanzte Noppen "umgepflügt". Diese Düse kommt mit einer deutlich geringeren Reibungsfrequenz aus und neigt auch nicht zu seitlichem Schmelzauswurf.

6.2.6. Handschweißgeräte und Halbautomaten

Für Anwendungen in vertikalen oder steilen Applikationsbereichen, bei Verschweißungen auf engstem Raum, sowie bei Eckausführungen und Durchdringungen sind Heißluft-Schweißautomaten nicht einsetzbar. Solche Arbeitseinsätze werden in der Regel mit dem Handschweißgerät ausgeführt. Auch bei ihnen sind heute Temperatur und Luftgebläse elektronisch geregelt und werden optisch angezeigt.

Das neue halbautomatische Überlapp-Schweißgerät verbessert durch seine innovative Konstruktion und ergänzend elektronischen Regelung dabei die Qualität, Zuverlässigkeit und Sicherheit der Nahtverbindung entscheidend. Es basiert auf den bewährten Heißluft-Handgeräten. Als kleines, kompaktes Gerät mit auswechselbaren Düsen und einfachem Handling ist es vom vertikalen bis horizontalen Einsatz auch auf engstem Raum geeignet. Gegenüber dem Handschweißgerät verfügt es über eine geführte Andrückrolle, die der Düse nachgeschaltet ist und parallel zu einer Antriebseinheit angeordnet ist. Der Vortrieb des Schweißgerätes wird über ein Potentiometer eingestellt und setzt mit dem gleichmäßigen Andrücken ein.

6.2.7 Füge- und Gerätebedingungen

Die unterschiedlichen örtlichen, jahreszeitlichen und witterungsrelevanten Gegebenheiten bei der Fügung von Dachbahnen erfordern eine besondere Aufmerksamkeit (Beachtung der Fügebedingungen, Fügeparameter und -einflussgrößen).

- Fügetechniken nach dem Klebe-, Vulkanisations- und Quellschweißverfahren sowie Nahtverbindungen unter Nutzung von Fremdmaterialien wie Verbindungs-Tapes, Dicht- und Abdeckbändern sollten bei nassen Wetterverhältnissen und Temperaturen unter 5 °C nur mit besonderen Vorsichtsmaßnahmen angewendet werden.
- Heißluft- und Heizkeilverfahren bedürfen ebenfalls bei nassen Bahnenverhältnissen einer besonderen Beachtung, sind aber bei trockenen Verhältnissen auch bei mäßiger Kälte anwendbar.
- Bei Einsatz aller Applikationsgeräte ist die notwendige, konstante elektrische Betriebsspannung durch einen ausreichenden Kabelquerschnitt sicher zu stellen.

Automaten - / Handschweißnaht

Die Fügeverfahren mit Automaten sind nicht unbedingt einer Handfügung hinsichtlich der Festigkeit, wohl aber hinsichtlich der Gleichmäßigkeit überlegen.

Für Innen- und Außenecken sowie Anschlüsse an Durchdringungen empfiehlt sich der Einsatz von Formteilen. Durch die vereinfachte Verarbeitung wird ein hoher Zeitaufwand eingespart und eine hohe Sicherheit erreicht.

Warmluft mit gleichzeitiger Aufrauhung

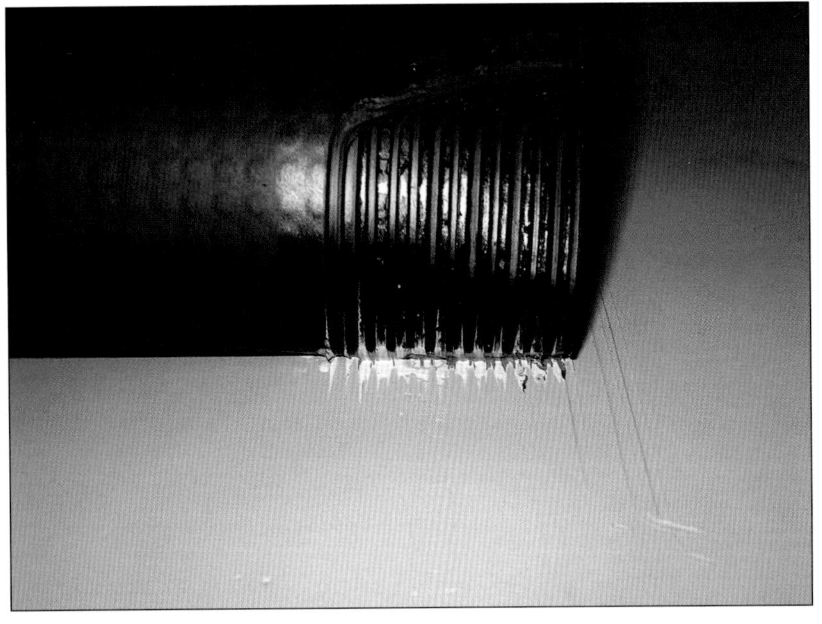

Abbildung 85:

Schmelzfurchen von aufrauhender Heißluftdüse

Foto: LEISTER Process Technologies

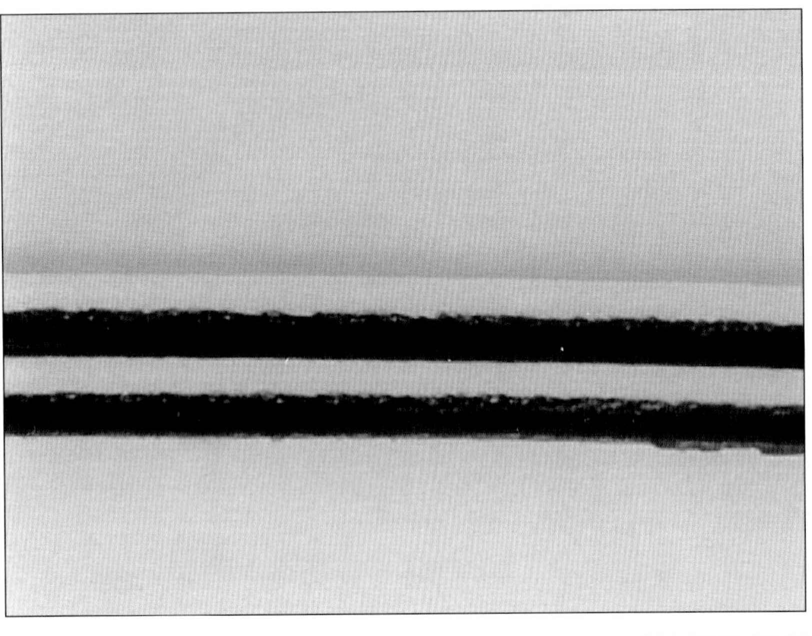

Abbildung 86:

TPO-Fügenaht. Schnitt durch Naht mit 40 mm Heißluft-Flachdüse (7-fache Vergrößerung). Heißluft-Automatendüse, 30 mm prep

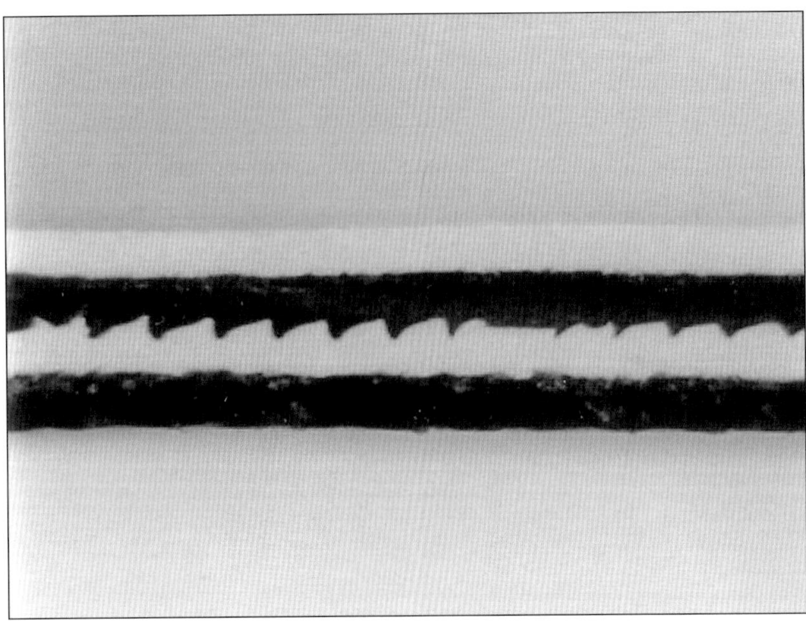

Abbildung 87:

TPO-Fügenaht. Schnitt durch Naht mit 30 mm Heißluft-Aufrauhdüse (7-fache Vergrößerung)

Schweißparameter und Erfahrung

- Eine gleich bleibende Schweißtemperatur, Luftmenge des Gebläses und Vorschubgeschwindigkeit muss überwacht werden. Dies ist mit stufenlos einstellbaren, geregelten Geräten mit Digitalanzeige gegeben.
- Die zu verschweißenden Bahnen sind nach den Vorgaben der Lieferanten oder wenn nicht vorhanden nach den geltenden Richtlinien entsprechend breit zu überlappen.
- Die Ober- und Unterseiten der Dichtungsbahnen müssen zwischen der Überlappung sauber und trocken sein. Nur saubere Kontaktflächen gewährleisten eine einwandfreie Verschweißung. Verschmutzungen und Staub sind mit einem feuchten Lappen und hartnäckige Rückstände mit einem vom Anbieter empfohlenen Reiniger zu entfernen. Die Verschweißung erfolgt erst nach abgelüfteter und trockener Oberfläche. Ergänzend ist auch auf die Sauberkeit von Schweißdüse, Heizkeil und Andrückrollen zu achten.

6.2.7.1 Geräteeinstellungen

Die Kenntnis und Beachtung der Bedienungsanleitung der Applikationsgeräte ist eine elementare Voraussetzung für das Verlegepersonal. Dies kann nur durch ständige Schulung und Kontrolle sichergestellt werden.
Eine erste Beachtung vor den eigentlichen Fügearbeiten soll dabei der Geräteauswahl und den Fügebedingungen zukommen.

- welches ist das geeignete Fügegerät?
- was ist für die aktuelle Situation die beste Gerätekonfiguration?

Die optimalen Schweißparameter sind temperatur- und witterungsabhängig. Bei Verschweißungen mit Warmgas- und Heizkeilautomaten sind einsetzbare Düse beziehungsweise Keilart, Schweißtemperatur, Luftmenge, Anpressdruck und Gerätevorschub je nach Bahnenwerkstoff und -dicke so aufeinander abzustimmen, dass der erforderliche Schälwiderstand der Fügenaht erreicht wird. Hierbei ist zu beachten, dass:

- gleiche Bahnenwerkstoffe von unterschiedlichen Lieferanten auch unterschiedliche Einstellungen erforderlich machen können.
- die Bahnendicke einen größeren Einfluss hat.
- Bahnen unterschiedlicher Alterung/Einsatzdauer besondere Einstellparameter erfordern.
- die örtlichen und zeitlichen Wetterbedingungen sowie die Bahnentemperaturen selbst können eine wiederholte Anpassung notwendig machen. So erfordern Verschweißungen in der Sommerzeit am späten Nachmittag in der Regel deutlich andere Einstellungen als am Morgen.

Die Schweißtemperatur ist primär von der Art, Dicke sowie Temperatur des Materials und dem Gerätevorschub abhängig. Die vorgewählte Luftmenge der Heißluftschweißgeräte ist für den Transport der Energie in die Abdichtungsbahn entscheidend. Ihr kommt die Schlüsselrolle im Fügevorgang zu. Dieser Einfluss wird oft unterschätzt.

Schweißgeschwindigkeit beziehungsweise Gerätevorschub werden nach Bahnenwerkstoffen und Witterungsbedingungen eingestellt. Nahtfügungen von gealterten Bahnen und solchen mit oxidativ geschädigten Oberflächen benötigen für eine sichere Durchführung in der Regel eine geringere Vorschubgeschwindigkeit, reduzierte Schweißtemperatur, sowie oftmals einen höheren Anpressdruck.

Die Fügekraft oder Andrückkraft wird bei Schweißautomaten auf eine oder zwei Pendelwalzen übertragen. Durch die Wahl der Rollenbreite kann der Druck variiert werden. Dies ist auch durch Aufstockung mit Zusatzgewichten bei Automaten möglich.

Kristalline oder teilkristalline Werkstoffe wie Polyolefine reagieren dabei empfindlicher auf Druckanwendungen als amorphe Bahnenmaterialien wie PVC.

Düsen und Heizkeile werden hinsichtlich Art und Dimensionen entsprechend den vorliegenden Bahnen ausgewählt. Besondere Beachtung ist wiederum der Fügung von gealterten Bahnen mit längerem Praxiseinsatz und geschädigten Oberflächen zu schenken. Hier haben sich im Falle von Heißluftschweißautomaten Düsen mit Aufrauung der Schmelzeschicht bewährt. Vor der eigentlichen Verschweißung der Objektbahnen ist die Durchführung von Probeverschweißungen zur Festlegung der Schweißparameter zwingend erforderlich. Dies sollte mindestens zwei Mal täglich, vormittags und nachmittags erfolgen und objektbezogen dokumentiert werden.

Fügenähte mit Fremdmaterialien

unterliegen mehrheitlich einem Abbau der Nahtfestigkeiten. Bei einer großen, neutralen Felduntersuchung von Fügenähten mit »seam tapes« (Fügebändern) und flüssigen Klebstoffen von EPDM-Bahnen zeigten die Fügewerte bei freibewitterter Verlegung und auch unter Auflast mit fortschreitender Einsatzdauer eine kontinuierlich abfallende Tendenz.

Nahtfestigkeiten und Durchwurzelung

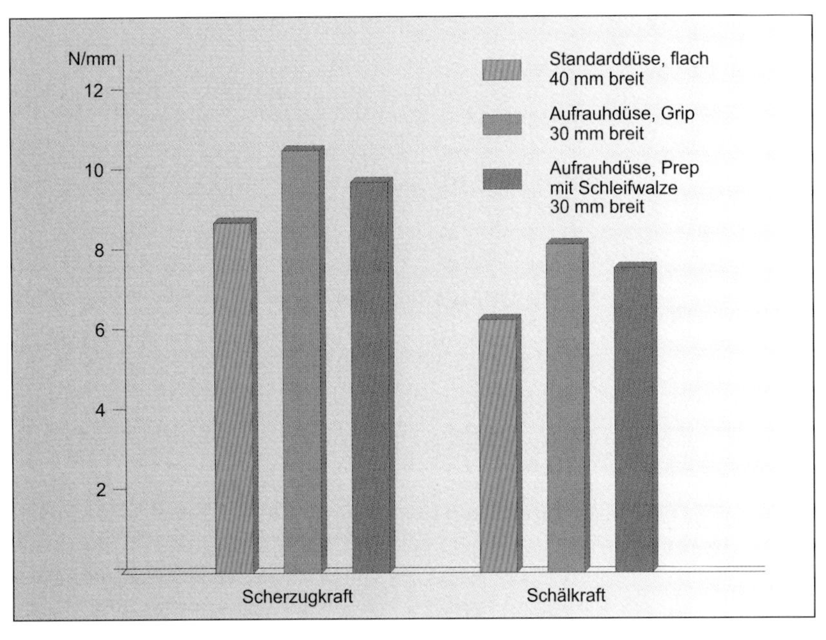

Darstellung 64:

Nahtfestigkeiten von gealterten TPO-Bahnen verschweißt mit verschiedenen Automatendüsen

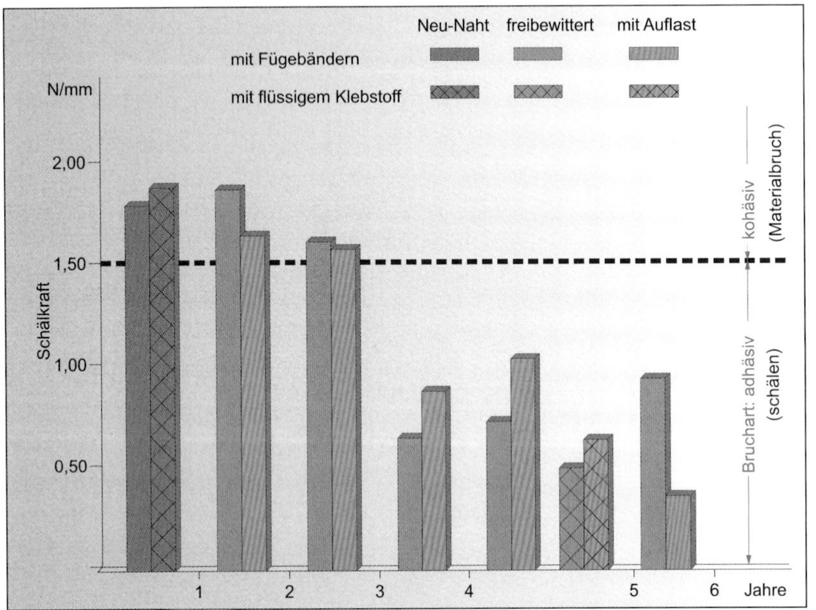

Darstellung 65:

Nahtfestigkeit von EPDM-Bahnen nach Einsatzdauer und Nahtausführung

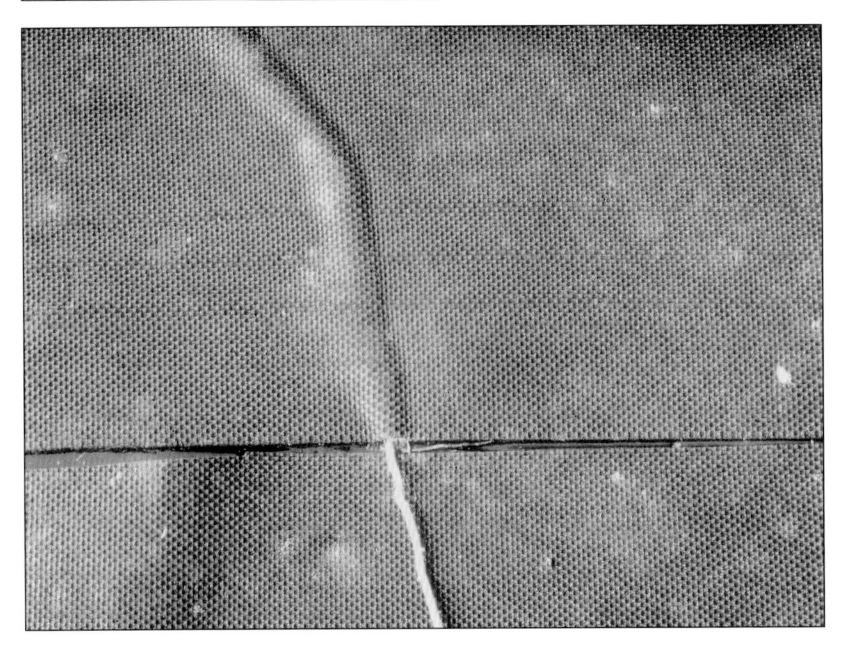

Abbildung 88:

Durchwurzelung einer EPDM-Bahn mit Klebenahtverbindung

Das Handwerkszeug muss gewartet werden

6.2.7.2 Gerätepflege und -wartung

Die sicheren und zuverlässigen Fügeverbindungen sind das A und O des angestrebten dauerhaft dichten Daches. Zur Erreichung dieser Qualitätsziele ist ein zeitlich festgelegter serienmäßiger Geräteservice durch autorisierte Servicestellen des Lieferanten dabei eine unabdingbare Voraussetzung. Ein Servicenachweisdokument erinnert dabei, wie das Ölwechseletikett beim Auto, an die notwendige Einplanung.

Darüber hinaus ist eine laufende Selbstkontrolle der Applikationsgeräte zur Sicherung einer gleich bleibend guten Fügeverbindung unerlässlich. Hierzu gehören in erster Linie Pflege und Reinigung oder gar Ersatz von:

- Schweiß- oder Ziehdüsen
- Heizkeilen
- Lufteinlass von Gebläse
- Antriebs- und Andrückrollen.

6.2.8 Nahtqualität und -prüfungen

In der Praxis werden bei allen Fügeverfahren die zu verbindenden Abdichtungsbahnen überlappt und dann gefügt. Dies erleichtert im Vergleich zu einer gestoßenen Naht die Kontrolle. Die erforderliche Nahtfügebreite ist dem Verleger vorgegeben.

Als erste Beurteilung einer Nahtüberprüfung bietet sich eine visuelle Kontrolle des Schweißbildes an:

- Ausbildung der Schweißraupe als gleichmäßig schmaler Schweißwulst,
- Verfärbungen / Verbrennungen neben der Naht,
- Blasen neben der Naht und im Nahtbereich.

Oft beschränkt sich auf der Baustelle die "Dichtheitsprüfung" der fertigen Nahtverbindungen auf eine zerstörungsfreie Kontrolle indem ein harter oder spitzer Gegenstand wie Reißnadel oder Schraubenzieher von Hand unter leichtem Druck entlang der Nahtvorderkante geführt wird. Breite, Gleichmäßigkeit und Güte der Fügenaht können dabei nicht beurteilt werden.

Neben haftungs- und gewährleistungstechnischen Gründen sollte nach ERNST (1992), auch im Hinblick auf die Gesetzeslage eine Nahtprüfung von der verantwortlichen Bauleitung gemeinsam mit dem Verarbeiter durchgeführt werden. Dazu kann beispielsweise das von ERNST vorgeschlagene Protokoll verwendet werden.

Im Praxiseinsatz erfahren Dachbahnen Beanspruchungen auf Scherzug- und Schälverhalten. Dieser Umstand ist auch bei der Prüfung der Fügeverbindung zu berücksichtigen. Die zerstörenden Nahtprüfungen erlauben eine zuverlässigere Aussage über die Güte der Fügeverbindungen.

Der Scherzugtest wird meist in den Normen von Abdichtungsbahnen zur Prüfung der Fügenaht angewandt. Das Prüfverfahren hierzu ist stark praxisorientiert. Treten doch in der Regel in den verlegten Flächen von belasteten und unbelasteten, mechanisch fixierten Dachabdichtungen hohe Kontraktionskräfte auf, wodurch die Fügenähte und Fixierungen durch Zugkräfte beansprucht werden.

Für die manuelle Prüfung quer zur Naht werden dafür Streifen von 10 bis 20 mm Breite und für die normgerechten Prüfungen Streifen von 50 mm Breite entnommen. Die Zugbeanspruchung erfolgt an den gegenüberliegenden Probeenden. Die Fügeverbindung soll dabei nach den Stoffnormen bei der Prüfung einen Abriss außerhalb der Naht aufweisen. Durch beginnendes Aufschälen der Naht von schlecht ausgeführten Fügeverbindungen werden diese Forderungen nicht immer erfüllt. Die maximale Naht-Scherzugkraft erreicht dabei Festigkeiten, die je nach Nahtgüte, bis 95 % der Reißfestigkeit der ungefügten Abdichtungsbahn aufweisen. Daraus resultiert auch, dass die Nahtscherzugfestigkeit von der Materialfestigkeit abhängt. Die ermittelte Scherkraft ist jedoch allein kein zuverlässiges Maß für die Beurteilung der Festigkeit oder Praxistauglichkeit einer Bahnenfügung.

Der Schältest gibt ebenfalls eine in der gesamten Flachdachanwendung vorkommende Beanspruchung wieder. Die schälenden Beanspruchungen treten primär bei flatternden, mechanisch fixierten Dachaufbauten, Aufbordungen, Dachdurchdringungen und auch durch Kältekontraktionen auf. Die Schältests können durch einfache manuelle Prüfungen oder solche mit einem maschinellen Zugprüfgerät in Quer- oder Längsrichtung der Naht durchgeführt werden.

Materialhomogene Nahtverbindungen

Echte materialhomogene, thermisch gefügte Nähte zwischen werkstoffgleichen Kunststoffbahnen mit einer sicheren Funktion über 10 Monate halten dann auch dauerhaft in einem systemverträglichen Einbau. Sowohl Scherzug als auch Schälwerte bleiben mit fortschreitender Einsatzdauer in engen Grenzen auf hohem Niveau erhalten.

Scher- und Schälzugfestigkeit der Nähte

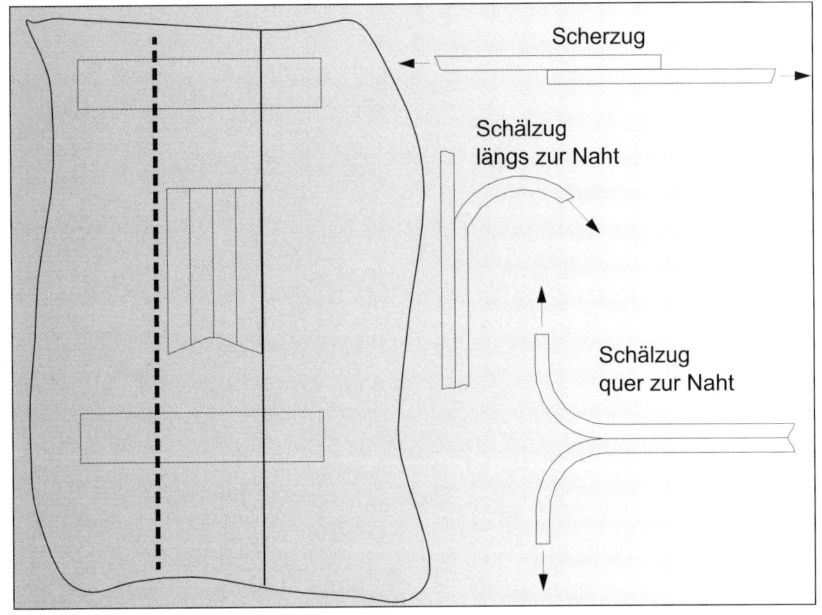

Darstellung 66:

Musterentnahme und Prüfproben der Nahtverbindung für Scherzug und Schälzug

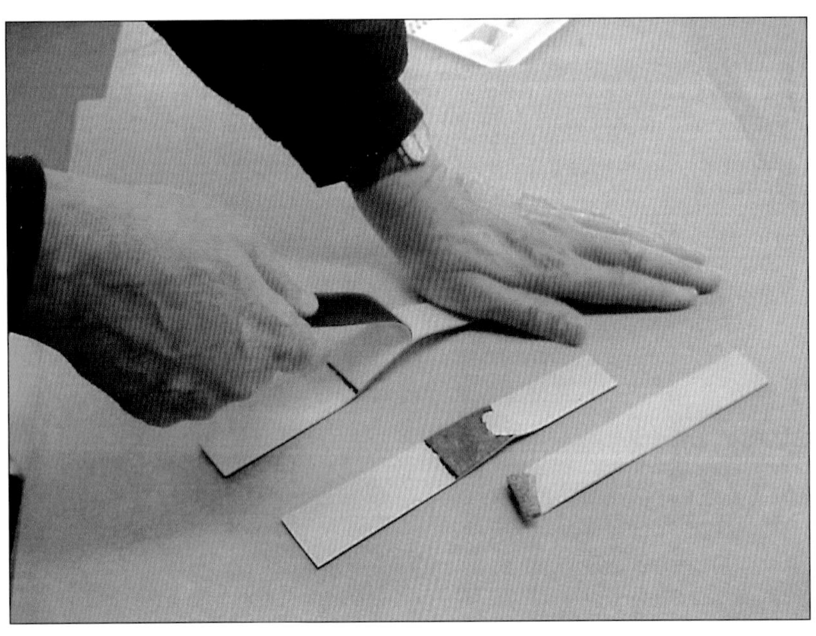

Abbildung 89:

Prüfung Schälzug

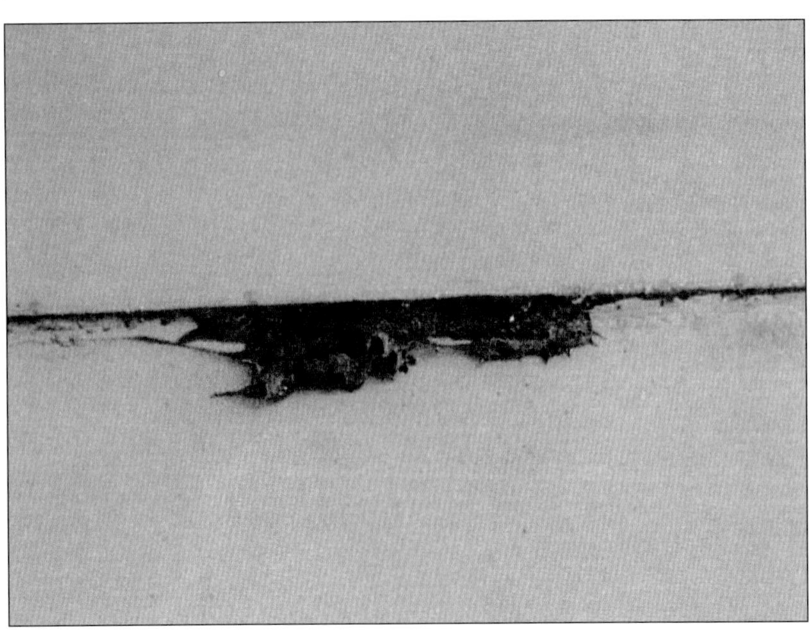

Abbildung 90:

Seitlicher Auswurf von abgesondertem Schmelz bei einer Heißluftdüse

Nahtkontrolle ist Qualitätssicherung

Eine Schälprüfung nach den geltenden Normen wird an Proben quer zur Naht ausgeführt. Im Falle von verstärkten Bahnen ist dies ein Test mit hoher Aussagekraft, da die Trennung bei guter Nahtgüte von der schwächsten Stelle entlang der Verstärkung erfolgt. Eine Aussage über die qualitative Gleichmäßigkeit der Fügeverbindung ist jedoch nicht immer möglich.

Bei Verschweißungen mit Heißluftautomaten kann bei unsachgemäßen Geräteeinstellungen aufgrund unterschiedlicher Temperatur- und Luftverteilung über die Düsenbreite auch über die Fügenahtbreite ein unterschiedlicher Qualitätsausfall resultieren.

Bei unverstärkten Bahnenproben oder solchen mit Einlagen aus niedrigen Flächengewichten ist eine Beurteilung der Nahtgüte und Fügebreite an Proben quer zur Naht aufgrund eines Abrisses im Randbereich der Fügeverbindung nicht immer gewährleistet. Eine zuverlässigere Beurteilung wird nur an Proben längs zur Naht erreicht. Hierzu werden je nach Breite der Schweißnaht im Fügebereich ca. 10 bis 15 mm breite Probestreifen entlang der Naht geprüft. Mit diesem Testprozedere ist eine sichere Beurteilung der Nahtgüte und Fügebreite beziehungsweise Nahttiefe möglich.

Eine problemlose Trennung mit Aufschälung der beiden Bahnenschenkel im Nahtbereich ist ein deutlicher Hinweis auf ungenügende Schweißparameter.

Die Fügebreite im manuellen Schältest lässt aber keinen Schluss auf die Höhe der Fügefestigkeit zu. Dies ist nur bei Einsatz eines maschinellen Zugprüfgerätes mit der Erfassung der Schälwerte möglich. Die Ergebnisse einer Schälprüfung, wie auch die einer Scherzugprüfung, von frisch gefügten Bahnen geben allerdings keine endgültige Aussage für die Hauptforderung nach Dichtigkeit der Naht während einer längeren Einsatzdauer.

Scherzug- und Schälprüfungen von Nähten der Abdichtungsbahnen werden in der Regel nach genügender Abkühlung von 12 bis 15 Stunden in den Prüflabors mit Zugprüfmaschinen durchgeführt. Für Verleger mit ausgeprägtem Qualitätsbewusstsein gibt es inzwischen aber auch werkstatt- und vor allem baustellengerechte Zugprüfgeräte für Schäl-, Scherzug- und Zugversuche zum Nachweis der Schweißqualität. Ein handliches und robustes Gerät mit Digitalanzeige der Messwerte wird vom Marktführer angeboten.

Mit derart maschinell durchgeführten Schälversuchen ist unter anderem ein Unterschied zwischen den Fügeverfahren, der Ausführungssorgfalt und des Bahnenaufbaues erkennbar.

Bei Probeverschweißungen werden die zu verschweißenden Bahnenabschnitte durch Einlagebleche am Schweißbeginn die Probenentnahme und Prüfung erleichtert.

Der Schältest liefert im Gegensatz zum Scherzugtest einen verbesserten Aufschluss über die Nahtgüte mit Fügebreite und Gleichmäßigkeit der Fügeverbindung. Der Schälversuch erfasst auch schwach gefügte Nahtbereiche. Eine Schälung über den Nahtbereich ist dabei unbefriedigend und signalisiert eine nicht materialhomogene Fügeverbindung.

Vor Beginn der eigentlichen Objektarbeiten sollte der Verleger deshalb an separaten Bahnenabschnitten eine Selbstprüfung sowie gegebenenfalls Optimierungen der Schweißparameter vornehmen. Ratsam ist dabei täglich eine zweimalige Kontrolle am Morgen und Nachmittag sowie bei jeder Witterungsänderung vorzunehmen. Dabei genügt der einfache manuelle Schältest möglichst in Quer- und Längsrichtung der Naht. Hierfür werden aus dem Nahtbereich der gefügten Überlappungen ca.10-15 mm (für die Längsprüfung zur Naht) bis 20 mm breite Streifenproben entnommen und nach dem Erkalten schälend im rechten Winkel zur Fügeverbindung langsam und gleichmäßig gezogen. Die Beurteilung erfolgt optisch. Bei materialhomogener Verschweißung von homogenen, unverstärkten Bahnen erfolgt ein Abriss oder ein Kohäsionsbruch durch die Bahn im Grenzbereich des Schweißrandes. Bahnen mit Einlage oder Verstärkung zeigen dabei ein Bruchbild entlang der Substrateinlage beziehungsweise der Verstärkung. Hierbei kann auch die Fügebreite ermittelt werden. Eine Schälung der Proben im Bereich der verschweißten Flächen der Naht zeigt dabei eine nicht optimale materialhomogene Verbindung an.

ddD - Empfehlung

Vor Beginn der Verarbeitung sollte der Verleger deshalb an separaten Bahnenabschnitten eine Selbstprüfung, sowie gegebenenfalls Optimierungen der Schweißparameter vornehmen. Ratsam ist dabei täglich eine zweimalige Kontrolle am Morgen und Nachmittag sowie bei jeder Witterungsänderung vorzunehmen. Dabei genügt der einfache manuelle Schältest möglichst in Quer- und Längsrichtung der Naht.

Die Qualität von Nahtverbindungen der Dachbahnen wird letztlich im Langzeitverhalten entschieden. Ferner nehmen mit zunehmender Dicke der Bahnen sowohl die Werte der Scherzug- als auch der Schälprüfung von verschweißten Nahtverbindungen ebenfalls zu.

Ausführungs- und Baustellenrealität

Abbildungung 91:

Winterbau aufgrund Termindruck

Abbildung 92:

Verweigerung der Abnahme aufgrund wesentlicher Mängel bei den Anschlüssen und deshalb auch …

Abbildung 93:

… Wasseranstau im Aufbau und unter der bituminösen Dampfsperre

6.3 Einfach Mehrlagig?

In den letzten Jahren haben mangelhafte Ausführungen bei bituminösen Abdichtungen (leider) zugenommen. Die Ursachen hierfür sind manchmal eine falsche Materialauswahl und fast immer eine nicht fach- und materialgerechte Verarbeitung.

Von Seiten der Verarbeiter hört man immer wieder die Argumente der »Billigpreisvergaben« als Hauptursache für mangelhafte Ausführungen: »Mit dem kalkulierten Stundensatz eines erfahrenen Mitarbeiters ist man heutzutage bei Ausschreibungen chancenlos«.

Die Ergebnisse der Ausführungen mit unerfahrenem und nicht geschultem Personal sind vielfältig und beginnen manchmal bereits bei der Baustelleneinrichtung (unsachgemäße Aufstellung der Bitumenkocher, falsche Lagerung der Gasflaschen, Nichtbeachtung der Brand- und Unfallverhütungsvorschriften) und enden nicht selten damit, dass bereits nach der Fertigstellung der Leistung schon Feuchtigkeit im Aufbau festgestellt wird (siehe Abbildungen 92,93, 94).

Aus einer Umfrage bei ddDach-Mitgliedern resultieren immer wieder vorkommende Problembereiche bei der Verarbeitung von bituminösen Abdichtungen:

- mangelhafte Untergrundvorbereitung oder
- Verarbeitung auf »unfertigen« Untergründen,
- ungenügende Niederschlagswassersicherung (keine Sicherung der Tagesleistung über Nacht),
- mangelhafter Schutz der auf der Baustelle lagernden Baustoffe (besonders in den kalten Übergangszeiten),
- ungenügende Verklebung der Dämmschichten,
- Dämmstoffwölbung und faltige Aufstauchungen bzw. Schub falten durch flächige Verschiebung des Dachpakets in Folge von Kontraktionsbewegungen
- Dämmschichtverbrennungen (bei EPS und/oder XPS, in An- und Abschlussbereichen),
- thermische Schädigung der Bahn, Entzündung und Überhitzung der Bitumenmasse, dadurch auch
- Dämpfe und Aerosole, die eine reizende, allergische und hautresorptive Wirkung haben,
- mangelhafte Naht- und Stoßrandausführung, Kopf- und Kreuzstöße insbes. bei beschieferten Bahnen,
- undichte Ausführungen bei Anschlussmanschetten und eingeklebten Metalltabletts (z.B. Wasserspeier),

6.3.1 Hauptfehlerquelle Witterung

Bei der Ausführung unter ungünstigen Witterungsverhältnissen kann die Qualität der Verarbeitung von bituminösen Abdichtungen stark beeinträchtigt werden.

In Ausschreibungen wird meist von optimalen Verarbeitungsbedingen in dem vorgegeben Zeitraum ausgegangen. Es wäre sowohl für den Auftraggeber als auch für den Ausführenden unzumutbar alle Risikofaktoren in die Preiskalkulation einzubeziehen. Korrekterweise werden witterungsverhältnisbedingte Aufwendungen erst dann erbracht, wenn sie sinnvoll, zweckmäßig und notwendig sind. Dies kann nur im Einzelfall und an Ort und Stelle, unter Berücksichtigung aller Gegebenheiten entschieden und festgelegt werden (MÜSSIG/STAUCH, 2002).

Eine Notwendigkeit von zusätzlichen Maßnahmen oder Aufwand wird vielfach nicht anerkannt oder akzeptiert, so dass solche dann auch nicht ausgeführt werden. Besonders anzuführen ist hier die immer wieder festgestellte Zurückhaltung der Verarbeiter vor einem schriftlichen Hinweis oder der Anmeldung von Bedenken an den Auftraggeber.

6.3.1.1 Baufeuchte

Immer kürzere Bauzeiten und Termindruck sind meist Ursachen für die Verarbeitung von Bitumenbahnen bei ungünstiger Witterung. In Schlechtwetterperiode kann nicht mehr abgewartet werden, bis die Untergründe auf natürliche Weise austrocknen. Es erfolgt oft nur eine kurze Oberflächentrocknung mit verbleibender Restfeuchte im Bauteil.

6.3.1.2 Niederschlagswasser

Die ausgeführten Arbeiten sind gegen Niederschlagswasser, mit dem normalerweise (auch über Nacht) gerechnet werden muss, zu schützen. Dies kann bei lang andauernden Schlechtwetterperioden durchaus problematisch werden. Ob das mehrmalige Abtrocknen der Fläche, oder Absaugen von Wasser eine (nicht zu bezahlende) Nebenleistung ist oder als zusätzlicher Aufwand anzuerkennen ist, wird fast immer zur Streitfrage.

Witterungseinflüsse

»Dachabdichtungen dürfen bei Witterungsverhältnissen, die sich nachteilig auswirken können, nur ausgeführt werden, wenn zusätzlich geeignete Maßnahmen getroffen werden. Diese sind entsprechend den Gegebenheiten zum Ausführungszeitpunkt mit dem Auftraggeber zu vereinbaren.

Solche Witterungsverhältnisse sind z.B. Temperaturen unter +5°C, Feuchtigkeit, Nässe, Schnee und Eis oder scharfer Wind« (VOB/C DIN 18 338).

Vom Aufflämmen bis zum Verbrennen

Abbildung 94:

Überreaktion eines Dachdeckers nach einer Abnahmebegehung mit festgestellten Mängel an den Nähten (keine gestellte Aufnahmen).

Zuerst wurden die beanstandeten Nähte mit Bitumenpflaster überklebt ......

Abbildung 95:

...... und anschließend mit dem Brenner verschmolzen. Dass die Bahnen durch den Verbrennungsvorgang beschädigt waren konnte bei der anschliessenden Wasseranstauprüfung nicht festgestellt werden.

Abbildung 96:

»Es kommt immer wieder vor, dass die hohen Aufschweißtemperaturen benutzt werden, um vor der Weiterarbeit den feuchten Untergrund zu trocknen. Das kann bei Konstruktionen aus brennbaren Materialien zu verdeckten Schwelbränden führen, die sich erst nach zeitlicher Verzögerung zum Flammenbrand entwickeln«.

Dehnfugen-Schwelbrand infolge Trocknungsarbeiten mit dem Brenner

Begrenzt unbegrenzte Verarbeitung

6.3.1.3 Übergangszeiten

Die Verarbeitung von Bitumenbahnen in den Übergangszeiten stellt besondere Anforderungen dar. Ein zusätzlicher Trocknungsvorgang bei einer mit Reif oder Tau überzogenen (besandeten) Unterlagsbahn erfolgt nicht, da oft davon ausgegangen wird, dass beim Flämmvorgang automatisch eine Trocknung erfolgt - und geringfügige Klebefehlstellen sind ja erlaubt (siehe Kasten). Eine Blasenbildung durch eingeschlossene Feuchtigkeit kann dann bereits bei der ersten Erwärmung erfolgen.

In kälteren Jahreszeiten wird die Notwendigkeit einer zusätzlichen Bereitstellung von beheizbaren Materialcontainern meist nicht für notwendig erachtet, so dass nach nächtlicher Frosteinwirkung in der Bitumenbahn beim Auf- und Abrollen Oberflächenrisse und Deckschichtbrüche auftreten. Die so geschädigten Bahnen sind dann als Oberlage unbrauchbar.

6.3.2 Fehlerquelle Schweißvorgang

Schweißbrenner werden üblicherweise mit Propangas betrieben. Sie müssen mit Druckregler und Schlauchbruchsicherung ausgestattet sein. Je nach Einsatzgebiet werden Schweißbrenner mit unterschiedlich großen Flammbechern (25-65 mm) eingesetzt. Werden größere Flammbecher, wie sie zum Flächentrocknen eingestzt werden, zum Aufschweißen von Bitumenbahnen verwendet besteht schnell die Gefahr der Überhitzung. Dies kann zum Schrumpf der temperaturempfindlichen Trägereinlage führen.

Untersuchungen über Schädigungsmechanismen beim Aufflämmen von Polymerbitumenbahnen (EMPA, 1998) haben ergeben, dass bei Aufflämmtemperaturen über 650 °C ein Polymerabbau erfolgt und sich die viskoelastischen Eigenschaften stark verändern.

6.3.2.1 Naht- und Stoßverbindungen

Welche Gründe dazu führen, dass nicht nur bei frei bewitterten Dachflächen, sondern auch bei Kiesdächern und Dachbegrünungen schieferbesplittete Bitumenoberlagsbahnen eingesetzt werden ist oft nicht nachvollziehbar.

Bei Bahnen mit Oberflächenbesplittung liegt die Ursache für mangelhafte Nahtverbindungen meist darin, dass zähes Deckschichtbitumen die Schieferbesplittung im Nahtbereich nicht oder nicht ausreichend einzuhüllen vermag. Ein notwendiger homogener Verbund zwischen den Bahnen kommt nicht zustande. Der Schiefersplitt wirkt kapillar und zieht Wasser. Die Folge sind Nahtablösungen die dann undicht und somit auch nicht mehr wurzelfest sind.

Scheinbar ist es heute für den Verarbeiter zu aufwändig mit kleiner Brennerflamme alle Klebe- und Schweißflächen von der Besplittung zu befreien, ohne dabei das Bitumen und die Trägereinlage zu überhitzen, oder das Granulat mit Brenner und Kelle unter vorsichtigem Erwärmen in die Deckschicht einzudrücken - wie es auch die meisten Hersteller fordern.

6.3.3 Flämmarbeiten

In den Technischen Informationen der Münchner Rückversicherung wird auch auf die Gefahr bei Flämmarbeiten bei der Verarbeitung von Bitumenbahnen hingewiesen: »Zur Anwendung kommen flüssiggasbetriebene Aufschweißbrenner. Die Flammen können eine Temperatur von bis zu 1.200°C erreichen. Dies kann bei mangelnder Sorgfalt zu örtlichen Überhitzungen und Bränden führen«. Ein weiteres Risikopotential stellen bei derartigen Bränden die meist auf Baustellen vorhandenen Gasflaschen dar. Diese Flaschen enthalten ein leicht entzündbares Gas (Propan, Butan) und können bei Flammeneinwirkung von weniger als 10 Minuten explodieren.

6.3.4 Fazit

Auch bei der Verarbeitung von Bitumenbahnen ist eine detaillierte Materialkenntnis und -erfahrung Voraussetzung für eine erfolgreiche Ausführung. Eine ständige Fort- und Weiterbildung ist auch hier unverzichtbar. Entsprechende Nachweise sind vor Beginn der Ausführungsarbeiten anzufordern.

Zugeständnisse ?

»Eine hohlraumfreie Verklebung von Bitumenbahnen ist unter Baustellenbedingungen nicht immer erzielbar. Einzelne z.B. durch Unebenheiten entstehende, geringfügige Hohlräume können nicht ausgeschlossen werden« (FDR, 2005).

»Um bei nicht immer vermeidbaren Klebefehlstellen eine Blasenbildung durch allzu große Temperatureinwirkung zu begrenzen, wird das Aufbringen eines schweren Oberflächenschutzes empfohlen« (EISERLOH, 2002).

Vielschichtenverbund

Abbildung 97:

Ausschnitt eines hochwertigen im Verbund ausgeführten Dachaufbaus mit Schaumglas als Basis eines intensiv begrünten Daches.
Die Einzellagen sind mit Heißbitumen vergossen worden. Der Gesamtaufbau umfasst insgesamt 15 Einzelschichten, von unten nach oben: Voranstrich, Kautschukbitumen, PYE PV 200 DD als Ausgleichs- und Abdeckschicht, Heißbitumen, Schaumglas 1.Lage, Heißbitumendeckabstrich, Schaumglas 2.Lage, Heißbitumendeckabstrich, 1. Abdichtungslage, Bitumenschweißbahn, 2. Abdichtungslage Bitumenschweißbahn, Trennlage Glasvlies, Wurzelschutzbahn PVC, Isolierschutzmatte, Filtervlies, Drainschicht, Substratschicht

Abbildung 98:

Teilstück eines vielschichtigen Abdichtungsaufbaus aus Bitumenschweißbahnen. In diesem Fall sind sieben Einzellagen in einem ca. 3-4 cm dicken Paket verbunden worden. Trotz dieser Schichtdicke war der Aufbau undicht

Abbildung 99:

Einbau einer Bitumendeckschichtbahn mit Heißbitumen im Gießverfahren

6.4 Bituminöse Abdichtungen

Hochwertige Dachabdichtungen erfordern neben hoher Materialqualität gewissenhafte Verarbeitung und gründliche Planung vor dem Hintergrund des heutigen technischen Wissens. Dies gilt grundsätzlich auch für bituminöse Abdichtungen. Auch der verhältnismäßig problemlose Baustoff Bitumen muß werkstoffgerecht behandelt und verarbeitet werden. Unfachgemäße Behandlung und werkstofffremde Verarbeitung können nie zu optimalen Ergebnissen führen (HOLZAPFEL, 1999). Wie bei jedem anderen Material ist auch bei Bitumen die detaillierte Kenntnis des Werkstoffes Voraussetzung für einen erfolgreichen, dauerhaften Einsatz.

6.4.1 Mehrlagige Verarbeitung

Bahnenabdichtungen aus Bitumen werden traditionell mehrlagig ausgeführt. Die zu Beginn der Bahnenherstellung vor etwa 125 Jahren eingesetzten Rohfilzbahnen, die eigentlichen Dachpappen, die bei der Abdichtung gegenüber drückendem Wasser auch heute noch verwendet werden, sind immer mehrlagig verarbeitet worden. Diese Bahnen bildeten selbst die Trägereinlagen und in Verbindung und im Wechsel mit Heißbitumendeckabstrichen einen mehrlagigen Abdichtungsaufbau. Die Mehrlagigkeit ist auch nach der Herstellung von Bahnen mit Deckschichtbitumen beibehalten worden und bis heute in den Regelwerken eine grundsätzliche Anforderung an Bahnen aus Bitumenwerkstoffen.

Einlagige Bitumenschweißbahnen (EPTA) sind zwar für mäßige Beanspruchung nach DIN 18195 T4 und 5 zugelassen, sowie für Bauaufgaben mit geringen Qualitäts- und Standseiten. Für hochwertige Abdichtungen sind einlagige Abdichtungen aus Bitumenbahnen aus folgenden Gründen nicht geeignet. Mehrlagige Abdichtungen sind ein bewährtes System von Redundanzen. Lokale Fehlstellen können keinen gravierenden Schaden durch großflächige Unterläufigkeit des Dachaufbaus bewirken. Auch den Belastungen durch zahlreiche Alterungsfaktoren kann eine mehrlagige Bahnenabdichtung aus Bitumenwerkstoffen einen robusteren Widerstand entgegensetzen. Zum rauhen Baustellenalltag unter Termindruck und dem Einfluss unkalkulierbarer Witterungsbedingungen hat der Einbau von Bitumenbahnen in mehreren Lagen den Vorteil geringer Komplexität: Die Arbeitsgänge sind einfach und übersichtlich. Das Fehlstellenrisiko bleibt dennoch bestehen und wird durch die Mehrlagigkeit teilweise kompensiert.

6.4.2 Gießverfahren

Das Gießverfahren ist die älteste, seit ca. 160 Jahren und auch heute noch praktizierte Klebetechnik von Bitumenbahnen. Heiße Bitumenklebemasse, maximal 220°C und minimal 180°C, wird aus einer Gießkanne oder einem Gießeimer vor der aufgerollten Bitumenbahn in Bahnenbreite ausgegossen und muss bei fachgerechter Ausführung als Wulst vor der Bahn herlaufen. Das Abdichtungsergebnis ist besser, wenn die Bahn auf einen Wickelkern, der die Andruckwirkung erhöht, aufgewickelt wird. In der Regel wird für das Gießverfahren ungefülltes, nicht mit Mineralstoffen versetztes Oxidationsbitumen verwendet, das in Blöcken angeliefert und in Bitumenschmelzkochern auf die Solltemperatur erhitzt wird.

Bei großen Baustellen können mobile Bitumen-Bindemitteltanks mit Bitumenpumpanlage wirtschaftlich eingesetzt werden. Das Gießverfahren ist bei kleineren Baustellen personalintensiv. Für einen flüssigen Arbeitsablauf muss eine Arbeitskraft den Kocher beaufsichtigen und befüllen, mindestens zwei Arbeitskräfte bringen das Heißbitumen in Kannen heran, während eine Arbeitskraft die Bahn einrollen und an den Untergrund andrücken muss. Beim Gießverfahren können Probleme auftreten, wenn Heißbitumen bei zu niedriger oder zu hoher Temperatur infolge schadhafter Schmelzgeräte mit defekter Temperatursteuerung und über zu weite Wege zwischen Schmelzgerät und Einbauort transportiert wird. Problematisch kann ferner die Kombination Polymerbitumen-Dachdichtungsbahnen mit Oxidationsbitumenbahnen oder Oxid-Heißbitumen sein, da die Bitumina unter Umständen nicht miteinander verträglich sind. Bei sorgfältiger Verarbeitung ist jedoch das Ziel eines vollflächigen Bahnenverbundes mit dem Gießverfahren am ehesten zu erreichen, es sei denn es wird ein ähnlicher Aufwand wie bei der Verbundabdichtung betrieben.

Bituminöse Abdichtungen mit dem Anspruch auf dauerhaftes Wassersperrvermögen lassen sich nur durch homogenes Verschmelzen mehrerer Schweiß- oder Dichtungsbahnlagen miteinander herstellen. Erst durch den Prozeß der Verschmelzung entsteht eine dauerhafte Abdichtung. Je höherwertiger Deckschicht und Tränkbitumen sind, desto geringer sind Rißneigung und Deckschichtablösungen. Einzeln liegende Schweiß- oder Dichtungsbahnenlagen können aus diesen Gründen keine dauerhafte Abdichtung sein
(HOLZAPFEL, 1999).

Fußarbeit ohne Sichtkontrolle

Abbildung 100:

Aufschweißen einer Bitumenschweißbahn. Da kein Wickelkern verwendet wird und seitlich kein Bitumenwulst austritt, ist die Verarbeitung nicht fachgerecht. Der Abdichter steht hinter der Rolle und kann somit auch den Bitumenwulst vor der Rolle nicht kontrollieren

Abbildung 101:

Aufschweißen einer Bitumenschweißbahn mit Wickelkern und Rollenführungsbügel. Der Wickelkern ist in der Abbildung zur Verdeutlichung hell hervorgehoben. Der Kern besteht aus einem schweren Stahlrohr, dessen Auflast zu einem weitgehend gleichmäßigen und vollflächigen Bahnenverbund führen soll. Der Abdichter steht vor der Rolle und kann somit die Bitumenwulst vor der Rolle kontrollieren.

Abbildung 102:

Aufschweißen der hitzebeständigen Bitumenschweißbahn mit hochliegender Trägereinla-ge auf den vorher aufgebrachten Epoxidharz-mörtel (Kratzspachtelung). Ein Abdichter führt den siebenflammigen Rollenaufschweißbren-ner, der zweite drückt die Bitumenbahn auf dem Untergrund an

Gießen, Bürsten, Streichen, Schweißen

6.4.3 Bürstenstreichverfahren

Das Bürstenstreichverfahren findet dort Anwendung, wo das Gießverfahren nicht möglich ist: an Höhenversätzen, Wand- und Randanschlüssen. Heißbitumen wird sowohl auf dem Verlegeuntergrund als auch auf der Unterseite der eingeklappten Bitumenbahn mit der Bürste satt aufgetragen. Nach dem Umklappen wird die Bahn von der Bahnenmitte aus mit der Hand oder einem Druckholz ausgestrichen, so dass am Bahnenrand Bitumen herausquillt. Da die Temperatur des Heißbitumens beim Bürstenstreichverfahren schnell abnimmt, ist zügiges Arbeiten und eine ausreichend hohe Temperatur der zu verarbeitenden Masse erforderlich, um nicht Klebefehlstellen durch abgekühltes Bitumen zu erzeugen.

6.4.4 Verbundabdichtung

Die Verbundabdichtung hat ihre Wurzeln im Ingenieurbau, insbesondere bei der Abdichtung von Brücken unter Einsatz von Gussasphalt. Auf diese Abdichtungstechnik wird ausführlicher eingegangen, um zu verdeutlichen, wie groß der Aufwand ist, einen wirklich hohlraumfreien Schichtenaufbau herzustellen.

Bei der Bauweise im Verbund können Abdichtungsfehlstellen Blasenkeime erzeugen. Der Wasserdampf, der in der eingeschlossenen Luft vorhanden ist, dehnt sich bei direkter Sonneneinstrahlung aus. Da Bitumen bei Hitze weich wird, führt die Ausdehnung des eingeschlossenen Wasserdampfes zur Dehnung und Vergrößerung der Blase. Bei Nachtkühle kondensiert der Wasserdampf, erzeugt einen Unterdruck, der durch Diffusion neue Luft von außen ansaugt, so dass der Schadensprozess fortschreitet. Daher muss die Abdichtung im Verbund zwingend hohlraumfrei ausgeführt werden.

Der Verlegeuntergrund, in der Regel eine Betondecke, wird gefräst und sandgestrahlt, um haftungsmindernde Schichten zu entfernen und einen gleichmäßig griffigen Untergrund zu erzielen. Die Betonoberfläche wird mit Epoxidharz geflutet, das mit einer Lammfellrolle bis zur Sättigung der Poren gleichmäßig verteilt wird. Pfützen sind zu vermeiden. Die Grundierung wird mit feuergetrocknetem Quarzsand, 0,2 - 0,7 mm, im Überschuss abgestreut und nach Aushärten der Grundierung abgefegt.

Bei Vertiefungen der Rohdecke von mehr als 5 mm, bei vorhandenen Spitzen und Kanten der Oberfläche, ist eine Kratzspachtelung erforderlich, die aus Epoxid-harzmörtel über die Spitzen des Untergrundes kratzend aufgetragen wird. Die Kratzspachtelung ist abermals mit Quarzsand wie bei der Grundierung abzustreuen. Als Abschluss der Untergrundvorbehandlung wird die Fläche mit Epoxidharz versiegelt, wobei ca. 500 - 700 g/m² aufgebracht werden.

Die Kratzspachtelung wird mit feuergetrocknetem Quarzsand, Körnung diesmal 0,5 - 1,2 mm, abgestreut. Nach Aushärten der ersten Schicht und Entfernen des überschüssigen Quarzsandes wird eine Versiegelungsschicht wiederum mit einer Lammfellrolle aufgetragen, jedoch nicht mehr mit Quarzsand abgestreut.

Erst nach dieser aufwendigen Vorarbeit wird bei der Abdichtungskonstruktion nach ZVT-ING, Teil 7, Abschnitt 1, ehemals, ZTV-BEL-B, Teil 1, eine spezielle Polymer-Bitumenschweißbahn aufgeschweißt. Diese temperaturunempfindliche Bahn ist dafür ausgerüstet mit Gussasphalt überbaut zu werden. Sie hat eine hoch liegende Trägereinlage aus Polyesterfaservlies, die das Hochkochen des Deckschichtbitumens in die Gussasphaltschicht verhindern soll. Die Bahn muss einen hohen Erweichungspunkt aufweisen. Daher wird vorzugsweise Plastomerbitumen als Deckschicht eingesetzt.

Das gleichmäßige und hohlraumfreie Aufschweißen dieser Bahn kann nur mit einem mehrflammigen Brenner erreicht werden. Die mit Epoxidharz beschichtete Betonoberfläche darf jedoch dabei nicht zu stark erhitzt werden. Um Beschädigungen der Dichtungsschicht zu vermeiden, sollte der Aufbau der Schutzschicht und der zweiten Abdichtungslage, dem Gussasphalt möglichst zeitnah hergestellt werden.

Die beschriebene Verbundabdichtung hält, z.B. bei Autobahnbrücken, härtesten Beanspruchungen stand und eignet sich daher auch gut für Parkdeckabdichtungen, bei denen keine Wärmedämmung erforderlich ist. Im Schadensfall ist eine Verbundabdichtung jedoch wegen des innigen Verbundes der Werkstoffe schwer zu sanieren. Der Rückbau der schadhaften Teilbereiche erfordert akribische Sorgfalt, um Abdichtungsanschlüsse in ausreichender Breite freizulegen.

Aus den Forschungen der EMPA

„Bei Polymerbitumendichtungsbahnen können falsche Schweißgeschwindigkeit und falscher Flammenabstand zu thermischen Schädigungen führen. Während des Aufflämmens sollte die Oberflächentemperatur der abgeschmolzenen Polymerbitumenmassen nicht über 650°C steigen. Als Folge wurden Polymerabbau, Änderungen der viskoseelastischen Eigenschaften und der Glasumwandlungstemperatur festgestellt“ (EMPA, 1997).

Riss in der Nahtverbindung

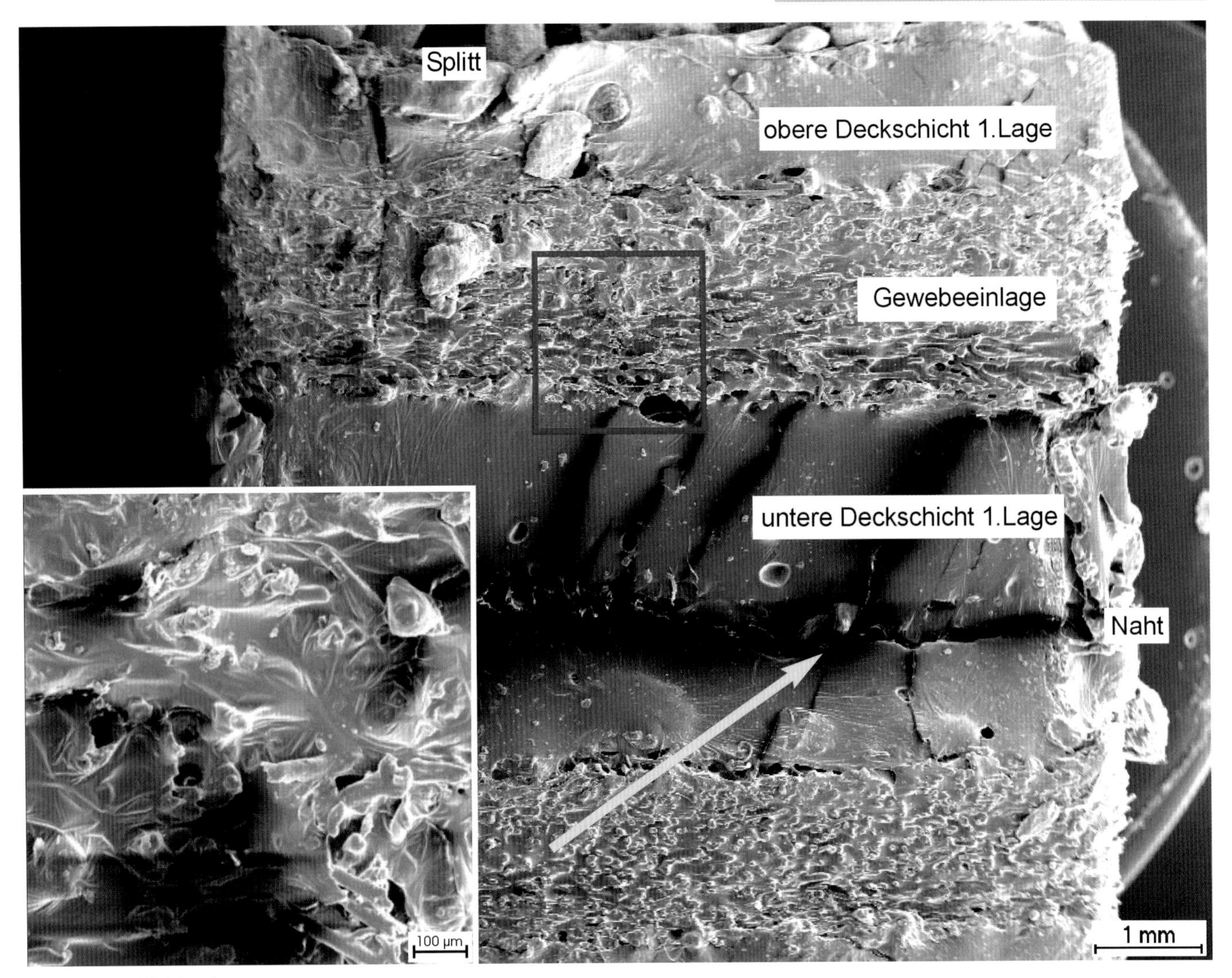

Abbildung 103 (oben):

Vergrößerung einer Nahtverbindung von Elastomerbitumen-Schweißbahnen mittels Rasterelektronenmikroskop. Die Naht ist in Bildmitte als Riss zu erkennen. Ein homogener Bahnenverbund ist an dieser Stelle nicht gegeben. In der Vergrößerung sind Hohlräume und in die Bitumenmasse eingebettete Partikel zu erkennen, die Teile der Füllstoffe oder Kunststoffpolymere sein können.

Abbildung 104 (links):

Moderner Heißluftschweißautomat mit 10 cm breiter Schweißdüse für Polymerbitumenbahnen

Foto: LEISTER Process Technologies

Einlagig oder zweilagig

6.4.5 Schweißverfahren bei zweilagiger Abdichtung

Die Herstellung einer zweilagigen oberseitig besplitteten Schweißbahn-Abdichtung ohne Nutzschicht ist die am häufigsten eingesetzte Abdichtungskonstruktion in Deutschland. Im Unterschied zu der oben beschriebenen Verbundabdichtung oder dem Gießverfahren werden Bitumenschweißbahnen überwiegend von einer Arbeitskraft mit einem einflammigen Propangasbrenner verarbeitet. Ein Wickelkern oder ein Führungsbügel wird nur von der Minderzahl der Abdichter eingesetzt, obgleich das in der Fachliteratur immer wieder gefordert wird. Das Ergebnis ist häufig eine mittelmäßige bis ungenügende Abdichtung.

Die Brennerflamme muss in Bahnenbreite hin- und hergeführt werden, während die Bahn vom Abdichter mit dem Fuß weitergerollt wird, der Fuß aber der Flamme gleichzeitig im Weg ist. Da reicht eine kleine Nachlässigkeit, ein Windstoß oder eine zu hohe Geschwindigkeit des Abrollens, um das Polymerbitumen oder die temperaturempfindliche Polyestervlieseinlage zu überhitzen, was Abdichtungsfehlstellen und Bahnenschäden nach sich zieht. Hinzu kommt, dass die Entstehung eines ausreichenden Klebemassenwulstes vom Abdichter nicht beobachtet werden kann, da dieser im Regelfall hinter der Bahn steht, die er mit dem Fuß vorwärts rollt.

In den Flachdachrichtlinien ist zwar in Abschnitt 4.6.1.1 ausgesagt, dass eine hohlraumfreie Verklebung unter Baustellenbedingungen nicht immer erzielbar sei und dass einzelne, z.B. durch Unebenheiten entstehende geringfügige Hohlräume nicht ausgeschlossen werden können. Offen bleibt, inwieweit eine hohllagige Abdichtung noch den technischen Regeln entspricht. Im Unterschied zum Gießverfahren steht für den Schweißvorgang eine etwa 1 mm bis 1,5 mm dicke Bitumenschicht zur Verfügung, die größere Unebenheiten nicht ausfüllen kann. Bei hohen Außentemperaturen erzeugt der Abdichter die Unebenheiten selbst durch sein Körpergewicht. Elastomere Polymerbitumenbahnen stellen sich aufgrund der Flexibilität nach dem Schweißvorgang zurück, so dass Hohlstellen zwangsläufig entstehen. Bei sorgfältiger Ausführung werden jedoch auch im großen Umfang mängelfreie Abdichtungen mit Bitumenschweißbahnen hergestellt.

6.4.6 Schweißverfahren bei einlagiger Abdichtung

Einlagige Abdichtungen aus Bitumenschweißbahnen sind in besonderen Anwendungsfällen möglich. Die Bitumenbahnindustrie hat EPTA-Bahnen (Einlagige-Polymerbitumen-Träger-Abdichtungen) vor etwa 10 Jahren als Antwort auf die Konkurrenz der traditionell einlagigen Kunststoffbahnen entwickelt.

Für Bauaufgaben mit geringen Qualitätsanforderungen, geringeren Beanspruchungen oder wenn die Nahtfügung mit ähnlichem Aufwand geprüft würde, wie dies bei Kunststoffbahnen unter Kapitel 6.2. beschrieben ist, kommt eine einlagige Schweißbahnabdichtung infrage. Der mit der Mehrlagigkeit verbundene Zugewinn an Sicherheit muss dann jedoch preisgegeben werden.

6.4.7 Heißluftverfahren

Bitumenschweißbahnen können auch mit Heißluftschweißgeräten verarbeitet werden. Die Geräte ähneln denen, die für die Nahtfügung von Kunststoffbahnen gebräuchlich sind - siehe Abbildung 104.

Während jedoch Kunststoffbahnen überwiegend mit Heißluft verschweißt werden, findet das Verfahren bei Bitumenschweißbahnen nur im Ausnahmefall Anwendung, da die erforderlichen Temperaturen zur Verschweißung mit Heißluftgeräten nur im Nahtbereich, nicht jedoch auf ganzer Fläche erzeugt werden können.

Plastizität

Bitumen ist ein thermoplastischer Stoff. Zwischen dem Brechpunkt bei Kälte und dem Erweichungspunkt bei Wärme ist die Viskosität etwa gleich. Unterhalb der Brechpunkttemperatur wird das Bitumen zunehmend hart und spröde und oberhalb der Erweichungspunkttemperatur flüssig. Für Dachbahnen ist entscheidend, dass die im Anwendungsfall auftretenden Temperaturdifferenzen vor Ort der Plastizitätsspanne des Werkstoffs entspricht, wobei ein Sicherheitszuschlag von etwa 30°C berücksichtigt werden muss.

Mischung und Größe der Füllstoffe/Polymere

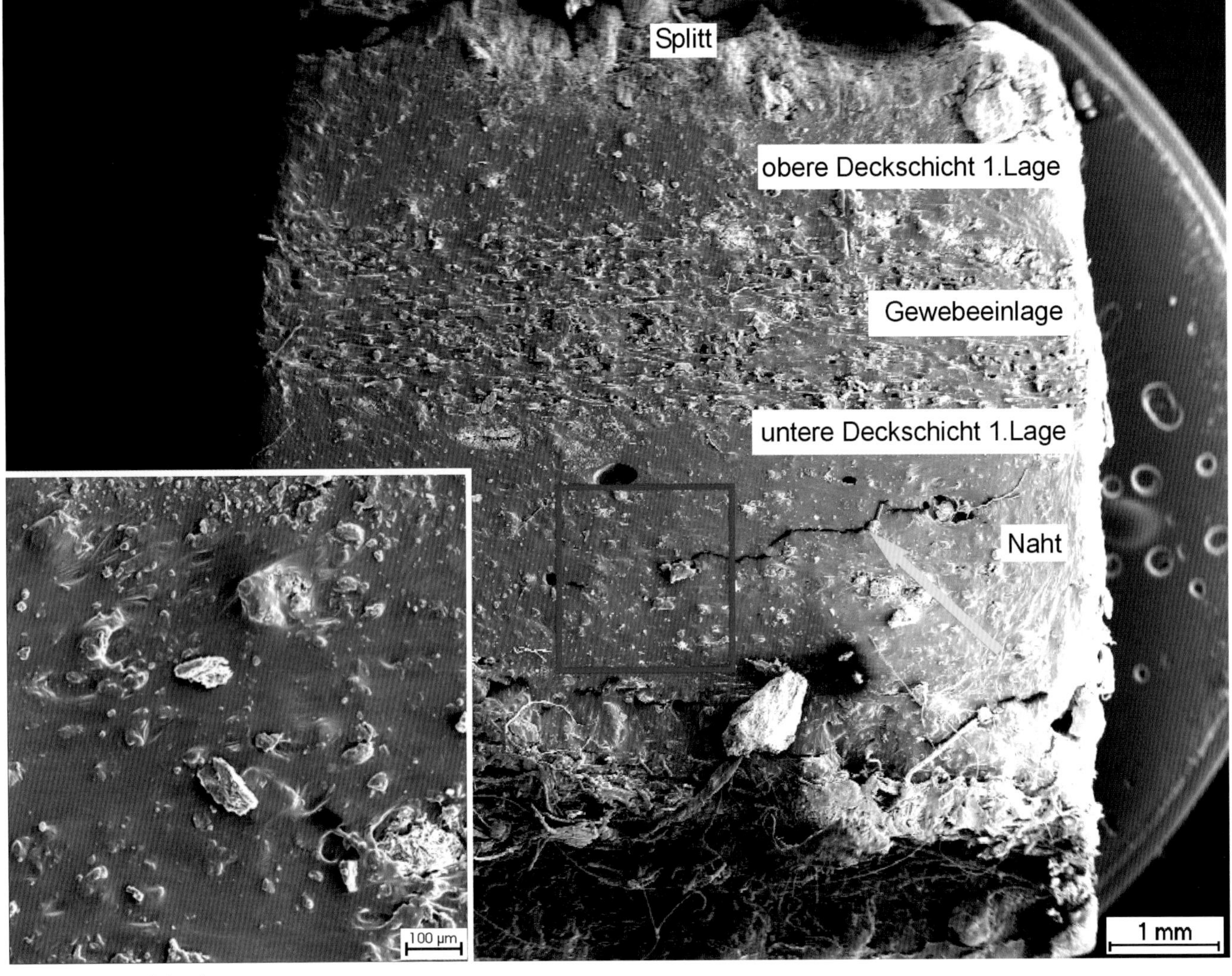

Abbildung 105 (oben):

Vergrößerung der Bruchfläche einer Nahtverbindung von Elastomerbitumen-Schweißbahnen, mittels Rasterelektronenmikroskop. Die Naht ist in diesem Bruchbild weitgehend, bis auf einen feinen Riss, homogen hergestellt worden. Auffällig in der Ausschnittvergrößerung ist die ungleichmäßige Mischung und Größe der Füllstoffe und Kunststoffanteile.

Abbildung 106 (links):

Einlagige Bitumenschweißbahnen lose verlegt nach EPTA-Richtlinie mit Randfixierung im Nahtbereich verlegt

Foto: Krebber Moderne Baustoffe GmbH

Flamme oder Heißluft

6.4.8 Kaltselbstklebeverfahren

Bitumenbahnen werden für unterschiedliche Anwendungsfälle mit selbstklebenden Harzen beschichtet und mit einer Abziehfolie abgedeckt. Anwendungsfälle sind temperaturempfindliche Untergründe, wie z.B. Polystyroldämmstoff und Holz oder Bauaufgaben, die den Einsatz offener Brennerflammen nicht zulassen. Für dauerhaft dichte Nahtfügung reicht die Kaltselbstklebetechnik nicht aus, da der Verbund auf Adhäsion beruht und hohe Anforderungen an die Untergrundbeschaffenheit gestellt werden. Einige Hersteller von Kaltselbstklebebahnen fordern nach Aufkleben der Bahnen eine thermische Aktivierung. Das erfordert wieder den Einsatz der offenen Brennerflamme, wenngleich in vermindertem Umfang gegenüber dem Schweißverfahren.

6.4.9 Mechanische Befestigung

Die mechanische Befestigung von Bitumenbahnen ist nur dann erforderlich, wenn keine Auflast gegenüber Windsog vorgesehen und eine streifenweise oder vollflächige Verklebung nicht möglich ist. Das ist bei Flachdachkonstruktionen mit Bitumenbahnen jedoch nur im Ausnahmefall gegeben.

Bei flachgeneigten Dächern ist die mechanische Befestigung durch Telleranker mit versenkten Schraubenköpfen oder die klassische Nagelung mit Pappnägeln erforderlich, um das Abrutschen der Bitumenbahnen durch ihr Eigengewicht zu verhindern. Die Nahtfügung kann mittels Propangasbrenner oder Heißluft erfolgen.

6.4.10 Unterschiede zur Fügetechnik von Kunststoffbahnen

Kunststoffbahnen sind in größeren Rollenlängen und -breiten lieferbar, was je nach Windlast die Anzahl der Nähte reduzieren kann. Die Fügetechnik erfolgt gegenüber Bitumenbahnen mit kleinerem, zierlicherem Gerät. Die Lärm- und Geruchsbelastung ist geringer und durch den Verzicht auf die offene Flamme auch das Brandrisiko. Hinzukommt, dass die Verschmutzung von Randbereichen, Werkzeug, Händen des Verarbeiters und nicht zuletzt der fertigen Abdichtungsfläche bei Kunststoffbahnen geringer ist als bei der Verarbeitung von Bahnen und Klebemitteln aus Bitumen. Den Vorteilen stehen jedoch, als Nachteile, die geringere mechanische Widerstandfähigkeit und die geringere Sicherheit durch lose Verlegung und Einlagigkeit gegenüber.

6.4.11 Zusammenfassung

Hochwertige Dachabdichtungen erfordern neben hoher Materialqualität gewissenhafte Verarbeitung und gründliche Planung vor dem Hintergrund des heutigen technischen Wissens. Wenn diese vier Faktoren zusammenkommen und die erforderlichen Schutzmaßnahmen ergriffen werden, spielt der Faktor Witterung keine entscheidende Rolle mehr. Häufig sind die Randbedingungen bei der Herstellung von Dachabdichtungen jedoch nicht so optimal. Bauherren erteilen mangels besseren Wissens oder auch wider besseren Wissens Aufträge an Firmen, die zu knapp kalkuliert haben. Diese überlassen schwierige Abdichtungsaufgaben, für die keinerlei Planung existiert, schlecht ausgebildetem und mäßig motiviertem Personal. Die Mangelhaftigkeit der Abdichtung ist vorprogrammiert. Das Studium der Materialeigenschaften und der Grenzen und Möglichkeiten der Verarbeitungstechniken von Bitumenbahnen ist ein kleiner Schritt in Richtung eines großen Ganzen, das erst nach gemeinsamer Anstrengung aller Baubeteiligten zu einer guten Dachabdichtung führt.

Regelwerke und technisches Wissen

Das technische Wissen der Dachabdichtung ist in etwa einhundert Regelwerken, DIN-Normen, Europa-Normen, Richtlinien, Verbandsempfehlungen, Merk- und Arbeitsblättern von Industrieverbänden und Institutionen niedergelegt. Erweitert wird dieser Katalog von den Verarbeitungsrichtlinien der Hersteller und von zahlreichen Fachveröffentlichungen und Forschungsarbeiten.

Der ingenieurswissenschaftliche Hintergrund von Produkten der Dachabdichtung ist wesentlich stärker bei Bahnenherstellern und privaten Werkstoffinstituten konzentriert, als dies beispielsweise auf dem Gebiet des vom Bundesverkehrsministerium beaufsichtigten Straßenbaus der Fall ist. Über Polymerbitumen im Asphaltbau liegt eine Vielzahl nationaler und internationaler Veröffentlichungen vor. Polymerbitummischungen der Dachdichtungs- und Schweißbahnen werden jedoch von Verbänden und Herstellern als Betriebsgeheimnisse angesehen. Das deutet darauf hin, dass es Gründe dafür gibt, sowohl wertvolle als auch negative Erkenntnisse der Werkstoffeigenschaften besser für sich zu behalten.

Kontakt zum Deckschichtbitumen

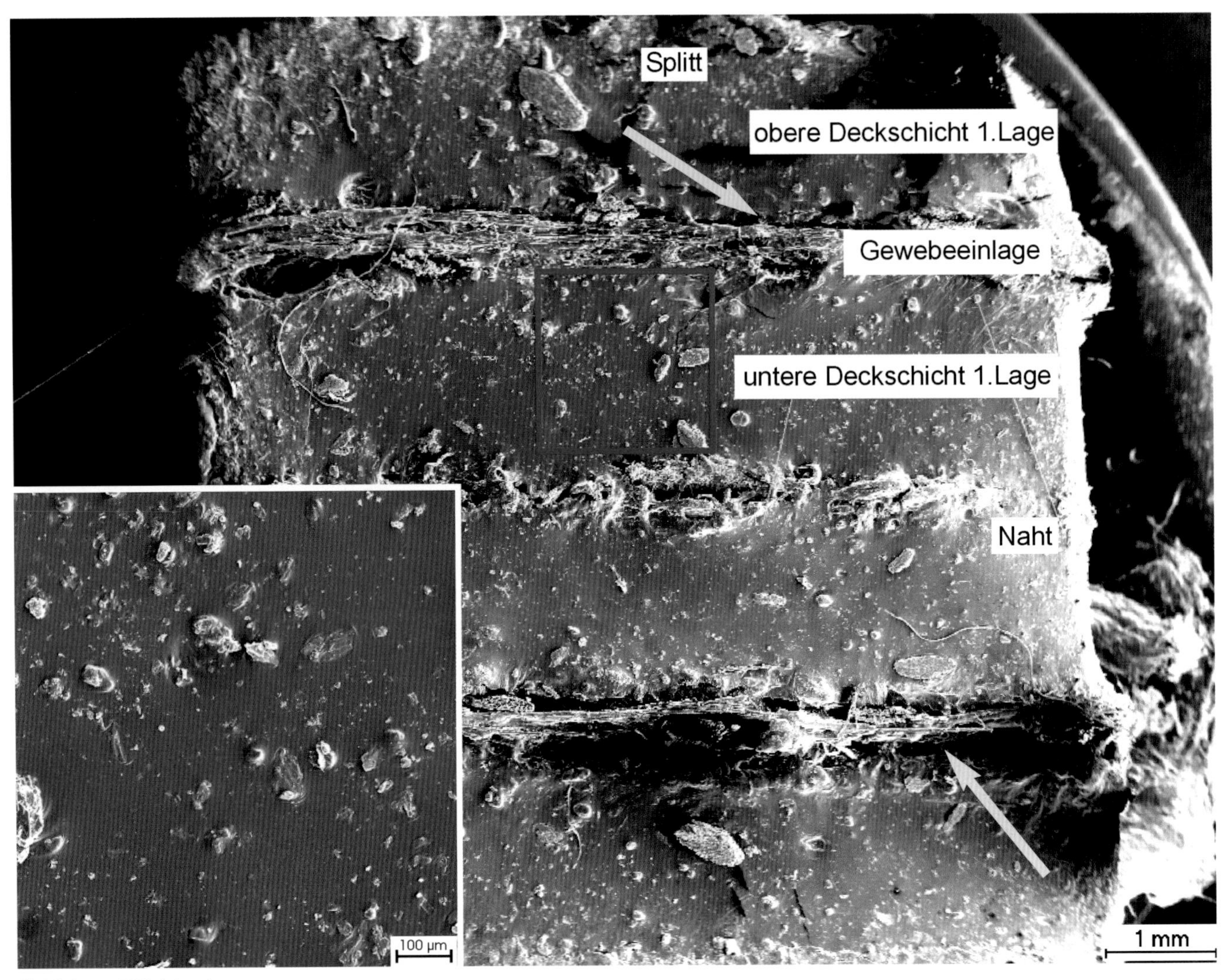

Abbildung 107 (oben):

Vergrößerung der Bruchfläche einer Nahtverbindung von Elastomerbitumen-Schweißbahnen mittels Rasterelektronenmikroskop. Die Naht ist auch in diesem Beispiel nicht vollständig gleichmäßig hergestellt worden. Die Gewebeeinlagen weisen ebenfalls Risse und Ablösungen im Kontakt zum Deckschichtbitumen auf.

Bildrechte der Abbildungen 103, 105,107:
Technische Universität Hamburg-Harburg, Lehr- und Forschungsbereich Bauphysik und Werkstoffe im Bauwesen Prof. Dr.-Ing. L. Franke, Mikroskop: Fa. Jeol, Scanning-Mikroskop JSN-840 A. Abdruck mit freundlicher Genehmigung

Bitumenbahnen unter dem Mikroskop

Bei der Nahtfügung von Bitumenbahnen wird durch hohe Temperaturen eine im besten Fall homogene Verbindung der Bitumendeckschichten herbeigeführt. Das setzt jedoch voraus, dass die Soll-Temperaturen weder über- noch unterschritten werden und keine durch Unebenheiten bedingten Hohlräume gegeben sind. Ferner ist es erforderlich, dass die Bitumenarten der zu fügenden Bahnen untereinander und mit den zu verarbeitenden Klebemassen verträglich sind und die Polymeranteile durch den Schweißvorgang nicht geschädigt werden. Bahnenquerschnitte und die Bitumenmatrix im Nahtbereich sind in den nebenstehenden Aufnahmen unterschiedlicher Bitumenbahnen mittels Rasterelektronenmikroskop in ihren unterschiedlichen Ausprägungen dargestellt. Sie bieten ein weites Feld für anwendungsspezifische Forschung, da sich die normgeprüften Neu-Werkstoffe durch den Verarbeitungsprozess und die Einbaubedingungen verändern

6.5 Nahtlos problematisch?

Bei der Verarbeitung von Flüssigkunststoffen ist die strikte Einhaltung der Herstelleranweisungen oberstes Gebot. Dies betrifft nicht nur die Mischungsverhältnisse bei den »Mehrkomponenten«, sondern auch die Einhaltung der Trocknungs- und Verarbeitungszeiten. Dabei sind Temperatur und Luftfeuchtigkeit richtig einzuschätzen und die klimatischen Bedingungen vorausschauend zu berücksichtigen.

In der Fachliteratur (HOLZAPFEL, EISERLOH, u.a.) werden zum Einsatz von Flüssigabdichtungen folgende Fehlerquellen aufgeführt:

- mangelhafter Untergrund,
- keine sorgfältige Untergrundvorbereitung,
- keine strikte Einhaltung der Verarbeitungsvorschriften,
- Nichteinhaltung von Trockenzeiten beim mehrlagigen Auftrag,
- hohe Witterungs- und Temperaturanfälligkeit bei der Verarbeitung,
- lösungsmittelhaltige, teilweise gesundheitschädliche und brennbare Komponenten
- keine materialspezifisch geschulten Mitarbeiter.

Aus den Erfahrungswerten der ddDach-Mitglieder sind folgende Probleme und Nachteile zu ergänzen:

- Anlösung und Anquellung von Deckschichten bei bestimmten Bitumen- und Kunststoffbahnen,
- abfliessen an senkrechten Bauteilen durch niedrige Masseviskosität,
- Behinderung des Bauablaufes durch lange Wartezeiten (Begehbarkeit, Regensicherheit),
- Oberflächenklebrigkeit,

Bei der Begutachtung von Schäden konnten hauptsächlich festgestellt werden:

- mangelhafte Verarbeitung,
- Schichtentrennung, schollenförmige Ablösungen,
- Risse, Schwund, Verhärtung, Versprödung,
- Wölbungen, schadhafte Anschlüsse,
- Blasen durch eingeschlossene Feuchtigkeit
- Schrumpfrisse durch Fehler bei der Mischung,

Auf die notwendige Wartung der Oberflächenschutzschichten bei z.B. PU-Beschichtungen wurde bereits im Band »FEHLER« dieser Fachbuchreihe hingewiesen.

6.5.1 Fehlerquelle Untergrund

Bei allen Anwendungen von Flüssigkunststoffen muss der feste und materialverträgliche Untergrund als Haftgrund eben, sauber und trocken sein. Lockere und feuchtehaltige Untergründe machen sich immer durch Ablösungen, Abhebungen oder Blasenbildung bemerkbar.

Besonders bei Sanierungen ist oft festzustellen, dass der Untergrund falsch eingeschätzt wird. Oft sind bei nicht ausreichend fixiertem Altdachaubfbau mechanische Befestigungen, eventuell aufwändige Vorbehandlungen bei abgewitterten Oberflächen oder zusätzliche Trennlagen beziehungsweise Ausgleichsschichten notwendig.

6.5.2 Fehlerquelle Wartezeit

Im Regelfall werden Flüssigabdichtungen nach der abgebundenen/ausgetrockneten Grundierung in zwei Arbeitsgängen ohne längere Unterbrechung aufgetragen damit ein materialhomogener Verbund erreicht wird. Anzustreben ist grundsätzlich eine Verarbeitung ohne Einschlüsse von Luft, Feuchtigkeit und Schmutz, was unter rauhen Baustellenbedingungen nicht immer einfach ist. In diesem Zusammenhang sind auch kurze Regenschauer zu beachten, die aufgrund der Luftverunreinigung zu ölhaltigen Oberflächen führen können. Um eine Trennung der Schichten zu vermeiden werden eventuell zusätzliche Reinigungsgänge erforderlich.

Die Wartezeiten für das Abbinden/Austrocknen der Grundierung (Regenfestigkeit, Begehbarkeit und Weiterbearbeitbarkeit) können je nach System und Untergrund zwischen 45 Min. und 16 Std differieren. Die Folgen einer Nichtbeachtung der vom Hersteller angegeben Wartezeiten sind bekannt. Deshalb sollte sich der Verarbeiter niemals einem Termindruck von ungedultigen Bauleitern nachgeben.

Untergrundbeurteilung nach **ERNST**

E benheit (max. 10 mm / 2,0 m Latte)
R auhigkeit (Rauhtiefe < 1,5 mm)
1,5 N /mm² Mindesthaftzugfestigkeit
S auberkeit (Test mit feuchtem Finger)
T rockenheit (Grobprüfung durch auflegen von Zeitungspapier)

6.5.3 Fehlerquelle Temperatursturz

Besonderen Einfluss haben die nächtlichen Abkühlungen mit Tau- und Reifebildung in der Übergangszeit im Herbst und Frühjahr, aber auch Temperaturstürze bei Unwetterereignissen. Die einzuhaltenden Wartezeiten können dadurch (wesentlich) verlängert bzw. die Aushärtungszeiten verlangsamt, oder bei Frost unter- bzw. abgebrochen werden.

Polyurethane härten durch Polyaddition aus. Die Mindesthärtetemperatur liegt bei 5°C (HOLZAPFEL, 1999). Sie reagieren bei der Verarbeitung sehr empfindlich auf Luftfeuchtigkeit, dadurch wird die Haftfähigkeit und das mechanische Verhalten stark beeinflusst.

Bei zweikomponentigen Methacrylatharzen erfolgt die Aushärtung durch Polymerisation und durch Verdunsten von Lösungsmittel. Dieser Vorgang ist stark temperaturabhängig. Dies trifft auch für die mehrkomponentigen Polyesterharze zu, die durch Polykondensation aushärten. Je niedriger die Temperatur desto länger dauert der Aushärtungsprozess. Hersteller empfehlen deshalb eine Mindesttemperatur von 5°C - diese gilt für die gesamte Dauer des Verarbeitungs- und Aushärtungsprozesses.

6.5.4 Fehlerquelle Unverträglichkeit

Bei der Verbindung von Flüssigabdichtungen mit anderen Abdichtungssystemen (Bitumen-, Kunststoff-, Elastomerbahnen) ist grundsätzlich die Materialverträg-lichkeit zu prüfen bzw. eine Freigabe vom Hersteller für das jeweilige Produkt einzuholen, denn es ist nicht gewährleistet dass z.B. ein spezieller Primer (Vorgrundierung) bei jedem Produkt einer Werkstoffgruppe verwendet werden kann. Im ungünstigsten Fall können bei den Bahnen An- und Ablösungserscheinungen auftreten.

6.5.5 Fazit

Die Problematik bei der Verarbeitung von Flüssigabdichtungen ist vielfältig. Die bisherigen Erfahrungen reichen von sehr gut bis zu sehr schlecht. Der Vorteil der flüssigen Abdichtungswerkstoffe im Dachbereich liegt besonders in der beliebigen Formgebung und Anpassungsfähigkeit bei Dächern mit vielen Anschlüssen und Durchdringungen.

Die Ursachen für mangelhafte Ausführungen sind hauptsächlich mit Unkenntnis und fehlender Erfahrung der Verarbeiter zu begründen. Dadurch werden die Einflussparameter falsch eingeschätzt und die Verarbeitungsvorschriften in der Regel nicht eingehalten.

Die Forderung des ddDach e.V. nach geschultem, fachqualifizierten Personal trifft besonders bei der Verarbeitung von Flüssigabdichtungen zu. Entsprechende Schulungsnachweise sind vor Beginn der Ausführungsarbeiten zu erbringen - siehe Formblatt auf Seite 207.

Abbildung 108, 109 (unten): „Flüssigabdichtungs-Nachbesserungsarbeiten“: Innen- und Außenansicht eines Wasserspeiers

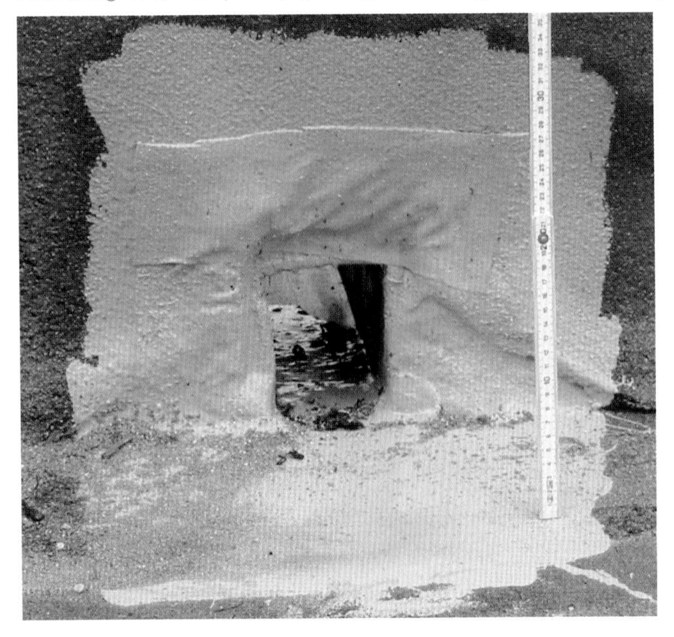

6.6 Flüssigabdichtungen

Die Fachregeln in Österreich und der Schweiz berücksichtigen die Flüssigabdichtungen bisher noch nicht. Eine Einbindung in die Normenstruktur ist jedoch geplant – siehe Seite 106.

Nach der Fachregel des ZVDH werden in Deutschland seit dem Jahr 2001 Flüssigabdichtungen aus:

- flexiblen ungesättigten Polyesterharzen (FUP),
- flexiblen Polyurethanharzen (PU),
- flexiblen reaktivierten Methylmethacrylaten (PMMA)

neben Bitumen-, Elastomer und Kunststoffbahnen als gleichwertige Abdichtungen aufgeführt. Es wird darauf verwiesen, dass diese nach der EOTA-Leitlinie zugelassen sein müssen.

Eine schnelle Produktübersicht erhält man über die im Internet veröffentlichten Listen der European Organisation for Technical Approvals (EOTA) unter: http://www.eota.be. Bis zum Stand 31. Mai 2005 waren 28 Produkte eingetragen. Wie die nebenstehende Tabelle 17 zeigt, gibt es bei einigen Produkten Einschränkungen bei der Verwendbarkeit - siehe z.B.: Nutzungsdauer: W3 = 25 Jahre, P3, P4 = normale, besondere Nutzlast. Eine detaillierte Überprüfung der in den Produktunterlagen angegebenen Kategorien bzw. Leistungsstufen ist daher unumgänglich - siehe Anforderungen in Deutschland nach Bauregelliste B1 Nr. 3.4

6.6.1 Flüssigabdichtungen

Als Flüssigabdichtungen werden Produkte bezeichnet, die auf ungesättigtem Polyester (UP), Polyurethan (PUR) oder Methylmethacrylat (MA) basieren, vor Ort flüssig auf die Fläche aufgebracht und mit einem Vlies armiert werden. Das Material härtet nach dem Abbin-den zu einer dauerelastischen, fugenlosen Abdichtung aus, die sich wie maßgeschneidert den vorhandenen baulichen Gegebenheiten anpasst und vollflächig mit dem Untergrund verbunden ist.

»Flüssigabdichtungen gelten als einlagige Abdichtun-gen, deshalb muss das verwendete System die an eine Abdichtung zu stellenden Anforderungen und Eigenschaften insgesamt allein erfüllen« (ZVDH, 2003).

Flüssigabdichtungen werden vollflächig haftend auf einen vorzubehandelnden Untergrund aufgetragen. Die Ausführung erfolgt mindestens zweischichtig mit einer Armierung aus einem Kunststofffaservlies von mind. 110 g/m^2. Als Mindestdicken sind 1,5 mm für ungenutzte und 2,0 mm für genutzte Dachflächen definiert.

6.6.1.1 Grundstoffe

Während bei sog. »Einkomponenten« bereits alle notwendigen Bestandteile im erforderlichen Mischungsverhältnis angeliefert werden, erfolgt bei den »Mehrkomponenten« die Mischung nach den jeweiligen Hersteller-angaben auf der Baustelle. Mehrkomponentige Flüssigabdichtungen bestehen meist aus zwei Basis- und Reaktionsmaterialien, Katalysatoren, Härter und eventuell Inhibitoren oder Aktivatoren. Die Mischungsverhältnisse des Herstellers sind unter Berücksichtigung der Umgebungstemperatur strikt einzuhalten.

6.6.1.2 Chemische Reaktion

Mit Katalysatoren werden bei den Komponenten eine chemische Reaktion ausgelöst bzw. beeinflusst, ohne selbst an dieser teilzunehmen. Mit Inhibitoren (Stoffe, die eine Reaktion verhindern, hemmen oder verzögern) können bei Temperaturen über 20°C die chemische Reaktion verzögert und mit Aktivatoren diese bei Temperaturen unter 10°C beschleunigt werden. Nach dem Mischvorgang bei mehrkomponentigen Produkten wird nach einer ebenfalls temperaturabhängigen Zeitdauer ein verarbeitungsfähiger Flüssigkunststoff erreicht, der dann im Streich-, Roll-, oder Spritzverfahren aufgebracht werden kann.

Europäische Zulassung

»Seit Anfang des Jahres 2001 verfügen flüssig aufzubringende Dachabdichtungen (LARWK) über eine Leitlinie für die Europäisch Technische Zulassung der EOTA (European Organisation for Technical Approvals), die Zulassung und den Nachweis europaweit regelt (ETAG 005, Teile 1-8).

Mit der Europäisch Technischen Zulassung (ETA) ist es gelungen, neue Wege hinsichtlich anforderungsgerechter Systemlösungen aufzuzeigen. Bisher erfolgte die Definition von Produkten über Stoffkennzahlen (z.B. Werkstoffnormen). In der ETAG 005 hingegen werden Leistungsstufen festgelegt, d.h. Grundlagen für die technische Beurteilung der Brauchbarkeit eines Produktes für seinen vorgesehenen Verwendungszweck definiert.

Bauerfolg durch Theorie, Praxis und Erfahrung

Abbildung 110:

2-tägige Schulung. 1. Tag mit Theorie ....

Materialkunde, Anwendung, Beurteilung von Untergründen, sowie technische, organisatorische und persönliche Schutzmaßnahmen, Sicherheitsdatenblätter, Unfallverhütungsvorschriften, einschlägige Vorschriften, Regelungen und technische Merkblätter, Herstellervorschriften

Foto: KEMPER SYSTEM

Abbildung 111 (links):

..... und 2. Tag mit Praxis:

Verarbeitungstechnologie, Komponenten und Mischungsverhältnisse, Berücksichtigung der Temperaturen und Feuchtigkeit, technische Ausführungen in der Fläche und bei Detailanschlüssen

Foto: KEMPER SYSTEM

Abbildung 112 (unten):

Zur umfassenden Information über ein Abdichtungssystem gehört auch die Besichtigung von Referenzobjekten mit einer Liegezeit von über 30 Jahren.

Foto: KEMPER SYSTEM

Komplexes System
Material und Verarbeitung

6.6.1.3 Chemische Erzeugnisse

Bei Flüssigabdichtungen handelt es sich um chemische Erzeugnisse. Es sind deshalb die Sicherheitsdatenblätter der einzelnen Materialien, die besondere Kennzeichnung, Gefahrenhinweise und Sicherheitsratschläge auf den Lieferbehältnissen zu beachten. Darüber hinaus sind bestimmte Anforderungen an Transport, Lagerung und bei der Verarbeitung zu berücksichtigen.

Eine persönliche Schutzausrüstung gemäß den berufsgenossenschaftlichen Bestimmungen ist notwendig, Unfallschutz und Gesundheitsaspekte sind zu beachten. Der Arbeitgeber ist verpflichtet, seine Arbeitnehmer gemäß den Technische Regeln für Gefahrstoffe TRGS 555 - Betriebsanweisung und Unterweisung nach § 20 Gefahrstoffverordnung (GefStoffV) mindestens einmal jährlich zu schulen.

6.6.2 Schulung

Schlechte Erfahrungen mit Flüssigkunststoffen sind in der Regel damit zu begründen, dass die Ausführungen durch nicht geschultes und somit nicht materialerfahrenes Verarbeiten erfolgte. Daraus resultiert die Forderung nach qualifiziertem Fachpersonal für die Arbeitsausführung mit entsprechendem Nachweis der Fackunde – siehe Formblatt in Kapitel 9.

Bei der Verarbeitung von Flüssigabdichtungen sind spezielle Grundkenntnisse notwendig um eine sach- und fachgerechte Verarbeitung und somit einen erfolgreichen, mangelfreien Abschluss der beauftragen Leistung sicher zu stellen. Solche Kenntnisse werden von den Herstellern in Schulungen und Lehrgängen vermittelt.

6.6.2.1 Lehrgänge

Neben jedem einzelnen Verarbeiter, der sich beim Hersteller direkt schulen lassen kann, werden auch bei größeren Betrieben, solche Schulungen meist in der Winterpause durchgeführt. Hierbei werden auch Programme mit speziellen weiterführenden Themen angeboten, wie z.B.: spezielle Untergrundbeurteilung und -vorbereitung, Oberflächenschutzbeläge, Abdichtungen im Verbund, Sonderlösungen, Lagerung und Transport, Anforderungen und Bestimmungen, Neuerungen, etc.

6.6.3 Erfahrung

Eine entscheidende Einflußgröße, die bei der Ausführung einer Flüssigabdichtung von besonderer Wichtigkeit ist, ist die fachgerechte Beurteilung des Untergrundes und einer daraus resultierenden Untergrundvorbereitung bzw. -vorbehandlung. Ein Hersteller kann hierfür nur allgemeine Anforderungen stellen und Empfehlungen abgeben, entscheiden muss im Einzelfall jedoch der verantwortliche Mitarbeiter auf der Baustelle. Eine gewisse baupraktische Erfahrung ist deshalb, wie eigentlich in jedem Gewerk notwendig.

6.6.3.1 Untergrund

Der Untergrund ist so vorzubereiten, dass zwischen dem aufzubringenden Flüssigabdichtungssystem und dem Untergrund ein fester und dauerhafter Verbund erzielt wird. Hierzu muss der Untergrund gleichmäßig fest, abgebunden, frei von trennenden Substanzen, haftmindernden Stellen, scharfen Kanten, Graten und Fehlstellen (Lunker, kleiner Ausbrüche, etc.) sein.

Falls notwendig, können neben den »klassischen« Vorbehandlungsmethoden, wie Schleifen, Kehren, Bürsten, Fräsen oder Kugelstrahlen, u.U. auch Wasserstrahl-, Dampfstrahlgeräte mit anschließender Trocknung notwendig werden. Weiterhin sind Reinigungsmethoden mit Lösungsmittel anzuführen, die eventuell bei besonders fettartigen oder athmosphärischen Verunreinigungen notwendig werden.

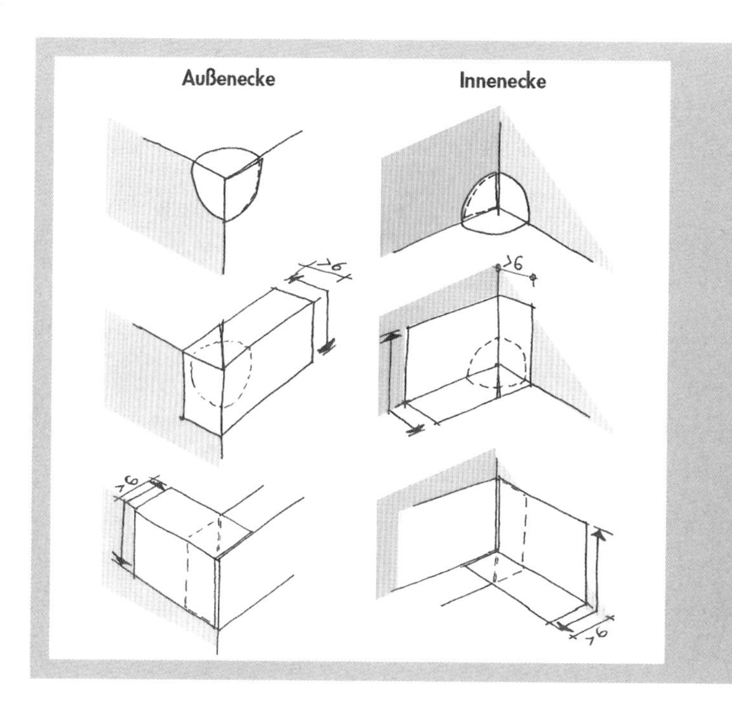

Darstellung 67:
Vlieszuschnitte bei Innen- und Außenecken

Zeichnung: J. KRINGS

Fachgerechte Verarbeitung

Abbildung 113:

Vlieszuschnitt am Lüfter

Foto: KEMPER SYSTEM

Abbildung 114:

Ungewöhnliche Dachformen flüssig abgedichtet

Foto: KEMPER SYSTEM

Abbildung 115:

Abdichtung in der Fläche

Foto: KEMPER SYSTEM

Untergrundbeurteilung und -vorbereitung

Bei der Verarbeitung ist die Untergrund- und Umgebungstemperatur (> 5°C) genauso zu beachten, wie die relative Luftfeuchte und Bauteilfeuchte. Bei einer Verarbeitung z.B. auf Betonuntergrund muss die Restfeuchte in den oberen 3 cm kleiner 5% betragen.

6.6.3.2 Haftzugfestigkeit

Bestehen nach dem Vorbehandeln oder bei besonderen Untergründen Bedenken, kann im Einzelfall die Prüfung der Haftzugfestigkeit notwendig werden. Solche Prüfungen können durch sog. »Haftplomben« einfach und sicher festgestellt werden. Kleinflächige Haftplomben (nach Herstellervorschrift) werden auf die Fläche aufgebracht. Bei homogenen Flächen sind einzelne, bei inhomogenen bzw. unterschiedlichen Flächen, mehrere Haftplomben notwendig. Nach Aushärten der Plombe ist diese mit einem Hammerschlag abzulösen. Folgende Bruchbilder ergeben Aufschluss über den Haftverbund:

- Bruch im Untergrund = sicherer Haftverbund
- Bruch in der Plombe = sicherer Haftverbund
- Bruch an der Grenzfläche = kein Haftverbund
- Erhärtungsstörung = kein Haftverbund

Wird kein ausreichender Haftverbund festgestellt kann mit einer weitergehenden Untergrundvorbereitung möglicherweise eine Verbesserung des Haftgrundes erreicht werden. Sollten dann nach einer weiteren Überprüfung kein ausreichender Haftverbund erreicht werden, kann das Abdichtungssystem nicht eingesetzt werden.

6.6.3.3 Grundierung

Bevor mit den eigentlichen Abdichtungsarbeiten begonnen werden kann ist meist eine Grundierung notwendig. Die Grundierung wird in mindestens einem Arbeitsgang vollflächig sättigend aufgebracht, danach ist eine temperatur- und werkstoffbedingte Abbinde-/Trocknungs-zeit zu berücksichtigen.

Die Grundierung ist ein Haftvermittler zwischen dem vorbereiteten Untergrund und dem eigentlichen Abdichtungssystem. Bei offenporigen Untergründen werden die Kapillare verschlossen.

6.6.4 Verarbeitung

Auf den vorbereiteten Untergrund wird ca. 2/3 des verarbeitungsfähigen Flüssigkunststoffes aufgebracht und mittels Rolle gleichmäßig verteilt. Im Regelfall wird danach ein Kunststoffvlies als Trägereinlage eingelegt und mit der Rolle bis zur vollständigen Durchtränkung blasen- und faltenfrei angewalzt und mit dem restlichen Drittel des Flüssigkunststoffes bis zur vollständigen Sättigung nachgetränkt.

Mit der Dicke des Vlieses wird auch die Schichtdicke der Flüssigabdichtung beeinflusst. Die in den Fachregeln definierte Mindestanforderung an den Kunststofffaservlies mit 110 g/m^2 stellt die absolute Untergrenze dar. Im Regelfall sollten Vliese mit > 150 g/m^2 eingesetzt werden, bevorzugt 165 bzw. 200 g/m^2. Die Dicke bzw. das Gewicht des Vlieses ist also ein Kriterium, dass bei der Ausschreibung / Qualitätsanforderung unbedingt definiert werden sollte. Anhaltspunkte sind:

- Vlies 200 g/m^2 = **2,4 mm** Abdichtungsdicke
- Vlies 165 g/m^2 = **2,0 mm** Abdichtungsdicke
- Vlies 120 g/m^2 = **1,5 mm** Abdichtungsdicke

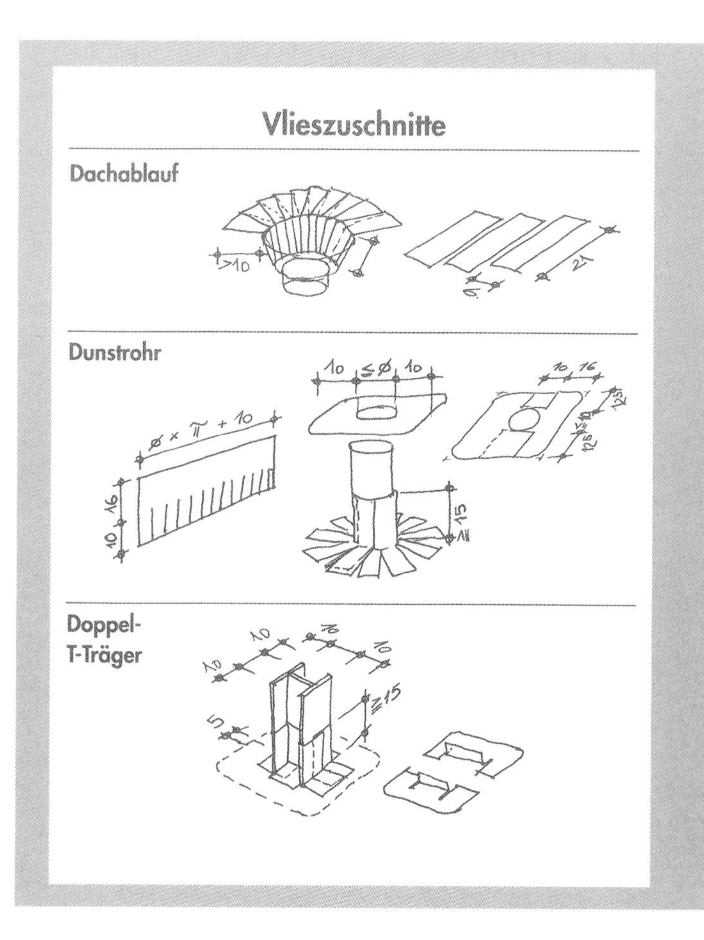

Darstellung 68:
Vlieszuschnitte bei Dachdurchdringungen.

Zeichnung: J. KRINGS

Unschlagbar bei vielen Durchdringungen

Abbildung 116:

Auf Dächern mit zahlreichen Aufbauten, Klimageräten, Rohren, Stützen, Ankerplatten sind flüssige Flächenabdichtungen unschlagbar

Foto: KEMPER SYSTEM

Abbildung 117:

Dachsanierung mit Flüssigkunststoff:

In die Flächenabdichtung waren im Einzelnen einzubinden:

- 26 Dacheinläufe
- 85 Rohrdurchführungen
- 74 Dunstrohre
- 339 Kabelpritschenfüße
- 135 Blitzschutzdurchgänge
- 92 Rohrleitungsstützen
- 95 Fundamentsockel für Kranbahnen
- 126 Fundamentsockel für Klimaanlagen
- 42 Fundamentsockel für Werbeanlagen

Foto: KEMPER SYSTEM

Abbildung 118:

Antennenmastsockel auf dem Büroturm des Deutschlandfunks (DLF). Sanierung mit Flüssigabdichtung

Foto: KEMPER SYSTEM

Erfahrung erkennt man an der Detailausführung

Die Trägervliese sind im Stoßbereich mindestens 5 cm zu überlappen und werden nach Herstellerrichtlinien an Anschlussbereichen bereits vor dem Auftrag der Flächenabdichtung vorbereitet.

6.6.4.1 An- und Abschlussbereiche

An- und Abschlüsse, sowie Dachdurchdringungen wie Lüfter, Lichtkuppeln, Dacheinläufe, werden vor der Flächenabdichtung ausgeführt, so dass sie mit dieser verbunden werden können. Bei längeren Zeitabständen der Bearbeitung kann eine zusätzliche Vorbehandlung des Anschlussbereiches notwendig werden.

»Bei ausreichender Haftung kann bei Flüssigabdichtungen auf eine mechanische Fixierung am oberen Rand verzichtet werden« (ZVDH, 2003).

6.6.4.2 Sonderkonstruktionen

Nach den Flachdachrichtlinien (ZVDH, 2003) sind Dächer unter 2 % Gefälle Sonderkonstruktionen und nur in Ausnahmefällen auszuführen. Bei Flüssigabdichtungen ist in diesen Fällen eine Auftragsdicke von mindestens 2 mm und eine Oberflächenversiegelung erforderlich.

6.6.4.3 Qualitätssicherung

Im Regelfall wird die Dicke einer Flüssigabdichtung durch den verwendeten Vlies bestimmt - siehe 6.4.4.

Sollte in Einzelfällen ein besonderer Nachweis erforderlich sein, kann dieser mit einer speziellen Ultraschallmethode zerstörungsfrei geführt werden.

6.6.4.4 Abfall und Entsorgung

Die Lieferbehältnisse bei Flüssigabdichtungen sollten aus recylingfreundlichen Weißblechgebinden bestehen, die einem Verwertungskreislauf zugeführt werden und deshalb nicht kostenpflichtig entsorgt werden müssen. Solche Leistungen bietet z.B. das Kreislaufsystem Blechverpackungen Stahl (KBS) an. KBS eXtra ist ein spezielles System zur Entsorgung, Aufbereitung und Verwertung von restentleerten Stahlverpackungen, die mit schadstoffhaltigen Inhalten befüllt waren.

Ausgehärtet zählen Flüssigkunststoffe zum hausmüll-ähnlicher Gewerbeabfall - siehe Produktdatenblätter der einzelnen Hersteller.

6.6.5 Zusammenfassung

Flüssigabdichtungen haben sich mit der europäischen Einordnung in die ETAG und der jeweils nationalen Berücksichtigung (z.B. in Deutschland: Bauregelliste Teil B, Flachdachrichtlinien) neben Bitumen-, Elastomer- und Kunststoffbahnen als eigenständige Abdichtungen etabliert.

Je komplizierter eine Dachlandschaft ist, desto größer sind die Vorteile einer anpassungsfähigen, flüssig zu verarbeitenden nahtlosen Abdichtung. In diesen Fällen kann es wirtschaftlicher sein, sowohl die Flächenabdichtung als auch die An- und Abschlüsse mit Flüssigkunststoffen auszuführen.

Abdichtungssysteme in der Zukunft

Eine dauerhafte Abdichtungslösung mit Qualitätsprodukten ist immer direkt mit der Erfahrung des einzelnen Verarbeiters verbunden (ddDach, 2004).

Damit aus guten Baustoffen keine schlechten Bauteile entstehen, ist bei jedem Abdichtungssystem ein Nachweis der Fachkunde beim ausführenden Personal von besonderer Bedeutung und dient der Qualitätssicherung.

Dass die Hersteller in der heutigen Zeit ein großes Augenmerk auf die intensive Ausbildung legen zeigt beispielhaft das Lehrgangsprogramm eines Herstellers im Jahr 2004:

- **intern erfolgten 30 Schulungen mit 322 Teilnehmern,**
- **außer Haus wurden bei 1038 Firmen Lehrgänge mit 1921 Teilnehmern durchgeführt.**

Solche herstellerspezifische Schulungen bestehen meist aus 2-tägigen Grundlehrgängen und 1-tägigen Ergänzungslehrgängen, die im regelmässigen Abstand (1-2 Jahre) durchgeführt werden. Vielfach nutzen die Betriebe die Wintermonate zur innerbetrieblichen Fort- und Weiterbildung.

Dass auch die ergänzenden Anforderungen an Fachkunde, Fachqualifikation und materialspezifische Erfahrung bei der Bewertung der Angebote berücksichtigt werden müssen, ist eine jahrelange Forderung des ddDach e.V.

Im Rahmen von europäischen und nationalen Richtlinien besteht dazu die Möglichkeit - man muss nur davon Gebrauch machen und z.B. nachfolgende Formblätter verwenden.

Nicht jede Flüssigabdichtung ist geeignet

Produkt	Nutzungsdauer			Klimazone		Nutzlasten				Neigung				Temperatur Kälte TL				Temperatur Wärme TH			
	W1	W2	W3	M	S	P1	P2	P3	P4	S1	S2	S3	S4	1	2	3	4	1	2	3	4
01	X	X	X	X	X	X	X	X	X	X	X	X	X	X	X	X	X	X	X	X	X
02	X	X	X	X		X	X	X	X	X	X	X	X	X	X	X		X	X	X	
03	X	X	X	X	X	X	X	X	X	X	X	X	X	X	X	X	X	X	X	X	X
04	X	X	X	X	X	X	X	X	X	X	X	X	X	X	X	X	X	X	X	X	X
05	X	X	X	X	X	X	X	X	X	X	X	X	X	X	X	X	X	X	X	X	X
06	X	X	X	X	X	X	X	X	X	X	X	X	X	X	X	X	X	X	X	X	X
07	X	X	X																		
08	X	X		X	X	X				X	X	X	X	X	X	X		X	X	X	X
09	X	X		X	X	X	X			X	X	X	X	X	X	X		X	X	X	X
10	X	X		X	X	X	X	X		X	X	X	X	X	X	X		X	X	X	X
11	X	X	X	X	X	X	X	X	X	X	X	X	X	X	X	X	X	X	X	X	X
12	X	X	X	X	X	X	X	X		X	X	X	X	X	X	X		X	X	X	
13	X	X			X	X	X			X				X	X	X		X	X	X	X
14	X	X	X	X	X	X	X	X	X	X	X	X	X	X	X	X	X	X	X	X	X
15	X	X	X	X	X	X	X	X	X	X	X	X	X	X	X	X	X	X	X	X	X
16	X	X	X	X	X	X	X	X	X	X	X	X	X	X	X	X		X	X	X	X
17	X	X		X		X	X			X	X	X	X	X	X	X		X	X	X	
18	X	X		X		X	X			X	X	X	X	X	X	X		X	X	X	
19	X	X		X		X	X			X	X	X	X	X	X	X		X	X	X	
20	X	X	X	X	X	X	X	X	X	X	X	X	X	X	X	X		X	X	X	X
21	X	X		X	X	X	X	X	X	X	X	X	X	X	X	X		X	X	X	X
22	X	X		X	X	X	X			X	X	X	X	X	X	X		X	X	X	X
23	X	X		X	X	X	X			X	X	X	X	X	X	X		X	X	X	X
24	X	X			X	X	X			X				X	X	X		X	X		
25	X	X		X	X	X	X	X		X	X	X	X	X	X	X		X	X	X	X
26	X	X	X	X	X	X	X	X	X	X	X	X	X	X	X	X	X	X	X	X	X
27	X	X		X		X	X			X	X	X	X	X	X	X		X	X	X	
28	X	X		X		X				X	X	X	X	X	X	X	X	X	X		
29																					
30																					
31																					
32																					
33																					

Tabelle 17:
Übersicht der Produkte nach EOTA mit ETA-Zulassung zum Stand 31.05.2005 (ddDach e.V.)
unter Berücksichtigung der nachgewiesenen Leistungsstufen (X = erfüllt, - nicht geprüft)

Erläuterung:

Nutzungsdauer:	W1: 5 Jahre, W2: 10 Jahre, W3: 25 Jahre;
Klimazone:	M: gemäßigtes Klima, S: extremes Klima;
Nutzlasten:	P1: gering, P2: mäßig, P3: normal, P4: besondere;
Neigung:	S1: < 5%, S2: 5-10%, S3: 10-30%, S4: > 30 %;
Temperatur Kälte:	TL1: +5°C, TL2: -10°C, TL1: -20°C, TL1: -30°C,
Temperatur Wärme:	TH1: +30°C, TH2: +60°C, TH3: +80°C, TH4: +90°C.

6.7 Abdichtungssysteme

Grundsätzlich ist ein Abdichtungssystem für Dachflächen so zu wählen und so zu planen, dass es entsprechend den von der Nutzung vorgegebenen Erfordernissen einerseits, den technischen und den wirtschaftlich vertretbaren Möglichkeiten andererseits die optimalste Lösung darstellt.

Planungskriterien zur Dachtragekonstruktion und der geplante Bauablauf sind eine Voraussetzung für die Entscheidung zur Auswahl der Abdichtung. Der verantwortungsvolle Planer berücksicht darüber hinaus noch die verarbeitungsrelevanten Besonderheiten und den geplanten Ausführungstermin. Erst unter Berücksichtigung aller Faktoren kann die Wahl für das richtige Abdichtungssystem getroffen werden. Hierzu zählen neben den (bituminös) verklebten Abdichtungen und Flüssigabdichtungen die lose verlegten Elastomer- und Kunststoffabdichtungen.

6.7.1 Billig ist teurer als richtig (PROBST)

Erst nach der Festlegung des funktionssicheren Abdichtungssystems können in der Planungsphase konstruktive Details für die Abdichtung erarbeitet, in der Planung festgelegt und in einer Ausschreibung berücksichtigt werden. Aufgrund der besonderen Bedeutung der Abdichtung hinsichtlich der dauerhaften Funktion eines Gebäudes stellt sicherlich in den meisten Fällen die billigste Lösung keineswegs zugleich auch die sicherste und damit wirtschaftlichste dar.

Es ist gerade in der letzten Zeit mehr und mehr die Erkenntniss gereift, dass sich eine gut durchdachte Planung und ausführliche Ausschreibung positiv auswirken. Erreicht wird dadurch eine deutlich angehobene Bauwerksqualität mit geringeren Schadensrisiko und geringeren Gebäudeunterhaltskosten. Dem gegenüber stehen jedoch andererseits immer noch zahlreiche “Billiglösungen”, deren Ursachen vielfältig sind. Eine Vergabe zum billigsten Preis ist nicht Alleinschuld des Auftraggebers. Enorme Preisdifferenzen beim Angebotsvergleich müssen fachlich als geeignet akzeptiert werden - und es muss vor allem auch Bieter geben die Leistungen dann zu Dumpingpreisen auch ausführen.

Dass heutzutage qualitativ gute Bitumen- und Kunststoffbahnen, sowie Flüssigabdichtungen im Heimwerkermarkt angeboten werden bedeutet nicht, dass die Verarbeitung einfach ist und ohne Fachkenntnis problemlos von Jedem ausgeführt werden kann.

6.7.2 Ausführungsqualität

Der Weg zu einer dauerhaft sicheren Ausführung einer Abdichtungen ist nicht unmöglich. Die einzelnen Baubeteiligten müssen sich nur fachkompetent, diszipliniert und verantwortungsvoll verhalten. Der Bauherr als Veranlasser der Baumaßnahme hat meist primär die Herstellungskosten im Auge und bewertet die laufenden Erhaltungs- und Betriebskosten anders als es aus volkswirtschaftlicher Sicht richtig wäre. Der Trend zu immer schnelleren und billigeren Bauvolumina hält an. Aus diesen Gründen wird die “Fehlerquelle Bauherr” indirekt von zunehmender Bedeutung (GAMERITH, 2003).

6.7.2.1 Vorgaben

Mancher Bauherr/Auftraggeber hat möglicherweise vergessen dass es das Gesetz der Wirtschaft verbietet für wenig Geld viel Wert zu erhalten. Wird das niedrigste Angebot angenommen, ist für das Risiko welches eingegangen wird, etwas hinzuzurechnen. Und wenn man das tut, hat man auch genug Geld um etwas Besseres zu bezahlen (J. RUSKIN, 1819-1900). Dies gilt auch heute noch.

Es ist vordringliche Pflicht der Planer den Bauherrn auf realistische Vorgaben hinzuweisen. Dies setzt jedoch wiederum auch große Erfahrung und Weitsicht während der gesamten Bauzeit voraus. Eine fachgerechte Planung mit eindeutiger Qualitätsdefinition und eine fachkompetene Bauüberwachung sind Voraussetzungen für eine mangelfreie Ausführung.

“Leider machen immer mehr unqualifizierte Verarbeiter aus guten Baustoffen schlechte Dächer” (ERNST, 2005).

“Die alten, erfahrenen Handwerker, die noch in der Lage waren nicht geplante Details örtlich fachgerecht zu lösen, werden (leider) immer weniger” (ERNST, 2005).

Bei dem heutigen Facharbeitermangel ist manches mehr “Machwerk” statt “Handwerk” (GAMERITH, 2003).

“Für Mängel, die auf Planungsfehlern beruhen, haftet die ausführende Firma ohne Abzug eines Mitverschuldensanteils, wenn sie die Mangelhaftigkeit hätte erkennen können und es versäumt hat, den Bauherrn rechtzeitig darauf hinzuweisen” (OLG Koblenz, 3 U 625/03 - BGH, VII ZR 119/04)

Vergleiche aus verarbeitungstechnischer Sicht

Kriterien	Abdichtungssysteme		
	Bitumenbahnen	**Elastomer- und Kunststoffbahnen**	**Flüssigkunststoffe**
Ausstattungs- und Gerätekosten	**mittel**, Kocher,	**hoch**, Schweißautomaten, -geräte	**sehr niedrig,**
Schulungsaufwand der Mitarbeiter	**hoch**	**hoch**	**sehr hoch**
Erfahrungswerte der Mitarbeiter	**hoch**, bei offener Flamme erhöhte Bauteilkenntnisse bei z.B. Sanierungen notwendig	**hoch**, verschiedene Werkstoffe mit unterschiedlichen Ausführungsanforderungen	**hoch**, da verschiedene Werkstoffe mit unterschiedlichen Verarbeitungsanforderungen
Sicherheitstechnische Anforderungen	**hoch**, Flüssiggas (Explosionsgefahr), Verbrennungsgefahr durch offene Flamme	**mittel - hoch**, Lösungsmittelhaltiges Zubehör (Kleber, Reinigungsmittel, ...) teilw.: wässrige Dispersionen	**sehr hoch**, vielfach lösungsmittelhaltige, brennbare Komponenten, teils gesundheitsschädlich
Gefahrstoffkennzeichnung - Abdichtung - und Zubehör	- Haftgrund, Voranstrich, **F,N, X_n, X_i**	- Kleber, Reiniger, Primer, **F, X_n,**	**F, O, C, N, X_n, X_i** Grundierung
Materiallagerung im Betrieb / Baustelle	bei Kleinmengen unproblematisch sonst nach gesetzlichen Vorschriften		
Transportaufwand und Einbaugewicht	**hoch**, da 2-lagige Verarbeitung (mit Heißbitumen)	**niedrig**, da1-lagige Verlegung (ca. 1,5 bis 2,5 mm Dicke)	**niedrig**, da geringe Schichtdicke (ca.1,5 bis 2,5 mm)
Verpackungsaufwand	Kartonagen, Umwicklungen, Trennfolien bei KSK	Kartonagen, Trennfolien bei Selbstklebebahnen	Blechgebinde (zunehmend ersetzt durch PE-Behältnisse)
Witterungsrelevanter Einfluß bei Verarbeitung	**hoch**	**niedrig - hoch** werkstoffabhänig,	**sehr hoch**
Kälteflexibilität * Kältebruchverhalten *	**gering** **mäßig**	**niedrig - hoch,** **niedrig - hoch**	**gering - mittel** **mittel**
Emissionen bei der Verarbeitung	**hoch**, Heißbitumendämpfe **niedrig**, bei einlagiger Verlegung (EPTA) und KSK-Kaltselbstklebebahnen	**keine - niedrig** werkstoffabhängig	**niedrig - mittel** werkstoffabhängig
Detailausführungen	**hoch**, bei 2-lagiger Ausführung nach Fachregeln, **mittel**, bei Systemmix (Sonderkonstruktion)	**niedrig - mittel**	**mittel,** Untergrundvorbehandlung notwendig
Entsorgung	Bauabfall	Bauabfall	Bauabfall, nur im ausgehärteten Zustand
Recycling (bei Sanierung)	**schwierig**, da verklebte Schichten	**einfach**, Vorteil durch lose Verlegung	**schwierig**, da verklebte Schichten
Ökologische und nachhaltige Beurteilung	(Greenpeace, Ökologischer Bauteilkatalog, SIA D 0123) siehe Dachabdichtung Dachbegrünung Teil III		
Preisgefüge bei fachregelgerechter Ausführung	**mittel**	**mittel**	**hoch**

Tabelle 18:
Vergleich von Abdichtungssystemen aus verarbeitungstechnischer Sicht (ddDach e.V.)
* Werte nach ERNST (1999, 2004)
F - leichtentzündlich, **O** - brandfördernd, **C** - ätzend, **N** - umweltgefährlich, **X_n** - gesundheitsschädlich, **X_i** - reizend.

"Was kostet, das lehrt"

6.7.2.2 Planung

Das OLG Düsseldorf begründet im Urteil vom 22.06.04 (Az.: 21 U 225/03) die Planungsleistungen bei Abdichtungen wie folgt:

"Ein Architekt schuldet grundsätzlich eine mangelfreie und funktionstaugliche Planung. Die sich hieraus ergebenden Anforderungen an eine vertragsgerechte Planung einer gebäudeschützenden Abdichtung sind besonders hoch. Deshalb muss die Planung des Architekten ein in sich schlüssiges Abdichtungskonzept mit einer funktionstauglicher Abdichtung enthalten. Dieses Abdichtungskonzept muss im Leistungsverzeichnis oder einer Leitbeschreibung detailliert, vollständig und nicht auslegungsbedürftig beschrieben werden".

6.7.2.3 Qualitätsdefinition

Die Vereinbarung eines über die Mindestanforderungen hinausgehenden Qualitätsstandards kann sich aus der vereinbarten Ausführungsart nur dann ergeben, wenn der erstrebte Standard der erreicht werden soll, konkret vereinbart wurde. Das ist nicht der Fall, wenn die Leistungsbeschreibung dem Unternehmer einen Spielraum bei der Auswahl der Materialien und deren Verarbeitung belässt. (Siehe auch OLG Frankfurt, Urteil vom 26.11.2004 - 4 U 120/04).

6.7.2.4 Bauüberwachung

Die fachkompetente Bauüberwachung ist der Garant für die qualitätvolle Umsetzung der Planung. Ohne Bauüberwachung besteht keine sichere Lenkung der einzelnen Leistungen und damit keine Kontrolle über die Ausführungsqualität. Eine unterlassene Bauüberwachung kann schwerwiegende Folgen haben, wie folgendes Urteil aufzeigt (Arglistiges Verschweigen unterlassener Bauüberwachung, BGH, Beschluss vom 17.06.2004 - VII ZR 345/03):

1. Verschweigt der mit der Bauüberwachung beauftragte Architekt bei der Abnahme der Leistung, dass er seine Aufgaben nicht wahrgenommen und keinerlei Kontrollen vorgenommen hat, so hat er damit den Mangel seiner Leistung bei der Abnahme arglistig verschwiegen.

2. Damit kommt es zu einer dreißigjährigen Verjährungsfrist.

3. Der Architekt muss sich die Arglist eines freien Mitarbeiters als Repräsentant zurechnen lassen.

6.7.3 Ausführungserfolg

Einem Ausführungserfolg kann man sich durch entsprechend fachqualifizierte Vorgaben annähern. Durch eine detaillierte Planung mit entsprechender Qualitätsdefinition in der Leistungsbeschreibung können Preisdifferenzen beim Angebot reduziert werden. Je genauer und eindeutiger die Angaben sind desto geringer sind die Preisunterschiede.

Mit einer eindeutigen und erschöpfender Leistungsbeschreibung wird auch erschwert, dass sich ein Bieter mit einem (oft abgespecktem und deshalb wesentlich billigerem) technischen Nebenangebot oder Änderungsvorschlag in das Wertungsgefüge einordnen kann.

Eine Kontrolle der auf die Baustelle angelieferten Baustoffe mit Überprüfung auf Übereinstimmung mit den vertraglichen Vereinbarungen, sowie eine ständige (unangemeldete) Ausführungskontrolle sind das beste Mittel um Verarbeitungsmängel (rechtzeitig) zu erkennen und falls erforderlich Nachbesserungen anzuordnen.

6.7.4 Fazit

Klare Entscheidungen und eindeutige Vorgaben, fachqualifiziert im Planungsprozess umgesetzt sind eine sichere Maßnahme um "Billigpreislösungen" weitgehendst auszuschließen. Eine entsprechende Bauüberwachung mit fachkompetenter Abnahme verhindern keine unqualifizierte Ausführung. Aber je größer die Mängelliste ist, desto größer ist die Wahrscheinlichkeit dass der Unternehmen beim nächsten Objekt auf mehr Fachqualifikation bedacht ist, denn: "Was kostet, das lehrt".

Auswahlkriterien

Die nachhaltige Beurteilung von Flachdachkonstruktionen mit Ansätzen für Bauteilbewertungen nach BTK und SIA wurden in Teil III dieser Fachbuchreihe ausführlich beschrieben. Dabei wurde auch auf die Auswahlkriterien von Abdichtungen aus ökologischer Sicht eingegangen.

Materialqualitäten von über 100 Bahnen und Beschichtungen wurden in Teil II der Fachbuchreihe bzw. dem Sonderband Abdichtung erfasst.

Ein weiteres Entscheidungskriterium ergibt sich aus dem hier dargestellten Vergleich der verarbeitungsrelevanten Eigenschaften.

Gewährleistung in den EU-Staaten

EU-Staaten und Schweiz	Bauvertrags- / Werkvertragsrecht, Gesetz	Frist/Dauer	Voraussetzungen, Fristbeginn	Anmerkungen, Besonderheiten
Belgien	Code Napoleon Art. 1792 - 2270 »Loy Breyne« (1971)	10 Jahre	Wirksamer Werkvertrag, Abnahme als einseitiger Rechtsakt des Bestellers	Für versteckte Mängel gilt das allgemeine Vertragsrecht.
Dänemark	Allg. Vertrags- und Obligationsrecht, Standardvertrag AB 92	5 Jahre	einheitliches Abnahmeverfahren	Allgemeines Schuldrecht mit 20 jähriger Haftung
Deutschland	BGB (2002) §§ 631 ff. VOB/B (2002)	5 Jahre 4 Jahre	Abnahme	Bei arglistigem Verschweigen eines Mangels: 30 Jahre
Finnland	Allg. Bedingungen YSE 1983 der Baubehörden	1 Jahr + 10 Jahre	verschiedene Möglichkeiten der Abnahme	1-jährige Gewährleistung, danach 10-jährige Garantiehaftung
Frankreich	»Loi Spinetta« 7812 öffentl. - CCAG priv. - AFNOR	1 Jahr + 2 bzw. 10 Jahre	Abnahme	1-jährige Garantie, danach 2- bzw. 10-jährige Haftungszeit
Griechenland	Werkvertragsrecht im Zivilgesetzbuch Art. 681 - 702	10 Jahre 20 Jahre	Abnahme	20-jährige Garantie mit einer vorherigen 15-monatigen Garantie für einwandfreie Herstellung bei öffentlichen Aufträgen.
Irland	»Consumer Contracts« »Non Consumer Contracts«, RIAI	6 Jahre o. 12 Jahre	Abnahme	Garantiefristen sind nicht gesetzlich geregelt. Standardvertragsbedingungen sind üblich.
Italien	Zivilgesetzbuch §§ 1665 - 1677	2 Jahre 10 Jahre	Ingebrauchnahme	10-jährige Garantie gilt nur bei Zerstörung des Bauwerkes oder bei starken Schäden.
Luxemburg	großherz. Verordnung,´ Code Napoleon Art. 1601, 1646, 1792, 2270 Gesetz v. 28.12.1976	2 Jahre 10 Jahre	1 Jahr Garantie vor endgültiger Abnahme bei öffentl. Aufträgen	2 Jahre für Konstruktionsfehler minderen Umfangs, 10 Jahre für schwere Konstruktionsmängel am Bauwerk
Niederlande	Zivilgesetzbuch Art. 1640 - 1652, UAV, GIW, AVKA	10 Jahre	Abnahme	Neufassung des Werkvertragsrechtes mit zahlreichen Änderungen im Entwurfsstadium.
Österreich	ABGB, § 922 - 933, ÖNorm B 2110, A 2050	3 Jahre	Übergabe	2-jährige Rügepflicht bei Ö-Norm-Verträgen mit Schlussfeststellung.
Portugal	Zivilgesetzbuch, Art. 1207 - 1230, Dekret Nr. 235 / 1986	2 Jahre 5 Jahre	Abnahme	Mängel, die längerer Nutzung unterliegen verjähren in 5 Jahren 2-jährige Fertigstellungsgarantie b. öffentl. Bauten bis zur Abnahme
Schweden	Standardvertragsbedingungen AB 92 (Verjährungsgesetz)	2 Jahre (4 Jahre) 10 Jahre	Abnahme	Fristverlängerung auf 4 Jahre ist möglich, bei wesentlichen Mängeln gilt eine 10-jährige Haftung.
Schweiz	Obligationsrecht (OR) Art. 363 - 379 SIA 118	5 Jahre 10 Jahre	Übergabeanzeige Abnahme nach SIA 118	Bei absichtlicher Täuschung wird die Verjährungsfrist auf 10 Jahre ausgedehnt. (2 Jahre Rügefrist)
Spanien	Zivilgesetzbuch (1989) Art. 1588, 1591, 1600	10 Jahre (15 Jahre)	Abnahme	15-jährige Haftung für versteckte und arglistig verschwiegene Mängel
Vereinigtes Königreich	»Common Law« Defective Premises Act Latent Damage Act	6 / 12 Jahre 15 Jahre	Baubeendigung Verstoß/Mangelersch.	Common Law / under seal Verträge Gewährleistungsrechte enden 15 Jahre nach Mangelerscheinung

Tabelle 19: Übersicht der gesetzlichen Gewährleistung in den EU-Staaten.

Kapitel VII

Garantie und Gewährleistung

7 Vertragsproblematik

Viele Probleme resultieren aus Verwechslung von Begriffen bzw. falschen Interpretationen. Nicht selten benutzen auch Fachleute den Begriff »**Garantie**« und verwenden diesen allumfassend, obwohl eigentlich damit die »**Gewährleistung**« gemeint ist.

Der Unterschied zwischen Garantie und Gewährleistung ist grundlegend. Unter Gewährleistung versteht man die gesetzlich definierte Haftung von Werkleistungen für Mängel, die die Leistung zum Zeitpunkt der Abnahme/Übergabe aufweist.

Die Garantie ist immer eine freiwillig vereinbarte Haftungsübernahme, die inhaltlich individuell gestaltet werden kann. Je länger die Garantiezusage, desto besser das Produkt, wird oft angenommen. Wie zuverlässig jedoch die einzelnen (werbewirksamen) Zusicherungen wie z.B.: Hersteller-, Material-, Bauherrengarantien sind ist kaum noch zu überblicken. Im direkten Vergleich der einzelnen Voraussetzungen für die Geltendmachung von Garantieansprüchen kann man z.T. wesentliche Unterschiede feststellen. Es muss auch nicht bedeuten, dass alle Leistungen aus den Ansprüchen kostenlos sind. Man sollte deshalb die Bedingungen genau durchlesen.

Auch bezüglich »Sicherheitsleistungen« oder »Gewährleistungseinbehalt« gibt es immer wieder Missverständnisse, die meist auf der Meinung beruhen, dass diese doch gesetzlich geregelt wären. Weder aus dem Gesetz noch aus der VOB lässt sich ein solcher Anspruch ableiten. Eine Sicherheitsleistung kann nur verlangt werden, wenn sie explizit vertraglich vereinbart wurde. Dabei ist auch die Höhe der Sicherheitsleistung zu definieren.

Garantie / Gewährleistung

wird in der Praxis sehr häufig verwechselt.

Gewährleistung ist gesetzlich geregelt, während die Garantie eine reine Kulanzleistung darstellt. Der Begriff “Garantie” steht nicht im BGB. Es ist jedoch gestattet eine Garantie im Rahmen eines Vertrages (Kaufvertrag, Geschäftsbedingungen) zu gewähren.

Die Gewährleistung ist eindeutig geregelt und ist die gesetzliche Verpflichtung des Schuldners ein Werk in mangelfreiem Zustand abzuliefern. Gewährleistungsansprüche bestehen beim Werkvertrag (§§ 633 ff. BGB). Als Gewährleistungsansprüche kennt das Gesetz die Wandelung, Minderung, Rücktritt oder den Schadensersatz.

Gewährleistung in Deutschland (VOB/B)

Auszug aus Verdingungsordnung für Bauleistungen - Teil B (VOB/B), Ausgabe 2002.

§ 13 - Mängelansprüche

1. Der Auftragnehmer hat dem Auftraggeber seine Leistung zum Zeitpunkt der Abnahme frei von Sachmängeln zu verschaffen. Die Leistung ist zur Zeit der Abnahme frei von Sachmängeln, wenn sie die vereinbarte Beschaffenheit hat und den anerkannten Regeln der Technik entspricht. Ist die Beschaffenheit nicht vereinbart, so ist die Leistung zur Zeit der Abnahme frei von Sachmängeln,

   a) wenn sie sich für die nach dem Vertrag vorausgesetzte, sonst

   b) für die gewöhnliche Verwendung eignet und eine Beschaffenheit aufweist, die bei Werken der gleichen Art üblich ist und die der Auftraggeber nach der Art der Leistung erwarten kann.

2. Bei Leistungen nach Probe gelten die Eigenschaften der Probe als vereinbarte Beschaffenheit, soweit nicht Abweichungen nach der Verkehrssitte als bedeutungslos anzusehen sind. Dies gilt auch für Proben, die erst nach Vertragsabschluss als solche anerkannt sind.

3. Ist ein Mangel zurückzuführen auf die Leistungsbeschreibung oder auf Anordnungen des Auftraggebers, auf die von diesem gelieferten oder vorgeschriebenen Stoffe oder Bauteile oder die Beschaffenheit der Vorleistung eines anderen Unternehmers, haftet der Auftragnehmer, es sei denn, er hat die ihm nach § 4 Nr. 3 obliegende Mitteilung gemacht.

4. (1) Ist für Mängelansprüche keine Verjährungsfrist im Vertrag vereinbart, so beträgt sie für Bauwerke **4 Jahre**, für Arbeiten an einem Grundstück und für die vom Feuer berührten Teile von Feuerungsanlagen 2 Jahre. Abweichend von Satz 1 beträgt die Verjährungsfrist für feuerberührte und abgasdämmende Teile von industriellen Feuerungsanlagen 1 Jahr.

   ....

   (3) Die Frist beginnt mit der Abnahme der gesamten Leistung; nur für in sich abgeschlossene Teile der Leistung beginnt sie mit der Teilabnahme (§ 12 Nr. 2).

5. (1) Der Auftragnehmer ist verpflichtet, alle während der Verjährungsfrist hervortretenden Mängel, die auf vertragswidrige Leistung zurückzuführen sind, auf seine Kosten zu beseitigen, wenn es der Auftraggeber vor Ablauf der Frist schriftlich verlangt. Der Anspruch auf Beseitigung der gerügten Mängel verjährt in 2 Jahren, gerechnet vom Zugang des schriftlichen Verlangens an, jedoch nicht vor Ablauf der Regelfristen nach Nr. 4 **oder der an ihrer Stelle vereinbarten Frist**. Nach Abnahme der Mängelbeseitigungsleistung beginnt für diese Leistung eine Verjährungsfrist von 2 Jahren neu, die jedoch nicht vor Ablauf der Regelfristen nach Nr. 4 oder der an ihrer Stelle vereinbarten Frist endet.

   (2) Kommt der Auftragnehmer der Aufforderung zur Mängelbeseitigung in einer vom Auftraggeber gesetzten angemessenen Frist nicht nach, so kann der Auftraggeber die Mängel auf Kosten des Auftragnehmers beseitigen lassen.

6. Ist die Beseitigung des Mangels für den Auftraggeber unzumutbar oder ist sie unmöglich oder würde sie einen unverhältnismäßig hohen Aufwand erfordern und wird sie deshalb vom Auftragnehmer verweigert, so kann der Auftraggeber durch Erklärung gegenüber dem Auftragnehmer die Vergütung mindern (§ 638 BGB).

7. (1) Der Auftragnehmer haftet bei schuldhaft verursachten Mängeln aus der Verletzung des Lebens, des Körpers und der Gesundheit.

   (2) Bei vorsätzlich oder grob fahrlässig verursachten Mängeln haftet er für alle Schäden

   (3) Im Übrigen ist dem Auftraggeber der Schaden an der baulichen Anlage zu ersetzen, zu deren Herstellung, Instandhaltung oder Änderung die Leistung dient, wenn ein wesentlicher Mangel vorliegt, der die Gebrauchsfähigkeit erheblich beeinträchtigt und auf ein Verschulden des Auftragnehmers zurückzuführen ist.

   Einen darüber hinausgehenden Schaden hat der Auftragnehmer nur dann zu ersetzen,

   a) wenn der Mangel auf einem Verstoß gegen die anekannten Regeln der Technik beruht

   b) wenn der Mangel in dem Fehlen einer vertraglich vereinbarten Beschaffenheit besteht oder

   c) soweit der Auftragnehmer den Schaden durch Versicherung seiner gesetzlichen Haftpflicht gedeckt hat oder durch eine solche zur tarifmäßigen, nicht auf außergewöhnliche Verhältnisse abgestellte Prämien und Prämienzuschlägen bei einem im Inland zum Geschäftsbetrieb zugelassenen Versicherer hätte decken können.

   (4) Abweichend von Nummer 4 gelten die gesetzlichen Verjährungsfristen, soweit sich der Auftragnehmer nach Abs. 3 durch Versicherung geschützt hat oder hätte schützen können oder soweit ein besonderer Versicherungsschutz vereinbart ist.

   (5) Eine Einschränkung oder Erweiterung der Haftung kann in begründeten Sonderfällen vereinbart werden.

Hinweis:
Die VOB gilt nicht automatisch. Sie ist wirksam in den Bauvertrag einzubinden. Ist eine Vertragspartei eine Privatperson (§ 13 BGB) muss die VOB/B in vollständiger Fassung zugänglich gemacht werden. Am Besten wird sie vollständig ausgedruckt den Bauvertragsunterlagen beigefügt.

Gewährleistung und Materialgarantie

7.1 Bauvertragsgestaltung

Betrachtet man die zeitliche Verteilung der Bauschäden bei Dächern mit Abdichtungen, so wurde im 3. Bauschadensbericht (BmRBS, 1995) festgestellt, dass ca. **80 % der Schäden in den ersten 5 Jahren** auftreten. Dabei wurden 2/3 dieser Schadensfälle (65 %) in den ersten beiden Jahren festgestellt. Die verbleibenden 20 % verteilen sich über einen Zeitraum von ca. 8-12 Jahren.

Die Untersuchungen zeigen auf, dass die Mehrzahl der Schäden innerhalb einer (heutzutage üblichen) fünfjährigen Gewährleistungszeit auftreten. Hierbei ist davon auszugehen, dass Schäden, die in den ersten 2 Jahren auftreten (65 %) neben Beschädigungen während der Bauzeit hauptsächlich auf Verarbeitungsfehler zurückzuführen sind.

Für den Auftraggeber bzw. Bauherrn ergeben sich somit folgende Empfehlungen für die Bauvertragsgestaltung. Im Regelfall ausreichend ist eine:

- **Gewährleistung**sfrist für die Ausführungsarbeiten von **5 Jahren** und eine
- Material**garantie** für die Abdichtung von **10 Jahren** (mit einer Eigenschaftszusicherung und entsprechender Definition über den Umfang der im Schadensfall zu übernehmenden Folgeschäden)

Hierbei ist anzumerken, dass in Deutschland die VOB nicht automatisch gilt und deshalb wirksam in den Bauvertrag eingebunden werden muss, am besten durch die Beilage einer Kopie der aktuellen VOB. Die Gewährleistungsfrist nach der zur Zeit gültigen VOB/B (2002) beträgt für Bauwerke 4 Jahre. Davon abweichende Fristen sind im Einzelfall gesondert zu vereinbaren.

In der Schweiz beträgt die Gewährleistungsfrist nach OR und SIA 5 Jahre. Ebensolange dauert die Verjährungsfrist. Österreich liegt mit der gesetzlichen Gewährleistungsfrist von 3 Jahren unter den o.a. Empfehlungen für eine Bauvertragsgestaltung.

7.1.1 Gewährleistung/Mängelansprüche

Unter Gewährleistung/Mängelansprüche versteht man die gesetzlich vorgesehene Haftung für Mängel, die die Leistung zum Zeitpunkt der Abnahme (Übergabe) aufweist. Gesetzliche Grundlage dazu ist in Deutschland im Bürgerlichen Gesetzbuch (BGB) der Titel 9 - Werkverträge und ähnliche Verträge (§§ 631 ff); in Österreich im Allgemeinen Bürgerliches Gesetzbuch (ABGB) das Gewährleistungsrecht (§§ 922 ff.) und in der Schweiz im Obligationenrecht (OR) der 11. Titel: Werkvertrag (Art. 363 ff.).

Die Gewährleistung/Mängelansprüche nach dem gesetzlichen Werksvertrags- bzw. Gewährleistungsrecht gelten, wenn nichts anderes vereinbart wurde.

7.1.1.1 Gewährleistung beim Bauen

Allgemein wird bei Bauverträgen jedoch die VOB/B, Ö-Norm oder die SIA zugrundegelegt, so dass die dort definierten Fristen gelten.

Eine Harmonisierung der Fristen aller am Bau Beteiligten ist anzustreben. Nachdem in Deutschland z.B. bei Architektenleistungen generell eine fünfjährige Gewährleistungsfrist besteht ist es üblich die Gewährleistungsfristen von bauausführenden Firmen anzugleichen und ebenfalls eine fünfjährige Gewährleistungsfrist vertraglich zu vereinbaren.

Die vertraglich vereinbarte oder gesetzliche Frist beginnt mit dem Tag der Abnahme/Übergabe - siehe hierzu auch die Übersichtstabelle auf Seite 168.

7.1.1.2 Hemmung und Neubeginn

In den neuen Verjährungsregelungen (§§ 194 bis 225 BGB) gibt es keine Unterbrechung mehr. Hemmung und Neubeginn der Verjährung sind als wichtige Änderungen neu geregelt (nach RA KOTZ, 2002):

7.1.1.2.1 Hemmung der Verjährungsfrist

Die Verjährung eines Anspruchs kann „angehalten" werden. Dies bezeichnet man als sog. „Hemmung" der

Empfehlung für die Bauvertragsgestaltung:

»Die technische Vorklärung zur Abnahme der Bauleistungen ist zusammen mit dem Hersteller durchzuführen, der im Protokoll die Verarbeitung nach Herstellerrichtlinien schriftlich bestätigt« (ddDach, 2004).

»Vor Ablauf der Verjährung der Gewährleistung erfolgt eine Begehung durch einen Sachverständigen. Erst nach Feststellung eines mangelfreien Zustandes erfolgt eine Freigabe des Gewährleistungseinbehaltes« (ddD, 2004).

BGB, HGB und ProdHaftG

Auszug aus dem Handelsgesetzbuch (HGB) Stand: 21.12.2004

§ 377 Mängelrüge

(1) Ist der Kauf für beide Teile ein Handelsgeschäft, so hat der Käufer die Ware unverzüglich nach der Ablieferung durch den Verkäufer, soweit dies nach ordnungsmäßigem Geschäftsgange tunlich ist, zu untersuchen und, wenn sich ein Mangel zeigt, dem Verkäufer unverzüglich Anzeige zu machen.

(2) Unterlässt der Käufer die Anzeige, so gilt die Ware als genehmigt, es sei denn, dass es sich um einen Mangel handelt, der bei der Untersuchung nicht erkennbar war.

(3) Zeigt sich später ein solcher Mangel, so muss die Anzeige unverzüglich nach der Entdeckung gemacht werden; anderenfalls gilt die Ware auch in Ansehung dieses Mangels als genehmigt.

(4) Zur Erhaltung der Rechte des Käufers genügt die rechtzeitige Absendung der Anzeige.

(5) Hat der Verkäufer den Mangel arglistig verschwiegen, so kann er sich auf diese Vorschriften nicht berufen.

Auszug aus schweizer Zivilgesetzbuch, Fünfter Teil: Obligationenrecht (OR), 21.12.04

Sechster Titel: Kauf und Tausch

Art. 201 4. Mängelrüge a. Im Allgemeinen

1 Der Käufer soll, sobald es nach dem üblichen Geschäftsgange tunlich ist, die Beschaffenheit der empfangenen Sache prüfen und falls sich Mängel ergeben, für die der Verkäufer Gewähr zu leisten hat, diesem sofort Anzeige machen.

2 Versäumt dieses der Käufer, so gilt die gekaufte Sache als genehmigt, soweit es sich nicht um Mängel handelt, die bei der übungsgemäßen Untersuchung nicht erkennbar waren.

3 Ergeben sich später solche Mängel, so muss die Anzeige sofort nach der Entdeckung erfolgen, widrigenfalls die Sache auch rücksichtlich dieser Mängel als genehmigt gilt.

Art. 210 9. Verjährung

1 Die Klagen auf Gewährleistung wegen Mängel der Sache verjähren mit Ablauf eines Jahres nach deren Ablieferung an den Käufer, selbst wenn dieser die Mängel erst später entdeckt, es sei denn, dass der Verkäufer eine Haftung auf längere Zeit übernommen hat.

2 Die Einreden des Käufers wegen vorhandener Mängel bleiben bestehen, wenn innerhalb eines Jahres nach Ablieferung die vorgeschriebene Anzeige an den Verkäufer gemacht worden ist.

3 Die mit Ablauf eines Jahres eintretende Verjährung kann der Verkäufer nicht geltend machen, wenn ihm eine absichtliche Täuschung des Käufers nachgewiesen wird.

Auszug aus Bürgerlichem Gesetzbuch (BGB), Ausgabe 2002

§ 631 - Vertragstypische Pflichten beim Werkvertrag

(1) Durch den Werkvertrag wird der Unternehmer zur Herstellung des versprochenen Werkes, der Besteller zur Entrichtung der vereinbarten Vergütung verpflichtet.

(2) Gegenstand des Werkvertrags kann sowohl die Herstellung oder Veränderung einer Sache als auch ein anderer durch Arbeit oder Dienstleistung herbeizuführender Erfolg sein.

§ 633 - Sach- und Rechtsmangel

(1) Der Unternehmer hat dem Besteller das Werk frei von Sach- und Rechtsmängeln zu verschaffen.

(2) Das Werk ist frei von Sachmängeln, wenn es die vereinbarte Beschaffenheit hat. Soweit die Beschaffenheit nicht vereinbart ist, ist das Werk frei von Sachmängeln,

1. wenn es sich für die nach dem Vertrag vorausgesetzte, sonst
2. für die gewöhnliche Verwendung eignet und eine Beschaffenheit aufweist, die bei Werken der gleichen Art üblich ist und die der Besteller nach der Art des Werkes erwarten kann.

Einem Sachmangel steht es gleich, wenn der Unternehmer ein anderes als das bestellte Werk oder das Werk in zu geringer Menge herstellt.

(3) Das Werk ist frei von Rechtsmängeln, wenn Dritte in Bezug auf das Werk keine oder nur die im Vertrag übenommenen Rechte gegen den Besteller geltend machen können.

§ 634a - Verjährung der Mängelansprüche

(1) Die in § 634 Nr. 1, 2 und 4 bezeichneten Ansprüche verjähren

2. in **fünf Jahren** bei einem Bauwerk und einem Werk, dessen Erfolg in der Erbringung von Planungs- oder Überwachungsleistungen hierfür besteht, und
3. im Übrigen in der regelmäßigen Verjährungsfrist.

(2) Die Verjährung beginnt in den Fällen des Absatzes 1 Nr. 1 und 2 mit der Abnahme.

BGB § 823 Schadensersatzpflicht

(1) Wer vorsätzlich oder fahrlässig das Leben, den Körper, die Gesundheit, die Freiheit, das Eigentum oder ein sonstiges Recht eines anderen widerrechtlich verletzt, ist dem anderen zum Ersatz des daraus entstehenden Schadens verpflichtet.

(2) Die gleiche Verpflichtung trifft denjenigen, welcher gegen ein den Schutz eines anderen bezweckendes Gesetz verstößt. Ist nach dem Inhalt des Gesetzes ein Verstoß gegen dieses auch ohne Verschulden möglich, so tritt die Ersatzpflicht nur im Falle des Verschuldens ein.

Verjährungsfrist. Fällt nun später der Umstand weg, der zum „Anhalten" der Verjährungsfrist führte, läuft die Verjährungsfrist ab dem Zeitpunkt einfach weiter (§ 209 BGB).

7.1.1.2.1 Neubeginn der Verjährungsfrist

Der sog. „Neubeginn" der Verjährungsfrist ist in § 212 BGB geregelt. Die Verjährungsfrist beginnt hiernach erneut, wenn der Schuldner dem Gläubiger gegenüber den Anspruch durch Abschlagszahlung, Zinszahlung, Sicherheitsleistung oder in anderer Weise anerkennt (vgl. § 212 Abs. 1 Nr. 1 BGB) oder wenn eine gerichtliche oder behördliche Vollstreckungshandlung vorgenommen wird (vgl. § 212 Abs. 1 Nr. 2 BGB).

7.1.2 Gewährleistung beim Warenkauf

Eine weitere Gewährleistung ergibt sich aus dem Kaufvertrag zwischen Verarbeiter und Hersteller/Händler der einzubauenden Materialien.

Der Verarbeiter kauft die Produkte beim Hersteller/ Händler. »Die Gewährleistungsrechte werden ausschließlich nach den Vorschriften des BGB/HGB/OR abgewickelt und durch allgemeine Verkaufs- und Lieferbedingungen des Händlers ergänzt. Bei einem Kaufvertrag über Sachen, die entsprechend ihrer üblichen Verwendungsweise für ein Bauwerk verwendet worden sind und dessen Mangelhaftigkeit verursacht haben, beträgt die Gewährleistungsdauer des Verkäufers **fünf Jahre** ab Ablieferung der Kaufsache.

Von besonderer Bedeutung ist hierbei die im § 377 HGB und Art. 201 (OR) vorgesehen Prüf- und Rügepflicht. Wird die gelieferte Ware nicht unverzüglich überprüft gilt die Ware als genehmigt und sowohl die Gewährleistungs- wie auch die Schadensersatzansprüche sind erloschen. Oberste Pflicht ist also die formelle Abgleichung der Ware mit der Bestellung und dem Lieferschein. Grundsatz dabei ist, dass mit dem Aufwand geprüft werden muss, der dem Verarbeiter nach Maßstab seiner technischen Kenntnisse zumutbar ist.

Ein »blindes Unterschreiben« eines Lieferscheines ist hochgradig gefährlich. Besonders kritisch wird es, wenn die Ware direkt auf die Baustelle angeliefert wird und ein Helfer diese unkontrolliert in Empfang nimmt.

7.1.3 Sicherheitsleistungen

Um sich für eventuelle Fälle der Gewährleistungspflicht abzusichern kann der Auftraggeber Sicherheitsleistungen verlangen. Hierzu hat er die Wahl unter:

- Einbehalt von Geld,
- Hinterlegung von Geld,
- Bürgschaft eines Kreditinstitutes oder -versicherers.

»In der Regel stellt es der Auftraggeber (AG) dem Auftragnehmer (AN) frei, ob ein Geldeinbehalt erfolgt oder ob eine Bürgschaft beigebracht wird. Bei Einbehalt wird bei jeder Zwischenrechnung ein Sicherheitseinbehalt von 10% gemacht, aber nur solange bis die vereinbarten 5% der Auftragssumme erreicht sind. Bei Bürgschaft ist es dann so, dass eine Vertragserfüllungsbürgschaft durch eine Gewährleistungsbürgschaft mit der Abnahme und Schlussrechnung abzulösen ist« (DIMaGB, 2005).

Auch die Regelung zur Sicherheitsleistung gilt nicht automatisch und ist deshalb vertraglich zu regeln. Die verlangte Regelung zur Sicherheitsleistung muss dem Bieter/AN bereits bei Abgabe seines Angebotes bekannt sein. Schließlich entstehen ihm Kosten (Zinsen für den Dispo oder Bürgschaftszinsen), die er mit kalkulieren muss. Im Bauvertrag ist dann eigentlich nur noch festzuhalten ob Einbehalt oder Bürgschaft vereinbart werden.

Besonders hinzuweisen ist bei der gültigen VOB 2002 auf die Verpflichtung des Auftraggebers eine vereinbarte Sicherheit nach 2 Jahren zurückzugeben, falls nicht anderes vereinbart wurde.

In der Praxis ist es Usus (gewerbliche Sitte), dass sowohl für die Vertragserfüllung als auch für die Gewährleistung bis zu 5% Sicherheit vereinbart werden. Dies gilt auch für Österreich (5% Haftrücklässe). In der Schweiz wird verlangt, dass der Unternehmer für seine Haftung während der Garantiefrist eine Sicherheit zu leisten hat (Art. 181, SIA 118). Der Normalfall der Sicherheitsleistung ist die Solidarbürgschaft einer Bank oder Versicherung. Der Haftungsbetrag beläuft sich normalerweise auf 5% der Abrechnungssumme, kann aber in Sonderfällen 10 %

Sicherheitsleistungen
gelten nicht automatisch und sind deshalb vertraglich zu regeln.

Bei Verträgen nach VOB (2002) besteht die Verpflichtung des Auftraggebers, eine vereinbarte Sicherheit nach 2 Jahren (sofern nichts anderes vereinbart wurde) zurückzugeben.

Gewährleistungsrecht in Österreich (ABGB)

Auszug aus Allgemeines bürgerliches Gesetzbuch (ABGB) §§ 922 – 933, Ausgabe 2002 (Gewährleistungsrecht)

§ 922 Gewährleistung.

(1) Wer einem anderen eine Sache gegen Entgelt überlässt, leistet Gewähr, dass sie dem Vertrag entspricht. Er haftet also dafür, dass die Sache die bedungenen oder gewöhnlich vorausgesetzten Eigenschaften hat, dass sie seiner Beschreibung, einer Probe oder einem Muster entspricht und dass sie der Natur des Geschäftes oder der getroffenen Verabredung gemäß verwendet werden kann.

(2) Ob die Sache dem Vertrag entspricht, ist auch danach zu beurteilen, was der Übernehmer auf Grund der über sie gemachten öffentlichen Äußerungen des Übergebers oder des Herstellers, vor allem in der Werbung und in den der Sache beigefügten Angaben, erwarten kann; das gilt auch für öffentliche Äußerungen einer Person, die die Sache in den Europäischen Wirtschaftsraum eingeführt hat oder die sich durch die Anbringung ihres Namens, ihrer Marke oder eines anderen Kennzeichens an der Sache als Hersteller bezeichnet. Solche öffentlichen Äußerungen binden den Übergeber je-doch nicht, wenn er sie weder kannte noch kennen konnte, wenn sie beim Abschluss des Vertrags berichtigt waren oder wenn sie den Vertragsabschluss nicht beeinflusst haben konnten.

§ 923 Fälle der Gewährleistung

Wer also der Sache Eigenschaften beilegt, die sie nicht hat, und die ausdrücklich oder vermöge der Natur des Geschäftes stillschweigend bedungen worden sind; wer ungewöhnliche Mängel, oder Lasten derselben verschweigt; wer eine nicht mehr vorhandene, oder eine fremde Sache als die seinige veräußert; wer fälschlich vorgibt, dass die Sache zu einem bestimmten Gebrauche tauglich; oder dass sie auch von den gewöhnlichen Mängeln und Lasten frei sei; der hat, wenn das Widerspiel hervorkommt, dafür zu haften.

§ 924 Vermutung der Mangelhaftigkeit

Der Übergeber leistet Gewähr für Mängel, die bei der Übergabe vorhanden sind. Dies wird bis zum Beweis des Gegenteils vermutet, wenn der Mangel innerhalb von sechs Monaten nach der Übergabe hervorkommt. Die Vermutung tritt nicht ein, wenn sie mit der Art der Sache oder des Mangels unvereinbar ist.

§ 931 Bedingung der Gewährleistung

Wenn der Übernehmer wegen eines von einem Dritten auf die Sache erhobenen Anspruches von der Gewährleistung Gebrauch machen will, so muss er seinem Vormann den Streit verkündigen. Unterlässt er dies, so verliert er zwar noch nicht das Recht der Schadloshaltung, aber sein Vormann kann ihm alle wider den Dritten unausgeführt gebliebenen Einwendungen entgegensetzen und sich dadurch von der Entschädigung in dem Maße befreien, als erkannt wird, dass diese Einwendungen, wenn von ihnen der gehörige Gebrauch gemacht worden wäre, eine andere Entscheidung gegen den Dritten veranlasst haben würden.

§ 923 Rechte aus der Gewährleistung

(1) Der Übernehmer kann wegen eines Mangels die Verbesserung (Nachbesserung oder Nachtrag des Fehlenden), den Austausch der Sache, eine angemessene Minderung des Entgelts (Preisminderung) oder die Aufhebung des Vertrags (Wandlung) fordern.

(2) Zunächst kann der Übernehmer nur die Verbesserung oder den Austausch der Sache verlangen, es sei denn, dass die Verbesserung oder der Austausch unmöglich ist oder für den Übergeber, verglichen mit der anderen Abhilfe, mit einem unverhältnismäßig hohen Aufwand verbunden wäre. Ob dies der Fall ist, richtet sich auch nach dem Wert der mangelfreien Sache, der Schwere des Mangels und den mit der anderen Abhilfe für den Übernehmer verbundenen Unannehmlichkeiten.

(3) Die Verbesserung oder der Austausch ist in angemessener Frist und mit möglichst geringen Unannehmlichkeiten für den Übernehmer zu bewirken, wobei die Art der Sache und der mit ihr verfolgte Zweck zu berücksichtigen sind.

(4) Sind sowohl die Verbesserung als auch der Austausch unmöglich oder für den Übergeber mit einem unverhältnismäßig hohen Aufwand verbunden, so hat der Übernehmer das Recht auf Preisminderung oder, sofern es sich nicht um einen geringfügigen Mangel handelt, das Recht auf Wandlung. Dasselbe gilt, wenn der Übergeber die Verbesserung oder den Austausch verweigert oder nicht in angemessener Frist vornimmt, wenn diese Abhilfen für den Übernehmer mit erheblichen Unannehmlichkeiten verbunden wären oder wenn sie ihm aus triftigen, in der Person des Übergebers liegenden Gründen unzumutbar sind.

§ 933 Verjährung

(1) Das Recht auf die Gewährleistung muss, wenn es unbewegliche Sachen betrifft, binnen **drei Jahren**, wenn es bewegliche Sachen betrifft, binnen zwei Jahren gerichtlich geltend gemacht werden. Die Frist beginnt mit dem Tag der Abliefe-rung der Sache, bei Rechtsmängeln aber erst mit dem Tag, an dem der Mangel dem Übernehmer bekannt wird. Die Par-teien können eine Verkürzung oder Verlänge-rung dieser Frist vereinbaren.

§ 933a Schadenersatz

(1) Hat der Übergeber den Mangel verschuldet, so kann der Übernehmer auch Schadenersatz fordern.

(2) Wegen des Mangels selbst kann der Übernehmer auch als Schadenersatz zunächst nur die Verbesserung oder den Austausch verlangen. Er kann jedoch Geldersatz verlangen, wenn sowohl die Verbesserung als auch der Austausch unmöglich ist oder für den Übergeber mit einem unverhältnismäßig hohen Aufwand verbunden wäre. ....

(3) Nach Ablauf von **zehn Jahren** ab der Übergabe der Sache obliegt für einen Ersatzanspruch wegen der Mangelhaftigkeit selbst und wegen eines durch diese verursachten weiteren Schadens dem Übernehmer der Beweis des Verschuldens des Übergebers.

betragen. Die Garantiescheine werden meistens bis zum Erlöschen (Ablauf der Garantiefrist) vom Architekten verwaltet.

Von Seiten einiger Auftraggeber besteht manchmal ein besonderes Absicherungsbedürfnis, das durch hohe Einbehalte für lange Zeit befriedigt wird. In Anbetracht der eingangs genannten Zeiträume für auftretende Schadensfälle sollten sich die Auftraggeber überlegen, ob überzogene Gewährleistungsfristen mit überhöhten Sicherheitseinbehalten notwendig und angemessen sind. Hierbei ist auch zu berücksichtigen, dass die Sicherheiten die Liquidität des Auftragnehmers mindern.

7.1.4 Materialgarantie

Die Garantie - oft ein marktschreierisches Werbeargument - ist eine freiwillige, vertragliche Zusage des Händlers oder Herstellers, für Mängel einzustehen. Der Gesetzgeber hat nur wenige formale Erfordernisse für Garantiezusagen geregelt. Im BGB (2002), §§ 442, 443 und 477 steht zwar der Begriff »Garantie«, dennoch ist die Gewährung einer Garantie im Rahmen eines Garantievertrages infolge der Vertragsfreiheit zulässig aber nicht zwingend vorgeschrieben. Der Inhalt einer Garantiezusage ist nicht aus dem Gesetz, sondern vielmehr aus der jeweiligen Garantieerklärung zu entnehmen.

7.1.4.1 Rahmengarantieverträge

»Mit über 200 Herstellern der Dachbranche gibt es Rahmengarantieverträge beim Zentralverband des Deutschen Dachdeckerhandwerks (ZVDH). Inhalt dieser Verträge ist die Ersatzverpflichtung der Hersteller für fehlerhafte Materialien während der Gewährleistungszeit des Verarbeiters gegenüber dem Auftraggeber. Im Schadensfall wird durch diese Materialgarantie das Ersatzmaterial und die Einbaukosten übernommen, oft auch noch die Folgeschäden. Durch die ZVDH-Garantien erhält der Verarbeiter also neben seinem Gewährleistungsanspruch gegen seinen Händler einen selbständigen Garantieanspruch gegen den Hersteller der Produkte. Der Umfang dieses Anspruches kann je nachdem, wie weit der Hersteller gegenüber dem ZVDH die Haftung übernommen hat, weiter reichen als die Ansprüche des Verarbeiters gegenüber dem Händler« (HERBST, 2003). Diese Garantien gelten für das Vertragsverhältnis zwischen Verarbeiter und Hersteller (Händler).

7.1.4.2 Bauherrengarantie

Obwohl der Auftraggeber mit dem Hersteller/Händler kein vertragliches Verhältnis eingeht bieten einige Hersteller von sich aus dem Auftraggeber/Bauherrn direkt eine Materialgarantie an. Die Garantien sind an bestimmte Voraussetzungen und Bedingungen gebunden, die erfüllt sein müssen, um überhaupt Garantieansprüche geltend machen zu können. Verlangt werden beispielsweise fast immer:

- eine fachregelgerechte Ausführung gemäß Herstellerrichtlinien (Verarbeitungshinweise),
- Eine Wartung der Dachfläche für den Zeitraum der Garantiedauer,
- Unverzügliche Meldung des Schadens nach Entdeckung mittels eingeschriebenem Brief.

Wichtig für den Auftraggeber ist, dass die in der jeweiligen Garantieurkunde definierten Voraussetzungen/Bedingungen zu 100% erfüllt sein müssen um im Schadensfall Ersatzleistungen geltend machen zu können. Eine fachregelgerechte Ausführung gemäß Hersteller- / Verarbeitungsrichtlinie lässt sich beispielsweise am besten dadurch dokumentieren, dass der Hersteller-/ Händler-Vertreter eine solche Ausführung im Abnahmeprotokoll bestätigt - siehe FEHLER, Seite 172. Der Abschluss eines Wartungsvertrages ist für die Dauer der Gewährleistung und die Dauer der der Materialgarantie zwingend erforderlich - siehe FEHLER, Seite 176. Dadurch wird auch ausgeschlossen, dass von dritter Seite an den von der Verlegefirma ausgeführten Arbeiten Änderungen vorgenommen werden. Was ebenfalls zum Verlust von Garantieansprüchen führen kann.

Der Nachweis einer fachgerechten Wartung kann z.B. über ein Protokoll geführt werden - siehe FEHLER, Seite 177. Spätestens vor Ablauf der Verjährung der Gewährleistung sollte nach den Empfehlungen von ERNST (2001) eine Gewährleistungsbegehung erfolgen an der ebenfalls der Hersteller/Händler einzubinden ist.

Der Garantievertrag

ist ein Vertrag, bei dem die Haftung für einen bestimmten Erfolg, unter bestimmten Voraussetzungen, übernommen wird, ohne Rücksicht darauf, ob die den Erfolg betreffende Schuld des Hauptschuldners besteht.

Durch eine Garantiezusage wird die gesetzliche Gewährleistung keinesfalls ersetzt oder gar - im Umfang oder Zeitdauer verringert.

Gewährleistungsrecht in der Schweiz (OR)

Auszug aus Schweizer Zivilgesetzbuch, Fünfter Teil: Obligationenrecht, Stand: 21. 12. 2004

Elfter Titel: Der Werkvertrag

Art. 363 A. Begriff
Durch den Werkvertrag verpflichtet sich der Unternehmer zur Herstellung eines Werkes und der Besteller zur Leistung einer Vergütung

Art. 365 2. Betreffend den Stoff
1 Soweit der Unternehmer die Lieferung des Stoffes übernommen hat, haftet er dem Besteller für die Güte desselben und hat Gewähr zu leisten wie ein Verkäufer.

2 Den vom Besteller gelieferten Stoff hat der Unternehmer mit aller Sorgfalt zu behandeln, über dessen Verwendung Rechenschaft abzulegen und einen allfälligen Rest dem Besteller zurückzugeben.

3 Zeigen sich bei der Ausführung des Werkes Mängel an dem vom Besteller gelieferten Stoffe oder an dem angewiesenen Baugrunde, oder ergeben sich sonst Verhältnisse, die eine gehörige oder rechtzeitige Ausführung des Werkes gefährden, so hat der Unternehmer dem Besteller ohne Verzug davon Anzeige zu machen, widrigenfalls die nachteiligen Folgen ihm selbst zur Last fallen.

Art. 367 4. Haftung für Mängel a. Feststellung der Mängel
1 Nach Ablieferung des Werkes hat der Besteller, sobald es nach dem üblichen Geschäftsgange tunlich ist, dessen Beschaffenheit zu prüfen und den Unternehmer von allfälligen Mängeln in Kenntnis zu setzen.

2 Jeder Teil ist berechtigt, auf seine Kosten eine Prüfung des Werkes durch Sachverständige und die Beurkundung des Befundes zu verlangen.

Art. 368 b. Recht des Bestellers bei Mängeln
1 Leidet das Werk an so erheblichen Mängeln oder weicht es sonst so sehr vom Vertrage ab, dass es für den Besteller unbrauchbar ist oder dass ihm die Annahme billigerweise nicht zugemutet werden kann, so darf er diese verweigern und bei Verschulden des Unternehmers Schadenersatz fordern.

2 Sind die Mängel oder die Abweichungen vom Vertrage minder erheblich, so kann der Besteller einen dem Minder-werte des Werkes entsprechenden Abzug am Lohne machen oder auch, sofern dieses dem Unternehmer nicht übermässige Kosten verursacht, die unentgeltliche Verbes-serung des Werkes und bei Verschulden Schadenersatz verlangen.

Art. 369 c. Verantwortlichkeit des Bestellers
Die dem Besteller bei Mangelhaftigkeit des Werkes gegebenen Rechte fallen dahin, wenn er durch Weisungen, die er entgegen den ausdrücklichen Abmahnungen des Unternehmers über die Ausführung erteilte, oder auf andere Weise die Mängel selbst verschuldet hat.

Art. 370 d. Genehmigung des Werkes
1 Wird das abgelieferte Werk vom Besteller ausdrücklich oder stillschweigend genehmigt, so ist der Unternehmer von seiner Haftpflicht befreit, soweit es sich nicht um Mängel handelt, die bei der Abnahme und ordnungsmässigen Prüfung nicht erkennbar waren oder vom Unternehmer absichtlich verschwiegen wurden.

2 Stillschweigende Genehmigung wird angenommen, wenn der Besteller die gesetzlich vorgesehene Prüfung und Anzeige unterlässt.

3 Treten die Mängel erst später zu Tage, so muss die Anzeige sofort nach der Entdeckung erfolgen, widrigenfalls das Werk auch rücksichtlich dieser Mängel als genehmigt gilt.

Art. 371 e. Verjährung
1 Die Ansprüche des Bestellers wegen Mängel des Werkes verjähren gleich den entsprechenden Ansprüchen des Käufers.

2 Der Anspruch des Bestellers eines unbeweglichen Bauwerkes wegen allfälliger Mängel des Werkes verjährt jedoch gegen den Unternehmer sowie gegen den Architekten oder Ingenieur, die zum Zwecke der Erstellung Dienste geleistet haben, mit Ablauf von **fünf Jahren** seit der Abnahme.

Art. 376 II. Untergang des Werkes
1 Geht das Werk vor seiner Übergabe durch Zufall zugrunde, so kann der Unternehmer weder Lohn für seine Arbeit noch Vergütung seiner Auslagen verlangen, außer wenn der Besteller sich mit der Annahme im Verzug befindet.

2 Der Verlust des zugrunde gegangenen Stoffes trifft in diesem Falle den Teil, der ihn geliefert hat.

3 Ist das Werk wegen eines Mangels des vom Besteller gelieferten Stoffes oder des angewiesenen Baugrundes oder infolge der von ihm vorgeschriebenen Art der Ausführung zugrunde gegangen, so kann der Unternehmer, wenn er den Besteller auf diese Gefahren rechtzeitig aufmerksam gemacht hat, die Vergütung der bereits geleisteten Arbeit und der im Lohne nicht eingeschlossenen Auslagen und, falls den Besteller ein Verschulden trifft, überdies Schadenersatz verlangen.

Ergänzende Regelungen bei Bauleistungen sind der
SIA 118 - Allgemeine Bedingungen für Bauleistungen
zu entnehmen.

6	Abnahme des Werkes und Haftung für Mängel
6.1	Abnahme
6.2	Haftung für Mängel
6.3	Garantiefrist (Rügefrist)*
6.4	Rechtslage nach Ablauf der Garantiefrist (Rügefrist)*
6.5	Verjährung

* Das Wort »Rügefrist« wurde eingefügt um zu vermeiden, dass die Garantiefrist mit der Verjährungsfrist verwechselt wird (SIA 118).

Werbeargument Langzeitgarantie ?

Für den Auftraggeber ist es besonders wichtig zu wissen welche Leistungen von der Garantie ausgeschlossen sind. Dies können z.B. Schäden:

- infolge natürlicher Abnutzung,
- durch mechanische und chemische Einwirkungen,
- höhere Gewalt,

sein.

7.2 Bauteilversicherung

Neben den Materialgarantien werden zahlreiche weitergehende Garantien/Versicherungen mit Laufzeiten von 25 bis 30 Jahren angeboten. Auch hier sind die Leistungen an Voraussetzungen/Bedingungen gebunden, die mit denen der Bauherrengarantie (siehe oben) vergleichbar sind.

Nachfolgend wird aus einigen Garantie-/Versicherungsbedingungen zitiert, um darzustellen welcher Leistungsumfang abgedeckt ist bzw. welche Ersatzleistungen im Schadensfall erbracht werden.

7.2.1 Systemgarantie

In der Praxis ist es üblich die Garantie als Systemgewährleistung zu bezeichnen.

7.2.1.1 Beispiel A:

Garantiedauer: ab dem 6. Jahr bis Ablauf des 25. Nutzungsjahres.

Sofern Garantiepflicht besteht, wird kostenloser Ersatz für den Schichtaufbau gewährt, unter gleichzeitiger Übernahme der zur Reparatur des Dachsystems erforderlichen Kosten. Die Kostenübernahme für die Ermittlung der Schadensursache, den Ersatz der mangelhaften Dachbaustoffe, sowie der Wiederherstellungskosten sind auf den Zeitwert des Dachsystems begrenzt. Der Zeitwert errechnet sich aus Neuwert, linear auf 60% / 25 Jahren berichtigt, jährlich mit 2% Inflationsrate bewertet.

Eingegrenzt wird die Garantieleistung dadurch, dass in einem Nebensatz darauf hingewiesen wird, dass eine thermische Schutzschicht, z.B. Kies auf Kunststofffaservlies, das Dach komplettiert.

Hieraus resultieren die Fragen: Wieviel Dachflächen werden mit einer solchen 2-lagigen, thermischen Schutzschicht ausgeführt und warum sind Folgeschäden nicht berücksichtigt.

7.2.1.2 Beispiel B:

Garantiedauer: ab dem 6. Jahr für 5 Jahre durch Versicherungsschutz.

Im Rahmen der Versicherungssumme wird im Schadensfall für Material und Verarbeitung Ersatz geleistet.

»Die Garantiezusage von 10 Jahren beinhaltet die Pflicht die Fläche erkennbar im Jahresabstand zu pflegen. Ein Wartungsvertrag wird empfohlen. Zum Erhalt der Garantie und des Versicherungsschutzes muss der Nachweis der Pflege geführt werden« (Hersteller B).

7.2.2 Flachdachversicherung

»Die Flachdachversicherung ist mit den Laufzeiten 10 und 15 Jahren erhältlich. Versichert wird das System oder Flachdach durch ein namhaftes Versicherungsunternehmen. Unter bestimmten Voraussetzungen können Sie Ihren kompletten Dachaufbau bis zu 20 Jahre versichern« (Hersteller X).

Für den Verbraucher interessant ist der Umfang des Versicherungsschutzes. Laut vorliegendem Rahmenvertrag eines Herstellers erstreckt sich der Versicherungsschutz z.B. nicht auf:

- Schäden durch äußere Einwirkung, wie z.B. Sturm ab Windstärke 8, ...
- äußere mechanische und chemische Beschädigungen,
- Schäden durch unterlassene oder mangelhaft ausgeführte Wartungsarbeiten,
- Schäden durch ..... oder Feuchtigkeit, hervorgerufen durch Schwitzwasser,
- Folgeschäden an nicht versicherten Sachen und
- Schäden an Gegenständen, die sich im inneren des Gebäude befinden,
- Schäden durch Arbeiten, die unter Nichtbeachtung der Hinweise des Herstellers oder Verarbeiters ausgeführt wurden, ...

Versicherungen

Keine Versicherung ist kostenlos. In Anbetracht der o.a. Einschränkungen beim Versicherungsschutz sind im Einzelfall die Versicherungsbedingungen von besonderer Bedeutung und deshalb detailliert zu überprüfen. Erst danach ist eine Abwägung von Vor- oder Nachteilen und einer daraus resultierenden Notwendigkeit möglich.

Nicht gewartet und vergessen

Abbildung 119:

Eindeutiger Hinweis für fehlende Wartung: Farn wächst aus dem Dachablauf

Abbildung 120:

Vergessene Dachfläche nach Nutzungsänderung des Gebäudes

Vergleich Neumaterial mit Ausbauprobe nach 4 Jahren				
Prüfung		Neumaterial	Ausbauprobe	Veränderungen
Reißfestigkeit DIN 16 726 / 5.6	längs quer	**8,2 N/mm²** **6,8 N/mm²**	8,5 N/mm² 7,3 N/mm²	**+ 3,6 %** **+ 7,3 %**
Reißdehnung DIN 16 726 / 5.6	längs quer	**505 %** **500 %**	**682 %** **708 %**	**+ 35,0 %** **+ 41,6 %**
Vergleich Ausbauprobe mit Rückstellmuster				
Prüfung		Rückstellmuster	Ausbauprobe	
Reißfestigkeit Reißdehnung	längs längs	**8,3 N/mm²** **656 %**	8,5 N/mm² 682 %	**+ 2,4 %*** **+ 3,9 %***
(*) Angaben gerundet				

Tabelle 20:

Eigenschaftszusicherung mittels technischem Datenblatt und Untersuchungsergebnisse nach 4 Jahren Praxiseinsatz

Zugesicherte Eigenschaften

7.2.3 Produkthaftung

»Schließlich gibt es auch noch eine gesetzliche Möglichkeit für den privaten Endverbraucher, einen direkten oder unmittelbaren Anspruch gegen den Materialhersteller bei fehlerhaften Produkten zu realisieren. Grundlage hierfür ist das Produkthaftungsgesetz. Danach hat jeder Hersteller innerhalb einer Verjährungszeit von 10 Jahren für bestimmte Folgeschäden aufzukommen, die durch ein fehlerhaftes Produkt verursacht worden sind. Dabei muss es sich aber um sicherheitsrelevante Mängel handeln. In diesem Fall werden nicht das schadhafte Material und die Einbaukosten abgedeckt, wohl aber Folgeschäden« (HERBST, 2003).

7.2.3.1 Produkthaftungsrecht

»Unter Produkthaftung versteht man eine Schadensersatzhaftung unabhängig von vertraglichen Beziehungen für sog. Folgeschäden, die durch die Fehlerhaftigkeit der Sache an sonstigen Rechtsgütern entstehen. Auf nationaler Ebene ist die Produkthaftung in ihrem Kernbereich in § 823 BGB als deliktische Haftung geregelt. Die Produkthaftung, die lediglich Ersatz für sog. Mangelfolgeschäden gibt (Ausnahme: sog. weiterfressender Mangel), ist scharf zu trennen von dem vertraglichen Gewährleistungsrecht, das nur einen Ausgleich für den Minderwert der Sache selbst gewährt. (IHK Hannover)

7.2.3.2 Produkthaftungsgesetz

Das Produkthaftungsgesetz (ProdHaftG) beruht auf der Umsetzung einer EG-Richtlinie vom 25.07.1985 und ist am 01.01.1990 in Kraft getreten. Das Produkthaftungsgesetz bringt keine einheitliche Kodifizierung des Produkthaftungsrechts. Vielmehr bleibt das überkommene nationale Recht der Produkthaftung unberührt und gilt weiter fort.

Kernstück des ProdHaftG Gesetzes ist die Einführung einer verschuldensunabhängigen Haftung. Dadurch sind Schadensersatzansprüche nicht mehr an ein menschliches Fehlverhalten gebunden, sondern hängen nur noch von der Fehlerhaftigkeit eines Produktes ab. (IHK Hannover, 2002).

7.2.3.3 Eigenschaftszusicherungshaftung

Die Frage, wann ein Merkmal eines Produkts rechtlich als zugesichert gilt, ist eine der besonders schwer zu treffenden Entscheidungen. Die üblichen Angaben zu Abmessungen, Materialeigenschaften, Leistungen und Funktionen usw. von Produkten sind nach rechtlichem Verständnis technische Produktbeschreibungen, die - soweit sie spezifiziert sind - vom Hersteller auch zu verantworten sind. Sofern sie nämlich nicht vorhanden sein sollten, tritt die zuvor dargestellte Gewährleistungshaftung ein, gegebenenfalls auch eine verschuldensabhängige Haftung wegen Vertragspflichtverletzung.

Eine Differenzierung zwischen »normalen« und zugesicherten Eigenschaften ist deshalb von so großer Bedeutung, weil die Haftung wegen Fehlens zugesicherter Eigenschaften besonders drastisch ist. So kommt es bei Kaufverträgen in diesem Fall nicht auf ein Verschulden an, was umgekehrt bedeutet, dass kein Entlastungsnachweis, keine Entschuldigung möglich ist. Selbst der Nachweis, dass die eigentliche Ursache nach dem Stand von Wissenschaft und Technik unbekannt war, hilft hier nicht. Die Haftung erstreckt sich vielmehr auch auf solche »Entwicklungsfehler«.

Das »Versprechen« braucht dabei nicht schriftlich dokumentiert zu sein, obwohl dadurch natürlich die Beweisführung für den Anspruchsteller erleichtert ist; aber auch mündliche Aussagen und selbst unmissverständliches Verhalten können als Zusicherung gewertet werden.

Wegen des exponierten Haftungsrisikos sollte sich jeder Mitarbeiter der Kundenkontakt hat, vor Übertreibungen, Anpreisungen und Zusagen hüten, sofern nicht wirklich sicher ist, dass die fraglichen Produktmerkmale tatsächlich vorhanden sind oder erreicht werden.

Formulierungen wie »gewährleisten«, »garantieren« oder »zusichern« sind in der Regel Indiz für eine bindende Zusage im Sinn einer zugesicherten Eigenschaft. Dies gilt insbesondere für die besonders hervorgehobenen Eigenschaften für ein Produkt:

- keine Veränderungen der technischen Eigenschaften der Abdichtungsbahn im Alter bis zu 10 Jahren,
- Lebenserwartung über 40 Jahre.

Eigenschaftszusicherung

Die Grenze zur zugesicherten Eigenschaft wird dann überschritten, wenn für einzelne Merkmale in besonders nachdrücklicher Weise das Erreichen bestimmter Werte geradezu versprochen wird, und zwar so, dass der Kunde davon ausgehen darf, dass der Hersteller oder Lieferant bedingungslos dafür einstehen will und auch bereit ist, die Folgen des Fehlens dieser Eigenschaft zu tragen.

Erhöhtes Schadensrisiko

Abbildung 121:

Verlagerung von Kies im unmittelbaren Dachrandbereich durch Windverwirbelung. Wird das Dach beim nächsten Unwetter nur in diesem Bereich beschädigt, so kann mangelhafter Unterhalt Ursache für einen vorzeitigen Schaden bei gleichzeitigem Verlust des Versicherungsschutzes sein

Abbildung 122:

Alterungserscheinungen bei einer PVC-Dachbahn. »Zeigt sich ein Dach in einem solchen Zustand, so ist es voraussehbar, dass beim nächsten Hagelunwetter die Abdichtung mit großer Wahrscheinlichkeit zu Schaden kommen kann und weitere Folgeschäden entstehen. Die Gebäudeversicherung des Kantons Zürich (GVZ) würde in diesem Fall eine Übernahme der Schäden berechtigterweise ablehnen« (HEV 10/2003)

Abbildung 123:

Bei einer Entschädigung nach einem Unwetterschaden werden von der Versicherung Alterung und Gebrauchstüchtigkeit der Dachabdichtung berücksichtigt

Problemlösung Garantiezusage ?

Anhaltspunkte für die technischen Eigenschaften einer Bahn können Materialeigenschaften sein, die nach einer Prüfnorm (DIN 16 726) zu ermitteln sind. In der Fachwelt gelten Reißdehnung und Reißfestigkeit als Anhaltspunkte für eine Beurteilung der Materialeigenschaften. Sollten sich die in oben stehender Tabelle 19 aufgeführten Veränderungen dieser Werte bei Dachbahn **X** ebenfalls für die Dachbahn **Y** ermitteln lassen wären Veränderungen der technischen Eigenschaften bereits nach 4 Jahren nachzuweisen. In diesem Fall wäre die o.a. Behauptung »keine Veränderung der technischen Eigenschaften im Alter bis zu 10 Jahren« eindeutig widerlegt.

Unter Berücksichtigung der in Tabelle 19, Seite 178 dargestellten Werte könnte sich auch die Frage stellen ob das eingebaute Produkt mit dem Produkt identisch ist für das ein Prüfzeugnis vorliegt? Die Antwort darauf bleibt solange Geheimnis des Herstellers/Lieferanten bis durch eine Materialprüfung als Eingangskontrolle ein Nachweis geführt werden kann - und dies ist unrealistisch bzw. nicht machbar.

In diesem Zusammenhang ist darauf hinzuweisen, dass durch die Verwendung des Anforderungsprofils (AfP), der Hersteller/Lieferant jeweils aktuell und projektbezogen die Prüfwerte für das Produkt angeben muss und diese vom Hersteller/Lieferanten unterzeichneten Unterlagen Vertragsbestandteil und somit in das Vertragsrecht eingebunden werden. Möglicherweise ist diese Tatsache für einige Hersteller auch ein Grund dafür, das Anforderungsprofil (AfP) generell mit nicht haltbaren Begründungen abzulehnen.

7.2.4 Sicherheitsbedürfnis

Berücksichtigt man die zeitliche Abfolge der Schadensereignisse bei Abdichtungen, so ist festzustellen, dass ca. 80% der Schäden in den ersten 5 Jahren, also im Zeitrahmen der gesetzlichen Gewährleistung auftreten. Mit einer heutzutage üblichen Materialgarantie für die Abdichtung von 10 Jahren und einem Wartungsvertrag für die Dachfläche wird dem Sicherheitsheitsbedürfnis des Auftraggebers/Bauherrn ausreichend Rechnung getragen.

Langzeitgarantien und Flachdachversicherungen sind nicht kostenlos. Ob damit ein besonderes Sicherheitsbedürfnis befriedigt wird muss in Kenntnis der Vertragsbedingungen und nach einer Kosten-/Nutzenanalyse jeder selbst entscheiden. Grundsätzlich ist jedem anzuraten, sich mit den Garantie- bzw. Versicherungsbedingungen explizit auseinanderzusetzen um festzustellen welche Voraussetzungen gegeben sein müssen, um bei einem eventuellen Schadensfall die volle Leistung zu erhalten. Dies betrifft auch die Versicherungsbedingungen der Gebäudeversicherung.

7.3 Gebäudeversicherungen

Die ehemals als Pflichtversicherung ausgestaltete Gebäudeversicherung ist seit 1994 freiwillig. Versichert der Bauherr seine Immobilie über eine solche Versicherung umfasst diese Schäden, die durch:

- Feuer und Explosion
- Blitzschlag,
- Leitungswasser,
- Rohrbruch und Frost,
- Sturm und Hagel,

am Gebäude entstehen. Um die versicherten Risiken im Rahmen zu halten, kann die Gebäudeversicherung ihre Haftung ausschließen oder beschränken. Zum Beispiel für Schäden, die an Gebäuden oder Bauteilen entstehen, die wegen ihrer Beschaffenheit oder Lage besonders gefährdet sind. Darüber hinaus bestehen Haftungsausschlusstatbestände. Schäden, die durch ein erhöhtes vom Versicherten zu vertretendes Risiko entstehen, können nicht reguliert werden.

7.3.1. Haftungsausschluss

»Die Gebäudeversicherung haftet nicht für Schäden, die dadurch wesentlich mitverursacht sind, dass bei einem Schaden das beschädigte Gebäude (Bauteil) zum Zeitpunkt der Errichtung oder Sanierung ganz oder in einzelnen Teilen technischen Vorschriften des Baurechts oder allgemein anerkannten Regeln der Technik nicht entspricht; oder ganz bzw. in einzelnen Teilen schadhaft oder baufällig ist und insbesondere nicht die nötige Festigkeit besitzt« (ESB, 2004).

Regelmäßige Dachkontrolle

Verursacht ein herabfallender Dachziegel einen Schaden, muss der Eigentümer des Daches nicht automatisch haften. Dies betonen Versicherungsexperten und verweisen auf ein Urteil des Oberlandesgerichts Düsseldorf. Im zugrunde liegenden Fall hatte ein herabstürzender Dachziegel ein Auto beschädigt, woraufhin der Halter des Fahrzeugs auf Schadenersatz klagte. Die Klage wurde jedoch abgewiesen, da der Hauseigentümer nachweisen konnte, dass das Dach regelmäßig von einem qualifizierten Dachdeckerbetrieb einer Sichtkontrolle unterzogen worden war (AZ: 22 U 76/02).

Inspektion, Wartung und Instandhaltung

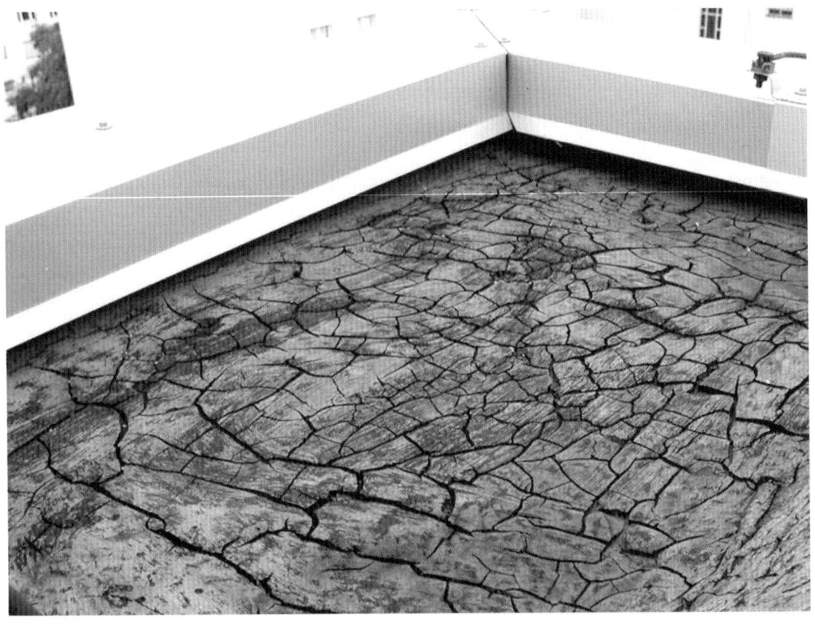

Abbildung 124:

Bitumendach.
Komplette Instandsetzung unumgänglich

Abbildung 125:

Ausbesserung von Schadstellen durch einen Dachdecker-Fachbetrieb unter Verwendung von allerlei selbstklebenden Matarialien, ohne Überprüfung bzw. Untersuchung des Aufbaues

Abbildung 126:

Unter den oben dargestellten (optischen) Nachbesserungen wurde festgestellt: ein ca. 8 mm hoher Wasseranstau auf der Dampfsperre, eine zu über 80% wassergesättigten Dämmung und zahlreiche durchgerostete Schrauben der Befestiger, so dass insgesamt die ausgeführten Maßnahmen (und die Fachqualifikation des Dachdeckers) in Frage gestellt werden mussten

Pflicht und Haftung des Hauseigentümers

Ein wesentliches Kriterium bei der Beurteilung von Schäden durch die Versicherungen ist immer auch das Auftreten von Kollektivschäden an benachbarten Gebäuden. Auf das Flachdach bezogen bedeutet dies:

- Führt ein Hagelereignis von außergewöhnlicher Heftigkeit zu Kollektivschäden an benachbarten Gebäuden und werden auch intakte Dachbereiche beschädigt, so erfolgt eine Schadensregulierung unter Berücksichtigung der Alterung bzw. Gebrauchstauglichkeit der Dachabdichtung.
- Werden bei einem Hagelschlag nur einzelne Dachbereiche beschädigt und fehlen Kollektivschäden an benachbarten Gebäuden, liegt nach Auffassung der Versicherung kein Versicherungsfall vor.

Das heißt: Voraussetzung für die Deckung eines Schadens durch die Gebäudeversicherung ist, dass das versicherte Gebäude / Bauteil unter Verwendung ausreichend widerstandsfähiger Materialien nach den Fachregeln ausgeführt und regelmäßig instandgehalten wird.

In der Schweiz leitet das Verwaltungsgericht ab, dass der Eigentümer alle Maßnahmen zu treffen hat, um Elementarschäden zur vermeiden. Sind also z.B. Alterungserscheinungen zu erkennen, so sind Sanierungsmaßnahmen vorzunehmen, weil sonst so die Quintessenz des Entscheides des Verwaltungsgerichtes, die Gebäudeversicherung eine Übernahme von z.B. Hagelschäden berechtigterweise ablehnt.

7.3.3 Pflege und Wartung

Dass Dächer mit Abdichtungen zur Verlängerung der Lebensdauer gepflegt und gewartet werden müssen hat sich (leider) immer noch nicht allgemein durchgesetzt, obwohl in den Fachregeln explizit darauf hingewiesen wird, wie z.B. in den

- Flachdachrichtlinien (ZVDH, 2003) unter Pkt. 6 Pflege und Wartung, oder in der
- ÖNorm B 7220, D.21, Instandhaltungsmaßnahmen (Pflege und Wartung).

und u.a. auch die Garantie- und Versicherungsbedingungen der Hersteller/Lieferanten der Abdichtung darauf Bezug nehmen.

In der Schweiz wird die notwendige Pflege und Wartung von Dächern mit Abdichtungen über die Bedingungen der gesetzlichen Gebäudeversicherung geregelt und ist auch Voraussetzung für eine Regulierung im Schadensfall. Häufen sich zukünftig die Schadensfälle in anderen Ländern aufgrund der veränderten Klimabedingungen ist auch mit entsprechenden Reaktionen der Gebäudeversicherer zu rechnen.

Die Gesamtheit der Kosten wird dann aus volkwirtschaftlicher Betrachtung höher als die zukunftsorientierte Vorsorgemaßnahme des Einzelnen - siehe hierzu den nachfolgenden Bericht von Baurat h.c. Dipl. Ing. W. Lüftl.

7.3.2 Haftung des Gebäudebesitzers

Wird jemand durch herabfallende Gebäudeteile verletzt, oder erleidet Schaden, ist die Beweislage eindeutig. Nach § 836 BGB, ist der Eigentümer des Gebäudes grundsätzlich verpflichtet, den entstandenen Schaden zu ersetzen.

Seine Ersatzpflicht tritt nur dann nicht ein, wenn er »zum Zwecke der Abwendung der Gefahr die im Verkehr erforderliche Sorgfalt« beachtet hat. In diesem Fall hat der Gebäudebesitzer nachzuweisen, dass er seiner Verkehrssicherungspflicht genügt hat. Der Geschädigte muss lediglich die Fehlerhaftigkeit des Nachbargebäudes und den Schadenseintritt darlegen und beweisen. Der Gebäudeeigentümer wird nur bei ganz außergewöhnlichen Naturereignissen von seiner Haftung befreit, wenn auszuschließen ist, dass der Einsturz oder die Ablösung von Gebäudeteilen bzw. des Gebäudes auf dessen fehlerhafter Errichtung oder mangelhaftem Unterhaltung beruht.

Bauschäden

"Man überlege, welche Summen Bauschädenseminare und Bauschädenforen einsparen können, die auf Prophylaxe und nicht auf Sanieren abgestellt sind. Da diese Verhütungsarbeit aber (postseminarisch!) in der harten Praxis Widerstände überwinden muss, wird Überzeugungsarbeit zu leisten sein. Diese führt aber zu einem Multiplikatoreffekt, da nach jeder durchgesetzten Verbesserung ("Bauschädenprophylaxe") mehrere Proselyten ("Neubekehrte") hervorgehen, die ihrerseits - gestärkt in "neuen Glauben"- das Entstehen weiterer geplanter Baumängel verhüten" (LÜFTL, 2002).

Besonderheiten die es eigentlich nicht gibt

Abbildung 127:

Bei solchen Details kann man nur Hugo EIERMANN zitieren:
Nicht nur »Scheiße fürs Auge« ....

Abbildung 128:

... sondern auch undicht und besonders negativ für den Berufsstand des Dachdeckers

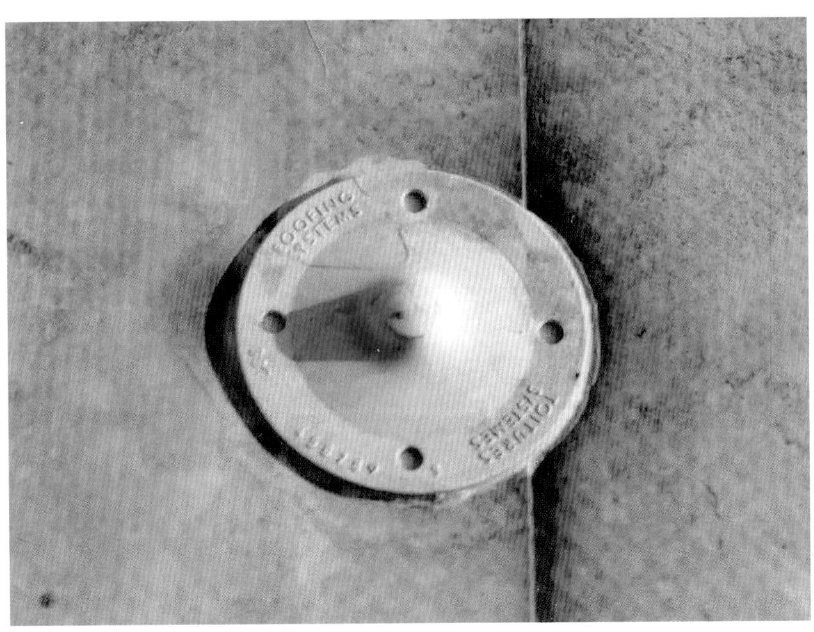

Detailabbildung 129:

»Patentsupertotal-Tellersturmsicherung« für den nachträglichen Einbau auf Foliendächer mit spezieller Schraubenkopfarretierung und einer automatisch wirkenden »Dichtdrehklebeabdichtung«

Wer zahlt schlussendlich?

7.4 Volkswirtschaftliche Betrachtungen

Auszug aus einem Vortrag von Baurat h.c.Dipl. Ing. W. Lüftl, Wien

»Schon ist es passiert! Durch Missachtung der Bauernregel "Hat das Flachdach kein Gefälle gibt es bald 'ne feuchte Stelle" entsteht ein Totalschaden eines Warmdaches ohne ausreichendem Gefälle. Nach einer Komplettsanierung bleibt die Frage, wer das alles zahlt.

Vordergründig ist die Frage leicht zu beantworten. Es zahlt der Verantwortliche. Das mag stimmen. Aber wenn der bezahlt hat, ist die Sache erledigt? Nein! Da gibt es einen großen Sponsor! Den Steuerzahler!

Schauen wir uns das in einigen Denkvarianten an:
Der verantwortliche Hersteller ist ein gut verdienender Betrieb. Dann mindern die Aufwendungen für Mangelbehebung, Erkundung der Schadensursache, Kosten der Auseinandersetzung und allfällige Kosten der Rechtsverfolgung naturgemäß den wirtschaftlichen Erfolg der Firma. Die Folge davon ist, dass sie weniger steuerpflichtigen Gewinn hat. Damit reduzieren sich netto die Kosten für das Unternehmen um die nicht bezahlten Gewinnsteuern. Der Steuerzahler sponsert!

Nach Abzug dieser Zwangssubvention (weder der Staat noch der Steuerzahler können sich dagegen wehren!) bleibt dem Unternehmer ein Nettoverlust in der Kassa (V-ST= Y, Verlust minus ersparte Steuern ist gleich entgangenes Nettoeinkommen). Unter Bedachtnahme auf die alte Formel, dafür gab es einst den Nobelpreis, Y = C + I (Einkommen ist gleich Konsum + Investitionen) hat das volkswirtschaftlich unangenehme Folgen. Dadurch kann der Unternehmer entweder weniger investieren oder weniger konsumieren. Damit fallen weniger Verbrauchersteuern und Gewinnsteuern woanders an. Wer zahlt also abermals mit? Der Steuerzahler, abermals als Sponsor durch entgangene Steuereinnahmen; usw, usw.

Vordergründig mag man nun einwenden, dass ja das Sanierungsgewerbe belebt wird, insbesondere deswegen, weil ja das BIP (Bruttosozialprodukt) deswegen steigt. Ja, das steigt genauso, wie die Beinbrüche beim Wintersport und die Glatteis- und Nebelmassenkarambolagen auf den Autobahnen für eine Steigerung des BIP sorgen.

Was immer vergessen wird, bei Baumängeln wird Vermögen vernichtet! Wir verwandeln Vermögen in Einkommen. Das geht auf die Dauer nicht gut. Jeder Baumangel macht uns ärmer. Wir essen sozusagen unser Immobilienvermögen vorzeitig auf.

Nun schalten wir eine Versicherung ein (ob Deckung gegeben ist, soll uns bei unseren Überlegungen nicht berühren, dies vorweg, um beckmesserische Zuschriften vorsorglich hintanzuhalten!). Wenn die Versicherung zahlt und gewinnbringend arbeitet verschiebt sich die unfreiwillige Sponsortätigkeit des Steuerzahlers nur um eine Phase. Arbeitet die Versicherung aber mit Verlust, so muss sie ihre Prämien erhöhen, da bekanntlich mit dauerndem Verlust nur der Staat leben kann. Der bucht das Defizit auf die Staatsschulden, die er ohnedies nie bezahlt, da er bekanntlich bis zum Staatsbankrott bloß mit Zinseszins "aufschuldet". Die erhöhten Prämien führen aber zu höheren Betriebsausgaben bei den anderen Versicherungsnehmern, was bekanntlich wegen er niedrigeren Gewinne wiederum den Steuerzahler zum unfreiwilligen Sponsor macht.

Nun können wir der Vollständigkeit halber auch den Fall untersuchen, in dem der Verantwortliche einen Konkurs hinlegt. Da zahlt den Schaden der Geschädigte in Gemeinschaft mit den sonstigen Gläubigern des Verantwortlichen. Die Folge: Es zahlt der Steuerzahler als unfreiwilliger Sponsor auch in diesem Falle (mit wechselnden Steuersätzen je nach Ertrags- und Vermögenslage der Beteiligten).

Betrachten wir den Fall, dass ein Letztverbrauchergeschäft (Privater Häuslebauer!) vorliegt, so kann dieser Häuslebauer im Falle der Pleite des schuldtragenden Unternehmers nach Tragung der Kosten aus Eigenmitteln zwar nichts als steuermindernde Ausgaben absetzen, aber er muss das nötige Geld eben dann durch Verzicht auf anderen Konsum hereinbringen. Das mindert anderswo das Steueraufkommen. Aber selbst wenn man dieses mit dem Umsatz der Sanierer kompensiert, es bleibt die nicht hinweg zu diskutierende Tatsache, dass Vermögen vernichtet wurde, dass wir somit allesamt ärmer geworden sind, das Volksvermögen wird geringer.

Da im Wirtschaftsleben noch viele Varianten möglich sind, wollen wir es bei den obigen Beispielen belassen, es ist jedermann überlassen, selbst weitere Varianten zu überlegen. Allen Varianten ist jedoch eines gemeinsam: Baumängel mit allen unangenehmen Folgen belasten die Volkswirtschaft enorm. Der Staat merkt dies aber nicht, denn er bilanziert ja nicht, er betreibt Kameralistik - erfasst also nur den Geldverbrauch und im Gegensatz zur Doppik nicht den Werteverzehr«.

(Auszug mit freundlicher Genehmigung des Verfassers).

Dach-Impressionen

Abbildung 130:

Eingedichtetete Welleternitplatte

Abbildung 131:

Begrüntes Oberlicht

Abbildung 132:

Notüberlauf

Verzeichnisse und Hinweise

8 Weiterführende Literatur

Der Architekt hat sich grundsätzlich über den Stand der Technik zu informieren und den Auftraggeber über entsprechend geeignete Produkte zu informieren. Er hat im Rahmen der von ihm geschuldeten Planung die richtigen Baumaterialien auszusuchen und muss bei mehreren Alternativen grundsätzlich den sichersten Weg gehen. Hierbei sind insbesondere auch die Nutzungssicherheit und die Folgekosten zu berücksichtigen. Grundlage für eine fachqualifizierte Beratung und Planung ist das spezielle Fachwissen.

Neben Fachregeln, Normen und Richtlinien ist die Fachliteratur eine besondere Erkenntnisquelle zur aktuellen Information. Im vorliegenden Band sind die neuesten Erkenntnisse zur Gesamtproblematik, sowie die aktuellen europäischen Normen und Richtlinien bis zum Stand Juni 2005 berücksichtigt. Die andauernde Weiterentwicklung wird im folgenden geplanten Band dieser Fachbuchreihe behandelt.

In der nachfolgend aufgeführen Literatur finden sich zahlreiche Hinweise zur Vertiefung in die umfangreiche Materie rund um das (begrünte) Dach mit Abdichtungen. Ergänzende Ausführungen sind in den bisher erschienenen Bänden der Fachbuchreihe Dachabdichtung Dachbegrünung (ERNST, 1999-2004) zu finden. Ein Gesamtregister gibt einen Überblick über den Inhalt aller bisher erschienen Ausgaben mit insgesamt 680 Seiten, 550 farbigen Abbildungen, 285 farbigen Darstellungen und Tabellen, sowie zahlreichen Formblättern.

Gesamtregister

Das Gesamtregister aller Ausgaben der Fachbuchreihe

Dachab dicht ung - Dachbe grün ung

kann im Internet als pdf-Datei unter:

http://www.ddDach.org
(unter Stichworte A-Z > Register)

kostenlos zum Ausdruck herunter geladen werden. Ebenfalls die in der Fachbuchreihe abgedruckten Formulare.

8.1 Literaturverzeichnis

abc der Bitumenbahnen,Technische Regeln, (2002), Hrsg.: vdd Industrieverband Bitumen-Dach- und Dichtungsbahnen e.V. Frankfurt, Main.

Arbit-Schriftenreihe, (2001), Emig, K.-F., Haack, A.,Abdichtungen von Parkdecks, Brücken und Trögen mit Bitumenwerkstoffen, Heft 62. Urban Verlag, Hamburg.

Asphalt-Kalender, (2003), Bitumenwerkstoffe und ihre Anwendungen, Hrsg.: bga, Beratungsstelle für Gussasphaltanwendung e.V., 2. Jahrgang, Berlin.

ATV-DVWK, (2002), Deutsche Vereinigung für Wasserwirtschaft, Abwasser und Abfall e.V., Hennef.

AUER, I., **BOHM**, R., (1994), Manuskript, Climate Variations in Europe, Publ. Acad. of Finland, 3/94, 141-151.

BAUER, E.; BIGANZOLI, A.; RIESCH, G.: Solar collector resistance to simulated hail, progress report solar energyll/82 pp.18-23, Ispra, Italy.

BauBG (2002), Informationen der Arbeitsgemeinschaft der Bau-Berufsgenossenschaft, Selbstverlag, Frankfurt.

BERZ, G., (1999), Im Dienst der Umwelt, Vortrag, Presseservice GDV.

BERZ, G., (1983), Münchner Rückversicherung: schaden spiegel "Naturgefahr Hagel" Seite 88 u. 89, 26. Jahrgang, 1983 Heft 2, Selbstverlag, München.

BRAUN, E., (1991), Bitumen, 2. überarbeitete und erweiterte Auflage, R. Müller Verlag, Köln.

CZIESIELSKI, E., Dr., (2003), Wärmedämmstoffe in Deutschland nach europäischen Normen, Manuskript zum Vortrag 38. Bausachverständigentag, Frankfurt.

CZIESIELSKI, E., Dr., (2001), Lufsky, Bauwerksabdichtung, 5.Auflage. Teubner Verlag, Stuttgart/Leipzig.

COURVOISIER, H.W., (1998), Katalog objektiv-statistischer Wetterprognosen für die Alpennordseite, Selbstverlag, MeteoSchweiz.

ddD (1998-2004), ddD- Informationsjournale der Europäischen Vereinigung dauerhaft dichtes Dach, ddDach e.V., Selbstverlag, Pullach.

DDH-Edition, (1997), Bitumen/Polymerbitumen, Band 10, R. Müller Verlag, Köln.

DI FANG, (2005),: "Hailstones "as big as eggs" kill 18, hailstorm in Sichuan province and Chongqing, China daily, report 2005-04-11, page 3.

DIN 1986-100, (2002), Entwässerungsanlagen für Gebäude und Grundstücke, Beuth Verlag, Berlin.

DIN 1055-4, (2005), Einwirkungen auf Tragwerke - Teil 4: Windlasten, Beuth Verlag, Berlin.

DIN EN 12 056-1, (2000), Schwerkraftentwässerungsanlagen innerhalb von Gebäuden - Teil 1: Allgemeine und Ausführungsanforderungen; Deutsche Fassung EN 12056-1:2000, Beuth Verlag, Berlin.

DIN EN 13 707, (2004), Abdichtungsbahnen - Bitumenbahnen mit Trägereinlage für Dachabdichtungen - Definitionen und Eigenschaften; Beuth Verlag, Berlin.

DOMININGHAUS, (1999), Die Kunststoffe und ihre Eigenschaften, VDI-Verlag GmbH,Düsseldorf.

DORING, Dr., (2003), Stellungnahme des Wirtschaftsministers, Drucksache 13/2668, Landtag von Baden-Württemberg.

DUD (1997): Qualitätsmerkmale für Dachbahnen, 3. Ausgabe 1997, Selbstverlag, Darmstadt.

DWD, (1999-2004), Publikationen des Deutschen Wetterdienstes, Selbstverlag, Frankfurt.

DYLLIK, T., (1999), Ökologisch bewusste Unternehmensführung, Beitrag in Managementlehre, St. Gallen.

EISERLOH, H.P., (2002), Handbuch Dachabdichtung, R. Müller Verlag, Köln.

EMPA, (1984), Eidgenösische Materialprüfanstalt, Selbstverlag, Dübendorf, Schweiz.

EN 12 056, T 1-5 (2001), Schwerkraftentwässerungsanlagen innerhalb von Gebäuden, Beuth Verlag, Berlin.

EN 12 109 (1999), Unterdruckentwässerungssysteme innerhalb von Gebäuden, Beuth Verlag, Berlin.

EN 12 620, (2004), Gesteinskörnungen für Beton, Beuth Verlag, Berlin.

EN ISO 846, (1997), Bestimmung der Einwirkung von Mikroorganismen auf Kunststoffe, Beuth Verlag, Berlin.

EPTA, (1995), Technische Leitlinie für Leichtdachkonstruktionen, Hrsg.: EPTA-Arbeitskreis.

ERNST, W., (1992) Dachabdichtung Dachbegrünung, Teil 1, Praxisorientierte Grundlagen für die Flachdachzukunft, Kleffmann Verlag, Bochum.

ERNST, W., LIESECKE, H.-J., (1999) Dachabdichtung Dachbegrünung, Teil 2, Praxisorientierte Grundlagen für die Flachdachzukunft, Eigenverlag, Pullach.

Abbildung 133:

Riss in der Hartlötnaht infolge temperaturbedingter Längenänderung

ERNST, W., (2002) Dachabdichtung Dachbegrünung, FEHLER - Ursachen, Auswirkungen und Vermeidung, Fraunhofer IRB Verlag, Stuttgart.

ERNST, W., FISCHER, P., JAUCH, M., LIESECKE, H.-J., (2003) Dachabdichtung Dachbegrünung, Teil 3, Grundlagen und Erkenntnisse zur Konstruktion, Abdichtung und extensiven Dachbegrünung, Fraunhofer IRB Verlag, Stuttgart.

ERNST, W., **LÄCHLER,** G., (2004), Bericht im 11. Informationsjournal des ddD e.V., Selbstverlag, Pullach

ETH Zürich, (1984), Laboratorium für Atmosphärenphysik: Häufigkeit und Geschwindigkeit von Hagelkörnern, Mitteilung 1.11.1984.

FARBES, R.J., (1964), Studies in Ancient Technologie, Universität Leiden, Holland.

FISCHER, P., Prof., **JAUCH**, M., (1999), Kalk schadet der Entwässerung, Deutscher Gartenbau (DEGA), Ulmer Verlag, Stuttgart

FLL, (2002), Forschungsgesellschaft Landschaftsentwicklung Landschaftsbau (FLL), Dachbegrünungsrichtlinie, Ausgabe 2002, Selbstverlag, Bonn.

FLÜELER, P. (1988), The Hail Resistance of Plastic Components of the Building Shell, Manuskript, 3. Symposium on Roofs and Roofing, Bournemouth, UK.

FLÜELER, P., (1996),: Kunststoff-Dichtungsbahnen, Schweizerische Bauzeitung Nr.38, Zürich.

FREI, C., **SCHAR**, J., (1998), Aprecipatition climatology of the alps from high-resolution rain-gauge observations, Int. J. Climatol, 18, 873-900.

FRIEDRICH, M., (2002), Gut verklebt, DDH, Ausgabe 19/2002, Verlagsgesellschaft R. Müller mbH, Köln.

FRIEDRICH-EBERT-STIFTUNG, (2003), Arbeitskreis Wohnungspolitik, Europäische Regelungen für das Bauen und deren Umsetzung in Deutschland, Selbstverlag, Bonn

GAMERITH, H., Dr., Prof., (2003), Schadensbilder, Bau- und Immobilienreport, Ausgabe 2/2003, Wien.

GAUCH, P., Prof., (2001), Bauen: Ein rechtliches Abenteuer, Schweizer Baurechtstagung Freiburg, Tagungsunterlage.

GEBHARDT, R., (2003), Flüssiger Anschluss, Das Dachdeckerhandwerk DDH, Ausgabe 3/2003, R. Müller Verlag, Köln.

GERHARDT,H.J., Prof., (1999), Windeinwirkungen auf Bedachungssysteme, Shaker Verlag, Aachen.

GREBNER, D., (1996), Flächen-Mengen-Dauerbeziehung von Starkniederschlägen in der Schweiz, Schlussbericht NFP 31, vdf-Hochschulverlag, Zürich.

GUTJAHR, W., (2003), Barrierefreie Schwellen an Balkon- und Terrassentüren, Deutsches Architektenblatt (DAB), 4/2003, Forum Verlag, Esslingen.

GUTJAHR, W., (2004), Kies und Splitt unberechenbar, Deutsches Dachdecker Handwerk, 13/2004, R. Müller Verlag, Köln.

GVL, (1999), Gebäudeversicherung des Kantons Luzern, Weisungsblatt 12/1, Flachdächer, Luzern.

HÄCHLER, (2001), OcCC-Report, 2.10. Winterstürme, Eigenverlag, Bern.

HALSTENBERG, M., (2003), Marktaufsicht für Bauprodukte, Manuskript zum Vortrag 38. Bausachverständigentag, Frankfurt.

HALSTENBERG, M., (2004), Europäische Baustoffnormen in der Praxis, Deutsches Architektenblatt, 1/04, Bundesarchitektenkammer, Forum Verlag, Esslingen.

HAUSHOFER, (2002), Klima ist überall, DDH, Ausgabe 4/2002, Verlagsgesellschaft R. Müller mbH, Köln.

HEIMANN, E., (1977), Ruberoidwerke AG, Probleme und Zielsetzungen, Selbstverlag, Hamburg.

HOLZAPFEL, W., (1999) Werkstoffkunde für Dach-, Wand und Abdichtungstechnik, 10., überarbeitete Auflage, R. Müller Verlag, Köln.

IFB, (2003), Institut für Bauforschung e.V., Bauschäden beim Bauen im Bestand, Informationsreihe, Bericht 19, Selbstverlag, Hannover.

Nachschlagewerke und Ergänzungsliteratur

IPCC, (2001), Climate Change 2001, Cambridge Univ., Press, pp. 944, Selbstverlag, Cambridge, UK.

IRB-Online, (2005), Immobilien- und Baurecht, Baulexikon, id Verlags GmbH, Mannheim.

KHARIN, V., **ZWIERS**, F., (2000), Changes in the extremes in an esemble of transient climate simulations. J. Climate in Press, 48.

KOLLER, F. (1995): Ökologie und Wettbewerbsfähigkeit in der Schweizer (Hoch-) Baubranche. Bern.

KREBS, AVONDET, LEU, (1999), Langzeitverhalten von Thermoplasten, Hanser Verlag.

KRINGS, J., (2003), Regelwerke, Selbstverlag, Velmar.

LAURIE, J. (1960),: Hail and its effects on buildings. NBRI- Report 176, Pretoria, SA.

Lehrbrief Bauwerksabdichtungen, Bd. 1, Bd. 2, (1995), Hrsg.: Hauptverband der Deutschen Bauindustrie e.V. Selbstverlag, Wiesbaden.

LIESECKE, H.J., Prof., (2004), Kennwerte von Vegetationssubstraten für extensive Dachbegrünungen, Dach+Grün, Ausg. 3/2004, Verlag Kuberski, Stuttgart.

LIESECKE, H.J., Prof.,(2005/a), Kennwerte für Matten- und Platten-Elemente in der Dachbegrünung, Dach+Grün, Ausg. 1/2005, Verlag Kuberski, Stuttgart.

LIESECKE, H.J., Prof., (2005/b), Jährliche Wasserrückhaltung durch extensive Dachbegrünungen, Dach+Grün, Ausg. 2/2005, Verlag Kuberski, Stuttgart.

LINDLOFF, V., (2003), Hagel - jedes Jahr Schäden in Millionenhöhe, Kurier 2/2003, VVaG, Gießen.

LINTNER, J., (2003), Planung von Bauwerken mit CE-gekennzeichneten Bauprodukten, Bauphysik, Heft 6, Verlag Ernst & Sohn, Berlin.

LUFSKY, K., (1951) Bituminöse Bauwerksabdichtung, Teil 1, (1952), Bituminöse Bauwerksabdichtung, Teil 2, (1955), Bituminöse Bauwerksabdichtung, Teil 1, Leipzig

LÜFTL, W., (2003) Baumängel - Folgeschäden und Volkswirtschaft, BAUINFOalpin, Selbstverlag, Innsbruck.

LYS, H.P., (1985): Aging criteria for PVC-roofing membranes. 3 Intern. Symp. on Roofing technology, Washington4/1985

MATHEY, R.G. (1970): Hail resistance tests of aluminium skin honey combe panels for the relocatable Lewis Building, phase II, NBS (NIST) report 10193/1970.

MBO, (2002), Musterbauordnung, Fassung November 2002, Beschluss der 106. Bauministerkonferenz, Frankfurt, Selbstverlag, IS-ARGEBAU.

MeteoSchweiz (2001), Internetinformationen unter http://www.meteoschweiz.ch.

MIKULITS, R. Dr. (2002) Rechtsgrundlage und Regelungsinhalte der Länder - Vereinbarungen über die Regelung der Verwendbarkeit von Bauprodukten, Fachverband Stein & Keramik, Wien, 2002.

MOTZKE, G., Prof., Behindert das Baurecht die Baurationalisierung, Vortragsmanuskript, 31. Aachener Bausachverständigentage 2005, Selbstverlag, AIBau, Aachen.

MünchnerRück (1999), Naturkatastrophen in Deutschland, Eigenverlag, Münchner Rückversicherungs-Gesellschaft, München.

NEUBURGER, A., (1919), Die Technik des Altertums, 4.Auflage. R. Voigtländers Verlag, Leipzig .

NIEMANN, (2002), Anwendungsbereich und Hintergrund der neuen DIN 1055 Teil 4, Der Prüfingenieur, Oktober 2002, Bundesvereinigung der Prüfingenieure für Bautechnik e.V., Hamburg.

OTTE, U., (2000), Stürme im Aufwärtstrend?, Klimabericht DWD, 7-15, Selbstverlag, Frankfurt.

Ö-Norm B 7220, (2002), Dächer mit Abdichtungen - Verfahrensnorm, Österreichisches Normeninstitut, Wien.

Ö-Norm B 7209, (2002), Abdichtungsarbeiten für Bauwerke - Verfahrensnorm, Österreichisches Normeninstitut, Wien.

PASTUSKA, LEHMANN, (1987), Kunststoffe 77/87, Seite 1181, Carl Hanser Verlag GmbH, München.

PASTUSKA, LEHMANN, (1990), Kautschuk+Gummi, Kunststoffe 2/90, S. 130, Carl Hanser Verlag GmbH, München.

PIEPER, (2004), Gewappnet für die Jahrhundertflut, DDH, Ausgabe 3/2004, Verlagsgesellschaft R. Müller mbH, Köln.

PROBST, R. (1987), Deutsche Bauzeitung-dbz, Heft 1, Deutsche Verlagsanstalt, Stuttgart.

RAPP, F., **SCHÖNWIESE**, Ch., (1995), Unser Klima in der Vergangenheit, Gegenwart und Zukunft, Akademie für Umwelt und Natur, Österreich.

RIECKMANN, (2004), Interview, ACO-Online-Magazin,

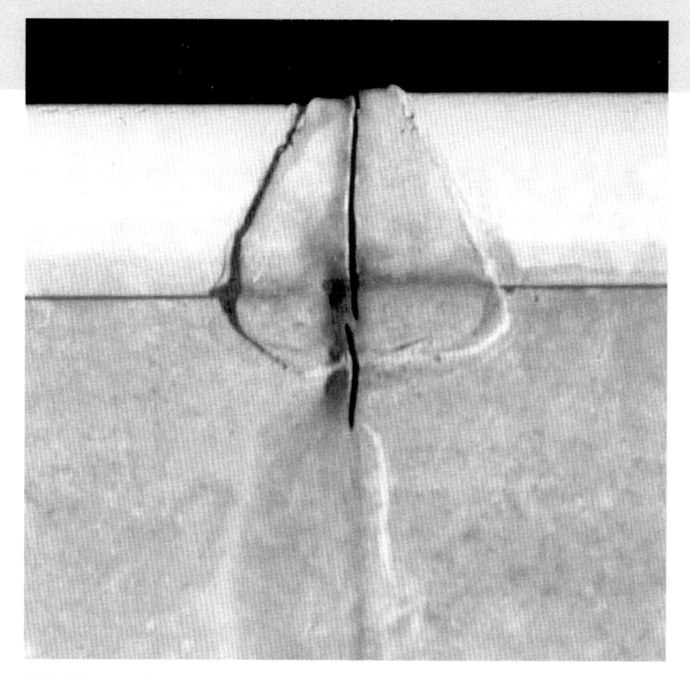

Abbildung 134:

Mit Bahnenstreifen überschweißter Stoß bei folienbeschichteten Blechen ohne eingelegten Schleppstreifen

ROESKE, D., (2003), Die Umsetzung europäischer Regelungen, 38. Bausachverständigentag, Tagungsband, Frankfurt.

ROTHE, L. (2001), Produkthaftung und juristische Aspekte der Qualitätssicherung, in Qualität und Recht, Symposion Verlag, Saarbrücken.

SCHIESSER, H.H., (1997), Klimatologie der Stürme und Sturmsysteme, vdf Hochschulverlag, Zürich.

SCHIESSER, H.H.; **WALDVOGEL**, A.; **SCHMID**, W.; **WILLEMSE**, S.: Klimatologie der Stürme und Sturmsysteme anhand von Radar- und Schadendaten, Schlußbericht zu NFP 31, Klimaänderungen und Naturkatastrophen, vdf Hochschulverlag AG Zürich, 1997

SCHMOLDT, J., (2003) Europäische Baustoffnormen, Manuskript zum Vortrag 38. Bausachverständigentag, Frankfurt.

SCHOLZ, HIESE, (1999), Baustoffkenntnis, 14.Auflage. Werner Verlag & Co. KG, Düsseldorf.

SCHULZ, J., (2000), Manuskript, Vortrag am 20.05.2000 beim »Tag des Sachverständigen, IHK Berlin.

SIA 160, (1989), Schweizerischer Ingenieur- und Architektenverein, Eigenverlag, Zürich.

SIA 271, (1986);Schweizerischer Ingenieur- und Architektenverein, Eigenverlag, Zürich.

SIA V 280, (1996),Schweizerischer Ingenieur- und Architektenverein, Eigenverlag, Zürich.

SITA, (2003), Regen- und Notentwässerung, Fa. SITA-Bauelemente GmbH, Selbstverlag, Herzebrock.

SLONGO, M., Dr., (2000), Orkan »Lothar« und die Flachdächer, Dach+Wand, 5/2000, Schweizerischer Verband Dach und Wand, Uzwil.

SPANIOL, W., (1993) Bau-Info, 2/93, Selbstverlag, Huber+Suhner, Herisau.

SPANIOL, W., (1994) Bau-Info, 1/94, Selbstverlag, Huber+Suhner, Herisau.

STAUCH, D., (2004), DDH, Das Dachdecker-Handwerk Ausgabe 4/204, Seite 54, R. Müller Verlag, Köln.

STAUCH, D., (2004/1), Vortrag, Dächer mit Abdichtungen, Manuskript ohne Datum

STROBLMAIR, (2003), Startclim-Workshop, Manuskript, Extreme Wetterereignisse, Sept. 2003, Graz.

SWISS RE (2005), Hagelstürme in Europa, Neuer Blick auf ein bekanntes Risiko, von P. Zimmerli, Fokus Report Nr. 1501360.Swiss Re, Zürich.

TECNOTEST AG (2003), Europäische und Schweizer Normen für Abdichtungen, Dokumentation v. 23.07.03, Tecnotest AG, Rüschlikon, Schweiz

TRINKERT, A., (2003), Koexistenz von Ü und CE endgültig vorbei, Deutsches Dachdecker Handwerk (DDH), 24/2003, R. Müller Verlag, Köln.

TRUBIROHA, (1999), Manuskript BAM-Seminar, Akademie Esslingen.

TRUBIHORA, PASTUSKA, (1985), Kunststoffe, 20/85, Heft 12, S. 87, Carl Hanser Verlag GmbH, München.

VDI, (2000), Richtlinie VDI 3806, Hrsg.: Verein Deutscher Ingenieure, VDI-Gesellschaft Technische Gebäudeausrüstung (VDI-TGA), Beuth Verlag GmbH, Berlin,

VEREINIGTE HAGEL, (2003), Vereinigte Hagelversicherung VVaG, Kurier, Ausgabe 2/2003, Eigenverlag, Gießen.

VOB, (2002), Verdingungsordnung für Bauleistungen, Ausgabe 2002, im Auftrag des Deutschen Vergabe- und Vertragsausschusses herausgegeben vom DIN e.V., Beuth Verlag GmbH, Berlin.

WERNLI, H., (2001), Winterstürme, IPCC, Climate Change, Cambridge University Press, UK.

WGH, (1999), Allgemeine Verwaltungsvorschrift zum Wasserhaushaltsgesetz über die Einstufung wassergefährdender Stoffe in Wassergefährdungsklassen, Bundesanzeiger, 17. Mai 1999, Anhang 1 gemäß Nr. 1.2a.

WIDMANN, M., **SCHÄR**, C.,(1997), A Prinzipal Component and Long-Term Trend Analysis of daily Precipitation in Swizerland, Int. Journal of Climatology, 17,

WILLEMSE, S., (1995), A statistical analysis and climatological interpretation of hailstormes in Switzerland, PhD thesis ETH No 1137.

ZIPFEL, R., (2002), Baustoffliste ÖA - Zielsetzungen, Motive, Fachverband Stein & Keramik, Wien, 2002.

ZVDH, (2003), Zentralverband des deutschen Dachdeckerhandwerks, Regeln für Dächer mit Abdichtungen, R. Müller Verlag, Köln.

8.2 Darstellungen

BEUTH Verlag: 02, 03, 52; W.BEHRENS: 05; DWD: 04; EMPA: 10, 11, 12, 13; P. FLÜELER: 14,15; W. ERNST: 17, 20, 21,22, 50, 51, 53, 56, 58; W. SPANIOL: 24, 25, 26, 27, 28, 29, 30, 31, 32, 33, 34, 35, 36, 37, 38, 39, 40, 41, 42, 43, 44, 45, 46, 47, 48, 49, 57, 62, 63, 64, 65, 66; LEISTER: 59, 60, 61; J. KRINGS: 23, 67, 68; GUTJAHR GmbH: 55; MUNICH RE: 01; SITA GmbH: 18, 19; SWISS RE: 09; ZVDH: 72; DEHN: 16; BAYER Crop Sience: 06; STROBLMAIR: 07; SCHWEIZER HAGEL: 08.

8.3 Abbildungen

EMPA: 20, 21, 22, 24; P. FLUELER: 18, 23, 25;

W. ERNST: 01, 06, 13, 28, 31, 32, 34, 38, 46, 47, 49, 54, 55, 57, 58, 59, 63, 64, 67, 68, 69, 70, 71, 72, 74, 75, 76, 91, 92, 93, 94, 95, 96, 108, 109, 119, 125, 126, 128, 131, 132, 133, 137, 138;

P. FISCHER, M. JAUCH: 37, 43, 44, 45, 88;

KEMPER Systems: 110, 111, 112, 113, 114, 115, 116, 117, 118; W. PROBST: 40, 41, 42, 60, 65, 66, 99, 135;

G. LACHLER: 02, 03, 04, 05, 09, 10, 11, 29, 30, 33, 35, 36, 48, 50, 61, 62, 121, 122, 123, 127, 129, 130, 134, 136; W. SPANIOL: 51, 86, 87, 89, 90, 91, 92;

LEISTER Process Technologies: 77, 78, 79, 80, 81, 82, 83, 84, 85, 93, 104;

W. SCHMIDT: 97, 98, 100, 101, 102;
Techn. Universität Hamburg-Harburg: 103, 105, 107;

ALLIANZ ARENA GmbH: 26; W. BEHRENS: 17;
F. BARDELMEIER: 08; ddD e.V.: 14, 15; S. LÜKE: 27;
H.J. LIESECKE: 39, 52, 53; MUNICH RE: 19;
O. KREBBER: 106; M. MUNDSCHIN: 07, 12; DWS POHL GmbH: 56; J. SCHULZ: 124, U. SPREITER: 17;
J. WILDE: 120;

Umschlagfotos:
F. BARDELMEIER, W. ERNST, G. LÄCHLER, M. MUNDSCHIN, W. PROBST.

Abbildung 135:

Bituminös abgedichtete Fläche, Anschluss mit Flüssigabdichtung

9 Nur **Vertragssoll** ist **Bausoll**

Nach der Einführung der EN-Normen gewinnt das Anforderungsprofil zunehmend an Bedeutung, denn: »nachdem die europäischen Normen für Abdichtungen keine Anforderungen an die Produkteigenschaften stellen, sondern der Hersteller hierzu lediglich seine Werte deklariert, werden auch Produkte auf den deutschen Markt kommen, die zum Teil deutlich unterhalb des bisher in Deutschland gültigen Leistungsniveau von Abdichtungsprodukten liegen« (HEROLD, 2005).

In Zukunft ist es besonders wichtig und notwendig die gewünschte, geplante oder erforderliche Materialqualität für Abdichtungen eindeutig und unmissverständlich zu definieren und wirksam in die Vertragsunterlagen einzubinden. Die gemeinnützige und verbraucherfreundliche Europäische Vereinigung **d**auerhaft **d**ichtes **Dach - ddDach e.V.** hat deshalb das Anforderungsprofil für alle Abdichtungen (**AfP-ddDach, 2005**) im Rahmen der EN-Normen fortgeschrieben.

Ergänzend hinzugekommen ist das **AfP-Fa** (2005) für Flüssigabdichtungen. Die Anforderungen hierfür basieren auf Grundlage der seit dem Jahr 2000 gültigen ETAG 005 (Prüfverfahren TR-003 bis TR014), ergänzt mit praxisorientierten Anforderungen der Verfasser.

9.1 Beschaffenheitsvereinbarung

Damit die Abdichtung fach-, materialgerecht und gemäß den Herstellerrichtlinien verarbeitet wird, sind auch Anforderungen an das ausführende Unternehmen zu stellen. Nachfolgend aufgeführte Bedingungen werden zur Sicherstellung einer mangelfreien Ausführung ebenfalls von der ddDach e.V. empfohlen. Die Anforderungen sind nicht neu, sondern basieren auf langjährig vorhandenen Normen und Richtlinien und müssen eigentlich nur konsequent angewendet werden.

Vorsorglich sollte jedoch in den Ausschreibungsunterlagen darauf hingewiesen werden, dass alle qualitätsrelevanten Aspekte zu Material und Ausführung als Bewertungs-/Zuschlagskriterium herangezogen werden.

Fachregel - Herstellerrichtlinien

Um Diskrepanzen zwischen Fachregel und Herstellerrichtlinien auszuschließen ist in den Vertragsunterlagen die Ausführung eindeutig zu definieren. Hierzu ist jedoch Voraussetzung, dass der erfahrene Planer solche »Systemergänzungen« kennt und fachgerecht beurteilen kann.

Handwerkliche Fehler und Verarbeitungsfreiräume

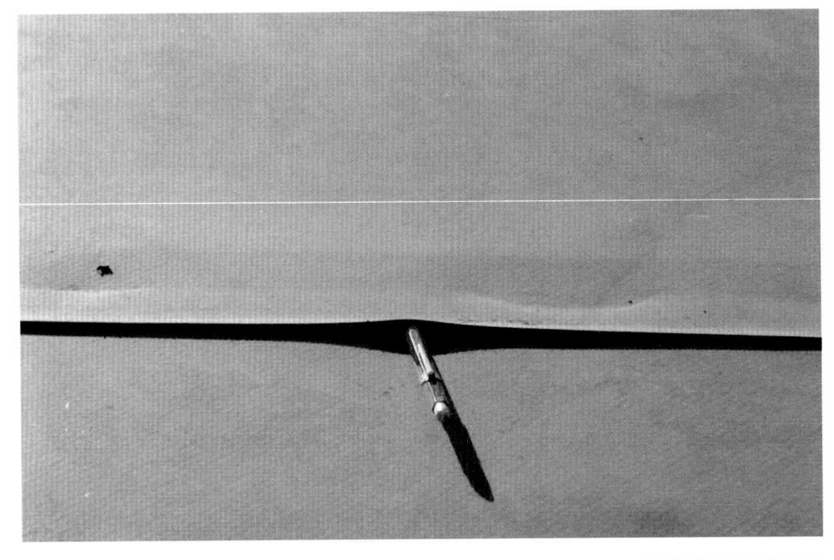

Abbildung 136:

Zunehmend mangelhafte Nahtfügung bei Kunststoff- und Kautschukbahnen und ....

Abbildung 137:

.... bei Polymerbitumenbahnen erfordern dringend einen Nachweis der besonderen Fachkunde der mit der Ausführung betrauten Mitarbeiter

Abbildung 138:

Polymerbitumenbahn mit PU-Harz Beschichtung für »flammlosen« Anschluss an Lichtkuppel. Laut Prospekt: »**Systemergänzung für ihren Verarbeitungsfreiraum**«

Darstellung 69:

Lichtkuppelanschluss nach Fachregel mit Eindichtung des Aufsatzkranzes und oberseitig mechanischer Fixierung der bituminösen Abdichtung
Quelle: Flachdachrichtlinien, ZVDH, 2003

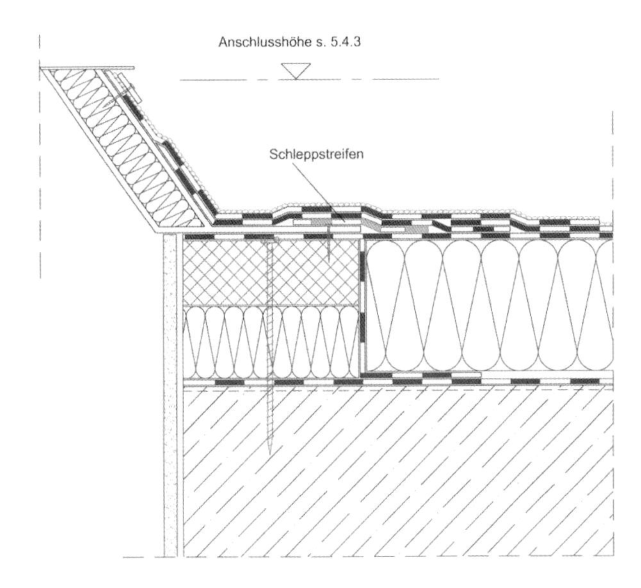

Absolutheitsanspruch im Leistungsverzeichnis

9.1.1 Ausführungsunterschiede

Seit einiger Zeit ist immer wieder festzustellen, dass verschiedene Hersteller »vereinfachte« Detaillösungen in ihren Verarbeitungshinweisen darstellen - siehe Beispiel auf Seite 194. Vermutlich dienen solche »Systemergänzungen« dazu dem Verarbeiter Wettbewerbsvorteile zu verschaffen, denn die Detaillösungungen sind meist einfacher und deshalb preiswerter herzustellen.

Grundsätzlich ist davon auszugehen, dass sich die in den Fachregeln definierten und dargestellten Ausführungen langzeitbewährt haben, denn Fachregeln sind »langjährige Erfahrungssammlungen«. Ob sich im Einzelnen solche, von den Herstellern als z.B.: »Systemergänzung für den Verarbeitungsfreiraum (?)« bezeichneten Ausführungen ebenfalls langzeitbewährt haben ist (äußerst) fraglich. Gegebenenfalls muss eine vergleichbare Tauglichkeit überprüft und gesondert nachgewiesen werden.

9.2 Nachweis der Fachkunde

Ein Nachweis der Fachkunde, Leistungsfähigkeit und Zuverlässigkeit des Unternehmers kann auf Basis der bestehenden Normen, Richtlinien bzw. Verordnungen gefordert werden. Dies ist keine Diskriminierung oder Schikane, wie vielfach vermutet wird, sondern dient der Qualitätssicherung.

Die langjährigen Erfahrungen belegen eine zunehmende Schlechtleistung von einzelnen Unternehmen. Deshalb ist es erforderlich bereits beim Angebotsverfahren Eignungskriterien feszulegen um sog. »Billiganbieter« und »Dachdeckerdienstleistungbetriebe« auszugrenzen und dem "Pfusch am Bau" vorzubeugen.

9.2.1 ..... in Deutschland

können auf Basis der DIN 1960 - VOB Teil A: Allgemeine Bestimmungen für die Vergabe von Bauleistungen, § 8 - Teilnehmer am Wettbewerb, vom Bieter zum Nachweis seiner Eignung (**Fachkunde, Leistungsfähigkeit und Zuverlässigkeit**) verlangt werden:

b) "die Ausführung von Leistungen der letzten drei abgeschlossenen Geschäftsjahre, die mit der zu vergebenden Leistung vergleichbar sind",

d) "die dem Unternehmer für die Ausführung der zu vergebenden Leistung zur Verfügung stehende technische Ausrüstung",

g) "andere, insbesondere für die Prüfung der Fachkunde geeignete Nachweise", (VOB, 2002),

9.2.2 ..... in Österreich

können auf Basis der ÖNorm A 2050 - Vergabe von Aufträgen über Leistungen - Verfahrensnorm (2000), Abs. 4.6: Nachweis der **Befugnis, Leistungsfähigkeit und Zuverlässigkeit**, verlangt werden:

4.6.3 (1) "Ausbildungsnachweis und Bescheinigung über die berufliche Befähigung des Unternehmens ..., insbesondere der für die Ausführung der Arbeiten verantwortlichen Personen",

4.6.3 (2) "Referenzliste der in den letzten 5 Jahren erbrachten Leistungen ....,

4.6.3 (3) "Angaben über die technische Ausstattung, ... über die der Unternehmer verfügt oder bei der Ausführung der Leistung verfügen wird",

9.2.3 ..... in der Schweiz

können ebenfalls in Anlehnung an das Submissionsgesetz (SubG) vom Februar 2004 bestimmte Eignungskriterien gefordert werden. Art 20: "Der Auftraggeber legt objektive Kriterien und die zu erbringenden Nachweise zur Beurteilung der Eignung der Anbieter fest. Die Eignungskriterien betreffen insbesondere die **fachliche**, finanzielle, wirtschaftliche, **technische** und organisatorische **Leistungsfähigkeit** der Anbieter". Diese Textpassage findet man auch unter §13 - Eignungskriterien, der Vergaberichtlinien (VRöB) aufgrund der interkantonalen Vereinbarung über das öffentliche Beschaffungswesen (IVöB). Erläuterungen dazu sind im Handbuch für Vergabestellen (2004) zu finden.

9.2.4 .... und in Europa

Die oben stehenden nationalen Regelungen sind auch in der **RICHTLINIE 2004/18/EG DES EUROPÄISCHEN PARLAMENTS UND DES RATES** vom 31. März 2004, - Koordinierung der Verfahren zur Vergabe öffentlicher Bauaufträge, Lieferaufträge und Dienstleistungsaufträge - wiederzufinden.

Eine europäische Rahmenvorgabe

für Material- und Ausführungsqualität existiert und ist am 30.04.2004 durch Veröffentlichung in Kraft getreten. Die Mitgliedstaaten sind aufgefordert, diese Richtlinie bis spätestens am 31. Januar 2006 umzusetzen.
Bereits 2005 hat die Europäische Vereinigung dauerhaft dichtes Dach ddDach e.V. reagiert und entsprechende Formulare ausgearbeitet.

Auszug aus:
RICHTLINIE 2004/18/EG DES EUROPÄISCHEN PARLAMENTS UND DES RATES vom 31. 3. 2004 - über die Koordinierung der Verfahren zur Vergabe öffentlicher Bauaufträge, Liefer- und Dienstleistungsaufträge.

Artikel 48
Technische und/oder berufliche Leistungsfähigkeit

(1) Die technische und/oder berufliche Leistungsfähigkeit des Wirtschaftsteilnehmers wird gemäß den Absätzen 2 und 3 bewertet und überprüft.
(2) Der Nachweis der technischen Leistungsfähigkeit des Wirtschaftsteilnehmers kann je nach Art, Menge oder Umfang und Verwendungszweck der Bauleistungen, der zu liefernden Erzeugnisse oder der Dienstleistungen wie folgt erbracht werden:

a) i) durch eine Liste der in den letzten fünf Jahren erbrachten Bauleistungen, wobei für die wichtigsten Bauleistungen Bescheinigungen über die ordnungsgemäße Ausführung beizufügen sind. Aus diesen Bescheinigungen muss Folgendes hervorgehen: der Wert der Bauleistung, sowie Zeit und Ort der Bauausführung und die Angabe, ob die Arbeiten fachgerecht und ordnungsgemäß ausgeführt wurden; gegebenenfalls leitet die zuständige Behörde diese Bescheinigungen direkt dem öffentlichen Auftraggeber zu;

a) ii) durch eine Liste der in den letzten drei Jahren erbrachten wesentlichen Lieferungen oder Dienstleistungen mit Angabe des Werts, des Liefer- bzw. Erbringungszeitpunkts sowie des öffentlichen oder privaten Empfängers.
Die Lieferungen und Dienstleistungen werden wie folgt nachgewiesen:
- durch eine von der zuständigen Behörde ausgestellte oder beglaubigte Bescheinigung, wenn es sich bei dem Empfänger um einen öffentlichen Auftraggeber handelte;
- wenn es sich bei dem Empfänger um einen privaten Erwerber handelt, durch eine vom Erwerber ausgestellte Bescheinigung oder, falls eine derartige Bescheinigung nicht erhältlich ist, durch eine einfache Erklärung des Wirtschaftsteilnehmers;

b) durch Angabe der technischen Fachkräfte oder der technischen Stellen, unabhängig davon, ob sie dem Unternehmen des Wirtschaftsteilnehmers angehören oder nicht, und zwar insbesondere derjenigen, die mit der Qualitätskontrolle beauftragt sind, und bei öffentlichen Bauaufträgen derjenigen, über die der Unternehmer für die Ausführung des Bauwerks verfügt;

c) durch die Beschreibung der technischen Ausrüstung des Lieferanten oder Dienstleistungserbringers, seiner Maßnahmen zur Qualitätssicherung und seiner Untersuchungs- und Forschungsmöglichkeiten;

d) sind die zu liefernden Erzeugnisse oder die zu erbringenden Dienstleistungen komplexer Art oder sollen sie ausnahmsweise einem besonderen Zweck dienen, durch eine Kontrolle, die vom öffentlichen Auftraggeber oder in dessen Namen von einer zuständigen amtlichen Stelle durchgeführt wird, die sich dazu bereit erklärt und sich in dem Land befindet, in dem der Lieferant oder Dienstleistungserbringer ansässig ist; diese Kontrolle betrifft die Produktionskapazität des Lieferanten bzw. die technische Leistungsfähigkeit des Dienstleistungserbringers und erforderlichenfalls seine Untersuchungs- und Forschungsmöglichkeiten sowie die von ihm für die Qualitätskontrolle getroffenen Vorkehrungen;

e) durch Studiennachweise und Bescheinigungen über die berufliche Befähigung des Dienstleistungserbringers oder Unternehmers und/oder der Führungskräfte des Unternehmens, insbesondere der für die Erbringung der Dienstleistungen oder für die Ausführung der Bauleistungen verantwortlichen Personen;

f) bei öffentlichen Bau- und Dienstleistungsaufträgen, und zwar nur in den entsprechenden Fällen durch Angabe der Umweltmanagementmaßnahmen, die der Wirtschaftsteilnehmer bei der Ausführung des Auftrags gegebenenfalls anwenden will;

g) durch eine Erklärung, aus der die durchschnittliche jährliche Beschäftigtenzahl des Dienstleistungserbringers oder des Unternehmers und die Zahl seiner Führungskräfte in den letzten drei Jahren ersichtlich ist;

h) durch eine Erklärung, aus der hervorgeht, über welche Ausstattung, welche Geräte und welche technische Ausrüstung der Dienstleistungserbringer oder Unternehmer für die Ausführung des Auftrags verfügt;

h) i) durch die Angabe, welche Teile des Auftrags der Dienstleistungserbringer unter Umständen als Unteraufträge zu vergeben beabsichtigt;

j) hinsichtlich der zu liefernden Erzeugnisse:

j) i) durch Muster, Beschreibungen und/oder Fotografien, wobei die Echtheit auf Verlangen des öffentlichen Auftraggebers nachweisbar sein muss;

j) ii) durch Bescheinigungen, die von als zuständig anerkannten Instituten oder amtlichen Stellen für Qualitätskontrolle ausgestellt wurden und in denen bestätigt wird, dass die durch entsprechende Bezugnahmen genau bezeichneten Erzeugnisse bestimmten Spezifikationen oder Normen entsprechen;

Umsetzung

Die Mitgliedstaaten erlassen die erforderlichen Rechts- und Verwaltungsvorschriften, um dieser Richtlinie spätestens am 31. Januar 2006 nachzukommen.

Europäische Rahmenvorgabe

In Abschnitt 2 - Eignungskriterien, Artikel 45 bis 51 können vom Wirtschaftsteilnehmer bestimmte Angaben verlangt werden, z.B. über:

Art. 47 - Wirtschaftliche und finanzielle Leistungsfähigkeit

Art. 48 - Technische und/oder berufliche Leistungsfähigkeit

- a) Liste der in den letzten 5 Jahren erbrachten Bauleistungen
- b) Angabe der technischen Fachkräfte
- c) Beschreibung der technischen Ausrüstung
- e) Studiennachweise und Bescheinigungen über die berufliche Befähigung

desweiteren für zu liefernde Erzeugnisse:

- j) durch Bescheinigungen, ... in denen bestätigt wird, dass die durch entsprechende Bezugnahmen genau bezeichneter Erzeugnisse bestimmte Spezifikationen oder Normen entsprechen.

Somit sind alle nachfolgenden Formblätter in die Rahmenvorgabe der am 30.4.2004 veröffentlichten Richtlinie 2004/18/EG des europäischen Parlaments und des Rates der europäischen Union einzuordnen:

- Die Anforderungsprofile (**AfP**) als technische Spezifikation für zu liefernde Erzeugnisse (gemäß Art. 23, 48 - RL 2004/18/EG)
- Die Eignungsnachweise als Qualitätskriterium (gemäß Art. 45 bis 53 - RL 2004/18/EG)

und können sofort bei öffentlichen Bauaufträgen und privaten Baumaßnahmen verwendet werden.

In einer gesonderten Beschreibung ist anzugeben, wie die einzelnen zusammenhängenden Kriterien (Material, fachkundige Verarbeitung und technische Ausrüstung) gewichtet werden, um das wirtschaftlich günstigste Angebot zu ermitteln. Hierbei ist insbesondere darauf zu verweisen, dass ohne entsprechende Einzelnachweise der mangelfreie Erfolg nicht gewährleistet und die vorgegebene Nutzungsdauer in Frage gestellt wird. Dies wirkt sich dann negativ auf die Beurteilung des wirtschaftlich günstigsten Angebotes aus, da eine kürzere Nutzungsdauer langfristig höhere Investitionskosten bedeuten.

9.3 Überwachung der Leistung

Zur laufenden Überwachung der Ausführungsleistungen gehören auch Güteprüfungen (wie z.B.: Nahtprüfungen). Diese sind ebenfalls vertraglich zu vereinbaren. Hinweise hierzu findet man beispielsweise in der Ö-Norm B 7220 - Dächer mit Abdichtungen, Verfahrensnorm - Punkt 7.5 Kontrollprüfungen.

Vielfach wird die regelmäßige Nahtkontrolle von den Bahnenherstellern zur Eigenüberwachung des Verarbeiters in den Herstellerrichtlinien empfohlen. Meist werden solche Kontrollen jedoch nicht durchgeführt, da es ein zusätzlicher mit Kosten verbundener Aufwand ist, der als besondere Leistung in den Vertragsunterlagen fehlt, somit nicht vertraglich vereinbart und deshalb auch nicht nachzuweisen ist.

9.3.1 Besondere Leistungen

Bei bahnenförmigen Abdichtungen ist zu empfehlen, vorgesehene Nahtkontrollen (Art, Anzahl, Prüfmethode) in einer Position der Leistungsbeschreibung zu erfassen.

Um spätere Diskussionen zu vermeiden sollten die Mindestnahtbreiten (Hand-/Automatenschweißnaht) eindeutig definiert werden. Hierbei kann man sich z.B. an den in Kapitel 6 beschriebenen Praxisanforderungen orientieren.

Formulare für das Leistungsverzeichnis

Alle nachfolgend aufgeführten Formulare sind auf der Register-CD als pdf-Formulare enthalten und können auch im Internet über:

http://www.ddDach.org

heruntergeladen werden. Teilweise sind die Formulare in englischer Sprache hinterlegt.

Desweiteren sind auf den Internetseiten ergänzende Textbausteine zu finden, die in die Angebotsunterlagen übernommen werden können.

Vorschlag für nicht genormte Prüfungen

G. Bestreichen mit Fett

a) Probenentnahme, Beschichtung, Lagerung

Aus der Bahn werden 2 Proben mit dem Maß DIN A 4, mit der längeren Seite parallel zur Längsrichtung der Bahn, entnommen. Die Proben werden auf eine ebene Platte gelegt und auf der Bahnenoberseite mit je 12 gr. Mehrzweckfett nach DIN 51 502 - KL 2 K gleichmäßig bestrichen.

Nach der Beschichtung mit Fett legt man die Proben auf ein Blech, welches mit Silikonpapier belegt ist, mit der bestrichenen Seite nach oben, und lagert diese 28 Tage in Normalklima.

b) Herstellen der Prüfkörper und Prüfung

Nach der Lagerung der bestrichenen Proben wird das Fett mittels eines trockenen Tuches durch Abreiben entfernt.

Die vom Fett gereinigten Proben werden während 24 Stunden im Normalklima konditioniert und dann wird im Zugversuch nach EN 12 311-2 die relative Änderung der Bruchdehnung zu Proben im Anlieferungszustand ermittelt.

L. Hydrolysebeständigkeit

a) Probenentnahme, Beschichtung, Lagerung

Aus der Bahn werden drei Probekörper entsprechend EN12 311-2 ausgestanzt.

Die im Normalklima während 24 Stunden konditionierten Proben werden gewogen und danach auf den Boden eines dampfdichten Schraubglases gelegt. Die Proben werden mit einen Stahldraht durch bogenförmiges Spannen des Drahtes fixiert. Danach wird das Schraubglas zu 20 Vol.% mit Wasser gefüllt und auf den Kopf gestellt, so dass sich die Proben im Luftraum oberhalb des Wasserspiegels befinden.

Das Glas ist im Wärmeschrank bei 80° ± 2°C für 91 Tage (d) = 2.184 h, zu lagern. (Alternativ können die Proben auch in einer entsprechenden Klimakammer bei 80°C/90RF gelagert werden).

b) Prüfung

Nach der Lagerung sind die Probekörper während 48 Stunden bei 60°C im Umluftofen zu trocknen und dann zur Bestimmung der Massenänderung zu wiegen.

Danach sind die Proben im Normalklima für 24 Stunden zu lagern. Nach der Lagerung ist die Bruchdehnung nach EN 12 311-2 zu ermitteln und in %-relativ mit den Proben im Anlieferungszustand zu vergleichen.

P. Fischtest

a) Prüfmaterialien nach DIN 38 412 / T. 31

- Einmachglas 1 Liter Inhalt, ca. 16 cm Höhe, ca. 11 cm Durchmesser,
- Prüfwasser aus chlorfreiem Trinkwasser (Verdünnungswasser), wie in DIN 38 412/T.31 beschrieben,
- Testfisch: Guppy (Poecilla reticulata) nach o.g. DIN, Länge der Fische: 30 - 50 mm.

b) Probenentnahme, Prüfung

Aus der Bahn wird eine Probe der Grösse 100 x 50 mm entnommen und mittig an der Oberseite gelocht. Die Probe wird mittels Drahthaken aus Edelstahl, der unterseitig am Glasdeckel befestigt ist, in das mit 750 ccm Wasser gefüllte Einmachglas eingehängt. Die Probe muss vollständig von Wasser umspült sein und darf nicht am Glas anliegen. Das Einmachglas mit der Probe und ein wassergefülltes Kontrollglas (ohne Probe aber mit Stahlhaken) sind im Wärmeschrank bei 60 ± 2 °C für 14 Tage in verschlossenem Zustand (aufgelegtem Glasdeckel) zu lagern. Danach wird die Probe mit Drahthaken entnommen. Die Einmachgläser mit Wasser werden auf 20°C abgekühlt. Nach der Abkühlung wird das Wasser belüftet, so dass eine Mindestsauerstoffkonzentration von 4 mg/l erreicht wird. Danach werden pro Glas drei Guppys eingesetzt. Kontroll- und Testansatz werden 48 Stunden ohne Futterzugabe bei 20° ±2°C stehen lassen.

Die Prüfung gilt als bestanden, wenn alle drei eingesetzten Fische 24 Stunden überlebt haben. Stirbt ein Fisch im Kontrollglas, so ist die Prüfung nicht zu werten.

Q. Kältekontraktion

Bestimmung der einachsigen Kältekontraktionskraft bei Abkühlung

a) Probenentnahme, Prüfung

In Längsrichtung der Bahn werden im Lieferzustand drei Prüfkörper der Form Parallelstab (Länge 450 mm, Breite 50 mm) entnommen und 24 Stunden bei Normalklima gelagert. Die Proben werden bei 23°C in einer Universalprüfmaschine mit Klimakammer in einem Abstand von C = 350 mm zwischen den Spannbacken eingespannt. Zur Erreichung einer einheitlichen Straffung der Prüfkörper wird eine Vorspannung von ca. 50 N angelegt. Anschließend wird die Probe in fester Einspannung bei einer Kühlrate von 5-10°C / 15 min. auf die Temperatur von - 30°C abgekühlt und 30 min. thermostatisiert. Dann wird die Zugkraft erfasst und nach Abzug der Vorspannung die Kältekontraktionskraft in N/m bzw. kg/m ermittelt.

Formular zum Kopieren (© ddDach, 2005)

Anforderungsprofil Dachbahn

Technische Spezifikation - Projekt: ________________

Zusätzliche Vertragsbedingungen / Seite: ____________

	Abdichtung der Werkstoffgruppe: ___________, Dicke: ≥ ______ mm, **mit folgenden leistungsrelevanten Eigenschaften:**	**geforderter Mindestwert**	**Wert der angebotenen Bahn**	**erfüllt ja/nein**
A.	**Falzen bei tiefer Temperatur** nach **EN 495-5** Anforderung: keine Bruch- oder Rissbildung bei	**- 30°C**		
B.	**Widerstand gegen stoßartige Belastung** nach **EN 12 691** Anforderungen: dicht bei Fallkörper 500 g, Methode A = harte Metallunterlage: Fallhöhe:	**≥ 700 mm**		
C.	**Widerstand gegen Hagelschlag** nach **EN 13 583** Anforderungen: Schädigungsgeschwindigkeit - harte/weiche Unterlage	**> 25 m/s**		
D.	**Bestimmung der Widerstandsfähigkeit gegen Ausdrücken und Abbrennen von Zigaretten** nach **EN 1399** Anforderungen:	**dicht**		
E.	**Geradheit und Planlage** nach **EN 1848-2** Anforderungen: Abweichung Geradheit (g) Abweichung Planlage (p)	**< 30 mm** **< 10 mm**		
F.	**Verschweißbarkeit** Schweißfenster nach **ERNST** 1999	**Anlage: ja/nein**		
G.	**Verhalten nach Bestreichen mit Fett** nach **ERNST** (1991) Anforderungen: Bruchdehnung* absolut nach **EN 12311-2** Änderung Bruchdehnung zu Neumaterial	**≥ 200 %** **≤ 25 %** relativ*		
H.	**Verhalten nach Lagerung in Warmwasser** nach **EN 1847** Prüftemperatur 50°C, Prüfdauer: 16 Wochen Anforderungen: Bruchdehnung*, absolut, nach EN 12311-2 Änderung Bruchdehnung im Vergleich zum Neumaterial	**≥ 200 %** **≤ 25 %** relativ*		
I.	**Verhalten nach Lagerung in Kalkmilch** nach **EN 1847** Prüftemperatur 50°C, Prüfdauer: 16 Wochen Anforderungen: Bruchdehnung*, absolut, nach EN 12311-2 Änderung Bruchdehnung im Vergleich zum Neumaterial	**≥ 200 %** **≤ 25 %** relativ*		
J.	**Verhalten nach Lagerung in Säurelösung** nach **EN 1847**, Prüftemperatur 50°C, Prüfdauer: 16 Wochen Anforderungen: Bruchdehnung*, absolut, nach EN 12311-2 Änderung Bruchdehnung im Vergleich zum Neumaterial	**≥ 200 %** **≤ 25 %**relativ*		
K.	**Beständigkeit gegen Mikroorganismen** nach **EN-ISO 846**, Alterungsvorbehandlung vor Biotestversuch: nach EN 1847: Warmwasser 50°C, Prüfdauer 14 Tage, Erdvergrabungstest: Dauer 32 Wochen Anforderungen: Masseverlust im Vergleich zum Neumaterial	**≤ 4 %**		
L.	**Hydrolysebeständigkeit** nach **ERNST** (1991) Anforderungen: Änderung Bruchdehnung zu Neumaterial Massenänderung im Vergleich zum Neumaterial	**≤ 25 %** relativ* **< 3 %**		
M.	**Verhalten gegen Ozon** nach **EN 1844** Anforderungen bei 6-facher Vergrößerung	**keine Risse**		
N.	**Thermische Alterung** nach **EN 1296** Beanspruchung: 24 Wochen, 70°C, Anforderungen: Massenänderung zu Neumaterial Änderung Bruchdehnung zu Neumaterial	**≤ 5 %** **≤ 25 %** relativ*		
O.	**Beanspruchung durch UV-Strahlung** nach EN **1297** Anforderungen: für frei bewitterte Dachbahnen: 5.000 h für Bahnen mit Auflast 3.000 h Massenänderung bei Bahnen mit und ohne Auflast	**Stufe 0** **Stufe 0** **≤ 3 %**		
P.	**Fischtest -** nach **OECD** »Fish Acute Toxity Test«, Procedure 203, **EEC** directive 92/69EEC, DIN 38 412 L 31, Prüfanordnung: ERNST(1999), Testmedium: Poecilla reticulata (Guppy), Anforderung: > 24 Std.	**Anlage: ja/nein**		
Q.	**Kältekontraktion** nach **ERNST** (1999), Anforderung:	**< 200 kg/m**		
R.	Nachweis der **Wurzelfestigkeit** nach **FLL**-Verfahren (1999): Anforderungen: wurzel- und rhizomfest gegen Quecken	**Anlage: ja/nein**		
S.	**Deklaration ökologischer Merkmale** nach SIA 493:	**Anlage: ja/nein**		
	Bruchdehnung* absolut = von unarmierten Bahnen und Bahnen mit Glasvlieseinlage			

Der Hersteller bestätigt durch seine Unterschrift, dass die von ihm eingesetzten Werte über ein amtlich zugelassenes, öffentlich rechtliches Prüflabor, oder eine andere Prüfinstitution, welche den internationalen Normen für Qualitätsmanagement (ISO 9000 ff.) entspricht, auf Verlangen, nachgewiesen werden können.

Hersteller	Die oben eingetragenen Werte gelten für das Produkt / Erzeugnis: Handelsbezeichnung: ____________________ / __________ CE-Zeichen gemäß beiliegendem kaufmännischen/technischen Begleitdokument	Stempel, Ort, Datum und rechtsverbindliche Unterschrift des Herstellers: ______________________

Anlage zum Anforderungsprofil
Seite ________

Formular zum Kopieren (nach ERNST, 1999)
Schweißfenster Dachbahn

Schweißfenster für Kunststoffbahnen als Anlage zum Anforderungsprofil

Beurteilungskriterien:
Evaluation criteria: ______________________
Critères de jugement:

Mindestschweißnahtbreite:
Minimum weld seam width: ______________________
Largeur minimum de la soudure de liaison:

Schweißraupe:
Weld bead: ______________________
Bourrelet de soudage:

Verkohlung:
Carbonisation: ______________________
Carbonisation:

Blasenbildung in der Naht:
Blistering in the seam: ______________________
Formation de bulles à l'intérieur du joint:

Produktname: ______________________
Product name, Nom du produit

Werkstoff: ________ Materialdicke: _____ mm
Material, Matériau: Thickness; Épaisseur:

Materialzustand: ______________________
Material condition, État du matériel:

Umgebungstemperatur: Unterlage:
Ambient temperature: ___ °C, Base: ______________
Température ambiante:

Schweißautomat:
Welding machine: ______________________
Appareil de soudage:

Temperatur in °C																
750																
720																
690																
660																
630																
600																
570																
540																
510																
480																
450																
420																
390																
360																
330																
300																
270																
240																
	1,5	1,6	1,7	1,8	1,9	2,0	2,1	2,2	2,3	2,4	2,5	2,6	2,7	2,8	2,9	3,0

Fahrgeschwindigkeit in m / min.

Schweißtemperatur:
Welding temperature: ______________________
Température de soudage:
Fahrgeschwindigkeit in Meter / Minute
Speed of movement in m/min.: ______________________
Vitesse en mètres/minute:

Datum/Ort - Place/Date - Lien/Date:
____

____
Stempel/Unterschrift - Stamp/Signature - tampon/Signature

Formular zum Kopieren (nach ddDach, 2005)
Technische Ausstattung

Technische Spezifikation - Projekt: ____________
Zusätzliche Vertragsbedingungen / Seite ____________

Nachweis der technischen Ausstattung zur material- und herstellergerechten Ausführung von Polymerbitumen-, Kunststoff- und Elastomerbahnen

Auf Grundlage von

VOB/A - § 8, Abs. 3 d / ÖNorm 2050 - Abs. 4.6.3 (3) / SubG, § 13 VRöB
Richtlinie 2004/18/EG des Europäischen Parlaments, Abs. 2, Art. 48

werden entsprechende Nachweise über die dem Unternehmer für die Ausführung der zu vergebenden Leistung zur Verfügung stehende technische Ausrüstung zur fachgerechten und dauerhaften Verarbeitung der angebotenen Bahn verlangt.

1.) Für die Automatenschweißung werden folgende Geräte eingesetzt:

- **Schweißautomat 1**: ____________, ____________, ____________
  (Flächenschweißautomat) Fabrikat Typ Baujahr
- mit elektronischer Regelung: ja/nein - mit Zusatzgewichten ja/nein
  Nichtzutreffendes streichen
- eine technische Überprüfung erfolgte zuletzt am: ____________, durch: ____________

- **Schweißautomat 2**: ____________, ____________, ____________
  (Randschweißautomat) Fabrikat Typ Baujahr
- mit elektronischer Regelung: ja/nein - mit Zusatzgewichten ja/nein
  Nichtzutreffendes streichen
- eine technische Überprüfung erfolgte zuletzt am: ____________, durch: ____________

- **Schweißautomat 3**: ____________, ____________, ____________
  (mit Umrüstung für Überlappungsschweißen bei Elastomerbitumenbahnen) Fabrikat Typ Baujahr
- mit elektronischer Regelung: ja/nein - mit Zusatzgewichten ja/nein
  Nichtzutreffendes streichen
- eine technische Überprüfung erfolgte zuletzt am: ____________, durch: ____________

2.) Für die Handschweißung werden folgende Geräte eingesetzt:

- Handschweißgerät: ____________, ____________, ____________
  Fabrikat Typ Baujahr
- mit elektronischer Regelung: ja/nein - mit Schweißdüsen: 40, 30, 20 mm, Winkeldüse

- Die Schweißgeräte werden regelmäßig gewartet, eine technische Überprüfung erfolgte zuletzt am: ____________

3.) Für die bauseitige Nahtprüfung (Eigenüberwachung) wird ein mobiles Zugprüfgerät eingesetzt:

- für Schäl-, Scherzug- und Zugversuche mit Digitalanzeige für Dehnung, Maximalkraft, Reißkraft, Prüfgeschwindigkeit und Position ja/nein
  Nichtzutreffendes streichen

Die Angaben werden bei der Wertung des Angebots als Zuschlagskriterium berücksichtigt.

Einschätzung und Definition der Mindestanforderungen nach Bauregelliste B1 Nr. 3.4 - Projekt: ____________

Formular zum Kopieren
Flüssigabdichtungen

Von der Eignung zur Vereinbarung

Die Ergebnisse und erzielten Klassifizierungen sind auf der Europäisch Technischen Zulassung (ETZ) angegeben ebenso wie die CE-Kennzeichnung des Produktes.

Sobald europäische harmonisierte Regeln existieren sind die bisherigen nationalen zurückzuziehen bzw. anzupassen (Übergangsfristen).

Die Länder der Europäischen Union haben vereinbarungsgemäß ihre nationalen Anforderungen entsprechend den Einstufungen zu klassifizieren. Zusätzliche Hinweise die handelshemmend wirken, sind nicht gestattet.

So gliedert sich Deutschland in der Bauregelliste B1 Nr. 3.4:

- Nicht genutzte Dachflächen
  Kategorie K0: für Instandhaltung
  Kategorie K1: für Neubaugebäude
- Eingeschränkt genutzte Flächen
  wie Balkone, Terrassen und Begrünungen

Die Beanspruchung wird unterschieden

I - hohe mechanische — II - mäßige mechanische
A - hohe thermische — B - mäßig thermische

Kombinationen daraus sind möglich: IA, IB, IIA, IIB
daraus ergeben sich die Leistungsstufen der Verwendung.

Europa ETZ-Europäisch Technische Zulassung ETAG 005 Technische Leistungsstufen				Deutschland Bauregelliste B 1 Nr. 3.4											
				Nicht genutzte Dachflächen								Genutzte Flächen			
				Kategorie 0				Kategorie 1				Kategorie 2			
				Untergeordnete Nutzung und Instandhaltung				Wohn- und Industriebauten >2% Neigung und extensive Begrünung				Balkone, Loggien, Terrassen und intensive Begrünung			
				BEANSPRUCHUNG											
				IA	IB	IIA	IIB	IA	IB	IIA	IIB	IA	IB	IIA	IIB
KLASSEN															
	1.	Brandprüfung (Flugfeuer, strahlende Wärme) DIN 1187 1,2,3 und 13 501, 1		z.Zt.											
								DIN 4102-1							
	2.	Brandverhalten Europa Klassen A-F						DIN 4102-7							
Klimazonen	M	Gemäßigtes Klima													
		<5 GJ/m²	<22°C M/M	M	M	M	M	M	M	M	M	M	M	M	M
	S	Strenges Klima													
		>5 GJ/m²	>22°C M/M												
KATEGORIEN															
Nutzungsdauer	W1	5 Jahre													
	W2	10 Jahre		W2	W2	W2	W2								
	W3	25 Jahre						W3	W3	W3	W3	W3	W3	W3	W3
Nutzlasten	P1	nicht begehbar													
	P2	begrenzt für Instandhaltung				P2	P2								
	P3	begehbar und für priv. Fußgängerverkehr		P3	P3					P3	P3				
	P4	Dachgärten, Umkehrdächer, Dachbegrünung						P4	P4			P4	P4	P4	P4
Dachneigung	S1	<5%													
	S2	5-10%													
	S3	10-30%													
	S4	>30%													
Tiefe Temperaturen	TL1	+5°C													
	TL2	-10°C			TL2		TL2		TL2		TL2		TL2		TL2
	TL3	-20°C		TL3		TL3		TL3		TL3		TL3		TL3	
	TL4	-30°C													
Hohe Temperaturen	TH1	30°C													
	TH2	60°C			TH2		TH2		TH2		TH2		TH2		TH2
	TH3	80°C		TH3		TH3		TH3		TH3		TH3		TH3	
	TH4	90°C													

Formular zum Kopieren (nach ddDach, 2005)

AfP-Flüssigabdichtungen

Technische Spezifikation - Projekt: ______________

Zusätzliche Vertragsbedingungen / Seite ______________

Nr.	**Leistungsrelevante Eigenschaften (Technische Spezifikation der Flüssigabdichtung)**	**geforderter Mindestwert, Einstufung**	**Wert / Einstufung der angebotenen Flüssigabdichtung**	**erfüllt ja/nein**
	Einlage: Kunststofffaservlies mit Flächengewicht von:	**≥ 150 g/m²**		
I.	**Bestimmung der Rissüberbrückungsfähigkeit** nach **TR-013** Prüftemperatur: - 30°C	**TL 4**		
II.	**Bestimmung des Widerstandes gegenüber dynamischem Eindruck** nach **TR-006** Prüfbedingungen: 10/ 6 mm Prüfstempel; 5,9 Joule **gegenüber statischem Eindruck** nach **TR-007** Prüfbedingungen: Belastung: 200/250 N; 10 mm	**$I_3 - I_4$** **$L_3 - L_4$**		
III.	**Widerstand gegen Hagelschlag** nach **EN 13 583** Anforderungen: Schädigungsgeschwindigkeit - harte/weiche Unterlage	**≥ 25 m/s**		
IV.	**Bestimmung der Widerstandsfähigkeit gegen Ausdrücken und Abbrennen von Zigaretten** nach **EN 1399** Anforderung:	**dicht**		
V.	**Widerstand gegenüber Windlasten** nach **TR-004** Prüfbedingungen: Temperatur: 23°C, 10 mm/min	**≥ 50 kPa**		
VI.	**Bestimmung des Ermüdungswiderstandes** nach **TR-008** Prüfbedingungen: Temperatur: 23°C, Zyklen: 1000	**W 3**		
VII.	**Verhalten nach Bestreichen mit Fett** nach **ERNST** (1991) Anforderung: Änderung Bruchdehnung zu Neumaterial	**≤ 25 %** relativ		
VIII.	**Beständigkeit gegenüber Wasseralterung** nach **TR-012** Prüftemperatur 60°C, Prüfdauer: 180 Tage	**W 3, P 4** **L 3 - L 4**		
IX.	**Beanspruchungsverfahren für beschleunigte Alterung in Kalkmilch** in Anlehnung an **TR-012,** (Kalkmilch nach **EN 1847**) Prüftemperatur 60°C, Prüfdauer: 180 Tage	**P 3 - P 4** **L 3 - L 4**		
X.	**Beanspruchungsverfahren für beschleunigte Alterung in Säurelösung** in Anlehnung an **TR-012,** (Lösung nach **EN 1847**) Prüftemperatur 60°C, Prüfdauer: 180 Tage	**P 3 - P 4** **L 3 - L 4**		
XI.	**Beständigkeit gegen Mikroorganismen** nach **EN-ISO 846**, Alterungsvorbehandlung vor Biotestversuch: nach EN 1847: Warmwasser 50°C, Prüfdauer 14 Tage, Erdvergrabungstest: Dauer 32 Wochen Anforderungen: Masseverlust im Vergleich zum Neumaterial	**≤ 4 %**		
XII.	**Hydrolysebeständigkeit** wie **TR- 012** Prüftemperatur 60°C, Prüfdauer: 180 Tage Anforderungen: Massenänderung im Vergleich zum Neumaterial	**≤ 3 %**		
XIII.	**Verhalten gegen Ozon** nach **EN 1844** Anforderungen bei 6-facher Vergrößerung	**keine Risse**		
XIV.	**Beständigkeit gegenüber Wärmealterung** nach **TR-011** Beanspruchung: 200 Tage, 80°C	**S, W 3** **I 3 - I 4**		
XV.	**UV-Bestrahlung in Gegenwart von Feuchtigkeit** nach **TR-010** Methode: UV Strahlung nach ISO 4892 Anforderungen: 1,0 GJ/m², 1.000 h / Prüftemperatur: - 10°C	**S, W 3** **I 3 - I 4**		
XVI.	**Fischtest -** nach **OECD** »Fish Acute Toxity Test«, Procedure 203, **EEC** directive 92/69 EEC, DIN 38 412 L 31, Prüfanordnung: ERNST(1999), Testmedium: Poecilla reticulata (Guppy), Anforderung: > 24 Stunden	**Anlage: ja/nein**		
XVII.	Nachweis der **Wurzelfestigkeit** nach **FLL**-Verfahren (1999): Anforderungen: wurzel- und rhizomfest gegen Quecken	**Anlage: ja/nein**		
XVIII.	**Deklaration ökologischer Merkmale** nach SIA 493:	**Anlage: ja/nein**		

Der Hersteller bestätigt durch seine Unterschrift, dass die von ihm eingesetzten Werte über ein amtlich zugelassenes, öffentlich rechtliches Prüflabor, oder eine andere Prüfinstitution, welche den internationalen Normen für Qualitätsmanagement (ISO 9000 ff.) entspricht, auf Verlangen, nachgewiesen werden können.

Hersteller	Die oben eingetragenen Werte gelten für das Produkt / Erzeugnis: Handelsbezeichnung: ______________ / ______________ CE-Zeichen gemäß beiliegendem kaufmännischen/technischen Begleitdokument	Stempel, Ort, Datum und rechtsverbindliche Unterschrift des Herstellers: ______________

Technische Spezifikation - Projekt: ___________
Zusätzliche Vertragsbedingungen / Seite ______

Formular zum Kopieren (nach ddDach, 2005)

Nachweis der Fachkunde

Dachabdichtungsarbeiten mit Polymerbitumenbahnen, Kunststoff- und Elastomerbahnen, sowie Flüssigabdichtungen (EN 13 707, EN 13 956, ETAG 005)

Von den Bewerbern / Bietern / Unternehmen werden zum Nachweis ihrer Eignung (Fachkunde, Leistungsfähigkeit und Zuverlässigkeit) Angaben verlangt über die Ausführung von Leistungen der letzten drei abgeschlossenen Geschäftsjahre, die mit der zu vergebenden Leistung vergleichbar sind.

Da jeder Werkstoff und jedes Produkt materialtypische Eigenschaften hat, die insbesondere bei der Verarbeitung von Abdichtungen von besonderer Wichtigkeit sind, werden auf Grundlage von:

VOB / A, § 8, Abs. 3, (1), b) / ÖNorm A 2050, Abs. 4.6.3 (2) / SubG, §13 VRöB
Richtlinie 2004/18/EG des Europäischen Parlaments, Abs. 2, Art. 48

entsprechende Nachweise über die besondere Fachkunde verlangt.

Der Bieter hat seine umfassende materialbedingte Erfahrung, sowie die produkttypischen Spezialkenntnisse, in der Verarbeitung der in der Leistungsbeschreibung beschriebenen und

im beiliegendem Formblatt angebotenen Abdichtung

nachzuweisen:

Verarbeitungsleistung der letzten drei (3) Jahre:

1. Jahr: ___________ m^2
2. Jahr: ___________ m^2
3. Jahr: ___________ m^2

Gesamtverarbeitungsleistung: ___________ m^2

Als prüfbare Nachweise gemäß den o.g. Normen, Richtlinien und Verordnungen benennt der Bieter drei Referenzprojekte unter Angabe der Art der Ausführung, Projektgröße:

a) Projekt 1: ______________________ Projektbezeichnung
______________________ Anschrift / Adresse
______________________ ca. Größe der Dachfläche / Schwierigkeitsgrad
______________________ Ansprechpartner / Telefon

a) Projekt 2: ______________________ Projektbezeichnung
______________________ Anschrift / Adresse
______________________ ca. Größe der Dachfläche / Schwierigkeitsgrad
______________________ Ansprechpartner / Telefon

a) Projekt 3: ______________________ Projektbezeichnung
______________________ Anschrift / Adresse
______________________ ca. Größe der Dachfläche / Schwierigkeitsgrad
______________________ Ansprechpartner / Telefon

vom Bieter komplett auszufüllen

Technische Spezifikation - Projekt: ____________
Zusätzliche Vertragsbedingungen / Seite ______

Dachabdichtungsarbeiten mit Polymerbitumenbahnen, Kunststoff- und Elastomerbahnen, sowie Flüssigabdichtungen (EN 13 707, EN 13 956, ETAG 005)

Vertragsgrundlage wird die personenbezogene Qualifikation der mit der Ausführung betrauten Mitarbeiter auf Basis von:

VOB / A, § 8, Abs. 3, (1), g) / ÖNorm A 2050, Abs. 4.6.3 (1) / SubG, §13 VRöB
Richtlinie 2004/18/EG des Europäischen Parlaments, Abs. 2, Art. 48

durch einen Nachweis der Schulung/Ausbildung/Lehrgang/Training durch den Hersteller/Lieferanten der in beiliegendem Formblatt angebotenen Abdichtung.

Die personenbezogenen Dokumente (Ausweis, Zertifikat), nicht älter als 1 Jahr, werden Bauvertragsbestandteil und sind spätestens zur Auftragsunterzeichnung/Arbeitsbeginn vorzulegen.
Nichtzutreffendes streichen

Lehrgang/Schulung/Training

Die Ausbildung umfasst in der Regel einen theoretischen und praktischen Teil:

bei bahnenförmigen Abdichtungen:

- Verlege-/Verarbeitungssysteme, Ausführung nach Fachregeln und ergänzenden Herstellerrichtlinien, Materialeigenschaften, geeignete Geräte zur Verarbeitung, Geräteunterschiede
- Nahtausführung in der Fläche, im Anschlussbereich, Detailarbeiten am Modell (Lichtkuppel, Dunstrohr, Innen- und Außenecken), Nahtkontrollen/-qualität/-bewertung,

bei Flüssigabdichtungen:

- Materialkunde, Verarbeitungstechnologie, Unfallschutz, Gesundheitsaspekte, Abfall und Entsorgung, Geräte und Wartung, Untergründe, Materialverträglichkeiten, Anwendungskriterien, Witterungseinflüsse, Ausführung, Qualitätssicherung und Kontrolle, Sicherheitsdatenblätter, Verträglichkeits- und Beständigkeitsnachweise

Durch eine jährliche Teilnahme werden die bisherigen Erfahrungen auf den neuesten Stand gebracht, technische Kenntnisse und handwerkliches Können geschult

Folgende Mitarbeiter werden mit der Ausführung betraut:

Name, Vorname, Betriebszugehörigkeit seit: Jahr

1. ______________________ 6. ______________________
2. ______________________ 7. ______________________
3. ______________________ 8. ______________________
4. ______________________ 9. ______________________
5. ______________________ 10. ______________________

Personifizierte Ausweise, Zertifikate, etc. sind für die Mitarbeiter (1-10) ____________________ diesem Formblatt beigefügt/werden nachgereicht.

Autoren dieser Ausgabe

Wolfgang Ernst ist nach jahrelanger Tätigkeit in Planungsbüros seit 1986 als Planer, Sonderfachmann, vereidigter Sachverständiger, Fachreferent und Beauftragter für Qualitätsmanagement, sowie freiberuflicher Dozent, Fachbuchautor und Herausgeber tätig.
Als Präsident der gemeinnützigen Europäischen Vereinigung dauerhaft dichtes Dach - ddDach e.V. setzt er sich europaweit für langfristig funktionstüchtige Abdichtungslösungen ein. Die langjährigen Praxiserfahrungen und Ergebnisse seiner Forschungsarbeiten sind in der Fachbuchreihe "**Dachabdichtung - Dachbegrünung**" zusammengefasst.

Peter Fischer war von 1980 bis 2003 Professor am Fachbereich Gartenbau der FH Weihenstephan und Leiter des Instituts für Bodenkunde und Pflanzenernährung. Das weltweit anerkannte FLL-Verfahren zur Untersuchung der Wurzelfestigkeit ist unter seiner Leitung in der Arbeitsgruppe Durchwurzelungsschutz im FLL-Arbeitskreis Dachbegrünung entstanden.

Peter Flüeler studierte an der ETH in Zürich Bauingenieurwesen. Seit 1972 war er an der EMPA Dübendorf als Prüf- und Forschungsingenieur im Bereich des Massivbaus tätig. Danach folgten Studienaufenthalte am Massachusetts Institut of Technology (MIT) 1977/78 und 1992.
Seit 1979 oblag Ihm die Leitung der Abteilung Kunststoffe/Composites der EMPA mit Fragestellungen in der Forschung und Entwicklung von Kunststoffanwendungen, Bruchmechanik, Dauerhaftigkeit und deren spezielle Prüftechnik. Er ist seit 1986 Dozent an der ETH Zürich in den Studiengängen Architektur, Bauingenieur- und Materialwissenschaften für Kunststoffe und deren Anwendungen. Nebenbei war er Präsident der Kommission SIA 280 von 1982 bis 1992 und leitet seit Juli 2005 ein eigenes Ingenieurbüro.

Martin Jauch studierte an der FH Weihenstephan. Seit 1985 ist er an der dortigen Forschungsanstalt für Gartenbau tätig und bearbeitete zahlreiche Forschungsprojekte zu Fragen der extensiven Dachbegrünung und zur Prüfung der Durchwurzelungsfestigkeit von Dachbahnen. Mit ihm wird die Tradition der praxisbezogenen Forschung in Weihenstephan fortgesetzt.

Jürgen Krings, Dipl. Ing. für Bauwesen und Architekt, ist Obmann im Verband für Abdichtungen mit Flüssigkunststoffen der Deutschen Bauchemie, Sachverständiger im Ausschuss des Deutschen Institutes für Bautechnik (DibBt) und Mitarbeiter an der Europäischen Technischen Zulassung (ETZ) - WG 4.02.1 der EOTA in Brüssel. Neben der Referententätigkeit an verschiedenen Universitäten und Akademien im In- und Ausland arbeitet er im Ausschuss der DIN 18195, sowie in der Arbeitsgruppe zur Erstellung der Bauregelliste mit und ist bei Regelwerken für das flache Dach beratend tätig.

Werner Schmidt studierte Architektur an der Hochschule für Bildende Künste Hamburg, ist seit 1995 als Architekt selbstständig und öffentlich bestellter und vereidigter Sachverständiger für Schäden an Gebäuden, Bauwerksabdichtung und Feuchteschutz in Hamburg.

Werner Spaniol ist seit 1964 mit der Polymer-Industrie verbunden. Als Chemie-Ingenieur war er in kunststofferzeugenden Unternehmen und Verarbeitungsbetrieben für Kunststoffe und Kautschuke in verantwortlichen Stellungen, wie Entwicklung, Produktion und Anwendungstechnik tätig. In den letzten 19 Jahren der Berufstätigkeit hat er bei einem Schweizer Hersteller für Bahnenabdichtungen und Fugenbänder die Bereiche Entwicklung und zeitweise die Fertigung verantwortlich geleitet. Er war jahrelanges Mitglied der nationalen SIA 280 - Kommission und der europäischen CEN-TC 254 Kommission für »Kunststoff- und Elastomerbahnen für Dachabdichtungen«. Seit 2004 ist er Ehrenmitglied des ddDach e.V.

Merkheft

Extraheft | November 2022

Neu auf Merkheft.de

Geschenke fischen!

Reste, Fundstücke und letzte Exemplare.

Ausgewähltes.

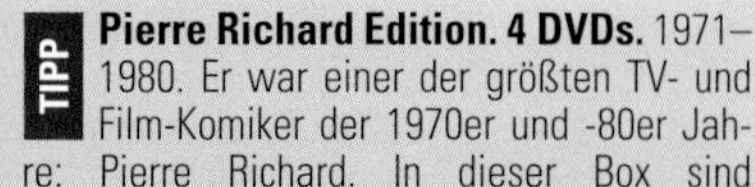

TIPP **Pierre Richard Edition. 4 DVDs.** 1971–1980. Er war einer der größten TV- und Film-Komiker der 1970er und -80er Jahre: Pierre Richard. In dieser Box sind vier seiner bekanntesten Filmen enthalten. Mit „Alfred, die Knallerbse", „Ein Tolpatsch auf Abwegen", „Der Sanfte mit den schnellen Beinen" und „Der Regenschirmmörder". 4 DVDs, 6 Stunden 13 Minuten, deutsch, franz., Dolby Digital 2.0, 16:9. Statt 39,99 € nur 18,99 € **Nr. 1389 815**

Andrej Tarkowskij-Box. 5 DVDs. 1962–79. Fünf Filmklassiker in einer Box! „Solaris": Verfilmung des Sci-Fi-Klassikers von Stanislaw Lem; „Stalker:" Eine Expidition in die mysteriöse „Zone"; „Der Spiegel": eine autobiografische Geschichte; „Iwans Kindheit" und das monumentale „Andrej Rublev". 5 DVDs, 11 Std. 33 Min., dt., Dolby Digital, 4:3, Extras. **Nr. 1219 898**

24,99 Statt 39,99 €

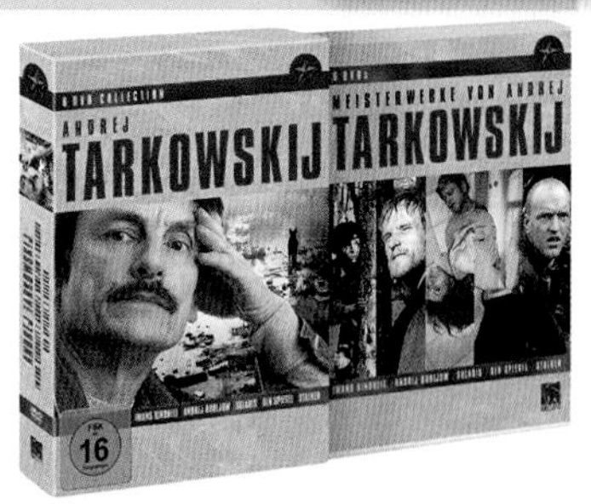

TIPP **1001 Klassik-Alben, die Sie hören sollten, bevor das Leben vorbei ist.** Der Schlüssel zum Verständnis der klassischen Musik: Von den Madrigalen des Mittelalters über Brahms, Dvorák und Mahler bis zu zeitgenössischen Komponisten wie Steve Reich ist alles vertreten. Die wichtigsten Informationen zu den Hauptwerken in einem handlichen Band! 16×21 cm, 960 S., 800 farb. Bilder, Broschur. **Nr. 1218 611**

9,95 Statt 35 €*

PREIS-TIPP **Antonio Vivaldi. Vivaldi Edition. 66 CDs.** 2014. Ein Überblick über das Schaffen des venezianischen Komponisten mit einer breiten Auswahl seiner geistlichen Werke und Opern, Kammermusik und Konzerte. Barock-Experten wie Federico Guglielmo und sein Orchester L'Arte dell'Arco musizieren auf historischen Instrumenten und bürgen für höchstmögliche Authentizität. Mit den 12 Werkzyklen mit Opuszahlen. 66 CDs, DDD. **Nr. 2780 445**

79 € Statt 199 €

* aufgehobener gebundener Ladenpreis ** Ausstattung einfacher als verglichene Originalausgabe

Guten Tag!

So kurz vor Weihnachten muss ein Reste-Merkheft natürlich vor allem Anregungen für Geschenke bereithalten. Deshalb haben wir uns um eine möglichst große Vielfalt an Büchern, Filmen, guter Musik und echten Fundstücken bemüht. Dabei ging es uns vor allem um originelle Dinge, die einem nicht an jeder Ecke begegnen, die selten und/oder echte Einzelstücke sind. Präsente also, die freudig überraschen und mit denen Sie im Lichterglanz des Weihnachtsbaums einen garantierten Wow-Effekt auslösen werden. Die Star Trek-Tassen mit Beam-Effekt und das Weltraum-Schachspiel zählen sicher dazu, auch das Frank Zappa-Live Set mit der Francula-Maske, der Tour-Bulli von The Who … Schauen Sie doch einfach selbst, was Ihren Lieblingsmenschen am besten gefallen könnte – Sie werden sicher fündig!!

Viel Spaß beim Entdecken wünscht Ihnen

Axel Winzer, *Chefredakteur*

Die schönsten Romane von Irene Dische. 3 Bände. Irene Dische gelingt es, in ihren Romanen historische Erfahrungen mit Beobachtungen der Gegenwart zu verbinden. „Ähnlich wie Susan Sontag denkt sie europäisch und historisch und schreibt amerikanisch und aktualistisch." (F.A.Z.) „Die militante Madonna": Ein „…Kommentar auf unsere aufgeheizte Genderdiskussion." (Deutschlandfunk) „Großmama packt aus": Elisabeth Rother kennt kein Tabu, egal, ob es sich um ihr Ehebett, die Juden, den lieben Gott oder um die Gestapo handelt. „Clarissas empfindsame Reise": Das Buch erzählt die Reise Seraphines nach Hause. 3 Bände, div. Formate, zus. 747 Seiten, fester Einband. **Nr. 1398 300**

TIPP **Walter Moers. Die Stadt der träumenden Bücher. Ein Roman aus dem Zamonischen.** Der junge Dichter Hildegunst von Mythenmetz erbt ein Manuskript, dessen Geheimnis er ergründen möchte. Die Spur weist nach Buchhaim, der Stadt der träumenden Bücher. Walter Moers entführt uns in das Zauberreich der Literatur, wo Bücher nicht nur spannend sind, sondern auch in den Wahnsinn treiben. 480 Seiten, durchg. illustriert, Broschur. *Mängelexemplar.* Statt 14€ nur 5€ **Nr. 1395 122**

5€ Statt 14€

T. C. Boyle Hörbuch-Set. 4 MP3-CDs. Lesung mit Florian Lukas, August Diehl, T.C. Boyle u.a. München 2017–2020. In diesem Set enthalten sind die Lesungen: „Das Licht", „Die Terranauten", „Sind wir nicht Menschen. Erzählungen" T. C. Boyle liest die Titelerzählung „Are We Not Men". 4 MP3-CDs, 38 Std. **Nr. 1401 793**

9,95 Statt 74€

Advent.

»Preis-Tipp

Adventskalender Citroën 2 CV Ente, grün. Mit diesem Citroën-Adventskalender erleben Sie eine unvergessliche Vorweihnachtszeit. Den komfortablen Kultklassiker konnten sich auch weniger betuchte Menschen leisten. Erleben Sie eine Reise durch das 2 CV-Universum und bauen ein detailgetreues Metall-Modell mit einer Erlebniswelt. (Ab 14 Jahren) 34×29×5 cm, 1:38, Metall, Kunststoffsockel, Buch, 2 Batterien (Typ AA) benötigt. Statt 69,95 € nur 59,95 € **Nr. 1385 267**

TIPP

Adventskalender Caravaning VW Bulli T1. Bauen Sie Ihre eigene Erlebniswelt auf und erfahren Sie aus dem Buch alles Wichtige über Caravaning. Das „Sahnehäubchen" ist der Bausatz eines VW Bulli T1. (Ab 14 Jahren) 34×29×9,5 cm, 1:24, Metall, Kunststoffsockel, Begleitbuch. Statt 69,95 € nur 59,95 € **Nr. 1385 259**

TIPP

Adventskalender Porsche Oldtimer-Traktor, rot. In 24 Schritten zum Master 419. (Ab 14 Jahren) 28,5×33×4 cm, Maßstab 1:43, Metall, Kunststoffsockel, Begleitbuch, für 2×AA Batterien (nicht enthalten). Statt 59,95 € nur 49,95 € **Nr. 1385 232**

PREIS-TIPP

Adventskalender Elvis Presley Cadillac Eldorado. Enthalten sind ein Metall-Modell eines 1953er Cadillac Eldorado, ein Buch sowie Sammlerpreziosen. (Ab 14 Jahren) 34×29×5,5 cm, Maßstab 1:37, Soundmodul, Kunststoffsockel, Begleitbuch, 2 Batterien (AA) benötigt. Statt 69,95 € nur 49,95 € **Nr. 1385 640**

Weihnachten in Hogwarts. Das große Pop-up-Adventskalenderbuch. Hinter jeder Tür verbirgt sich ein Baumschmuck mit einem Objekt aus der Harry Potter-Welt. 33×33 cm, 24 Anhänger, fester Einband, farbiges Booklet (96 Seiten). 29 € **Nr. 1380 516**

Arthur Conan Doyle. Der kleine Advent. Sherlock Holmes. Zwei Krimiklassiker in 24 Kapiteln. Der Meisterdetektiv entführt in eine spannende Adventswelt. Die bibliophile Schmuckausgabe mit Stoffeinband, Lesebändchen und Illustrationen von Anna Riese ist ein Adventsschatz für die ganze Familie! 304 S., farb. Bilder, fester Einband. 11 € **Nr. 1258 770**

* aufgehobener gebundener Ladenpreis ** Ausstattung einfacher als verglichene Originalausgabe

Sound-Adventskalender.

TIPP **„It's Christmas Time". Vintage-Plattenspieler mit 24 Weihnachtssongs.** Musikspaß für die Vorweihnachtszeit bietet dieser digitale Sound-Adventskalender! Jeden Tag im Advent erfreut er mit einem Weihnachtssong mit Gesang und Gitarre – einfach eine Schallplatte auflegen und den Tonarm bewegen. 18×18 cm, 24 Mini-Schallplatten aus Pappe, Ø 5 cm, Knopfzellen inkl. 29€ Nr. 1312 421

„1920er". Miniatur-Grammophon mit 24 Liedern und Gedichten. Musikalischer Spaß für Liebhaber der Goldenen Zwanziger! Der Sound-Adventskalender lässt 24 nostalgische Lieder und Texte erklingen, arrangiert vom Trio Größenwahn und illustriert von Robert Nippoldt. 24 Mini-Schallplatten aus Pappe, inkl. Batterien. 34€ Nr. **1358 618**

PREIS-TIPP **Franzis Retro Radio Adventskalender.** Bauen Sie in 24 Schritten Ihr eigenes UKW-Radio, ganz ohne Vorkenntnisse! Ein spannendes Projekt. Mit dem Retro-Radio empfangen Sie lokale, regionale und überregionale Radiostationen. (Ab 14 Jahren) Kalendergröße: 37,5×28,5×2,3 cm, inkl. Bastelbogen u. Bauteilen, 2 1,5-V-Batterien (Typ AA) benötigt. Statt 39,95€ nur 19,95€ Nr. **1083 686**

Bausatz Retro-Spiele-Adventskalender. 24 Spiele der 1970er und -80er zum Selberbauen – zum Stecken, ganz ohne Löten! Vorkenntnisse sind dazu nicht nötig. Batterien sind nicht enthalten. Statt 29,95€ nur 19,95€ Nr. **2917 645**

Adventskalender Retro-Kamera. Komplettbausatz ganz ohne Kleben: Mit den Bauteilen zaubert man eine funktionsfähige Kamera im Stil der zweiäugigen Spiegelreflexkamera Rolleiflex (1929). Zusätzlich wird ein Kleinbildfilm benötigt. (Ab 14 Jahren) 29,5×40×4 cm, Kunststoff. Statt 39,95€ nur 29,95€ Nr. **1385 631**

Wolf Erlbruchs Adventskalender. Schöne Bescherung. Erlbruchs Motiv zweier zappeliger Katzenkinder und ihrer Eltern kommt als Adventskalender zu neuen Ehren. Hinter 24 Klapptürchen verbergen sich Motive aus dem Werk des Künstlers: täglich eine Überraschung auf dem Weg zum Weihnachtsfest. (Ab 3 Jahren) 29,5×42 cm, 25 farbige Bilder. 12€ Nr. **1193 546**

Weihnachtliches.

Theodor Storm. Knecht Rupprecht. Das Weihnachtsfest steht vor der Tür. Das Christkind mahnt Knecht Ruprecht zur Eile: Ein Dorf muss er auf seiner Reise noch besuchen. Storms „Von drauß' vom Walde komm ich her" wird auch heute noch von unzähligen Kindern am Heiligabend vorgetragen. Klaus Ensikats Illustrationen zaubern Weihnachtsstimmung in jedes Wohnzimmer. 21×28 cm, 32 S., 25 Bilder, fester Einband. Originalausgabe 18€ als Sonderausgabe** 9,95€ **Nr. 1310 194**

Das Hausbuch der Weihnachtszeit. Rotraut Susanne Berner hat über 150 Geschichten, Lieder und Gedichte zusammengetragen, die eine ganze Familie vom Herbst, über die Advents- und Weihnachtszeit bis hin zum Fasching begleiten. Neben bekannten Texten gibt es auch Neues zu entdecken. 22×27 cm, 152 Seiten, durchgehend farbige Bilder, Halbleinen. 28€ **Nr. 5382 48**

Skandinavische Weihnachten. Dieses Hausbuch ist ein wahrer Geschichtenschatz! Vor jedem Kapitel werden die beliebtesten weihnachtlichen Bräuche der einzelnen Länder beschrieben. Mit Texten von Astrid Lindgren, Sven Nordqvist, Hans Christian Andersen, Selma Lagerlöf u. v. a. und illustriert von Carola Sturm und anderen. (Ab 5 Jahren) 21,5×27 cm, 224 S., zahlr. farbige Bilder, fester Einband. 25€ **Nr. 1079 450**

TIPP **Weihnachten auf Highclere Castle. Rezepte und Traditionen aus dem echten Downton Abbey.** Das besondere Geschenk für Downton-Abbey-Fans! Lady Fiona Carnarvon führt Sie hinter die Kulissen der Serie und lässt Sie teilhaben an den Weihnachtstagen im Schloss. Mit Rezepten. 320 S., 302 farb. Bilder, fester Einband. 35€ **Nr. 1157 213**

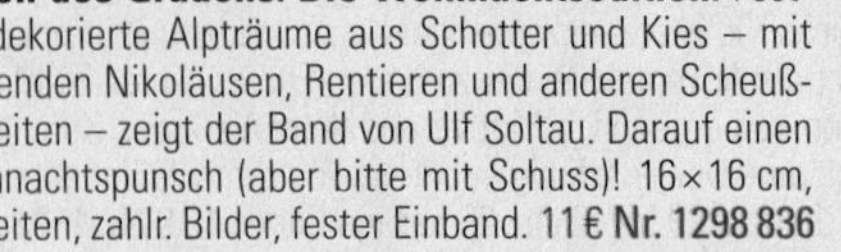

Gärten des Grauens. Die Weihnachtsedition. Festlich dekorierte Alpträume aus Schotter und Kies – mit blinkenden Nikoläusen, Rentieren und anderen Scheußlichkeiten – zeigt der Band von Ulf Soltau. Darauf einen Weihnachtspunsch (aber bitte mit Schuss)! 16×16 cm, 80 Seiten, zahlr. Bilder, fester Einband. 11€ **Nr. 1298 836**

* aufgehobener gebundener Ladenpreis ** Ausstattung einfacher als verglichene Originalausgabe

Vintage-Grußkarten.

TIPP **Vintage Christmas. Die schönsten Grüße zur Weihnachtszeit.** Kunst, Vintage, Nostalgie: 20 Postkarten mit 20 besinnlichen Motiven, gedruckt auf 100 % purem Apfelpapier, in einer attraktiven Blechdose. Ein wunderschönes Geschenk! 11 × 15,5 cm, 20 Postkarten. 12 € Nr. **1321 609**

Schneeflöckchen, Weißröckchen. Die schönsten Bilder von Florence Hardy. 20 Postkarten mit 20 weihnachtlichen Vintage-Motiven, gedruckt auf 100 % purem Apfelpapier, in einer hochwertigen Blechdose. Ein zeitloses Geschenk! 11 × 15,5 cm, 20 Postkarten. 12 € Nr. **1321 595**

Bastel-Set „Merry Christmas". Ob als Schreibtisch-Dekoration oder als Ergänzung zu Räuchermann & Co.: Dieses Bastel-Set ist schnell zusammen gesetzt und eine herrliche Ergänzung zu jedem Geschenk. 10 cm, 21 Steinchen, Grundplatte, Kunststoff, Dose aus Metall mit Goldfolienaufdruck 7,5 × 10,5 × 2,6 cm. 14,95 € Nr. **1239 490**

Fiese Bescherung. Die besten Weihnachts-Cartoons aller Zeiten! Schwarzer Humor ist ein wunderbares Mittel gegen zuviel Lametta und Weihnachtskitsch! In diesem Prachtband zeigen Ihnen Cartoonistinnen und Cartoonisten wie Til Mette, Martin Perscheid oder Mario Lars ihre besten Einfälle rund um das Fest der Liebe. Das perfekte Geschenk für eine lustige Bescherung! 160 S., durchg. farbige Bilder, fester Einband. 16 € Nr. **1218 573**

Ralph Ruthe. Weihnachten! Egal, ob zum Nikolaus oder als kleines Wir-schenken-uns-ja-nichts-Geschenk zu Weihnachten, das Buch von Ralph Ruthe und Markus Barth mit seinen großartigen Cartoons und Texten beschert richtig gute Laune. 64 Seiten, durchg. farbige Bilder, fester Einband. 9 € Nr. **1218 832**

PREIS-TIPP **Die schönsten Weihnachtsgeschichten von Astrid Lindgren. Hörbuch-Box.** Zehn zauberhaft gesprochene Geschichten versüßen den Kleinen das Warten auf den Weihnachtsmann. 3 CDs, 2 Std. 20 Min. Originalausgabe 39,95 € als Sonderausgabe** 14,99 € Nr. **7352 05**

Die große Weihnachtsfilm-Kollektion. 6 DVDs. 1996–2016. 18 Klassiker in einer Box! Mit: „Scrooge, Scrooge – Ein Weihnachtslied", „Die Weihnachtsgeschichte", „Eine total verrückte Bescherung", „First Dog", „Die silbernen Glocken" u.a. 6 DVDs, 25 Std. 58 Min., dt. Nr. **1234 277**

29,99 Statt 49,99 €

Humorvolle Hörbuch-Sets.

PREIS-TIPP **Weihnachten mit der buckligen Verwandtschaft. 8 CDs. Hörbuch-Set.** Die Hörbuchreihe zeigt den echten Weihnachtswahnsinn. Die Großeltern fordern Gedichte, die Eltern zanken, die Geschwister reden kein Wort miteinander. Einziger Trost: Bei anderen zu Hause läuft es nicht besser. Im Gegenteil. Bissig, witzig, herzerwärmend – der perfekte Begleiter für die Feiertage! 8 CDs, 9 Stunden 22 Min. Nr. **1272 810**

9,95 Statt 40 €*

Weihnachtliches gelesen von Harry Rowohlt. 2 CDs. Was Sie schon immer zum Thema Weihnachten hören wollten, aber nicht zu hören bekamen: bissig, urkomisch und garantiert nicht mehr feierlich! Mit Texten von Kingsley Amis, David Lodge, Dan Kavanagh und David Sedaris. „Als Vorleser war Rowohlt der größte, den wir hatten." (zeit-online.de) 2 CDs, 1 Std. 48 Min.
14,99 € Nr. **7932 56**

Die wunderbare Weihnachtsreise. Ein Bilderbuchschatz, für alle, die skandinavische Winterwelten lieben. Die Fotos von Per Breiehagen machen die Geschichte eines Mädchens, das seinem Traum folgt, zum Augenschmaus. (Ab 4 Jahren, mit Mängelstempel) 48 S., zahlr. Bilder, fester Einband. *Mängelexemplar.* Statt 16,99 € nur 4,99 € Nr. 1386 611

Der zweite Weihnachtsmann. Die Weihnachtsmänner in Ole Könneckes Buch sind Freunde, aber ihre Berufsauffassungen könnten nicht unterschiedlicher sein. Als der eine erschöpft nach Hause zurückkehrt und sich schwört, dass er sich den Stress zum letzten Mal angetan hat, erwartet ihn eine Überraschung. 48 S., fester Einband. 11 € Nr. **1373 668**

Cay Rademacher. Stille Nacht in der Provence. Kriminalroman. Ein Ehepaar verbringt Weihnachten in der Provence. Andreas entdeckt ein Skelett in einem Kellergewölbe, doch plötzlich ist der Tote spurlos verschwunden. 256 S., fester Einband. *Mängelexemplar.* Statt 18 € nur 7,99 € Nr. **1396 382**

TIPP **Reginald Hill. Mord in Dingley Dell. Kriminalroman.** Oscar Boswell und Jack Wardle laden ein – zu Festtagen auf dem Landsitz Dingley Dell. Als Arabella Allen auf eine Leiche stößt, wird klar, dass die besinnliche Stimmung trügt. Schon bald gerät die Weihnachtsfeier zum mörderischen Versteckspiel. 272 Seiten, fester Einband. *Mängelexemplar.* Statt 18 € nur 7,95 € Nr. **1318 942**

* aufgehobener gebundener Ladenpreis ** Ausstattung einfacher als verglichene Originalausgabe

INSEL-BÜCHEREI.

TIPP **„Das Herz bleibt ein Kind". Weihnachten mit Fontane.** „Das Herz bleibt ein Kind": Der Band versammelt Weihnachtstexte von Theodor Fontane, illustriert von Selda Marlin Soganci. Der Zauber des Festes wird in seinen Romanen ebenso beschworen, wie auch in Weihnachtsgedichten, Kindheitserinnerungen u.a. 80 S., fester Einband. 10€ **Nr. 1139 053**

Ludwig Tieck. Weihnacht-Abend. In Alt-Berlin ist Weihnachtsmarkt. Minchen und ihre Mutter wollen, trotz ihrer kärglichen Lebensverhältnisse, an einem Stand ein paar Präsente für den Heiligen Abend erwerben – doch plötzlich ist der mühsam ersparte Taler verschwunden. Später klopft es an der Türe .... Ludwig Tiecks zauberhafte Weihnachtsgeschichte, illustriert von Gerda Raidt. 100 S., Illustr., fester Einband. 14€ **Nr. 1373 676**

Hans Fallada. Der gestohlene Weihnachtsbaum. Was tun, wenn Weihnachten vor der Tür steht und immer noch kein Baum im Haus ist? Oder der Wunschzettel lang ist, aber man „immer so mit dem Pfennig rechnen muss"? Und ob die Tiere draußen auch das Fest feiern können? Der Bestsellerautor Hans Fallada erinnert in seinen Erzählungen, illustriert von Ulrike Möltgen, an die schönste Zeit des Jahres. 117 Seiten, fester Einband. 10€ **Nr. 1387 766**

TIPP **Weihnachten mit Robert Gernhardt.** Weihnachten kann heiter werden! „Wussten Sie schon, dass die heiligen Drei Königinnen ihren Männern die Sache mit dem Stern, dem diese monatelang hinterherlaufen mussten, bis an ihr Lebensende nie so recht geglaubt haben?" Der Band versammelt die witzigsten, schönsten und nachdenklichsten Gedichte, Geschichten und Zeichnungen von Robert Gernhardt zum Fest. 144 Seiten, Broschur. *Mängelexemplar.* Statt 12€ nur 4,95€ **Nr. 1161 598**

Siegfried Lenz. Eine Art Bescherung. Weihnachts- und Wintergeschichten. „Das Wunder von Striegeldorf" ist die wohl beliebteste Weihnachtserzählung von Siegfried Lenz, in der zwei Knastbrüder sich selbst beurlauben. In weiteren winterlichen Geschichten erzählt Lenz unter anderem vom Risiko, den der Beruf des Weihnachtsmannes mit sich bringt, von erbeuteter Wärme und einer wundersamen Bescherung in bitterer Kälte. 128 S., Broschur. 14€ **Nr. 1013 025**

Und kerzenhelle wird die Nacht. Weihnachten mit Theodor Storm. Weihnachten mit Theodor Storm: „Von drauß' vom Walde komm ich her; ich muß euch sagen, es weihnachtet sehr!" Ob in Husum, Heiligenstadt oder Hademarschen – in seinen Briefen lässt er Verwandte, Freunde und Dichterkollegen an den weihnachtlichen Vorbereitungen der Familie und dem Glanz des Heiligabends teilnehmen. 144 S., mit Frontispiz, fester Einband. 12€ **Nr. 1301 500**

Kalender 2023.

TIPP **Der Rabenkalender 2023.** Der Klassiker: Auch 2023 grüßt der Abreißkalender mit prosaischen wie lyrischen, zitierten wie goutierten, illustrierten wie proklamierten Einsichten, Ansichten und Aussichten. „365-mal erwartungsfrohe, morgendliche Neugier." (Augsburger Allgemeine). Profund bebildert von Meistern der komischen Kunst. 14×18 cm, 367 Blatt. 17,95 € **Nr. 1374 338**

Der Rabenkalender 2023. 3er-Paket. Die Tagesdosis Geistesblitz zum Abreißen. Zwei zum Verschenken und einen zum Eigengenuss. 3 Kalender à 14×18 cm, je 367 Blätter. Statt 53,85 € nur 49,95 € **Nr. 1374 680**

Der Raben-Planer 2023. Ein einzigartiger Wochenplaner, der Raum für Notizen, Rachepläne, Einkaufslisten, Erfindungen, Tiraden, Liebesbriefe, Testamentsentwürfe, Romananfänge und Geistesblitze lässt. Mit anregenden Cartoons – beigesteuert unter anderem von Rudi Hurzlmeier, HUSE und Rolf Tiemann – Zitaten, Gedichten und Weisheiten konterkariert. Denn wenn die Zeit schon vergeht, dann soll es doch wenigstens lustig sein! 12,95 € **Nr. 1374 346**

Wandkalender 2023 „Retro Pin-ups". Sexy und süß zeigten die zeitlosen Illustrationen der 1950er Jahre junge Frauen. Sie trugen figurbetonte Kleidungsstücke, hübsche Dessous oder knappe Bikinis. Das mehrsprachige Kalendarium lässt viel Platz für Notizen. 30,5×30,5 cm, 16 S., 13 farb. Abb. **Nr. 1386 590**

Wandkalender 2023 „Esel". Zwölf süße Esel tummeln sich in diesem Wandkalender, der nebenbei viel Platz für Eintragungen und eine Übersicht mit Ferienterminen zu bieten hat. Jede Kalenderseite zeigt ein großes Bild und bietet viel Platz im Kalendarium für Notizen und Termine. 30×30 cm; Format offen: 30×60 cm; FSC-Papier. 5,95 € **Nr. 1380 630**

Wandkalender 2023 „Wunder der Welt". Eine Fotoreise zu den schönsten Naturwundern und berühmtesten Kulturstätten der Erde. Mit Ferienterminen. 5,95 € **Nr. 1382 675**

* aufgehobener gebundener Ladenpreis ** Ausstattung einfacher als verglichene Originalausgabe

PREIS-TIPP **Hermann Hesse Kalender 2023. Mit dreizehn Aquarellen sowie Betrachtungen und Gedichten über die Wolken.** In zarten Farben gefertigt, zeigen Hesses Bilder vornehmlich Motive um seinen Schweizer Wohnort. Aus dem Fundus präsentiert der Kalender 13 Aquarelle sowie eine Auswahl seiner Gedichte über Wolken. 32×42,5 cm, 14 Blatt, 12 Kalenderblätter, Spiralbindung. **Nr. 1380 460**

9,95 Statt 22 €

Wandkalender 2023 „Worpsweder Landschaften". Die Landschaft der Worpsweder Künstlerkolonie inspirierte Künstler zu vielen Bildern. Eine Auswahl von Werken von Heinrich Vogeler, Fritz Overbeck, Paula Modersohn-Becker u.a. vereint der Kalender. 34×44 cm, Spiralbindung. 12,99 € **Nr. 1368 672**

Wandkalender 2023 „Die Vögel Mitteleuropas". Bis heute gelten die Lithografien aus der „Naturgeschichte der Vögel Mitteleuropas" von J. F. Naumann als maßgeblich in der Vogelmalerei. Im Kalender sind sie prachtvoll anzusehen. 30×42 cm, 14 S. 9,95 € **Nr. 1383 442**

Wandkalender 2023 „Bauhaus". Es war die berühmteste moderne Schule für Kunst-Design und Architektur in Deutschland, entstanden 1919 in Weimar. Gründer Walter Gropius wollte Kunst und Handwerk auf innovative Weise vereinen. Dieser Kalender zeigt die ganze Vielfalt. 34×44 cm, Spiralbindung. 12,99 € **Nr. 1368 664**

Wochenkalender 2023 „Irische Segenswünsche". Mit Zitaten. Tiefgründig, poetisch, voller Weisheit und Stärke: 53 keltische oder christliche Segenswünsche enthält dieser Wochenkalender, zusammen mit wunderschönen Irland-Fotografien. Mit zur Jahreszeit passenden Wünschen. Nicht nur für Irland-Fans! 12,99 € **Nr. 1380 540**

»Preis-Tipp

Loriot Tagesabreißkalender 2023. Zum Schmunzeln schön! Tag für Tag gibt Loriot in diesem Abreißkalender Antwort auf alle Fragen, die der menschliche Alltag so stellt. Humor vom Feinsten! 11×14 cm, Abreißkalender. Originalausgabe 16,99 € als Sonderausgabe** 9,95 € **Nr. 1368 699**

Humorvolles.

TIPP **Die Olsenbande – Das Original (Box 2021). 14 DVDs.** Alle 14 Spielfilme mit dem beliebten dänischen Gangster-Trio in der Original DEFA-Synchronfassung. Auch der letzte Teil der beliebten Reihe ist mit dabei: „Der (wirklich) allerletzte Streich der Olsenbande" von 1998, bei dem die Olsenbande nach 17-jähriger Pause noch einmal für einen großen Coup zusammenfindet. 14 DVDs, 23 Std. 30 Min., dt., DD 2.0, Widescreen. Nr. 1325 973

199,99 Statt 239,99 €

Manfred Deix. Tierwelt. Katzen & Co. Manfred und Marietta Deix beherbergten in „Spitzenzeiten" bis zu 70 Katzen in ihrem Haus. Aber auch die übrige Tierwelt darf nicht zu kurz kommen: Fische, Hunde, Vögel u. v. m. Meisterhafte Tierkarikaturen! 96 S., Bilder, fester Einband. 19,99 € Nr. 7607 49

Nichts für schwache Nerven. Ruhestand. Schwarzer Humor für die Rente und Pension. Nonstop Enkelbetreuung, handwerkliche Arbeit und Apothekenzeitschrift-Abo: willkommen im Ruhestand. Da hilft nur bitterböser Humor. Eine lustige Geschenkidee! 128 S., fester Einband. 10 € Nr. 1332 813

SLAPSTICK.

TIPP **Charlie Chaplin (Komplette Sammlung). 12 DVDs.** 1918–57. Die Edition präsentiert die wichtigsten zehn Filme des Slapstick-Königs in bester Bild- und Tonqualität, ergänzt durch Bonusmaterial wie „Der Pilger" u.a. 12 DVDs, 20 Std., 6 Min., dt., engl., Ut. dt., DD Mono, 4:3, Extras. Nr. 1200 976

69,99 Statt 99,99 €

Zwei Herren Dick und Doof (Original ZDF-Serie). 4 DVDs. 1975–80. Alle vier Staffeln der legendären ZDF-Reihe. 4 DVDs, 5 Stunden 44 Min., dt., DD 2.0 Mono, 4:3 (s/w), Booklet. Nr. 1259 334

29,99 Statt 59,99 €

Die kleinen Strolche. Staffel 2 (ZDF-Fassung). 3 DVDs. 1920–1968. Hal Roach erweckte 1922 die Filmserie um die Rasselbande zum Leben. Hier liegt die originale ZDF-Fassung vor. 3 DVDs, 6 Std. 14 Min., dt., DD 2.0, 4:3. (s/w). Statt 39,99 € nur 24,99 € Nr. 1370 456

Die kleinen Strolche. Staffel 1 (Komplette ZDF-Fassung). 2 DVDs. 1920–1968. Die verschollene Original-ZDF-Fassung der 1. Staffel „Die kleinen Strolche". 2 DVDs, 7 Std. 8 Min., dt., Dolby Digital Mono, 4:3 (s/w). Statt 59,99 € nur 36,99 € Nr. 1332 228

* aufgehobener gebundener Ladenpreis ** Ausstattung einfacher als verglichene Originalausgabe

Loriot – einer der größten deutschen Humoristen.

Das große Loriot Buch. Gesammelte Geschichten in Wort und Bild. Der Autor gibt Antwort auf alle Lebensfragen, die aus falscher Scham oft unerörtert bleiben. Der Jubiläumsband enthält sämtliche Geschichten und Zeichnungen aus „Loriots Großer Ratgeber" und „Loriots Heile Welt". 600 S., zahlr. Bilder, fester Einband.
36 € Nr. **5400 72**

»Preis-Tipp

Loriot im Sessel. Buchstütze. Eine Augenweide aus handbemaltem Gießharz: Die 1 kg schwere Figur hält auch die dicksten Wälzer an ihrem Regalplatz. Kann auch einfach als Schreibtisch- oder Wohndekoration genutzt werden. 15×12,5×16 cm.
Statt 69 € nur 44 € Nr. **5449 81**

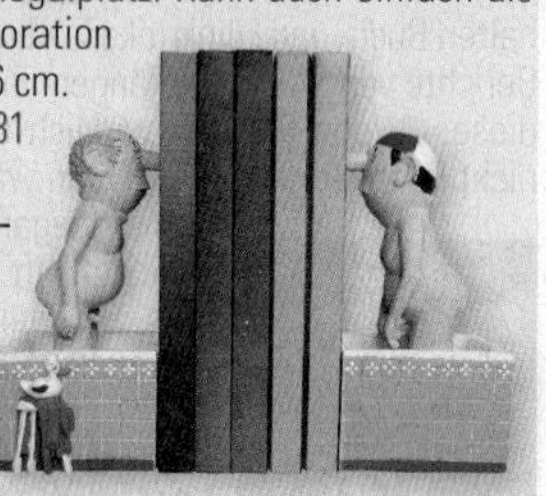

Buchstützen „Loriot – Zwei Herren im Bad". Herr Müller-Lüdenscheidt und Herr Dr. Klöbner als dekorative Buchstützen. 10×9,5×17 cm, zus. 1.680 g, handbemaltes Kunstharz, mit Filzgleitern. Statt 79 € nur 58 € Nr. **5449 90**

Uli Stein. Weihnachten. Weihnachtliche Cartoons mit Pinguinen im Weihnachtschaos und Mäusen unterm Tannenbaum: So lieben wir Weihnachten mit Uli Stein. In seinem ersten Weihnachts-Hausbuch werden diese Klassiker durch unveröffentlichte Texte, Fotos und Zitate ergänzt. Ein prachtvolles Buch, das unter keinem Weihnachtsbaum fehlen sollte. 20×23 cm, 144 S., zahlr. Bilder, fester Einband.
20 € Nr. **1300 245**

Fiese Bilder. Buchausgabe 2022. Vieles ist nur mit einer guten Portion schwarzen Humors zu ertragen. Lebenshilfe für solche Situationen liefert auch dieser neue Band aus der Reihe „Fiese Bilder" zuverlässig auf 160 Seiten mit Cartoons der besten und bekanntesten Witzbildchenzeichner aus Deutschland, Österreich und der Schweiz. 19,5×24 cm, 160 S., zahlr. Bilder, Broschur. 12 € Nr. **1332 767**

Otto Waalkes.

Kaffeebecher „Ottifanten". Designed by Otto Waalkes. Dieser aus Porzellan gefertigte Becher ist ein echter Aufmunterer. Ø 8,5 cm, 10 cm, 300 ml, spülmaschinenfest.
Statt 14,95 € nur 9,95 € Nr. **1397 931**

Kaffeetasse mit Untertasse „Ottifanten". Ø 10 cm, 6 cm, 180 ml, Untertasse Ø 15 cm, Porzellan, spülmaschinen- und mikrowellenfest, in einer Geschenkbox.
Statt 14,95 € nur 9,95 € Nr. **1257 030**

Familie Heinz Becker (Komplette Serie). 7 DVDs. 1992–2004. Mit Gerd Dudenhöffer, Alice Hoffmann u.a. Alle 42 Folgen mit dem saarländischen Besserwisser (und leidenschaftlichen Biertrinker) Heinz Becker, seiner Frau Hilde und Sohn Stefan in einer Gesamtausgabe. 7 DVDs, 19 Std. 45 Min., deutsch, Dolby Digital 2.0, 4:3, Extras: Laumann-Special; Making Ofs. Statt 79,99 € nur 59,99 € **Nr. 3012 930**

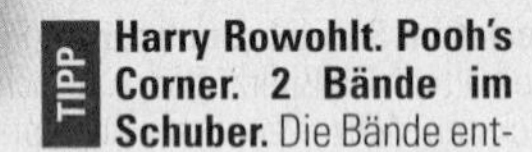

TIPP **Harry Rowohlt. Pooh's Corner. 2 Bände im Schuber.** Die Bände enthalten Buch- und Filmkritiken, Miniaturdramen, Anekdoten, Berichte von Staatsempfängen und höhere Weisheiten wie diese: „Wenn Politiker wirklich so gut wären, wären sie nicht Politiker geworden. Dann wären sie in die freie Wirtschaft gegangen und hätten sich welche gekauft." 2 Bde. à 10,5×18,5 cm, zus. 980 Seiten, Leinen, im Schuber. Statt 48 €* nur 19,95 € **Nr. 7479 71**

Jürgen von der Lippe. Sex ist wie Mehl. Geschichten und Glossen. „Bist du's, Jürgen?" „Nein, ich bin George Clooney im achten Monat." Der unermüdliche Önologe im Weinberg des Humors hat wieder einen Knallerjahrgang produziert – mit feiner Nase, voller Dröhnung und superlangem Abgang. 256 Seiten, Broschur. Statt geb. Originalausgabe 18 € als Taschenbuch 11 € **Nr. 1371 436**

TIPP **Stromberg. Staffel 1–5 & Kinofilm. 11 DVDs.** 2004–14. Mit Christoph M. Herbst, Bjarne Mädel u.a. Serien-Kult! Die Sitcom rund um den Bürowahnsinn, mit einem Chef, den man seinem ärgsten Feind nicht wünscht. 11 DVDs, 28 Stunden 30 Min., dt., Dolby D. 5.1, 4:3/16:9., Extras: Interviews u.a. **Nr. 1365 134**

34,99 Statt 59,99 €

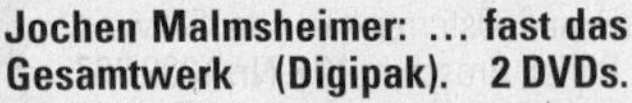

Jochen Malmsheimer: ... fast das Gesamtwerk (Digipak). 2 DVDs. 2020. Vier Erfolgsprogramme ungekürzt: „Wenn Worte reden könnten ...", „Ich bin kein Tag für eine Nacht ...", „Flieg Fisch, lies und gesunde! ..." und „Ermpftschnuggn trødå – hinterm Staunen kauert die Frappanz!" 2 DVDs, 7 Std., dt., Dolby Digital 2.0, Widescreen. Statt 34,99 € nur 28,99 € **Nr. 1252 895**

Insterburg & Co. Das Beste aus der Kunst des höheren Blödelns. 3 DVDs. 1972–2015/18. Mit den Frontmännern Karl Dall und Ingo Insterburg erlangte das Musik-Comedy-Quartett in den 60ern und 70ern Kultstatus. Schräg! 3 DVDs, 6 Std. 20 Min., dt., DD 2.0 Mono, 4:3, Extras. **Nr. 1124 501**

29,99 Statt 39,99 €

* aufgehobener gebundener Ladenpreis ** Ausstattung einfacher als verglichene Originalausgabe

Cornelis Veth.

»Preis-Tipp

Cornelis Veth. Der Arzt in der Karikatur. Reprint der Ausgabe Berlin 1927. Diese „Karikaturen sind allen gewidmet, die sich mit der Genesung von Krankheiten und der Heilung von Wunden befassen. Welcher Art Arzt es auch sei, keiner wird geschont" (C. V.). 160 S., 147 s/w-Bilder, fester Einband. Originalausgabe 27,50 € als Sonderausgabe** 9,95 € Nr. 1323 369

Weil noch das Lämpchen glüht. 99 boshafte Zeichnungen von Ronald Searle gerechtfertigt durch Friedrich Dürrenmatt. Das erste Diogenes Buch in einer nostalgischen Faksimile-Ausgabe. 104 S., mit Illustrationen, fester Einband. *Mängelexemplar.* Statt 16,90 € nur 6,99 € **Nr. 1398 113**

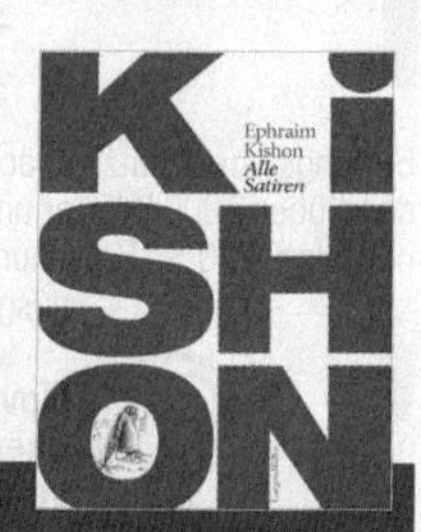

Kishon. Alle Satiren. Ephraim Kishons komische und nachdenkliche Geschichten mit all ihren Pointen zum Nachlesen und Wiederentdecken. Wir begegnen u.a. dem Hochstapler Jossele, den Nachbarn Selig und der besten Ehefrau von allen. 1.128 S., fester Einband. 30 € **Nr. 2789 329**

KABARETT.

Gerhard Polt. Nikolausi. Alles über Weihnachten. Mit Gerhard Polt durch den Advent: Grantelnd begleitet er uns durch die Zeit, in der wir uns den Weg durch jingleverbellte Kaufhäuser bahnen. „Immer lauert da hinter den Sätzen der Abgrund, und man fühlt sich wie Rotkäppchen vorm Wolf." (Bayerischer Rundfunk) 112 S., roter Seitenfarbschnitt, Broschur. 11 € **Nr. 1087 185**

TIPP **Polt und Hildebrandt im Scheibenwischer 1980–1994. 2 DVDs.** Gerhard Polt gehörte zu den häufigsten Gästen in Dieter Hildebrandts legendärem „Scheibenwischer", wo sie sich aberwitzige Schlagabtausche lieferten. 2 DVDs, 4 Std. 26 Min., dt., Dolby Digital, 4:3, Extras: Interview. Statt 29,99 € nur 21,99 € **Nr. 2849 976**

»Preis-Tipp

Hanns Dieter Hüsch. Sieben Kabarettprogramme aus drei Jahrzehnten. 3 DVDs. 1973–1999. Komiker, Philosoph, Menschenfreund: Fernsehaufzeichnungen aus 30 Jahren. 3 DVDs, 12 Std. 23 Min., dt., Dolby Digital 2.0, 4.3, Extras. Statt 49,99 € nur 29,99 € **Nr. 2695 510**

Hans Dieter Hüsch: Das schwarze Schaf vom Niederrhein/Der Fall Hagenbuch/Gegengesänge. DVD. 1969/82. Die Höhepunkte aus drei Kabarettprogrammen sowie Hüschs erste TV-Auftritte auf DVD. DVD, 2 Std. 46 Min., dt., Dolby Digital 2.0, 4:3. Statt 26,99 € nur 16,99 € **Nr. 3008 495**

Klassiker der Literatur.

TIPP **Schecks Kanon. Die 100 wichtigsten Werke der Weltliteratur.** Kann ein Kinderbuch zum Kanon der Weltliteratur zählen? Unbedingt, sagt der Literaturkritiker Denis Scheck. Mit seiner Auswahl der 100 wichtigsten Werke präsentiert er einen zeitgemäßen Kanon. Von Ovid bis Tolkien, von Simone de Beauvoir bis Shakespeare, von W. G. Sebald bis J. K. Rowling: Charmant, wortgewandt und klug erklärt er, was man gelesen haben muss – und warum. 12×18,5 cm, 480 S., Illustr., Broschur. Statt geb. Originalausgabe 25€ als Taschenbuch 16€ **Nr. 1367 781**

Der Bildungswortschatz. Was genau bedeuten Wörter wie „volatil" oder „Subsidiarität"? Das Buch von Gerhard Augst stellt den Bildungswortschatz zunächst systematisch vor und erläutert dann über 2 000 Wörter und Wendungen in alphabetischer Reihenfolge. 220 S., Broschur. Originalausgabe 19,80€ als Sonderausgabe** 9,95€ **Nr. 1253 468**

Novalis. Die Poesie des Unendlichen. Dichtungen und Texte des Universalgeistes der Frühromantik. Die für diesen Band getroffene Auswahl aus poetischen und Studientexten von Novalis führt den Leser auf die Spuren dieser besonderen Poesie. 224 Seiten, Broschur. 20€ **Nr. 1340 522**

In 80 Büchern um die Welt. Abenteuerliche Reisen von Marco Polo, Anna Seghers, Paulo Coelho, Wolfgang Herrndorf u. v. a. „In 80 Büchern um die Welt" ist ein fabelhafter Spaß für reiselustige Leseratten. Geliebte Klassiker und moderne Bestseller von Cervantes, Anna Seghers und Jack Kerouac geben sich dabei ein Stelldichein. 17,8×23,5 cm, 256 S., 250 farbige Bilder, fester Einband. 29€ **Nr. 1370 553**

TIPP **Ick kieke, staune, wundre mir. Berlinerische Gedichte von 1830 bis heute.** Diese erste dokumentarische Anthologie, die sich der berlinerischen volksnahen Sprache widmet, umfasst über 250 Gedichte – von 1830 bis heute, von Fontane bis Tucholsky. 472 S., fester Einband. Originalausgabe 42€ als Sonderausgabe** 24€ **Nr. 8261 62**

Die Grammatik. Struktur und Verwendung der deutschen Sprache. Das Standardwerk zur deutschen Grammatik beschreibt den Aufbau der deutschen Sprache anhand der Einheiten Satz, Wortgruppe und Wort umfassend und fundiert. Jede Einheit wird ausführlich behandelt und mit Querschnittsthemen wie Text, Stil, Prosodie oder Orthografie in Verbindung gesetzt. 13×19 cm, 1.008 Seiten, fester Einband. 40€ **Nr. 1378 856**

* aufgehobener gebundener Ladenpreis ** Ausstattung einfacher als verglichene Originalausgabe

WILHELM BUSCH.

Wilhelm Busch. Sämtliche Werke. 2 Bände im Schuber. Die Ausgabe präsentiert ein Multitalent, das bis heute begeistert: als Zeichner, Verseschmied und „Urvater des Comics". „Ich denke, außer vielleicht Lichtenberg hat es keinen Ebenbürtigen in deutscher Sprache gegeben." (Albert Einstein) 2 Bde., zus. 2.276 S., fester Einband, im Schuber. 45 € Nr. 1320 505

Wilhelm Busch. Das 19. Jahrhunderts en miniature. Gert Ueding vereinigt Biografie und Werkanalyse Wilhelm Buschs in dem vorliegenden Band zu einem faszinierenden Zeitbild. Das Standardwerk über den Verfasser der berühmten Bildergeschichten in einer stark erweiterten und revidierten Fassung. 12,5×20,5 cm, 430 Seiten, zahlreiche Bilder, fester Einband. 26,80 € Nr. 3988 53

PREIS-TIPP

Karoline von Günderrode. Sämtliche Werke und ausgewählte Studien. Historisch-kritische Gesamtausgabe in 3 Bänden. Neben Freundschaft und Liebe, Natur und Kunst ist der Tod ein zentrales Thema in Günderrodes Werk. Die Ausgabe stellt edierte Lesetexte und einen methodisch reflektierten wissenschaftlichen Apparat bereit. 3 Bände, zus. 1.500 Seiten, Broschur. Nr. 1397 621

14,95 Statt 48 €*

Lotte meine Lotte. Die Briefe von Goethe an Charlotte von Stein. 2 Bände. J. W. v. Goethes Briefe an Charlotte von Stein zwischen 1776 und 1786: Über 1700 „Zettelgen", Billette und Beteuerungen erzählen von einer für Goethe wohl unvergleichlichen Liebe. 2 Bände, 750 S., Leseband, fadengeheftet, fester Einband, im Schmuckschuber. 76 € Nr. 6806 99

»Preis-Tipp

Das dicke Buch der Alphabete. Woher kommt der Punkt auf dem Buchstaben i? Ob Hieroglyphen, Brailleschrift, Morsecode, Katakana, Emojis – es gibt kaum etwas, das auf dieser Entdeckungsreise durch Sprachen und Alphabete von Frank Landsbergen nicht erkundet wird. 264 S., fester Einband. Originalausgabe 19,99 € als Sonderausgabe** 9,95 € Nr. 1333 488

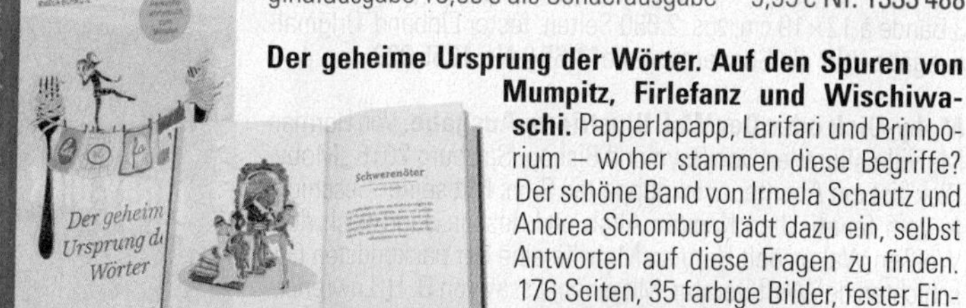

Der geheime Ursprung der Wörter. Auf den Spuren von Mumpitz, Firlefanz und Wischiwaschi. Papperlapapp, Larifari und Brimborium – woher stammen diese Begriffe? Der schöne Band von Irmela Schautz und Andrea Schomburg lädt dazu ein, selbst Antworten auf diese Fragen zu finden. 176 Seiten, 35 farbige Bilder, fester Einband. 18 € Nr. 1193 201

Das Buch der Tausend Nächte und der einen Nacht. 18 Bände. Reprints der Erstausgabe der Geschichten aus 1001 Nacht! Die von Franz von Bayros u. a. erotisch illustrierte Ausgabe basiert auf der ersten englischen Übersetzung von Sir Richard Francis Burton (1821–1890) und löste einen Skandal aus. Wie das Original ist diese Ausgabe auf 520 Editionen limitiert. 18 Bde. à 20,5×14 cm, zus. 5.603 S., Illustr., Cabraleder, Sammlerprägung Ø 2,5 cm, limitiert, Echtheitszertifikat. Statt 522 €* nur 198 € **Nr. 3028 836**

Gustave Flaubert. Werke in 8 Bänden. Mit den acht Werken „Madame Bovary", „Bouvard und Pécuchet", „Salammbô", „Die Erziehung des Herzens", „Drei Geschichten", „Leidenschaft und Tugend", „Memoiren eines Irren", „Die Versuchung des heiligen Antonius". 8 Bände, zus. 2.880 S., Broschuren in Schmuckkassette. 74,90 € **Nr. 3063 39**

TIPP **Jane Austen. Die großen Romane. 6 Bände.** Die Kassette enthält alle großen Romane der unvergessenen englischen Autorin: „Die Abtei von Northanger", „Emma", „Mansfield Park", „Stolz und Vorurteil", „Überredung", „Verstand und Gefühl". 6 Bde., zus. 2.574 S., fester Einband. Originalausgabe 43,70 € als Sonderausgabe** 29,95 € **Nr. 2647 737**

Die Brontë-Schwestern. Die großen Romane. Die Geschenkkassette umfasst die Romane „Agnes Grey", „Jane Eyre", „Villette", „Shirley", „Sturmhöhe". 5 Bände, 2.860 S., feste Einbände, im Schuber. Originalausgabe 44,70 € als Sonderausgabe** 34,95 € **Nr. 7513 32**

TIPP **Dante Alighieri. La Commedia/Die Göttliche Komödie. 3 Bände im Schuber. Italienisch/Deutsch.** Zu Beginn des 14. Jhs. schrieb Dante Alighieri seine „Commedia". Der Text liegt hier in der kommentierten Neuübersetzung von Hartmut Köhler vor. (Text dt., ital.) 3 Bände à 12×19 cm, zus. 2.080 Seiten, fester Einband. Originalausgabe 79 € als Sonderausgabe** 65 € **Nr. 1255 029**

Moby-Dick oder Der Wal. Illustrierte Ausgabe. Von Herman Melville, illustriert von Raymond Bishop. Salzburg 2016. „Moby-Dick" ist ein Abenteuer im doppelten Sinn: Mit seiner Geschichte vom fanatischen Kapitän Ahab und dessen Jagd nach dem Weißen Wal erzählt Herman Melville eine der packendsten Geschichten der Weltliteratur. Mit einem Essay von D. H. Lawrence. 14,5×18,5 cm, 976 Seiten, 42 Illustr, Leinen. 45 € **Nr. 7843 11**

* aufgehobener gebundener Ladenpreis ** Ausstattung einfacher als verglichene Originalausgabe

PREIS-TIPP

Jules Verne. Die Jangada. 800 Meilen auf dem Amazonas. Plantagenbesitzer Joam Garral wird zum Kapitän der Jangada, seines Floßes, auf dem Platz für ein ganzes Gut ist. Ein Abenteuer auf Leben und Tod, verbunden mit der Erkundung der tropischen Natur. „Ein herrlicher Mantel-und-Degen-Roman." (F.A.Z.) 432 S., fester Einband. Originalausgabe 42 € als Sonderausgabe** 22 € **Nr. 1338 099**

Set Mary Shelley. Streifzüge durch Deutschland. 2 Bände. Als Mary Shelley sich 1840 und 1842 mit ihrem Sohn Percy Florence quer durch Europa auf Reisen begibt, ist ihr Ziel Italien. Literatur, Kunst sowie Sitten und Gebräuche sind die Themen ihrer Reiseberichte. 2 Bde à 17,5×24,5 cm, zus. 504 S., farb. Bilder, feste Einbände. **Nr. 1363 794**

29,90 Statt 56 €*

FERNER OSTEN.

Die Reise in den Westen. Ein klassischer chinesischer Roman. 2 Bände. „Der wichtigste Roman des vormodernen Chinas" (Die Zeit). Erzählt wird von vier Pilgern, die sich auf Geheiß des Kaisers auf den langen Weg in den Westen machen, um Buddha zu huldigen und heilige Schriften zu holen. 2 Bde., zus. 1.320 S., 100 Bilder, Broschur. Statt geb. Originalausgabe 88 € als Taschenbuch 44 € **Nr. 1147 013**

Luo Guanzhong. Die Drei Reiche. 2 Bände. Das verborgene Monument: „Die Drei Reiche" ist der legendäre, älteste Roman Chinas und ein einzigartiger Schlüssel zu seiner Kultur. Hier liegt er zum ersten Mal vollständig auf Deutsch vor. Eine einzigartige Entdeckung! 2 Bände à 16×23,5 cm, zusammen 1.750 Seiten, fester Einband, im Schuber. 99 € **Nr. 8237 40**

Haiku. Gedichte aus fünf Jahrhunderten. Diese Ausgabe enthält über 300 Haiku – die Stimmungen in Dreizeilern binden – von den Anfängen bis in die Gegenwart. In der Auswahl wird jedes Haiku mit dem Originaltext in japanischen Zeichen und in einer Umschrift in lateinischen Buchstaben wiedergegeben, darauf folgen Übersetzung und Kommentar. (Text dt., jap.) 422 S., fester Einband. Originalausgabe 44 € als Sonderausgabe** 30 € **Nr. 1340 379**

Japanische Geister und Naturwesen. Noch mehr als im alten Europa war in Japan die Welt allenthalben belebt von Naturwesen, die dort yôkai heißen. Meisterlich erzählt der Wahljapaner Lafcadio Hearn solche Geschichten und Benjamin Lacombe mit seinem Faible für japanisches Dekor illustriert sie nicht minder gekonnt. 172 Seiten, durchg. farbige Bilder, Altarfalz, Leseband, Halbleinen mit Goldprägung. 47 € **Nr. 1298 739**

Literatur 20. Jahrhundert

Franz Kafka.

TIPP **Franz Kafka. Die Zeichnungen.** „Eine kleine Sensation" (F.A.Z.): Erst 2019 tauchten über 100 Zeichnungen von Franz Kafka auf. „Kafka zeichnete mit Wucht. […] stets kennzeichnen sich seine Bilder durch Kraft und Energie." In dieser „prunkvollen und faszinierenden Ausgabe" (F.A.Z.) mit ihren brillanten Reproduktionen ist Kafka als Zeichner erstmals vollständig zu entdecken. 21×29 cm, 336 S., 240 farb. Bilder, fester Einband. 45€ Nr. **1293 508**

Franz Kafka. Brief an den Vater. Faksimile im Originalformat und Transkription. 1919 schreibt Franz Kafka seinem Vater Hermann einen Brief, den er nie abschicken wird. Er ist Verteidigungs- und Anklageschrift in einem. In dieser Ausgabe kann der Brief in Kafkas Handschrift und in einer Transkription bewundert und gelesen werden. 240 S., fester Einband. 46€ Nr. **1115 910**

Franz Kafka. „Du bist die Aufgabe". Aphorismen. Die Aphorismen und Denkbilder, die Kafka während seines Aufenthalts in dem böhmischen Dorf Zürau notierte, gehören zu den geheimnisvollsten seiner Texte. Jedem Aphorismus ist in dieser kommentierten Ausgabe von Reiner Stach eine Seite mit Materialien beigegeben. 252 S., fester Einband. 24€ Nr. **1165 429**

PREIS-TIPP **Alfred Döblin. Amazonas. Romantrilogie.** In seiner erzählerischen Opulenz hat Döblins „Amazonas"-Trilogie nichts Geringeres zum Gegenstand als den ganzen südamerikanischen Kontinent und die vierhundertjährige Kolonial- und Gewaltgeschichte seiner europäischen Eroberung. 896 S., Broschur. Statt geb. Originalausgabe 65,45€ als Taschenbuch 28€ Nr. **1269 950**

Joseph Roth. Reisen in die Ukraine und nach Russland. Auf seinen Expeditionen nach Kiew, Moskau oder Odessa tauchte Roth in den Kosmos des östlichen Europa ein. Bewegende Zeugnisse und auch heute noch von großer Aktualität! 136 S., Broschur. 14,95€ Nr. **2803 437**

Arno Schmidt
gezeichnet von Mahler
Schwarze Spiegel

Bibliothek Suhrkamp

Nicolas Mahler. Arno Schmidt – Schwarze Spiegel. Graphic Novel. 1960: die Erde wurde von einem Atomschlag entvölkert. Wider Erwarten trifft ein Mann auf einen anderen Menschen. Arno Schmidts kulturpessimistische Adam-und-Eva-Dystopie, witzig in Szene gesetzt. 140 S., mit Abb., fester Einband. 24€ Nr. **1300 342**

 * aufgehobener gebundener Ladenpreis ** Ausstattung einfacher als verglichene Originalausgabe

Hermann Hesse.

Hermann Hesse. Ausgewählte Werke in sechs Bänden. Kassette. Diese Ausgabe enthält Hermann Hesses sämtliche Romane, seine wichtigsten Erzählungen und eine Auswahl seiner schönsten Gedichte. Der letzte Band fasst seine Einsichten zu Religion, Kunst, Reisen, Natur und Zeitgeschehen zusammen. 6 Bände à 12×18,5 cm, zusammen 3.400 S., Broschuren im Schuber. **Nr. 1041 037**

Hermann Hesse. Mit der Reife wird man immer jünger. Betrachtungen und Gedichte über das Alter. Geschenkausgabe. Hermann Hesse gehört zu den Autoren, die das Glück hatten, alle Lebensstufen auf charakteristische Weise erfahren zu können. Zu den schönsten dieser Schilderungen gehören seine Betrachtungen über das Alter – jene Zeit des Übergangs in eine weniger aktive Phase. 180 Seiten, fester Einband. 12 € **Nr. 1300 733**

Mascha Kaléko. Sämtliche Werke und Briefe in vier Bänden. „Sie dichtete ihr Leben, und sie lebte ihre Dichtung." (Marcel Reich-Ranicki). Die erste kommentierte Gesamtausgabe der Werke und Briefe der großen Lyrikerin Mascha Kaléko: macht das Gesamtwerk und die Korrespondenz einem breiten Publikum zugänglich. 20×22,5 cm, 4.068 S., zahlr. farb. Bilder, Broschur. Originalausgabe 198 € als Sonderausgabe** 78 € **Nr. 6064 72**

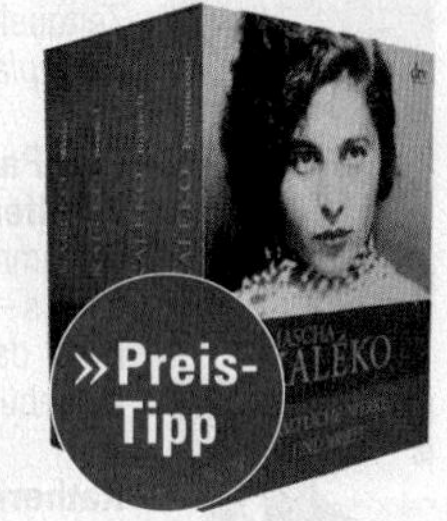

Ingeborg Bachmann. Werke. 4 Bände im Schuber. „Sie war die erste Diva der deutschsprachigen Literatur" (Cicero). Bereits mit dem ersten Lyrikband wird die faszinierende Sprach- und Bildkraft Ingeborg Bachmanns von der Kritik enthusiastisch gefeiert. Sie schuf mit ihrer Lyrik, ihren Hörspielen, ihrer Essayistik und ihrer Prosa eines der eindrucksvollsten schriftstellerischen Werke ihrer Generation. 4 Bände, zusammen 2.304 S., Broschuren im Schuber. 38 € **Nr. 1265 822**

Arno Schmidt. Zettel's Traum. Ein Hör-Lesebuch. MP3-CD. Arno Schmidts sagenumwobenes Kultbuch „Zettel's Traum" als Hörbuch – geht denn das? Ja – wenn es Ulrich Matthes liest! „Ulrich Matthes macht „Zettel's Traum" als singuläres Sprachkunstwerk hörbar". (S.Z.) MP3-CD, 7 Stunden 50 Minuten. 19,99 € **Nr. 1301 543**

Arno Schmidt. Biografie. Arno Schmidt ist ein Klassiker der Moderne. Diese grundlegende Biografie von Sven Hanuschek bezieht auch dem umfangreichen Nachlass mit ein. Sie eröffnet einen neuen, umfassenden Blick auf Schmidts Persönlichkeit und hilft bei der Orientierung in einem riesenhaft erscheinenden Werk. 15×22 cm, 608 Seiten, zahlreiche Bilder, fester Einband. 45 € **Nr. 1298 585**

Christopher Isherwood.

»Sonderausgabe** 39,90 Statt 86 € als Originalausgabe

Christopher Isherwood. Schein und Sein. 4 Bände. Das Paket enthält: „Lauter gute Absichten", das Porträt einer Jugend zwischen den Weltkriegen. „Das Denkmal": ein Abgesang auf die maroden Lebensverhältnisse der britischen Upper Middle Class im England der 1920er. „Praterveilchen": seziert mit beißender Ironie die amoralischen Tendenzen des Filmgeschäfts im England der frühen Hitlerjahre. „Die Welt am Abend": Ein Roman über den Einzelnen in einer Welt mit sich wandelndem Wertekompass. 4 Bände, zus. 827 Seiten, fester Einband **Nr. 1369 415**

Schreib ohne Furcht und viel. Eine Liebesgeschichte in Briefen 1944–1959. 1944 lernen sich Albert Camus und Maria Casarès kennen und lieben. Ihr Briefwechsel dokumentiert ihre Zuneigung und spiegelt die Zeitqualität. 1.568 S., fester Einband. *Mängelexemplar.* Statt 50 € nur 19,99 € **Nr. 1286 714**

Pier Paolo Pasolini. Nach meinem Tod zu veröffentlichen. Späte Gedichte. Der Band versammelt unübersetzte späte Gedichte Pasolinis – das Protokoll einer Krise linken Denkens, das an Dringlichkeit und Anmut nichts eingebüßt hat. 15,5 × 24 cm, 700 S., fester Einband. 42 € **Nr. 1300 350**

Katherine Mansfield. Alles, was ich schreibe – alles, was ich bin. Texte einer Unbeugsamen. Sie gilt als Erneuerin der Kurzgeschichte: Aus Mansfields Werk von 88 Kurzgeschichten, versprengten Gedichten, Tagebüchern, Briefen und Rezensionen hat Ingrid Mylo eine Auswahl getroffen. 12,5 × 20 cm, 224 S., Broschur. 22 € **Nr. 1385 380**

JAMES JOYCE.

TIPP **James Joyce. Werkausgabe in 6 Bänden.** Die Ausgabe enthält: „Dubliner", „Stephen der Held", „Porträt eines Künstlers", „Ulysses", „Kleine Schriften", „Gesammelte Gedichte" und „Finnegans Wake". 11 × 18 cm, zus. 3.812 S., kart. in Schuber, Taschenbuchausgabe. Statt geb. Originalausgabe 398,81 € als Taschenbuch 76 € **Nr. 2124 041**

James Joyce. Ulysses. Sonderausgabe Gold. 1922 erschien in einer Auflage von 1.000 nummerierten Exemplaren die Erstausgabe des „Ulysses". Die Publikation war ein Skandalon; längst gilt der Roman als einer der einflussreichsten der Moderne. Und es ist ein Buch, das mit jeder Lektüre weitere Geheimnisse preisgibt. 12,5 × 19 cm, 987 S., Broschur. Originalausgabe 58 € als Sonderausgabe** 18 € **Nr. 1300 709**

* aufgehobener gebundener Ladenpreis ** Ausstattung einfacher als verglichene Originalausgabe

MARCEL PROUST.

TIPP **Marcel Proust. Briefe.** Marcel Proust war ein produktiver Briefschreiber. Für den Dichter, der häufig ans Bett gefesselt war, trat der Brief an die Stelle des Gesprächs. In seinen Korrespondenzen erleben wir ihn als Schriftsteller, Literaten, Muttersohn und Werbenden in homoerotischen Freundschaften. Mit Zeittafel, Kurzporträts und Register. 2 Bde., 1.500 S., Ln. im Schuber. 78 € Nr. **7517 90**

Marcel Proust. Der geheimnisvolle Briefschreiber. Frühe Erzählungen. 2019 begeisterte ein Fund das französische Feuilleton: neun frühe, unbekannte Novellen, Skizzen und Erzählungen des jungen Marcel Proust. Hier erscheinen sie erstmals auf Deutsch. In diesen Versuchen steckt bereits die ganze Zukunft von Prousts Jahrhundertepos. 12,5×21 cm, 200 S., 11 farb. Bilder, fester Einband, im Schuber. 28 € **Nr. 1258 117**

Adrien Proust und sein Sohn Marcel. Beobachter der erkrankten Welt. Ein Schwarm von Ärzten und Kranken durchzieht Marcel Prousts „Auf der Suche nach der verlorenen Zeit". Dennoch rückte Proust seinen Vater Adrien, seinerzeit Pionier der Epidemiologie, kaum in den Blick. Lothar Müller bringt Sohn und Vater wieder zusammen und wirft ein neues Licht auf die Wechselwirkung zwischen moderner Literatur und Medizin. 224 Seiten, fester Einband. 22 € **Nr. 1286 684**

»Preis-Tipp

John Dos Passos. USA-Trilogie. John Dos Passos zeichnet in der USA-Trilogie „Der 42. Breitengrad" (1930), „1919" (1932) und „Das große Geld" (1936) mit sarkastischem Humor und scharfem Auge für soziale Fragen ein Kollektivporträt der USA. Seine Protagonisten erleben Kriege und Revolutionen, Liebesaffären und Familienkrisen, Triumphe und Katastrophen vor eindrucksvollen Kulissen. 12,5×19 cm, 1.648 S., Broschur. Statt geb. Originalausgabe 50 € als Taschenbuch 25 € **Nr. 1295 241**

Amerikanische Meistererzählungen. Von Irving bis Crane. Mit fesselnden Erzählungen von über 20 bedeutenden Autoren, darunter Washington Irving, Edgar Allan Poe, Herman Melville, Mark Twain, O. Henry und Stephen Crane, lädt dieser Band dazu ein, sich von der Lebensnähe und dem Einfallsreichtum der Geschichten begeistern und bezaubern zu lassen. Mit kurzen Autorenporträts. 544 S., fester Einband. 7,95 € **Nr. 1339 265**

Carson McCullers. Gesammelte Erzählungen. In diesem Band sind alle Erzählungen von Carson McCuller (1917–1967) enthalten, die mit „Das Herz ist ein einsamer Jäger" als 23-jährige zum literarischen „Wunderkind" avancierte. Ihr beeindruckendes Werk schuf die Autorin trotz Krankheit und Einsamkeit, der sie nach dem Tod ihres Mannes ausgesetzt war. In einer schönen Geschenkausgabe. 448 S., Leinen im Schuber. 19,90 € **Nr. 1229 460**

Zeitgenössische Literatur.

TIPP **Marc-Uwe Kling. Die Känguru-Tetralogie.** „Ich bin ein Känguru – und Marc-Uwe ist mein Mitbewohner und Chronist. Nur manches, was er über mich erzählt, stimmt. Zum Beispiel, dass ich mal beim Vietcong war. Das Allermeiste jedoch ist übertrieben, verdreht oder gelogen! Aber ich darf nicht meckern. Wir gehen zusammen essen und ins Kino, und ich muss nix bezahlen." Mal bissig, mal verschroben, dann wieder ironisch wird der Alltag eines ungewöhnlichen Duos beleuchtet. In dem famosen Schuber sind alle vier Känguru-Bände als Prachtausgaben enthalten. 4 Bde., zus. 1.184 S., feste Einbände. 36 € Nr. 1284 550

Laurent Binet. Eroberung. Roman. Was, wenn in der Geschichte Europas zwei Dinge anders gelaufen wären? Erstens: Die Wikinger wären mit Pferden und Waffen bis nach Südamerika gesegelt. Zweitens: Kolumbus wäre nie zurückgekehrt; die Inkas erobern Europa. Wie ginge es uns heute, fragt Binet, wären wir den Lehren des Inkahäuptlings Atahualpa gefolgt? 382 S., fester Einband. *Mängelexemplar.* Statt 24 € nur 7,99 € Nr. 1373 188

Matthias Brandt. Blackbird. Roman. Das Leben des 15-jährigen Morten, genannt Motte, steht plötzlich Kopf: sein bester Freund ist plötzlich sehr krank. Dann fährt Jacqueline auf einem Hollandrad an ihm vorbei… . 288 S., fester Einband. *Mängelexemplar.* Statt 22 € nur 7,95 € Nr. 1328 174

Jan-Philipp Sendker. Die Burma-Trilogie. In „Das Herzenhören", „Herzenstimmen" und „Das Gedächtnis des Herzens" erzählt der Autor die epische Geschichte einer jungen Frau, die lernt, dass man nicht mit den Augen sieht und Schmetterlinge an ihrem Flügelschlag erkennen kann. 1.000 S. fester Einband. 35 € Nr. 1341 634

PAUL AUSTER
MIT FREMDEN SPRECHEN

Paul Auster. Mit Fremden sprechen. Ausgewählte Essays und andere Schriften aus 50 Jahren. „Mit Fremden sprechen" ist eine vom Autor selbst zusammengestellte Auswahl seiner besten Essays und Schriften aus 50 Jahren, die sowohl berühmte Texte als auch bislang Unveröffentlichtes enthält. 416 S., fester Einband. *Mängelexemplar.* Statt 26 € nur 9,99 € Nr. 1231 340

PREIS-TIPP **Michel Houellebecq. Die Hörspiel-Box. 4 Hörspiele. 7 CDs.** Frustriert, sexbesessen und liebesunfähig irren Houellebecqs Figuren durch die westliche Konsumgesellschaft – auf der Suche nach Glück. Die Box enthält: „Ausweitung der Kampfzone", „Elementarteilchen", „Plattform", „Unterwerfung". 7 CDs, 8 Std. 18 Min. Originalausgabe 72,89 € als Sonderausgabe** 24,99 € Nr. 1155 636

* aufgehobener gebundener Ladenpreis ** Ausstattung einfacher als verglichene Originalausgabe

Emma Becker. La Maison. Roman. Von Zimmer zu Zimmer führt uns Emma Becker durch „La Maison", das Haus in Berlin, in dem sie selbst als Prostituierte gearbeitet hat, und erzählt Geschichten. Sie nennt sich Justine. Und Justine hat Spaß am Sex. Viele Frauen hier haben ein Doppelleben. Ein berührender Roman, der in Frankreich zum Bestseller wurde. 384 S., fester Einband. *Mängelexemplar.* Statt 22 € nur 7,99 € **Nr. 1377 892**

Siri Hustvedt. Damals. Roman. Eine junge Frau bezieht ein Zimmerchen in Morningside Heights, New York. Eines Nachts ruft ein dramatisches Ereignis die Nachbarin Lucy Brite auf den Plan .... Die Protagonistin erzählt von Frauensolidarität und Männerwahn, von Liebe und Geschlechterkampf. 448 S., 14 s/w-Bilder fester Einband. *Mängelexemplar.* Statt 24 € nur 7,95 € **Nr. 1257 323**

TIPP **Elke Heidenreich. Männer in Kamelhaarmänteln. Kurze Geschichten über Kleider und Leute.** Wenn die Autorin von Kleidern erzählt, dann erzählt sie vom Leben selbst: über sich als 16-Jährige, von Freundinnen, von Liebe und Trennung. „Direkt, ungeschminkt, frei von der Leber weg – so kennt und schätzt man Elke Heidenreich." (NDR Kultur). 288 S., fester Einband. Originalausgabe 22 € als Sonderausgabe** 14 € **Nr. 1331 850**

Maja Lunde. Die Letzten ihrer Art. Roman. Vom St. Petersburg der Zarenzeit über das Deutschland des Zweiten Weltkriegs bis in ein Norwegen der Zukunft erzählt Maja Lunde von drei Familien, dem Schicksal einer Pferderasse und vom Kampf gegen das Aussterben der Arten. Ein bewegender Roman über Freiheit und Verantwortung. 640 S. fester Einband. *Mängelexemplar.* Statt 22 € nur 7,99 € **Nr. 1398 156**

ELENA FERRANTE.

Elena Ferrante. Neapolitanische Saga. 4 Bände. Die Geschichte der Freundschaft zwischen Lila und Elena begeisterte Millionen. Als Kinder begegnen sie sich im Neapel der 1950er. Jede für sich erlebt Liebe, Arbeit, Ehe, Mutterschaft und doch bleiben sie aufeinander bezogen – bis die eine verschwindet. Ein literarisches Ereignis, zum großartigen Preis. 4 Bde., zus. 2.199 S., fester Einband, im Schuber. Originalausgabe 96 € als Sonderausgabe** 49,95 € **Nr. 1220 934**

Meine geniale Freundin. 3 DVDs. 2018. Mit Elisa del Genio, Ludovica Nasti u.a. Als die wichtigste Freundin in ihrem Leben auf einmal spurlos verschwindet, beginnt Elena Greco – inzwischen eine ältere Frau – ihre und Lilas Lebensgeschichte aufzuschreiben. „Ein epochales literaturgeschichtliches Ereignis" (Die Zeit). 3 DVDs, 7 Std. 46 Min., dt., ital., DD 5.1, Widescreen, Extras. **Nr. 1239 520**

17,99 Statt 29,99 €

Krimis.

James Bond.

James Bond. Gesamtbox. Alle 14 Romane von Ian Fleming. Alle 14 James-Bond-Originalromane in einer Gesamtbox – nur solange der Vorrat reicht! Passend dazu hat der Illustrator Michael Gillette für jedes Buchcover eine Femme fatale entworfen, die jedem Buch einen eigenen Charakter verleiht. Das ideale Geschenk für alle Fans! 14 Bände à 12,5×18,5 cm, zus. 3.000 Seiten, Broschuren im Schuber. Originalausgabe 178,20 € als Sonderausgabe** 160 € Nr. 1162 608

TIPP **Monopoly James Bond.** 007 trifft auf das bekannteste Brettspiel der Welt: Da ist Action garantiert. Ziehen Sie durch 22 Bond-Abenteuer – von „Dr. No" bis „Ein Quantum Trost". Investieren Sie in Verstecke und Hauptquartiere, damit Ihre Kasse klingelt. Einfach genial! Zubehör, Spielplan, in Kartonschachtel. Nr. 1314 076

69,99 Statt 79,99 €

OLIVER HILMES
Das Verschwinden des Dr. Mühe

Oliver Hilmes. Das Verschwinden des Dr. Mühe. Eine Kriminalgeschichte aus dem Berlin der 30er Jahre. Ein spektakulärer Cold Case aus dem Berlin der 30er Jahre – das neue Buch des Bestsellerautors: Ein Arzt verschwindet über Nacht. Die Mordkommission ermittelt und stößt hinter der Fassade des ehrenwerten Doktors auf die Spuren eines kriminellen Doppellebens. 240 S., fester Einband. *Mängelexemplar.* Statt 20 € nur 7,95 € Nr. 1220 071

Yrsa Sigurdardóttir. R.I.P. Thriller. Er mordet kalt und brutal: Zwei Jugendliche sind seine Opfer. Über Social Media müssen Freunde deren letzte Minuten mitansehen. Und der Mörder ist noch nicht fertig: Ein weiterer Junge wird vermisst. 448 S., fester Einband. *Mängelexemplar.* Statt 20 € nur 7,99 € Nr. 1398 164

JOHN leCARRÉ
Federball

6,99 Statt 24 €*

John leCarré. Federball. Nat hat seine besten Jahre als Spion hinter sich, da wird ihm ein letzter Auftrag erteilt. „Niemand sonst benennt die offenen und die gut gehüteten Geheimnisse unserer Zeit so klar wie John leCarré." (The Guardian) 352 S., fester Einband. Nr. 3033 740

Frank Heller. Die Diagnosen des Dr. Zimmertür. Kriminalgeschichten. Ende der 1920er schuf Frank Heller mit Dr. Joseph Zimmertür einen der originellsten Ermittler der Kriminalliteratur. Seine Fälle löst er mithilfe der Psychoanalyse und seiner Literaturkenntnis.192 Seiten, geprägter Leineneinband. Nr. 1051 083

9,95 Statt 20 €*

* aufgehobener gebundener Ladenpreis ** Ausstattung einfacher als verglichene Originalausgabe

PREUSSENKRIMI VON TOM WOLF.

PREIS-TIPP **Tom Wolf. Preußenkrimi-Paket 1. 5 Bände.** Das Paket enthält die Bände: „Kreideweiß", „Muskatbraun", „Smaragdgrün", „Schwefelgelb" und „Rabenschwarz". „... es ist vergnüglich, an der Seite von Langustier dem Preußenkönig näher zu kommen" (Tagesspiegel). 5 Bände à 12,5×19 cm, zus. 1.376 S., Broschur. Originalausgabe 49,75€ als Sonderausgabe** 9,95€ **Nr. 1339 702**

PREIS-TIPP **Tom Wolf. Preußenkrimi-Paket 2. 5 Bände.** Das Paket enthält die folgenden fünf Bände: „Purpurrot", „Goldblond", „Rosé Pompadour", „Silbergrau" und „Nachtviolett", der krönende Abschluss der legendären, erfolgreichen Preußenkrimi-Reihe von Tom Wolf. 5 Bände à 12,5×19 cm, zus. 1.312 Seiten, Broschur. Originalausgabe 49,60€ als Sonderausgabe** 9,95€ **Nr. 1339 850**

Andrea Camilleri. Das Nest der Schlangen. Commissario Montalbano ringt um Fassung. Buchhalter Cosimo Barletta wurde tot in seiner Strandvilla aufgefunden. Der Commissario ahnt, dass seine Familie ein dunkles Geheimnis birgt – er fühlt sich an ein furioses Schlangennest erinnert. 272 Seiten, fester Einband. **Nr. 1268 309**

Jan Seghers. Die Marthaler-Romane. 6 Bände. Alle Romane um Kommissar Robert Marthaler, den charismatischen Frankfurter Ermittler, wurden für das ZDF verfilmt. Diese Sonderausgabe vereint zum ersten Mal die sechs Kriminalromane. 6 Bände à 11,5×19 cm, 2.912 Seiten, Broschur, im Schuber. 25€ **Nr. 1185 144**

Set Suhrkamp-Thriller. 5 Bände. Enthalten sind die Bände: „Crimson Lake" und „Hades" von Candice Fox, „Dirty Cops" von Adrian McKinty, „Berlin Prepper" von Johannes Groschupf und „Lola" von Melissa Scrivner Love. 5 Bände à 13×21 cm, zus. 1.740 S., Broschuren. Statt 75,79€* nur 19,99€ **Nr. 1360 132**

Håkan Nesser. Der Verein der Linkshänder. Krimi. Kommissar Van Veeteren soll einen alten Fall neu aufrollen. „So hätte Camus Krimis schreiben können." (F.A.Z.) 13,5×20,5 cm, 608 Seiten, fester Einband. Statt 24€* nur 7,99€ **Nr. 1398 172**

Håkan Nesser. Der Choreograph. Roman. Ein Mann und eine Frau. Er sieht sie eines Tages, als der Winter vorbei ist; sie erwidert seinen Blick. So werden sie zu einem Liebespaar. Aber warum verschwindet sie immer wieder? 13,5×20,5 cm, 256 Seiten, fester Einband. *Mängelexemplar.* Statt 20€ nur 7,99€ **Nr. 1398 180**

Fantasy.

TIPP **Modellsatz „Vampirella".** Wenn schon Angst und Schrecken, dann so! Denn Vampirella ist ein guter Vampir, sie kämpft gegen Finsterlinge wie Dracula .... Die Comic-Queen steht hier in ihrer knappen Arbeitskleidung, mit der sie schon auf dem Cover ihres ersten Comics auftrat, an einen Grabstein gelehnt. Die Figur muss noch zusammengesetzt und bemalt werden (Ab 14 Jahren). 23 cm, Kunststoff. 99,99 € Nr. 1360 817

Modellbausatz „Vampirella Glow in the Dark". Comic-Göttin der Extraklasse! Vampirellas Look wurde in den Sechzigern von Trina Robbins kreiert. Die im Dunkeln leuchtende Figur muss noch zusammengesetzt werden. 23 cm, Kunststoff. 99,99 € Nr. 1397 427

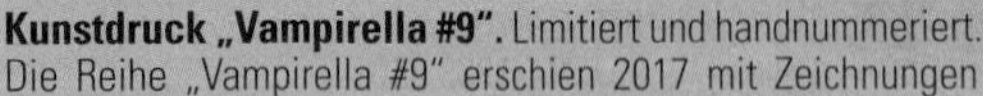

Kunstdruck „Vampirella #9". Limitiert und handnummeriert. Die Reihe „Vampirella #9" erschien 2017 mit Zeichnungen Andy Belangers. Der Giclée-Druck zeigt sie im Mondlicht. 46×61 cm, säurefreies, mattes Museo Rag 300GSM-Papier (Baumwolle), lim. (400 Expl.), dig. sign., ungerahmt. 199 € Nr. 1341 812

Kunstdruck „Vengeance of Vampirella". Limitiert und handnummeriert. 46×61 cm, säurefreies, mattes Museo Rag 300GSM-Papier (Baumwolle), limitiert (350 Expl.), digital signiert, ungerahmt. 219 € Nr. 1341 804

Bram Stoker. Dracula. Große kommentierte Ausgabe. So wie in dieser Ausgabe wurde die Geschichte noch nie präsentiert: Leslie S. Klinger reist in seinen Anmerkungen durch 200 Jahre populärer Kultur. Mit Illustrationen, Titelbildern, Filmplakaten u. a. 21,5×25,5 cm, 648 S., 300 farbige Bilder, fester Einband. 78 € Nr. 1155 733

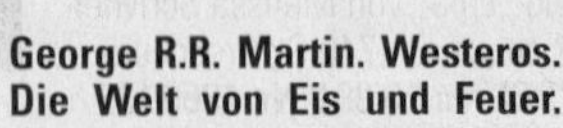

George R.R. Martin. Westeros. Die Welt von Eis und Feuer. Dieser Bildband präsentiert die Geschichte des fiktiven Kontinent Westeros, auf dem „Game of Thrones – Das Lied von Eis und Feuer" spielt. Der wahre Prolog der erfolgreichen Fantasyserie! (Text dt., engl.) 23×30 cm, 336 Seiten, zahlr. Bilder, fester Einband. 29,99 € Nr. 1107 925

» Preis-Tipp

George R.R. Martin. Feuer und Blut. Erstes Buch. Aufstieg und Fall des Hauses Targaryen von Westeros. Unverzichtbares Westeros-Wissen – die Vorgeschichte von „Game of Thrones", pünktlich zum Serienstart von „House of the Dragon". 896 S., 85 s/w-Bilder, Broschur. Statt geb. Originalausgabe 26 € als Taschenbuch 18 € Nr. 1320 777

* aufgehobener gebundener Ladenpreis ** Ausstattung einfacher als verglichene Originalausgabe

Herr der Ringe.

Historischer Atlas von Mittelerde. Ein umfassender Atlas, der die Entwicklung Mittelerdes bis zum Beginn des Vierten Zeitalters darstellt. Mehr als 100 Karten zeichnen Reiserouten nach und geben einen Einblick in Landschaften, Schlachten und Bauwerke. Ein Standardwerk! 21×28,5 cm, 202 S., 160 zweifarbige Karten, Halbleinen. 28€ Nr. **1080 466**

Mittelerde Collection. 6 DVDs. 2001–03. Enthält: „Der Herr der Ringe: Die Gefährten", „Die zwei Türme" und „Die Rückkehr des Königs" sowie „Der Hobbit: Eine unerwartete Reise", „Smaugs Einöde" und „Die Schlacht der fünf Heere". 6 DVDs, 16 Std. 30 Min., dt., engl., DD 5.1, Widescreen. Statt 69,99€ nur 29,99€ **Nr. 3027 791**

Herr der Ringe. Schlacht um Mittelerde. Schachspiel. Befehlige die Mächte des Guten, angeführt von Galadriel, Aragorn, Frodo und Gandalf, oder beherrsche die Mächte des Bösen mit diesem Schachspiel. 32 Spielfiguren aus Plastik, je 5–10 cm hoch, Spielbrettgröße 47×47 cm. Statt 99€ nur 79€ **Nr. 1355 376**

Herr der Ringe. Der große Cinema-Guide. Passend zur neuen Amazon-Serie „Die Ringe der Macht" reist das Buch zurück nach Mittelerde und enthüllt mit Interviews, Berichten von den Dreharbeiten und Bildern Hintergründe über die Entstehung der filmischen Meisterwerke. 22×28 cm, 200 S., farb. Bilder, fester Einband. 30€ **Nr. 1384 996**

H. P. LOVECRAFT.

TIPP

H. P. Lovecraft. Das Werk. Ein aufwändig ausgestatteter Prachtband, der alle wichtigen Arkham-Erzählungen in Neuübersetzung enthält. Rund 300 Abbildungen zeigen Originalillustrationen, Cover, Filmplakate, Originalschauplätze u. v. m. Anmerkungen beleuchten sämtliche Aspekte von Lovecrafts Leben und Werk. 22,5×26 cm, 912 S., 300 farb. Bilder, fester Einband. 84€ Nr. **1065 920**

H. P. Lovecraft. Das Werk II. Große kommentierte Ausgabe. H. P. Lovecraft ist neben Edgar Allan Poe der Klassiker der modernen Horrorliteratur. Hier legt Leslie S. Klinger die zweite Hälfte von Lovecrafts Gesamtwerk vor, reich bebildert und mit einem Kommentar versehen. 21,5×25,5 cm, 512 Seiten, zahlr. Bilder, fester Einband. 78€ Nr. **1298 747**

Aldous Huxley.

TIPP **Aldous Huxley. Biografie.** Die erste umfassende deutschsprachige Biografie über Aldous Huxley (1894–1963). Mit seinem Roman „Schöne neue Welt" (1932) gelang ihm ein Weltklassiker – die Warnung vor einer technologischen Diktatur bleibt virulent. Uwe Rasch und Gerhard Wagner informieren deutsche Leser allseitig über den einflussreichen Schriftsteller und Denker. 14,5×21,5 cm, 320 S., 30 s/w-Bilder, fester Einband. Nr. 1112 171

14^95 Statt 30 € vom Verlag reduziert

Aldous Huxley. Schöne Neue Welt. Ein Roman der Zukunft. Der Klassiker der Weltliteratur in Neuübersetzung! Ein Aufriss unserer Zukunft, in der das Glück verabreicht wird wie eine Droge. Sex und Konsum fegen alle Bedenken hinweg: Es ist die beste aller Welten – bis einer hinter die Kulissen schaut und einen Abgrund aus Arroganz und Bosheit entdeckt. 416 Seiten, fester Einband. 14 € Nr. 1130 803

Schöne neue Welt. Nach Aldous Huxley. Graphic Novel. Diese Graphic Novel von Fred Fordham hüllt Huxleys Dystopie von 1932 in ein neues Gewand und zeigt, dass die einst absurde Zukunftsvision heute beinahe schon real ist. 17×24 cm, 240 S., farb. Illustr., fester Einband. 28 € Nr. 1341 510

Dune – Der Wüstenplanet. Mediabook. 1984. Mit Kyle MacLachlan, Sting u.a. Dune ist das größte Science Fiction-Epos aller Zeiten, auch wenn sich David Lynch von seinem Werk distanzierte. Herzog Leto Atreides fällt einer Intrige zum Opfer. Seiner Frau und seinem Sohn gelingt die Flucht auf den Wüstenplaneten Arrakis. 1 Ultra HD Blu-ray Disc, 2 Std. 16 Min., deutsch, engl., Ut. dt., Dolby Digital 5.1, Widescreen, Extras. Nr. 1322 753

39^99 Statt 54,99 €

Tasse „Star Trek". Mit Thermoeffekt. Wenn man die Tasse mit heißer Flüssigkeit füllt, verschwindet die Besatzung – und taucht auf der anderen Seite wieder auf. Ø 9 cm, 9,5 cm, 300 ml, Keramik, temperatursensitiv, nicht mikrowellengeeignet, nicht spülmaschinenfest. Statt 24,95 € nur 19,99 € Nr. 1279 955

»Preis-Tipp

Star Trek 3D-Schach. 29×34×16 cm, 3 à 13×13 cm und 4 à 6,7×6,7 cm Spielplatten aus Acryl, 32 Spielfiguren aus Metalldruckguss, Standfuß aus Zinklegierung, Regelbuch engl., leicht beschädigte Verpackung. Statt 299 € nur 199 € Nr. 1368 311

* aufgehobener gebundener Ladenpreis ** Ausstattung einfacher als verglichene Originalausgabe

STAR WARS.

TIPP **Star Wars. Das ultimative Pop-Up-Universum.** Vollgepackt mit Star Wars-Momenten bietet das 3D-Meisterwerk von Matthew Reinhart eine noch nie dagewesene Pop-Up-Interaktivität. Verhelfen Sie dem Millennium Falken zur Flucht u. v. m.! (Ab 12 Jahren) 23×28 cm, 20 Seiten, 94 cm×112 cm Diorama, durchg. farbige Bilder fester Einband. 75 € **Nr. 1176 862**

Star Wars (Darth Vader)-Weihnachtsbecher. Für Freunde und Begeisterte von „Star Wars" ist dies genau die richtige Kaffeetasse – nicht nur an Weihnachten. Der außergewöhnliche Becher aus Keramik fasst knapp 0,3 l. 14,95 € **Nr. 1314 459**

Star Wars. Origami. 36 geniale Papier-Baupläne aus einer weit, weit entfernten Galaxis. In dem Buch von Chris Alexander findet sich alles, um Charaktere, Raumschiffe, Droiden und Lichtschwerter zu erschaffen. 21×22,5 cm, 272 Seiten, fester Einband. 20 € **Nr. 1272 977**

Star Wars. Raumschiffe und Fahrzeuge. Neuausgabe. Spektakuläre Star Wars-Raumschiffe in einem Buch in über 500 einzigartigen Illustrationen: Von AT-AT bis zum Todesstern, vom Podrenner bis zum Millennium-Falken. 25,5×30,5 cm, 264 Seiten, farbige Bilder, fester Einband. 29,95 € **Nr. 1221 027**

Frank Schätzing. Die Tyrannei des Schmetterlings. Luther Opoku ist Sheriff der Goldgräberregion Sierra in Kalifornien. Eine Frau ist unter rätselhaften Umständen in eine Schlucht gestürzt. Unfall? Mord? Die Ermittlungen führen Luther zu einer einsamen Forschungsanlage. Schätzings Thriller über eines der brisantesten Themen unserer Zeit: künstliche Intelligenz. 736 S., fester Einband. *Mängelexemplar.* Statt 26 € nur 9,95 € **Nr. 2965 992**

Dietmar Dath. Niegeschichte. Science Fiction als Kunst- und Denkmaschine. Diese kenntnisreiche Theoriegeschichte und Genre-Erkundung ist eine Einladung an alle, spekulative Literatur als hochrelevant für unsere Zukunft zu begreifen. 14,5×22 cm, 942 S., fester Einband. 38 € **Nr. 1158 163**

Stanislaw Lem. Leben in der Zukunft. Lem gehört zu den meistgelesenen Science-Fiction-Autoren. Die Biografie von Alfred Gall ist ein anregendes „intellektuelles Lesevergnügen". (DLF Kultur). 14,5×21,5 cm, 272 Seiten, 15 s/w-Bilder, fester Einband. 25 € **Nr. 1290 762**

Comics.

TIPP

Die neuen Abenteuer von Herrn Hase 6. Beim Teutates! Das Jahr 50 v. Chr.: Ganz Gallien ist von den Römern besetzt. Ganz Gallien? Nein, ein unbeugsames Dorf denkt nicht daran, sich den Eindringlingen zu ergeben. Und wer ist der listigste Krieger seines Dorfes? Wer ist dank des Zaubertranks ihres Druiden der Schrecken der römischen Legionen? Herr Hase! Lewis Trondheim schickt Herrn Hase auf ein Abenteuer ins berühmteste Dorf der Comic-Geschichte. 48 Seiten, farbige Illustr., Broschur.
13 € Nr. 1397 729

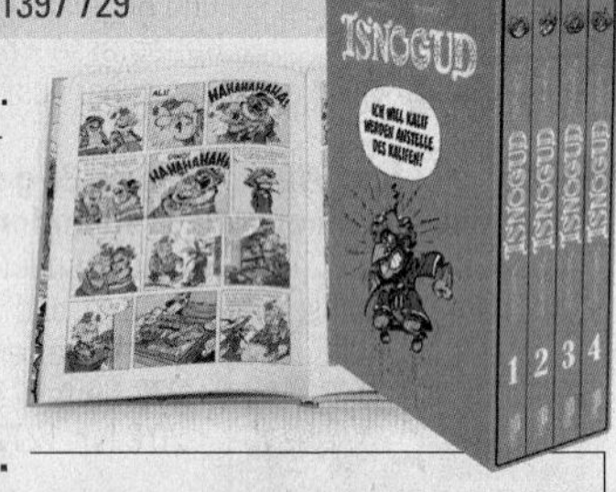

Isnogud. Die Goscinny-Jahre. 4 Bände. Mit Isnogud haben Goscinny und Tabary 1962 einen Klassiker geschaffen – eine Parodie auf die Welt von 1001 Nacht. Hier erscheinen die Alben noch einmal. 4 Bde. à 22,5×30 cm, zus. 658 S., durchg. farb. Bilder, fester Einband, im Schuber.
159 € Nr. 1193 511

Asterix Welt.

Asterix. Band 39. Asterix und der Greif. „Asterix lebt – und er fühlt sich zeitgemäß an wie lange nicht." (Stern) Wie es die Tradition verlangt, gehen die beiden Freunde erneut auf Reisen. „Wer jedenfalls immer noch glaubt, bei Asterix handele es sich um eines dieser Comic-Heftchen, [. . .] der hat seinen geistigen Limes noch nicht überschritten." (S.Z.) 48 S., durchg. farbige Illustr., fester Einband. 13,50 € Nr. 1291 343

Asterix. Der Goldene Hinkelstein. Troubadix hat beschlossen, am Gesangswettbewerb teilzunehmen. Ein Abenteuer von 1967 mit Texten von René Goscinny und Zeichnungen von Albert Uderzo, das erstmals als Album veröffentlicht wird. 48 S., farb. Bilder, fester Einband.
14,50 € Nr. 1216 686

Asterix. Die große Edition. 7 DVDs. 1967–85. Mit: „Asterix der Gallier", „Asterix und Kleopatra", „Asterix erobert Rom", „Sieg über Cäsar", „. . . bei den Briten", „Operation Hinkelstein", „. . . in Amerika". 7 DVDs, 8 Std. 37 Min., dt., franz., DD Mono, 16 : 9, Extras.
Statt 59,99 € nur 39,99 € Nr. 2464 373

»Preis-Tipp

Asterix Festbankett. Das offizielle Kochbuch. Dieses sorgfältig aufbreitete und mit Fotos garnierte Kochbuch präsentiert die besten Rezepte aus der Asterix-Welt: Ragout mit den Lorbeeren des Cäsar, gotischer Gugelhupf, Seeteufel à la Verleihnix. Und zum Nachtisch ein Schoko-Hinkelstein gefällig? 144 S., zahlr. Bilder, fester Einband. 29 € Nr. 1302 302

* aufgehobener gebundener Ladenpreis ** Ausstattung einfacher als verglichene Originalausgabe

Lucky Luke 101. Rantanplans Arche. Dieses neue Lucky Luke-Abenteuer wird zeitgleich mit der französischen Originalausgabe erscheinen. Der genaue Inhalt ist noch streng geheim, jedoch versprechen die erfolgreichen und intelligenten Abenteuer aus der Feder des Erfolgsteams Jul & Achdé jede Menge geistreichen Lesespaß mit dem Lonesome-Cowboy und seinem Begleiter Jolly Jumper. 48 S., fester Einband. 14 € **Nr. 1384 082**

TIPP **Umpah-Pah. Gesamtausgabe.** Umpah-Pah, der tapferste aller Indianer, war eine der ersten Figuren, die Goscinny und Uderzo gemeinsam entwickelten. Doch erst 7 Jahre später, 1958, wurden sie aus den Archivschränken entlassen. Fünf gemeinsame Abenteuer bestreiten der furchtlose Umpah-Pah und sein weißer Freund Hubert von Täne. 22 × 29,5 cm, 192 Seiten, durchgehend farbige Bilder, fester Einband. 35 € **Nr. 7752 82**

Franquin & Gotlib. Slowburn. Für Slowburn taten sich mit André Franquin und Marcel Gotlieb zwei Titanen der Neunten Kunst zusammen. Im Mittelpunkt steht das Streben eines Katers und einer Katze nach erotischem Erfolg, welcher sich nicht direkt einstellt. 16 × 16 cm, 56 Seiten, durchgehend s/w-Bilder, fester Einband. 9,80 € **Nr. 1387 308**

TIM UND STRUPPI.

TIPP **Armbanduhr „Tim und Struppi". „Reiseziel Mond".** Auf dem Zifferblatt sieht man die Abreise aus „Reiseziel Mond", im Hintergrund verschwindet die Erde. Ø 2,5 cm, Armband 20,2 × 1,3 cm, Glas, Silikon, Metall, Quarzuhrwerk. Statt 129 € nur 89 € **Nr. 1304 496**

Armbanduhr „Tim und Struppi Classic City". Mit Tims Konterfei auf dem Zifferblatt. Ø 3,8 cm, 24,2 × 2 cm Armband, Glas, Edelstahl, Leder, Metall. Statt 169 € nur 99 € Nr. 1373 145

Tim und Struppi. Tragetasche Rakete. Die bunt bedruckte Tasche ist mit einer praktischen wasserabweisenden Oberfläche versehen. Robust und wirklich schick! 48 × 38 × 20 cm, bedruckter schwarzer Stoff, Kunststoffbeschichtung. 5 € **Nr. 1387 316**

Blechschild „Tim und Struppi". Ein Hingucker für Fans! Tim und Struppi, wie sie aus einer Flasche Orangenlimonade trinken: Dieses Motiv ziert das Blechschild im Retro-Design mit einem Rost-Finish für den Vintage-Look. 20 × 30 cm, Stahlblech, Rost-Patina, mit vier Löchern für die Montage. **Nr. 1221 558**

9,95 Statt 19,99 €

Entenhausen.

TIPP **Weihnachten in Entenhausen. Sondereditionsbox mit 2 Bänden.** Diese hochwertig gestaltete Sonderedition beinhaltet ausgewählte Weihnachtsgeschichten für Groß und Klein: 20 der wohl schönsten Weihnachts- und Winterabenteuer von Enten und Mäusen. 21,5×28,5 cm, 576 Seiten, zahlr. farbige Bilder, Broschur, im Schuber. 39,95 € Nr. 1144 740

Lustiges Taschenbuch Weihnachten 28. Frohes Fest in Entenhausen. Sonderband des Lustigen Taschenbuchs mit neuen Weihnachtsgeschichten aus Entenhausen. 13,5×20 cm, 256 S., Broschur. 8,99 € Nr. 1384 295

Die Ducks in Deutschland. Kreuz und quer durch das Land der Dichter und Denker begibt sich die Entensippe hier auf die Suche nach dem Schatz der Gräfin von Tarn und Tuxis, stets verfolgt von Dagoberts Konkurrenten Klaas Klever. 22,5×29,5 cm, 128 Seiten, fester Einband. 16 € Nr. 1213 571

Onkel Dagoberts Memoiren. Bevor er zum reichsten Mann der Welt aufstieg, war Dagobert ein Globetrotter. Auf Grundlage von Don Rosas Biografie „Sein Leben, seine Milliarden" erzählt Kari Korhonen Geschichten aus Dagoberts jungen Jahren. 128 Seiten, fester Einband. 29 € Nr. 1384 090

Mickey Mouse. Die ultimative Chronik. Wir feiern über 90 Jahre der berühmtesten Maus der Welt mit der umfangreichsten illustrierten Biografie, die es je zu MM gegeben hat! Sie offenbart eine immense Fülle an Dokumenten. 512 Seiten, zahlr. Bilder, fester Einband. Originalausgabe 150 € als Sonderausgabe** 25 € Nr. 1204 963

» Preis-Tipp

TIPP **Figuren-Set „Weihnachten mit Micky Maus".** Mickey Maus und seine Minni in einer Box mit Utensilien für die schönste Zeit des Jahres. 2 Figuren, Kunststoff, Box 6×14×14,5 cm. Statt 16,99 € nur 9,99 € Nr. 1312 669

Das Gefährt der Familie Feuerstein. The Flintstones Vehicle. Yabba Dabba Doo! Hier ist es: Das ultimative, originalgetreue Gefährt der Familie Feuerstein, geschrumpft auf den Maßstab 1:32. Mit Fred Feuerstein-Figur! Kunststoff Nr. 1389 122

24,99 Statt 39,99 €

* aufgehobener gebundener Ladenpreis ** Ausstattung einfacher als verglichene Originalausgabe

Peanuts.

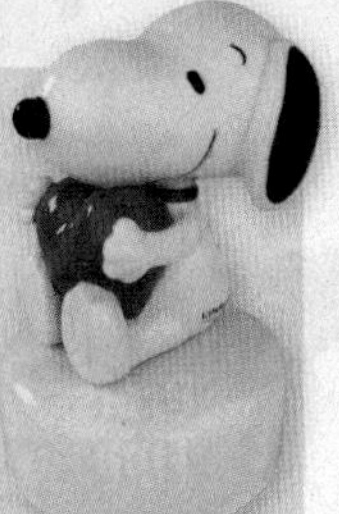

TIPP **Porzellanfigur Snoopy mit Spieluhr.** Melodie „Beautiful Dreamer". Snoopy ist Charlie Brown ein treuer Freund, gelegentlich wird er zum Fliegerass oder Sportler. Hier zeigt er sich von seiner zarten Seite – mit Herz für Roy Orbisons Ballade. 10×16 cm, Porzellan, Spieluhr. Nr. 1357 930

49,99 Statt 69,99 €

Peanuts! Der ultimative Sammelband mit Geschichten um Snoopy und seine Freunde. Die besten Peanuts-Strips aus fünf Jahrzehnten! Der bibliophile Prachtband enthält sowohl schwarz-weiße Tagesstrips als auch farbige Sonntagsstrips – chronologisch sortiert. 24,5×32,5 cm, 544 S., zahlr. Bilder, Halbln. im Schuber. 79 € Nr. 1221 000

Snoopy! Die Peanuts feiern den berühmtesten Hund der Welt. Ein bibliophiler Band mit den Geschichten um den Star der Serie von Charles M. Schulz: Snoopy! Er enthält Strips aus fünf Jahrzehnten und ist ein Hausbuch für die ganze Familie. 24,5×32,5 cm, 560 Seiten, farbige und s/w-Bilder, fester Einband. 79 € Nr. 1158 767

»DVD-Tipp

Familie Feuerstein – Staffel 1. 5 DVDs. 1960. Als die Macher der „Flintstones" ihr Konzept vorstellten, sprachen sie von einer animierten Version des Sitcom-Hits „The Honeymooners". Ein Kult war geboren! In dieser Edition erhalten Sie die kompletten 28 Folgen der ersten Staffel (teils in der ungekürzten US-Version mit deutschen Untertiteln). 5 DVDs, 11 Std. 49 Min., dt., engl., DD Mono, 4:3, Extras. Statt 29,99 € nur 14,99 € **Nr. 1285 092**

Familie Feuerstein – Staffel 2. 5 DVDs. 1961. Die urkomische Urzeit-Sitcom geht hier in die zweite Runde. 5 DVDs, 14 Std. 31 Min., dt., engl., DD 1.0, 4:3. Extras. Statt 29,99 € nur 14,99 € **Nr. 1285 106**

Familie Feuerstein – Staffel 3. 5 DVDs. 1962. Alle Episoden mit exklusiven Specials, digital bearbeitet auf DVD (und in US-Langfassung). 5 DVDs, 11 Std. 30 Min., dt., engl., Ut. dt., DD 1.0, 4:3. Statt 29,99 € nur 14,99 € **Nr. 1285 114**

TIPP **Figuren-Set Familie Feuerstein.** Die Feuersteins sind die Hauptfiguren der gleichnamigen Zeichentrickserie aus den 60er Jahren. Fred lebt mit Frau Wilma und ihrer Tochter in Bedrock, Barney Geröllheimer und Betty wohnen nebenan. Gemeinsam meistern sie das Leben in der Steinzeit. Das Set enthält alle vier Figuren. 4 Figuren à 5,5 – 7 cm, Kunststoff. **Nr. 1218 204**

9,95 Statt 24,99 €

Die Techno-Väter. Gesamtausgabe. Das Überleben ist nicht leicht in der Galaxis der Zukunft: Albino träumt davon, Oberster aller Techno-Väter und somit „Meister aller Spiele" der virtuellen Welten zu werden. Sein Ziel: Seine Anhänger in ein neues Universum zu führen. Begleite Albino auf seiner Reise vom kleinen Entwickler zum obersten Techno-Vater und erlebe dabei, wie virtuelle und reale Welten miteinander verschmelzen .... Jetzt sind alle 8 Bände des grafischen Meisterwerks von Alexandro Jodorowsky in einem Sammelband erhältlich! 24×31,5 cm, 408 S.,. fester Einband. Nr. 1272 209

39,99 Statt 78€*

Enki Bilal. Die Nikopol-Trilogie. Mit „Die Geschäfte der Unsterblichen" begann Enki Bilal seine berühmte Nikopol-Trilogie, die er mit den Bänden „Die Frau der Zukunft" und „Äquatorkälte" beendete. Alle drei Alben sind nun in dieser Ausgabe gesammelt erhältlich. Ein Meilenstein des französischen Autoren-Comics! 24×32 cm, 184 S., durchg. farb. Bilder, fester Einband. 40€ **Nr. 1077 856**

William Vance. Ringo. Gesamtausgabe. „Ringo" – die komplette Trilogie erstmals in einem Band! Als der Western à la Hollywood in den 60ern bereits in seine Spätphase eintrat, blühte er in Europa gerade erst auf. Vorn mit dabei war Ray Ringo. Bereits 1965 betrat der Wells-Fargo-Agent von William Vance die Bildfläche, selbstsicher und stilbewusst, mit Seitenblick auf Sergio Leone. 23×32 cm, 192 S., durchg. farb. Bilder, fester Einband. 39,80€ **Nr. 1290 410**

PREIS-TIPP

Rembrandt. Graphic Novel. Das Rijksmuseum Amsterdam beauftragte den Comic-Zeichner Typex, eine Biografie Rembrandts zu zeichnen. Das Ergebnis: eine visuell überwältigende Graphic Novel. „Rembrandt hätte die Zeichenkunst dieses Buches und seinen Witz bewundert." (The Guardian) 240 S., farb. Bilder, Broschur. Statt geb. Originalausgabe 48€ als Taschenbuch 9,99€ **Nr. 1397 265**

Yoko Tsuno 30. Saturns Zwillinge. Die Elektronikspezialistin Yoko Tsuno wirft sich mit ihren Freunden in die aufregendsten Abenteuer durch Raum und Zeit. Ein Klassiker des Abenteuer- und Science Fiction-Comics von Roger Leloup. Mit diesem Abenteuer liegt das 30. Album von „Yoko Tsuno" vor. 22×29,5 cm, 48 S., farbige Bilder, Broschur. 12€ **Nr. 1397 150**

Jimmys Bastarde. Krass Geheim-Edition. Die komplette, abgefahrene Agenten-Story als prächtige Hardcover-Ausgabe! Jimmy Regent ist Großbritanniens Superspion Nummer 1. Seine „amourösen Eroberungen" als Agent sind nicht ohne Folgen geblieben.... 288 Seiten, durchg. farbige Bilder, fester Einband. 35€ **Nr. 1291 432**

* aufgehobener gebundener Ladenpreis ** Ausstattung einfacher als verglichene Originalausgabe

Spider-Man.

TIPP **Marvel Studios. Spider-Man. Multi Movie Collection Pack.** Neun Helden und Bösewichte: Spider-Man, Iron Man, Doctor Strange u. a. 9×15,2 cm, Figuren mit beweglichen Gelenken, 6 Zubehörteile. Statt 119 € nur 79 € **Nr. 1398 601**

Decades. Marvel In The 60s. Spiderman Meets The Marvel Universe. Comic. Feiern Sie 80 Jahre Marvel Comics! Jahrzehnt für Jahrzehnt erleben Sie hier, wie Spider-Man zu einer Ikone der Swinging Sixties wurde! Eine legendäre Zeitreise für alle Comic-Fans. (Text englisch) 17×26 cm, 256 Seiten, durchg. Bilder, Broschur. Statt 24,99 €* nur 7,95 € **Nr. 1351 265**

She-Hulk Collection. Comic. Die sensationelle Superheldin She-Hulk aus der Feder von Dan Slott und Juan Bobillo ist fit, intelligent und hat viel Sinn für Humor. Als Anwältin mit übermenschlichen Fähigkeiten tritt sie stets für das Gute ein. 18,5×28 cm, 832 Seiten, durchgehend farbige Bilder, fester Einband. 89 € **Nr. 1342 444**

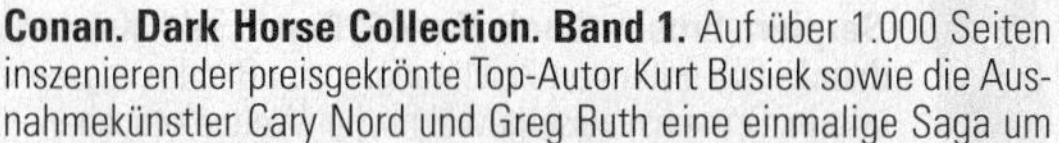

Conan. Dark Horse Collection. Band 1. Auf über 1.000 Seiten inszenieren der preisgekrönte Top-Autor Kurt Busiek sowie die Ausnahmekünstler Cary Nord und Greg Ruth eine einmalige Saga um Conan, den berühmten Barbaren. 1.024 S., durchgehend farbige Bilder, fester Einband. 99 € **Nr. 1299 247**

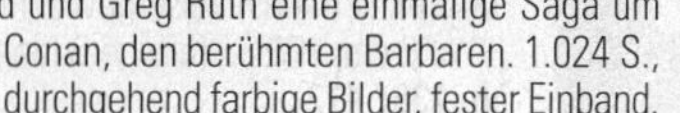

TIPP **Die Bibliothek der Comic-Klassiker. Prinz Eisenherz.** Enthalten sind die von 1937 bis 1942 veröffentlichten Sonntagsseiten, die erzählen, wie sich der Wikinger-Prinz seine ersten Sporen verdient. 300 S., farb. Bilder, fester Einband. 35 € **Nr. 1158 783**

Leonard Cohen. Like a Bird on a Wire. Eine Comic-Biografie. Die mit Liebe zum Detail geschriebene und mit einer Palette von warmen Farben gezeichnete Biografie einer musikalischen Legende. 2016, L.A.: In den finalen Stunden seines Seins sinniert Cohen in Rückblenden über seine Existenz. 120 S., durchg. farb. Bilder, fester Einband. 25 € **Nr. 1298 690**

The Rolling Stones. Unzipped. Anlässlich des 60. Geburtstages brachte die Band diesen hochwertig ausgestatteten Band heraus. „Unzipped" erzählt viel Neues über die Stones und ihre musikalische Entwicklung, erläutert u. a. die Entstehungsgeschichten der legendärsten Songs. 26,5×32 cm, 288 S., zahlr. Bilder, fester Einband. 49,95 € **Nr. 1295 950**

Paolo Eleuteri Serpieri.

Serpieri Collection Druuna. Graphic Novel. Limitierte Sonderausgabe. 6 Bände. Serpieris düster-erotische Fantasy-Geschichten sind Kult. Band 1 enthält die ersten Titel der Serie, Band 2 „Creatura" und „Carnivora"; Band 3 „Mandragora" und „Aphrodisia", Band 4 „Der vergessene Planet" und „Klon". Band 5 ist „Die mit dem Wind kam" und Band 6 „Anima". 6 Bde., insg. 676 S., farb. Bilder, fester Einband, limitiert. (750 Expl.). Originalausgabe 139,40 € als Sonderausgabe** 99 € Nr. 1262 220

Serpieri. Eros Artbook. Band 1. Comic inkl. Kunstdruck. Die Fetisch-Figur Druuna und ihr erotisches Fantasy-Universum hat ihren Schöpfer Paolo Eleuteri Serpieri berühmt gemacht. Sie ist stark und lasziv, verspielt und unbekümmert – die Verkörperung seines eigenen femininen Alter Ego. 30×30 cm, 108 S., farb. Bilder, fester Einband, mit Kunstdruck. 39,80 € Nr. 1319 140

Serpieri. Eros Artbook. Band 2. Comic inkl. Kunstdruck. Die brillanten Zeichnungen des Bandes lassen uns in Druunas außergewöhnliche Welt eintauchen. 30×30 cm, 108 S., farbige Bilder, fester Einband. 39,80 € Nr. 1367 412

TIPP **Die Witwe oder: Die schlüpfrigen Missgeschicke der Madame de Beaufleur. Comic.** Madame De Beaufleur soll ihren Ehemann vergiftet haben! Die Obrigkeiten setzen alles daran, die Witwe hinter Schloss und Riegel zu bringen, doch eine Horde liebestoller Männer steht schon bereit, der Sex-Göttin zur Flucht zu verhelfen. 48 Seiten, fester Einband. 19,95 € Nr. 1347 020

Djinn. Sammelband 2. Der Afrika-Zyklus. Dieser Band von Jean Dufaux enthält die Titel „Afrika", „Die schwarze Perle", „Pipiktu", „Fieber" und „Königsgorilla". In der Fieberglut Afrikas verschmelzen Wirklichkeit und Vision. Kim Nelson entdeckt einen Kontinent der Körperlichkeit und Fleischeslust. 256 Seiten, zahlr. Bilde, fester Einband. 36,80 € Nr. 2877 619

Djinn. Sammelband 3. Der Indien-Zyklus. In dem dritten Sammelband geht es um Jades Enkelin, die Britin Kim Nelson und ihre Wurzeln in der weiblichen Dynastie. Denn Kim trägt das „Djinn-Gen" weiter in die heutige Zeit. Im Nachwort berichtet Ana Miralles von der Entstehung der Serie. 224 S., durchg. farbige Bilder, fester Einband. 32,80 € Nr. 1387 200

* aufgehobener gebundener Ladenpreis ** Ausstattung einfacher als verglichene Originalausgabe

MILO MANARA.

PREIS-TIPP **Milo Manara. Erotik Comics. 4 Bände.** Enthält: „X-Men – Frauen auf der Flucht", „Pandoras Augen", „Jolanda de Almaviva" sowie „Candid Kamera und andere erotische Geschichten". 4 Bde. à 22,5×30 cm, zus. 600 S., durchg. farbige und s/w-Bilder, fester Einband. Originalausgabe 109,92 € als Sonderausgabe** 79 € Nr. 1314 998

PREIS-TIPP **Milo Manara. Erotik Comics. 4 Bände.** „Einer der überzeugendsten erotischen Zeichner überhaupt." (1001 Comics) Unsere Sonderausgabe versammelt: „Click – Außer Kontrolle", „Der Duft des Unsichtbaren" und „Kamasutra, Gullivera und andere erotische Geschichten". 4 Bände, zus. 624 S., zahlr. Bilder, fester Einband. Originalausgabe 114,80 € als Sonderausgabe** 79 € Nr. 1225 995

Hot Paprika. Band 1. Limitierte Vorzugsausgabe. Die limitierte Hot-Ausgabe von Mirka Andolfos teuflisch heißem Comedy-Hit „Sweet Paprika"! Schwarz-weiß für mehr Detailreichtum, mit einem von der Künstlerin signiertem Kunstdruck und 100% explizit gezeichnet ist dieser Comic nur etwas für Erwachsene! 20×28 cm, 128 Seiten, zahlreiche Bilder, fester Einband. 39,80 € Nr. 1358 588

Lust und Glaube. Gesamtausgabe. Neuedition. Philosophieprofessor Alain Mangel lebt in einer geordneten Welt mit selbstauferlegtem Zölibat. Als seine Frau ihn verlässt, erliegt er den Reizen seiner Studentin Elisabeth und dann bricht die Hölle los. Ein frühes Meisterwerk des berühmten Autorenduos Moebius/Jodorowsky. 192 S., farb. Bilder, fester Einband. 32,80 € Nr. 1319 183

Djustine. Band 1: Heiße Colts und dicke Titten. Djustine ist ein wilder Mix aus vollbusigen Revolver-Miezen, Zombies, Monstern, Superschurken, Sex und miesen Dialogen – nur für Erwachsene! 21,5×30,5 cm, 64 Seiten, fester Einband. 19,95 € Nr. 1347 039

The Discipline. Die Verführung. Comic. Sündiger Sex, monströse Kreaturen und unglaubliche Metamorphosen – spannender Comic von Peter Milligan und Leandro Fernández. 148 S., zahlr. Bilder, Broschur. 17 € Nr. 1272 969

Lugosi. Aufstieg und Fall von Hollywoods Dracula! Lugosi ist die tragische Lebensgeschichte eines der bekanntesten Horrorfilmstars. Ein fesselndes Biopicture von Koren Shadmi! 17,5×25 cm, 160 Seiten, Bilder, fester Einband. 25 € Nr. 1393 464

Erotik.

Die Sittengeschichte der Onanie und Masturbation in obszönen Illustrationen und Photographien. Die Geschichte der Onanie ist die einer der schwersten denkbaren Sünden. Nichts jedoch schaffte es, die so verführerische wie leicht zu bewerkstelligende Masturbation auszurotten, davon zeugen nicht zuletzt die über 200 expliziten Bilder in diesem Buch, die auf matten Bilderdruck-Papier gedruckt wurden. 256 Seiten, 200 Bilder, Broschur. Nr. 1323 334

Die Sittengeschichte der Orgien in Bildern. Mit erotischen Fotografien aus dem Privatarchiv von Alexandre Dupouy ist das Werk ein einzigartiges Fotodokument der Zeitgeschichte. Ein Bildband ausschweifender Zügellosigkeit! 352 Seiten, 400 s/w-Bilder, Broschur. Originalausgabe 39,99 € als Sonderausgabe** 19,99 € Nr. 1239 880

Die Sittengeschichte der Fellatio. Die orale Befriedigung in obszönen Illustrationen und Photographien – von der Antike bis zur Gegenwart. 300 Jahre erotische Abbildungen und Fotografien zum Thema Fellatio und Cunnilingus. 256 Seiten, 240 s/w-Bilder, Broschur. Originalausgabe 89 € als Sonderausgabe** 19,99 € Nr. 1204 394

Die Sittengeschichte sexueller Hilfsmittel. Der Phallus-Ersatz in pornographischen Darstellungen. Gurke, Dildo, Flasche, Besen sind die besten Sexprothesen. Über 300 Jahre erotische Abbildungen und Fotografien zum Thema – wissenschaftlich, anzüglich und informativ. 256 Seiten, 200 Bilder, Broschur. Originalausgabe 29,95 € als Sonderausgabe** 19,99 € Nr. 1164 627

»Preis-Tipp

Mutzenbachers Wien. Geheime Bilder und Bilderserien aus der Sammlung der J. M. Die Josefine „Pepi" Mutzenbacher ist etabliert. Die bisher verborgene Bildersammlung der Josefine M. – Bilder aus dem Wien der Jahrhundertwende – sind von einer direkten, sorglosen Sinnlichkeit. 136 S., 125 meist farb. Bilder, fester Einband. Originalausgabe 49,80 € als Sonderausgabe** 14,95 € Nr. 6278 28

Josefine Mutzenbacher Kollektion. 3 DVDs. FSK ab 18. (Persönliche Zustellung gegen Altersnachweis.) 3-DVD-Box inklusive der Mutzenbacher-Klassiker „Josefine Mutzenbacher", „Meine 365 Liebhaber" und „Mein Leben für die Liebe". 3 DVDs, 4 Std. 15 Min., deutsch, Dolby Digital 2.0, 4:3. Nr. 1238 833

16,99 Statt 29,99 €

* aufgehobener gebundener Ladenpreis ** Ausstattung einfacher als verglichene Originalausgabe

TIPP

Sexy Girls Club. Sie sind nackt, jung und sexy: Auf mehr als 300 Seiten zeigen diese Schönheiten unbefangen ihre makellosen Körper. Ein einzigartiger Sammelband von Mikhail Paramonov. Aber Vorsicht: erotische Hochspannung! 304 Seiten, 300 farbige Bilder, Broschur. Originalausgabe 49,90 € als Sonderausgabe** 24,99 € Nr. 1274 708

»Preis-Tipp

Naked Gymnastics. Bewegung ist so wichtig! Diese jungen, biegsamen Vorturnerinnen sind in der Kunst der Leibesübungen so weit fortgeschritten, dass sie sich voller Stolz dem Fotografen präsentieren. Kein Textil schränkt ihre Bewegungsfreiheit ein. 128 Seiten, 121 farbige und s/w-Bilder, fester Einband. Originalausgabe 49,90 € als Sonderausgabe** 19,95 € Nr. 2559 544

Schön nackt 2023. Aktfotografie in der DDR. Sinnlichkeit und natürliche Schönheit kennzeichneten die Aktfotografie in der DDR. Zwölf Aktaufnahmen von Frauen stellen Klaus Enders Können in diesem Genre unter Beweis. 21 × 29,7 cm, 12 Kalenderblätter, Spiralbindung. 9,99 € Nr. 1363 832

Spritzen. Geschichte der weiblichen Ejakulation. Originalveröffentlichung. Auch Frauen ejakulieren beim Sex? Aber ja doch! Was weiß man über diesen Aspekt weiblicher Lust? Stephanie Haerdle vermittelt ihre Erkenntnisse höchst interessant und unterhaltsam. 288 S., 14 s/w-Bilder, Broschur. 20 € Nr. 1195 930

»Preis-Tipp

Privatarchiv der verbotenen Filme Teil 1–4. 4 DVDs. FSK ab 18. (Persönliche Zustellung gegen Altersnachweis.) 2019. Liebe, Lust und Leidenschaft: Die exquisite Sammlung enthält sinnliche, aufregende Raritäten aus den Anfängen des erotischen Films. 4 DVDs, 4 Std. 40 Min., DD, 16 : 9. Statt 59,99 € nur 29,99 € Nr. 3022 820

TIPP

Robert Mapplethorpe. The Black Book. Mapplethorpes Hommage an den schwarzen männlichen Körper ist ein wichtiger Beitrag zur Diskussion über Sinnlichkeit in der Fotografie. (Text dt., engl.) 108 S., 96 Duotontafeln, fester Einband. Originalausgabe 50,11 € als Sonderausgabe** 48 € Nr. 7126 9

Wandkalender 2023 „Men". Erotik-Kalender in Schwarzweiß. Die ästhetischen Schwarzweiß-Aufnahmen von muskulösen Traummännern in diesem Broschürenkalender mit Ferienterminen sind ein erotischer Wandschmuck der Spitzenklasse. 30 × 30 cm, 13 Kalenderblätter. 5,95 € Nr. 1382 187

Kunst.

TIPP **1001 Gemälde, die Sie sehen sollten, bevor das Leben vorbei ist.** Ein Fest für die Augen – unterhaltsam, informativ und überraschend: Mit diesem kompakten, übersichtlich geordneten Handbuch erfahren Sie alles Wissenswerte über sensationelle Gemälde aus der ganzen Welt, von altägyptischen Wandmalereien bis zu zeitgenössischen Leinwandexperimenten. 16×21 cm, 960 S., 800 farbige Bilder, Broschur. 29,95 € Nr. 1104 373

Michelangelo. Das vollständige Werk. Malerei, Skulptur, Architektur. Die Leistungen Michelangelos sind einzigartig. Das Buch stellt seine Gemälde, Skulpturen und Bauten vor; besonderes Augenmerk gilt den Fresken in der Sixtinischen Kapelle. 25×34 cm, 480 S., zahlr. Bilder, fester Einband. Originalausgabe 150 € als Sonderausgabe** 60 € Nr. 1357 220

Francisco Haghenbeck: Das geheime Buch der Frida Kahlo. Roman. Nach dem schicksalhaften Verkehrsunfall, der Frida Kahlos Leben für immer verändern sollte, bekommt sie ein schwarzes Notizbuch geschenkt, das sie fortan begleitet. In ihm schreibt die Künstlerin ihre Erlebnisse auf, Rückschläge, Leidenschaften und Bekenntnisse. Ein packender Roman! 13×21 cm, 278 S., Broschur. 12,95 € Nr. 1223 062

TIPP **Marcel Proust und die Gemälde aus der Verlorenen Zeit.** Kaum ein Autor hat Gemälde so vollendet als erzählerisches Mittel einzusetzen gewusst wie Marcel Proust. Eric Karpeles macht diese enge Beziehung von Malerei und Literatur auf unterhaltsame Weise sichtbar. 352 S., 196 farbige u. 10 s/w-Bilder, Broschur. Originalausgabe 34,95 € als Sonderausgabe** 19,99 € Nr. 7550 60

PREIS-TIPP **Puzzle „Banksy Collage". 1000 Teile.** Seine Werke findet man weltweit: Der britische Graffiti-Sprayer Banksy ist der Großmeister der Street Art. Dieses Puzzle setzt sich zusammen aus einer Anzahl seiner Motive. Puzzlegröße 68×49 cm. Statt 29,95 € nur 14,95 € Nr. 1384 678

Puzzle. 1000 Teile. „Van Gogh Iris". Die Schwertlilien sind vermutlich das erste Motiv, das Vincent van Gogh (1853–1890) in eine Nervenheilanstalt in Saint-Remy malte. 24×24×5 cm, 1.000 Teile, 68×49 cm Puzzlegröße. Statt 24,95 € nur 14,95 € Nr. 1384 775

* aufgehobener gebundener Ladenpreis ** Ausstattung einfacher als verglichene Originalausgabe

Drucksache Bauhaus. Mit dem Projekt „Bauhaus-Drucke. Neue Europaeische Graphik" wurden vier Mappen geschaffen, an denen 45 Vertreter der künstlerischen Avantgarde Europas beteiligt waren. Das Buch präsentiert die Mappen (1921–1924) gemeinsam mit Arbeiten von Feininger, Kandinsky und Schlemmer. 23,5× 30,5 cm, 240 Seiten, 160 Bilder, fester Einband. Nr. 1361 929

Eisvogel und Lotusblüte. Vögel in Meisterwerken der japanischen Holzschnittkunst. Im Schmuckschuber. Meisen in Kirschblüten, Kraniche, die in den Wellen des Ozeans tauchen – das sind nur einige Beispiele, die diese Sammlung japanischer Holzschnitte von Keisai bis hin zu Hiroshige zeigt. Aufwändig produziert, sind die Bildtafeln als seidenbezogenes Leporello gebunden. 274 Seiten, 112 farbige Bilder, fester Einband. 25 € Nr. 1342 010

Das Buch der Farben

TIPP

Das Buch der Farben. Was sind Farben und Pigmente? Was passiert, wenn man Farben mischt? Und wie wirken Farben auf unsere Gefühle? All diese Themenbereiche und noch viele mehr fügt der Wahrnehmungspsychologe Max J. Kobbert in seinem Buch zu einem faszinierenden Kompendium zusammen, bei dem zum Schluss keine „Farbfrage" offen bleibt. 22×29 cm, 240 S., 279 farb. Bilder, fester Einband. Originalausgabe 39,90 € als Sonderausgabe** 28 € **Nr. 1129 317**

PIRANESI
TASCHEN

»Preis-Tipp

Piranesi. The Complete Etchings. Der Kupferstecher Giovanni Battista Piranesi (1720–1778) machte sich mit Stichen von Rom – und Gefängnisbildern – einen Namen. (Text dt., engl., frz.) 25×34 cm, 788 S., zahlreiche Bilder ,fester Einband. Originalausgabe 99,99 € als Sonderausgabe** 60 € **Nr. 1386 719**

Hyperrealistisch zeichnen und malen. So entstehen täuschend echte Bilder. Täuschend echt: So zeichnet und malt man hyperrealistisch. Martí Cormand stellt anhand verschiedener Projekte die Methoden der detailgetreuen Wiedergabe vor. Faszinierend! 128 S., durchg. farbige Bilder, Broschur. 26 € **Nr. 1109 596**

PREIS-TIPP

Hundertwasser. Lebhafte Farben und Formen: Friedensreich Hundertwasser (1928–2000) war ein nonkonformistischer Held, der eine Leuchtspur der Fantasie in Gebäuden, Gemälden, Manifesten und Aktionen hinterließ. Das Buch von Autor Harry Rand zeichnet Hundertwassers Stil und Vision nach. 24×31,5 cm, 200 S., zahlr. farb. Bilder. fester Einband. Originalausgabe 59,98 € als Sonderausgabe** 30 € **Nr. 1034 316**

Helmut Newton. SUMO. 20th Anniversary Edition. SUMO, die Sensation auf dem Buchmarkt, sicherte sich einen Platz in der Geschichte des Fotobuchs. Diese neue, im Format verkleinerte Ausgabe ist die Erfüllung eines Traums: Sie ermöglicht eine demokratischere Verbreitung und macht die Kunst Newtons einem großen Publikum zugänglich. (Text dt., engl., frz.) 26,5×37,5 cm, 464 Seiten, durchg. Bilder, fester Einband, im Schuber. **Nr. 4536 25**

Ellen von Unwerth. Fräulein. Ellen von Unwerth – früher Supermodel – ist heute eine der originellsten Modefotografinnen. Hier würdigt sie aufregende weibliche Sex-Ikonen unserer Zeit: Kate Moss, Eva Mendes, Eva Green u. v. m. (Text dt., engl., frz.) 504 S., zahlr. Bilder, fester Einband. Originalausgabe 49,99 € als Sonderausgabe** 25 € **Nr. 1310 607**

»Preis-Tipp

CAPTIVATE! Modefotografie der 90er. Supermodel Claudia Schiffer, Fashion-Ikone und Insiderin der Modeszene, lädt zu einer Zeitreise in die Modewelt der 90er Jahre ein. Neben zentralen fotografischen Werken steht selten gesehenes Material aus Schiffers Privatarchiv. 27×36 cm, 216 S., 110 farbige u. 59 s/w-Bilder, Leinen. 65 € **Nr. 1397 257**

PREIS-TIPP

MODE. Designer, Stile, Looks aus 150 Jahren. Ein Standardwerk zum Thema Fashion! Der Prachtband bietet einen aktuellen, nahezu vollständigen Überblick über das Phänomen. In alphabetischer Reihenfolge werden alle wichtigen Designer, Modehäuser und Labels vorgestellt sowie alte und neue Trends erklärt. 23,5×32 cm, 536 S., 700 farb. Bilder, fester Einband, mit Farbschnitt. Statt 69 €* nur 29,99 € **Nr. 1043 188**

1001 Fotografien, die Sie sehen sollten, bevor das Leben vorbei ist. Ein unverzichtbares Nachschlagewerk für alle Liebhaber der Fotografie! Von Roger Fenton bis William Eggleston, von Henry Fox Talbot bis Nick Knight. 960 Seiten, 1.001 Bilder, Broschur. 29,95 € **Nr. 1096 540**

Plakat „Uschi Obermaier. AIM HIGH". Die Aufnahme von Werner Bokelberg (1969) wurde zu einem Sinnbild der 68er. 50×70 cm, vom Fotografen signiert. 199 € **Nr. 1281 844**

* aufgehobener gebundener Ladenpreis ** Ausstattung einfacher als verglichene Originalausgabe

TIPP **Civilization.** In diesem Bildband offenbaren über 140 Foto-Künstler, darunter Cindy Sherman, Edward Burtynsky oder Taryn Simon ihre Blickwinkel auf die Welt. In 485 Fotografien wird die Art und Weise unseres heutigen Zusammenlebens offenbar, begleitet von Essays, Zitaten u. a. 25×30,5 cm, 352 S., 485 farb. Bilder, fester Einband. Statt 55 €* nur 14,95 € **Nr. 1315 226**

Nobuyoshi Araki. Als Limited Edition erschienen und hier in einer kompakten Ausgabe veröffentlicht, taucht die Retrospektivsammlung in die Bilderwelt Arakis ein: Tokioter Straßenszenen, Gesichter, Blumen, weibliche Genitalien und die japanische Fesselkunst des kinbaku. (Text dt., engl., frz.) 512 S., zahlr. Bilder, fester Einband. Originalausgabe 49,99 € als Sonderausgabe** 25 € **Nr. 1214 446**

TIPP **Norman Mailer, Bert Stern. Marilyn Monroe.** Dieses Buch kombiniert Norman Mailers Sprachgewalt mit Bert Sterns Bildern der 36-jährigen. Sechs Wochen später lebte sie nicht mehr. Mailers Marilyn ist schön, tragisch und komplex. Eine gewagte Synthese aus literarischem Klassiker und Porträtgalerie. (Text engl.) 28×33,5 cm, 275 S., zahlr. Bilder, fester Einband. **Nr. 1365 037**

»Sonderausgabe**
80 €
Statt 1.000 €
als Originalausgabe

TIPP **August Sander. Menschen des 20. Jahrhunderts. Die Gesamtausgabe.** Sanders Langzeitprojekt: ein Gesellschaftsbild seiner Zeit! 23×29 cm, 808 Seiten, 619 Duoton-Bilder, fester Einband. Originalausgabe 228 € als Sonderausgabe** 128 € **Nr. 4792 25**

Mario Testino. Sir. Mario Testino zeigt Aufnahmen aus seinem Archiv, die Männer und Inszenierungen von Männlichkeit illustrieren. Unter den Porträtierten finden sich u. a. Brad Pitt, Jude Law oder David Bowie. (Text dt., engl., frz.) 512 S., zahlr. Bilder, fester Einband. Originalausgabe 60 € als Sonderausgabe** 25 € **Nr. 1316 346**

TIPP **Architects' Houses. Die Wohnhäuser der innovativsten Architekten.** Michael Webb entführt zu 30 Häusern der innovativsten Architekten: Stadthäuser oder Refugien auf dem Land; extravagant oder minimalistisch. (Text dt.) 23,5×29,5 cm, 320 S., 270 farbige u. 80 s/w-Bilder, fester Einband. **Nr. 1305 069**

14,95 Statt 59 €*

Historisches.

Die Höhle von Lascaux.

TIPP

Die Bilderwelt von Lascaux. Entstehung. Entdeckung. Bedeutung. Die Höhle von Lascaux in der Dordogne enthält die ältesten bekannten Kunstwerke der Zivilisation. In diesem Band von Iris Newton ist der Status quo der Forschung zur Höhle dargelegt und mithilfe eines einzigartigen Bildteils visuell nachvollziehbar gemacht. 160 Seiten, durchg. farb. Bilder, fester Einband. Originalausgabe 49,95 €
als Sonderausgabe** 19,95 €
Nr. 6973 20

Lascaux. Prähistorische Kunst in der Höhle. DVD. 2012. Wer waren die Maler der Kunstwerke in der Höhle von Lascaux, entstanden ca. 18 000 v. Chr.? Und was bedeuten die Szenen? Die DVD eröffnet die Möglichkeit, die Höhle ausgiebig zu erkunden. DVD, 1 Std., dt., DD 5.1, Widescreen. **Nr. 5814 37**

9,99 Statt 17,99 €

PREIS-TIPP

Das große Buch der Indianer. Alle Stämme – alle Kriege. Der Band bietet eine Bildenzyklopädie der Indianerstämme Nordamerikas von A–Z. Alle Stämme werden mit Fotografien vorgestellt. Der zweite Teil berichtet von den Indianerkriegen, nennt die großen Schlachten und berühmten Krieger. 24 × 31 cm, 448 S., 465 Bilder, fester Einband. Originalausgabe 39,90 € als Sonderausgabe** 19,99 € **Nr. 4170 50**

1 Kilo Kultur. Das wichtigste Wissen von der Steinzeit bis heute. Wie schwer wiegt Allgemeinbildung? Ziemlich schwer, denn sie erleichtert Schule, Beruf, Flirt und Smalltalk! Das „Kilo Kultur" von Florence Braunstein und Jean-François Pépin gibt einen Überblick über die Kulturgeschichte der Menschheit von der Vorgeschichte bis heute. 1.296 S., fester Einband. Statt 28 € vom Verlag reduziert 15 € **Nr. 8001 63**

Der verkannte Mensch. Ein neuer Blick auf Leben, Liebe und Kunst der Neandertaler. Die britische Archäologin Rebecca Wragg Sykes hat aktuelle Forschungsergebnisse ausgewertet und wagt mit diesem Buch einen neuen Blick auf das Leben unserer unterschätzten Verwandten. Verblüffend! 400 Seiten, 35 s/w-Bilder, fester Einband. 24 € **Nr. 1340 638**

Unzensiert. Was Sie schon immer über Sex in der Bibel wissen wollten, aber nie zu fragen wagten. Der Bibelwissenschaftler Simone Paganini hält nichts von Tabus und stellt eindeutige Fragen zu ausgewählten Bibelgeschichten. Ein kenntnisreiches und spannendes Buch. 160 Seiten, 10 Bilder, fester Einband. 14 € **Nr. 1252 844**

* aufgehobener gebundener Ladenpreis ** Ausstattung einfacher als verglichene Originalausgabe

PREIS-TIPP

Deutschland in historischen Karten. Eine Schatzkiste für alle, die sich für Kartografie und die Geschichte Deutschlands interessieren: Der Antiquar und Kartenkenner Clemens Paulusch beschreibt 80 bedeutende Karten Deutschlands und seiner Regionen. 24×32,5 cm, 208 Seiten, 120 Bilder, fester Einband. Statt 48 €* nur 19,95 € Nr. 1174 215

»Preis-Tipp

Das Voynich-Manuskript. Faksimile. Reprint, Original ca. 1430. Eines der größten Rätsel der Buchgeschichte: das Voynich-Manuskript. Die dargestellten Tiere und Pflanzen können geografisch nicht eindeutig zugeordnet werden, auch das Schriftbild gibt Rätsel auf. 240 S., zahlr. Bilder, fester Einband. Originalausgabe 199 € als Sonderausgabe** 19,95 € Nr. 1372 335

TIPP

Alexander von Humboldt. Das graphische Gesamtwerk. Als Ethnologe skizzierte Humboldt Menschen und Objekte, als Botaniker und Zoologe zeichnete er Pflanzen und Tiere. „Ein opulenter, kostbarer Bildband." (Deutschlandfunk) 800 S., 1.576 Bilder, Zeittafel, Broschur. Originalausgabe 129 € als Sonderausgabe** 39,95 € Nr. 7365 20

TIPP

Das Rätsel der Varusschlacht. Archäologen auf der Spur der verlorenen Legionen. 9 n. Chr. in Germanien: Varus wird getäuscht und seine Armee geschlagen. Wolfgang Korn und Klaus Ensikat erzählen diesen Krimi nach. 192 S., farbige Bilder, fester Einband. Originalausgabe 19,95 € als Sonderausgabe** 9,95 € Nr. 1380 842

Die geheime Geschichte von Jesus Christus. Was uns bis heute verschwiegen wurde. Nie zuvor wurde das Leben Jesu unter historischen Gesichtspunkten betrachtet, abseits aller religiösen Legenden. Das Ergebnis ist ein Skandal: Fast alles, was wir über Jesus Christus zu wissen glauben, ist fragwürdig. 14,5×20,5 cm, 224 Seiten, fester Einband. 9,99 € Nr. 1117 998

Der Atlas des Teufels. Eine Erkundung des Himmels, der Hölle und des Jenseits. Eine Reise durch Jenseitswelten unterschiedlichster Kulturen rund um den Globus – von den 13 Himmeln der Azteken bis zur taoistischen Unterwelt der „hungrigen Geister". 256 S., 250 farb. Bilder, fester Einband. 35 € Nr. 1336 800

»Preis-Tipp

Venedig. Biographie einer einzigartigen Stadt. Peter Ackroyds großartige Biografie über „die Geschichte und Kultur der Stadt und ihrer Bewohner". (Deutschlandfunk) 592 S., 22 farb. und 30 s/w-Bilder, Broschur. Originalausgabe 39,99 € als Sonderausgabe** 20 € Nr. 1339 117

NAZI-DEUTSCHLAND.

Nazi-Deutsch in 22 Lektionen. Nazi-German in 22 Lessons. Entstanden ist diese wiederentdeckte Flugschrift 1942 im Auftrag des britischen Informationsministeriums. Sie wurde von Flugzeugen über den von Deutschland besetzten Gebieten abgeworfen. Die Karikaturen stammen von Walter Trier, eine deutsche Übersetzung wurde hinzugefügt. (Text dt., engl.) 80 S., 22 farbige Bilder, fester Einband. 12 € Nr. 1347 209

TIPP **Weissbuch über die Erschiessungen des 30. Juni 1934. Authentische Darstellung der deutschen Bartholomäusnacht.** Als „Nacht der langen Messer" oder „Bartholomäusnacht" gingen die Erschießungen des 30. Juni 1934 in Nazi-Deutschland in die Geschichte ein. Die Dokumentation über das Verbrechen erschien erstmals 1934 in Paris im Exilverlag. 208 Seiten, fester Einband. Nr. 1319 426

9,95 Statt 29,95 €*

Aktionspaket Hitler 1 und Hitler 2. 4 Bände. Adolf Hitler war ein Sexopath, der alle Kriterien eines Serienkillers erfüllte. Volker Elis Pilgrim vollzieht einen Perspektivwechsel auf das herkömmliche Hitler-Bild. 928 S., Broschur. Originalausgabe 112 € als Sonderausgabe** 60 € Nr. 1380 710

»Preis-Tipp

Im Kampf gegen Nazideutschland. Die Berichte der Frankfurter Schule für den amerikanischen Geheimdienst 1943–1949. Während des Zweiten Weltkriegs arbeiteten Franz Neumann, Herbert Marcuse und Otto Kirchheimer im Exil für das Office of Strategic Services in den USA und spielten bei Entnazifizierungsprogrammen und Vorbereitungen der Nürnberger Prozesse eine maßgebliche Rolle. 812 S., fester Einband. Nr. 1343 408

9,95 Statt 39,95 €*

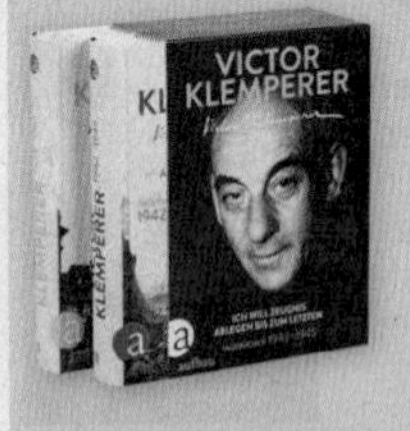

Victor Klemperer. Ich will Zeugnis ablegen bis zum letzten. Tagebücher 1933–1945. „... stellen alles in den Schatten, was jemals über die NS-Zeit geschrieben wurde." (Die Zeit) 2 Bde., zus. 1.648 S., 16 s/w-Bilder, fester Einband, im Schuber. Statt 39,95 € vom Verlag reduziert 25 € Nr. 7224 72

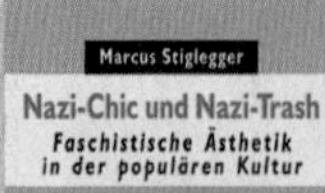

Nazi-Chic und Nazi-Trash. Faschistische Ästhetik in der populären Kultur. Der vorliegende Band diskutiert kritisch die mal subtilen, mal plakativen Zitate faschistischer Symbolik und fragt nach Funktion und Resonanz dieses Phänomens. 10,5×14,5 cm, 108 S., 45 Bilder, Broschur. 9,90 € Nr. 1266 756

* aufgehobener gebundener Ladenpreis ** Ausstattung einfacher als verglichene Originalausgabe

TIPP **Gandhi. Sein Leben.** Mahatma Gandhi (1869–1948) kämpfte sein Leben lang gewaltfrei gegen Rassentrennung und Diskriminierung und für die Versöhnung von Hindus und Moslems. In dieser mit zahlreichen Abbildungen illustrierten Biografie schildert Pramod Kapoor aus nächster Nähe wichtige Stationen aus Gandhis Leben. 324 S., zahlr. Bilder, fester Einband. **Nr. 1371 177**

9,99 Statt 29,95 €*

Deutsche Juden im 20. Jahrhundert. Eine Geschichte in Porträts. Wolfgang Benz versammelt in diesem Buch exemplarische Lebensläufe deutscher Juden im 20. Jahrhundert. Zusammen ergeben die Porträts ein umfassendes Bild jüdischer Erfahrungen im Schatten nationalsozialistischer Verfolgung und ihrer Nachwirkungen bis zur Gegenwart. 15×22,5 cm, 335 S., 32 Bilder, fester Einband. Statt 26,95 € vom Verlag reduziert 9,95 € **Nr. 6975 91**

TIPP **Kulturerbe.** Fünf Jahre nach Abzug der russischen Truppen aus Deutschland fand Stefan Neubauer verborgene Schätze aus einer längst vergangenen Zeit. (Text dt., engl., russ.) 28×31 cm, 420 Seiten, zahlr. farb. Bilder, fester Einband. Statt 29,95 €* nur 9,95 € **Nr. 1333 640**

Die Anthropomorpha: Tiere im Krieg. Tiere, die der Mensch zu Kriegsteilnehmern gemacht hat: 32 Tiersoldaten zeigen, dass er keine Grenzen kennt, wenn es darum geht, sich einen Vorteil zu verschaffen. 153 Seiten, fester Einband. Nr. 1180 681

7,95 Statt 30 €*

Ein Führer durch das lasterhafte Berlin. Das deutsche Babylon 1931. Curt Morecks Bestseller aus dem Jahr 1931 führt mitten hinein in die pulsierende Metropole Berlin auf dem Höhepunkt der Goldenen Zwanziger. 208 S., 30 s/w-Bilder, Broschur. Statt geb. Originalausgabe 22 € als Taschenbuch 12 € **Nr. 1186 272**

» Preis-Tipp

Das sowjetische Jahrhundert. Archäologie einer untergegangenen Welt. Der Historiker Karl Schlögel lädt mit seiner Archäologie des Kommunismus zu einer Neuvermessung der sowjetischen Welt ein, von Machtparaden bis Ritualen des Alltags. 912 S., 86 Bilder, Broschur. Originalausgabe 38 € als Sonderausgabe** 22 € **Nr. 1381 032**

TIPP **Berliner U-Bahn. In Fahrt seit über 100 Jahren.** Der reich illustrierte Band erkundet neben der Entwicklung von Fahrkultur, Streckennetz und Betriebstechnik auch über 100 Jahre Stadtgeschichte vom Kaiserreich bis hin zur Wiedervereinigung. 22×24 cm, 200 Seiten, 268 Bilder, fester Einband. Nr. 1386 417

7,95 Statt 19,90 €*

Roger Willemsen.

Wer wir waren. DVD. 2021. In „Wer wir waren" blicken wir mit den Augen eines Astronauten auf den gegenwärtigen Zustand der Welt. Ein Treffen mit sechs DenkerInnen und WissenschaftlerInnen, die die Gegenwart reflektieren und in die Zukunft blicken. DVD, 1 Stunde 53 Min., deutsch, engl., Untertitel dt., Dolby Digital 5.1, Widescreen, Extras. Statt 21,99 € nur 16,99 € **Nr. 1323 059**

» Preis-Tipp

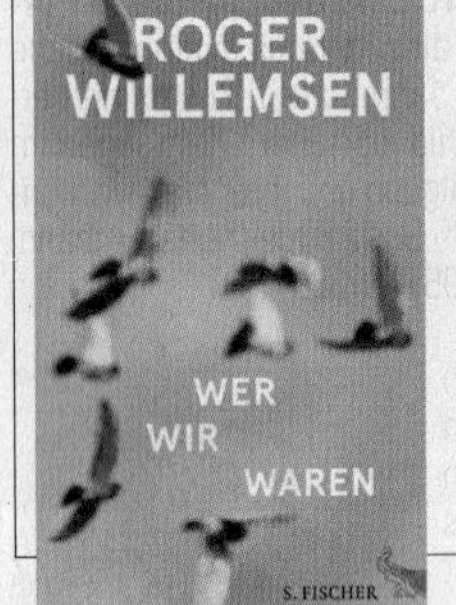

TIPP **Roger Willemsen. Wer wir waren. Zukunftsrede.** Willemsens letztes Buch werden wir nie lesen können. Umso stärker wirkt seine Rede von 2015: ein Aufruf an die nächste Generation, sich nicht einverstanden zu erklären. „Wir waren jene, die wussten, aber nicht verstanden, voller Informationen, aber ohne Erkenntnis, randvoll mit Wissen, aber mager an Erfahrung." 64 S., fester Einband. 13 € **Nr. 8036 93**

Die Geschichte von Lili Elbe. Ein Mensch wechselt sein Geschlecht. Berlin 2019.In den 1920er Jahren führt der dänische Maler Einar Wegener mit seiner Frau Gerda, ebenfalls Künstlerin, ein bewegtes Leben. Als Gerda ihn eines Tages bittet, ihr in Frauenkleidern Modell zu stehen, setzt sie eine Entwicklung in Gang, deren Ende sich keiner von beiden vorstellen kann. 12,5×19 cm, 368 S., 40 s/w-Bilder, fester Einband. Statt 24 €* nur 9,95 € **Nr. 1401 980**

Made in Washington. Was die USA seit 1945 in der Welt angerichtet haben. Bernd Greiners Buch zeigt, wie sich in den USA der Anspruch ausbildete, als Hüter der internationalen Ordnung aufzutreten. Und es liefert eine kritische Bilanz der amerikanischen Ordnungspolitik seit dem Zweiten Weltkrieg, vom Vietnamkrieg bis zur Politik in Indonesien. 240 S., Broschur. 16,95 € **Nr. 1297 252**

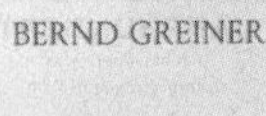

Das stärkere Geschlecht. Warum Frauen genetisch überlegen sind. Frauen sind in jedem Lebensabschnitt stärker als Männer. Aber warum? Der renommierte Neurogenetiker Dr. Sharon Moalem nimmt uns mit auf eine faszinierende Entdeckungsreise zu den Ursachen der genetischen Überlegenheit des weiblichen Geschlechts. 14,5×21,5 cm, 320 Seiten, fester Einband. 19,99 € **Nr. 1183 478**

Georg Stefan Troller. Liebe, Lust und Abenteuer. 97 Begegnungen meines Lebens. Troller berichtet von 97 unvergesslichen Begegnungen mit Größen aus Kunst, Film und Fernsehen, Musik, Showbusiness und Politik. Entstanden ist eine Mischung aus Interviews, Aphorismen, Anekdoten und Geschichten, die das Kernthema der menschlichen Existenz umkreisen: den Eros. 216 Seiten, zahlr. s/w-Bilder, fester Einband. 24 € **Nr. 1186 469**

 * aufgehobener gebundener Ladenpreis ** Ausstattung einfacher als verglichene Originalausgabe

SOWJETUNION.

Der Killer im Kreml. Intrige, Mord, Krieg. Wladimir Putins skrupelloser Aufstieg und seine Vision vom großrussischen Reich. Psychogramm, packender Hintergrundreport und knallharte Analyse – eine längst überfällige Aufklärung, eine beispiellose Anklageschrift von John Sweeney. 336 Seiten, Broschur. 19 € Nr. 1388 347

TIPP **Geschichte der Ukraine.** Die wechselvolle Geschichte der Ukraine ist nicht ohne ihr kompliziertes Verhältnis zu Russland zu verstehen. Kerstin S. Jobst geht in ihrem auf den aktuellen Stand gebrachten Buch den Ursprüngen der Nation bis in die mittelalterliche Kiewer Rus auf den Grund und zeichnet die jüngsten Entwicklungen in der Geschichte des Landes nach. 288 S., 3 Karten, Broschur. 12,80 € Nr. 1374 532

Sowjetistan. Eine Reise durch Turkmenistan, Kasachstan, Tadschikistan, Kirgisistan und Usbekistan. Die fünf Staaten mit „stan" im Namen erstrecken sich von der Wüste bis ins Hochgebirge. Erika Fatland erzählt von Samarkand und Dschingis Khan, von erstaunlichen Machtdemonstrationen korrupter Despoten, von marmornen Städten oder Goldstatuen. 512 S., zahlr. Bilder, Broschur. 12 € Nr. 1177 966

TIPP **Der Weg in den neuen Kalten Krieg.** Nach dem Kalten Krieg trat der Westen als Sieger der Geschichte auf. Peter Scholl-Latour beobachtete dies mit Skepsis. Hier beschreibt er den Weg in einen neuen Kalten Krieg zwischen West und Ost. 350 S., 24 farbige Bilder, Broschur. Statt geb. Originalausgabe 24,90 € als Taschenbuch 13,99 € Nr. 2554 712

» Preis-Tipp

Die Welt ohne uns. Reise über eine unbevölkerte Erde. Alan Weisman zeigt in seinem Bestseller, was der Mensch zu schaffen vermochte und über welche Macht die Natur verfügt. 400 S., Broschur. Statt geb. Originalausgabe 19,90 € als Taschenbuch 14 € Nr. 1367 790

Was jetzt möglich ist. 33 politische Situationen. „Eine der aufregendsten intellektuellen Stimmen Deutschlands." (The New York Review of Books) Kaum ein Wort in Deutschland hat solches Gewicht: Der Band versammelt erstmals Navid Kermanis wichtigste politische Artikel aus fast drei Jahrzehnten. 14×22 cm, 208 S., fester Einband. 23 € Nr. 1383 353

TIPP **Der Gotteswahn.** Richard Dawkins' Argumente dafür, warum der Glaube an Gott keine Grundlage für das Verständnis der Welt sein kann. Klug und humorvoll. 575 S., Broschur. Statt geb. Originalausgabe 22,90 € als Taschenbuch 12,99 € Nr. 2892 995

Philosophie.

»Sonderausgabe**
20 €
Statt 70,98 €
als Originalausgabe

Richard David Precht. Die Essays. Tiere denken. Jäger, Hirten, Kritiker. Künstliche Intelligez. Von der Pflicht. 5 MP3-CDs. Vier Essays vom „Pop-Star unter den deutschen Philosophen" (F.A.Z.) in einer Hörbuch-Edition, gelesen von Ernst Walter Siemon, Bodo Primus und anderen: Mitreißend, scharfsinnig, kritisch. 5 MP3-CDs, 33 Stunden, 2 Minuten. **Nr. 1320 181**

TIPP **Richard David Precht. „Sei du selbst". Geschichte der Philosophie III.** Der lang erwartete dritte Band von Prechts vierteiliger Philosophiegeschichte. Das 19. Jahrhundert revolutioniert die Philosophie! Denker wie Auguste Comte und John Stuart Mill versuchen, die Philosophie auf das Niveau der Physik und der Biologie zu bringen. Doch genau dagegen rührt sich Protest. 496 S., 20 s/w-Bilder, fester Einband. *Mängelexemplar.* Statt 24 € nur 9,95 € **Nr. 1157 639**

Walter Benjamin. Ausgewählte Werke. 5 Bände. Walter Benjamins Schriften hatten einen enormen Einfluss auf verschiedenste sozial- und geisteswissenschaftliche Disziplinen. Auf Basis der „Gesammelten Schriften" aus dem Suhrkamp Verlag macht diese Ausgabe seine wichtigsten Werke kompakt zugänglich. 12×19 cm, 3.500 S., Broschur. Statt 129 €* nur 40 € **Nr. 6989 20**

Katzen und der Sinn des Lebens. Philosophische Betrachtungen. Wie wird man glücklich? Wie ist man gut? Katzen verkörpern wie kein anderes Tier Antworten auf große Fragen nach Liebe, Sterblichkeit und Moral. John Gray erforscht nach dem Bestseller „Straw Dogs" die Natur der Katzen. „Eine elegante Studie über das gute Leben von einem der wichtigsten Denker unserer Zeit." (The Times) 160 S., fester Einband. 20 € **Nr. 1338 773**

TIPP **Platon und Schnabeltier gehen in eine Bar … Philosophie verstehen durch Witze.** Üblicherweise sind Witze eine Sache, Philosophie eine ganz andere. Hier aber bringen Witze auf den Punkt, worüber sich Denker den Kopf zerbrachen. Dieser philosophische Crash-Kurs aktiviert die Lachmuskeln! 240 S., Broschur. Statt geb. Originalausgabe 16 € als Taschenbuch 10 € **Nr. 2979 853**

Grundkurs Philosophie. 8 Bände. Acht Bände, an Universitäten und Schulen erprobt und etabliert, führen auf dem neuesten Stand der Philosophie in deren Teilgebiete ein. 8 Bde. à 9,5×14,5 cm, zus. 1.659 S., Broschur. Originalausgabe 52,80 € als Sonderausgabe** 42 € **Nr. 1350 455**

* aufgehobener gebundener Ladenpreis ** Ausstattung einfacher als verglichene Originalausgabe

PREIS-TIPP **Geschichte der Philosophie. Gesamtwerk. 14 Bände.** Philosophiehistoriker stellen die Entwicklung des abendländischen Denkens durch alle Epochen dar: Sophistik und Sokratik, Stoa und Epikureismus, Philosophie der ausgehenden Antike, der Renaissance und der Neuzeit, Kritische Philosophie von Kant u. a. 14 Bde. à 14×22,5 cm, zus. 6.126 S., Broschuren im Schuber. Originalausgabe 480,40 € als Sonderausgabe** 228 € **Nr. 1293 451**

PREIS-TIPP **Gestalten des Bösen. Der Teufel – ein theologisches Relikt.** Woher kommt das Böse? Dieser Frage geht Eugen Drewermann nach, blickt in die Geschichte und kommt bei der Gestalt des Teufels an. Er analysiert die Figur und zeigt, weshalb der Teufelsglaube eine Projektion ist. 224 S., fester Einband. Originalausgabe 22 € als Sonderausgabe** 9,95 € **Nr. 2981 408**

Verfluchte Götter. Die Geschichte der Blasphemie. In seiner Geschichte der Gotteslästerung zeigt der Historiker Gerd Schwerhoff, wie sehr Blasphemie die Menschen seit jeher bewegt. 528 Seiten, 13 s/w-Bilder, fester Einband. *Mängelexemplar.* Statt 29 € nur 9,99 € **Nr. 1398 199**

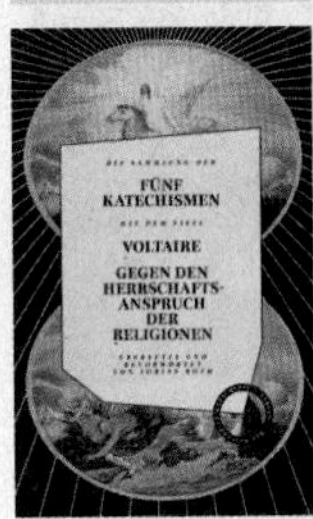

Voltaire. Gegen den Herrschaftsanspruch der Religionen. Die fünf Katechismen. Der Band versammelt fünf Katechismen Voltaires, in denen er das Thema der Religion auf Erden auslotet. 144 S., fester Einband. 14 € **Nr. 1307 096**

TIPP **Nach Gott.** Peter Sloterdijk widmet sich der Aufklärung über die Theologie, von der Zeit der Götterherrschaft bis zu den Träumereien über das gottähnliche Vermögen der künstlichen Intelligenz. 364 Seiten, Broschur. Statt geb. Originalausgabe 28 € als Taschenbuch 14 € **Nr. 1096 370**

Unordnung im Himmel. Lageberichte aus dem irdischen Chaos. Pandemie, Klimawandel, Flüchtlinge: Leitmotiv unserer Zeit ist das unerbittliche Chaos. Slavoj Žižek beleuchtet mit analytischer Tiefe Texte von Orwell und Rammstein, Lenin und der Bibel und sucht universelle Wahrheiten auf politischen Schauplätzen. 13,5×21,5 cm, 272 S., Broschur. 25 € **Nr. 1370 570**

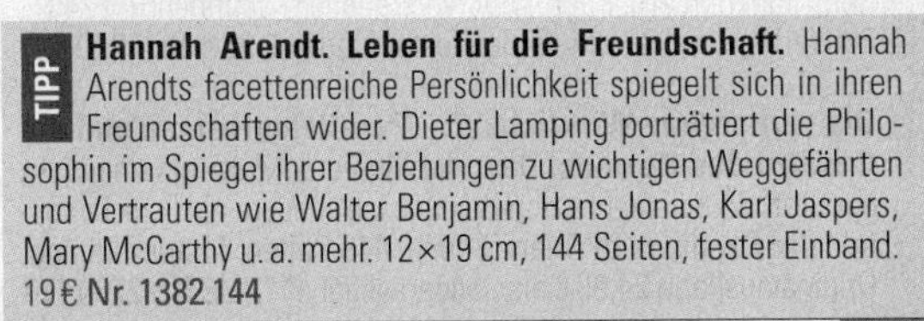

TIPP **Hannah Arendt. Leben für die Freundschaft.** Hannah Arendts facettenreiche Persönlichkeit spiegelt sich in ihren Freundschaften wider. Dieter Lamping porträtiert die Philosophin im Spiegel ihrer Beziehungen zu wichtigen Weggefährten und Vertrauten wie Walter Benjamin, Hans Jonas, Karl Jaspers, Mary McCarthy u. a. mehr. 12×19 cm, 144 Seiten, fester Einband. 19 € **Nr. 1382 144**

Wissen.

Der große Harari. Eine kurze Geschichte der Menschheit, Homo Deus, 21 Lektionen für das 21. Jahrhundert. 6 MP3-CDs. Die drei Bestseller von Yuval Noah Harari zum Sonderpreis! Harari nimmt uns mit zu den Ursprüngen des Homo Sapiens. Was sind die großen Herausforderungen, vor denen die Menschheit steht? Irgendjemand wird darüber entscheiden müssen, wie wir die Macht nutzen, die künstliche Intelligenz und Biotechnologie bereithalten. Harari regt uns an, sich an den großen Debatten unserer Zeit zu beteiligen. 6 MP3-CDs, 48 Stunden 15 Min. Nr. 1192 353

Bilderpedia. Ein Lexikon – 10.000 Fotos. Das geballte Wissen für Kinder in Buchform! In diesem Lexikon findet sich alles, was es über unsere Welt zu wissen gibt. Ob zur Erde, Natur, Technik, Kultur, Sport oder Geschichte – 10.000 Fotos und Grafiken offenbaren Einblicke in vielfältige Themen. Zeitleisten informieren über historische Ereignisse und Landkarten präsentieren Länder und Sehenswürdigkeiten. (Ab 8 Jahren) 26×31 cm, 360 S., farb. Bilder, fester Einband. 24,95 € Nr. 1292 293

DAS UNIVERSUM.

Stephen Hawking Universum. Wochenplaner 2023. Bilder und Zitate. Faszination Weltall: Der Wandkalender mit Platz für Notizen zeigt eindrucksvolle Bilder des Universums, gepaart mit Erkenntnissen des Astrophysikers Stephen Hawking. 22 € Nr. 1380 532

TIPP **Das All und das Nichts. Von der Schönheit des Universums.** Gibt es das Nichts? Sind Raum und Zeit Illusionen? Davon erzählt Stefan Klein in seinem mitreißenden und zugleich poetischen Buch. 256 S., fester Einband. Originalausgabe 20 € als Sonderausgabe** 14 € Nr. 1375 148

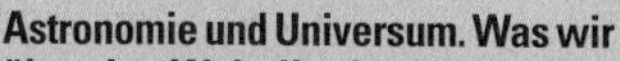

Astronomie und Universum. Was wir über das Weltall wissen. Im kosmischen Informationsnebel sorgt dieses Buch für Durchblick. Es vermittelt Grundwissen, stellt alles Wichtige im Weltall vor und erklärt, wie „das da draußen" funktioniert. Informativ, verständlich, spannend! 224 S., 280 farbige und 20 s/w-Bilder, fester Einband. 30 € Nr. 1220 837

Die verborgene Wirklichkeit – Paralleluniversen und die Gesetze des Kosmos. Dass die Idee des Multiversums nicht nur Stoff für Science-Fiction-Romane ist, sondern ein Forschungsfeld der Physik, zeigt Brian Greene. 448 Seiten, fester Einband. Originalausgabe 24,99 € als Sonderausgabe** 16 € Nr. 2760 177

* aufgehobener gebundener Ladenpreis ** Ausstattung einfacher als verglichene Originalausgabe

Die kleinste gemeinsame Wirklichkeit. Die größten Streitfragen wissenschaftlich geprüft. Wissenschaftsjournalistin Dr. Mai Thi Nguyen-Kim untersucht Streitfragen unserer Gesellschaft. Mit Fakten und wissenschaftlichen Erkenntnissen kontert sie Halbwahrheiten und zeigt, wo wir uns mangels Beweisen streiten dürfen. 368 S., fester Einband. *Mängelexemplar.* Statt 20 € nur 7,95 € **Nr. 1346 962**

Wie wir die Welt verändern. Eine kurze Geschichte des menschlichen Geistes. Stefan Klein nimmt uns mit auf eine Reise durch die Geschichte des schöpferischen Denkens, von Innovationen der Steinzeit bis hin zu Leistungen der Computer von morgen. 272 S., zahlr. Bilder, fester Einband. *Mängelexemplar.* Statt 21 € nur 7,99 € **Nr. 1398 130**

PREIS-TIPP **Die Evolution des Wissens. Eine Neubestimmung der Wissenschaft für das Anthropozän.** Anhand von Schlüsselepisoden aus der Entwicklung von Wissenschaft und Technik, von der Erfindung der Schrift bis hin zu Industrialisierung und Digitalisierung, analysiert Jürgen Renn, wie Wissen entsteht und sich verändert. 13,5×21,5 cm, 900 S., 105 Bilder, fester Einband. 46 € **Nr. 1341 340**

Die Illusion der Gewissheit. Was ist der Verstand? Wie unterscheidet er sich vom Körper? In ihrem Essay zeigt Hustvedt, wie sehr ungerechtfertigte Annahmen über Körper und Geist das Denken der Neurowissenschaftler, Genetiker, Evolutionspsychologen und Forscher zur Künstlichen Intelligenz verwirrt hat. 416 S., Broschur. Statt geb. Originalausgabe 24 € als Taschenbuch 14 € **Nr. 1177 672**

Allgemeinbildung. Alles was man wissen muss in Geschichte, Sprachen, Literatur, Mathematik und Naturwissenschaften. Das Buch von Paul Kleinman frischt auf vergnügliche Weise Kenntnisse der Leser in Geschichte, Sprachwissenschaft, Mathematik, Naturwissenschaft und Fremdsprachen auf. 384 S., fester Einband. Originalausgabe 16,82 € als Sonderausgabe** 7,95 € **Nr. 1298 062**

Michio Kaku. Band 1: Die Physik des Unmöglichen. Band 2: Die Physik der Zukunft. Band 3: Die Physik des Bewusstseins. 3 Bände im Schuber. Physiker Michio Kaku erklärt uns in den drei Werken die komplexe Entwicklung unserer Zivilisation. 3 Bde., 1.584 S., fester Einband, Schuber. Originalausgabe 74,80 € als Sonderausgabe** 29,95 € **Nr. 1338 820**

TIPP **Bergmann / Schaefer Physik kompakt. 3 Bände im Set.** Basierend auf dem Klassiker wurden diese Standardwerke für das Physik-Studium den neuen Anforderungen angepasst, von Mechanik und Wärme über Elektrizität, Optik und Relativitätstheorie bis Quantenphysik. 3 Bde. à 17×24 cm, zus. 1.604 Seiten, zahlr. Bilder, Broschur. **Nr. 1374 826**

29,95 Statt 134,85 €*

Landschaft und Reise.

The Grand Tour. Das goldene Zeitalter des Reisens. Der Band zeichnet die Glanzzeit des Reisens zwischen 1869 und 1939 nach, indem er sechs klassischen Reiserouten folgt – auf den Spuren von Charles Dickens, Jules Verne, F. Scott Fitzgerald und J. W. von Goethe. Reiseplakate, Fahrkarten, Gepäckaufkleber u.a. Ephemera vermitteln etwas vom Flair des Zeitalters. (Text dt., engl., frz.) 616 S., zahlr. Bilder, fester Einband. **Nr. 1292 528**

TIPP **Hôtel Provençal. Eine Geschichte der Côte d'Azur.** Über dem Seebad Juan-les-Pins thront die Ruine des ehemaligen Luxushotels „Le Provençal". Hier logierten Gäste wie Winston Churchill und Miles Davis. Lutz Hachmeister beschreibt das Schicksal des Gebäudes. „Ein so kundiges, wie anekdotenreiches Buch über diese Gegend und das 20. Jahrhundert." (S.Z.) 240 S., 36 s/w-Bilder, fester Einband. *Mängelexemplar.* Statt 22 € nur 22 € **Nr. 1264 605**

Alpen. Die Kunst der Panoramakarte. Der Band präsentiert Panoramakarten von den 1950er Jahren bis heute aus allen Alpenregionen, von den slowenischen Karstalpen bis zur Hochgebirgsregion um den Montblanc. Faszinierende Winterdarstellungen! 24×30 cm, 176 S., 150 farbige Bilder, fester Einband. 40 € **Nr. 1138 049**

Mittel- und Südamerika. Die Natur-Highlights. Die 14 Fotografen dieses Bands waren in Costa Rica, Venezuela, Brasilien, Argentinien, Peru, Chile, Ecuador und Bolivien, auf Galapagos und den Falklandinseln unterwegs. Die Auswahl der Bilder reicht von Landschaften bis hin zur farbenfrohen Tierwelt. 208 S., durchg. farb. Bilder, fester Einband. Statt 44,90 €* nur 14,99 € **Nr. 1364 367**

»Preis-Tipp

Los Angeles. Portrait of a City. Diese fotografische Hommage an die „Stadt der Engel" – angefangen von der ersten in Los Angeles entstandenen Fotografie bis hin zu den jüngsten Panoramabildern der Metropole – illustriert das Spektrum der Stadtgeschichte in einem umfassenden Bilderbogen. (Text dt., engl., frz.) 25×34 cm, 572 S., fester Einband. 50 € **Nr. 1354 302**

* aufgehobener gebundener Ladenpreis ** Ausstattung einfacher als verglichene Originalausgabe

BROSCHÜRENKALENDER.

Wandkalender „Trauminseln" 2023. Mit Ferienterminen. Eine Fotoreise – Monat für Monat – zu den schönsten Inselparadiesen unserer Erde. Die stimmungsvollen Aufnahmen bringen Urlaubsträume in die eigenen vier Wände und sorgen optisch für ein wenig tropische Wärme. 5,95 € Nr. 1382 713

Wandkalender „Meerblicke – Nord- und Ostsee" 2023. Stimmungsvolle Momente und spektakuläre Blicke auf das Meer an der deutschen Nord- und Ostseeküste hält dieser Kalender in zwölf attraktiven Fotografien fest. Mit Ferienterminen. 5,95 € Nr. 1382 691

Unter freiem Himmel. Eine Anleitung für ein Leben in der Natur. Im Freien schlafen, umgeben von Bäumen und der Dunkelheit, darüber der Sternenhimmel. Markus Torgeby war ein erfolgreicher Langstreckenläufer, als er der Zivilisation den Rücken kehrte, in den Wald zog und fortan unter freiem Himmel schlief. Eine Erfahrung, die sein Leben und seinen Blick auf die Welt veränderte. 17,5×24,5 cm, 192 S., 78 farbige Bilder, Halbln. 24 € **Nr. 1267 370**

Die Erde von oben. Ein neuer Blick auf die Welt. Der Fotograf und Biologe Yann Arthus-Bertrand legt sein Jahrhundertwerk neu auf: Die Erde von oben, das leidenschaftliche Porträt unseres Planeten aus der Vogelperspektive. Ein Meisterwerk, das das ebenso schöne wie zerbrechliche Antlitz unserer Erde dokumentiert. 22×28,5 cm, 432 Seiten, zahlreiche farbige Bilder, Broschur. Originalausgabe 59 € als Sonderausgabe** 39,90 € **Nr. 1317 881**

» Preis-Tipp

Bella Italia.

TIPP **Italien. Porträt eines fremden Landes.** Thomas Steinfeld hat in Italien gelebt und das Land bereist, von Südtirol bis Apulien. Er schildert den ländlichen Heiligenkult, die Begeisterung für schöne Autos und erklärt das Land aus seiner Geschichte heraus. „Eine Bildungsreise und ein sinnliches Vergnügen." (Die Zeit) 448 S., 20 s/w-Bilder, fester Einband. *Mängelexemplar.* Statt 25 € nur 9,95 € **Nr. 1182 870**

Blaues Venedig. Venezia Blu. Magische Plätze, verwunschene Orte: Wolfgang Salomon, Kenner der Lagunenstadt, nimmt die Leser mit auf eine Entdeckungstour ins mystische Venedig – etwa zur geheimnisvollen Insel Poveglia, zum ehemaligen Henkershaus in Cannaregio oder in das verfallene Ospedale. Mit Tipps, um sich mit kulinarischen Köstlichkeiten zu verwöhnen. 192 Seiten, Broschur. 18 € **Nr. 1089 382**

TIPP **Island.** Chefredakteur des Stern, Christian Krug und Fotograf Michael Poliza stellen die Menschen Islands in persönlichen Geschichten vor. Sie besuchen einen Walbeobachter, einen Fischer, einen Züchter von Islandponys und den Priester einer Kapelle. Ethnogeologen erläutern, was das Leben auf dem Vulkan aus den Isländern macht. 300 Seiten, 300 farbige Bilder, fester Einband. Nr. 1087 037

20 € Statt 39,90 €
vom Verlag reduziert

Wild Places Norwegen. Die schönsten Naturerlebnisse. Im Land der Naturwunder: Auf zu Gletschern und Bergen, Wasserfällen und Fjorden und Polarlichtern und Mitternachtssonne Dieser Reisebildband lässt Sie die unberührten, wilden und einzigartigen Naturorte Norwegens kennenlernen. 20×24 cm, 192 Seiten, farbige Bilder, fester Einband. 27,99 € Nr. 1385 151

Verlassene Orte. Wo die Zeit stehen geblieben ist. Dieser bibliophil gestaltete Bildatlas führt an 60 Orte rund um den Globus, die wegen Naturkatastrophen, Krieg oder anderer Krisen verlassen wurden. 264 Seiten, 147 farbige Bilder, Broschur. 28 € Nr. 1268 040

Schweden entdecken. Mit Kronprinzessin Victoria. Zwei Jahre lang wanderte Kronprinzessin Victoria von Schweden durch alle Provinzen. Johan Erséus hielt ihre Eindrücke fest. Das Ergebnis ist ein prachtvoller Bildband, der zugleich als Wanderführer dienen kann. 24×31 cm, 320 S., durchg. farbige Bilder, Halbleinen. 40 € Nr. 1252 453

Das Schweden-Kochbuch. Rezepte und Geschichten aus Margaretas Küche. Margareta Schildt Landgren hat 106 Rezepte ihrer Familie festgehalten, darunter Köttbullar und Zimtschnecken; dazu viele weitere Fisch-, Fleisch- und Nudelgerichte bis hin zu Desserts, Kuchen und leckeren Getränken. 19×23,5 cm, 224 Seiten, durchg. farbige Bilder, fester Einband. 24,95 € Nr. 6320 82

Das Titanic-Bordbuch. Eine Handreichung für Passagiere. Bord-Alltag auf dem Luxusliner: Gebaut 1911, ging die Titanic auf Jungfernfahrt. Der Band erzählt alles über Konstruktion, Design, Bau und Taufe des Luxusliners, zeigt Logis und Menükarten. Eine Zeitreise! 128 S., 76 farb. Bilder, fester Einband. Nr. 1065 971

* aufgehobener gebundener Ladenpreis ** Ausstattung einfacher als verglichene Originalausgabe

Gartenkunst.

PREIS-TIPP **Die geheimen Gärten von Cornwall.** Gärten an Englands Südküste: Romantisch, wild und voller Kontraste. Die Fotografin Marianne Majerus und die Autorin Heidi Howcroft haben im südlichsten Zipfel Englands 27 verborgene Refugien besucht. 23×30 cm, 192 S., 190 Farbbilder, fester Einband. Originalausgabe 49,99 € als Sonderausgabe** 14,99 € **Nr. 5738 68**

Ein Bild vom Paradies. Gärten und Kunst. Welch große Inspirationsquelle Gärten in den Zeitaltern von 1500 bis ins frühe 20. Jahrhundert für Künstler und Handwerker waren, zeigt dieses Buch anhand von Gemälden, Möbeln, Wandteppichen, Porzellan und Skulpturen. 28×30 cm, 312 S., durchg. farbige Bilder, Halbleinen. Statt 80 €* nur 14,95 € **Nr. 1081 462**

TIPP **Romantische Reise durch die Normandie.** Auf Entdeckungsreise durch die Normandie – zauberhafte Landschaften und pittoreske Orte in Frankreichs Norden. Klippen, Strände, Hafenstädtchen und Gärten machen den Mix der Urlaubsregion Normandie aus. Ein Geheimtipp! 26×26 cm, 192 Seiten, 322 Bilder, 1 Karte, fester Einband. Statt 29,95 €* nur 14,95 € **Nr. 1360 248**

Das Jahr auf Highclere Castle. Gärtnern, ernten, kochen im echten Downton Abbey. Willkommen auf Highclere Castle! Lady Fiona öffnet die Tore ihres Landgutes und gewährt einen exklusiven Einblick in die Parks, Gärten und Ländereien des englischen Herrenhauses, Drehort der Serie Downton Abbey. Der Band ist Gartenbuch und Kochbuch zugleich. 18,5×24,5 cm, 320 Seiten, 300 farbige Bilder, fester Einband. 35 € **Nr. 1316 630**

TIPP **Das offizielle Downton-Abbey-Weihnachtskochbuch.** Festlich und stilvoll – das Weihnachtsfest auf Downton Abbey ist DAS Ereignis des Jahres. Natürlich kommt dabei nur das Beste der englischen Küche auf den Tisch. Dieses Buch vereint die besten englischen Rezepte für das Weihnachtsfest. 240 S., 150 farb. Bilder, fester Einband. 26,95 € **Nr. 1227 246**

Das offizielle Downton-Abbey-Kochbuch. 125 Rezepte aus der britischen Erfolgsserie. Das offizielle Kochbuch zur Erfolgsserie: Mit ihrem glanzvollen Ambiente, den aufwändigen Kostümen und spannenden Plots rund um die Adelsfamilie Crawley zieht die Serie Millionen von Zuschauern in ihren Bann. Immer im Rampenlicht: das köstliche Essen! 272 S., zahlr. farb. Bilder, fester Einband. 24,95 € **Nr. 1141 023**

Flora und Fauna.

Der Wald.

TIPP **Wälder unserer Erde. Wie das Klima den Wald formt.** Dieses Buch soll einen Überblick über die verschiedenen Waldtypen geben, die je nach Klima und Bodenbeschaffenheit ihren Charakter herausgebildet haben. Es liefert Hintergrundinformationen, zeigt aber auch die Schönheit der Wälder unserer Erde. 25×32 cm, 224 Seiten, durchg. farbige Bilder, fester Einband. Statt 50 €* nur 14,95 € Nr. 1363 441

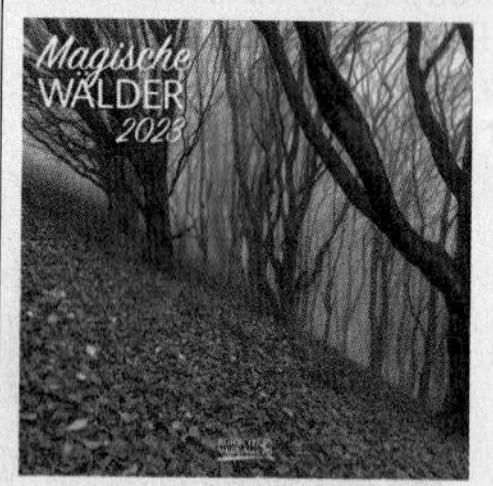

Wandkalender 2023 „Magische Wälder". Wälder sind Oasen der Ruhe, in denen wir den Alltag vergessen können. Einen optischen Spaziergang durch magische Wälder kann man mit diesem Fotokalender in den eigenen vier Wänden genießen. 30×30 cm, 13 Seiten. 5,95 € Nr. 1382 152

101 Dinge, die man über den Wald wissen muss. Lernen Sie Ungeahntes über Wildtiere und Schädlinge, Waldboden und Holzernte oder die Mutter und den König des Waldes. Nach der Lektüre werden Sie Ihren Wald beim nächsten Spaziergang mit anderen Augen sehen. 192 Seiten, Broschur. 15,99 € Nr. 1262 734

TIPP **Blühende Kakteen. Alle Tafeln der Iconographia Cactacearum. Neu ediert.** Hg. Karl Schumann. Illustriert von Toni Gürke. Berlin 2022. Die durch ihre Farbenpracht und detaillierte Darstellung beeindruckenden Zeichnungen der Bandes „Blühende Kakteen" zeigen die Vielfalt und Schönheit dieser Pflanzengattung. 21×31 cm, 192 S., 180 farb. Bilder, fester Einband. Originalausgabe 68 € als Sonderausgabe** 25 € Nr. 1365 860

Homöopathie für Katzen. Symptome, Dosierung, Behandlung. Idealer Ratgeber für Katzenbesitzer und Züchter, aber auch für Tierhomöopathen und naturheilkundlich orientierte Tierärzte. Gliederung nach Krankheiten: Symptome und angezeigte Arzneien. 12,5×19 cm, 96 Seiten, Bilder, Broschur. Nr. 1390 376

Homöopathie für Hunde. Symptome, Dosierung, Behandlung. Der ideale Ratgeber für Hundehalter und Züchter. 12,5×19 cm, 96 Seiten, Bilder, Broschur. Nr. 1390 384

»Jeweils 4,99 Statt 9,99 €*

* aufgehobener gebundener Ladenpreis ** Ausstattung einfacher als verglichene Originalausgabe

TIPP **Landhaus- und Cottagegärten. Das Praxisbuch.** Praxis de Luxe: der Bildband für aktive Gestalter! Der vorliegende Band bietet Gestaltungsbeispiele für große und kleine Gärten, Pflanzpläne zum Nachgestalten und sowie opulente Fotos. 22,5× 26,5 cm, 160 S., 190 Bilder, fester Einband. Nr. 1272 403

14,95 Statt 29,99 €*

Atlas Deutscher Brutvogelarten. ADEBAR. An diesem Gemeinschaftprojekt haben über 4.000 Mitarbeiter gearbeitet. Das Werk bietet das aktuelle Wissen rund um unsere Brutvögel – unentbehrlich für Vogelkundler, Naturschützer und Planungsbüros. (Text dt., engl.) 21 × 30 cm, 800 S., 2.000 Bilder, fester Einband. Originalausgabe 148 € als Sonderausgabe** 68 € **Nr. 1385 186**

Von Raben und Krähen. Wissen Sie, wie sich Raben und Krähen unterscheiden? Dass die Germanen sie als Göttervögel verehrten? Dass es 250 Krähenrufe gibt? Das und viel mehr erzählt Britta Teckentrup in diesem Buch. 160 S., farbige Bilder, fester Einband. 29 € **Nr. 1355 481**

Die geheimen Zeichen der Natur lesen. Spannend: Wie Sie sich in der Wildnis orientieren, Wasser finden, Spuren lesen u.a. vergessene Fähigkeiten. Die Natur hält alles bereit, um Sie auf die richtige Fährte zu bringen. 450 S., fester Einband. 19,99 € **Nr. 2946 661**

Stachel und Staat. Eine leidenschaftliche Naturgeschichte von Bienen, Wespen und Ameisen. Dieses mit Makroaufnahmen bebilderte Buch lässt sich auf die widersprüchlichen Seiten von Wespen, Bienen und Ameisen ein. Es erzählt, wie der Stachel eingesetzt wird und was wir aus dem Verhalten der Hautflügler lernen können. 368 S., fester Einband. *Mängelexemplar.* Statt 39,99 € nur 9,95 € **Nr. 1285 874**

Kluge Gedanken für Frauen, die Katzen lieben. Katzen sind eitel, klug und zeigen sich mit höherem Alter zunehmend eigensinnig. Kluge Frauen wissen die Herausforderung zu schätzen! „Frauen und Katzen tun, was ihnen gefällt. Männer und Hunde sollten sich entspannen und sich daran gewöhnen." (R. A. Heinlein) 144 S., zahlr. s/w-Bilder, Broschur. 10 € **Nr. 1002 856**

Von Männern und ihren Katzen. Die größten Katzenliebhaber der Geschichte. In seinem stilsicher wie liebevoll illustrierten Buch widmet sich Sam Kalda den großen „Katzenmännern" der Geschichte – wie Ernest Hemingway, Nikola Tesla oder Karl Lagerfeld, dessen Siamkätzchen Choupette für Chanel modelte. 17,5× 22,5 cm, 100 Seiten, zahlr. Bilder, fester Einband. 18 € **Nr. 1074 750**

Kulinarisches.

Der Gin-Atlas. Über 300 Gins aus allen Weltregionen. Gin ist in: Aaron Knoll kennt sich mit dem geistigen Wacholdergetränk bestens aus. Er hat die besten 300 Gins aus aller Welt ausgewählt und verköstigt, folgt der Geschichte des Trendgetränks, stellt Hersteller vor und zeigt, wie Gin gemacht wird. 20×25,5 cm, 224 S., 170 Bilder, fester Einband. **Nr. 1279 289**

9,99 Statt 29,99 €
vom Verlag reduziert

PREIS-TIPP

Gin-Baukasten in Geschenkverpackung. Dieser Baukasten in Geschenkverpackung bietet alles was Sie brauchen, um Ihren eigenen Gin herzustellen. Mixflasche 250 ml, 2 Gläser à 250 ml, Trichter, Sieb, Kräutermischung: Wacholderbeeren, Koriander, Kamille, Lavendel, Kardamon, Lorbeerblatt, Piment, Anleitung. Statt 49,90 € nur 29,90 € **Nr. 1267 604**

Gutes Bier selbst brauen. Schritt für Schritt – mit Rezepten. Bier selbst brauen nach alter Tradition: Der Band schildert den Brauvorgang Schritt für Schritt mit Techniken, Rohstoffen, Geräten, Praxistipps und Problemlösungen und enthält köstliche Bierrezepte zum Nachbrauen und Variieren. 144 S., 64 Bilder, Broschur. **Nr. 1390 392**

4,99 Statt 16,99 €*

Sauerteig – Glück vermehrt sich in 4 Tagen. Das Buch nimmt Sie mit auf eine Reise zu Menschen, denen der Sauerteig zu Glück verholfen hat. Es enthält emotionale Geschichten, ist voll mit Rezepten für Einsteiger und Tipps, die aus Anfängern Sauerteig-Fans machen. 21×24 cm, 192 S., 200 farbige Bilder, fester Einband. 15 € **Nr. 3035 964**

Käse selbermachen. Hier ist das kleine Einmaleins des Käsemachens: Anleitungen zeigen, wie Sie aus wenigen Zutaten und mit einfachen Küchenutensilien in nur 60 Minuten Käse herstellen können. Dazu gibt es Rezepte für Butter, Ghee und Joghurt. 260 S., 201 farbige Bilder, fester Einband. 24,99 € **Nr. 2882 663**

Kochen ohne Strom. Das Notfallkochbuch. Vorbereitung ist die beste Vorsorge! Deshalb haben das BBK, Bundesamt für Bevölkerungsschutz und Katastrophenhilfe, sowie Hilfsorganisationen einen Rezeptwettbewerb gestartet: Kochen ohne Strom, ohne frische Lebensmittel. Der Band versammelt 50 Rezepte. 152 S., durchg. farbige Bilder, fester Einband. 9,99 € **Nr. 1317 784**

* aufgehobener gebundener Ladenpreis ** Ausstattung einfacher als verglichene Originalausgabe

Essbare Blüten. 50 kreative Rezepte für Speisen & Getränke. Claudia Költringer präsentiert das ganze Spektrum der Blütenküche. Rezepte zeigen, wo man überall Blüten verwenden kann, geeignete Pflanzensorten werden in Kurzporträts vorgestellt. 128 Seiten, 74 Bilder, fester Einband. **Nr. 1390 147**

Alfons Schuhbeck. Klein, aber fein. Die Welt der Tapas, Antipasti & Co. Häppchenweise Hochgenuss: ob Tapas, asiatische Teilchen, Antipasti, deftige Brotzeit-Happen oder orientalische Mezze – mit dem neuen Buch des Sternekochs holt man sich die Rezept-Vielfalt aus aller Welt in die Küche. 160 S., zahlr. farb. Bilder, fester Einband. 19,99€ **Nr. 1108 239**

TIPP **Rachs Rezepte für jeden Tag. Große Küche für kleines Geld.** Was koche ich heute? Dieses Buch bringt Schwung in die Entscheidung. Christian Rach beweist, dass jeder auch mit wenig Zeit großartig kochen kann. 240 S., 150 Bilder, fester Einband. Statt 24,99€* nur 3,99€ **Nr. 1322 842**

Maria Callas. Die Lieblingsrezepte der Göttlichen. Mit CD. Der Band enthält alle Rezepte, die die Diva gesammelt hat und die für sie kreiert wurden. Die CD enthält 17 Arien. 160 S., zahlr. Bilder, Broschur, mit CD. Statt 29,95€ vom Verlag reduziert 9,99€ **Nr. 6727 93**

Tacos From Dusk Till Dawn. Echt mexikanisch kochen mit Danny Trejo. Lange bevor er zum Star wurde, träumte Trejo von einem Restaurant. Von Tacos, Quesadillas und Burritos über Dips, Saucen und Salsas bis hin zu Donuts und Churros ist in diesem Buch für alle etwas dabei – auch mit veganen Varianten. (Text engl.) 224 S., fester Einband. 26€ **Nr. 1342 665**

TIPP **Der vegetarische Silberlöffel. Klassische und moderne italienische Rezepte.** Die Silberlöffel-Reihe wird um einen neuen Titel erweitert: Über 200 Rezepte für Vorspeisen, Hauptgerichte, Salate, Beilagen und Desserts machen endlich auch vegetarische Liebhaber der italienischen Küche glücklich. 380 S., zahlr. Bilder, fester Einband. 39,99€ **Nr. 1295 985**

Hülsenfrüchte. Vegetarische Rezepte mit Kichererbsen, Linsen, Bohnen & Co. Der Trend zu gesunder Ernährung mit Proteinen aus Hülsenfrüchten wächst. Dieses Kochbuch mit mehr als 50 Rezepten zu Kichererbsen, Erbsen, Linsen und Co. bietet eine große Vielfalt an vegetarischen und veganen Gerichten, von Suppen über Bowls bis hin zu Currys. 19×24,5 cm, 128 Seiten, fester Einband. 10€ **Nr. 1336 797**

Hobby.

TIPP **Strategiespiel „Humboldts große Reise".** Im 19. Jh. gilt Alexander von Humboldt als zweiter Kolumbus. Als Wissenschaftler folgen die Spieler der Expeditionsroute Humboldts über den amerikanischen Kontinent und sammeln Fundstücke. (30–45 Min., 2–4 Spieler ab 10 Jahren) 29,5×29,5×7,5 cm, 96 Wissenssteine, 60 Chips, 40 Karten, Spielplan, Stoffbeutel, Anleitung. Nr. 1369 040

19,99 Statt 39,99 €

Spiel „Africana Abenteuer und Entdeckungen". Die Spieler verschlägt es im 19. Jh. nach Afrika. Als Auftragnehmer einer Gesellschaft nehmen sie an Expeditionen teil und decken Geheimnisse auf. (Ab 8 Jahren, 2–4 Spieler) Spielplan, 2 Bücher, 142 Karten, 4 Forscherfiguren, 16 Gesellschaftsmarker, 40 Münzen, 2 Spielregeln, Anleitung. Nr. 1369 032

12,99 Statt 29,99 €

»Preis-Tipp

Spiel Tajuto – Pagodenbau im buddhistischen Kloster. Prinz Shotoku fördert in Japan den Bau von Pagoden. In Tajuto übernehmt die Spieler die Rolle der Mönche, die sich darum kümmern sollen. (Ab 10 Jahren, 2–4 Spieler). Spielplan, 48 Bauteile, 4 Mönche, 32 Opfersteine, 53 Plättchen, Stoffbeutel, Anleitung. Statt 49,99 € nur 19,99 € Nr. 1369 008

Bauspiel „World Monuments". Errichtet gemeinsam Bauwerke der Weltgeschichte: vom Kapitol bis zum Taj Mahal. (Ab 8 Jahren, 2–4 Spieler) 29,5×29,5×8 cm, 4 Spielpläne, Steinbruch, Arbeiterfigur, 4 Sichtschirme, 86 Steine, Stoffbeutel, Anleitung. Statt 39,99 € nur 19,99 € Nr. 1368 940

Cannabis.

Aschenbecher „Cannabis Skull". Höllisch gute Deko! Die enormen gesundheitlichen Gefahren des Rauchens sind wohl noch nie auf eine so ästhetische Weise visualisiert worden. 11 cm. Statt 17,99 € nur 9,99 € Nr. 1372 440

Cannabis Quietsche-Ente. Mit dieser Begleitung in Ihrem nächsten Vollbad ist Entspannung garantiert – eignet sich auch wunderbar als Deko-Objekt oder Geschenk! 8×8 cm. Nr. 1372 424

6,99 Statt 11,99 €

* aufgehobener gebundener Ladenpreis ** Ausstattung einfacher als verglichene Originalausgabe

Das große Buch der Collagen. Außergewöhnliches zum Ausschneiden und Collagieren! Grenzenlose Kreativität für jedes Alter – mit über 1.500 Vorlagen! Die Collagekünstlerin Maria Rivans hat Hunderte schöne Bilder gesammelt, um sie auszuschneiden und zu kombinieren. Wenn Sie den Spaß an der Collage entdecken wollen, dann ist dieses Buch das perfekte Set. (Ab 9 Jahren) 23,5×31 cm, 208 Seiten, zahlr. farbige Bilder, Broschur. 20€ **Nr. 1257 285**

9,99 Statt 24,99€

Spiel „High Risk. Der Berg ruft". Hier nehmen nur die besten Bergsteiger teil: Als Mitglied der Expedition, die den höchsten Gipfel der Welt besteigt, trotzt man den Gefahren der Route. Beim Würfeln hofft man auf Aufstieg-Symbole, um eine Seilschaft schnell voranzubringen. (Ab 8 J.) 10×15×4 cm, Spielplan, 16 Figuren, 6 Würfel, Anleitung. **Nr. 1368 982**

Leonardo da Vincis letztes Geheimnis. Escape Room Game 3D. In diesem Escape Room-Buch schlüpfen die Leser in die Rolle eines Geheimagenten mit dem Spezialgebiet Zeitreisen. Ihre Mission führt sie ins 16. Jahrhundert ins Schloss Chambord an der Loire, wo sie nach einem unentdeckten Geheimnis Leonardo da Vincis fahnden sollen. 20×29,5 cm, 64 S., fester Einband. 10€ **Nr. 1298 895**

TIPP **Das Geheimnis der Enigma. Dein Escape-Room-Adventure.** 1941: Ziel des britischen Geheimdienstes ist es, das Geheimnis der Enigma zu lüften – jene Maschine, die die Nachrichten des Feindes verschlüsselt. In diesem Escape-Room-Buch schlüpft der Spieler in die Rolle von Alan Turing. (Ab 12 J.) 160 S., Broschur. 15€ **Nr. 1350 757**

Tarot. Das klassische englische Jugendstil-Tarot im praktischen Format. 2022. Das Jugendstil-Tarot im praktischen Taschenformat 5,7×8,9 cm (ca. Spielkartengröße) – auch für große Legemuster geeignet. Der absolute Klassiker unter den Tarot-Decks ist durchgehend vierfarbig illustriert. 9,95€ **Nr. 1372 173**

Freude am Malen. Sammelband. Bob Ross erklärt Schritt für Schritt die Entstehung von 66 Landschaftsmotiven und Blumenstillleben. Mit einer Einweisung in die wichtigsten Grundtechniken. 27×21 cm, 276 Seiten, zahlr. farb. Bilder, fester Einband. 16,99€ **Nr. 2778 041**

Streichholzspiele. 50 Rätsel, Tricks und Spielereien. 50 knifflige Rätsel, verblüffende Tricks und Spiele fördern Denkvermögen, Kreativität und Geschicklichkeit. 50 Karten, mit Spiel-Hölzchen in Schachtel (16×12×5 cm). Statt 19,95€ nur 12,95€ **Nr. 1136 224**

Besser leben.

Abnehmen am Bauch. Wie die Leber zu einer schlanken Körpermitte verhilft. Die Leber ist DAS Stoffwechselorgan schlechthin – sie reguliert den gesamten Stoffwechsel. Gerade Kohlenhydrate machen ihr schwer zu schaffen. Das neue Abnehmprogramm von Sarah Schocke setzt auf die Aktivierung der Leber, mit Nährstoffen, die sie anregen, ihr Fett abzugeben. Es gilt: Erst der Bauch, dann der Po! Der Weg zur Wunschfigur geht über die Leber. 128 S., 100 Bilder, Broschur. 14,99 € Nr. 1227 432

TIPP **Medizin. Die visuelle Geschichte der Heilkunst.** Dieses opulent bebilderte Medizin-Buch erzählt die faszinierende Geschichte einer der größten Errungenschaften der Menschheitsgeschichte. Über 860 Abbildungen nehmen die Leser mit auf eine Reise durch 5.000 Jahre Heilkunst. 26 × 31 cm, 288 S., 860 farbige Bilder, fester Einband. 34,95 € Nr. 1293 648

Die heilende Kraft des stillen Stehens. Blockaden lösen, Beweglichkeit fördern, Körperbewusstsein steigern. Körper und Geist ins Lot bringen dank traditionellem chinesischem Heilwissen: Die traditionelle chinesische Stehmeditation Zhan Zhuang ist unter dem Namen „Stehen wie ein Baum" bekannt. Durch die scheinbar bewegungslosen Stellungen wird der gesamte Körper auf sanfte Weise neu justiert. 12,5 × 18,5 cm, 112 Seiten, 20 s/w-Bilder, Broschur. 10 € Nr. 1255 355

TIPP **Die 3 Quellen echten Lebensglücks. Was wirklich wichtig ist für ein erfülltes Leben.** Dami Charf zeigt uns die drei Quellen des Glücks: Emotionen zu regulieren, Bindungen einzugehen und Selbstliebe zu kultivieren. 272 S., fester Einband. Statt 22 € vom Verlag reduziert 10 € Nr. 1287 877

Je älter man wird, desto merkwürdiger werden die anderen. Der ultimative Ratgeber. Dieser Ratgeber fühlt gängigen Klischees auf den Zahn und zeigt, wie man sich lästigen Vorurteilen würdevoll widersetzen kann, um alles andere als alt auszusehen. 160 Seiten, fester Einband. 9,99 € Nr. 2949 644

Die Kunst, Feuer zu machen. Das Buch für echte Männer. Feuer machen ist ein Handwerk für Könner, jeder Handgriff muss sitzen. Jahrtausendealtes Wissen, von einer Generation zur nächsten weitergegeben und weiterentwickelt. Dieses Buch versammelt alles, was wir darüber wissen müssen. 14,5 × 22,5 cm, 304 S., Broschur. *Mängelexemplar.* Statt 18 € nur 6,95 € Nr. 1268 937

* aufgehobener gebundener Ladenpreis ** Ausstattung einfacher als verglichene Originalausgabe

Neuronale Heilung.

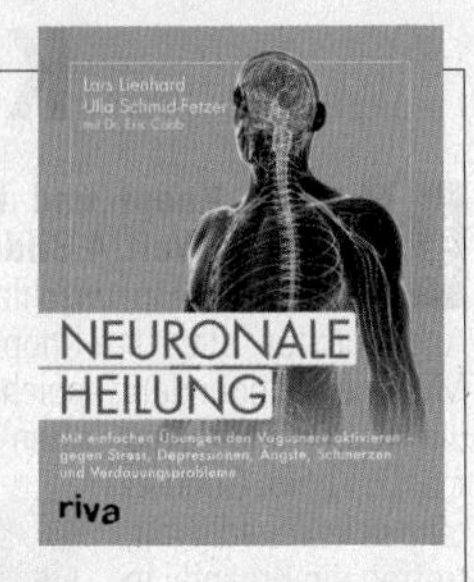

TIPP **Neuronale Heilung. Mit einfachen Übungen den Vagusnerv aktivieren.** Der Vagusnerv ist an der Regulation vieler Organe beteiligt und hat einen großen Einfluss auf das Wohlbefinden. Auf Basis neuester Forschung zeigen Lars Lienhard, Ulla Schmid-Fetzer und Eric Cobb, wie der Nerv sich trainieren lässt, sodass Selbstheilungskräfte aktiviert werden. 320 S., Broschur. 24,99 € Nr. **1287 338**

Daumen-Yoga für das Gehirn. Dr. Yoshiya Hasegawa, Experte für Demenzerkrankungen und einer der führenden Neurologen Japans, hat die besondere Beziehung zwischen Fingern und Gehirn untersucht. Daraus entwickelte er die Methode der Daumenstimulation, deren Anwednung er in diesem Buch erstmals vorstellt. 13×18 cm, 160 Seiten, Broschur. 8 € Nr. **3039 013**

Die Masken der Psychopathen. Wie man sie durchschaut und nicht zum Opfer wird. Die Psychologen und Psychopathie-Forscher Heinz Schuler und Dominik Schwarzinger zeigen, was Psychopathie ist, wie sich diese antisoziale Persönlichkeitsstörung entwickelt und woran man diesen Typus von Menschen erkennt, die anderen das Leben zur Hölle machen. 256 Seiten, Broschur. 18 € Nr. **1382 578**

Hilfe, ich bin ein Mensch! Antworten auf existenzielle Fragen. In ihrem liebevoll gezeichneten Wissenschaftscomic gehen Andreas und Georg von Westphalen den zentralen Fragen zur Natur des Menschen nach. 240 S., zahlr. Bilder, Broschur. 24 € Nr. **1384 015**

Einzeln sein. Eine philosophische Herausforderung. Zwischen beiden Polen der menschlichen Existenz hat es immer wieder eindrucksvolle Versuche gegeben, einzeln zu sein. Davon erzählt Rüdiger Safranski in seinem neuen Buch anhand von Schilderungen Thoreaus u. v. a. 15×22 cm, 288 S., fester Einband. 26 € Nr. **1297 732**

TIPP **Die Psyche des Homo Digitalis. 21 Neurosen des 21. Jahrhunderts.** München 2022. Der Münchner Psychologe und Psychotherapeut Johannes Hepp zeigt in seiner fundierten Analyse, was uns im Zuge der rasant zunehmenden Digitalisierung neurotisch werden lässt. 13,5×21,5 cm, 320 Seiten, fester Einband. 22 € Nr. **1370 600**

Wir informieren uns zu Tode. Ein Befreiungsversuch für unsere Gehirne. Unsere globalisierte und digitalisierte Welt verunsichert. Der Hirnforscher Gerald Hüther und der Publizist Robert Burdy beschreiben Erscheinungsformen, Ursachen und Auswirkungen der Überflutung mit Informationen. 12,5×20,5 cm, 224 S., fester Einband. 22 € Nr. **1374 508**

Kinderbuch.

TIPP **Mit Jim Knopf und Lukas um die ganze Welt. 4 Bilderbuch-Abenteuer.** Ein unschlagbares Angebot für alle Jim-Knopf-Fans! Mit einem fliegenden Teppich reisen Jim Knopf und Lukas in den Orient, machen beim Gondelrennen in Venedig mit, treffen ein Krokodil in Ägypten und erleben dann im Himalaya ein großes Abenteuer. 112 Seiten, fester Einband. **Nr. 1378 902**

»Sonderausgabe** 18 € Statt 55 € als Originalausgabe

TIPP **Meine Reise zum Mond und zurück. Das Apollo 11-Abenteuer. Ein Pop-up Buch. National Geographic KiDS.** Nur wenige Menschen landen auf dem Mond – Astronaut Edwin „Buzz" Aldrin ist einer von ihnen. In diesem Buch erzählt er von seiner Mission. 16 S., 125 Bilder, zahlreiche Pop-Up-Elemente, fester Einband. **Nr. 1109 561**

9,99 Statt 29,99 €*

Mach deinen eigenen Film. Das offizielle LEGO-Buch zur Stop-Motion-Technik. In diesem Set finden sich Anleitungen für zehn kurze Filme mit LEGO-Steinen und Minifiguren. Außerdem gibt es Ideen für eigene Geschichten. 64 S., farb. Bilder, 6 Papierhintergründe, vorgestanzte Animationskarten, Storyboard-Vorlage, 36 LEGO-Elemente, Broschur. 19,99 € **Nr. 1186 744**

Pippi Langstrumpf. Postkarten-Set. Für freche Grüße! Die schönen Motivkarten machen einfach Spaß und Pippi wird die Post ganz sicher überbringen! 12 Motivkarten mit Umschlägen. **Nr. 1366 157**

5 € Statt 14,99 €

Sesamstraße Classics – Die 80er Jahre. 2 DVDs. 2017. Seit 1973 flimmert die Sesamstraße über den Bildschirm. Die Sammlung zeigt Klassiker aus den Jahren 1980 bis 1989. 2 DVDs, 3 Std., deutsch, DD 2.0, 4:3. Statt 29,99 € nur 16,99 € **Nr. 2903 237**

Ernie und Bert. Sie wohnen zusammen, teilen ihren Kuchen und gehen sich auf den Wecker – Freunde fürs Leben eben. 2 Sammelfiguren à 10 cm, bemalter Kunststoff. Statt 17,90 € nur 12,95 € **Nr. 1360 230**

* aufgehobener gebundener Ladenpreis ** Ausstattung einfacher als verglichene Originalausgabe

DER KLEINE MAULWURF.

Der kleine Maulwurf. Set, 3-teilig. Koffer, Tasse, Zauberhandtuch. Koffer 30×22×9 cm, Pappe, Tasse Ø 7,5 cm, 10,5 cm, 320 ml, Porzellan, spülmaschinenfest, 30×30 cm, sich entfaltendes Zauberhandtuch, Baumwolle, das Motiv des Handtuchs variiert. 19,95 € Nr. **1326 465**

Der kleine Maulwurf. Komplettbox. 9 DVDs. 1956–2002. Schwarzes Fell, Stupsnase, drei Haare auf dem Kopf und ein herzergreifendes Lachen – das ist der kleine Maulwurf. Neugierig und aufmerksam entdeckt er die Welt. 9 DVDs, 7 Std. 59 Min., deutsch, Dolby Digital 2.0. Statt 89,99 € nur 69,99 € Nr. **1184 202**

Plüschfigur „Der kleine Tiger von Janosch". Der niedliche Janosch-Tiger besteht aus Softwool-Material. Er hat weiße Pfoten und Füße, einen kleinen Haarschopf und ein gesticktes Gesicht. 25×10×10 cm, Softwool, Füllung Beanbags, Maschinenwäsche bis 30 Grad. Nr. **2837 323**

19,95 Statt 29,99 €

Pettersson & Findus Set, 2-teilig. Auf der Sammeltasse sieht man die Freunde vereint. Die Fingerpuppe erlaubt es, den Kater lebendig werden zu lassen. 8,5 cm, 300 ml, Tasse, Porzellan, spülmaschinenfest, 10 cm, Plüschfigur. 14,95 € Nr. **1326 422**

LED-Taschen-Mikroskop. Das Taschen-Mikroskop für unterwegs hat eine 50-fache Vergrößerung und eine leistungsstarke LED. 9,4×2,5 cm, 16 g, 50-fache Vergrößerung, LED, Kunststoff. 19,95 € Nr. **2967 146**

TIPP

Wüsten, Berge, Fjorde. Landschaften und ihre bewegte Geschichte. Geografie von ihrer schönsten Seite: Dieses Buch erklärt anschaulich die Entstehung und Entwicklung der vielfältigen Landschaften unserer Erde, vom Schwarzwald bis zu den Niagarafällen. 30×19 cm, 56 S., durchg. farbige Bilder, fester Einband. Nr. **1020 579**

9,95 Statt 18 €*

» Preis-Tipp

Luftkissenboot mit Unterwassermotor. Playmobil-Action. Oh nein, die Wilderer haben ein Dinosaurierei gestohlen. Jetzt sind sie mit ihrem Luftkissenboot auf der Flucht. Das Luftkissenboot ist schwimmfähig und benötigt eine 1,5 V-Mignon-Batterie (nicht im Set enthalten). Boot mit 2 Figuren und Zubehör, Kunststoff, in einer Kartonschachtel 35×25×10 cm. Nr. **1368 990**

26,99 Statt 39,99 €

HARRY POTTER.

TIPP **Harry Potter. Magische Wesen. Das Handbuch zu den Filmen – Fanbuch mit Extras.** Ob Zentauren, Hauselfen oder Drachen – die Zauberwelt ist voller magischer Geschöpfe. Das Buch liefert Bilder, Fakten und Infos zu mehr als 30 Kreaturen. Mit Illustrationen sowie Fotos von den Filmsets und vollgepackt mit herausnehmbaren Extras. 20,5 × 20,5 cm, 48 Seiten, durchgehend farbig, Sticker, Poster, fester Einband. 19,99 € Nr. 1338 072

J. K. Rowling. Harry Potter und der Stein der Weisen. MinaLima-Ausgabe. Diese wundervoll gestaltete Ausgabe enthält den Text des ersten Harry Potter-Bandes, geschmückt von fantasievollen Bildern und zauberhaften Extras aus Papier. Ein prächtiges Kunstwerk! 368 Seiten, zahlr. Bilder, fester Einband 44 € Nr. 1299 840

J. K. Rowling. Harry Potter und der Orden des Phönix. Schmuckausgabe. Um den fünften Harry Potter-Band zu gestalten, hat sich Jim Kay Verstärkung von Neil Packer geholt: Die Illustratoren entfachen ein bildgewaltiges Feuerwerk. 576 Seiten, farbige Bilder, fester Einband. 48 € Nr. 1369 920

J. K. Rowling. Harry Potter und die Kammer des Schreckens: MinaLima-Ausgabe. Harry Potter kann es kaum erwarten, nach einem Sommer ohne Magie nach Hogwarts zurückzukehren. Aber sein zweites Jahr in der Schule ist voller neuer Qualen, inklusive einem unverschämten Professor. 400 Seiten, Illustrationen, fester Einband. 44 € Nr. 1369 687

PREIS-TIPP **J.K. Rowling. Phantastische Tierwesen. Grindelwalds Verbrechen. Das Originaldrehbuch.** In „Phantastische Tierwesen" wurde Gellert Grindelwald mit Hilfe Newt Scamanders gefasst. Doch jetzt gelingt dem schwarzen Magier die Flucht.... 304 S., Broschur. Statt geb. Originalausgabe 19,99 € als Taschenbuch 9,99 € Nr. 1332 651

Hallo Monsieur Hulot. 22 lustige Bildergeschichten. In 22 Bildgeschichten zeigen sich der ganze Humor der weltberühmten Figur. David Merveille ist eine großartige Adaption gelungen. 56 S., durchg. farbige Illus., fester Einband. 14,95 € Nr. 1114 689

* aufgehobener gebundener Ladenpreis ** Ausstattung einfacher als verglichene Originalausgabe

Masken basteln.

Bastelset Drachen-Maske & Krallen. Mit dieser stabilen Drachen-Maske von „Clementoni" inklusive Krallenfüßen zum Selberbasteln können sich Kinder in feuerspeiende Drachen verwandeln. Die Maske wird aus mehreren Pappelementen einfach zusammengesetzt und hält Ausmalfelder bereit. (Ab 4 Jahren) Elemente aus Recyclingpappe, steckbar, Karton 38,5×28,5×7,5 cm, Anleitung. Statt 24,95 € nur 14,95 € **Nr. 1366 939**

Bastelset Einhorn-Maske und Flügel. Einhörner stehen vor allem bei Mädchen hoch im Kurs. Mit diesem einfachen Bastelset können Sie zusammen mit Kindern eine tolle Einhorn-Maske plus Flügel gestalten. (Ab 4 Jahren) Elemente aus Recyclingpappe, steckbar, Karton 38,5×28,5×7,5 cm, Anleitung. Statt 24,95 € nur 14,95 € **Nr. 1366 947**

TIPP **Cornelia Funke, Guillermo del Toro. Das Labyrinth des Fauns.** Ofelia zieht mit ihrer Mutter in die Berge. Der Wald wird zur Zufluchtsstätte vor ihrem unbarmherzigen Stiefvater: ein Königreich voller verzauberter Orte und Wesen. Immer tiefer wird Ofelia in diese Welt hineingezogen. 320 S., farb. Illustr., fester Einband. *Mängelexemplar*. Statt 20 € nur 7,95 € **Nr. 1314 270**

Das Gute-Nacht-Liederbuch. Mit Zeichnungen von Tomi Ungerer. Traditionelle Schlaflieder von „Der Mond ist aufgegangen" bis „Dona nobis pacem". 24 Seiten, Bilder, fester Einband. 16 € **Nr. 1371 967**

A. A. Milne. Pu der Bär. Gesamtausgabe. Die Gesamtausgabe mit „Pu der Bär" und „Pu baut ein Haus" in der Übersetzung von Harry Rowohlt. 336 Seiten, zahlreiche s/w-Bilder, fester Einband. Originalausgabe 28 € als Sonderausgabe** 18 € **Nr. 6139 16**

»Preis-Tipp

Malen mit Tomi Ungerer. Tiere. Vom fliegenden Känguru Adelaide bis hin zu Emil, dem hilfreichen Tintenfisch sind alle Ungerer-Charaktere beim Ausmalspaß für Groß und Klein dabei. 20×20 cm, 48 S., Illustr., fester Einband. 7 € **Nr. 1371 940**

Die große Frances H. Burnett Hörspiel-Box. 3 CDs. Mit ihren märchenhaften Erzählungen hat Frances H. Burnett Generationen von Kinderherzen verzaubert. In dieser Schmuckausgabe sind ihre Klassiker „Der kleine Lord", „Prinzessin Sara" und „Der geheime Garten" vereint, gelesen von Frank Elstner u. v. a. 3 CDs, 2 Std. 57 Min. **Nr. 1396 528**

Großes Kino.

Ingmar Bergman Paket. 5 DVDs. Prod. 1957–1966/2021. 5 Filme Bergmans, der 1997 bei den Filmfestspielen in Cannes als „Bester Filmregisseur aller Zeiten" ausgezeichnet wurde. „Wilde Erdbeeren", „Persona", „Das siebente Siegel", „Das Schweigen" und „Das Lächeln einer Sommernacht". 8 Std. 56 Min., dt., schwed., Dolby Digital 2.0, Bild programmteilabhängig. Statt 49,99 € nur 27,99 € **Nr. 1358 235**

TIPP **Luis Buñuel Paket. 5 DVDs.** Prod. 2021. Mit Catherine Deneuve u. a. Mit „Das verbrecherische Leben des Archibaldo de la Cruz", „Viridiana", „Das Fieber steigt in El Pao", „Das Gespenst der Freiheit" und „Tristana". 8 Std. 16 Min., dt., franz., Dolby Digital, Bild programmteilabhängig. Statt 59,99 € nur 34,99 € **Nr. 1358 227**

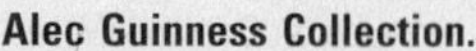

Alec Guinness Collection. 4 DVDs. Prod. 1949–1955. Edition zu Ehren des Charakterdarstellers: Mit „Adel verpflichtet", „Der Mann im weißen Anzug", „Ladykillers", „Einmal Millionär sein". 6 Std. 21 Min., dt., engl., Dolby Digital Mono, Ut. dt., Extras: Featurette, Fotogalerie, Restaurierungs-Vergleich. Statt 49,99 € nur 34,99 € **Nr. 1184 156**

Why are we creative (OmU). DVD. Prod. 2018. Mit David Bowie, Quentin Tarantino, Angelina Jolie u. a. Eine Reise durch die verschiedenen Facetten der Kreativität in Kunst, Kultur, Philosophie, Politik und Wissenschaft. Mit mehr als 50 Stars, Oscar- und Nobelpreisträgern entdeckt der Film die Genialität der kreativsten Menschen der Welt. 1 Std. 22 Min., dt., engl., Ut. dt., Dolby Digital 5.1, 16 : 9. Statt 17,99 € nur 11,99 € **Nr. 1388 525**

Peter Greenaway. Der Kontrakt des Zeichners, Ein Z und zwei Nullen, Verschwörung der Frauen. 3 DVDs. Produktion 1982–88. Sein Regiedebüt „Der Kontrakt des Zeichners", der bild- und klanggewaltige „Ein Z und zwei Nullen" und die Satire „Verschwörung der Frauen". 5 Std. 33 Min., dt., engl., Ut. dt., Dolby Digital Mono/ Stereo, Bildformat 16 : 9. Statt 24,99 € nur 15,99 € **Nr. 1015 729**

Unheimlichkeit des Blicks. Das Drama des frühen deutschen Kinos. Von Heide Schlüpmann. Frankfurt/ Main 1990. Schlüpmann beschreibt in ihrem Buch die Verbindung von Film und Weiblichkeit in der Anfangszeit des deutschen Stummfilms. 17 × 24 cm, 380 Seiten, 190 Bilder, Broschur. **Nr. 1397 567**

* aufgehobener gebundener Ladenpreis ** Ausstattung einfacher als verglichene Originalausgabe

TIPP **Theodor Fontane – Box (Große Geschichten). 7 DVDs.** Produktion 1975–1986. Sammler-Ausgabe mit drei Verfilmungen des 1819 in Neuruppin geborenen Schriftstellers. Wanderungen durch die Mark Brandenburg (5 Bände), 1862–1888, Verfilmung 1986. Vor dem Sturm/1878, Verfilmung 1984. Der Stechlin/1898, Verfilmung 1975. 16 Std., dt., Dolby Digital 2.0 Mono, 4:3. Nr. **2515 539**

29,99 Statt 99 €

Krieg und Frieden (1967). 4 DVDs. Von Sergei Bondartschuk. Produktion 1967. Mit Ludmilla Sawelewa, Sergei Bondartschuk, Wjatscheslaw Tichonow u. a. Tolstois monumentale Roman-Klassiker, hervorragend filmisch inszeniert! 7 Std. 15 Min., dt., Dolby Digital 2.0, Widescreen, Extras: Bonusmaterial 83 Min. Nr. **2426 935**

24,99 Statt 49,99 €

Napoleon – Das legendäre Drei-Stunden-Epos. 2 DVDs. Von Sacha Guitry. Prod. 1955. Mit J. Marais, M. Schell u. a. 5. Mai 1821. Der hochbetagte Fürst Talleyrand erzählt einem Kreis von Zuhörern die Geschichte vom Aufstieg und Fall Napoleons. 3 Std. 2 Min., dt., franz., Dolby Digital 2.0, 4:3, Extras: Booklet. Statt 29,99 € nur 19,99 € **Nr. 1309 536**

»Preis-Tipp

The Day After (Collector's Edition). 2 DVDs. Produktion 1983. Kultfilm über einen Atomkrieg. Mitte der 1980er Jahre: Die Welt ist in zwei Lager geteilt … 4 Std. 35 Min., dt., engl., Dolby Digital 2.0, 4:3, Extras: TV-Fassung und Kinofassung, Interviews, 3 Kurzfilme. Statt 19,99 € nur 15,99 € **Nr. 1384 023**

Vorurteil und Stolz (OmU). DVD. Produktion 2021. Eva Beling hat sich in den schwedischen Filmarchiven auf die Suche nach queeren Geschichten, Figuren und Momenten gemacht. 1 Std. 40 Min., schwed., Ut. dt., Dolby Digital 5.1, 16:9. Statt 21,99 € nur 16,99 € **Nr. 1397 397**

Loving Highsmith. DVD. Prod. 2022. Auf Basis der Aufzeichnungen, die im Herbst 2021 zum 100. Geb. der Autorin erstmals veröffentlicht wurden, erzählt die Regisseurin von Highsmiths Lieben und Leidenschaften. 1 Std. 43 Min., dt, Ut. dt., Dolby Dig. 5.1, 16:9, Extras: Tagebücher, gelesen von Maren Kroymann. Statt 21,99 € nur 16,99 € **Nr. 1397 389**

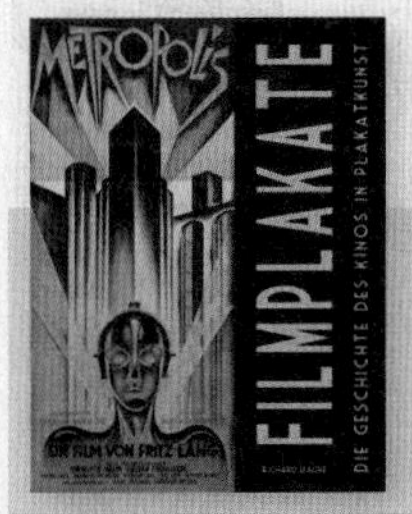

Filmplakate. Die Geschichte des Kinos in Plakatkunst. Von Richard Dacre. Novara 2021. Ob Melodram, Western, Horrorfilm, Science-Fiction oder Thriller: Von jeher war das Kino ein Ort, um der Realität des Alltags zu entfliehen. 25,5×33,5 cm, 240 Seiten, über 120 Farbbilder, fester Einband. 39,95 € **Nr. 1292 498**

TIPP **Catweazle Staffel 1 & 2 (Collector's Edition). 6 DVDs.** Produktion 1970–1971. Catweazle, der skurrilste aller Fernsehzauberer, lebt in Südengland zur Zeit der Invasion durch die Normannen, also im Jahr 1066 n. Chr. 10 Std. 23 Min., dt., engl., Ut. dt., Dolby Digital 2.0, Widescreen, Extras: Audiokommentare zu 6 Episoden, Dokumentation, Booklet mit Episodenguide, restaurierte Fassungen. Nr. 1228 153

19,99 Statt 29,99 €

Die Brenner Box. 4 DVDs. Von Wolfgang Murnberger. Produktion 2000–2015. Mit Josef Hader, Tobias Moretti, Birgit Minichmayr, Josef Bierbichler, Nora von Waldstätten, Joachim Król u. a. 8 Std. 15 Min., dt., Dolby Digital 5.1, Widescreen, Extras. Statt 24,99 € nur 14,99 € Nr. 1245 210

Der Tatortreiniger (Komplette Serie). 7 DVDs. Prod. 2011–2018. Wenn der Tatortreiniger anrückt, sind Polizei und Spurensicherung längst zuhause. 13 Std. 31 Min., dt., Dolby Digital 2.0, Widescreen. Statt 79,99 € nur 55 € Nr. 1273 191

Mord mit Aussicht. Staffel 1–3 (inkl. TV-Film). 13 DVDs. Produktion 2012–2015. Die Serie lebt von ihren liebevoll gezeichneten skurrilen Charakteren. 24 Std. 20 Min., dt., Dolby Digital 2.0, Widescreen. Statt 119,99 € nur 89,99 € Nr. 1323 237

»Preis-Tipp

Ausgerechnet Alaska. Die komplette Serie. 28 DVDs. Prod. 1990–1995. Ein junger Großstadt-Arzt bekommt seine eigene Praxis! Doch nicht im heimischen New York, sondern in Cicely, ein Dorf mit rund 800 Bewohnern mitten in der Wildnis von Alaska. 82 Std., dt., engl., Ut. dt., Dolby Digital 2.0, Bildformat 4 : 3. Statt 139,99 € nur 99,99 € Nr. 1048 120

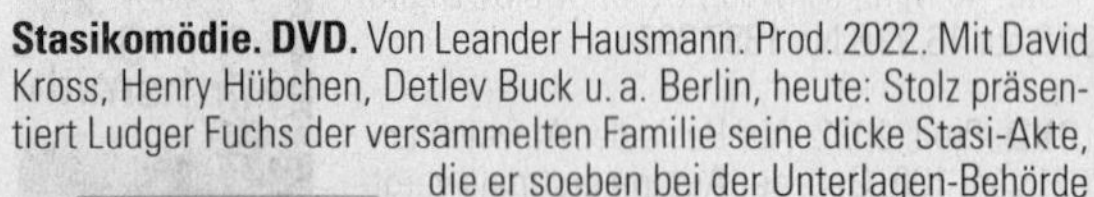

Stasikomödie. DVD. Von Leander Hausmann. Prod. 2022. Mit David Kross, Henry Hübchen, Detlev Buck u. a. Berlin, heute: Stolz präsentiert Ludger Fuchs der versammelten Familie seine dicke Stasi-Akte, die er soeben bei der Unterlagen-Behörde abgeholt hat … 1 Std. 56 Min., dt., Dolby Digital 5.1, 16 : 9. Statt 21,99 € nur 16,99 € Nr. 1398 474

Victoria (Staffel 1–3). 7 DVDs. Prod. 2016–2019. Das Serien-Highlight konzentriert sich weitgehend auf die frühen Herrschaftsjahre der englischen Königin Victoria – von der Thronbesteigung bis hin zu ihrer Hochzeit. 18 Std. 51 Min., dt., engl., Dolby Digital 2.0, 16 : 9. Nr. 1363 581

59,99 Statt 89,99 €

* aufgehobener gebundener Ladenpreis ** Ausstattung einfacher als verglichene Originalausgabe

»Exklusiv

Fernandel Collection. 4 DVDs. Produktion 1951–1958. Großes französisches Kino – in einer exklusiven Box. Mit: „Die rote Herberge" (1951), „Der Damenfrisör" (1952), „Staatsfeind Nr.1" (1953), „Gesetz ist Gesetz" (1958). 6 Std. 18 Min., dt., franz., Dolby Digital 2.0, 4:3, Extras programmteilabhängig. Statt 49,99 € nur 26,99 € Nr. **1376 330**

Jean Gabin Collection. 4 DVDs. Produktion 1955–1973. Mit Jean Gabin, Alain Delon, Jeanne Moreau u. a. Mit: „Straßensperre" (1955), „Im Kittchen ist kein Zimmer frei" (1959), „Lautlos wie die Nacht" (1963), „Die Affaire Dominici" (1973). 6 Std. 43 Min., dt., franz., Dolby Digital 2.0, 4:3/16:9, Extras programmteilabhängig.
Statt 49,99 € nur 26,99 € Nr. **1376 250**

Die Abenteuer des braven Soldaten Schwejk. 4 DVDs.
Von Wolfgang Liebeneiner. Produktion 1971–1976. Zu Beginn des 20. Jahrhunderts lebt in Prag der Hundehändler Josef Schwejk – kongenial gespielt von Fritz Muliar. 13 Std., dt., Dolby Digital 2.0, 4:3. Nr. **1331 523**

19,99 Statt 34,99 €

Fawlty Towers. Season 1 & 2. 2 DVDs. Produktion 1975. Basil Fawlty ist ein gestresster Hotelmanager, dessen Leben durch seine ständig nörgelnde Frau, Wirtschaftskontrolleure, Erpressungsversuche oder tote Gäste gestört wird. 6 Std., dt., engl., Dolby Digital 2.0, 4:3, Extras. Statt 39,99 € nur 29,99 €
Nr. **3014 436**

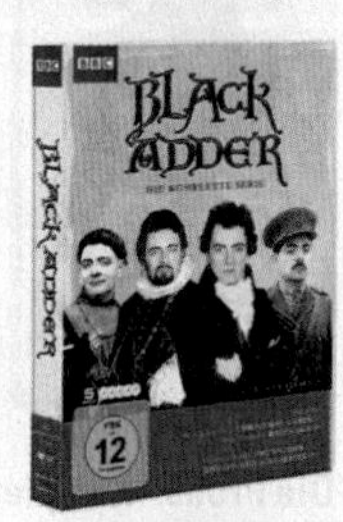

Blackadder Komplettbox. 5 DVDs. Prod. 1983–1999. Mit Rowan Atkinson u. a. Tragische Hauptfigur der Serie ist der sarkastische und ewige Verlierer Edmund Blackadder, bzw. dessen Nachfahren. 12 Std., 38 Min., dt., engl., Ut. dt., engl., Dolby Dig. 2.0 Mono, 4:3, Extras. Statt 39,99 € nur 24,99 € Nr. **1204 246**

Das Gänseblümchen wird entblättert .(Special Edition). DVD. Prod. 1956. Agnès, die Tochter des General Dumont, hat ein Skandalbuch über die schöne Gesellschaft geschrieben und soll dafür ins Internat. 1 Std. 37 Min., dt., franz., Dolby Digital 2.0, 4:3. Statt 21,99 € nur 15,99 € Nr. **1397 338**

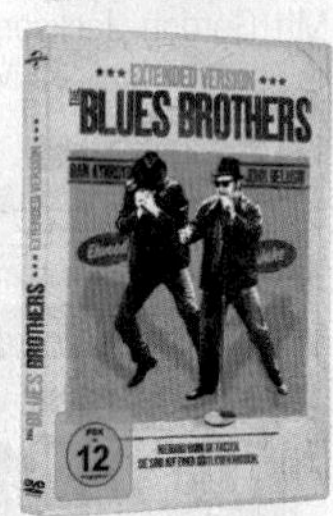

Blues Brothers. (Extended Version). DVD. Produktion 1980/2022. Die ungekürzte und vollständig synchronisierte Fassung des Kult-Films von 1980. Gleich nachdem Jake Blues aus dem Gefängnis entlassen wird, besuchen er und sein Bruder Elwood das Waisenhaus, in dem sie von Nonnen großgezogen wurden. 2 Std. 22 Min., dt., engl., Dolby Digital 5.1, 16:9, Extras. Statt 18,99 € nur 14,99 € Nr. **1398 466**

TIPP **Alfred Hitchcock Collection. 21 DVDs.** Prod. 2022. 21 Hitchcock-Klassiker vom unbestrittenen „Master of Suspense". Diese Box beinhaltet ein Best-of seiner Filme: Mit „Im Schatten des Zweifels" u. v. m. 38 Std. 21 Min., dt., engl., Dolby Digital, Bild programmteilabhängig, Extras: Making Of, Storyboards, Alternative Enden, Filmkommentare, Galerien. **Nr. 1347 152**

99,99 Statt 139,99 €

Film Noir Omnibus. 10 DVDs. Von Fritz Lang, Alfred Hitchcock, Henry Hathaway u. a. Prod. 1940–2012. Mit Cary Grant, Frank Sinatra, Johnny Cash, Gregory Peck, Humphrey Bogart, Robert Mitchum u. a. 26 neu und exklusiv zusammengestellte Film-Highlights des Film Noir. Mit: „Interpol/Pickup Alley", „Das Todeshaus am Fluss" u. v. a. Klassiker. 38 Std. 58 Min., dt., engl., Dolby Digital 2.0, Bild programmteilabhängig. **Nr. 1339 397**

29,99 Statt 49,99 €

Sherlock Holmes. (Alle Folgen, alle Filme). 15 DVDs. Von John Bruce, Peter Hammond. Produktion 1984–1994. Jeremy Brett in der Rolle des Meisterdetektivs in einer aufwendigen Sammler-Edition 38 Std. 11 Min., dt., engl., Untertitel dt., Dolby Digital 2.0, 4:3, Extras: Audiokommentar; Interviews. **Nr. 3006 930**

44,99 Statt 69,99 €

TIPP **Die Zwei. (Komplette Serie – Collector's Edition). 9 DVDs.** Von Roy Ward Baker, Basil Dearden u. a. Produktion 1971–1972. Mit Roger Moore, Tony Curtis u. a. Der eine ist ein typischer Aristokrat, der andere Amerikaner … 21 Std. 15 Min., dt., engl., Dolby Digital 2.0, 4 : 3, Extras: Booklet, Doku, Audiokommentare u. a. Statt 59,99 € nur 44,99 € **Nr. 1226 886**

Die Profis. (Komplette Serie). 21 DVDs. Produktion 1977–1983. Mit Gordon Jackson, Lewis Collins, Martin Shaw u. a. 47 Std. 55 Min., dt., engl., Ut. dt., engl., Dolby Digital 2.0/5.1, Widescreen, Extras: Dokumentation, Musictracks, Extended Scenes, Alternative Synchronfassungen u. v. m. Statt 99,99 € nur 69,99 € **Nr. 1253 654**

»Preis-Tipp

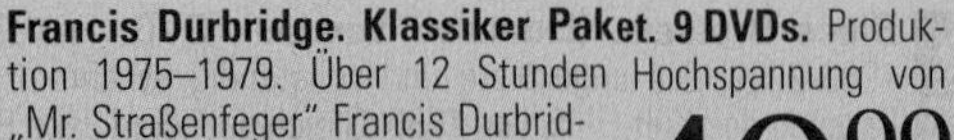

Francis Durbridge. Klassiker Paket. 9 DVDs. Produktion 1975–1979. Über 12 Stunden Hochspannung von „Mr. Straßenfeger" Francis Durbridge – in dieser Zusammenstellung nur bei uns. 12 Std. 50 Min., dt., engl., Dolby Digital 2.0, 4:3, Extras. **Nr. 1369 873**

49,99 Statt 89,99 €

* aufgehobener gebundener Ladenpreis ** Ausstattung einfacher als verglichene Originalausgabe

Der Kommissar (Komplette Serie). 24 DVDs. Von Theodor Grädler. Produktion 1969–1976. Mit Erik Ode, Reinhard Glemnitz, Günther Schramm, Fritz Wepper, Helma Seitz, Rosemarie Fendel, Emily Reuer u. a. Kommissar Herbert Keller und seine Mitarbeiter ermittelten. 92 Std., 25 Min., dt., Dolby Digital 2.0 Mono, 4:3. Statt 89,99 € nur 54,99 € Nr. **2856 263**

» Preis-Tipp

So weit die Füße tragen – Barfuß durch die Hölle (Special Edition). 8 DVDs. Produktion 1959/1962. Zwei packende Antikriegs-Überlebensdramen in 1 Paket. „So weit die Füße tragen" und „Barfuß durch die Hölle". 15 Std., dt., Dolby Digital 2.0, 4:3 (s/w), Extras. **Nr. 1379 755**

39,99 Statt 59,99 €

House of Cards. (1990) (Komplette Mini-Serien Trilogie). 6 DVDs. Produktion 1990–1995. Das britische Original. Die Miniserie diente als Vorbild für die berühmte US-Version. 10 Std. 44 Min., dt., engl., Ut. dt., engl., Dolby Digital 2.0, 4:3. Extras: Audiokommentare. **Nr. 1266 292**

26,99 Statt 39,99 €

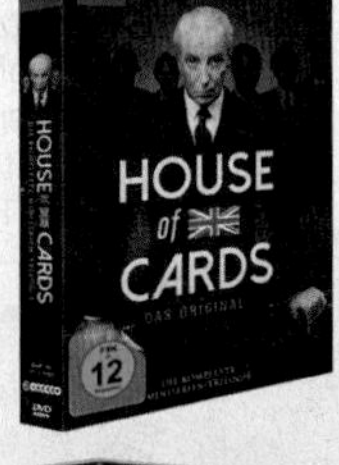

Kampf gegen die Mafia (Wiseguy) – Gesamtedition. 12 DVDs. Produktion 1987. Die komplette Edition der Krimiserie von Kult-Produzent Stephen J. Cannell. Vincent Terranova, Anfang 30, hat keinen alltäglichen Job … 55 Std., dt., engl., Dolby Digital 2.0, 4:3. Statt 99,99 € nur 69,99 € **Nr. 1344 587**

TIPP

Miss Fishers mysteriöse Mordfälle. (Komplettbox). 14 DVDs. Prod. 2012–2020. Lassen Sie sich in die 1920er Jahre nach Melbourne entführen. Hier zeigt Detektivin Miss Phryne Fisher, was eine moderne Frau so alles drauf hat. 33 Std. 18 Min., dt., engl., Ut. dt., Dolby Digital 2.0, 16:9, Extras. Statt 139,99 € nur 99,99 € **Nr. 1361 481**

Die sieben Millionen Dollar Frau (Komplette Serie). 3 Blu-ray Discs. Prod. 1976–1978. Mit Lindsay Wagner, Richard Anderson, Lee Majors u. a. Jaime Sommers wird durch einen schweren Unfall lebensgefährlich verletzt … 3 Blu-ray Discs, 46 Std. 40 Min., dt., engl., Dolby digital 2.0, Widescreen, Extras. Statt 69,99 € nur 49,99 € **Nr. 1356 461**

Tatort. Der Adventskalender zu Deutschlands beliebtester Kult-Krimireihe. München 2022. Hinter jedem der 24 Türchen zum Aufschneiden warten drei Fragen in verschiedenen Schwierigkeitsgraden rund um die Fälle und ihre Ermittler, die es zu lösen gilt. 20,5×15,5 cm, 100 S., fester Einband. 13 € **Nr. 1300 644**

Karl May. Klassikeredition. 16 DVDs. Von Harald Reinl, Alfred Vohrer, Harald Philipp, Robert Siodmak, Hugo Fregonese. Produktion 1962–1968/2014. Mit Lex Barker, Pierre Brice und anderen. In dieser Edition enthalten sind: „Der Schatz im Silbersee", „Winnetou und das Halbblut Apanatschi" u.a. 25 Std. 30 Min., dt., Dolby Digital 5.1/2.0, Widescreen, Extras: Interview mit Karl May-Verleger Bernhard Schmid und anderen. Nr. 1182 463

69,99 Statt 129,99 €

Bonanza. Komplettbox. 107 DVDs. Regie Robert Altman, David Orrick McDearmon. Prod. 1959–1973. Nevada Ende des 19. Jahrh.: Witwer Ben Cartwright lebt mit seinen drei Söhnen auf der Ponderosa-Ranch. Entgegen den Gesetzmäßigkeiten im Wilden Westen löst die Familie Probleme lieber mit dem Kopf als mit der Faust. So schaffen sie Frieden zwischen Nachbarn. 373 Std. 33 Min., dt., engl., Dolby Digital 2.0, 4:3, 431 Episoden. Statt 199,99 € nur 149,99 € Nr. 1197 550

Die Leute von der Shiloh Ranch. Staffel 1 (Extended Edition). 10 DVDs. Produktion 1962–1971. Mit James Drury, Doug McClure, Lee J. Cobb, Gary Clarke, Roberta Shore, Randy Boone und anderen. 10 DVDs, 38 Std. 33 Min., dt., engl., Dolby Digital 2.0., 4.3., Extras : Booklet, inkl. entfallene Episoden. Statt 59,99 € nur 36,99 € Nr. 1345 583

Die Leute von der Shiloh Ranch. Staffel 2 (Extended Edition). 10 DVDs. Statt 59,99 € nur 39,99 € Nr. 1379 780

Terence Hill.

Whisky „Terence Hill. The Hero, mild". Karibisches Flair, elegant kombiniert mit Eichenwürze. Der Whisky besticht mit seiner fruchtigen Note, die an Ananas erinnert, herrlich untermalt von Bourbon-Vanille und Sahnekaramell. (71,29 Euro/Liter). 0,7 l, Whisky, 46 % vol. 49,90 € Nr. 1396 412

Terence Hill-Box. Blaue Augen, flinke Fäuste. 3 DVDs. Prod. 2019. Box mit 3 Terence Hill Solo-Titeln: „Der Supercop", „Django und die Bande der Gehenkten", „Lucky Luke – Der Film". 5 Std. 18 Min., dt., ital., Ut. dt., Dolby Digital 2.0, 16:9. Statt 31,99 € nur 16,99 € Nr. 1395 653

Spielkarten Bud Spencer & Terence Hill Western. Vier Asse für ein Halleluja: Fans können sich beim Pokern stilecht das Geld aus der Tasche ziehen. 55 Karten. Statt 19,99 € nur 12,99 € Nr. 1368 346

* aufgehobener gebundener Ladenpreis ** Ausstattung einfacher als verglichene Originalausgabe

Der Seewolf. 2 DVDs. Produktion 1971. Es beginnt mit einem Schiffsunglück in der Bucht von San Francisco ... Einer der Überlebenden wird vom Robbenfänger „Ghost" aufgefischt. 6 Std. 3 Min., dt., Dolby Dig. 1.0, 4:3, Extras: Produktionsnotizen, Bildergalerie, 20-s. Booklet. Nr. **2339 641**

9,99 Statt 17,99€

Wallenstein (1978). 4 DVDs. Prod. 1978. Mit R. Boysen, R. Becker u. a. Fernseh-Vierteiler und bis dato teuerste dt. TV-Produktion über das Leben des berühmten Oberbefehlshabers der kaiserl. Streitkräfte im dreißigjährigen Krieg, an dessen Ende ganze Landstriche in Europa entvölkert waren. 6 Std. 30 Min., dt., Dolby Digital 2.0, 4:3. Statt 39,99€ nur 19,99€ **Nr. 2562 871**

Karl der Große. Der komplette Historien-Dreiteiler. 2 DVDs. Produktion 1993. Mit Christian Brendel, Helmut Griem u. a. Das Leben Karls des Großen (747–814) ist ungewöhnlich wie kein anderes. Die aufwändige, dreiteilige Gemeinschaftsproduktion verbindet eindrucksvoll diese bedeutenden geschichtlichen Ereignisse. 5 Std. 2 Min, dt., Dolby Digital 2.0, 4 : 3. Statt 26,99€ nur 14,99€ **Nr. 2849 780**

Des Königs Admiral. DVD. Produktion 1951. Der große Abenteuerfilm mit Gregory Peck, basierend auf der bekannten Romanserie von C. S. Forester. Wir schreiben das Jahr 1807. Mitten in den Napoleonischen Kriegen wird die Lydia, eine mit 38 Kanonen bestückte Fregatte der britischen Marine, auf eine geheime Mission geschickt. 1 Std. 52 Min., dt., engl., Ut. dt., Dolby Digital 2.0, 16 : 9, Extras. Statt 17,99€ nur 12,99€ **Nr. 1383 922**

Ich, Claudius, Kaiser und Gott. 5 DVDs. Produktion 1976. Mit Derek Jacobi, Siin Phillips u. a. Die komplette 13-teilige Erfolgsserie mit Derek Jacobi, John Hurt und Patrick Stewart. 10 Std. 50 Min., dt., engl., Dolby Digital 2.0, 4:3, Extras: Das unvollendete Epos, das Beste aus „Ich, Claudius" u. a. Statt 49,99€ nur 29,99€ **Nr. 1295 012**

Tarzan – Die Rückkehr. (The Epic Adventures). 4 DVDs. Prod. 1996–1997. Komplette Abenteuerserie mit Joe Lara. Tarzan hat viele Jahre in Europa gelebt. Es fiel ihm nicht leicht, sich der modernen Pariser Gesellschaft anzupassen. Als Tarzan einem franz. Diplomaten hilft, soll es wieder zurück nach Afrika gehen. 17 Std. 35 Min., dt., engl., Dolby Digital 2.0, 4:3. Statt 49,99€ nur 29,99€ **Nr. 1365 339**

Die Rache des Samurai. (Komplette Serie). 4 DVDs. Produktion 1979–1980. Mit Midori Yamamoto, Masao Kusakari u. a. Die komplette 15-teilige Serie, eine japanische Version von Alexandre Dumas „Der Graf von Monte Christo". Im 17. Jahrhundert bricht im Südwesten Japans ein Bauernaufstand aus. Tausende Bauern und Samurais kämpfen gegen die Regierung. 13 Std. 15 Min., dt., Dolby Digital 2.0, 4 : 3. Statt 39,99€ nur 24,99€ **Nr. 2859 467**

Klassik & Jazz.

Carl Philipp Emanuel Bach. Werke. (Sonderausgabe). 20 CDs. Verschiedene Interpreten. 2020. Sinfonien, Konzerte, Sonaten, Klavierwerke, Kammermusik und ein Magnificat – interpretiert u. a. von Stuttgarter Kammerorchester mit Susanne von Gutzeit, Gächinger Kantorei Stuttgart, Bach-Collegium Stuttgart mit Helmuth Rilling u. v. a. Diese 20-CD-Box wurde exklusiv für uns erstellt und bietet einen umfassenden Überblick über das Werk von Carl Philipp Emanuel Bach. 22 Std. 39 Min., DDD. Statt 69,99 € nur 29,99 € **Nr. 1206 672**

»Nur bei uns

Johann Sebastian Bach. Das Wohltemperierte Klavier 1 & 2. 4 CDs. 2015. Friedrich Gulda spielt „Das Wohltemperierte Klavier". Es ist nicht vermessen zu behaupten, dass sich in dieser Einspielung zwei monumentale Ereignisse der abendländischen Musikgeschichte begegnen. ADD. Statt 69,99 € nur 46,99 € **Nr. 1351 419**

Mozart (TV-Serie). 3 DVDs. Produktion 1982. Ein großes Zeitpanorama und biographischer Spielfilm. Das zerrissene Genie war unfähig, mit den Anfechtungen des Lebens fertig zu werden. 8 Std., dt., Dolby Digital 2.0, 4 : 3. Statt 26,99 € nur 19,99 € **Nr. 2490 390**

»DVD-Tipp

Herbert von Karajan. Beethoven. Milestones. 10 CDs. 1951–1962/2020. Zur Feier des 250. Geburtstags von Ludwig van Beethoven braucht man bei der Verwendung von Superlativen nun wirklich nicht zimperlich zu sein … 10 Std. 59 Min. Statt 29,99 € nur 39,99 € **Nr. 1260 502**

Peter Anders. Ein heller Stern in dunkler Zeit. 10 CDs. 2012. Peter Anders war der unangefochtene Star dieser Aufnahmen, mit denen wir heute die Erinnerung bewahren an eine Zeit, als Schallplatten noch ein teures Gut waren. 10 Std. 20 Min. **Nr. 5677 36**

14,95 Statt 29,95 €

Mariss Jansons – The Edition. 57 CDs, 11 Super Audio CDs, 2 DVDs. 2021. „Mariss Jansons – The Edition" dokumentiert auf 70 Tonträgern und in einer Box im repräsentativen LP-Format sein Engagement als Chefdirigent von Chor und Symphonieorchester des Bayerischen Rundfunks, der langjährigen letzten Station seines Lebens- und Berufsweges, in der Zeit von 2003 bis 2019. 11 Super Audio CDs, 2 DVDs, Stülpkarton im LP-Format mit 4 Fächern für Stecktaschen, 4-Seiten-Booklet im LP-Format. Statt 349,99 € nur 269,99 € **Nr. 1334 603**

* aufgehobener gebundener Ladenpreis ** Ausstattung einfacher als verglichene Originalausgabe

PREIS-TIPP

Leben mit Wagner. Von Joachim Kaiser. München 2013. Richard Wagner, dem Titanen der Opernkunst, gilt die besondere Vorliebe des Autors. Der bekannte Musik- und Theaterkritiker gibt hier eine kenntnisreiche, anregende Einführung in das Leben und Schaffen des Komponisten und vermittelt die Faszination, die von Wagners Bühnenwelt ausgeht. Im Jahr 1951 rezensierte Kaiser zum ersten Mal eine Wagner- Oper – und war sofort von Komponist und Werk fasziniert. Seitdem hat er sich immer wieder mit der „Riesengestalt" Wagner auseinandergesetzt. 12×20 cm, 240 Seiten, fester Einband. **Nr. 6101 19**

7,95 Statt 16,99€*

Friedrich Gulda – Die Live-Aufnahmen. 8 DVDs. Von Friedrich Gulda. Produktion 2015. Friedrich Gulda, am 16. Mai 1930 in Wien geboren, galt als Wunderkind, bevor er zum Enfant terrible wurde. Über seine Zeit in der Staatsakademie für Musik und darstellende Kunst meinte er: „Während die anderen sich zerstrudelt haben, hab' ich alles schon draufgehabt". 12 Std. 15 Min., dt., PCM Stereo/5.0 DTS. Statt 89,99€ nur 44,99€ **Nr. 8133 70**

Anton Bruckner. The Collection. 23 CDs. Verschiedene Interpreten. 1960–2015/2017. Die Bruckner-Edition auf 23 CDs – in der erweiterten Neuausgabe von 2017. Die bedeutendsten Werke des großen romantischen Sinfonikers. 20 Std. 6 Min., ADD/DDD. Statt 59,99€ nur 29,99€ **Nr. 1169 963**

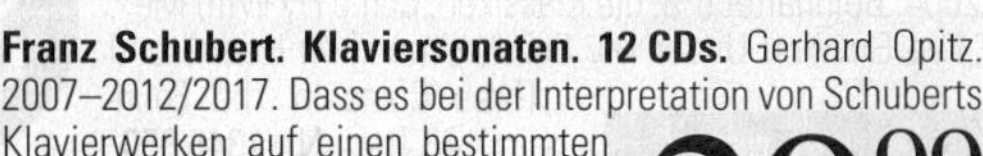

Franz Schubert. Klaviersonaten. 12 CDs. Gerhard Opitz. 2007–2012/2017. Dass es bei der Interpretation von Schuberts Klavierwerken auf einen bestimmten Tonfall ankommt, betont der Pianist Opitz mit Nachdruck. Viel gerühmte Referenzeinspielungen von Gerhard Opitz. ADD/DDD, 13 Std. 41 Min. **Nr. 1174 932**

29,99 Statt 59,99€

Hélène Grimaud. Memory. CD. 2018. „Memory" ergründet das Wesen der Erinnerung in Miniaturen von Chopin, Debussy, Satie, Valentin Silvestrov und Nitin Sawhney. In ihrer Aufnahme aus dem Jahr 2018 widmet sich die Pianistin der besonderen Fähigkeit von Musik, Bilder der Vergangenheit in der Gegenwart wachzurufen, Eindrücke von Orten und Zeiten zum Leben zu erwecken. 15 Titel, DDD. Statt 19,99€ nur 11,99€ **Nr. 1368 451**

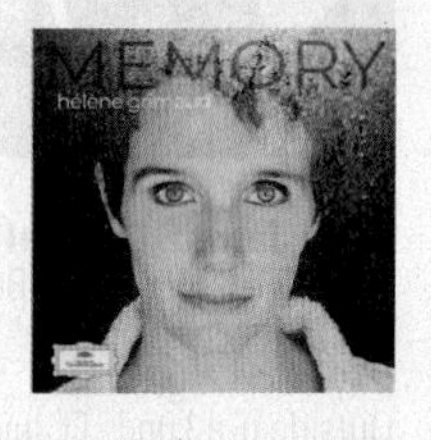

NEU

Riccardo Chailly. Stravinsky Edition (The Complete Recordings). 10 CDs. 2021. Mit 30 Werken auf 10 CDs kreiert Chailly eine Mischung aus Orchester- und Ballettstücken, die hinsichtlich des Kompositionsdatums in chronologischer Reihenfolge auf dem Album erscheinen. Zu den Highlights zählen u. a. Aufnahmen mit dem Royal Concertgebouw Orchestra. **Nr. 1381 415**

26,99 Statt 59,99€

Heroes of the Revolution – American Cars and Cuban Beats. CD + Buch. In „Revolution Heroes" präsentiert Starphotograph Robert Polidori mit großartigen Photographien eine Ausstellung dieser faszinierenden Relikte, die mal liebevoll gepflegt, mal verkommen, das Bild der kubanischen Hauptstadt prägen. Begleitet von original kubanischer Musik lässt „Revolution Heroes" in Erinnerungen an die glamourösen Zeiten Havannas schwelgen. Die CD enthält original kubanische Musik, u. a. mit Stars des legendären „Buena Vista Social Club": Guantanamera, Oje mi son, Yolanda u. a. 14×21 cm, 80 Seiten, CD + Buch. Nr. 3000 524

Jazz & Swing in der DDR 1947–1962. 10 CDs. 2018. Mit dieser Box liefern wir einen umfassenden Überblick über Jazz und Swing in der DDR. Die DDR-Oberen entdeckten, dass ihr Staat auch im Jazz möglicherweise Weltniveau zu bieten hat. Man gab qualifizierten Künstlern spezielle Berufsausweise und man unterstützte Gruppen bei der Beschaffung von Instrumenten und Tonanlagen. 8 Std. 45 Min., ADD. Statt 29,99 € nur 14,99 € **Nr. 1092 405**

Volker Kriegel und Friends. Jazzfest Berlin 1981. CD und DVD. 1981/2012. Die erste Platte „With A Little Help From My Friends" kam 1968 heraus. 1 CD, 1 DVD à 60 Min., Stereo, 4 : 3. Statt 24,99 € nur 17,99 € **Nr. 1364 243**

Frank Sinatra. Hits. Platinum Collection. 3 CDs. 2004. Beinhaltet u. a. die Klassiker „Come Fly With Me", „I've Got You Under My Skin", „Young At Heart" und „Three Coins In The Fountain". 48 Titel. **Nr. 1345 850**

Gregory Porter. Nat King Cole & Me. CD. 2017. Eine Hommage an sein großes Idol, den legendären Sänger und Pianisten Nat King Cole. Mit Songs wie „Mona Lisa", „L-O-V-E", „Nature Boy" u. v. a. 49 Min. **Nr. 1150 995**

Keith Jarrett. Original Album Series. 5 CDs. 1967–1976 / 2015. Die 5 Alben „Life Between The Exit Signs" (Lisbon Stomp u. a.), „Restoration Ruin" (All Right u. a.), „Somewhere Before" (My Back Pages u. a.), „The Mourning Of A Star" (Standing Outside u. a.) und „El Juicio (The Judgement)". 3 Std. 14 Min. Statt 39,99 € nur 16,99 € **Nr. 1328 948**

Dave Brubeck Quartet. Timeless Classic Albums. 5 CDs. 2017. Die Reihe „Timeless Classic Albums" vereint fünf der besten Alben einer Künstlerin bzw. eines Künstlers zum absoluten Spitzenpreis. In diesem Fall lauschen wir den Klängen der Jazz-Ikone Dave Brubeck. Statt 24,99 € nur 11,99 € **Nr. 1011 308**

* aufgehobener gebundener Ladenpreis ** Ausstattung einfacher als verglichene Originalausgabe

PREIS-TIPP **Karl-Heinz Ott. Furiose Komponisten. 2 Bände.** Hamburg 2021. Er studierte Musikwissenschaften und war Chefdramaturg der Oper am Theater Basel. Er zeichnet sich durch einen eigenen Tonfall aus. Seine Texte entwerfen ein kulturhistorisches Panorama zu Werk und Rezeption seiner jeweiligen Helden. Je 12,5×19 cm, 608 Seiten, Broschur. Originalausgabe 28 € als Sonderausgabe** 14 € **Nr. 1398 318**

NEU **Ludwig Wittgenstein. Betrachtungen zur Musik.** Hg. von Walter Zimmermann. Berlin 2022. Bemerkungen zur Musik ziehen sich durch Wittgensteins gesamtes Werk. Der Komponist Walter Zimmermann hat die Notizen thematisch geordnet und aus Stichwörtern wie „Gesang", „Grammophon", „Harmonik" bis „Stille" ein musikalisches Wittgenstein-ABC geschaffen. 13,5×21,5 cm, 254 S., fester Einband. 25 € **Nr. 1341 057**

A. S. Mutter. Triplekonzert op. 56. CD. 2020. Anne-Sophie Mutter, Yo-Yo Ma, Daniel Barenboim, West-Eastern Divan Orchestra. Ludwig van Beethoven Tripelkonzert op. 56. Entstanden sind die Aufnahmen als Live-Mitschnitte von Konzerten im Juli bzw. Oktober 2019 in Buenos Aires bzw. Berlin. DDD. Statt 19,99 € nur 11,99 € **Nr. 1368 443**

Wilhelm Friedemann Bach: Sämtliche Werke für Cembalo. 6 CDs. Der Stil W. F. Bachs gilt heute als visionärer Vorgriff auf die kommende Klassik und Romantik. 6 Std. 42 Min., DDD. Statt 49,99 € nur 19,99 € **Nr. 1016 520**

Jeroen van Veen: Piano Music. 7 CDs. 2018. Ebenso enthalten: die beiden Werke „Velvet Piano" und „Ripalmania" sowie „Incanto No. 2". 8 Std. 53 Min. **Nr. 1345 222**

9,99 Statt 24,99 €

Frederic Chopin. Chopin – Complete Edition. 17 CDs. 2015. Die „Chopin Complete Edition" präsentiert Chopins Gesamtwerk. Das 16-seitige Booklet gibt einen ersten Überblick über Leben und Werk dieses einzigartigen Komponisten. ADD/DDD. Statt 69,99 € nur 39,99 € **Nr. 1349 104**

Kurt Weill: Historische Aufnahmen. 2 CDs. 2008. Mit Lotte Lenya, Frank Sinatra, Danny Kaye, Helen Hayes nd vielen weiteren Künstlern. Unter anderem mit Auszügen aus „Die Dreigroschenoper", „Aufstieg und Fall der Stadt Mahagonny", „Happy End", „Ulysses Africanus", „One Touch of Venus", „Lady in the Dark", „Mine Eyes Have Seen the Glory", „Knickerbocker Holiday". 49 Titel. **Nr. 2443 84**

9,99 Statt 24,99 €

Rock & Pop.

Platinum 60s. CD. 2017. Eine außergewöhnliche Zusammenstellung vieler Hits aus den für die Entwicklung der Pop- und Rockmusik so prägenden 60er Jahren. Mit dabei sind: Bob Dylan, The Byrds, Simon + Garfunkel, Fleetwood Mac, Janis Joplin und viele mehr. 20 Titel. Nr. **1345 362**

Chicago. Original Album Series. 5 CDs. 1969–1974/2010. Papersleeves im Pappschuber mit den Alben „Chicago Transit Authority", „Chicago V", „Chicago VI" und „Chicago VII" (Song Of The Evergreens, Byblos, Wishing You Were Here, Call On Me u. a.). Mit „Chicago V" bis „Chicago VIII" landete die Band je auf Position 1 der US-Album-Charts. Nach den Beach Boys die am längsten existierende Rock-Band der USA. 4 Stunden 59 Min. Statt 39,99 € nur 16,99 € Nr. **1328 751**

Patti Smith: Original Album Classics. 3 CDs. 1996–2010. Patti Smith mit den drei Orighinal-Alben „Gone Again", „Peace And Noise" und „Gung Ho". Mit „Gone Again", „Beneath The Southern Cross", „About A Boy", „My Madrigal", „Summer Cannibals", „Whirl Away", „Don't Say Nothing", „Dead City", „Lo And Beholden", „Boy Cried Wolf", „Persuasion", „Gone Pie" u. a. Nr. **1252 127**

14,99 Statt 21,99 €

Bob Dylan. The Times They Are A-changin. LP. Special Edition inkl. Magazin. 1964/2021. Das dritte Studioalbum von Bob Dylan erschien 1964. Die Songs waren ein Aufruf zur Schaffung einer besseren Welt und machten den Singer-Songwriter zum Propheten für eine neue Generation und Anführer der Jugendbewegung. Das beigelegte Magazin macht mit vielen Fakten der damaligen Weltgeschichte vertraut. 1 LP, 45 Min., 180 g Vinyl, inkl. Magazin. Statt 24,99 € nur 14,99 € Nr. **1355 023**

NEIL YOUNG.

Neil Young. Young Shakespeare. CD. 1971/2021. Auf seiner Archivseite stellte Neil Young das Cover des Livealbums vor, das einen Solo-Auftritt im „Shakespeare Theatre" in Stratford, Connecticut von Januar 1971 dokumentiert. „Es ist der früheste bekannte Film von einem meiner Konzerte", schreibt Neil Young. Er wurde aus Material aus verschiedenen Quellen zusammengesetzt. 1 Std. 9 Min. Statt 19,99 € nur 14,99 € Nr. 1278 355

Neil Young. Greatest Hits. CD. 1969–1991/2004. Nach „Decade" und „Lucky Thirteen" ist „Greatest Hits" die dritte Zusammenstellung der erfolgreichsten Songs von Neil Young. In den deutschen Charts gelangte es bis auf Position 41, verkaufte sich in Folge aber allein in Deutschland mehr als 100 000 mal. Mit „Down By The River", „Cowgirl In The Sand", „Cinnamon Girl" u. v. m. 16 Titel. Nr. **1361 201**

* aufgehobener gebundener Ladenpreis ** Ausstattung einfacher als verglichene Originalausgabe

PREIS-TIPP

Elton John. Madman Across The Water (Lim. Anniversary Edition). 3 CDs, 1 Blu-ray Disc. 1971/2022. Zum 50. Jahrestag des Albums erscheint dieses neu aufgelegt mit Bob Ludwigs Remastering des Hauptalbums von 2016. Enthält zudem 18 bisher unveröffentlichte Tracks u. v. a. Die Blu-ray enthält einen 5.1-Mix von Greg Penny sowie die „Sounds For Saturday" und seinen Auftritt beim Old Grey Whistle Test von 1971. Mit ausführlichem historischem Essay. 34 Titel, 1 Blu-ray Disc. **Nr. 1378 252**

89,99 Statt 119,99 €

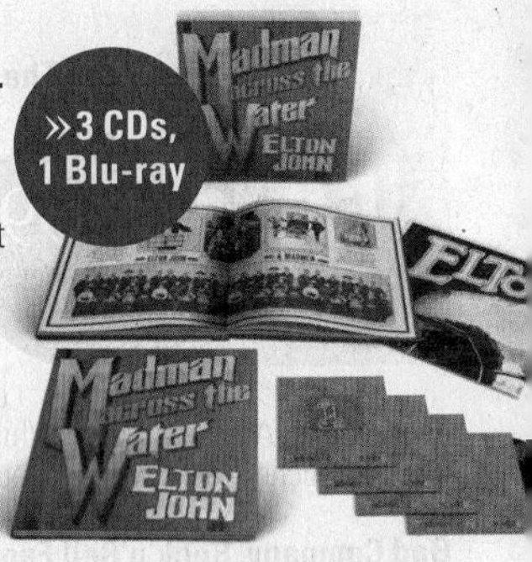

Mike Oldfield. Two Sides: The Very Best Of Mike Oldfield. 2 CDs. 2012. Mike Oldfields Musik ist stimmungsvoll, spirituell, atmosphärisch und sinnlich. Dass er eine absolute britische Ikone ist, steht völlig außer Frage. „Two Sides" ist eine von Mike persönlich zusammengestellte Retrospektive. Der Autodidakt und Multi-Instrumentalist, Produzent und Komponist hat im Laufe seiner Karriere mit einer Vielzahl unterschiedlicher Musikstile gearbeitet. 2 Std. 36 Min. Statt 21,99 € nur 12,99 € **Nr. 1180 576**

PREIS-TIPP

Prince. Purple Rain (Expanded-Deluxe-Edition). 3 CDs, 1 DVD. 1984/2017. Die Deluxe- Expanded-Edition umfasst drei CDs, eine mit dem offiziellen Paisley-Park-Remaster der Originaltapes aus dem Jahr 2015, eine weitere mit dem Namen „From The Vault & Unreleased", die elf echte Raritäten aus dem Archiv von Prince enthält. 3 CDs + 1 DVD, 3 Std. 18 Min. **Nr. 1192 523**

26,99 Statt 49,99 €

»6 CDs

Mark Knopfler. The Studio Albums 1996–2007 (Limited Boxset). 6 CDs. 1996–2007/2021. Fünf Jahre sind vergangen, seit Gitarrenvirtuose und Dire-Straits-Mitgründer Mark Knopfler sein erstes Soloalbum „Golden Heart" veröffentlichte. Dieses Jubiläum nimmt der Musiker 2021 zum Anlass für einen besonderen Karriererückblick. 5 Std. 51 Min. Statt 69,99 € nur 36,99 € **Nr. 1329 120**

Best of Rockpalast. Various Artists. 2 CDs. 2016. „Rockpalast" war das wohl wichtigste und einflussreichste TV-Format für Rockmusik im letzten Viertel des zwanzigsten Jahrhunderts. In den berühmten „Rock-Nächten" waren viele Länder Live zugeschaltet. 2 Std. 20 Min. Statt 17,99 € nur 11,99 € **Nr. 1364 537**

Jethro Tull A (A La Mode). Deluxe Boxset. 1980/2021. Zum 40. Geburtstag des Albumklassikers „A" von 1980 wurde dieser 2021 neu aufgelegt. Für die Edition widmete sich Steven Wilson dem Album und weiteren Aufnahmen und fertigte neue Stereo- und Surround-Mixe an. 3 CDs, 2 DVDs Audio, 1 DVD, Digibook Hardcover, 4-Seiten-Booklet. **Nr. 1385 658**

31,99 Statt 59,99 €

7,99 Statt 17,99 €

The Doors. The Very Best Of The Doors (40th Anniversary). CD. 2007. Vier Dekaden nach ihrer Gründung ermöglicht „The Very Best Of The Doors" nun einen komprimierten Blick auf eine der waghalsigsten und einflussreichsten Formationen der Rock-Geschichte. Mit Klassikern wie „Break On Through", „Hello, I Love You", „Riders On The Storm", „Light my fire", „Love me two times", „Love street", „The crystal ship", „Soul kitchen", „Love her madly", „Back door man", „Alabama Song (Whiskey Bar)", „Moonlight drive", „The unknown soldier" u. a. Sämtliche Tracks wurden neu abgemischt. 1 Std. 18 Min. **Nr. 2992 744**

Bad Company. Rock'n'Roll Fantasy. The Very Best Of. CD. 2015. In den siebziger und achtziger Jahren nahm die Band um Paul Rodgers eine ganze Reihe von zeitlosen Rockhymnen auf, die Bands von Bon Jovi bis Five Finger Death Punch nachhaltig beeinflussten. Umfangreiche Retrospektive mit den absolut besten Songs. 1 Std. 18 Min. **Nr. 1114 131**

8,99 Statt 16,99 €

The Who. Tommy. Live At The Royal Albert Hall 2017. DVD. Produktion 2017. Eine absolute Premiere: „Tommy: Live At The Royal Albert Hall", die legendäre Rockoper von The Who in einer fulminanten neuen und erstmals vollständigen Live-Version. Auf ein paar Songs hat die Band bei diesen Aufführungen aber immer verzichtet. Diesmal war es anders. 2 Std. 23 Min., dt., engl., Dolby Digital 5.1, Widescreen. Statt 18,99 € nur 12,99 € **Nr. 1294 520**

The Rolling Stones: Tattoo You (40th Anniversary Deluxe Edition). 2 CDs. 1981/2021. Die Geburtstagseditionen – 40 Jahre ist es her, dass The Rolling Stones das Album „Tattoo You" veröffentlichten. Für die neue Edition wurde das Album komplett remastert und erweitert. Neben der remasterten CD gibt es eine „Lost & Found: Rarities"-Bonus-Disc mit neun zusätzlichen Songs. 20 Titel, digital remastered, Triplesleeve. Statt 24,99 € nur 16,99 € **Nr. 1346 040**

The Rolling Stones. From the Vault. Sticky Fingers. Live at the Fonda Theatre 2015. CD und DVD. 2017. Der erste offizielle Mitschnitt dieser Liveperformance, die der Auftakt ihrer großen „Zip Code"-Tour durch Nordamerika war. Inkl. Start me up, All Down the Line, Sway u. v. a. 1 CD, 1 DVD, 2 Std. 53 Min. **Nr. 1028 979**

13,99 Statt 29,99 €

Die größten US-Hymnen.

8,99 Statt 19,99 €

American Anthems Latest & Greatest. 3 CDs. 2014. Das 3-CD-Set enthält 58 der besten und bekanntesten Rock- & Pop-Hits, die das amerikanische Lebensgefühl widerspiegeln und feiern. Diese tollen Hymnen dominieren bis heute das amerikanische Radio. 58 Titel. **Nr. 1343 971**

* aufgehobener gebundener Ladenpreis ** Ausstattung einfacher als verglichene Originalausgabe

»Preis-Tipp

Black Sabbath. Vol. 4. (Super Deluxe Box Set). 4 CDs, 1 Buch. 2021. Das 4. Studioalbum, das ursprünglicih im September 1972 veröffentlicht wurde. „Originalalbum" (2021 Remaster), „Outtakes – New Mix (Mixed By Steven Wilson)", „Alternative Takes, False-starts & Studiodialoge (Mixed by Steven Wilson)", „Live In The UK 1973". 4 CDs, 1 Buch, 1 Poster. Statt 119,99 € nur 75 € **Nr. 1372 270**

Deep Purple. Phoenix Rising (Deluxe-Edition) (Digibook). 1 DVD, 1 CD. 1975/2011. Zu sehen sind Backstage-Aufnahmen, rare Konzertmomente aus Hawaii, Neuseeland und Australien, aber auch das berüchtigte Konzert aus Jakarta. 1 DVD plus CD (digitally remastered 2011), 2 Std. 22 Min., Ut. dt., engl., DSS 5.1/ Dolby Digital 2.0, Extras. Statt 22,99 € nur 12,99 € **Nr. 2895 404**

9,99 Statt 17,99 €

Nazareth. No Means Of Escape. DVD. 2015/2018. „No Means Of Escape" kombiniert ein Nazareth-Konzert in den Londoner „Metropolis Studios". 2 Std. 53 Min., DTS Surround Sound/Dolby Digital 5.1/Dolby Digital Stereo, Ut. (Dokumentation und Bonus) engl., dt., franz., span., 16 : 9. **Nr. 1333 445**

Whitesnake. Restless Heart. Deluxe Box-Set. 1997/2021. Neu abgemischte Version des Albums, die näher am Sound ist, den Coverdale für seine neue Solo-Veröffentlichung vorgesehen hatte. 4 CDs, 1 DVD, Buch. Statt 69,99 € nur 36,99 € **Nr. 1375 652**

Led Zeppelin. How The West Was Won. 3 CDs. 1972/2018. Ein Meilenstein in neuem Gewand: Mit „How The West Was Won" legten Led Zeppelin ihren legendären Live-Mitschnitt 2018 neu auf, und zwar komplett remastert. 2 Std. 28 Min. **Nr. 1179 608**

24,99 Statt 34,99 €

FRANK ZAPPA.

Frank Zappa. Halloween 81. Live At The Palladium, New York City. 6 CDs und Merchandise. 2020. Eine schaurig-schöne Box für Zappa-Fans. Die Halloween-Shows aus dem Jahr 1981. 86 Titel, „Graf-Frankula"-Maske mit einem rot-schwarzen Umhang. 52-Seiten-Booklet. Statt 169,99 € nur 99 € Nr. 1333 402 **Frank Zappa. One Size Fits All. CD.** 1975/2012. 43 Min. Statt 16,99 € nur 9,99 € Nr. 1186 566 **Frank Zappa. Over-Nite Sensation. CD.** 1973/2012. Das sensationelle siebzehnte Zappa-Album. 1 CD, 35 Min. Statt 16,99 € nur 11,99 € Nr. 1186 574

7,99 Statt 16,99 €

The Beatles.

The Beatles. Live At The Hollywood Bowl. CD. 1964–1965/2016. Ein Re-Release der Extraklasse: „The Beatles: Live At The Hollywood Bowl" in neuem Klang und mit vier bisher unveröffentlichten Tracks. Für die Neuauflage hat die Band jetzt noch vier weitere Live-Versionen dieser Konzerte aus ihren Archiven hervorgeholt. 44 Min. Nr. **1337 270**

Beatles. On the Air, in the Studio and in Concert. 8 CDs. 1961–1966/2018. Aufnahmen aus den Abbey Road Studios, live in Blackpool, Wembley, Budokan, Melbourne, Auftritte in der Ed Sullivan Show u. bei „Ready, Steady, Go" u. v. a. 6 Std. 10 Min. Statt 49,90 € nur 29,99 € Nr. **2991 535**

The Beatles. From Liverpool to San Francisco. DVD. Prod. 2008. Vier Jungs aus Liverpool wurden zur größten Band aller Zeiten. Sie gewannen stets neue Fans und verkauften Millionen Alben und Kinokarten. Was war das Besondere dieser Vier, dass es Ihnen ermöglichte Konzerthallen und Flughäfen von Tokio bis New York mit tausenden Fans zu füllen? 1 Std. 50 Min., Sprache engl., Ut. dt., franz., ital. u. a., Dolby Digital Stereo, Bild 16 : 9. Nr. **2947 137**

7,99 Statt 19,99 €

9,99 Statt 29,99 €

The Beatles. A Long and Winding Road. 2 DVDs. Produktion 2014. Von 1940 bis heute: Die Geschichte der erfolgreichsten Band der Welt, die ihre Anfänge in Hamburg nahm! Mit über 3 Stunden Insidermaterial. Sie gelten als einflussreichste Band der Welt. Ihre Musik ist der Soundtrack einer ganzen Generation. 3 Std. 20 Min., dt., engl., Dolby Digital 2.0, 4 : 3. Nr. **2895 390**

John Lennon. Imagine – The Ultimate Collection (Deluxe-Edition). 2 CDs. 1971/2018. Eine tolle Nachricht für John-Lennon-Fans: Mit „Imagine – The Ultimate Collection" kommt 2018 ein Reissue des bekanntesten Soloalbums der Rock- und Poplegende. 2 Std. 14 Min. Statt 29,99 € nur 16,99 € Nr. **1154 540**

Paul McCartney.

Paul McCartney. Yesterday und Heute. Eine Hommage in Songs, Worten und Texten. Mediabook mit 5 CDs und 2 Büchern. Von Volker Rebell. Offenbach a. M. 2017. Hörbuch-CDs im Stile eines ambitionierten Radio-Features produziert mit 42 Songs, eingespielt von den besten Beatles-Tributebands Deutschlands. 200-s. Lesebuch und 280-Seiten. Diskographie-Buch. 6 Std. 20 Min., mit 2 Büchern, zus. 480 S., in Schuber. Statt 119,80 € vom Verlag reduziert 76 € Nr. **8262 00** **Paul McCartney. McCartney III. CD.** 2020. 45 Min. Statt 21,99 € nur 11,99 € Nr. **1262 343**

 * aufgehobener gebundener Ladenpreis ** Ausstattung einfacher als verglichene Originalausgabe

Frank, Sammy und Dean.

The Rat Pack. 100 Hits Legends. 5 CDs. 2009. Nicht weniger als 100 Klassiker auf 5 CDs – natürlich von den Ikonen des Genres, Frank Sinatra, Sammy Davis Jr. und Dean Martin. Die fünf CDs kommen in zeitgenössischen Verpackungen und einem geprägten Schuber – das Booklet enthält Künstlerbiografien. 100 Titel. **Nr. 1374 117**

9,99 Statt 24,99 €

Summer Holiday. 2 CDs. 2009. Summer Holiday vermittelt Ihnen das unvergleichliche Sommergefühl der späten 50er und frühen 60er Jahre. Mit dabei sind Originalaufnahmen vieler großer Künstler dieser Zeit wie Elvis, Roy Orbison, Cliff Richard, Perry Como, Jim Reeves und vieler mehr. 40 Titel. **Nr. 1388 436**

9,99 Statt 17,99 €

Die größten Hits der 50er. 10 CDs. 2013. Diese 10-CD-Box macht einen Streifzug durch die 50er Jahre. Je 20 Titel geben einen Überblick in den Sparten „Popsongs", „Heroes of Rock & Roll", „Classic Stars of Country & Western", „Giants of Rhythm & Blues", „Teenage Boppers of Doowop", „Legendary Crooners Unforgotten Instrumentals", „The Cream Of Groups Hot European Traditionals". 200 Titel. Statt 29,95 € nur 14,99 € **Nr. 6385 28**

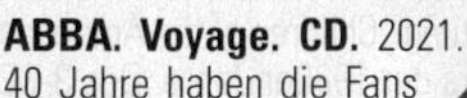

ABBA. Voyage. CD. 2021. 40 Jahre haben die Fans auf die Rückkehr der schwedischen Pop-Visionäre gewartet – dann: ABBA sind zurück – nach vier Jahrzehnten! Aufgenommen wurden die neuen Songs in Bennys eigenem Studio in Stockholm. Mit „I Still Have Faith In You" u. v. a. 39 Min. **Nr. 1325 345**

9,99 Statt 21,99 €

Adele. 30. CD. 2021. Adeles viertes Studioalbum, das sie wie ihre drei Vorgänger „19" (2008), „21" (2011), und „25" (2015) nach ihrem Alter benannte. „Kaum eine andere Sängerin auf diesem Planeten kann wie Adele so eindringlich singen", schwärmt der SWR3. Ihre brandneue Scheibe, lange angekündigt und heiß erwartet, ist ein Mix aus Pop, Soul und Jazz. Mit „Strangers By Nature", „Easy On Me" u. a. 12 Titel. **Nr. 1339 923**

9,99 Statt 21,99 €

The Staple Singers. Come Go With Me. The Stax Collection. Box-Set. 2020. Das Box-Set wurde zuvor nur auf Vinyl und digital veröffentlicht. Das Set umfasst alle Studioalben der Gruppe, die zwischen 1968 und 1974 auf dem legendären Memphis-Label veröffentlicht wurden, und enthält die größten Hits der Staples. „Soul Folk In Action" (1972), „We'll Get Over" (1973), „The Staple Swingers" (1974), „Be Altitude: Respect Yourself" (1972), „Be What You Are" (1973), „City In The Sky" (1974), „Singles, Live And More" (1972–2003). 78 Titel, Papersleeves und Digisleeve. Statt 89,99 € nur 65 € **Nr. 1381 350**

» Preis-Tipp

PREIS-TIPP **David Bowie. Bowie Live Vol. 2. 10 CDs.** 1973–1995/2021. Sieben Konzerte von David Bowie, darunter eines mit Marianne Faithful, eines mit Stevie Ray Vaughn und eines mit Nine Inch Nails auf 10 CDs. 9 Std. 23 Min. Statt 39,99 € nur 24,99 € Nr. 1323 210

David Bowie. Serious Moonlight Tour. 2 CDs. 1983/2021. Die Tour wurde im Mai 1983 zur Unterstützung von David Bowies Album „Let's Dance" ins Leben gerufen. Sie wurde am 18. Mai 1983 im Vorst Forest Nationaal in Brüssel eröffnet und endete am 8. Dezember 1983 im Hong Kong Coliseum. Die Bowie-Band hat in diesem Zeiraum 15 Länder besucht. 27 Titel, Digipack. Statt 21,99 € nur 11,99 € **Nr. 1358 448**

»LP **Fleetwood Mac. From The Forum 1982. LP.** 1982/2021. Fleetwood Mac haben weltweit über 120 Millionen Platten verkauft und sind damit eine der meistverkauften Bands der Welt. Dieser fantastische Live-Mitschnitt enthält viele Songs aus dem mit dem Grammy Award ausgezeichneten Album „Rumours". 1 LP, 46 Min., 180 g Vinyl. Statt 29,99 € nur 18,99 € **Nr. 1354 078**

Children Of The Americas 1988 Benefit Concert. 3 CDs. 1988/2018. Die Benefizveranstaltung „Children of the Americas" zeigte eine Auswahl von Topstars der 1980er Jahre. Das 3-CD-Set enthält Auftritte von Randy Newman, Jackson Browne, Pat Benatar, Boston, Midnight Oil, den Fabulous Thunderbirds und Crosby, Stills, Nash & Young. 52 Titel, digital remastert, Digipack. **Nr. 1368 150**

12,99 Statt 24,99 €

TIPP **Supertramp. Concert of the Century – Live in London 1975. LP.** 1975/2021. Supertramp waren eine Prog-Rock-Band, doch ab ihrem dritten Album Crime of the Century (1974) pflegte sie einen eher pop-orientierten Sound, der vom individuellen Songwriting ihres Gründers Roger Hodgson geprägt war. Der großartige Mitschnitt fängt einen Moment ein, bei dem die größten Songs der Band mit unvergesslicher Leichtigkeit vorgetragen wurden. 1 LP, 48 Min., 180 g Vinyl. Statt 29,99 € nur 18,99 € **Nr. 1352 024**

Alice Cooper.

NEU **Alice Cooper. Detroit Stories. (Limited Edition). CD, DVD.** 2021. Moderne Hommage an die härteste und verrückteste Rock'n'Roll-Szene, die es je gab. 15 Titel, DVD 1 Std. 30 Min. Statt 24,99 € nur 18,99 € Nr. 1393 324

The Broadcast Collection. Alice Cooper 1971–1995. 8 CDs. 2017. Die besten Live-Radio Aufnahmen von Cooper aus den Jahren 1971–1995. 113 Titel. Statt 49,99 € nur 24,99 € **Nr. 1367 994**

* aufgehobener gebundener Ladenpreis ** Ausstattung einfacher als verglichene Originalausgabe

Muddy Waters and The Rolling Stones. Live at the Checkerboard Lounge 1981. DVD. 2017 Tracklisting: Sweet Little Angel, Flip Flop And Fly, Introduction, You Don't Have To Go, Country Boy, Baby Please Don't Go, Hoochie Coochie Man, Long Distance Call, Mannish Boy, Got My Mojo Workin, Next Time You See Me, One Eyed Woman, Baby Please Don't Go (Istrumental), Clouds In My Heart, Champagne and Reefer, Instrumental. 1 DVD, 1 Std. 30 Min., Dolby Stereo, Bildformat 4:3. Statt 17,99€ nur 11,99€ **Nr. 1026 186**

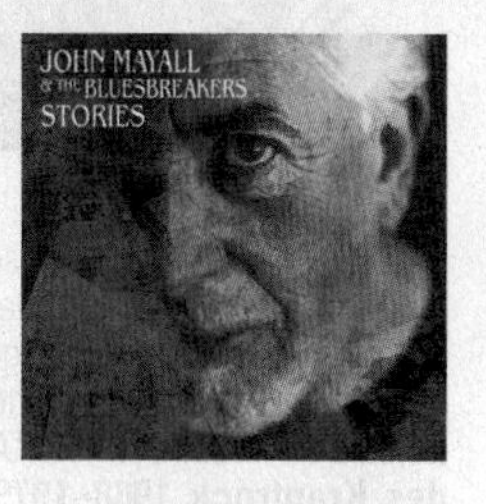

John Mayall. Stories. CD. 2002/2020. Mit „Stories" schuf John Mayall zusammen mit seiner großartigen Band „The Bluesbreakers" ein weiteres Zeugnis für seine Leidenschaft für den Blues. 1 Std. 7 Min. Statt 17,99€ nur 11,99€ **Nr. 1305 948**

9 99 Statt 17,99€

Jack Bruce. Live At The Canterbury Fayre. DVD. 2015. Erleben Sie Jack Bruce und den „Cuicoland Express" live beim Canterbury Fayre Music Festival im Sommer 2002. Zu den Musikern zählen Living Color Gitarrist Vernon Reid u.v.a. 1 Std. 27 Min., Dolby Digital, Widescreen. **Nr. 1356 780**

TIPP **Open Harp Blues. CD.** 2021. Blues auf Bayrisch! ... ein ganz spezielles und besonderes musikalisches Projekt von Christop Well, der sich dafür viele Freunde ins Studio holte. Mit dabei: Gerhard Polt, Helge Schneider, Die Toten Hosen, Georg Ringsgwandl, Willy Michl, Konstantin Wecker u.a. Digisleeve. Statt 26,99€ nur 22,99€ **Nr. 1335 480**

9 99 Statt 16,99€

Rory Gallagher. Live In Europe. CD. 2018. Das erste Live-Album neu aufgelegt. Eine Sammlung von Konzertmitschnitten, die auf seiner Europa-Tournee im Jahr 1972 entstanden. Mit „Messin' With The Kid", „Laundromat" u.a. 9 Titel, digital remastert. **Nr. 1365 479**

Ben & Jerry's 1989 Newport Folk Festival. 3 CDs. Verschiedene Interpreten. 2018. Auf dem wiederbelebten „Newport Folk Festival" (neuer Name: „Ben & Jerry's Newport Folk Festival") spielten am 29./30. Juli 1989 Stars des Folk, Blues, Zydeco und der Singer-Songwriter Szene. 3 Std. Statt 29,99€ nur 14,99€ **Nr. 1122 347**

TIPP **Snack Benefit Concert, San Francisco 1975. 5 CDs.** Verschiedene Interpreten. 1975/2017. Nachdem er erfahren hatte, dass die Schulbehörde von San Fransisco kein Geld mehr hatte, um außerschulische Aktivitäten zu finanzieren, organisierte Bill Graham ein Benefiz-Konzert unter dem Namen „Snack Benefit", welches im Kezar Stadium 1975 stattfand. 4 Std. 16 Min., ADD. **Nr. 1174 843**

21 99 Statt 49,99€

TIPP **Deutsche Markenschlager. 15 CDs.** 2014. In dieser Box werden Erinnerungen an die 50er, 60er und 70 und 80er Jahre geweckt. Namhafte Interpreten wie Achim Reichel, Torfrock, Christian Anders, Peggy March, Gitte, Gunter Gabriel, Klaus & Klaus, Caterina Valente, Rex Gildo und andere sind hier verewigt. ADD, Stereo/Mono, 12 Std. 30 Min. **Nr. 5437 80**

14,99 Statt 49,95 €

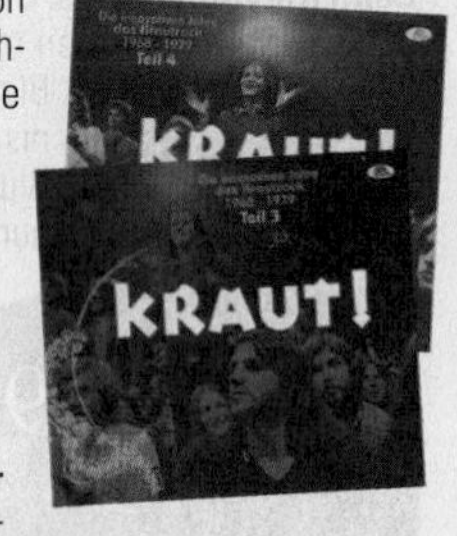

KRAUT! – Die innovativen Jahre des Krautrock 1968–1979. Teil 3. 2 CDs. Verschiedene Interpreten. 1968–1979/2020. Dokumentation der Geschichte populärer Musik in Deutschland von den frühen 1960er bis Mitte der 1980er Jahre. Die 4 Editionen sind regional gegliedert. Der dritte Teil ist dem Süden der Republik gewidmet. 2 Std. 28 Min. Statt 39,99 € nur 29,99 € **Nr. 1230 808** **KRAUT! – Die innovativen Jahre des Krautrock 1968–1979. Teil 4. 2 CDs.** Versch. Interpr. 1968–1979/2020. Der vierte Teil ist der Szene West-Berlins gewidmet. 2 Std. 30 Min. Statt 39,99 € nur 29,99 € **Nr. 1253 328**

7,99 Statt 16,99 €

Hannes Wader. Plattdeutsche Lieder. CD. 1974/1990. Seine intensive Auseinandersetzung mit deutschem Liedgut und dessen Missbrauch durch die Nazis führte 1974 zu einem Album mit plattdeutschen Liedern, einige traditionelle und einige neu mit Musik unterlegte Gedichte des niederdeutschen Lyrikers Klaus Groth. Mit „De Groffschmitt", „Min Jehann", „Lütt Anna-Susanna" u. v. a. 39 Min. **Nr. 1285 467**

PREIS-TIPP **Franz Josef Degenhardt – Gehen unsere Träume durch mein Lied. 4 CDs.** 2011. 64 der ebenso poetischen wie politischen Chansons aus den Jahren 1963 bis 2008 sind nun in der 4-CD-Box versammelt, die eine umfassende Werkschau des womöglich wichtigsten deutschen Liedermachers ermöglicht. Digipack. **Nr. 1348 701**

39,99 Statt 59,99 €

Reinhard Mey. Gib mir Musik (Live-Album zur Mairegen-Tournee 2011). 2 CDs. 2011/2012. Mit „Gib mir Musik" liegt nun das Doppel-Live-Album zu diesem großartigen Konzertereignis vor. Mit „Gib mir Musik", „Rotten Radish Skiffle Guys", „Antje", „Bunter Hund", „Herbstgewitter über Dächern", „Wir sind Eins", „Männer im Baumarkt", „Gute Seele", „Drachenblut", „Mairegen" u. v. a. 2 Std. 25 Min. Statt 29,99 € nur 16,99 € **Nr. 1278 304**

Konstantin Wecker. Die Kunst des Scheiterns. 2 CDs. 2008. Guter Rat scheint heutzutage nicht mehr teuer. Literarisch gesehen. Der Mann, um den es hier geht, weiß es allerdings besser. Er hat die Tiefen, präziser, die Untiefen des Daseins mehr als gründlich ausgelotet. Konstantin Wecker hat ein großes Hörbuch inkl. Songs vorgelegt! Statt 24,99 € nur 17,99 € **Nr. 1348 299**

 * aufgehobener gebundener Ladenpreis ** Ausstattung einfacher als verglichene Originalausgabe

Pink Floyd. A Momentary Lapse Of Reason. 1 CD, 1 DVD. 1987/2021. Basierend auf den für „The Later Years" verwendeten 1987er-Original-Mastertapes, machte sich Andy Jackson mit David Gilmour und assistiert von Damon Iddins daran, die Aufnahmen neu abzumischen und zu aktualisieren. Sie verwendeten einige der ursprünglichen Keyboard-Takes von Richard Wright und nahmen die Schlagzeugspuren mit Nick Mason neu auf. Das neu abgemischte und aktualisierte Album hält auch ein neues Album-Cover bereit, das ein alternatives Bettenfoto von Robert Dowling aus dem Original-Cover-Shooting zeigt. 1 CD, 1 DVD, 40 S. Booklet, 6 Sticker, div. Bonus-Material, 5.1 Sourround Mix, Stülpdeckelbox. Statt 49,99 € nur 31,99 € Nr. **1378 783**

Can. Monster Movie. Live at Burg. LP. 1969/2021. Ein Live-Mitschnitt der Formation vom 13. Juli 1969 (Burg Norvenich. Mit den Titeln „Father Cannot Yell", „Mary, Mary So Contrary", „Outside My Door" und „Yoo Doo Right". LP (214 g). Statt 24,99 € nur 21,99 € Nr. **1386 395**

PREIS-TIPP

Robert Fripp. Music For Quiet Moments. 8 CDs. 2004–2009/2021. Im Mai 2020, als ein Großteil der Welt unter den Folgen der Covid-19-Pandemie litt, begann Robert Fripp mit dem Hochladen der ersten von 52 individuellen Soundscapes auf seinen YouTube-Kanal, Streaming-Plattformen und DGM Live. Unter dem Titel „Music For Quiet Moments" schufen diese Stücke einen Raum zum Nachdenken. 8 Std. 47 Min. Statt 99,99 € nur 69,99 € Nr. **1345 052**

Syd Barrett. The Madcap Laughs. CD. 1968–1969/2010. Syd Barrett, der Gründer von Pink Floyd, mit seinem ersten Solo-Album, welches er nach seinem Ausscheiden im April 1968 in über einem Jahr aufgenommen hat. Da die Aufnahmen lange stockten, haben ihm seine ehemaligen Bandkollegen David Gilmour und Roger Waters geholfen. Auf der CD sind auch ein paar Alternativ-Takes zu hören. 57 Min. Nr. **1184 067**

KRAFTWERK.

KRAFTWERK

KING BISCUIT RADIO FM BROADCAST

» LP

Kraftwerk. King Biscuit Radio 1975. LP. 1975/2020. Die mitreißende Performance sucht bis heute ihresgleichen. 42 Min., 180 g Vinyl. Statt 34,99 € nur 24,99 € Nr. **1352 032** **Kraftwerk. Tour De France. CD.** 2003/2014. Die internationale Ausgabe der Kraftwerk-Platte von 2003 digital remastert. 56 Min. Statt 19,99 € nur 15,99 € Nr. **1184 881** **Kraftwerk Remixes. 2 CDs.** 2022. Jetzt erstmals als Doppel-CD veröffentlicht. Die 19 offiziellen Tracks enthalten neben Remixes von Kraftwerk auch Beiträge von einigen der weltweit einflussreichsten DJs und Produzenten. 19 Titel, Papersleeve. Statt 31,99 € nur 19,99 € Nr. **1367 102**

VW T1 „The Who“. Modellbausatz und Geschenkset. Mit diesem Modellbauset bringt Revell zwei Legenden zusammen, deren Karriere in den 60ern begann – The Who und den VW T1. Wie der Bulli sind auch die britischen Rocker bis heute aktiv. Kunststoffmodellbausatz mit 124 Teilen, Maßstab 1:24, gebautes Modell 18×8×8 cm, Decals, Farben und weiteres Zubehör, mit Bauanleitung. **Nr. 1292 960**

59€ Statt 99€

Fußmatte „The Rolling Stones“, Zunge. Herzlich Willkommen – mit dieser außergewöhnlichen Fußmatte ist es gleich offensichtlich, welche Musik Sie gerne hören. 60×40 cm, Kokosnussfasern. Statt 29,99€ nur 19,99€ **Nr. 2932 431**

Fleetwood Mac. Rumours. T-Shirt Größe L. Fanshirt mit Vintage-Feeling. Das legendäre Cover-Motiv ihres Jahrhundertalbums. Mit über 45 Mio. verkauften Einheiten ist es unter den Top 10 der meistverkauften Alben aller Zeiten. Größe L, 100 % Baumwolle, 40 °C Maschinenwäsche. 29,99€ **Nr. 1376 969**

Queen. Colour Logo. T-Shirt Größe L. Schwarzes Vintage-Fan-Shirt. Eine der besten Livebands der Rockgeschichte und ihr opulentes Wappen. Größe L, 100 % Baumwolle, 40 °C Maschinenwäsche. 29,99€ **Nr. 1377 132**

Bob Marley Roots Rock Rucksack. Lässig unterwegs. Hier passt alles rein, was mit auf ein Open Air Konzert mitmuss. Und der Auftritt stimmt auch! Statt 39,99€ nur 29,99€ **Nr. 1367 862**

AC/DC Hells Bells Box Figurine. Aufbewahrungsbox mit Deckel. 1× AC/DC-Dose: Offiziell lizenzierte, handbemalte Aufbewahrungsbox in Glockenform. 13 cm, Resin. Statt 49,99€ nur 34,99€ **Nr. 1384 635**

THE BEATLES.

The Beatles. Bademantel Größe L. Mit feiner Logo-Stickerei. Der Beatles-Bademantel mit Gürtel, Kapuze und zwei Taschen ist aus flauschigem Coral Fleece. Größe L, Unisex-Edition, weißer Gürtel, Polyester, waschbar. Statt 69,95€ nur 49,95€ **Nr. 1341 170**

Beatles „Yellow Submarine“. Gerahmter Druck. 40×30×cm, Holzrahmen. Statt 39,99€ nur 29,99€ **Nr. 1365 304**

Blechschild „Beatles Ticket“. „Elizabethan Ballroom, Nottingham“. 20×30 cm, Blech mit Rost-Finish, Lochbohrungen für die Aufhängung. Statt 19,99€ nur 9,95€ **Nr. 1261 339**

* aufgehobener gebundener Ladenpreis ** Ausstattung einfacher als verglichene Originalausgabe

Blechschild „Bob Dylan". Bob Dylans legendärem Live-Auftritt 1966 n Worcester wird mit dem nostalgischen Blechschild Tribut gezollt. Denn Motiv dieses Retro-Objekts ist das damalige Konzertposter zur Tour. 20×30 cm, Stahlblech, mit vier Löchern zum Aufhängen, im Vintage-Look mit Rost-Patina. Statt 19,99 € nur 9,95 € **Nr. 1221 671**

Blechschild „The Eagles Hotel California Tour 1977". Legendäre Live-Band. Die Eagles sind eine US-amerikanische Rockband aus Los Angeles, die sich 1971 gründete. Die echte Rost-Patina verleiht dem Schild eine nostalgische Optik. 20×30 cm, Blech mit Edelrost-Patina, Lochbohrungen für die Aufhängung. Statt 19,99 € nur 9,95 € **Nr. 1379 917**

9,95 Statt 19,99 €

Blechschild „Metallica". Die Rost-Patina verleiht dem Schild eine nostalgische Optik. 20×30 cm, Blech mit Edelrost-Patina, Lochbohrungen für die Aufhängung. **Nr. 1379 992**

Blechschild „Led Zeppelin". „Stairway to Heaven". Die echte Rost-Patina verleiht dem Schild eine nostalgische Optik. 20×30 cm, Blech mit Edelrost-Patina, Lochbohrungen für die Aufhängung. Statt 19,99 € nur 9,95 € **Nr. 1379 941**

9,95 Statt 19,99 €

Blechschild „The Who The Garden 1973". Die jungen Wilden der 60er Jahre galten als gewalttätiges Gegenstück zu den Beatles. 20×30 cm, Blech mit Edelrost-Patina, Lochbohrungen für die Aufhängung. **Nr. 1380 109**

Umschlagabbildung: *Bild aus „Los Angeles. Portrait of a City". Copyright: Getty Images (Seite 56, Versand-Nr. 1354 302)*

Merkheft

in der Frölich & Kaufmann Verlag und Versand GmbH
Schwedenstraße 9, 13359 Berlin
E-Mail: service@merkheft.eu
Telefon: (030) 469 06 20, Fax: (030) 465 10 03

Programm: Michael Scheffel. Chefredakteur: Axel Winzer. Gestaltung: Frank Hagemann, Katharina Weier. Technische Koordination: Christian Malze. Verantwortlich für den Inhalt gemäß §§ 55 Abs. 2 RStV. Andreas Kaufmann, Axel Winzer.

Lieferbedingungen: Das Angebot ist freibleibend. Preisänderungen seitens der Verlage vorbehalten. Wir liefern, solange der Vorrat reicht. Alle Preise inkl. MwSt. Versandkosten Deutschland 5,99 €, Schweiz, Österreich 8,95 €. Ausland: Europa 19,99 €. Alle anderen Länder: 19,99 € Grundgebühr zuzügl. 5,– € je kg. Erfüllungsort und Gerichtsstand für beide Teile ist Berlin.

Geschäftsführung: Thomas Ganske, Andreas Kaufmann, Frederik Palm.
Amtsgericht Berlin – HRB 26036.
Umsatzsteuer-Identifikationsnummer gemäß § 27 a Umsatzsteuergesetz: DE 136 767 030

Datenschutz: Wir nutzen nur Ihre bei Bestellungen anfallenden Daten für die Abwicklung und für Werbezwecke. Sie können der Nutzung oder Übermittlung Ihrer Daten jederzeit widersprechen.

Bitte beachten Sie: Die EU-Datenschutzgrundverordnung gilt seit dem 25.5 2018. Wesentliche Änderungen bei der Verarbeitung Ihrer Daten durch uns sind damit nicht verbunden. Detaillierte Informationen erhalten Sie auf unserer Internetseite unter www.merkheft.de/datenschutz. Unseren Datenschutzbeauftragten erreichen Sie unter datenschutzbeauftragter@froelichundkaufmann.de

Widerrufsrecht: Sie haben das Recht, binnen 14 Tagen ohne Angabe von Gründen die Bestellung zu widerrufen. Die Widerrufsfrist beträgt 14 Tage ab dem Tag der Lieferung. Lesen Sie bitte auch unsere AGBs www.merkheft.eu/Allgemeine-Geschaeftsbedingungen. Bezahlen können Sie bequem per Rechnung (Bonität vorausgesetzt), Lastschrift oder Kreditkarte.

Gemäß § 449 BGB bleibt die gelieferte Ware bis zur restlosen Bezahlung unser Eigentum.

ÖKO-Kontrollstelle: DE-ÖKO-034

Ein Unternehmen der
GANSKE VERLAGSGRUPPE

TIPP **Vinyl – Die Magie der schwarzen Scheibe. Grooves, Design, Labels, Geschichte und Revival.** Von M. Evans. Oetwil am See 2021. Die Entwicklung der Schallplatte, die wichtigsten Labels und Schallplattenläden, bahnbrechende Künstler, legendäre Veröffentlichungen, Kult-Cover, Spinning, Scratching und Sampling, Botschaften in der Auslaufrille, Picture Discs, Limited Editions und Deluxe-Reissues, Plattenspieler und Musikboxen … ohne dieses Buch ist keine Plattensammlung komplett. 25×25 cm, 256 S., über 600 meist farb. Bilder, fester Einband. 29,95 € **Nr. 1299 522**

PREIS-TIPP **Achim Reichel. Ich hab das Paradies gesehen. Mein Leben.** Hamburg 2020. Achim Reichel, seit fast 60 Jahren auf der Bühne zu hause, blickt zurück auf sein Leben. 2019 feierte er zu seiner größten Verwunderung seinen 75. Geburtstag – und es ist viel passiert: In den Sechzigern feiert er als Frontmann der Rattles Erfolge, wird in den Siebzigern Vorreiter des Krautrocks, veröffentlicht ein Album mit Shantys und Seefahrersongs. Auf einem Containerschiff reiste Reichel nach Namibia und schrieb sein Leben auf. 15×21,5 cm, 416 Seiten, zahlreiche farbige Bilder, fester Einband. *Mängelexemplar.* Statt 24 € nur 7,99 € **Nr. 1373 200**

NEU **Inga Rumpf. Darf ich was vorsingen? Eine autobiografische Zeitreise.** Von Inga Rumpf. Berlin 2022. Ingas schwarzes Timbre ist so einzigartig wie ihr musikalisches Genie. Sie erzeugt mit ihren Songs und ihrem Charisma jene Magie, die das Publikum in tiefster Seele berührt. Fans und ihre Band „Friends" sind glücklich, wenn Inga singt und ihre Seele öffnet und ihnen nach der Show ein Lächeln schenkt. 15×23 cm, 352 S., 90 Bilder, Broschur. Statt geb. Originalausgabe 25 € als Taschenbuch 20 € **Nr. 1395 165**

NEU **Die Ärzte. 40 Jahre Punk. Von der Skandalband zum Kultstatus.** Von P. C. Gäbler. München 2022. Wie schafften es die Ärzte 2001 ins Guinness-Buch der Rekorde? Warum wachte Farin Urlaub 1988 nach dem Abschiedskonzert in einem Strandkorb auf? Und wieso erfüllte sich für Bela B. ein großer Traum, als er Kinokarten abreißen durfte? Seit 1982 haben die Ärzte mit ihren spaßig-provokanten Songs, ihren Texten und ihrem sozialen Engagement, z. B. gegen Fremdenhass und für die Umwelt, Generationen von Punkrockfans geprägt. 13,5×21,5 cm, 128 Seiten, fester Einband. 10 € **Nr. 1371 223**

* aufgehobener gebundener Ladenpreis ** Ausstattung einfacher als verglichene Originalausgabe

TIPP **The Rolling Stones. Das Comic!** Von Cèka. Wien 2021. Das Comic über die größte Rockband der Welt! Anfang der 1960er Jahre wollten die Rolling Stones einfach Rhythm'n'Blues spielen – nichts weiter. Rhythmisch präzise und mit provokanten Texten streckten sie dem herrschenden Konformismus die Zunge entgegen und wurden dabei Millionäre. 21 Strips einer neuen Generation franko-belgischer Comic-Zeichner werden von biografischen Texten und umfangreichem Fotomaterial begleitet. So lässt sich die unglaubliche Zeitreise der Rolling Stones auf eine völlig neue Art und Weise erleben. 20×28 cm, 192 Seiten, durchgehend Bilder, fester Einband. 25€ **Nr. 1299 298**

Yoko Ono. Die Biografie. Leipzig 2022. Ein außergewöhnlich faktenreiches Buch, in dem Nicholas Bardola das bewegte Leben und umfassende Werk Onos nachzeichnet: Es handelt von einem kleinen Mädchen, das die Bombenangriffe in ihrer Heimatstadt Tokio in den 1940er Jahren überlebte. Von einer radikalen Künstlerin, die die Fluxus-Bewegung der 1960er Jahre in New York City revolutionierte. Und von einer etablierten Grande Dame, die heute zu den gefragtesten und meistbeachteten Künstlerinnen der Welt gehört. 14×21 cm, 288 Seiten, fester Einband. 20€ **Nr. 1351 028**

High Energy. Die Achtziger. Das pulsierende Jahrzehnt. Von Jens Balzer. Berlin 2021. Es sieht nicht alles schlimm aus in den achtziger Jahren. Aber vieles. Jens Balzer bringt die Widersprüche der Achtziger zum Leuchten, ihre befremdlichen Moden und bizarren Lebensstile ebenso wie ihren Revolutionsdrang, in dem die Wurzeln unserer Gegenwart liegen. 14×21,5 cm, 432 S., 40 s/w-Bilder, fester Einband. *Mängelexemplar.* Statt 28€ nur 9,99€ **Nr. 1257 986**

»Preis-Tipp

Die größten US-Hymnen.

Alfred Wertheimer. Elvis und die Geburt des Rock and Roll. Von Robert Santelli. Hg. Chris Murray. Köln 2021. „Elvis who?", fragte Alfred Wertheimer, als er Anfang 1956 von einer PR-Agentin der Plattenfirma RCA Victor beauftragt wurde, einen aufstrebenden Sänger aus Memphis zu fotografieren. Wertheimer ahnte nicht, dass dies der Job seines Lebens werden würde: Der damals 21-jährige Elvis Presley war gerade dabei, in den Olymp der Popmusik aufzusteigen. Wertheimer folgte Elvis wie ein Schatten und machte damals fast 3000 Aufnahmen, die das Porträt eines Künstlers auf dem Sprung zum Weltruhm ergeben. (Text dt., engl., frz.) 21,5×31,5 cm, 336 Seiten, zahlreiche farbige Bilder, fester Einband. Originalausgabe 750€ als Sonderausgabe** 50€ **Nr. 1292 196**

Elliott Landy. Woodstock Vision. The Spirit of a Generation. Celebrating the 50th Anniversary of the Woodstock Festival. Deutsche Ausgabe. Vorwort von Michael Lang. Leipzig 2019. Die Sechzigerjahre, in Vietnam ist Krieg. Junge US-Amerikaner lehnen sich gegen das Establishment auf. 25×28,5 cm, 224 Seiten, 300 farbige und s/w-Bilder, fester Einband. **Nr. 1132 830**

The Beatles. Album für Album. Die Band und ihre Musik aus der Sicht von Insidern, Experten und Augenzeugen. The Beatles. Album by Album. The Band and Their Music by Insiders, Experts & Eyewitnesses. Hg. Brian Southall. London 2020. (Text engl.) 25×29 cm, 304 S., zahlr. Bilder, fester Einband. Statt 38 €* nur 14,99 € **Nr. 1313 150**

Kalender 2023 „Iconic Guitars". Legenden der Musikgeschichte. Zeigt 12 der berühmtesten und teuersten Gitarren. Das mehrsprachige Kalendarium lässt viel Platz für Notizen. 30,5×30,5 cm, 16 Seiten, 13 farbige Abbildungen. **Nr. 1384 201**

The Rolling Stones.

The Rolling Stones. Hg. Reuel Golden. Köln 2020. Entstanden in enger Zusammenarbeit mit der größten und coolsten Band aller Zeiten: 50 Jahre Rock'n'Roll-Zirkus: Die ganze Geschichte der Rolling Stones auf 500 Seiten voll fantastischer Bilder und Zeitdokumente. Mit einem Geleitwort von Ex-Präsident Bill Clinton, drei rolligen Essays und einem gigantischen Appendix. Satisfaction guaranteed! 30×30 cm, 522 S., zahlr. Bilder, fester Einband. Originalausgabe 100 € als Sonderausgabe** 60 € Nr. 1209 892 **„The Rolling Stones", Bandlogo, Rucksack.** Klassische „Stones"-Zunge. Wenn Sie ihn tragen, machen Sie gleich klar, welche Musik Sie hören: Dabei können Sie erstaunlich viel in ihm unterbringen. 45×30×15 cm, 20 l, wasserabweisendes Nylon, zwei Taschen, Headphone/Media-Port, gepolsterte verstellbare Riemen. Statt 39,95 € nur 19,99 € **Nr. 1217 143**

* aufgehobener gebundener Ladenpreis ** Ausstattung einfacher als verglichene Originalausgabe

Feinste Sammlungen.

Songs aus der legendären Hitfabrik.

Motown: The Complete No.1's (Limitierte Jubiläums-Edition). 11 CD Box. 2019. Die größten Hits des legendären Labels. Mit Smokey Robinson & The Miracles, Stevie Wonder, The Supremes, The Temptations, The Jackson 5, The Commodores, Gladys Knight & The Pips, The Four Tops, Boyz II Men u. v. a. 208 Titel u. 100-S.-Foto-Buch mit einer Einleitung von Smokey Robinson. Nr. 1333 364

99 € Statt 169,99 €

TIPP **Grateful Dead. Europe 72 Live (50th Anniversary Edition). 2 CDs.** 2022. Die erste Tournee von The Grateful Dead außerhalb Nordamerikas wurde hier verewigt. Als es im November 1972 veröffentlicht wurde, war es ein kritischer und kommerzieller Triumph, heute ist das Doppel-Platin-Album ein fester Bestandteil des Live-Erbes von The Dead und wird von Generationen von Fans geliebt. Mit „Cumberland Blues" , „He's Gone", „One More Saturday Night", „Jack Straw", „You Win Again", „China Cat Sunflower" und weiteren Titeln. 17 Titel. **Nr. 1376 187**

19,99 Statt 34,99 €

Yusuf Islam / Cat Stevens:. Teaser And The Firecat (50th Anniversary Edition). 4 CDs, 1 Blu-ray Disc. 2021. Yusuf / Cat Stevens feiert das bahnbrechende Album von 1971. Mit 41 bisher unveröffentlichten Demos, Sessions und Live-Tracks sowie 21 bisher unveröff. TV-Auftritten. Mit Remaster des Originalalbums auf CD und Blu-ray in HD-Audio. 4 CDs, 1 Blu-ray Disc, 108-seitiges Essaybuch im Softcover. Nr. **1333 470**

99 € Statt 159,99 €

TIPP **Bruce Springsteen. The Albums Collection Vol. 1. 8 CDs, 1 Buch.** 1973–1984/2014. Das Set besteht aus den remasterten Editionen der ersten sieben Alben, die Bruce Springsteen via Columbia Records zwischen 1973 und 1984 veröffentlicht hat. Alle Alben wurden neu remastert (fünf davon zum ersten Mal auf CD). Mit 60-seitigen Buch mit u. a. vielen Abb. 5 Std. 55 Min. **Nr. 1310 992**

39,99 Statt 99,99 €

David Bowie.

PREIS-TIPP **David Bowie. Brilliant Adventure (1992–2001) (Limited Edition). 11 CDs.** 2021. Diese limitierte Box enthält neu gemasterte Versionen einiger von Bowies am meisten unterschätzten und experimentellen Alben, darunter „Black Tie White Noise", „The Buddha Of Suburbia", „1. Outside", „Earthling" und „Hours …", zusammen mit dem erweiterten Live-Album „BBC Radio Theatre, London, June 27, 2000", der Kompilation „Re: Call 5" mit Non-Album-Tracks, alternativen Versionen, B-Seiten und Soundtrack-Musik und dem legendären, bisher unveröffentlichten Album „Toy". Dazu kommt ein Hardback-Buch. Ein Fest für Bowie-Fans! 11 CDs, Papersleeves, 128-S.-Hardback-Buch in Stülpdeckelbox. **Nr. 1365 908**

99 € Statt 169,99 €

David Bowie Toy Box. 3 CDs. 2020. Die Toy-Box ist eine echte Rarität des britischen Sängers und Musikers. Das bisher unveröffentlichte Album „Toy" – als Box-Set mit drei CDs. Enthalten sind neben dem Album alternative Abmischungen und Versionen, darunter B-Seiten, spätere Abmischungen von Tony Visconti und die „Tibet Version" von „Silly Boy Blue". Außerdem warten „Unplugged & Somewhat Slightly Electric"-Mixe von 13 „Toy"-Tracks. 38 Titel, Papersleeves in Stülpdeckelbox. Nr. 1367 013

»Preis-Tipp

29,99 Statt 49,99 €

TIPP **Progressive Rock. Pomp, Bombast und tausend Takte.** Von David Weigel. Höfen/Tirol 2018. Im Progressive Rock ging es um Größeres: mythische Mischwesen aus Mensch und Maschine, dystopische Sci-Fi-Szenarien, Fantasy-Epen oder historische Ereignisse. Die längst überfällige Würdigung einer oft geschmähten, aber dennoch leidenschaftlich geliebten Musikrichtung, die mit Bands wie Marillion, Porcupine Tree oder Dream Theater auch später noch erfolgreiche Vertreter hervorbrachte. Weigel gelingt es, der Ernsthaftigkeit des Genres gerecht zu werden und seine Exzesse und Absurditäten zu beleuchten. (Text dt., engl.) 17×24 cm, 296 S., Broschur. Statt 25€ vom Verlag reduziert 9,99€ **Nr. 1093 576**

* aufgehobener gebundener Ladenpreis ** Ausstattung einfacher als verglichene Originalausgabe